HUODIANCHANG RANLIAO JIANCE
GANGWEI PEIXUN JIAOCAI

火电厂燃料检测
岗位培训教材

张宏亮　苏　伟　李　薇
林木松　陈　刚　付殿峥　编著

内容提要

燃料是火电厂的“食粮”，燃料检验人员是电厂中重要的技术人员，不断提高燃料检验人员的技术能力对于保证电厂安全、经济运行具有重要意义。本书以电厂燃料技术利用为主线，配套《火电厂燃料管理岗位培训教材》，系统化建立了现代燃料管理体系，详细介绍了煤质检测的化学分析基础、燃料商品煤采样、煤炭人工制样、煤炭分析、煤炭抽检和验收、煤炭的数量验收方法等，重点阐述了燃料燃烧理论知识，并结合燃料科学利用对燃料掺烧进行了全面介绍。

本书可供从事和关心动力燃料特别是电力燃料的工程技术人员、科研人员、管理人员以及高等院校相关专业师生参考使用。

图书在版编目（CIP）数据

火电厂燃料检测岗位培训教材 / 张宏亮等编著 .—北京：中国电力出版社，2018.1
ISBN 978-7-5198-1233-1

Ⅰ.①火… Ⅱ.①张… Ⅲ.①火电厂－燃料－质量检验－岗位培训－教材 Ⅳ.①TM621.2

中国版本图书馆 CIP 数据核字（2017）第 250676 号

出版发行：中国电力出版社
地　　址：北京市东城区北京站西街 19 号（邮政编码 100005）
网　　址：http://www.cepp.sgcc.com.cn
责任编辑：郑艳蓉（010-63412379）　马雪倩
责任校对：王晓鹏
装帧设计：王红柳　赵姗姗
责任印制：蔺义舟

印　　刷：三河市百盛印装有限公司
版　　次：2018 年 1 月第一版
印　　次：2018 年 1 月北京第一次印刷
开　　本：787 毫米 ×1092 毫米　16 开本
印　　张：30.5
字　　数：752 千字
印　　数：0001—1500 册
定　　价：98.00 元

前言

我国电力能源供应分为火力发电、水力发电、风力发电、核能发电、光伏发电、生物质能发电等，其中火力发电是最主要的电力能源来源，截至 2016 年，全国装机容量 16.4 亿 kW，燃煤（含煤矸石）火力发电装机容量 9.4 亿 kW，这和我国资源状况紧密相关，并且可以预见的是在今后相当长的一段时期内，火力发电仍将占据电力能源市场的重要位置。

燃料是火力发电厂的“食粮”，燃料成本已经占到电厂发电成本的 70%以上。对入厂燃料的准确检验可以保证电厂采购到优质燃料，入炉燃料检验结果则关系到正平衡计算煤耗的准确性，可以说燃料检验工作不仅关系到电厂经济效益，同时也对电厂锅炉稳定燃烧提供重要基础数据。从中可以看出燃料检验人员工作的重要性，这就要求燃料检验人员具备深厚的理论功底和精湛的分析测试能力，这也是本书编写的目的，希望本书的出版能为电厂燃料检验人员提供一本良好的培训教材。

本书分为三大部分，第一部分煤炭的基本知识，并介绍了煤炭基本知识和燃料燃烧的基本理论。第二部分详细介绍了煤炭质量检验，包括煤质检测的数理统计方法，煤质检测的化学分析基础，燃料商品煤采样，煤炭人工制样，煤炭分析，煤炭抽检和验收，煤炭的数量验收方法等。第三部分阐述了煤炭掺烧，对煤炭掺烧基础理论，煤炭掺配优化设计及生产工艺，煤炭掺烧设备系统的运行，煤炭掺烧质量控制与安全管理等方面进行了详细讲解。

本书特点鲜明，重点突出，深浅适度，理论与实践相结合，不仅介绍了燃料检验的分析测试技术，同时拓展到燃料的应用——掺烧，这是因为现代电厂燃料检验从业人员的工作要求不断提高，燃料应用是燃料的最终使命，如何更好地燃用燃料是燃料检验人员的本职工作之一，燃料掺烧和燃料检验专业的有机结合将有利于燃料在电厂的高效、清洁利用，这也是燃料检验专业的发展方向。本书旨在为从事燃料相关领域的工程技术人员、科研人员、管理人员以及高等院校相关专业师生提供一些有益帮助和参考。

本书由广东电网有限责任公司电力科学研究院张宏亮高级工程师和华北电力大学李薇教授等编著，其中陈刚、林木松负责第一、二章，苏伟负责第三、四章，张宏亮负责第五～第九章，李薇教授负责第十～第十二章，付殿峥负责第十三章。全书由张宏亮统稿，李薇负责审核。在本书的编写过程中，华北电力大学研究生汤烨、焦阔、龚奂彰提供了很多的支持和帮助，在此表示感谢。

由于编著者水平所限，书中难免存在不足之处，敬请批评指正。

编　者

2017年11月

目　录

第三部分　煤　炭　掺　烧

第一部分

煤炭的基本知识

第一章

煤炭的基本知识

第一节 煤炭基本知识

煤是由古植物经过复杂的生物化学、物理化学和地球化学作用转变而成的固体有机可燃矿岩。经过煤化学、煤田地质学和煤岩学科学家们的辛勤劳动，目前由植物→泥炭（腐泥）→褐煤→烟煤→无烟煤的煤化学序列的成煤理论已经建立，而且基本阐明了成煤的原始物质、沉积环境、介质的化学作用和变质等各种因素对煤性质的影响。古代植物在成煤过程中，通常要经历泥炭化作用与变质作用两个阶段。泥炭化作用是指古代植物由于细菌的作用而发生腐烂与分解，使其内部组织破坏，一部分物质转为气体逸出，残余的物质开始转变成泥炭，该阶段称为泥炭化作用。泥炭受地下不断增高的地层压力及地壳深部的温度影响，逐渐被压紧和硬化，继续排出气体与水分，从而使综合碳比例日趋增大形成了固体有机可燃沉积岩，这一阶段称为煤化阶段。在此阶段中，又包括成岩与变质作用。下面我们就煤的生成、变质和物理化学性质逐一阐述。

第二节 腐植煤的生成

成煤的原始物质是植物。而植物又可分为低等植物和高等植物两大类。属于低等植物的有菌类和藻类。它们没有根、茎、叶的分化，多数生活在水中。高等植物有苔藓植物、蕨类植物、裸子植物和被子植物。它们在形体结构和生理特性上都比低等植物复杂。如裸子植物和被子植物（合称种子植物）就有根、茎、叶、花等器官，并以种子繁殖。由高等植物演变形成的煤叫腐植煤，由低等植物（或更扩大一点，由浮游生物）演变形成的煤叫腐泥煤。如成煤的原始物质中既有高等植物，又有浮游生物，则形成腐植—腐泥煤或腐泥—腐植煤。在世界上储量大，分布广的是腐植煤。在煤的生成方面研究比较深入的也是腐植煤，所以以腐植煤为例讲解煤的生成。

由于近代地质学及生物地层学的发展，人们可以在煤层及其附近岩石中发现大量保存完好，可以鉴定属种的古代植物化石；在煤层中可以发现炭化了的树干；在煤层顶底板的黏土类岩石中可以发现植物根、茎、叶部的印痕和遗迹；如果把煤磨成薄片置于显微镜下观察，还可以看到植物细胞组织的残留痕迹以及孢子、花粉、树脂、角质层等植物残留物。因此，这一切都无可辩驳地证实了腐植煤是由高等植物变来的。

各地质年代植物生长和造煤情况见表 1-1。

表 1-1　　各地质年代植物生长和造煤情况

<table>
<tr><th>年代</th><th>纪</th><th>距今年代
（百万年）</th><th>植物演进</th><th>植物
种类</th><th>煤种</th></tr>
<tr><td>始生代</td><td></td><td>2003</td><td>无化石发现</td><td>无生物</td><td rowspan="5"></td></tr>
<tr><td>原生代</td><td></td><td>1453</td><td>海藻等演化</td><td rowspan="3">藻类植物</td></tr>
<tr><td rowspan="6">古生代</td><td>寒武纪</td><td>553</td><td>石灰藻及其他藻类繁殖，无陆生植物</td></tr>
<tr><td>奥陶纪</td><td>448</td><td>石灰藻遍地，陆生植物仍少见</td></tr>
<tr><td>志留纪</td><td>381</td><td>陆生植物出现，但不如藻类盛</td><td rowspan="3">孢子植物</td></tr>
<tr><td>泥盆纪</td><td>354</td><td>陆生植物渐盛（有裸蕨类、石松类）</td><td rowspan="2">无烟煤</td></tr>
<tr><td>石炭纪</td><td>309</td><td>气候温湿，裸蕨类、石松类、木贼类等，孢子植物繁盛，形体庞大，森林茂密</td></tr>
<tr><td>二叠纪</td><td>223</td><td>松、柏、银杏等裸子植物繁盛，蕨类植物衰落</td><td rowspan="3">裸子植物</td><td>无烟煤和烟煤</td></tr>
<tr><td rowspan="5">中生代</td><td>三叠纪</td><td>185</td><td>松、柏、银杏、苏铁等遍及全球，蕨类植物中石松消灭，羊齿、木贼等仍有</td><td rowspan="2">烟煤</td></tr>
<tr><td>侏罗纪</td><td>157</td><td>裸子植物全盛，苏铁更盛</td></tr>
<tr><td>白垩纪</td><td>125</td><td>被子植物勃兴，有花植物传布，如白杨、枫等</td><td rowspan="4">被子植物</td><td>烟煤
褐煤</td></tr>
<tr><td>第三纪</td><td></td><td rowspan="3">现代五谷、果类甚盛（主要为双子叶和单子叶植物）</td><td>褐煤</td></tr>
<tr><td>第四纪</td><td></td><td>褐煤
泥炭</td></tr>
<tr><td>新生代</td><td>现代</td><td></td><td>泥炭</td></tr>
</table>

由植物变成煤经历了数千万年甚至数亿年的漫长岁月，人们无法直接知道成煤的过程，只能对现存的煤进行各方面的、综合的研究，从而推测当时的原始物料、聚集环境、积水情况以及引起煤质变质的各种因素。

一、地质年代及主要成煤期

地质年代就是地壳发展的时间表。它是通过对地层（某地层年代里形成的岩层就称为该地质年代的地层）生成次序的研究编制而成的。在研究了地层生成的先后次序以后，由老到新排成一个地层系统。最先形成的地层代表的时间最老，最后形成的地层代表的时间最新。

划分地层，确定地层生成次序的主要依据是古生物化石。随着地壳历史的发展，生物的进化总是由简单到复杂，由低级到高级，新生的种类不断地代替着消亡了的旧种类。因而在不同地质年代生成的地层，往往含有不同种类的生物化石。也就是说，地层年代是以某些动、植物占优势作为标志来划分的。

根据研究，地质年代与生物种类的关系见表 1-1。

由表 1-1 可见，地球上陆生植物的出现是在距今 4 亿年的志留纪，它改变了大陆上荒山秃岭的景象，同时，也为煤的生成准备了物质条件。根据生物溶化的重要阶段，可以把自寒武纪开始的地球历史划分为三个大时期，分别称为古生代、中生代、新生代，与其相应的地层沉积则称为古生界、中生界、新生界。在代以下进而分为纪；界以下分为系。代—纪和界—系的划分标准是国家通用的。

地层和地质年代可以做进一步的划分。不过比纪和系更小的单位并不是国际通用的，它们反映了不同地区的沉积特点，因而也是更为重要的划分。按顺序，地质年代可以分为代、纪、世、期、时；地层年代相应为界、系、统（群）、阶（组）、段（层）以及代石带。

由表1-1可见，植物的发生和发展与气候及地理环境有密切关系，而气候与地理环境的变化又与地球所接受的太阳辐射热的多少及地壳的变化等因素有关。由于自地球形成以来，地壳已变动了很多次，气候和地理环境也变化了很多次。植物和动物在与气候和地理环境的斗争中并没有绝迹，而是旧种灭亡了，新种产生了，不断地进行更完善的、更高级的形式；从无生命到有植物细胞出现；从单细胞生物过渡到多细胞藻类；从水生植物到陆生的裸蕨；从孢子植物到裸子植物；再从裸子植物到被子植物，都是植物同气候和地理环境搏斗的结果。这些植物在相应的地质年代中形成了大量的煤，在整个地质年代中，在全球范围内有三个大的主要成煤期，这三个时期是：

（1）古生代的石炭纪和二叠纪，造煤植物主要是孢子植物。主要煤种为烟煤和无烟煤。

（2）中生代的侏罗纪和白垩纪，造煤植物主要是裸子植物。主要煤种为褐煤和烟煤。

（3）新生代的第三纪，造煤植物主要是被子植物。主要煤种为褐煤。

二、植物的族组成的菌解作用

1. 植物的族组成

植物基本上可分为两大类，即低等植物和高等植物。低等植物大多是形体简单，根、茎、叶不分的单细胞和多细胞植物，低等植物的代表主要是藻类，生长于湖泊、浅海或沼泽中，大多数处于浮游状态，顺水漂流，所以称为浮游生物；高等植物构造复杂，根、茎、叶分明。蕨类植物、种子植物都属于高等植物。

植物都由细胞构成，细胞由细胞壁和原生质（即内含物）组成。细胞壁的主要组成分为纤维素、木制素和半纤维素。原生质由蛋白质、脂肪和碳水化合物组成，也常有叶绿素、酵母树脂等一类物质的混合物。高等植物的表皮部由木栓细胞组成，新的枝芽和所有叶子均为角质所包覆。在叶子表层上有茸毛、厚膜等，它由树脂组成。在松树及其他针叶类的木质和树皮中，在特殊的树脂管中含有树脂。

高等植物的细胞中细胞壁物质比原生质多。植物组织越简单，其中的细胞原生质越多。

由上述可见，植物的主要族组成有纤维素、半纤维素、果胶、木质素、蛋白质、脂肪、树脂、树蜡等。

（1）纤维素、半纤维素和果胶。纤维素和半纤维素是多醣，它们都是植物细胞壁的主要组分（纤维素、半纤维素和木质素共同组成了植物的骨骼）。果胶是醣的衍生物，它主要是存在于树木的绿色部分和新生组织的液汁里。纤维素等容易被微生物破坏而形成甲烷、水、二氧化碳等，但也可能经由缩合的途径变成稳定的化合物，甚至芳香化合物。

（2）木质素。木质素也是植物细胞壁的主要成分。木质素的存在，可以增强植物组织的机械强度。目前所指的木质素，是指用72％浓度的硫酸或40％～42％浓度的盐酸处理木质时不被水解的物质。其分子具有芳香族化合物结构。木质素是对各种不同生物化学作用都较稳定的物质。

（3）蛋白质。细胞中的原生质主要由蛋白质组成。蛋白质是由许多氨基酸组合而成的，结构很复杂。蛋白质在需氧条件下迅速分解为气态氨，也可能生成氨基酸。在乏氧条件下，主要生成氨基酸。氨基酸和醣类的分解产物通过合成途径，可能形成一种稳定的含氮化合物。

（4）脂肪、树脂和树蜡。高等植物含脂肪很少，只集中在种子、孢子等个别部分，含量一般仅为1%～2%；菌类和藻类低等植物则含有大量脂肪。高等植物才有树脂，但在健康的植物中含量不大；植物在受伤时，体内即产生大量的树脂，从伤口流出，企图将伤口封住。和脂肪不同，树脂具有芳香族化合物的特性，是高级脂肪酸和一元醇的酯。树脂化学性质十分稳定，因此能很好地保存煤中。树蜡在植物中呈薄层覆盖在茎、叶和果实外皮上，蜡质成分比较复杂、化学性质稳定。在泥炭和褐煤中常常看到树蜡。

综上所述，植物族组成中的纤维素、脂肪、蛋白质等容易腐败分解，而木质素、树脂、树蜡等则对生物化学作用很稳定。在植物转化成煤的过程中，植物的这些族组成可以通过不同的途径参与成煤。其中一些脂肪型的物质在一定的条件下可以形成具有环结构的新物质（由蛋白质形成的氨基酸、脂肪和醣类转化产物的芳构化和环化等），例如形成腐植酸等。

植物的种类不同，其族组成有显著差别，见表1-2。

表1-2　　植物的种类及其族组成

种类	蛋白质（%）	脂肪、树脂、树蜡（%）	纤维素（%）	木质素（%）
藻类	20～30	20～30	10～20	0
羊齿及木贼类	10～15	3～5	40～50	20～30
针叶及阔叶树等	1～10	1～2	＞50	30
草类	5～10	5～10	50	20～30

由表1-2数据可见，高等植物的纤维素含量比低等植物的多，低等植物的木质素少，最低的藻类植物根本不含木质素，而含蛋白质及树脂类较多。

2. 菌解作用

当植物死亡以后，堆积的环境如水位、水质等各不相同，因而植物残骸的腐败分解（即菌解作用）也因之而异。在植物的动物死亡后所形成的有机物残骸，视空气中氧进入量的多少，可以发生下列作用：

（1）全败作用。全败作用是在空气充足的条件下，植物残骸被完全氧化，分解为二氧化碳和水。此过程不能生成煤，仅留下灰分。

（2）半败作用。半败作用是在空气不充足的条件下，植物残骸发生不完全的氧化分解过程。例如在阔叶树林里堆积起来的潮湿树叶，由于空气进入困难，于是发生不完全的氧化，形成一层黑色的“腐植土”。这层物质存在的时间不长，或进一步转变为泥，或分解成二氧化碳和水。

（3）泥炭化作用。这个过程只有在低地沼泽中才能发生。因为在低地沼泽中，充满着水，植物（一般都是高等植物）死亡后，就慢慢地堆积在水中，堆积在最上面的一层植物，因与水面很接近，或露出在水面之上，空气仍可进入，但比较困难，因此就发生半败作用，变成了腐植土。后来由于植物的继续死亡和堆积，它们就完全与空气隔绝，氧气停止进入，这时植物残骸就依靠本身所含的氧，发生去羧基、脱水等作用，放出二氧化碳、水蒸气及甲烷，从而碳含量增加，氢及氧含量则减少。植物残骸经过这些作用后，就部分植物残骸改变了原来的形态和结构，变成了一种新的物质，称为泥炭。

（4）腐败作用。腐败作用是指生长在静水湖泊中的微生物主要是浮游生物死亡后，在没有空气存在下发生的分解过程。结果生成一种含碳、氢较原来物质多，含氧较原来物质少的新的物质，称为腐泥。

上述的植物残骸分解过程见表1-3。

表1-3　　植物残骸的分解过程

原始物质	过程名称	与氧的关系	与水的关系	作用的性质	产物
陆生植物及沼泽植物（高等植物）	全败作用	氧气自由进入	有水分存在	完全氧化	没有固体含碳化合物遗留
	半败作用	有少量氧进入		腐植化	固体含碳化合物、腐植土
	泥炭化作用	开始有自由氧进入，后来没有氧气	开始有水分存在，后来沉没水中	开始为腐植化作用，后来为还原作用	固体含碳化合物、泥炭
水中有机物（主要是低等植物）	腐败作用	没有氧气	在死水中	主要为还原作用	固体富氢化合物、腐泥

一般来说，植物残骸的分解有两种典型情况：当植物残骸堆积在地表面时，空气中的氧能进入，则主要发生需氧分解，这种分解与氧化作用相似；当植物残骸浸入水中或进入地下（不深）而与空气隔绝时，则主要发生厌氧分解，这种分解与还原用相似。它们都是生物化学的作用。

三、腐植煤的生成过程

高等植物的发生、发展是腐植煤生成的首要条件，煤的大量堆积，需要具备一系列的基本条件，主要是：

（1）陆地上有均匀的温度和潮湿的气候，适宜于陆生植物一代代繁茂地生长。

（2）地形的起伏形成大的沼泽地带，有利于植物群的发展及残骸堆积在水中。

（3）地壳的运动保存植物残骸，并转变到沉积状态。

那么，古代植物是怎样变成煤的呢？根据研究，从植物死亡、堆积到转变成煤，是经过一系列演变过程的，大致可以分为两个阶段：泥炭化阶段和煤化阶段。

1. 泥炭化阶段

植物能大量繁殖和聚集的地方，有浅海、湖泊和沼泽，尤其是沼泽，它被水充分润湿着，植物的生长十分茂盛。

植物不断繁殖、生长、死亡，其残骸堆积在水中之后，在细菌的作用下进行分解；堆积在最上面的一层植物，因为与水面很接近，或冒出水面之上，空气仍可以进入，植物残骸发生不完全的氧化分解，但后来由于植物的继续死亡和堆积，它们完全与空气隔绝，氧气停止进入，这时，植物残骸的菌解作用就依靠本身含有的氧，发生氧化分解，即产生厌氧分解，发生去羧基、脱水等作用，放出二氧化碳、水及甲烷，形成一种凝胶状的物质。这种残留物质的碳含量相对增加，而氧和氢含量则趋于减少。植物残骸经过这些变化以后，改变了原来的形态和结构，变成含水分很高的棕褐色物质，这种物质称为泥炭，或称为泥煤。这个复杂的生物化学变化过程就称为泥炭化阶段。

植物残骸如果是在植物生长的地方进行堆积的，称为原地堆积；植物残骸从他处迁移而来堆积的，称为迁移堆积。两者兼有的称为原地迁移堆积。堆积条件的不同，将主要影响煤层的规模及煤质所含矿物质的情况。

在泥炭化阶段中，除去植物残骸中易水解的族组成如醣类、半纤维类、纤维素和木质素等的深度化学分解外，分解产物还可以互相发生作用，合成了植物族组成中原来没有的腐植酸（用碱液处理时能溶解的物质，它是一种有机酸）。腐植酸是泥炭有机质中的重要组分，它是从植物残骸转变为煤的中间产物。泥炭层的分解越深，腐植酸的含量便越多，可达55%～60%，所以腐植酸的出现和积累是泥炭生成的主要特征。在泥炭化阶段中，植物中比较稳定的物质如树脂、树蜡、角质层、孢子壳等变化很少。这些物质形成了泥炭中的沥青（在常压下能溶于中性有机溶剂的物质）。沥青的含量也随泥炭分解程度的加深而增高。此外，腐植酸、醣类、脂肪等的分解产物也有可能参加沥青的合成。根据原始植物组成的不同，泥炭中沥青的含量变化范围很大，某些泥炭中沥青含量可达20%。

由植物分解后形成的泥炭具有下列特征：含有大量的腐植酸和沥青，仍含有单醣、半纤维素、纤维素、木质素等植物族组成；同时残留有植物原有的形态部分如根、茎、叶、树皮等。

2. 煤化阶段

由于地壳的下沉，泥炭层被埋复于地下。当在泥炭层上面形成了岩石顶板后即进入了成煤的第二阶段——煤化阶段。在这一阶段中，根据作用的因素及所发生变化的不同又可分为成岩作用阶段和变质作用阶段。

（1）成岩作用阶段。如果地壳的下沉速度和植物生长的速度互相配合，将形成很厚的泥炭层，以后就有可能形成很厚的煤层。但是，地壳下沉的速度常常超过植物残骸堆积的速度，于是水层覆盖过厚，影响植物生长，泥炭堆积中断，代之以黏土、沙石的堆积，因而在泥炭层上面形成的岩层，称为顶板。被埋复在顶板下面的泥炭，通常叫埋复泥炭。此时，如果地壳下沉速度逐渐变慢，又形成了植物生长，繁殖及植物残骸堆积的条件，则泥炭层的顶板仅仅变为泥炭内部的矸石夹层，以后将形成含有夹矸层的煤层。由上述可见，泥炭层的厚度决定地壳下沉的速度及植物残骸堆积的速度之间的配合情况，也就是说，原始植物堆积及地壳的运动情况不同，对生成煤层的规模、厚度、煤层层数及灰分情况影响较大。

在漫长的地质年代里，埋复泥炭受着顶板和上复岩层的压力作用，发生了变紧、失水、胶体老化、硬结等物理和物理化学变化。与此同时，埋复泥炭的化学组成也发生了相当缓慢地变化。这一切变化使埋复泥炭最后变成了相对密度较大、较致密的黑褐色的褐煤。从无定形的泥炭转变为这种具有岩石特征的过程，称为成岩作用阶段。

在成岩作用阶段中，一般认为离地面不太远，因此温度不很高，估计低于60～70℃。也就是说，压力和时间因素对泥炭变为褐煤的过程具有特别重要的意义。例如在第三纪沉积的煤中，一般只有年轻的褐煤，而在石炭纪和二迭纪以前的古老的沉积层中，才看到典型的和年老的褐煤。

从泥炭过渡到褐煤以后，一般来说，褐煤中不再含有未分解的植物组织和醣类等组成。褐煤中腐植酸的含量，随其煤化度的增加，从少到多然后又趋于减少。同时，腐植酸的元素组成也有很大的变化：碳含量增加，氧、氢含量减少。褐煤的许多特性很大程度上决定腐植酸的特性，如吸水性、褐色、能溶于碱、使碱液和硝酸染色等。

当地壳继续下沉和顶板加厚时，由于地热和顶板压力的提高，使得煤的变化逐渐脱离了成岩作用范畴，而进入变质作用阶段。

（2）变质作用阶段。变质作用阶段一般是指在褐煤形成以后，沉降到地壳内很深的地方，受到高温高压的影响，改变了原来性质和结构的过程。煤层所受到的压力，一般可达数千大气压及至数万大气压。地热温度通常按地热梯度（每下降 100m 所引起的温度的变化）3～5℃/100m 来计算的。目前一般认为，引起煤质发生变化的温度在 200℃以下。

从褐煤转变为烟煤、无烟煤的阶段，是变质作用阶段。由泥炭转变为褐煤，褐煤转变为烟煤、无烟煤的整个过程又通称为煤化作用阶段。

年轻的褐煤含有大量的腐植酸，在变质过程中，腐植酸逐渐缩合成中性的腐植酸了，这样在烟煤中已不再含有腐植质了。烟煤在物理性质和化学性质上和褐煤有很大的区别，例如烟煤比较致密，相对密度较大，而褐煤则比较疏松，相对密度较小。

在烟煤中，根据其变质程度的不同，又可分为长焰煤、气煤、肥煤、焦煤、瘦煤和贫煤等。烟煤继续变质的结果则变为无烟煤。无烟煤的特点是：黑色，有金属光泽，相对密度大，硬度大，着火温度高，导电性强，燃烧时火焰短，不冒烟。无烟煤若经受高级变质，结果则变成变质程度更高的煤种，甚至有可能变为石墨。

第三节　煤　的　变　质

根据地质因素作用的性质，煤的变质作用可以分为以下几种类型：区域变质、接触变质和动力变质。

一、区域变质

区域变质系指煤层在沉降过程中，经受地热和上复岩层所造成的压力的影响，促使煤变质。这种变质作用由于和大规模的地壳升降直接有关，具有广泛的区域性，故称为区域变质作用。

在区域变质因素的作用下，煤的变质往往呈现出一种有规律的变化。首先是煤变质具有垂直分带的规律，系指在同一煤田内，随着深度的增加，煤的挥发分逐渐减少，变质程度逐渐增高。

二、接触变质

接触变质系指煤层受火山爆发喷出的火成岩浸入到煤层或煤层附近，提高了温度，促使煤发生变质作用。火山爆发喷出岩浆的温度高达 1300℃，喷出地面以前的温度自然更高。这种熔融物质与煤层接触的局部地方，煤的物理性质和化学性质发生很大的变化，在作用剧烈时，可以使煤变为天然焦，山东省淄博煤田的天然焦就是这样形成的。无烟煤若受到火成岩的热的影响就会变成在性质上和煤完全不同的石墨。这是石墨生成的方式之一。

三、动力变质

动力变质系指在地壳由于皱褶及断裂运动所产生的压力及伴随构造变化所产生的热效应促使煤发生变质作用。

接触变质作用和动力变质作用都只是局部现象，没有明显的规律性，影响范围一般都比较小。

在上述三种变质作用中，以区域变质较为普遍，但各煤田不一定只受到一种变质作用的影响。在经受动力变质和接触变质之前，往往已经过一定程度的区域变质。各种变质作用综合发生影响，有时占主导地位和非主导地位的变质作用在不同时期还可以相互转变，因此煤的变质作用是漫长而复杂的，必须综合各方面的资料，从实际出发，找出影响煤变质的主导因素。

四、煤变质作用的原因

1. 温度与时间的影响

温度对于煤化作用阶段的化学反应有决定性的影响。高温作用的时间越长，煤的变质程度越高。对比不同时代的并受到同样温度作用的煤，可以明显地看到变质过程持续时间对煤质变的影响。

在温度和时间因素影响下的煤的变质作用过程，基本上是化学变化的过程。在变化过程中进行的化学反应可能是多种多样的，包括脱水、脱羧基、脱甲烷、脱氧和缩聚等。

2. 压力的影响

对于压力在变质过程中的看法不大一致。大多数学者认为，压力不能直接促进煤化作用的化学反应，甚至还会起阻碍作用。随着煤化过程中气体的析出和压力的增高，反应速度越来越慢。然而，压力虽然阻碍了化学反应，但却造成煤化过程中煤质物理结构的变化。低变质程度煤的孔隙率与水分的减少以及相对密度的增加主要是由于压力的作用。另外，无烟煤及石墨具有定向的晶格，单纯的加热不可能形成这样的结果。地层强烈的压力特别是挤压力的剪切力促进了无烟煤向石墨的转化。因此，压力是促使煤的物理结构变化的主要因素。

综上所述，在变质因素的作用下，煤的变质过程主要是化学变化的过程，也有物理结构的变化。变质作用的结果为煤中官能团含量、挥发分产率逐渐减少，碳含量逐渐增高，氢、氧含量逐渐减少，热稳定性有所提高。在物理性质上，煤的相对密度增大，颜色变深，光泽及反射能力增强，比热减少，其他如机械性质、导电性、磁性质等都发生有规律的变化。同时在烟煤化学组成中已不再含有腐植酸，褐煤中的腐植酸已进一步缩合为腐植质了，沥青的含量也是不多的。

无烟煤并不一定是腐植煤转化的最终产物，在更高的地热和压力下，还可以继续发生高级变质作用，一直到形成石墨。

在自然中，从植物转变成煤的过程是一个由低级到高级的发展过程，也是一个由量变到质变的过程。从植物及各种煤的组成成分来看，随着煤化程度的增高，煤中碳含量增加，氢、氧含量减少，所以成煤过程是一个碳逐渐增加的过程，是各种成煤条件作用下，造煤原始植物不断转化和发展的过程。这一过程既是统一的、连续的，又是分阶段的。泥炭→褐煤→烟煤（又分为长焰煤→气煤→肥煤→焦煤→瘦煤→贫煤）→无烟煤都只是整个成煤过程中各个阶段的代表产物。在各个阶段之间还存在着许多过渡的煤种，有时很难将它们列入某一阶段中。而且，泥炭、褐煤、烟煤和无烟煤等都不应理解为性质已经固定不变了的物质。我们应该深入地、实事求是地去研究它，以便进一步认识它的变化规律，掌握它的性质，以便更合理地利用它。

第四节　煤的物理性质和化学性质

煤是由古代植物残骸经地质作用变化而成的可燃性生物岩，是一种组成、结构均非常复杂且极不均匀的，包括许多有机和无机化合物的复杂混合物。所以，其物理、化学性质也很复杂。了解煤的物理性质及化学性质，能使人们进一步认识煤、改造煤、合理利用煤。

一、煤的物理性质

煤的物理性质主要与以下几个因素有关：①煤的成因因素，原始物料及其堆积条件；②煤化度或变质程度；③煤的灰分、水分和风化程度。一般来说，在煤化作用的低级阶段，成因因素对煤的物理性质的影响起主要作用；在煤化作用的中级阶段，变质程度对其性质影响趋于主要因素；在煤化作用的高级阶段，变质作用则成为唯一决定煤的物化和物理性质的因素。煤的物理性质包括：煤的相对密度、颜色、光泽、硬度、粉碎性、热稳定性等。

1. 煤的相对密度

煤的密度是反映煤的性质和结构的主要参数，因此应了解煤的密度随着煤化度的变化规律。物质的密度在数值上等于它的比重，但两者有所区别，密度就是单位体积所具有的质量，单位为 g/cm^3，而比重则应为该物质与同温度同体积的水的质量比，没有单位。

（1）基本概念。由于煤是具有裂隙的疏松结构的固体，因此煤的比重应考虑裂隙等孔隙所占体积的影响，这使比重的概念多样化。

1）煤的真相对密度。煤的真相对密度是指在20℃时，煤的质量与同温度同体积（不包括煤的所有孔隙）水的质量之比。它是计算煤层平均质量与研究煤炭性质的一项主要指标。

2）煤的视相对密度。煤的视相对密度是指在20℃时，煤的质量与同温度同体积（包括煤的所有孔隙）水的质量之比。在计算煤的储量、煤仓设计和计算运输量、粉碎、燃烧等过程中都需用此指标。

3）煤的气孔率。根据煤的真相对密度和视相对密度可算出气孔率，即

$$\text{气孔率}=\frac{\text{真相对密度}-\text{视相对密度}}{\text{真相对密度}}\times 100\%$$

煤的气孔率大小和煤的反应性能、强度有一定的关系，气孔率大的煤其表面积大，反应性能较好。但气孔率大的煤，一般强度较小。

4）煤的堆积密度。煤的堆积密度是指在20℃时，自由堆积的煤的质量对同温度同体积（包括煤块之间的空隙和煤块所有空隙在内的煤堆体积）的水的质量之比。就是说自由堆积不是人为地压实，而是包括煤块间空隙。堆积密度以 t/m^3 为单位，在设计煤仓、估算炼焦装煤量和装车质量等情况下使用。

（2）煤的真相对密度随煤化度变化的规律。煤的真相对密度随煤化度而变化，以镜质组相对密度为例，在煤化度较低时，镜质组的相对密度随煤化度的提高而减小。但当碳含量约达87%时，镜质组的相对密度出现了最小值，以后随煤化度的增加而迅速增加。

（3）影响煤相对密度的因素。影响煤相对密度的因素主要有成因因素（煤的种类）、岩相组成、煤化度，矿物质、水分及风化等。

1）成因因素的影响。不同成因的煤真相对密度是不同的。腐植煤的真相对密度比腐泥

煤大，一般除去矿物质的纯腐植煤的真相对密度在1.25以上，而纯腐泥煤的真相对密度则在1.0左右，这主要由于分子结构的性质所决定的。

2）岩相组成的影响。就腐泥煤而言，不同的岩相组分其真相对密度各不相同，丝炭最大，镜煤、亮煤最小。丝炭真相对密度为1.37～1.52，暗煤真相对密度为1.30～1.37，亮煤真相对密度为1.27～1.29，镜煤真相对密度为1.28～1.30。

3）煤化度的影响。前面已讲了煤的镜质组的相对密度随煤化度的变化规律。但自然状态下的煤成分比较复杂，由于各种因素的综合影响，使煤的相对密度大体上随煤的变质程度的加深而增大。煤化度不深时，真相对密度增加较慢，接近无烟煤时，真相对密度增加很快。各类型煤的真相对密度范围大致如下：泥炭为0.72，褐煤为0.8～1.35，烟煤为1.25～1.50，无烟煤为1.36～1.80。

4）矿物质的影响。煤中矿物质的含量与组成对煤的相对密度影响很大，因无机矿物质的相对密度一般都比煤的相对密度大，例如石英的相对密度为2.65，黏土为2.4～2.6，黄铁矿为5.0，所以矿物质含量越高，则煤的相对密度越大。可粗略地认为，灰分每增加1%，煤的相对密度增加0.01%。

5）水分及风化的影响。水分含量越高，煤的相对密度越大。煤风化后使煤的相对密度增加，因为风化以后灰分与水分都相对地增加了，所以使煤的相对密度增加。

2. 煤的颜色

煤的颜色是多种多样的，一般为黑色、褐色和灰色。煤的颜色与煤的性质有关，随煤的变质程度的加深而变化。褐煤呈褐色，这由于褐煤中含有腐植酸；烟煤呈现黑色；无烟煤则呈现钢灰色。如果用显微镜对煤薄片进行观察，可以看到煤的颜色从长焰煤到焦煤是有规律地变化的。但是有些煤即使同一牌号由于变质程度和矿物质的不同其颜色也有深有浅。如年轻褐煤呈现褐色，变化程度较深的褐煤呈现深褐色到黑色。同样的烟煤也有类似的情况。

3. 煤的光泽

煤表面的反射能力称为光泽，各种煤的光泽是不一样的，煤的光泽通常为全暗的、半暗的、半亮的、全亮和很亮等，煤的光泽主要与岩相组成、煤化程度和灰分有关。

(1) 煤的光泽与岩相组成的关系。腐植煤的岩相组成成分为镜煤、亮煤、暗烟和丝炭，它们具有不同的光泽，其中镜煤的反射能力最大，所以其光泽最亮，亮煤次之，暗煤的光泽较暗，丝炭的反射能力最小，所以其光泽最暗。

(2) 煤的光泽与煤化程度的关系。煤对光的反射率是随着变质程度的加深而增大。从褐煤到烟煤，最后到无烟煤，它们的光泽由暗淡到像玻璃似的光泽，一直增大到像金属似的光泽，即由全暗到很亮的光泽。镜煤能真实地表征煤的煤化程度，它的反射率在四种煤岩组成中最大。所以目前镜煤最大平均反射 $R_{max}<0.05$，长焰煤为0.05～0.07，气煤约为0.075，肥煤约为0.08，焦煤约为0.09，瘦煤为0.10，贫煤为0.11，到无烟煤阶段，其最大反射率达0.185。可以看到，从贫煤到不同无烟煤，其反射率随煤的变质程度的加深而增大的幅度很大，所以在无烟煤的分类中，用煤的反射率作为分类的参数之一。

(3) 煤的光泽与灰分的关系。灰分是影响煤的光泽的因素之一。煤中夹有许多矿物杂质，由于这些黏土物质的微细分布而使煤的光泽变暗。因此，矿物杂质越多即灰分越高，其反射率越小，就是说其光泽越暗。

4. 煤的硬度

煤的硬度是指煤能抵抗外来机械作用的能力。了解煤的硬度，能使人们考虑在采煤时所用的机械装置及推测机械磨损等情况，同时还能事先预测破碎、成型加工的难易程度。

根据硬度表现形式可分为刻划硬度、压痕硬度和耐磨硬度（磨损硬度）。煤的刻划硬度接近于矿物鉴定中的摩氏（Mons）硬度，它是用一套标准矿物的摩氏硬度计来刻划煤的标本而获得粗略的相对硬度。煤的显微硬度是指煤对坚硬物体压入的对抗能力。煤显微硬度与煤的煤化程度密切相关，一般以无烟煤的显微硬度最高，烟煤次之，衬褐最低。

煤的硬度除主要取决于煤化度外，还与煤的岩相组成、矿物杂质的含量及其组成成分的分特性等有密切的关系。

5. 煤的粉碎性（可磨性）

煤被粉碎（即磨成细粉）的难易程度通常用煤的可磨性表示，煤的可磨指数越大则越容易粉碎，反之则较难粉碎。在使用粉煤的火力发电厂和水泥厂常需测定煤的可磨性，以便设计与改进制粉系统并估计磨煤机的产率和耗电率，在应用非炼焦煤为主的型焦工业中，为了知道所用煤料的粉碎，以便决定粉碎系统的级数及粉碎机的类型，也需预先测定煤的可磨性。

由于煤是一个很复杂的物质，因此不同牌号的煤其可磨性也往往是不同的，有时即使同一矿区和同一煤层的煤，由于所含矿物质的性质、数量的不同和煤的结构、挥发分产率及水分的差异，也会使可磨性不同。

测定可磨性的方法很多，目前广泛采用的主要有两种：一种是全苏热工研究院可磨性指数测定法（简称 BTH 法）；一种是美国哈德格罗夫可磨性指数测定法（简称哈氏法，HGI 法）。这两种方法虽有较大差别，但理论依据相同，即根据磨碎定律［在研磨成粉时所消耗的功（能量）与煤所产生的新表面面积成正比］。目前我国的国家标准是哈氏法。

6. 煤的热稳定法

煤的热稳定法是指煤在高温燃烧或气化过程中对热的稳定程度，也就是煤块在高温作用下保持原来粒度的性质。热稳定性好的煤，在燃烧或气化过程中能以其原来的粒度烧掉或气化，而不碎成小块，或破碎较少；热稳定性差的煤在燃烧或气化过程中则迅速裂成小块或煤粉。要求用煤作燃烧或原料的工业锅炉设备，如使用热稳定性不好的煤，则影响很大，因为细粒度或煤粉增多后，轻则增加炉内阻力和带出物，降低气化和燃烧效率。而粉煤的增加又往往引起结渣，重则破坏整个气化过程，甚至造成停炉事故。因此，使用块煤作气化原料时应事先了解煤的热稳定性。

煤的热稳定性与煤种有关，无烟煤的热稳定性差，是由于其结构致密，加热时内外温度差很大，引起膨胀不同而破碎。褐煤的热稳定性也较差，主要由于褐煤含水分多，在加热过程中水分大量蒸发而使煤破碎。

我国标准中煤的热稳定性测定方法是取一定量的 6～13mm 级块煤装入带盖的坩埚中，在预先加热到 850℃ 的马弗炉中加热 30min。然后取出，冷却、称重、筛分。用所得大于 6mm 的残焦占各级残焦质量的百分数来作为热稳定性指标。具体测定方法不在这里叙述，详见 GB 1573—2001《煤的热稳定性试验方法》。

二、煤的化学性质

煤的化学性质是研究煤质和煤的利用的一个很重要的内容，不同种类的煤其化学性质不同，所以它们的用途也不同，了解煤的化学性质，能更好地对煤加工利用。本节只简述煤的风化氧化、自燃及热分解，对于煤的其他性质如加氢氧化和溶剂提取等不在这里叙述。

1. 煤的热分解

有机物质在中性化学介质中加热时所发生的变化，通常称为分解。烧碱热分解时能形成不同数量和不同组成的产物，形成胶质状态、黏结、成焦等。煤的热分解可根据加热温度大致分为以下几个阶段。

（1）120℃前放出外在水分和内在水分，称为干燥阶段。

（2）120～200℃放出吸附在小孔中的气体，如 CO_2、CO、CH_4 等称为脱吸阶段。

（3）200～300℃放出热解水并开始形成气态产物，如 CO_2、CO、H_2S 等，并有微量焦油析出，称为开始热解阶段。

（4）300～500℃大量析出焦油和气体，几乎全部焦油均在此温度范围内析出。在这一阶段放出的气体中主要为 CH_4 及其同系物，此外，还有不饱和烃、H_2 及 CO_2、CO 等（为热解的一次气体）。烟煤在这一阶段则经胶质状态转变为半焦，称为胶质体固化阶段。

（5）500～750℃半焦热解，析出大量含氢很多的气体，为热解的二次气体，基本上不再生成焦油。半焦收缩产生裂纹，称为半焦收缩阶段。

（6）750～1000℃半焦进一步热分解，继续形成少量气体（主要含 H_2），半焦变为高温焦炭，称为半焦转为焦炭阶段。

煤的热分解是个复杂的过程。主要由于煤的结构非常复杂，而且又极不稳定，故在其热分解过程中的分解方式，以及产品的性质都极易受外界因素的影响，煤的热分解与煤化程度、煤岩组分、加热方法等有关。一般来说，煤开始分解的温度是随着煤化程度的加深而升高。各种煤岩组分的开始分解温度也是不同的。稳定类的开始分解温度最低，丝质类的最高，镜质类的居中。

煤的热加工的主要方法根据其最终加热温度和加工目的，分为三种：①低温干馏（最终温度为 500～550℃），主要目的产物是初生焦油，以制取发动机燃料气和其他化学产品；②中温干馏（600～800℃），主要目的产物是煤气；③高温干馏（950～1050℃），主要目的产物是冶金焦炭。

2. 煤的风化、氧化和自燃

离地表很浅的煤层，由于受到长时间的风、雨、雪、露、冰、冻、日光和空气中氧化的作用，其物理性质、化学性质、工艺性质等会发生一系列的变化，这种变化称为风化，也是一种氧化作用，它主要是由于煤的有机质和矿物质被氧化而引起的。煤的氧化会放出热量，如果放出的热量不能及时释出，在煤堆或煤层中越积越多，煤的温度就越来越高，促使氧化过程加速，放出更多的热量，以致达到煤的燃点，造成煤自燃。

煤的风化与煤化度有关，煤化度越高，煤中有机质的芳构化程度越高，含氧量越低，煤就越难在低温下氧化；在煤的各岩相组分中，镜煤最易氧化，丝炭最难氧化；煤的氧化还与粒度组成、黄铁矿含量、水分、比热以及吸附一定量氧时所放出的热量有关，其中黄铁矿易氧化放热，促使煤破碎和自燃。

煤的自燃趋势是随着煤的变质程度的加深而逐渐降低。当可燃矿产的堆积物与空气接触时，会引起自燃。苏联 B. C 维谢洛夫斯基认为，引起自燃应有三个条件：①有趋向于低温氧化的煤；②煤堆把热量发散到周围介质中去；③空气流入煤中。如果缺一个条件，则不会发生自燃。

煤的自燃只有大量煤储存时才可能发生，这主要是因为大量煤在氧化时产生的热量不易向外界释出，煤堆附近气温越高，煤越易自燃，疏松的煤易与空气接触，因而有可能自燃，未经开采的煤层是不容易发生自燃的。

煤经过风化氧化后，其物理、化学性质均会发生变化，主要有下列四种变化：

(1) 外观色泽改变。煤在未氧化前，煤中的黄铁矿和白铁矿均以 FeS_2 的化学组分存在，氧化后，FeS_2 就变为硫酸铁［$FeSO_4$ 和 $Fe(SO_4)_3$］，最后成为红锈色的氢氧化铁，并有石膏、$CaCO_3$、页岩和黏土矿物等附着在煤的表面，使其呈现白锈色。

(2) 表面性质的改变。煤氧化后，表面的酸性基（OH，—COOH）增加，使煤的亲水性增加，可浮性降低。

(3) 煤的化学性质的改变。煤氧化后，增加了煤中内在水分，增加了年老煤的挥发分，而对中等变质程度和年轻煤其挥发分又有所降低。据有关资料记载，烟煤存放一年后，由于氧化其发热量降低 1%～5%，有的降低达 10%，褐煤堆放一年后，发热量会降低 20%左右。硫含量变化不大，一般稍有降低，但大部分黄铁矿硫将转变为硫酸盐酸。碳、氢含量降低，氧含量明显增加。对于黏结性煤，其结焦性降低，尤其是煤炼焦煤，氧化后黏结能力逐渐消失。

(4) 煤的热值的改变。据前人试验，发现煤在常温下能吸附或吸收相当于其体积 5～10 倍的氧。褐煤平均能吸收 10～15mL/g 的氧，烟煤能吸收 7～8mL/g 的氧，氧被吸收后与煤的侧链基反应生成 CO_2、CO 及 H_2O，并因此而缓慢地放出热量，从而使燃煤的发热量降低。通常每吸收 1mL 氧，将放出 8.8～9.6J 热量。

第五节　煤　的　分　类

一、炼焦煤

我国虽然煤炭资源比较丰富，但炼焦煤资源还相对较少，炼焦煤储量仅占我国煤炭总储量的 27.65%。

炼焦煤类包括气煤（占 13.75%）、肥煤（占 3.53%）、主焦煤（占 5.81%）、瘦煤（占 4.01%）、其他为未分牌号的煤（占 0.55%）；非炼焦煤类包括无烟煤（占 10.93%）、贫煤（占 5.55%）、弱碱煤（占 1.74%）、不缴煤（占 13.8%）、长焰煤（占 12.52%）、褐煤（占 12.76%）、天然焦（占 0.19%）、未分牌号的煤（占 13.80%）和牌号不清的煤（占 1.06%）。

炼焦煤的主要用途是炼焦炭，焦炭由焦煤或混合煤高温冶炼而成，一般 1.3t 左右的焦煤才能炼 1t 焦炭。焦炭多用于炼钢，是目前钢铁等行业的主要燃料原料。

中国是焦炭生产大国，也是世界焦炭市场的主要出口国。2003 年，全球焦炭产量是 3.9 亿 t，中国焦炭产量达到 1.78 亿 t，约占全球总产量的 46%。在出口方面，2003 年我国共出口焦煤 1475 万 t，其中出口欧盟 458 万 t，约占 1/3。2004 年，中国共出口焦炭 1472 万 t，相当于全球焦炭贸易总量的 56%，国际焦炭市场仍供不应求。2008 年我国焦炭产量总计约 32700 万 t，2009 年 1～9 月焦炭产量 25276.87 万 t。

二、褐煤

褐煤多为块状，呈黑褐色，光泽暗，质地疏松；含挥发分40%左右，燃点低，容易着火，燃烧时上火快，火焰大，冒黑烟；含碳量与发热量较低（因产地煤级不同，发热量差异很大），燃烧时间短，需经常加煤。

三、烟煤

烟煤一般为粒状、小块状，也有粉状的，多呈黑色而有光泽，质地细致，含挥发分30%以上，燃点不太高，较易点燃；含碳量与发热量较高，燃烧时上火快，火焰长，有大量黑烟，燃烧时间较长；大多数烟煤有黏性，燃烧时易结渣。

四、无烟煤

有粉状和小块状两种，呈黑色有金属光泽而发亮。杂质少，质地紧密，固定碳含量高，可达80%以上；挥发分含量低，在10%以下，燃点高，不易着火；但发热量高，刚燃烧时上火慢，火上来后比较大，火力强，火焰短，冒烟少，燃烧时间长，黏结性弱，燃烧时不易结渣，应掺入适量煤土烧用，以减轻火力强度。

1989年10月，国家标准局发布GB/T 5751—2009《中国煤炭分类》，依据干燥无灰基挥发分V_{daf}、黏结指数G、胶质层最大厚度Y、奥亚膨胀度b、煤样透光性P、煤的恒湿无灰基高位发热量$Q_{gr,maf}$6项分类指标，将煤分为14类。即褐煤、长焰煤、不黏煤、弱黏煤、1/2中黏煤、气煤、气肥煤、1/3焦煤、肥煤、焦煤、瘦煤、贫瘦煤、贫煤和无烟煤。

第二章

燃料燃烧的基本理论

燃烧一般是指燃料与氧化剂进行的发热与发光的高速化学反应。狭义地讲，燃烧是指燃料与氧的剧烈化学反应。燃料与氧化剂可以是同一形态的，如气体燃料在空气中的燃烧，成为单相（或均相）反应，燃料与氧化剂也可以是不同形态的，如固体燃料在空气中的燃烧，成为多相（或异相）燃烧。

为了使燃烧过程能持续进行，除了必须有燃料和燃烧所需要的足够数量的氧气外，还必须有如下条件：①足够高的温度；②足够的传质动力，以使需要的氧气能及时到达燃烧区域；③足够的时间，以使反应能够完成。

第一节　燃料燃烧基本理论

一、质量作用定律

在等温条件下，化学反应速度可用质量作用定律表示。即反应速度一般可用单位时间、单位体积内烧掉燃料量或消耗掉的氧量来表示。可用下面的化学计量方程式表示炉内的燃烧反应

$$aA + bB \rightleftharpoons gG + hH \tag{2-1}$$

式中　a、b——分别为反应物A、B的化学反应计量系数；

g、h——分别为生成物G、H的化学反应计量系数。

化学反应速度可以用某一个反应物浓度减少的速度（反应物消耗的速度）表示，也可以用生成物浓度增加的速度表示，其常用单位是mol/(m³·s)，按不同反应物或生成物计算在时间t的瞬时反应速度（化学反应速度可用正向反应速度表示，也可用逆向反应速度来表示）为

$$W_A = -\frac{dC_A}{dt} \tag{2-2}$$

$$W_B = -\frac{dC_B}{dt} \tag{2-3}$$

$$W_G = -\frac{dC_G}{dt} \tag{2-4}$$

$$W_H = -\frac{dC_H}{dt} \tag{2-5}$$

式中　C_A、C_B、C_G和C_H——分别为反应物A、B和生成物G、H的浓度。

（一）浓度对化学反应速度的影响

化学反应是在一定条件下，不同反应物分子彼此碰撞而产生的，单位时间内碰撞的次数

越多，则化学反应速度越快。分析碰撞次数决定于单位溶剂中反应物的分子数，即物质浓度。化学反应速度与浓度的关系可以用质量作用定律来说明。根据质量作用定律，对于均相反应，在一定温度下，化学反应速度与参加反应的各反应物的浓度乘积成正比，而各反应物浓度的方次等于化学反应式中相应的反应系数。因此，反应速度又可以表示为

$$W_A = -\frac{dC_A}{dt} = k_A C_A^a C_B^b \tag{2-6}$$

$$W_B = -\frac{dC_B}{dt} = k_B C_A^a C_B^b \tag{2-7}$$

式中 C_A，C_B——反应物 A，B 的浓度；

a，b——反应物 A，B 的反应系数；

k_A，k_B——反应速度常数。

各浓度的指数之和 $n=a+b$ 称为反应的总级数，例如 $n=2$，称为该反应为二级反应，其余类推。反应级数一般通过实验确定。

实验证明，一个化学反应只要在按其化学反应计量方程式一步完成的条件下，才能应用质量作用定律来说明反应速度之间的关系。但只有一部分简单的化学反应是按其化学反应计量方式一步完成的，化学反应计量方程式只是反应化学反应的最终结果，而并非化学反应的真正过程。因此，在这种情况下使用质量作用定律就不能直接采用化学反应计量方程式的化学计量系数来确定其浓度的方次，而只能通过实验来测定。也就是要通过实验了解化学反应的真正过程后，才能应用质量作用定律。

严格来说，质量作用定律仅适用于理想气体。在均相反应中常假定气体是理想的，因此可以应用质量作用定律，但燃烧反应常由均相反应和多相反应所组成。多相反应速度是指在单位时间、单位表面积上参加反应的物质浓度的变化，即

$$W_b = \frac{dC_B}{dt} = k_B f_A C_B^b \tag{2-8}$$

式中 f_A——单位容积两相混合物中固相物质的表面积；

k_B——反应速度常数；

C_B——固体燃料表面附近氧的浓度。

对于多相反应，如煤粉燃烧，燃烧反应是在固体表面上进行的，固体燃料的浓度不变，即 $C_A=1$。反应速度只取决于燃料表面附近氧化剂的浓度。此时煤粉燃烧的化学反应速度可用式 12-8 表示。

式（2-8）说明，在一定温度下容积不变时，提高固体燃料附近氧的浓度，就能提高化学反应速度。反应速度越高，燃料所需的燃尽时间就越短。上述关系只反映了化学反应速度与参加反应物浓度的关系。事实上，反应速度不仅与反应物浓度有关，更重要的是与参加反应的物质本身有关，具体地说，与煤或其他燃料的性质有关。化学反应速度与燃料性质及温度的关系可用阿伦尼乌斯定律表示。

（二）温度对化学反应速度的影响

温度对化学反应速度有很大的影响。当反应物的浓度不随时间变化时，化学反应速度就可用反应速度常数 k 来表示，而 k 主要取决于反应温度和参加反应物的性质，在实际燃烧过程中，由于燃料与氧化物（空气）是按一定比例连续供给的，当混合十分均匀时，可以认为燃烧反应是在反应物质浓度不变的条件下进行的。这时，它们之间的关系可以用阿伦尼乌斯

定律来表示

$$k - k_0 \mathrm{e}^{(-E/RT)} \tag{2-9}$$

式中　k_0——相当于单位浓度中，反应物质分子间的碰撞频率及有效碰撞次数的系数；

E——反应活化能；

R——通用气体常数；

T——反应温度：

k——反应速度常数（浓度不变）。

这样反应速率方程 $W_B = -\dfrac{\mathrm{d}C_B}{\mathrm{d}t} = kC_B^b$ 可改写成

$$W_B = \frac{\mathrm{d}C_B}{\mathrm{d}t} = k_0 C_B^b \mathrm{e}^{(-E/RT)} \tag{2-10}$$

式（2-10）说明，当反应物浓度不变时，化学反应速度与温度成指数关系，当温度升高时，分子从外界吸收了热量，活化分子急剧增多，化学反应速度加快。这种现象可以这样来解释：化学反应是通过反应物分子间的碰撞而进行的，但不是所有的碰撞都能引起化学反应，只有其中具有较高能量活化分子的碰撞才能发生化学反应。为使化学反应得以进行，分子活化所需的最低能量称为活化能，以 E 表示。能量大到或超过活化能 E 的分子成为活化分子。活化分子的碰撞才是发生化学反应的有效碰撞。

阿伦尼乌斯定律中的活化能 E 和频率因子 k_0 都可视为与温度无关。

从统计物理学的观点，频率因子 k_0 表征了反应物质分子碰撞的总次数，可以近似认为它与温度无关，是一个常数，但实际上因为分子碰撞总次数与分子运动的速度成正比，根据气体动力学原理，分子运动的速度是与温度 T 的平方根成正比的，因此在精确计算中，k_0 的数值应为

$$k_0 = 常数 \times \sqrt{T} \tag{2-11}$$

活化能 E 是物质反应活性的一种特性，活化能的概念是根据分子运动理论提出的，由于燃料的多数反应都是双分子反应，双分子反应的首要条件是两种分子必须相互接触，相互碰撞。分子间彼此碰撞机会和碰撞次数很多，但并不是每一个分子的每一次碰撞都能起到作用。就燃烧反应来说，如果每一个分子的每一次碰撞都能起到作用，那么即使在低温条件下，燃烧反应也将在瞬时完成，然而燃烧反应并非如此，而是以有限的速度进行。所以提出只有活化分子的碰撞才有作用。这种活化分子是一些能量较大的分子，这些能量较大的分子碰撞所具有的能量足以破坏原有化学键，并建立新的化学键。但这些具有高水平能量的分子是极少数的。要使具有平均能量的分子的碰撞也起作用，必须使它们转变为活化分子，这一转变所需的最低能量称为活化能，用 E 表示。所以活化分子的能量比平均能量要大，并且活化能的作用使活化分子的数目增加。因此，活化能可以理解为使分子接近和破坏反应分子化学键所必须消耗的能量，也就是发生反应所需要的能量。

不同反应的活化能是不同的，正反应和逆反应的活化能也是不同，反应过程中能量变化的情况如图 2-1 所示。反应物分子要吸收一个正反应活化能量 E_1，达到活化状态，才能反应形成生成物，而生成物要还原成反应物，则要吸收一个逆反应活化能 E_2 才行。如图 2-1 所示，对于放热反应，$E_1 < E_2$，对吸热反应，$E_1 > E_2$。

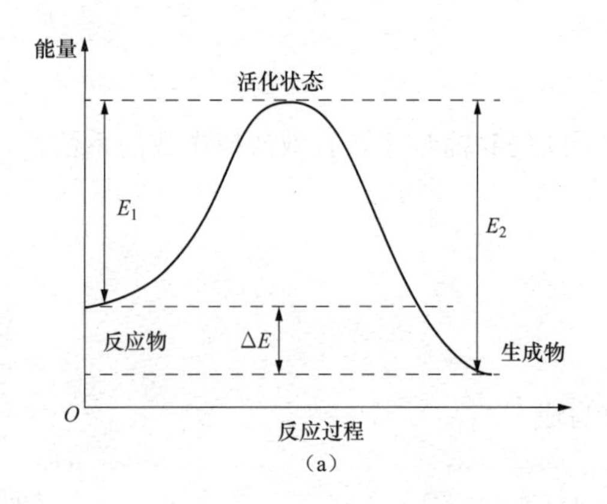

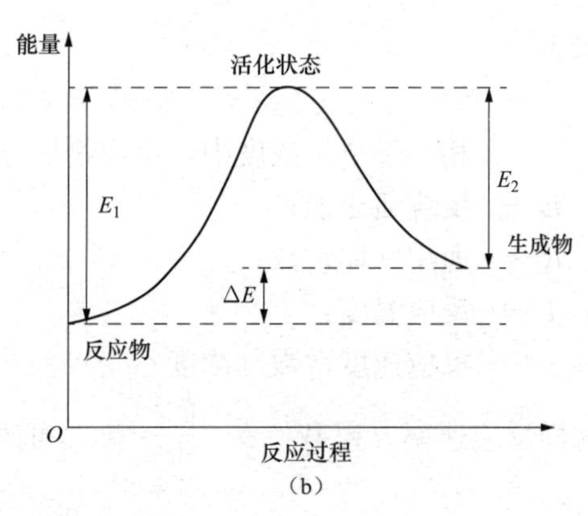

图 2-1　化学反应中能量的变化

(a) 放热反应；(b) 吸热反应

对于锅炉燃料燃烧，在一定温度下的某一种燃料的活化能越小，这种燃料的反应能力就越强，而且反应速度随温度变化的可能性就减小，即使在较低的温度下也容易着火和燃尽。

活化能越大的燃料，其反应能力越差，反应速度随温度的变化也越大，即在较高的温度下才能达到较大的反应速度，这种燃料不仅着火困难，而且需要在较高的温度下经过较长的时间才能燃尽。

燃料的活化能水平是决定燃烧反应速度的内因条件。

一般化学反应的活化能为 42～420kJ/mol，活化能小于 42kJ/mol 的反应，反应速度极快，以致难于测定；活化能大于 420kJ/mol 的反应，反应速度缓慢，可认为不发生反应。

燃煤的活化能及频率因子可在沉降炉中测定，表 2-1 是国内四种典型煤种频率因子及活化能的测定结果。不同的测试仪器所测量的数据差别较大，因此只有同一仪器测量的数据才具有可比性。

表 2-1　　国内四种典型煤种频率因子及活化能的测定结果

煤种	V_{daf}（%）	频率因子［g/(cm²·s·MPa)］	活化能（kJ/mol）
无烟煤	5.15	96.83	85.2212
贫煤	15.18	12.61	55.098
烟煤	33.40	7.89	45.452
烟煤	41.02	5.31	38.911

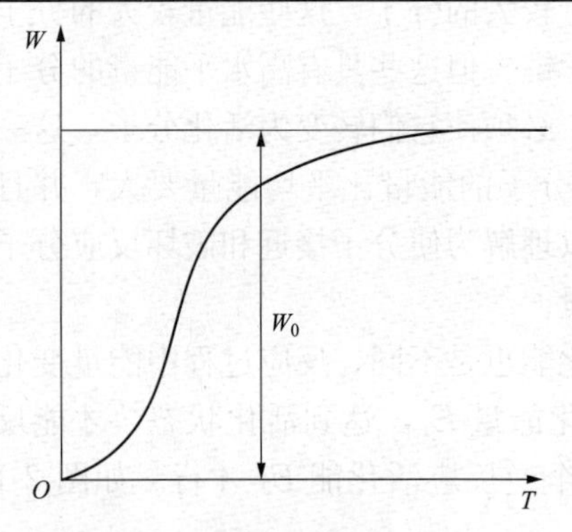

图 2-2　阿伦尼乌斯得到的反应速度与温度的关系曲线

阿伦尼乌斯得到的反应速度与温度的关系曲线如图 2-2 中所示。曲线随着温度升高而迅速上升，然后又变为缓慢上升，最后趋向于一条水平线 $W=W_0$。通常活化能的数值为 4×10^4～40×10^4J/mol。只有当温度达到 1×10^5K 左右时，反应速度才开始减慢。所以，在工程实际中仅能用到曲线的起始部分，在此部分，化学反应速度随温度的升高迅速增大。

对于锅炉燃料燃烧来说，实际的炉内的燃烧过程，反应物的浓度、炉膛压力可认为基本不变，因此化学反应速度主要与温度有关。温度升高时，活化分子数急剧增多，反应速度也随之加快。而且活化能数值越大，温度对反应速度的影响就越显著。实际运行中，提高炉膛温度是加速燃烧反应、缩短燃烧时间的重要方法。

（三）压力对化学反应速度的影响

在反应容积不变的情况下，反应系统压力的增高就意味着反应物浓度增加了，从而使化学反应速度增加。

对反应级数不同的化学反应来说，压力对它们的反应速度有着不同程度的影响。

如果容器气体压力为 P_1，体积为 V_1，其中共有 Nmol 气体，则气体的容积摩尔浓度为 $C_1=N/V_1$，化学反应速度为

$$W_1=-\left(\frac{dC_1}{d\tau}\right)=kC_1^n=k\left(\frac{N}{V_1}\right)^n \tag{2-12}$$

当气体受到压力 P_2 作用时，其体积变为 V_2，浓度变为 $C_2=N/V_2$，则反应速度成为

$$W_2=-\left(\frac{dC_2}{d\tau}\right)=kC_2^n=k\left(\frac{N}{V_2}\right)^n \tag{2-13}$$

$$\frac{V_1}{V_2}=\frac{p_1}{p_2} \tag{2-14}$$

$$则\frac{W_1}{W_2}=\left(\frac{V_1}{V_2}\right)^n=\left(\frac{p_1}{p_2}\right)^n$$

反应速度与压力的关系在一般的锅炉燃烧过程中常可以忽略，这是因为燃烧室中的压力接近常压变化不大的缘故。但对于增压燃烧的锅炉及在高海拔低气压地区运行的锅炉，则应考虑压力对燃烧影响。

实验证明，一般情况下，化学反应不能由反应物一步就获得生成物，而是通过链式反应来进行的。链式反应中，参加反应的中间活性产物或活化中心，一般是自由态原子或基团，每一次活化作用能引起很多的基本反应（反应链）。这类反应容易发生并能继续下去，直至反应物消耗殆尽或通过外加因素使链环中断为止。链式反应分为直链反应和支链反应两种，如图 2-3 所示。如果每一链环只产生一个新的活化中心，那么这种链式反应就称为直链反应；如果每一链环中有两个或者更多个活化中心可以引出新链环的反应，这种链式反应成为支链反应。燃烧反应属于链式反应中的支链反应，即参加反应的一个活化中心可以产生两个或更多的活化中心，因此反应速度是极快的，以至于可以引起爆炸。

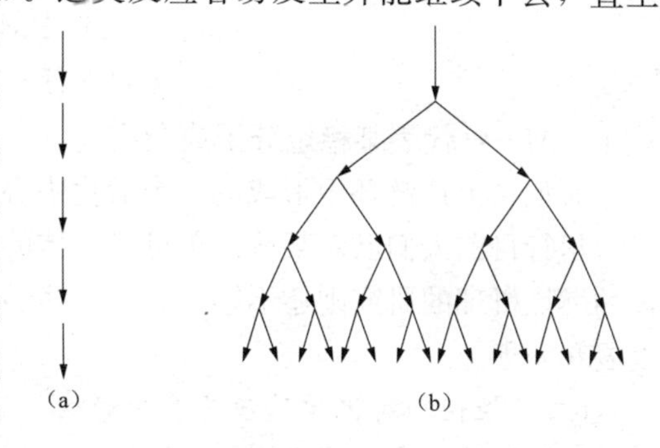

图 2-3　直链反应和支链反应两种反应示意图
（a）直链反应示意；（b）支链反应示意

具体而言，如气体燃料的燃烧反应，其反应速度很高，而且在温度极低（如 $T\to 0$K 时）的场合下，反应仍可以很高的速度进行。这种反应并不是按化学反应方程式那样一步完成的，也并不需要给反应物质施加能量，使活化分子的数目增多。在气体燃料燃烧反应过程中，可以自动产生一系列活化中心，这些活化中心不断繁殖，使反应进行一系列中间过程，整个燃烧反应就像链一样一节一节传递下去，故称这种反应为链式反应。链式反应是一种高速反应，例如当温度超过 500℃时，氢的燃烧就变为爆炸反应。

例如氢和氧的混合气体中，存在一些不稳定的分子，它们具体反应过程为：氢分子 H

吸收了极少的活化能，被质点 M 激活后，产生活化中心 H，同时产生游离基 OH，这些自由原子和游离基称为活化中心。通过活化中心来进行反应，比原来的反应物直接反应容易很多。

最初活化中心可能是按下列方式得到

$$H_2+O_2 \longrightarrow 2OH \tag{2-15}$$

$$H_2+M \longrightarrow 2H+M \tag{2-16}$$

$$O_2+O_2 \longrightarrow O_3+O \tag{2-17}$$

式中 M——与不稳定分子碰撞的任一稳定分子。

活化中心与稳定分子相互作用的活化能是不大的，故在系统中可发生的反应为

$$H+O_2 \longrightarrow OH+O_2 \tag{2-18}$$

$$O+H_2 \longrightarrow OH+H \tag{2-19}$$

$$OH+H_2 \longrightarrow H_2O+H \tag{2-20}$$

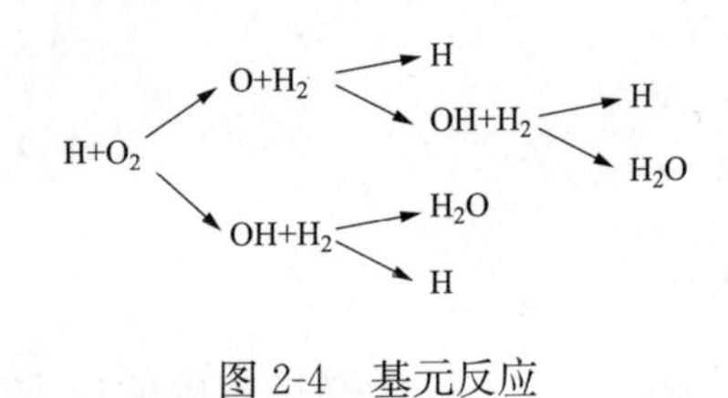

图 2-4 基元反应

在这三个基元反应，式（2-18）的反应较式（2-19）、式（2-20）慢些，因此它的反应速度是决定性的。基元反应之间也有一定的数量关系，以氢原子 H 这个活化中心为例，可归结为如图 2-14 所示的基元反应。

总的反应平衡式为

$$H+3H_2+O_2 \longrightarrow 3H+2H_2O \tag{2-21}$$

式（2-21）表明，一个氢分子与质点碰撞被激活而吸收活化能后，可以产生三个活化氢原子，而这三个活化氢原子在下一次反应过程中又可以产生九个活化氢原子，以此类推。这是一种分支链式反应，其反应速度极快。以至在瞬间即可完成。

在气相中销毁的方式可以是

$$2H+M \longrightarrow H_2+M \tag{2-22}$$

$$OH+H+M \longrightarrow H_2O+M \tag{2-23}$$

式中 M——代表某稳定分子或杂质。

假如在上述链环中形成的三个活化中心都销毁了，链反应就在这个环上中断。

尽管目前人们已对某些简单可燃气体的燃烧反应机理有所掌握，但对较为复杂的可燃气体的燃烧机理的研究则还不够充分，一些学者所提出的机理还带有假设性质，有待于进一步发展和完善。

（四）催化剂对化学反应速度的影响

如果把某些称为催化剂的少量物质加到反应系统去，使化学反应速度发生变化，则这种作用成为催化作用。催化剂可以影响化学反应速度，但化学反应中催化剂本身并未改变。催化剂虽然也可以参加化学反应，但在另一个反应中又被还原，所以到反应终了时，它本身的化学性质并未发生变化。

所有的催化作用都有一个共同的特点，即催化剂在一定条件下，仅能改变化学反应的速度，而不能改变反应在该条件下可能进行的限度，即不能改变平衡状态，而只能改变达到平衡的时间。从活化能的观点看，催化剂可以改变反应物的活化能。

例如，SO_2 的氧化反应 $2SO_2+O_2 \longrightarrow 2SO_3$ 是很慢的，但如加入催化剂 NO，就会使反应速度大大增加，其反应式为

$$O_2 + 2NO \longrightarrow 2NO_2 \tag{2-24}$$

$$2NO_2 + 2SO_2 \longrightarrow 2SO_3 + 2NO \tag{2-25}$$

氧的扩散速度及其影响因素：

氧扩散过程的快慢用氧的扩散速度 w_{ks}来反映。扩散速度 w_{ks}表示单位时间向炭粒单位表面输送的氧量，即炭粒单位表面上的供氧速度。由于化学反应消耗氧，炭粒反应表面氧浓度 C_B^b小于周围介质中的氧浓度 C_O^0，周围环境汇总的氧不断向炭粒表面扩散。扩散速度由式（2-26）确定

$$w_{ks} = a_{ks}(C_O^0 - * C_B^b) \tag{2-26}$$

式中 a_{ks}——扩散速度常数。

根据传质理论可知，当气流冲刷直径为 d 的炭粒、两者相对速度为 w 时，扩散速度系数 a_{ks}与 d、w 有如下关系：

$$a_{ks} \propto \frac{w^{2/3}}{d^{1/2}} \tag{2-27}$$

由以上各式可知氧的扩散速度不仅与氧浓度有关，还与炭粒直径及气流与炭粒的相对运动速度有关。

炭粒燃烧过程中，气流与炭粒的相对速度越大，扰动越强烈，不仅氧向炭粒表面的供应速度增大，同时燃烧产物离开炭粒表面扩散出去的速度也增大，使氧的扩散速度加快。由于炭的燃烧是在炭粒表面进行的，炭粒直径越小，单位质量炭粒的表面积越大，与氧的反应面积也越大，化学反应消耗的氧越多，炭粒表面的氧浓度就会降低。炭粒表面与周围环境的氧浓度差越大时氧的扩散速度越大。因此，供应燃烧足够的空气量、增大炭粒与气流的相对速度和减小炭粒直径都会加强炭粒燃烧的扩散速度。

二、燃烧速度与燃烧区域

固体燃料颗粒的燃烧过程是一个相当复杂的物理化学过程。与燃烧化学反应进行的同时还伴随着某些物理过程，如传质和传热、动量和能量的交换等。

炭粒的多相燃烧反应由下列几个连续的阶段组成，即：

（1）参加燃烧的氧气从周围环境扩散到炭粒的反应表面；

（2）氧气被炭粒表面吸附；

（3）在炭粒表面进行燃烧化学反应；

（4）燃烧产物由炭粒解吸附；

（5）燃烧产物离开炭粒表面，扩散到周围环境中。

燃烧速度 W_r 是指炭粒单位表面上的实际反应速度。它取决于上述阶段中进行得最慢的过程。上述五个阶段中，吸附阶段和解吸附阶段进行得最快，燃烧产物离开炭表面、扩散出去的阶段较快。因此炭的多相燃烧速度取决于两方面因素：一是炭和氧的化学反应速度 $w_n = kC_B^b$；二是氧的扩散速度 $w_{ks} = a_{ks}(C_O^0 - C_B^b)$。最终的燃烧速度决定于两个速度中较慢者。当燃烧过程稳定时氧的扩散速度与化学反应速度应该相等，并都等于燃烧速度 w_r。即

$$w_n = w_{ks} = w_r \tag{2-28}$$

这时，氧的供应与消耗达到动态平衡，炭粒表面的氧浓度 C_B 稳定不变。因此用 w_r 取代 w_n 和 w_{ks}，并消去两式中的 C_B，炭粒燃烧速度 w_r 的表达式如下

$$w_r = \frac{1}{\frac{1}{k}+\frac{1}{a_{ks}}}C_O^0 = k_\tau C_O^0 \tag{2-29}$$

式中　k_τ——折算速度系数。

即

$$k_z = \frac{1}{\frac{1}{k}+\frac{1}{a_{ks}}} \tag{2-30}$$

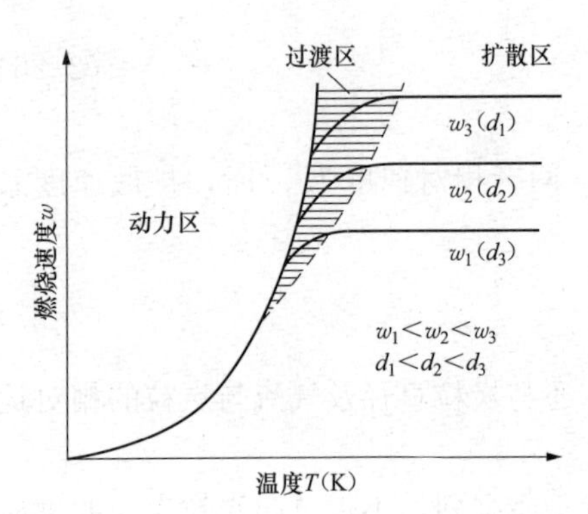

图 2-5　多相燃烧速度 w_r 的变化

实际上，在炉内燃烧过程中，反应物的浓度、炉膛压力变化较小，可不考虑，因此煤粉的燃烧速度主要与温度和氧的扩散速度有关。在不同的温度下，由于化学反应条件与气体扩散条件的影响是不同的，燃烧过程可能处于以下三个不同的区域，如图 2-5 所示，其中 d_1、d_2、d_3 为碳粒的直径，直径越小反应速度越大。

（一）动力燃烧区

当温度较低时（小于 1000℃），炭粒表面的化学反应速度较慢，供应到炭粒表面的氧量远远大于化学反应所需的耗氧量，这时 $a_{ks} \gg k$，由式（2-29）和式（3-30）可知，$w_r \approx kC_O^0$，$k_z \approx k$。这意味着燃烧速度主要决定于化学反应动力因素（温度和燃料反应特性）而与氧的扩散速度关系不大，这种燃烧工况成为处于动力燃烧区。在该区域内，温度对燃烧速度起着决定性的作用。因此，提高温度是强化动力燃烧工况的有效措施。

（二）扩散燃烧区

当温度很高时（大于 1400℃），炭粒表面化学反应速度常数 k 随温度的升高急剧增大，炭粒表面化学反应速度很快，以致耗氧速度远远超过氧的供应速度，炭粒表面的氧浓度实际为零。这时 $k \gg a_{ks}$，则 $k_c \approx a_{ks}$，$w_r \approx a_{ks}C_O^0 \approx w_{ks}$（$C_O^0$ 为周围氧气的浓度）。由于扩散到炭粒表面的氧远不能满足化学反应的需要，氧的扩散速度已成为制约燃烧速度的主要因素，而与温度关系不大，这种燃烧工况称为处于扩散燃烧区。在该区域内，改善扩散混合条件，加大气流与炭粒的相对速度，或减小炭粒直径都可提高燃烧速度。

（三）过渡燃烧区

介于上述两种燃烧区的中间温度区，化学反应速度常数 k 与氧的扩散速度系数 a_{ks} 处于同一数量级，因而氧的扩散速度与炭粒表面的化学反应速度相差不多，这时化学反应速度和氧的扩散速度都对燃烧速度有影响。这个燃烧反应温度区称为过渡燃烧区。在过渡燃烧区内，提高反应系统温度，改善氧的扩散混合条件，强化扩散，才能使燃烧速度加快。

随着燃烧炭粒直径减小，或气流与离子的相对速度增大，氧向炭粒表面的扩散过程加强，燃烧过程的动力燃烧区可以扩散到更高的温度范围，也就是说从动力燃烧区过渡到扩散燃烧区的温度将相应提高，如图 2-5 所示。在扩散混合条件不变的情况下，降低反应温度可以将燃烧过程由扩散燃烧区移向过渡燃烧区甚至动力燃烧区。在煤粉锅炉中，只有那些粗煤粉在炉膛的高温区才有可能接近扩散燃烧，在炉膛燃烧中心以外，大部分煤粉是处于过渡区甚至动力区的，因此提高炉膛温度和氧的扩散速度都可以强化煤粉的燃烧过程。对层燃炉来说，燃烧块煤时，一般燃烧是在扩散区进行的，因此只要能保证及时着火即可，而过分提高燃烧区的温度对强化燃烧的作用不大，主要应提高气流速度以强化扩散。因此，对于层燃炉，采用强制通风是强化燃烧的主要措施。

第二节　燃料燃烧过程

一、煤粉的燃烧过程

（一）煤粉燃烧的三个阶段

煤粉随同空气以射流的形式经喷燃器喷入炉膛，在悬浮状态下燃烧形成的煤粉火炬，从燃烧器出口至炉膛出口，煤粉的燃烧过程大致可以分为以下三个阶段。

1. 着火前的准备阶段

煤粉气流喷入炉内至着火这一阶段为着火前的准备阶段。着火前的准备阶段是吸热阶段。在此阶段内，煤粉气流被烟气不断加热，温度逐渐升高。煤粉受热后，首先是水分蒸发，接着干燥的煤粉进行热分解并析出挥发分。挥发分析出的数量和成分取决于煤的特性、加热温度和速度。着火前煤粉只发生缓慢氧化，氧浓度和飞灰含碳量的变化不大。一般认为，从煤粉中析出的挥发分先着火燃烧。挥发分燃烧放出的热量又加热炭粒，炭粒温度迅速升高，当炭粒加热至一定温度并有氧补充到炭粒表面时，炭粒着火燃烧。

2. 燃烧阶段

煤粉着火以后进入燃烧阶段。燃烧阶段是一个强烈的发热阶段。煤粉颗粒的着火燃烧，首先从局部开始，然后迅速扩展到整个表面。煤粉气流一旦着火燃烧，可燃质与氧发生高速的燃烧化学反应，放出大量的热量，发热量大于周围水冷壁的吸热量，烟气温度迅速升高达到最大值，氧浓度及飞灰含碳量则急剧下降。

3. 燃尽阶段

燃尽阶段是燃烧过程的继续。煤粉经过燃烧后，炭粒变小，表面形成灰壳，大部分可燃物已经燃尽，只剩下少量未燃尽炭继续燃烧。在燃尽阶段中，氧浓度相应减少，气流的扰动减弱，燃烧速度明显下降，燃烧发热量小于水冷壁吸热量，烟温逐渐降低，因此燃尽阶段占整个燃烧阶段的时间最长。

对应于煤粉燃烧的三个阶段，煤粉气流喷入炉膛后，从燃烧器出口至炉膛出口，沿火炬形成可分为三个区域，即着火区、燃烧区和燃尽区。其中着火区很短，燃烧区也不长，而燃尽区却比较长。图 2-6 为煤粉火炬的工况曲线。图中曲线表明，随着煤粉燃烧过程的进行，沿着煤粉火炬行程，烟气中飞灰含碳量 C_{fh} 逐渐减少，氧浓度逐渐下降，而燃烧产物 RO_2 气体的浓度却逐渐上升。这些参数在燃烧最剧烈的燃烧区变化最快，在着火区和燃尽区变化缓慢。烟气温度变化是在着火区和燃烧区上升，在燃尽区中烟气温度下降。

（二）炭粒的燃烧

煤粉燃烧的关键是其中炭粒的燃烧。这是因为：①焦炭中的碳是大多数固体燃料可燃质的主要成分；②焦炭的燃烧过程是整个燃烧过程中最长的阶段，在很大程度上它能决定整个粒子的燃烧时间；③焦炭中碳燃烧的发热量占煤发热量的 40%（泥煤）～95%（无烟煤），它的发展对其他阶段的进行有着决定性的影响。因此，煤粉的整个燃烧过程中，关键在于组织好焦炭中碳的燃烧。

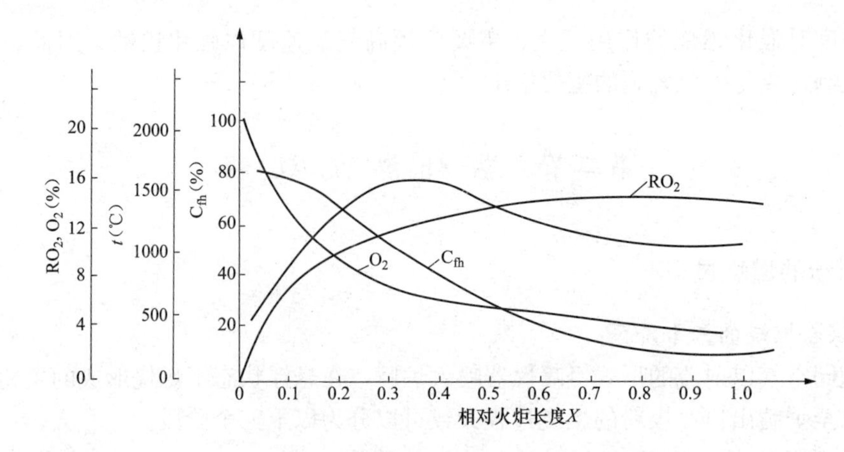

图 2-6　煤粉火炬的工况曲线

t—烟气温度；C_{fh}—飞灰含碳量；RO_2—烟气中 RO_2 气体的浓度；O_2—烟气中 O_2 气体的浓度

炭粒的燃烧机理是比较复杂的，炭粒与氧之间的燃烧属于多相燃烧，其反应在炭粒表面进行的。周围环境中的氧不断向炽热炭粒表面扩散，在其表面进行燃烧，其反应式为

$$C + O_2 \longrightarrow CO_2 \tag{2-31}$$

$$2C + O_2 \longrightarrow 2CO \tag{2-32}$$

式（2-31）和式（2-32）称为一次反应。其反应生成的 CO_2 和 CO 即可通过炭粒周围的气体介质向外扩散出去，又可向炭粒表面扩散。CO 向外扩散时遇氧燃烧生成 CO_2；CO_2 向炭粒扩散时，在高温下与碳进行气化反应生成 CO，即

$$C + CO_2 \longrightarrow 2CO \tag{2-33}$$

$$2CO + O_2 \longrightarrow 2CO_2 \tag{2-34}$$

式（2-33）和式（2-34）称为二次反应。

锅炉燃烧设备中，煤粉炉内的煤粉处于悬浮状态，空气流与煤粉粒子间的相对速度很小，可认为焦炭粒子是处在静止气流中进行燃烧的。而在旋风炉和流化床锅炉中，煤粉在燃烧过程中还受到气流的强烈冲刷。当炭粒在静止的空气中燃烧时，在不同的温度下，上述这些反应以不同的方式组合成炭粒的燃烧过程。

在温度低于 1200℃时，按下列反应式进行燃烧反应

$$4C + 3O_2 \longrightarrow 2CO + 2CO_2 \tag{2-35}$$

此时，由于温度较低，在炭粒表面生成的 CO_2 不能与炭粒进行二次的气化反应，而 CO 从炭粒表面向外扩散途中与 O_2 相遇而产生燃烧。只有与 CO 燃烧后剩余的 O_2 才能扩散到炭粒表面。炭粒表面生成的 CO_2 和 CO 燃烧后生成的 CO_2 一起向周围环境扩散。炭粒表面周围氧浓度和燃烧产物浓度变化如图 2-7 所示。

当温度低于 1200℃时，炭粒的燃烧开始转向如下反应

$$3C + 2O_2 \longrightarrow 2CO + CO_2 \tag{2-36}$$

此时，由于温度升高加速了炭粒表面的反应，生成更多的 CO。同时，气化反应也因温度升高使反应速度显著提高。CO 在向外扩散途中遇到远处扩散来的 O_2 而燃烧，并将氧全部耗尽。反应生成的 CO_2 同时向炭粒表面和周围环境两个方向扩散。炭粒表面周围氧浓度和燃烧产物浓度的变化如图 2-7（b）所示。

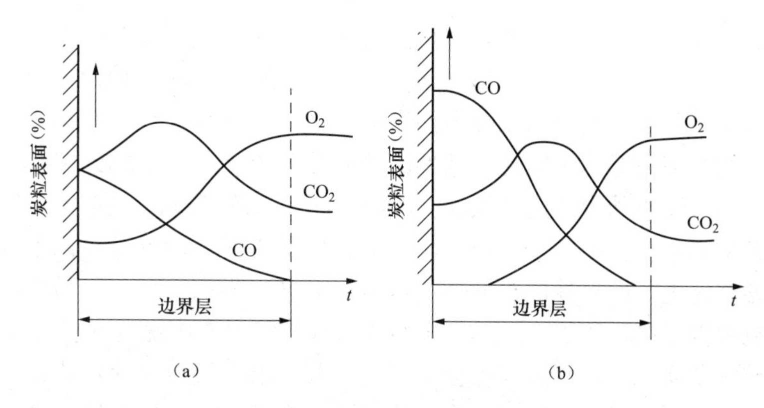

图 2-7　炭粒表面燃烧过程

(a) 温度低于 1200℃；(b) 温度高于 1200℃

应该指出，炭粒的实际燃烧过程是在更为复杂的情况下进行的。除上述温度会影响反应进程外，其他因素，如整个过程是否等温、炭粒的几何形状和结构以及炭粒周围气流性质等，也会对反应进行有一定影响。因此，为强化燃烧过程，必须根据如前所述的三个燃烧阶段的特点和要求，采取不同的方式和措施。

（三）煤的燃烧特点

煤是一种多孔性物质，它受热后产生的水蒸气和挥发分会向煤粒表面四周的空间扩散，同时向煤粒的内部孔隙扩散。

从煤粒表面向四周扩散的水蒸气和挥发分与向煤粒表面扩散的周围介质（包括氧及惰性气体氮等）形成两股相互扩散的气流，结果是在距煤粒表面某一距离处，即化学计量关系区域内，可燃气体将燃尽，此处的过量空气系数 α 接近于 1，如图 2-8 所示，其中 t 为温度。由此可见，煤粒周围的可燃气体及氧有复杂的浓度场，而且由于在炭粒表面上的化学反应有一次、二次反应及其他反应，因此浓度场也可能改变，情况变得更加复杂。

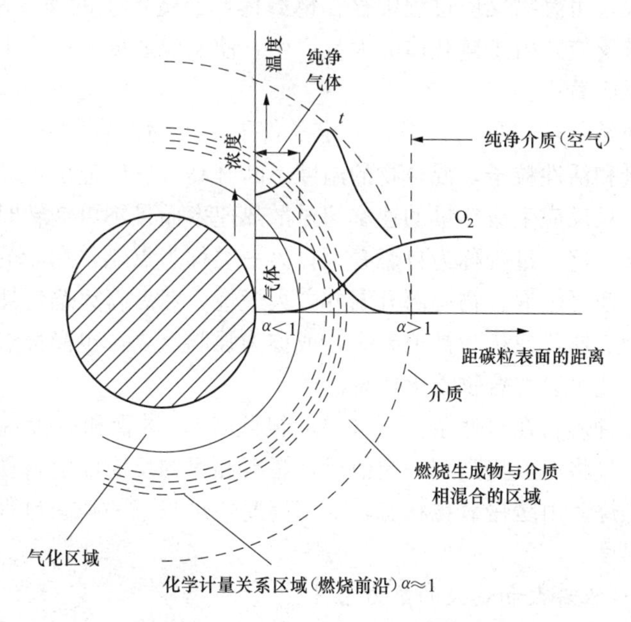

图 2-8　煤粒周围的浓度场和温度场

煤的内部孔隙很小，但水分和挥发分析出后会形成有较大内部孔隙反应表面的焦炭，其内部反应的影响不能忽视。在一定的温度条件下，焦炭的燃烧和气化反应主要在炭粒外部表面进行，但随着反应气体向炭粒的孔隙内部渗透，反应过程还会扩散到炭粒的内部表面，但在外部不同的燃烧区域情况是不同的。在外部动力燃烧区域，由于温度不高，扩散速度大于化学反应速度，因此属于动力燃烧区域，此时碳表面的氧浓度较大，接近于周围介质的氧浓度，氧很容易扩散到炭粒空隙中去，使反应不但在外部表面，而且也在内部孔隙表面进行，这有利于加快燃烧速度。而在外部扩散燃烧区域，温度已很高，属于扩散燃烧区域。此时，碳外部表面的氧浓度已接近于零，氧不大可能渗透到孔隙中去，就不可能由内部反应。

煤粒中有矿物杂质，在燃烧过程中会生成灰，灰会附在炭粒表面形成灰层包裹着炭粒。这个灰层会妨碍氧向炭粒表面的扩散，或者使炭粒的外部反应表面减少，因而使燃烧速度受到影响，碳的燃尽发生困难。

二、着火和点火

着火阶段是燃烧的准备阶段。在这一阶段，可燃物质与氧化剂在缓慢氧化的基础上，不断地积聚热量和活性粒子，到达一定程度，燃料就会着火燃烧。着火是燃烧过程的临界现象之一。

事实上，任何可燃物质在一定条件下与氧接触都会发生氧化反应。如果氧化反应所产生的热量等于散失的热量，或者活化中心浓度增加的数量正好补偿其销毁的数量，这一反应过程称为稳定的氧化反应过程。如果氧化反应所产生的热量大于散失的热量，或者活化中心浓度增加的数量大于其销毁的数量，这一反应过程称为不稳定的氧化反应过程。由稳定的氧化反应转变为不稳定的氧化反应从而引起燃烧的一瞬间，成为着火。

着火的反应机理有两种：其一是热力着火，可燃混合物由于自身的氧化反应放热或者由于外部热源的加热使温度不断升高，导致氧化反应加快，从而聚积更多的热量，最终导致着火；其二是链式着火，可燃物反应过程中存在链载体，当链产生的速度超过其销毁的速度，或者反应本身为支链反应，由于链载体的大量产生，使反应速度迅速增大，同时又产生更多的链载体，最终使反应着火。

着火的方式有两类：一类称为自燃，一定条件下，可燃混合物在缓慢氧化反应的基础上，不断地积聚热量和活性粒子，混合物的温度不断升高，反应速度不断加快，即使可燃混合物不是绝热的，一旦反应生成热量的速率超过散热速率而且不可逆转时，整个容积的可燃混合物就会同时着火，这一过程称为自燃着火；另一类称为点燃，在冷的可燃混合物中，用一个不大的点热源，使可燃混合物局部升温并着火燃烧，然后将火焰传播到整个可燃混合物中去，这一过程称为点燃，或称为被迫着火，或称为强制点火，也简称点火。实际的燃烧组织中，一般都靠点火使可燃混合物着火燃烧。

具体而言，当各种燃料在自然条件下（温度很低时），尽管和氧接触，但只能缓慢氧化而不能着火燃烧。但是将温度提高到一定值后，燃料和氧的反应就会自动加速到相当大的程度，而产生着火和燃烧。由缓慢氧化状态转变到高速燃烧状态的瞬间过程称为着火，转变的瞬间温度称为着火温度。

（一）煤粉燃烧过程着火和熄火的热力条件

煤粉与空气组成的可燃混合物的着火、熄火以及燃烧过程是否稳定地进行，都与燃烧过程的热力条件有关。因为在燃烧过程中，必然同时存在放热和吸热两个过程，这两个相互矛盾过程的发展，对燃烧过程可能是有利的，它也可能是不利的，它会使燃烧过程发生（着火）或者停止（熄火）。

下面以煤粉空气混合物在燃烧室内的燃烧情况，来说明这个问题。

燃烧室内煤粉空气混合物燃烧时的发热量 Q_1 为

$$Q_1 = k_o e^{-\frac{E}{RT}} C_{O_2}^n V Q_r \tag{2-37}$$

式中　E——反应活化能；

R——通用气体常数；

k_0——频率因子。

在燃烧过程中向周围介质的散热量 Q_2 为

$$Q_2 = \alpha S(T - T_b) \tag{2-38}$$

式中　C_{O2}——煤粉反应表面氧浓度；

n——燃烧反应中氧的反应系数；

V——可燃混合物的容积；

Q_r——燃烧反应热；

T——燃烧反应物温度；

T_b——燃烧室壁面温度；

α——混合物向燃烧室壁面的放热系数；

S——熵。

根据式（2-37）和式（2-38），可画出发热量 Q_1 和散热量 Q_2 随温度的变化曲线，如图 2-9 所示，放热曲线是一条指数曲线，散热曲线则接近于直线。

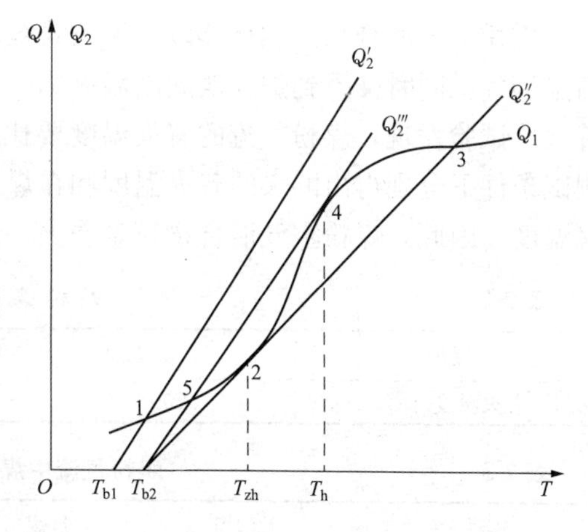

图 2-9　发热和散热曲线

当燃烧时壁面温度 T_{b1}（即煤粉气流的初始温度）很低时，此时散热曲线为 Q_2，它与放热曲线 Q_1 相交于点 1。由图 2-9 可知，在点 1 以前的反应初始阶段，由于发热大于散热，反应系统开始升温，到达点 1 达到放热、散热的平衡。而点 1 是一个稳定的平衡点，即反应系统的温度稍微变化（升高或降低），它始终会恢复到点 1 稳定下来。但点 1 处的温度很低，煤粉处于缓慢氧化状态，这时煤粉只会缓慢氧化而不会着火。

如果将煤粉气流的初始温度（即燃烧室壁面温度）提高到 T_{b2}，此时相应的散热曲线为 Q_2''。由图（2-9）可知，在反应初期，由于放热大于散热，反应系统温度逐渐增加，至点 2 达到平衡。但点 2 是一个不稳定的平衡点，因为只要稍稍地增加系统的温度，发热量 Q_1 就大于散热量 Q_2，即反应温度不断升高，一直到点 3 才会稳定下来。点 3 是一个高温的稳定平衡点，因此只要保证煤粉和空气的不断供应，反应将自动加速而转变为高速燃烧状态，点 2 对应的温度即为着火温度 T_{zh}。

对于处在高温燃烧状态下的反应系统，如果散热加大了，反应系统的温度便随之下降，

散热曲线变为 Q_2'''，它与放热曲线 Q_1 相交于点 4。由于点 4 前后都是散热大于放热，因此反应系统状态很快便从点 3 变为点 4，点 4 是一个不稳定的平衡点。只要反应系统温度稍微降低，便会散热大于放热，使反应系统温度自动急剧下降，一直到点 5 的地方才稳定下来。但点 5 处的温度已很低，此处煤粉只能产生缓慢的氧化，而不能着火和燃烧，从而使燃烧过程中止（熄火）。因此，只要到达了点 4 状态，燃烧过程即会自动中断，点 4 状态对应的温度即为熄火温度 T_{xh}。有图 2-9 可知，熄火温度 T_{xh}是大于着火温度的。

由上述分析可知：散热曲线和放热曲线的切点 2 和 4，分别对应于反应系统的着火温度和熄火温度。然而点 2 和点 4 的位置是随着反应系统的热力条件——散热和放热的变化而变化的。因此，着火温度和熄火温度也是随着热力条件的变化而变化的，并不是一个物理常数，只是一定条件下得出的相对特征值。

在相同的测试条件下，不同燃料的着火、熄火温度不同；而对同一种燃料而言，不同的测试条件也会得出不同的着火温度。对煤而言，反应能力越强（V_{adf}越高，焦炭活化能越小）的煤，其着火温度越低，越容易着火，也越容易燃尽；反之，反应能力越低的煤，例如无烟煤，其着火温度越高，越难于着火和燃尽。

从上面的分析可知，要加快着火，可以从加强放热和减少散热两方面着手。在散热条件不变的情况下，可以增加可燃混合物的浓度和压力，增加可燃混合物的初温，使放热加强；在放热条件不变时，则可采用增加可燃混合物初温和减少气流速度、燃烧室保温等减少放热措施来实现。

（二）煤粉气流的着火

煤粉空气混合物经燃烧器以射流方式被喷入炉膛后，经过湍流扩散和回流，卷吸周围的高温烟气，同时又受到炉膛四周高温火焰的辐射，被迅速加热，热量到达一定温度后就开始着火。试验发现，煤粉气流的着火温度要比煤的着火温度高一些。表 2-2～表 2-4 是在一定测试条件下分别得出的煤的着火温度和在煤粉气流中煤粉颗粒、液体燃料以及气体燃料的着火温度。因此，煤粉空气混合物较难着火，这是煤粉燃烧的特点之一。

表 2-2　各种煤的着火温度

煤种	无烟煤	烟煤	褐煤
着火温度（℃）	700～800	400～500	250～450

表 2-3　煤粉气流中煤粉颗粒的着火温度

煤种	无烟煤	贫煤（Vr=14%）	烟煤	褐煤
着火温度（℃）	1000	900	650～840	550

表 2-4　液体燃料和气体燃料的着火温度

燃料	高炉煤气	发生炉煤气	炼焦煤气	天然气	石油
着火温度（℃）	530	530	300～500	530	360～400

煤粉空气混合物经燃烧器以射流方式被喷入炉膛后，经过湍流扩散和回流，卷吸周围的高温烟气，同时又受到炉膛四周高温火焰的辐射，被迅速加热，热量到达一定温度后就开始着火。试验发现，煤粉气流的着火温度要比煤的着火温度高一些。

在锅炉燃烧中，希望煤粉气流离开燃烧器喷口不远处就能稳定的着火，如果着火过早，可能使燃烧器喷口因过热被烧坏，也易使喷口附近结渣；如果着火太迟，就会推迟整个燃烧过程，使煤粉来不及烧完就离开炉膛，增大机械不完全燃烧损失，另外着火推迟还会使火焰中心上移，造成炉膛出口处的对流受热面结渣。

煤粉气流着火后开始燃烧，形成火炬，着火以前是吸热阶段，需要从周围介质中吸收一定的热量来提高煤粉气流的温度，着火以后才是放热过程。将煤粉气流加热到着火温度所需的热量称为着火热。着火热包括加热煤粉及空气（一次风），并使煤粉中水分加热、蒸发、过热所需热量。

着火热 Q_{zh} 近似按式（2-39）计算

$$Q_{zh}=\left(V_1c_k+c_r^g\frac{100-M_{ar}}{100}+\Delta Mc_q\right)(t_{zh}-t_1)+\left(\frac{M_{ar}}{100}-\Delta M\right)\times[4.19\times(100-t_1)+2510+c_q(t_{zh}-100)] \tag{2-39}$$

式中　V_1——一次风量，m^3/kg；

c_k——空气的比热，$kJ/(m^3/kg\cdot℃)$；

c_r^g——干燥基的比热容，$kJ/(kg\cdot℃)$；

c_q——水蒸气的比热容，$kJ/(kg\cdot℃)$；

M_{ar}——原煤水分，%；

ΔM——原煤在制粉系统中蒸发的水分，kJ/kg；

t_1——一次风煤粉混合物的初温，℃；

t_{zh}——着火温度，℃。

由式（2-39）可知，着火热随燃料性质（着火温度、燃料水分、灰分、煤粉细度）和运行工况（煤粉气流的初温、一次风率和风速）的变化而变化，此外，也与燃烧器结构特性及锅炉负荷等有关。以下分析影响煤粉气流着火的主要因素。

1. 燃料性质

燃料性质中对着火过程影响最大的是挥发分含量，煤粉的着火温度随 V_{adf} 的变化规律如图 2-10 所示。

挥发分 V_{adf} 降低时，煤粉气流的着火温度显著提高，着火热也随之增大，即必须将煤粉气流加热到更高的温度才能着火。因此，低挥发分的煤着火更困难些，着火事件更长些，而着火点离开燃烧器喷口的距离自然也远了。

原煤水分增大时，着火热也随之增大，同时水分的加热、蒸发、过热都要吸收炉内的热量，只是炉内温度水平降低，从而使煤粉气流卷吸的烟气温度以及火焰对煤粉气流的辐射热也相应降低，这对着火显然是不利的。

原煤灰分在燃烧过程中不但不能发热，而且还会吸热。特别是当用高灰分的劣质煤时，由于燃料本身发热量低，燃料的消耗量增大，大量灰分在着火和燃

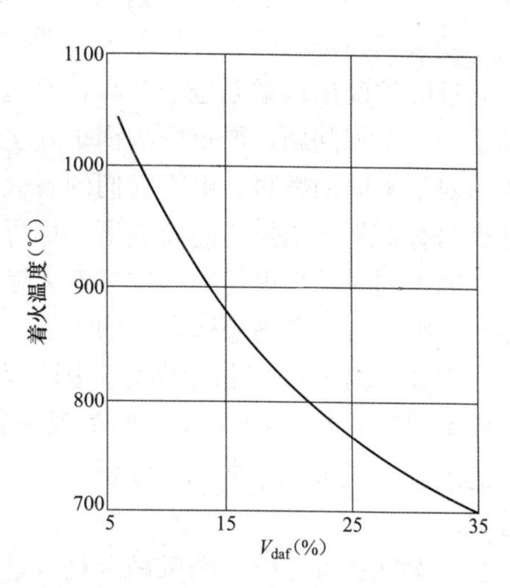

图 2-10　煤粒着火温度与 V_{adf} 的关系

烧过程中要吸收更多的热量，因而使炉内烟气温度降低，同样使煤粉气流的着火推迟，而且也影响了着火的稳定性。

煤粉气流的着火温度也随煤粉的吸热而变化，煤粉越细，进行燃烧反应的表面积就会越大，煤粉本身的热阻就会减小，因而在加热时，细煤粉的温升速度要比粗煤粉快，这样就可以加快化学反应速度，更快地达到着火。所以，在燃烧时总是细煤粉首先着火燃烧。由此可见，对于难着火的低挥发分煤，将煤粉磨得更加细一些，无疑会加速它的着火过程。

2. 炉内散热条件

从煤粉气流着火的热力条件可知，如果放热曲线不变，减少炉内散热，有利于着火。因此，在实践中为了加快和稳定低挥发分煤的着火，常在燃烧器区域用铬矿沙等耐火材料将部分水冷壁遮盖起来，构成卫燃带。其目的是减少水冷壁吸收热量，也就是减少燃烧过程的散热，以提高燃烧器区域的温度水平，从而改善煤粉气流的着火条件。实际表明敷设卫燃带（也称燃烧带）是稳定低挥发分煤着火的有效措施，但燃烧带区域往往又是结渣的发源地，必须加以注意。

3. 煤粉气流的初温

由式（2-39）可知，提高初温 t_1 可以减少着火热。因此，在实践中燃用低挥发分煤时，常采用高温的预热空气作为一次风来输送煤粉，即采用热风送粉系统。

4. 一次风量和一次风速

由式（2-39）可知，增大煤粉空气混合物中的一次风量可相应增大着火热，这将使着火延迟；减少一次风量，会使着火热显著降低。但一次风量不能过低，否则会由于煤粉着火燃烧初期得不到足够的氧气，而使化学反应速度减慢，阻碍着火燃烧的继续扩展。另外，一次风量还必须满足输粉的要求，否则会造成煤粉堵塞。因此，对应于一种煤，有一个最佳的一次风率。

具体而言，一次风量主要取决于煤质条件。当锅炉燃用的煤质确定时，一次风量对煤粉气流着火速度和着火稳定性的影响是主要的。一次风量越大，煤粉气流加热至着火所需的热量就越多，即着火热越多。这时，着火速度就越慢，因而，距离燃烧器出口的着火位置延长，使火焰在炉内的总行程缩短，即燃料在炉内的有效燃烧时间减少，导致燃烧不完全。显然，这时炉膛出口烟温也会升高，不但使炉膛出口的受热面结渣，还会引起过热器或再热器超温等一系列问题，严重影响锅炉安全经济运行。

对于不同的燃料，由于它们的着火特性的差别较大，所需的一次风量也就不同。应在保证煤粉管道不沉积煤粉的前提下，尽可能减小一次风量。

如果同时满足煤粉中挥发分着火燃烧所需的氧量和满足输送煤粉的需要这两个条件有矛盾时，则应首先考虑输送煤粉的需要。

例如，对于贫煤和无烟煤，因挥发分含量很低，如按挥发分含量来决定一次风量，则不能满足输送煤粉的要求，为了保证输送煤粉，必须增大一次风量。但因此却增加了着火的困难，这又要求加强快速与稳定着火的措施，即提高一次风温度，或采用其他稳燃措施。

一次风量通常用一次风量占总风量的比值表示，称为一次风率。一次风率的推荐值列于表 2-5。

表 2-5　　一次风率的推荐值　　(%)

煤种	无烟煤	贫煤	烟煤	烟煤	褐煤
V_{daf}			20～30	>30	
乏气送粉		20～25	25～30	25～35	20～45
热风送粉	15～20	20～25	20～25	25～40	40～45

一次风速对着火过程也有一定的影响。若一次风速过高，则通过单位截面积的流量增大，势必降低煤粉气流的加热速度，使着火距离加长。但一次风速过低时，会引起燃烧器喷口被烧坏，以及煤粉管道堵塞等故障。故最适宜的一次风速与煤种及燃烧器成型有关。

具体而言，在燃烧器结构和燃用煤种一定时，确定了一次风量就等于确定了一次风速。一次风速不但决定着火燃烧的稳定性，而且还影响着一次风气流的刚度。一次风速过高，会推迟着火，引起燃烧不稳定，甚至灭火。任何一种燃料着火后，当氧浓度和温度一定时，具有一定的火焰传播速度。当一次风速过高，大于火焰传播速度时，就会吹灭火焰或者引起“脱火”。即便能着火，也可能产生其他问题。因为较粗的煤粉惯性大，容易穿过剧烈燃烧区而落下，形成不完全燃烧。有时甚至使煤粉气流直冲对面的炉墙，引起结渣。表 2-6 列出了四角布置燃烧器配风风速的推荐值。

一次风速过低，对稳定燃烧和防止结渣也是不利的。原因在于：

(1) 煤粉气流刚性减弱，易弯曲变形，偏斜贴墙，切圆组织不好，扰动不强烈，燃烧缓慢。

(2) 煤粉气流的卷吸能力减弱，加热速度缓慢，着火延迟。

(3) 气流速度小于火焰传播速度时，可能发生“回火”现象，或因着火位置距离喷口太近，将喷口烧坏。

(4) 易发生空气、煤粉分层，甚至引起煤粉沉积、堵管现象。

(5) 引起一次风管内煤粉浓度分布不均，从而导致一次风射出喷口时，在喷口附近出现煤粉浓度分布不均的现象，这对燃烧也是十分不利的。

表 2-6　　四角布置燃烧器配风风速的推荐值

煤种	无烟煤	贫煤	烟煤	褐煤
一次风速（m/s）	20～25	20～30	25～35	25～40
二次风速（m/s）	40～55	45～55	40～60	40～60
三次风速（m/s）	50～60	55～60	35～45	35～45

5. 燃烧器结构特性

影响着火快慢的燃烧器结构特性，主要是指一、二次风混合的情况。如果一、二次风混合过早，在煤粉气流着火前就混合，等于增大了一次风量，相应使着火热增大，推迟着火过程。因此，燃用低挥发分煤种时，应使一、二次风的混合点适当推迟。

燃烧器的尺寸也影响着火的稳定性。燃烧器的出口截面积越大，煤粉气流着火时离开喷口的距离就越远，着火拉长了。从这一点来看，采用尺寸较小的小功率燃烧器代替大功率燃烧器是合理的。这是因为小尺寸燃烧器即增加了煤粉气流着火的表面，同时也缩短了着火扩展到整个气流截面所需要的时间。

6. 锅炉负荷

锅炉负荷降低，入炉燃料相应减少，虽然水冷壁总的吸热量也减少，但减少的幅度较小，相对于每千克燃料来说，水冷壁的吸热量反而增加。这样，炉膛平均烟温下降，燃烧器区域的烟温也降低，因而对煤粉气流的着火是不利的。当锅炉负荷降到一定程度时，就会危及着火的稳定性，甚至可能熄火。所以，着火稳定性条件常常限制了煤粉锅炉负荷的调节范围。

（三）油质燃料及气体燃料的燃烧

1. 油的燃烧

（1）油的燃烧方式。

油作为一种液体燃料，它的燃烧方式可分为两类：一类为预蒸发型，另一类为喷雾型。

预蒸发型燃烧方式是使燃料在进入燃烧室之前先蒸发为油蒸汽，然后以不同比例与空气混合后进入燃烧室中燃烧。例如，汽油机装有汽化器，燃气轮机的燃烧室装有蒸发管等。这种燃烧方式与均相气体燃料的燃烧原理相同。喷雾型燃烧方式是将液体燃料通过喷雾器雾化成一股由微小油滴（50～200μm）组成的雾化锥气流。在雾化的油滴周围存在空气，雾化锥气流在燃烧室被加热，油滴边蒸发，边混合、边燃烧。由于油的沸点比着火温度低，故不会直接在液滴表面形成燃烧的火焰，而是蒸发的油蒸汽离开油滴表面扩撒并与空气混合燃烧，因此，火焰面离开油滴表面有一定的距离。锅炉中的燃烧一般都采用喷雾型燃烧方式。

（2）油的燃烧过程。油的燃烧过程又可归纳为雾化、蒸发、扩散混合、着火、燃烧 5 个阶段。前 3 个阶段是一个物理过程，是保证稳定着火、充分燃尽的必要条件，特别是雾化和混合的好坏直接影响燃烧化学反应的进程和燃烧的效率。

由于液体燃料的燃烧是建立在单一液滴的燃烧基础上的。当一个很小的油粒置于高温含氧介质中，由于受到加热，油粒表面开始蒸发产生油蒸汽。大多数油的沸点不高于 200℃，因此蒸发过程在较低的温度下便开始进行。

油及其蒸汽都是由碳氢化合物组成的，它们在高温下若能以分子状态与氧分子接触，便能发生燃烧反应，但若在与氧接触前便达到高温，则会因受热而发生分解，即发生所谓的热解现象。油的蒸汽热解以后会产生固体的碳和氢气，这种固体碳常称为炭黑。另外，尚未来得及蒸发的油粒本身，如果剧烈受热而达到较高温度，液体状态的油粒会发生裂化现象。裂化的结果产生一些较轻的分子，呈气体状态从油粒中飞溅出来，剩下的较重的分子可能呈固态，即焦粒或沥青。

气体状态的碳氢化合物，包括油蒸汽以及热解、裂化产生的气态产物，与氧分子接触并达到着火温度时，便开始剧烈的燃烧反应。固态的炭黑、焦粒也可能在这种条件下开始燃烧。因此，在含氧高温介质中，油蒸汽及热解、裂化产物等可燃物不断向外扩散，氧分子不断向内扩散，两者混合达到化学当量比例时，便开始着火燃烧并产生火焰锋面。火焰锋面上所释放的热量又向油粒传递，使油粒继续经历受热、蒸发等过程。

可以认为，油粒的燃烧过程存在两个相互依存的过程，即一方面燃烧反应需要由油的蒸发提供反应物质；另一方面，油的蒸发又需要燃烧反应提供热量。在稳态过程中，蒸发速度和燃烧速度是相等的。若油蒸汽与氧的混合能够强烈地进行，只要蒸发很快而蒸汽的燃烧很缓慢，则整个过程的速度就取决于油的蒸发速度；若相对说来，蒸发很快而蒸汽的燃烧很缓慢，则整个过程的速度就取决于油蒸汽的均匀相的燃烧。因此，油的燃烧不仅包括均相燃烧过程，还包括对油粒表面的传热和传质过程。

研究表面，当油质一定时，油粒完全烧掉所需的时间与油粒半径的平方成正比，与周围介质的温度成反比。工程实际中，油的燃烧不是单一油粒的燃烧，而是油粒群的燃烧，尽管如此，上述分析所得结论在定性上仍然适用。

为了强化油燃料的燃烧过程，应该采取措施加速油的蒸发过程、强化油与空气的混合过程、防止和减轻化学热分解（热裂解）。

由于油的燃烧特点是油先蒸发成油蒸汽，油蒸汽与空气混合后才能燃烧。因此，应加速油的蒸发过程，即在一定的加热温度下，尽量增大蒸发的表面积，亦即需要维持燃烧室较高的温度并改善喷嘴的雾化质量，使雾化的油滴细小而均匀。

为了使油蒸汽尽快着火和燃烧，必须使油蒸汽与空气迅速混合。为了使喷嘴出口的雾化气流易于着火，还常应用旋转气流以便在中心形成回流区，使高温热烟气回流至火焰根部加热雾化气流，使之着火、燃烧。

实验表面，油燃料在 600℃以下进行热裂解时，碳氢化合物呈较对称地分解成轻质碳氢化合物和自由碳。在高于 650℃时，呈不对称分解，除分解成为轻质碳氢化合物和炭黑外，尚有重质碳氢化合物，并且温度越高，分解速度越快。锅炉燃烧中，常采用如下措施来设法防止或减轻高温下油燃料的热裂解：以一定空气量从喷嘴周围送入，防止火焰根部高温、缺氧；使雾化气流出口区域的温度适当降低，即使发生热裂解，也只产生对称的轻质碳氢化合物，而这种化合物易于燃烧；使雾化的油滴尽量细，达到迅速蒸发和扩散混合，避免高温缺氧区的扩大。

2. 气体燃料的燃烧

（1）燃烧特点。气体燃料含灰分极少，其燃烧属均相反应，着火燃烧要比固体燃料容易得多。气体燃料的燃烧速度和燃烧的完全程度主要取决于它与空气的混合。

气体燃料的燃烧一般包括燃料和空气的混合，混合气体的升温、混合气体的着火、混合气体的燃烧三个基本过程。前两个过程本质上是燃料和氧化剂之间发生的物理性质接触过程。因此，气体燃料燃烧所需要的全部时间由两部分组成，即燃料与空气之间发生物理性接触所需要的时间和进行化学反应所需要的时间。类似的，气体燃料的燃烧过程也可分为三个燃烧区域。

如果燃料与空气之间发生物理性接触所需要的时间远小于进行化学反应所需要的时间，则认为燃烧过程在动力区进行。例如，将燃气和燃烧所需要的空气预先完全混合后均匀的送入炉膛，燃烧在动力区内进行。

如果燃料与空气之间发生物理性接触所需要的时间远大于进行化学反应所需要的时间，则认为燃烧过程在扩散区进行。例如，将气体燃料和燃烧所需要的空气分别送入炉膛进行燃烧，由于炉膛温度较高，化学反应可在瞬间完成，此时的燃烧所需要的时间就完全取决于混合时间，燃烧就在扩散区中进行。

当燃烧在动力区进行时，燃烧速度将主要受化学动力学因素的控制，例如，反应物的活化能、混合物的温度和压力等。当燃烧在扩散区进行时，燃烧速度则主要受流体动力学因素的控制，例如气流速度的大小、流动过程中所遇到的物体的尺寸大小和形状等。

扩散区和动力区是燃烧过程的两个极限区，两者之间的燃烧过程称为过渡区。在过渡区，燃烧过程所需的物理性接触时间和化学反应时间相接近，此时的燃烧速度与流体动力学和化学动力学因素都有关系。

一般可采用一次风的过量空气系数 a_1 来区分燃烧过程所属的区域。一次风过量空气系数是指燃烧反应前预先同燃气混合的空气量与理论空气量之比。显然，在扩散区燃烧时，燃料与空气不预先混合 $a_1=0$；在动力区燃烧时，燃料与燃烧所需的全部空气预先混合，$a_1 \geqslant 1$；在动力-扩散区燃烧时，燃料只与部分空气预先混合，$0<a_1<1$。

根据上述特点，气体燃料的燃烧可做如下分类：

1）扩散式燃烧。此时的燃烧主要在扩散区进行。

2）完全预混式燃烧。此时的燃烧主要在动力区进行。

3）部分预混式燃烧。此时的燃烧在过渡区进行。

a. 扩散式燃烧时，由于燃料和空气在进入炉膛前不预先混合，而是分别送入炉膛后，一边混合，一边燃烧，燃烧速度较慢，火焰较长、较明亮，并且具有明显的轮廓，因此扩散燃烧有时也称为有焰燃烧。燃烧速度的大小主要取决于混合速度，为实现完全燃烧则需要较大的燃烧空间。为了减小不完全燃烧热损失，要求较大的过量空气系数，一般 a 为 1.15～1.25。燃气中的重碳氢化合物在高温缺氧条件下易于分解形成炭黑，造成机械不完全燃烧热损失，但却使火焰的黑度增加，辐射换热能力增强。由于燃气和空气在进入炉膛前不混合，因此无回火和爆炸的危险，可将燃料和空气分别预热到较高的温度，以利于提高炉内温度水平，提高热效率。燃烧所需要的空气由风机提供，因此不需要很高的燃气压力，可以提高热效率。

b. 完全预混式燃烧时，由于燃料和空气在进入炉膛前就已经均匀混合，因此燃烧速度快，火焰呈透明状，无明显的轮廓，故完全预混式燃烧也称为无焰燃烧。燃烧速度主要取决于化学反应速度，即取决于炉膛内的温度水平。由于火焰很短，燃烧室的温度较高，几乎没有化学不完全燃烧热损失。由于燃烧速度快，燃料中的碳氢化合物来不及分解，火焰中游离的炭粒较少，火焰的黑度较小，辐射能力较弱。有时为了提高火焰黑度，增强火焰的辐射能力，人为地在某一区域提高燃气的浓度，使之发生裂解形成发光火焰，或者喷入可以辐射连续光谱的重油或固体可燃粒子，如煤粉、焦末、木炭粉等。由于燃料和空气在燃烧前已均匀混合，因此有回火的危险，应严格控制预热温度。对于喷射式烧嘴，要求燃气有足够的压力，以免引起回火或引风量不足而出现燃烧不完全现象，燃气的热值越高，要求燃气的压力越高。

c. 部分预混式燃烧指燃气与燃烧所需的部分空气预混后所进行的燃烧，其一次空气率一般为 0.5～0.6，兼有扩散式燃烧和完全预混式燃烧的特点。这种预混的燃烧方法，是由本生在 1855 年创造出来的。他发明的燃烧器称为本生燃烧器（或本生灯）。它能从周围大气中吸入一些空气与燃气预混，在燃烧时出现一种不发光的蓝色火焰。这种燃烧器的出现使燃烧技术发生了一个很大的变化。扩散式燃烧火焰易产黑烟，燃烧温度也相当低。但当预先混入一部分燃烧所需空气后，火焰就变得清洁，燃烧得以强化，火焰温度也有所提高，因此本生式燃烧得到了广泛应用。

（2）稳定燃烧的范围。气体燃料燃烧时，在着火处形成了火焰面。火焰面之后是高温的燃烧产物，之前是未燃可燃混合物。由于火焰面前后有很大的温度梯度，因而热量就向前传播，使邻近的未燃气层温度升高，达到着火温度以后就形成新的燃烧面。这种火焰面不断向未燃气层温度升高，达到着火温度以后就形成新的燃烧面。这种火焰面不断向未燃气体方向传播的过程称为火焰传播。垂直于火焰面的传播速度称为法向火焰传播速度。当气体混合物的流速在火焰面法线方向的分量高于火焰传播速度时，火焰就会不断的远离燃烧器火孔，到一定距离之后就完全熄灭，这种现象称为脱火。脱火后不仅锅炉不能正常工作，而且炉膛内会积聚有毒和爆炸性气体，从而可能引起爆炸或其他事故，这是燃烧过程所不允许的。因此，人们用脱火极限（引起脱火的最低气流速度）作为燃烧器的一个重要指标。当气体混合物的流速在火焰面法线方向的分量低于火焰传播速度时，火焰会沿着燃烧器混合管道逆向往回燃烧，火焰缩到燃烧器内部，这种现象称为回火。回火可能烧坏燃烧器或发生其他事故。引起回火的最高气流速度称为回火极限。脱火极限和同火极限之间为稳定燃烧范围，凡是处于脱火极限和回火极限之间的气流速度值都能保证稳定燃烧。

脱火极限、回火极限的数值与燃气性质、一次空气率、燃烧器出口孔径、炉内压力和温度等因素有关。一次空气量减小时，稳定燃烧的范围扩大。但一次空气率过小时，发生黄色火焰的可能性增大。当一次空气率增大到某一定值时，回火的可能性最大。减小火孔尺寸，有助于扩大稳定燃烧范围。

从燃烧的稳定性来看，扩散燃烧具有最好的性能。随着预混程度的增加，稳定燃烧的范围缩小。为了提高燃烧的稳定性，在大容量锅炉中燃用高热值的天然气时，大多采用预混程度较低的扩散燃烧方式，此时燃烧工况可以人为的进行调节。

三、燃烧完全的条件及燃烧质量评价

燃烧程度即煤粉燃烧完全的程度。燃料中的可燃成分在燃烧后全部生成不能再进行氧化的燃烧产物，如 CO_2、SO_2、H_2O 等，这叫完全燃烧。燃料中的可燃成分在燃烧过程中，有一部分没有参与燃烧，或虽已进行燃烧但生成的燃烧产物（烟气、灰渣）中，还存在可燃气体，如 CO、H_2、CH_4 或炭粒等，这种情况叫不完全燃烧。

要组织良好的燃烧过程，其标志就是尽量接近完全燃烧，也就是炉内不结渣的前提下，燃烧速度快且燃烧完全，得到最高的燃烧效率。燃烧的完全程度可用燃烧效率表示，燃烧效率是指输入锅炉的热量扣除固体可燃物不完全燃烧热损失和气体可燃物不完全燃烧热损失的热量后占输入热量的百分比，用符号 η_r 表示，并可用下式来计算

$$\eta_r = \frac{Q_1 - Q_3 - Q_4}{Q_r} \times 100\% = 100\% - (q_3 + q_4)\% \tag{2-40}$$

式中　q_3——化学不完全燃烧热损失，%；

q_4——机械不完成热不损失，%；

Q_r——输入锅炉的热量；

Q_3——扣除固体可燃物不完全燃烧热损失的热量；

Q_4——气体可燃物不完全燃烧热损失的热量。

燃烧效率越高，则燃烧产物（烟气和灰渣）中的可燃质越少，即燃烧损失（q_3+q_4）越小，说明煤粉燃烧完全程度越高。要做到完全燃烧，其原则性条件为：

（1）供应充足而又合适的空气量。这是燃料完全燃烧的必要条件。空气量常用炉膛出口处过量空气系数 a''_1 表示。a''_1要恰当，如果 a''_1过小，会降低炉温，也会增加不完全燃烧热损失。因此，合适的空气量应根据炉膛出口选择最佳的过量空气系数来供应。

（2）适当高的炉温。根据阿伦尼乌斯定律，燃烧反应速度与温度成指数关系，因此炉温对燃烧过程有着极其显著的影响。炉温高、着火快、燃烧速度快，燃烧过程便进行的猛烈，燃烧也易于完全。但是炉温也不能过分的提高，因为过高的炉温不但会引起炉内结渣，也会

引起膜态沸腾，同时因为燃烧反应是一种可逆反应，过高的炉温当然会使正反应速度加快，但同时也会使逆反应（还原反应）速度加快。逆反应速度加快，将有较多燃烧产物又还原为燃烧反应物，这同样等于燃烧不完全。通过试验证明，锅炉的炉温在中间区域（1000～2000℃）内比较适宜。一般锅炉内的燃烧是在0.101MPa压力下进行，最高温度为1500～1600℃，当然，在中温区域中，在保证锅炉不结渣的前提下，可以尽量高一些。

（3）空气和煤粉的良好扰动和混合。煤粉燃烧是多相燃烧，燃烧反应主要在煤粉表面进行。燃烧反应速度主要取决于煤粉的化学反应速度和氧气扩散速度。因而，要做到完全燃烧，除保证足够高的炉温和供应充分而又合适的空气外，还必须使煤粉和空气充分扰动混合，及时将空气输送到煤粉的燃烧表面区，煤粉和空气接触才能发生燃烧反应。要做到这一点，就要求燃烧器的结构特性优良，一、二次风混合良好，并有良好的炉内空气动力厂。煤粉和空气不但要在着火燃烧阶段重组混合，而且在燃尽阶段也要加强扰动混合。因为在燃尽阶段中，可燃质和氧的数量已经很少，而且煤粉表面可能被一层灰分包裹着，妨碍空气与煤粉可燃质的接触，所以此时加强扰动混合，可破坏煤粉表面的灰层，增加煤粉和空气接触机会，有利于燃烧完全。

（4）在炉内要有足够的停留时间。在一定的炉温下，一定细度的煤粉要有一定的时间才能燃尽。煤粉在炉内的停留时间，是从煤粉自燃烧器出口一直到炉膛出口这段行程所经历的时间。在这段行程中，煤粉要从着火一直到燃尽，才能燃烧完全，否则将增大燃烧热损失，如果在炉膛出口处煤粉还在燃烧，会导致炉膛出口烟气温度过高，使过热器结渣和过热；气温升高，影响锅炉运行的安全性。煤粉在炉内的停留时间主要取决于炉膛容积、炉膛截面积、炉膛高度及烟气在炉内的流动速度，这都与炉膛容积热负荷和炉膛截面热负荷有关，即要在锅炉设计中选择合适的数据，而在锅炉运行时切忌超负荷运行。

评价燃烧质量的要素是燃烧稳定性、防结渣性合称为燃烧可靠性，锅炉燃烧首先要保证可靠性。

锅炉运行时炉膛不应发生压力波动、熄火和爆燃等现象，并要保证满负荷、低负荷及快速变负荷时的燃烧稳定性。煤粉锅炉无油助燃的低负荷极限在一定程度上可作为判断燃烧稳定性的指标，目前燃用优质烟煤的老型煤粉锅炉其无油助燃负荷可达额定负荷的50%～60%；而新型大容量锅炉可达额定负荷的25%～30%。

锅炉运行时要防止在炉膛及屏式过热器区受热面上产生严重的结渣、沾污等现象。燃料特性以及燃料设备结构性能和运行方式等对防止结渣都有影响。安全可靠的吹灰手段和除渣能力是减轻结渣危害的有力措施。

经济性用锅炉运行时的燃烧效率以及锅炉效率来表征。在考虑上述经济性的同时要考虑发电成本和厂用电率，以便综合经济分析。整个电厂的经济性则用发电煤耗率和供电煤耗率来衡量。

第三节　燃料燃烧的方式

一、燃料燃烧方式分类

燃烧方式有两种含义。其一是指燃烧火焰的组织方式，即火焰的类型；其二是指燃料与氧气（空气）的相对运动方式。

（一）火焰的类型

前已叙及，按反应物所处的形态是否相同，可将燃烧分为均相燃烧与非均相燃烧。气体燃料的燃烧是均相燃烧，液体燃料与固体燃料属非均相燃烧。

均相燃烧可概括为两个基本过程：燃料与氧化剂分子进行质量交换的扩散过程及混合物发生反应的过程。前者是物理过程，后者是化学过程。如果物理过程长，燃烧时间主要取决于扩散时间，这种燃烧就称为扩散燃烧；反之，如果燃烧时间主要取决于化学反应速率（化学动力学因素），则燃烧就称为动力学燃烧。

在实际燃烧的高温条件下化学反应速度是很快的。如果分别供给燃料与空气并使之在进入炉内后混合并燃烧，则无论怎样强化混合过程，扩散时间仍比化学反应长得多，所以此时的燃烧为动力燃烧。动力燃烧并非只在预混情况下才能获得。燃料在空气中缓慢氧化时，反应时间就比扩散时间长，此时的燃烧应为动力燃烧。但在实际燃烧的高温条件下，动力燃烧需要预先将燃料气与全部助燃空气混合才能达到，这样的动力燃烧习惯上称为预混燃烧。

工业中的实际燃烧是在气体流动的情况下进行的，燃烧的气流即为火焰。根据气流状态，火焰有层流火焰与紊流火焰之分。作为第二级特征的流动状态不会改变燃烧类型，因此扩散燃烧和预混燃烧都可分别出现两种火焰，于是共有预混层流火焰、预混紊流火焰、层流扩散火焰和紊流扩散火焰四种火焰形式。

非均相燃烧可视作在均相燃烧基础上有更多物理、化学变化的燃烧现象，情况更复杂。但在类型特征上，它们属扩散燃烧，并且主要为紊流扩散燃烧。

（二）燃料与空气的相对运动方式

将固体燃料颗粒置于一块既能使气体通过又能在床层静止或流体流速较小时不使颗粒落下的托板上，那么，不断提高通过床层的气体速度，燃料层就会随着气流速度的增大而相继出现不同的状态。

在以下部带有筛板的柱管内装填一定量的床料（床料的筛分不宜太宽），筛板上布置有均匀的小孔，筛板下是一个风室，空气由风室通过筛板小孔进入装有床料的柱管内。当空气流速不大时，空气穿过床料颗粒间隙由上部流出，床料高度不发生明显的变化，这种状态称为固定床［见图 2-11（a）］。火床燃烧就是指这种状态下的燃烧。

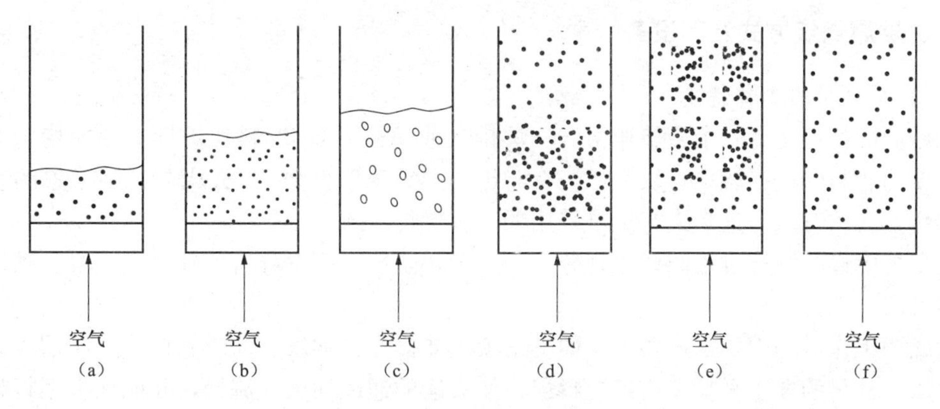

图 2-11　燃料层的几种状态

(a) 固定床；(b) 流动床；(c) 鼓泡床；(d) 湍流床；(e) 快速床；(f) 喷流床

当空气流速继续增大，床料开始膨胀，料层高度发生变化。气体对固体颗粒产生的作用力与固体颗粒所受的其他外力相平衡，固体颗粒呈现出类似流体的性质。这种当流体以一定的速度向上流过固体颗粒层时，固体颗粒层呈现出类似于流体状态的现象称为流态化现象。如果这时床料内未产生大量的气泡，扰动并不强烈，把这种流化状态称为流动床［见图 2-11 (b)］。流动床在工业上有一定的意义，因为它具有流体的某些特性。

当空气流速再继续增加，床料内将产生大量气泡，气泡不断上移，小气泡聚集成较大气泡穿过料层并破裂，这是气（空气）—固（床料）两相有比较强烈的混合，与水被加热沸腾时的情况相似。由于这时的床料中产生有大量的气泡，故这时的流化状态称为鼓泡床［见图 2-11 (c)］。床内呈鼓泡床流化状态的锅炉就称为鼓泡床锅炉，或者沸腾炉。尽管鼓泡床的床料膨胀增加很大，但料层还可看到比较清晰的界面。鼓泡床锅炉如果一次风调整不当，风量过小或床料放生变化也会出现流动床的状态。鼓泡床的流化速度（空截面速度）为 1～3m/s。在鼓泡床的基础上再继续增大空气流速，将一次出现三种状态：

(1) 床料内气泡消去，气—固混合更加剧烈，看不清料层界面，但床内仍存在一个密相区和稀相区，下部密相区的床料浓度比上部稀相区的浓度大得多。这时的流化状态称为湍流床［见图 2-11 (d)］，湍流床的流化速度为 4～5m/s。

(2) 随着流化速度的增大，床料上下浓度更趋于一致，但细小的床料颗粒将聚成一个个小颗粒团上移，在上移过程中有时小颗粒团聚集成较大粒团，较大粒团一般沿流动方向呈条状。这时的流化状态称为快速床［见图 2-11 (e)］，快速床在宽筛分床料时（筛选留下的床料直径 d=0～15mm)，床内床料浓度也并非均匀。由快速床形成的快速循环床锅炉炉膛内，一般下部物料浓度仍大于上部，而且床内中间的浓度小于四壁附近的物料浓度。快速床的流化速度为 6～10m/s。

(3) 当空气速度再增加时，床料将均匀的、快速的全部喷出床外，这时的流化状态称为喷流床［见图 3-11 (f)］，也称为气力输送。如果在这种状态下燃烧，就成为悬浮燃烧，例如煤粉炉中煤粉的燃烧。液体燃料和气体燃料只能采用悬浮燃烧方式。

无论是流动床，还是鼓泡床、湍流床以及快速床，都可成为流化床。流化床内的固体颗粒具有许多类似流体的性质。形成各流化状态的流化速度与床料颗粒大小、密度以及黏性等许多因素有关。

二、层燃燃烧方式及其设备

(一) 层燃炉的工作特性

层燃炉的特点是有一个金属栅格——炉排（或炉篦子），燃料在炉排上形成均匀的、有一定厚度的燃料层进行燃烧。层燃燃烧有时也叫“火床”燃烧，“火床”二字形象的表达了这种燃烧方式的特点。这是人类最早采用的一种燃烧方式。

层燃炉中煤的燃烧过程同样也划分为预热干燥阶段、挥发分析出并着火阶段、燃烧阶段和燃尽阶段。

层燃炉工作过程中，一般要进行如下三项主要操作：加煤、除渣和拨火。所谓拨火就是拨动火床，其目的在于平整和松碎燃料层，使火床的通风均衡、流畅，并能除去燃料颗粒外部包裹的灰层，从而使燃料迅速而完全的燃烧。

按照燃料层相对于炉排的运动方式的不同，层燃炉可分为三类：①燃料层不移动的固定火床炉，如手烧炉和抛煤机炉；②燃料层沿炉排面移动的炉子，如倾斜摊饲炉和振动排炉；③燃料层随炉排面一起移动的路子，如链条炉和抛煤机链条炉。

（二）层燃炉的热负荷

表征层燃炉工作热强度的指标有炉排面可见热负荷和炉膛容积可见热负荷。

（1）炉排面可见热负荷。由于火床炉中绝大部分燃料是在炉排上燃烧的，也就是说炉排面积是保证火床燃烧的根本条件，因此用一个所谓的炉排面可见热负荷 q_{lp} 来表示燃烧的强烈程度。炉排面可见热负荷是炉排单位面积在单位时间内燃烧燃料所放出的热量，单位为 kW/m²。

$$q_{lP} = \frac{BQ_{ar,net}}{A_{lp}} \tag{2-41}$$

式中　B——单位时间内进入炉子的燃料量；

A_{lp}——炉排的有效面积；

$Q_{or,net}$——为燃料的收到基低位发热量。

对于某一种炉子形式，燃烧某一种燃料，炉排面可见热负荷有一合理的限制。过分的提高炉排面热负荷，一味追求小的炉排面积，必然会使空气流经燃料层时的速度过高，并使燃料的燃烧时间过短。前者会导致飞走的未燃煤量增大，后者则引起燃烧的不完全。

（2）炉膛容积可见热负。虽然火床炉中的绝大部分燃料是在火床上燃烧的，但仍有一部分可燃物是在炉膛容积中燃烧掉的。因此与炉排面热负荷相对应，还有一个炉膛容积可见热负荷 q_v，单位为 kW/m³。

$$q_v = \frac{BQ_{ar,net}}{V_l} \tag{2-42}$$

式中　V_l——炉膛容积。

炉膛容积热负荷表示在单位炉膛容积和单位时间内的燃烧放热量。显然，过分提高炉膛容积热负荷，同样也会急剧增大不完全燃烧热损失，因而也应有一个合理的限值。不过，在火床炉中，炉膛容积热负荷的限值范围是比较宽的。例如具有燃尽室的锅炉，其燃烧室的容积热负荷就可以较高；而对于小型的火管锅炉来说，由于其炉膛容积的利用率较高，q_v 值可取得更大些。火床炉的实际 q_v 值相差很大（例如水管锅炉和火管锅炉这二者的 q_v 值可相差达 4 倍多），因此，炉膛容积在一定程度上是由炉膛的结构布置来确定的。这样，对于炉膛容积，热负荷 q_v 作为一个指标就显得有些勉强了。一般说来，推荐的 q_v 值主要是作为炉膛设计参考用的，而且主要是对水管锅炉而言的。

火床炉的热负荷都冠以“可见”二字。这是因为在火床炉中要分别测出燃料在火床上和炉膛容积中的燃烧放热量是非常困难的，所以在炉排面和容积热负荷中，都是有条件的把燃料燃烧的全部热量作为比较基础，而以“可见”二字来区别其他。

（三）炉排片的工作特性

炉排是火床炉最主要的工作部件。为了保证炉排能有效而可靠的工作，组成炉排的炉排片必须满足通风和冷却的要求。

表征炉排排片工作特性的指标主要有炉排通风截面比和炉排片冷却度。

1. 炉排通风截面比 f_{tf}

这是炉排的一个重要的工作特性指标。它等于炉排面上通风孔（或缝）的总面积与整个炉排面积的比值，即

$$f_{tf}=\frac{炉排面上各通风孔（缝）截面积之和}{炉排的总面积}\times100\%\tag{2-43}$$

减小炉排通风截面比能使燃烧层中的高温层远离炉排面（见图2-12）而使炉排本身的温度降低，从而改善它的工作条件。减小通风缝（孔）的数量和尺寸能减少炉排的漏煤面积，还能提高空气射流的进口速度而使煤粒不易漏落。但是减小炉排通风截面会增大炉排的通风阻力。尽管这可提高火床面大范围的，主要是沿炉排横向的通风均匀性，但却增大了送风能耗。这对于自然通风的炉子是难以实现的。所以，炉排通风截面比是一个影响大，涉及因素多，而且颇为敏感的炉排特性指标。它必须根据所用煤种、炉排形式、通风方式等情况来加以选择。例如，在燃用低挥发分的煤种（如无烟煤）时，由于这类煤主要在火床中放出热量，火床温度高，炉排片处于不利的工作条件，因此选用较小的炉排通风截面比是十分必要的。对于依靠自然通风的炉子，为了减小火床的通风阻力，不得不将炉排通风截面比增加到20%～25%。此时由于燃料层阻力比炉排阻力大得多，火床中容易出现火口和风量分配不均匀。这就需要提高加煤和拨火的操作质量。在现代机械送风的火床炉中，炉排的通风截面比选得较小，f_{tf}在7%～10%以下，因而大大地提高了风量分配的均匀性。目前，即使燃用高挥发分燃料，也采用通风截面比较小的炉排，这样有利于调节燃烧，保持较低的过量空气系数，漏煤损失也较小。

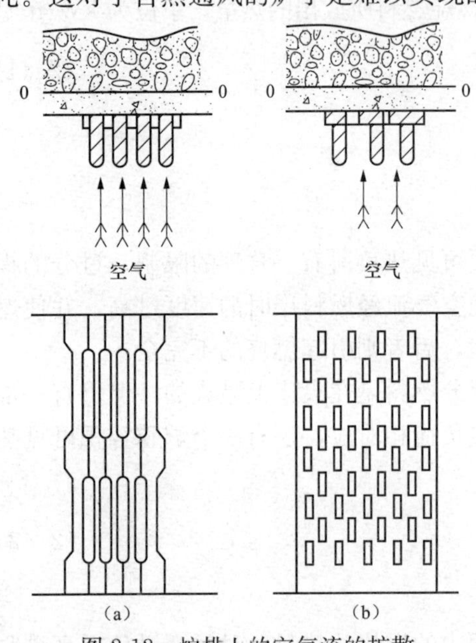

图2-12　炉排上的空气流的扩散

(a) 条状排炉；(b) 板状排炉

2. *炉排片冷却度*

冷却度是炉排片工作可靠性的指标。炉排片是一种高温工作部件，它的工作条件很差。尽管炉排片和正在燃烧的燃料间一般都有一层灰渣，形成灰渣垫，可以遮蔽来自燃烧层的一部分热量，但炉排面的工作温度仍较高，可达600～700℃。特别是在燃用非黏结性煤，或燃用灰分过少的煤（收到基灰分$A_{ar}<5\%\sim10\%$）时，不易形成灰渣垫，此时炉排面的温度更高，可能高达950℃。实际工作中，炉排片主要依靠通过炉排片缝隙间的空气流来进行冷却。所以，应该保证炉排片具有一定的高度，以使其有足够的侧面积被空气冲刷冷却。空气冷却炉排片的程度用冷却度ω来表示。

$$\omega=\frac{2\times炉排片高度}{炉排片宽度}\tag{2-44}$$

由于炉排片侧面积的冷却效果随其高度的增加而降低，因此炉排片冷却度ω是一个比较粗略的指标。对于不同的炉排形式，其炉排片所处的冷却环境不同，因而所需要的炉排片冷却度也有所不同。

三、固定炉排炉及其设备

（一）手烧炉

手烧炉是人工操作的固定炉排层燃炉。其构造十分简单，将固定炉排砌筑后，在其四周砌上炉墙，在炉排上部的炉墙上有炉门，煤从炉门由人工加至炉排上，炉排下部由炉墙围城灰坑，在炉墙上有灰门，由人工从炉排下清灰，细碎灰渣落至灰坑，由灰门扒出，大块渣由炉门钩出，如图 2-13 所示。

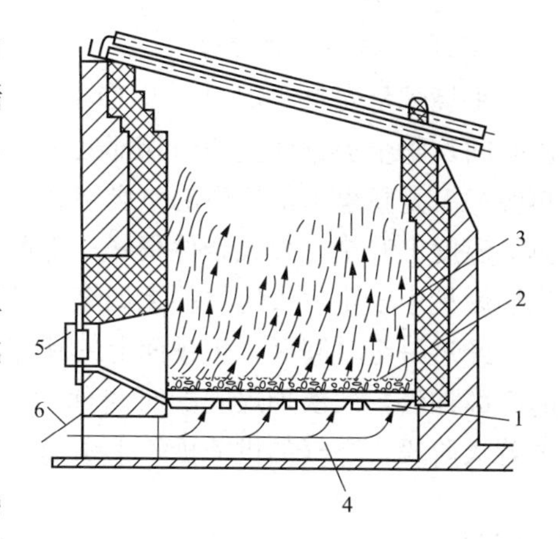

图 2-13 手烧炉

1—炉排；2—燃烧层；3—炉室；4—落灰室；5—炉门；6—灰门

对于手烧炉，加煤、拨火、除灰都由人工操作，劳动强度大，燃烧效率低，还会周期性冒黑烟。但其结构简单、操作方便、煤种适应性较好，目前我国在 0.7MW 以下的锅炉仍采用手烧炉。

1. 手烧炉的燃烧层结构及气体成分

手烧炉是把新煤加在灼热的焦炭层之上，灼热焦炭层之下为灰层。手烧炉燃烧层结构与层间气体成分示意图的结构如图 2-14 所示。图 2-14 为燃烧层中温度 t 及各种气体成分的变化。空气从炉排下送入，先经灰渣区，空气中的 O_2 没有变化。然后流过灼烧的焦炭层，焦炭在燃烧，空气中的 O_2 逐渐减少，而 CO_2 逐渐增多形成氧化区。继而 O_2 不足，O_2 缓慢减少，而一部分 CO_2 还原成 CO，形成还原区。最后经过新煤的干燥干馏区。

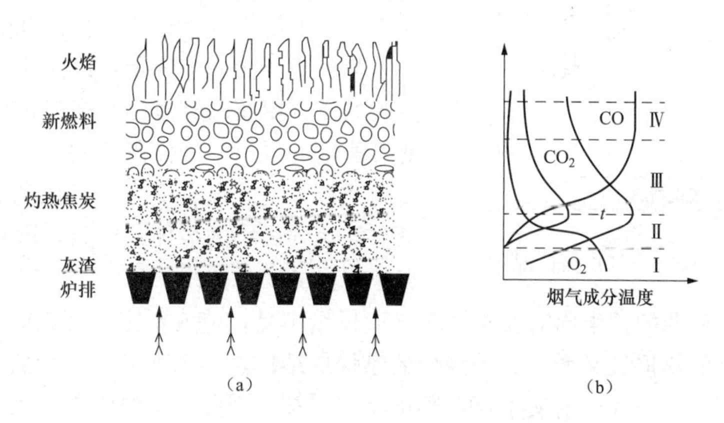

图 2-14 手烧炉燃烧层结构与层间气体成分示意图

(a) 手烧炉燃烧层结构；(b) 层间气体成分示意图

Ⅰ—灰渣区；Ⅱ—氧化区；Ⅲ—还原区；Ⅳ—干燥干馏区

煤加入锅炉后水分先蒸发，继而挥发分挥发。挥发分都是碳氢化合物，它挥发后形成何种物质，与其挥发时是在富氧环境首先中，还是在缺氧环境中有关，差别很大。在富氧情况下挥发时，碳氢化物有氧存在就称为羟基化合物，羟基化合物与 O_2 又生成醛。一部分醛直接燃烧生成 H_2O 及 CO_2；另一部分分解成 H_2 及 CO，然后燃烧，而 H_2 及 CO 很容易燃烧。挥发分在缺氧情况下挥发时，由于缺氧，不可能形成羟基化合物，而进行热分解形成 H_2 及炭黑 C。H_2 很容易燃烧生成 H_2O。炭黑是直径 0.5～1μm 的固体炭粒，很难燃烧，且由于很细，一般旋风式等除尘器难以捕捉，因而随烟气排出而形成黑烟。

从图 2-14 不难看出，手烧炉煤种的挥发分在干燥干馏区挥发，是在严重缺氧的条件下挥发的，必然产生炭黑而冒黑烟。无论是任何种类的机械化层燃炉或室燃炉，只要是挥发分是在缺氧情况下挥发都会冒黑烟。

2. 手烧炉的燃烧过程

手烧炉是先打开炉门，人工向炉内投煤，使新加入的煤平铺地撒在灼烧的焦炭层上，这段时间，整个炉排面上的新煤都处于着火前的准备阶段，进行干燥和干馏。新煤受热有两个热源：一是新煤下部灼热的焦炭层；一是新煤表面受火焰及炉墙的辐射热。新煤层是双面受热，温度上升快，着火条件很好，也可认为手烧炉是无限制着火。这就使得在链条炉等机械化层燃炉中较难着火燃烧的无烟煤或贫煤，在手烧炉中也能顺利地着火燃烧。

经过一定时间后，炉排面上的新煤层开始着火，而进入着火燃烧阶段。手烧炉是周期性的间歇加煤，两次加煤间的时间称为一个燃烧后周期，通常为 3～5min 加一次煤。手烧炉的着火阶段，空气的供需极不平衡而造成燃烧情况恶化，致使热效率很低。

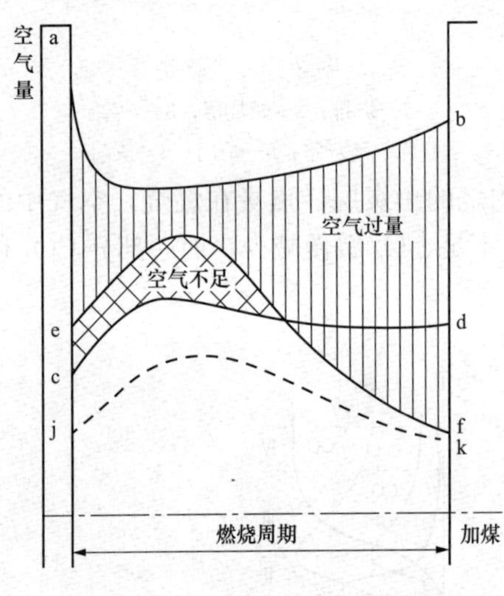

图 2-15 手烧炉空气供需情况

加煤时开启炉门，大量冷空气涌入炉内，不仅使炉温降低，而且破坏炉内负压，炉排下的空气难以穿过燃料层，使燃烧情况恶化。炉门关闭后，开始由于煤层厚、阻力大而进风减少。随着燃烧的进行，煤层逐渐变薄，进风也就逐渐增多，空气量的供给如图 2-15 的 ab 线所示。但整个燃烧周期，实现大量挥发分挥发燃烧，需要大量空气；继而焦炭燃烧，需要的空气量逐渐减少。在燃烧周期内的每一时刻理想所需的空气量，以曲线 ef 表示。与表示供入的空气中实际有效参与燃烧的量 cd 线相对照，就可清晰的看出空气供需之间的矛盾。只有两条曲线的交点才是既没有不完全燃烧现象，同时又使过量空气达到最小的最佳工作点。jk 线为焦炭燃烧所需空气量的变化曲线。

手烧炉燃烧周期的前半周需要空气多，而供给不足，造成不完全燃烧；后半周期空气供给又过剩，排烟的热损失又增大。手烧炉的燃烧层结构，本来就易产生炭黑而冒黑烟，而燃烧阶段刚开始不久，空气供给又不足，则更易冒黑烟。因此，手烧炉在着火燃烧刚开始时冒黑烟的现象最为严重。手烧炉并不是每次加煤都除灰，而是较长时间，经过很多次加煤后才除一次灰。也就是说，在燃烧阶段，煤在炉内停留的时间较长。

可以看出，手烧炉中，燃烧过程的三个阶段是按时间划分的；燃料是双面引火，着火条件好，煤在炉内停留的时间较长，因而对煤种的适应性好；燃烧周期的前半周期需要空气量多，而供给不足形成不完全燃烧，后半周空气有大量过剩，因此热效率很低；挥发分的挥发是在缺氧的情况下，因而冒黑烟，特别是加煤后煤燃烧周期开始时空气供给不足，更易大量冒黑烟。

（二）抛煤机炉

抛煤机炉本质上是指抛煤机和固定火床的一种组合。这种炉子在容量不太大的锅炉（一般 $D \leqslant 10t/h$）中得到较广泛的应用。

1. 抛煤机的分类

按照抛煤机的原理，抛煤机可以分为机械、风力以及风力与机械联合的三种。机械抛煤机用旋转的叶片或摆动的刮板来抛散燃料，风力抛煤机用气流来吹播燃料，而风力与机械联合的抛煤机则兼用以上两种抛煤方式。各种抛煤机的工作原理如图 2-16 所示。机械抛煤机所泡成的煤层中，粗粒落于远处，细粒落于近处，细粒煤甚至就落在抛煤机出口之下，堆成小丘。风力抛煤机则与之相反。风力与机械抛煤机由于同时采用了风力和机械播煤，燃料在火床上的颗粒度分布较为均匀，因此得到广泛应用。

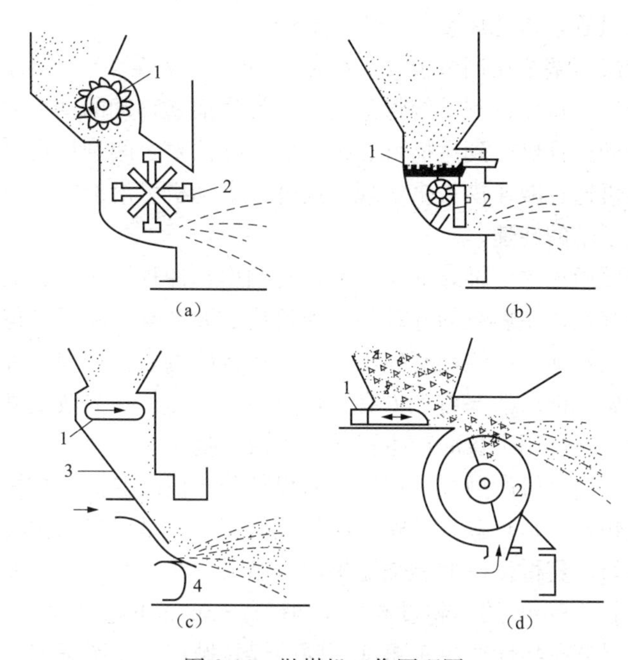

图 2-16　抛煤机工作原理图

(a)、(b) 机械抛煤机；(c) 风力抛煤机；(d) 风力与机械联合的抛煤机

1—给煤装置；2—击煤装置；3—倾斜板；4—风力播煤装置

2. 风力与机械联合的抛煤机结构和工作过程

风力与机械联合的抛煤机如图 2-17 所示。与各种抛煤机一样，这种抛煤机是由抛煤机构和给煤机构所组成。

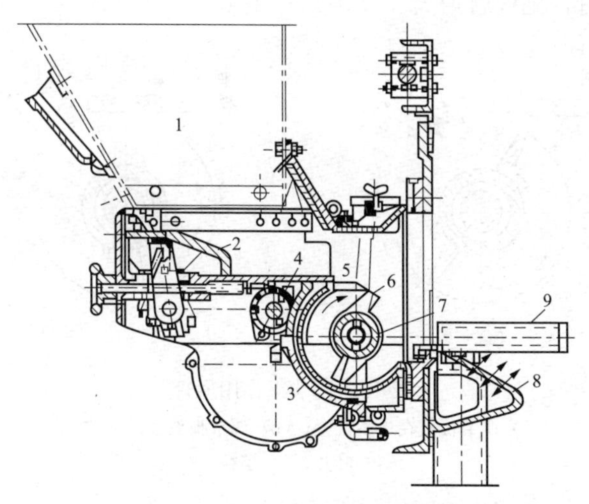

图 2-17　风力与机械联合抛煤机

1—煤斗；2—推煤活塞；3—冷却风道；4—调节板；5—冷却风喷口；

6—叶片；7—叶片抛煤转子；8—播煤风槽；9—侧风管

机械抛煤工作是由叶片抛煤转子 7 完成的。转子被置于圆柱形槽中，槽外有冷却风道 3，以免抛煤机整体结构过热。冷却风由冷却风喷口 5 喷入炉内，也起了一些风力抛煤的作用。主要的风力抛煤工作是由播煤风槽 8 的喷口和侧风管 9 喷出的气流来完成的。播煤风均来自炉排一次风的总风管，占总风量的 13%～25%。

当给煤机构的推煤活塞 2 在调节板 4 上往复移动时，从煤斗 1 下来的煤即被推给转子，然后被转子的叶片抛出，从而达到了给煤的目的。推煤活塞移动的动力来自转子轴，其间通过减速齿轮系统、曲柄连杆机构到达摇臂、摇臂和推煤活塞之间利用传动销联结在一起。两转子的驱动则由电动机通过减速皮带来实现。此外，电动机可沿滑轨上下滑动，改变两皮带轮的直径比而调节转子轴的转速。

给煤量的调节主要通过改变推煤活塞 2 的往复频率和冲程来实现。提高活塞的往复频率还可以改善给煤的连续性，使燃烧的脉动和炉膛负压的波动现象减轻。但频率过高又会使运动机件易于磨损，发生松动，以致相互撞击而影响运行的可靠性，加大冲程则还有利于消除燃用湿煤时的堵塞现象。推煤活塞右上方有一块可转动的挡板，当改变其固定角度时也可用以控制下煤量，并能防止燃用干煤时产生煤的“主流”现象。

风力与机械联合的抛煤机所抛成的煤层，其煤粒分布情况要比机械抛煤机或风力抛煤机均匀，但炉排后部大颗粒还是较多，反映这种抛煤机实际上是以机械抛煤为主，风力播煤为辅。为了保证煤层均匀，获得良好的燃烧效果，对燃料颗粒尺寸有一定要求，一般希望最大煤块不超过 40mm，小于 6mm 的不超过 60%，小于 3mm 的不超过 30%。

抛到炉排上的煤层分布特性取决于粗细不同的煤粒抛程。实践证明，抛煤机对燃煤颗粒粒度的变化是敏感的。运行中，每当燃煤的性质和颗粒特性改变时，就需要调整以保证煤层厚度和颗粒分布的均匀。

改变转子的转速或改变调节板 4 的位置可以改变煤粒的抛程。提高转子的转速可以加大所有煤粒的抛程。但是转速过大则叶片可能反而不易打着煤块，因此转速有一个合理的调节范围。改变调节板的位置可以改变叶片，击煤的角度，从而改变煤粒的抛程。如图 2-18 所示，当调节板拉向后时，抛程就增大。

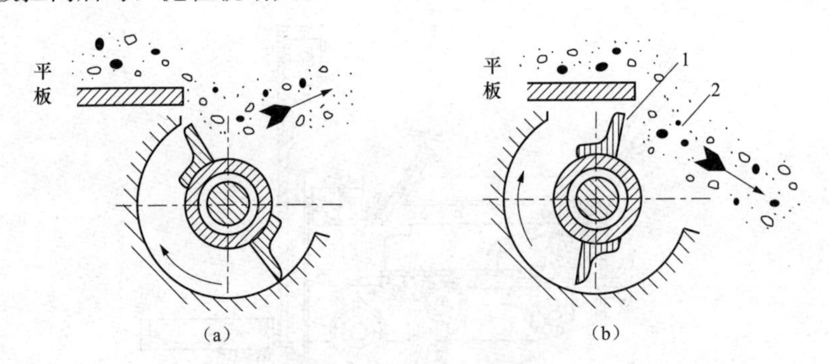

图 2-18 调节板作用原理

(a) 调节板放在最后位置；(b) 调节板放在最前位置

1—叶片；2—煤粒

3. 抛煤机固定炉排炉的燃烧特点

抛煤机固定炉排炉的燃烧过程具有如下特点：

(1) 燃料受双面引燃，因而属于无限制着火。从无烟煤到褐煤都可以燃用。而且燃烧用的空气无需预热。燃料适应性较好，对水分较多，黏结性强、灰分熔点较低和着火较困难的燃料都适用。

（2）燃料在炉内实现层燃与悬浮状态的综合燃烧。大颗粒下落在路牌上做层燃燃烧，细粒煤末则被吹入炉膛空间中呈悬浮状态燃烧。由于这种悬浮燃烧占有较大的比例而给燃烧也带来一些明显的不利影响，例如飞灰大量增多，并且稍大的飞灰颗粒会来不及燃尽就飞出炉膛，机械不完全燃烧损失增加，当然用低挥发分燃烧时，飞灰机械不完全燃烧损失就更大。另一个问题是冒黑烟，当燃用高挥发分燃料时，冒黑烟现象更加严重。为了减小机械不完全燃烧损失，可采用飞灰回收复燃装置。飞灰使用锅炉烟道的灰斗或初级除尘装置中回收来的，再用气力通过管路输送到炉膛中再燃。运行经验证明，采用飞灰回收复燃后效率提高2%～4%，所以飞灰回收装置已成为抛煤机炉子的一个组成部分。但该装置的结构和布置存在缺陷，经常发生堵塞等事故。

（3）抛煤对燃料有分选作用。一部分细末已在炉膛空间悬浮燃尽，落在火床上是较粗的颗粒，因此炉排通风可以强化，而且燃料层厚度沿炉排长度分布又比较均匀，所以炉排面的利用较好，这些都会使炉排的面积热负荷提高，即 q_{lp}为 820～1300kW/m^2。

（4）由于着火迅速，燃料在炉排上形成薄煤层燃烧，燃烧层厚度平均在 20～50mm。由于火床较薄，因此炉膛的热惰性小。这样，一方面使得炉子调节灵敏，另一方面也能尽快的使燃料燃尽。同时，通风阻力也比较小（100～350Pa）。正是由于煤层较薄，空气分布不易均匀，而且采用风力播煤与飞灰复燃的二次风等，不得不使过量空气系数较高（a_1''=1.4）。

（5）煤层不易黏结。因新燃料在被抛出后的飞行过程中就已受到焦化，所以在落到路牌上相互接触时也不致黏结，同时还由于煤层薄，火床温度较低，煤层更不易结渣，因此可依然用易结焦和低灰分熔点的燃料。

（三）链条炉

链条炉至今已有一百多年的历史。由于它从加煤到排除灰渣都实现了机械化，运行稳定可靠，运行经验也比较丰富，目前在我国小型电厂，特别在工业锅炉中得到广泛应用。国外采用链条炉排的锅炉，其容量可达 100t/h 以上。迄今为止，我国链条炉的最大容量为 40t/h，生产量较多的是 35t/h 及 10～20t/h 锅炉，也有许多蒸发量为 4t/h 以下的小型链条炉。

1. 链条炉的结构和工作原理

图 2-19 所示为链条炉结构简图，链条炉排 3 由主动链轮 4 带动，由前向后运动。煤由煤斗 1 落至空的炉排上，随着炉排的运动煤被带入炉中。每层的厚度由煤闸门 2 的位置高低来控制。煤与炉排的相对运动为零，炉排由前向不断运动，煤也随之由炉前向炉后运动，经干燥、着火燃烧，燃尽的灰渣经除渣板（俗称老鹰铁）8 落至渣斗 9。炉排运动过程的漏灰则从炉排下灰斗 10 排出。5 为炉排下分段送风仓；7 为两侧炉墙上的看火孔及拨火门，为防止炉排两侧侧墙结焦，两侧都设有防焦箱。

链条炉排是链条炉中最主要的燃烧设备。历史上曾经出现过各种各样形式的链条炉排。对链条炉排的共同要求是结构简单、省金属、漏煤少、通风阻力小、运行平稳可靠。

图 2-20 所示的是一种链带式链条炉排，它也俗称轻型炉排或小炉排，常用于 10t/h 以下的小型工业锅炉。炉排是用圆钢 10 将炉排片 9 串在主动链环 8 上。小型锅炉整个炉排上，在两边和中间各有一条主动链环，圆钢将这三条主动链环和其间的炉排片都串起来，形成一个由一定宽度的链带，链带围绕在前后两根轴上，用前轴链轮传动。

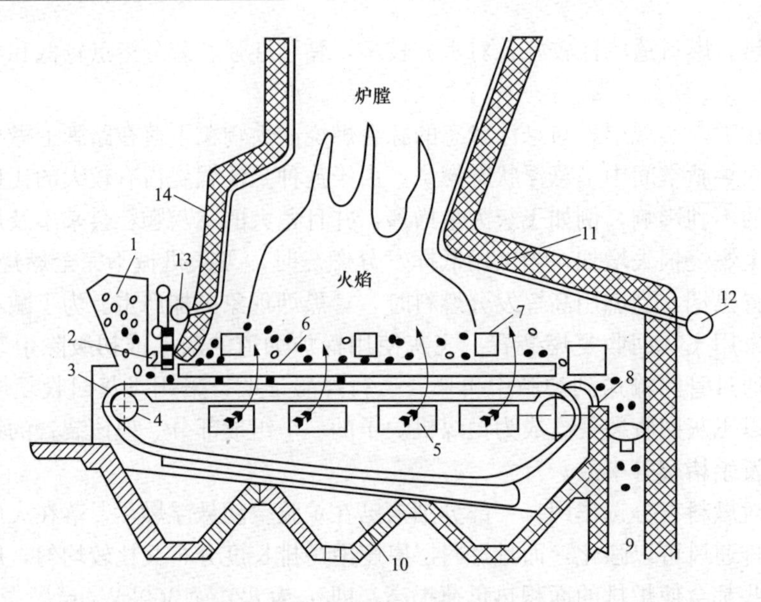

图 2-19 链条炉结构简图

1—煤斗；2—煤闸门；3—炉排（包括前链轮及后滚筒）；4—主动链轮；5—分段送风仓；6—防焦箱；7—看火孔及拔火门；8—除渣板（老鹰铁）；9—渣斗；10—灰斗；11—后墙水冷壁管；12—后墙水冷壁下集箱；13—前壁水冷壁下集箱；14—前强水冷壁管

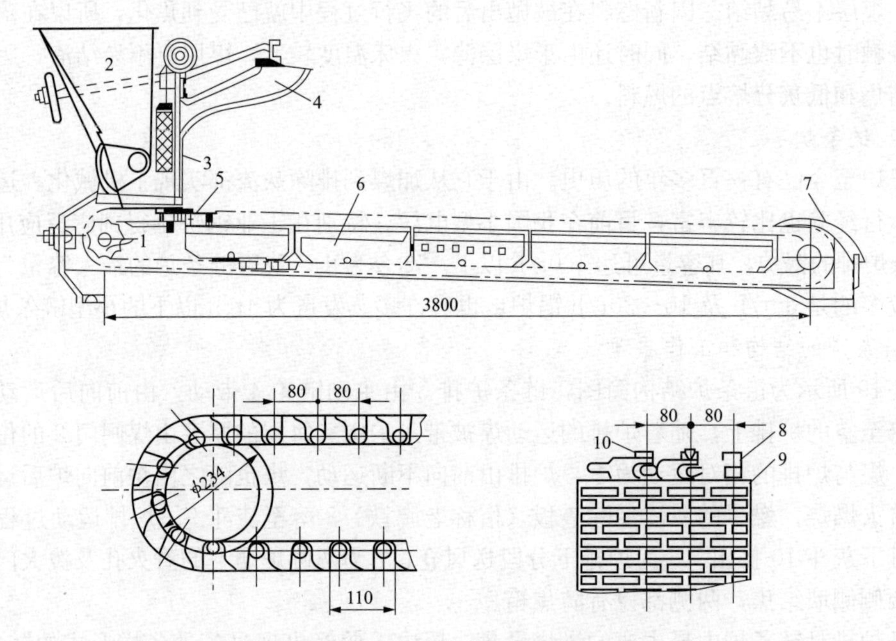

图 2-20 链带式链条炉排

1—链轮；2—煤斗；3—煤闸门；4—前拱砖吊架；5—上炉排；6—布风板；7—老鹰铁；8—主动链环；9—炉排片；10—圆钢

炉排片的种类也很多，图 2-21 所示为一种炉排片及主动链环，炉排片宽度均为 12mm，称为薄片状，通风截面比约为 6.5%，每平方米炉排重约 680kg。

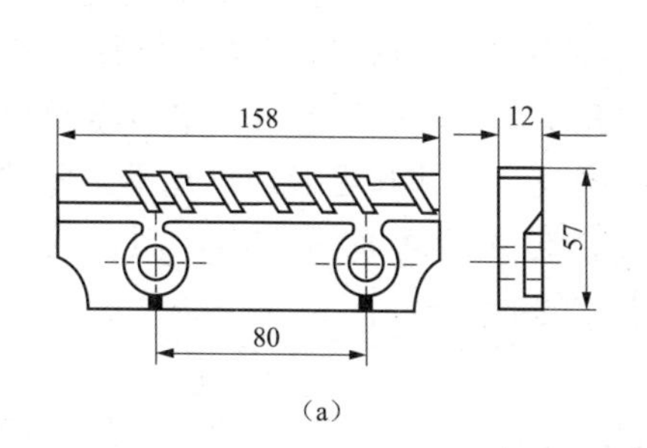

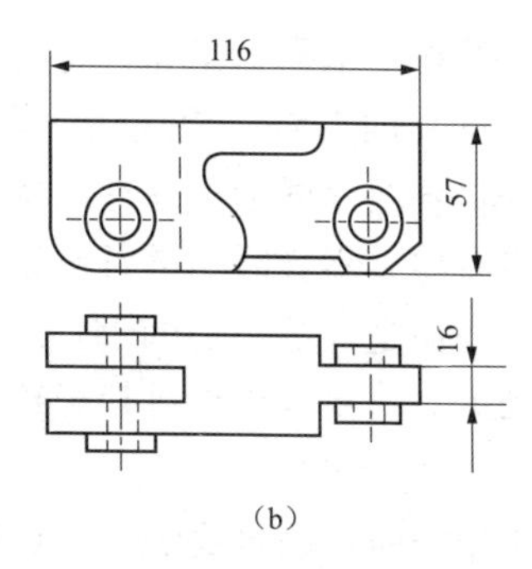

图 2-21　链带式炉排片及主动链环

(a) 链带式炉排片；(b) 主动链环（主动炉排片）

链带式炉排结构简单，金属耗量少，安装制造比较方便。但由于它的链带既受力又受热，很容易发生故障。制造及安装要求高质量，否则易产生炉排跑偏、起拱、卡住或拉断等故障，更换炉排片比较困难。因此，10t/h 以上锅炉常用鳞片式炉排。国内生产的鳞片式炉排是一种不漏煤炉排，其炉排结构如图 2-22 所示。在炉排面下设有若干根链条 1，链条上装有炉排片中间夹板 5，两侧则为侧密封夹板 6，炉排片嵌插在两中间夹板或中间夹板与侧密封夹板之间。炉排片一片紧挨一片地前后交叠成鳞片状以减少漏煤。两片炉排片之间有一定的缝隙作为空气通道，其通风截面比与煤的发热量有关，如发热量为 23027kJ/kg 左右的煤，推荐值为 7%～8%；发热量为 14653kJ/kg 左右的煤，推荐值为 10%～12%。炉排宽度方向，由拉杆 3 穿过节距套管 2，把各组链条和炉排串联起来，并保证链条平行及相隔一定距离。节距套管外套有铸铁滚筒 4，链条和炉排片通过铸铁滚筒支柱在炉排支架上，滚筒沿支架的支撑面滚动前进。

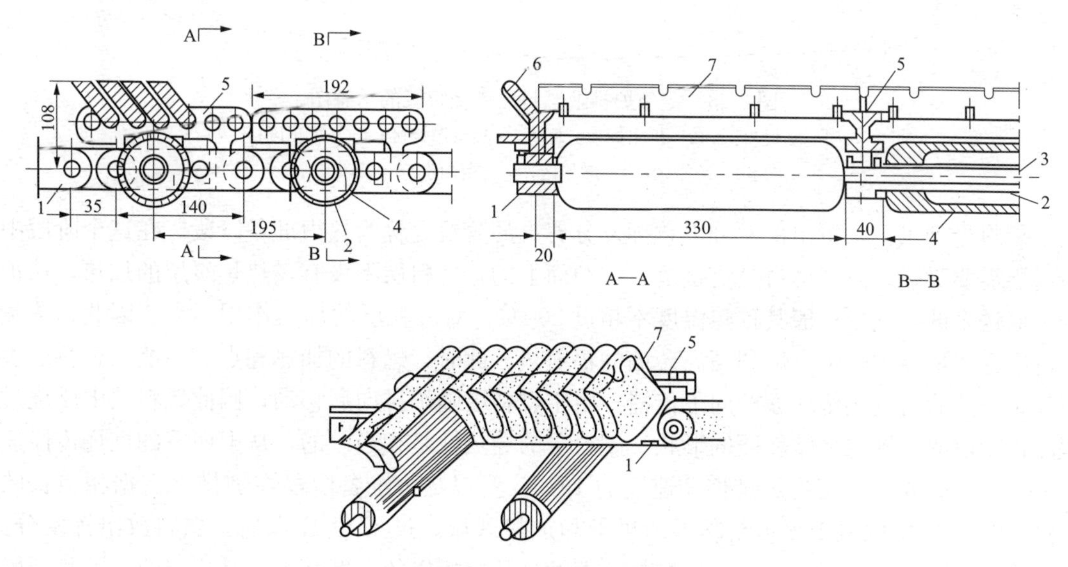

图 2-22　鳞片式炉排结构

1—链条；2—节距套管；3—拉杆；4—铸铁滚筒；

5—炉排中间夹板（手抢版）；6—侧封夹板（边夹板）；7—炉排片

每块炉排片的下部有一个凹窝，漏煤在凹窝中可以继续燃烧。若未能燃尽，在尾部清灰时，灰渣与漏煤分别下落并不掺混，可收集漏煤回烧。在工作过程中，炉排片交叠形成炉排面；空行程时，炉排片依靠自重而一片片地自动翻转倒挂，因而清灰情况良好，鳞片式炉排受力的链条在炉排片的下部，距灼热的燃烧层较远，而且返程时翻转倒挂，其冷却性能良好。炉排由拉杆将各组串联形成软性结构，因此主动链轮的制造和安装要求可以低一些。若链轮齿形前后略有参差不齐时，链条可以自动调整。装卸和更换炉排片不必停炉，因而提高了运行的可靠性。但是，链条炉的钢铁耗量比链带式的高 30%左右，而且其刚性较差，尤其是炉排宽度较大时，易发生炉排片脱落或卡住的故障。

2. 链条炉的燃烧过程

链条炉是典型的前饲燃料式炉子。炉排如同皮带运输机一样，自前向后缓慢移动。燃料从煤斗下来落在炉排上，随炉排一起前进。空气从炉排下方自下而上引入，与燃料的供给方向垂直相交。当燃料经过煤闸门时，被刮成一定的厚度，随后便进入炉膛。燃料在炉膛内受到辐射加热后进入燃烧阶段。首先是燃料被烘干并放出挥发分，继之着火燃烧和燃尽，灰渣则随炉排移动而被排出。以上各阶段是沿炉排长度相继进行的，但又是同时发生的，所以燃烧过程不随时间而变，不存在火床工作的热力周期性。图 2-23 为链条炉排上燃料层燃烧阶段的示意图。

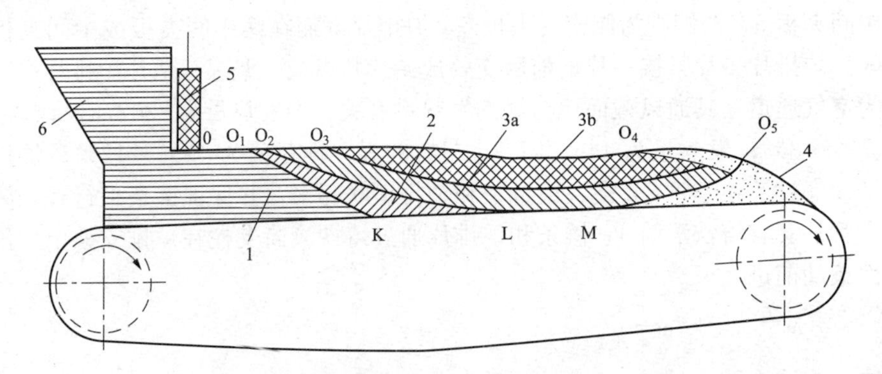

图 2-23　链条炉排上燃料层燃烧阶段的示意图

1—新燃料区；2—析出挥发分区；3—焦炭燃烧区；3a—氧化区；
3b—还原区；4—燃尽区；5—煤闸门；6—煤斗

燃料受到烘干，析出挥发分以致挥发分着火的阶段，称为热力准备阶段。在这个阶段中燃料层需要吸热。由于燃料是直接落在排炉面上的，燃料层下没有炙热焦炭层的加热，从炉排下面送来的空气，一般其预热温度不超过 200℃，对燃料层的加热作用不大。因此，热量的供应主要依靠炉膛中火焰和高温砖墙的辐射热。此时，燃料的加热和点燃只能从燃料层表面开始，然后通过热传导逐渐向下传播。由于燃料层随炉排向后移动，因此燃料层中燃烧过程的各阶段的分界均呈倾斜面的形状。燃料层的导热性是相当差的，从上而下的燃烧传播速度为 0.2～0.5m/h，接近炉排移动速度的 1/10，所以热力准备阶段在炉排上占据相当长的区段。图 2-23 中区域 1 表示新燃料的烘干和加热区域。过了 O_1K 以后，燃料放出挥发分，挥发分着火燃烧。由于对于一定的燃料，挥发分开始析出的温度基本上是一定的，因此开始析出挥发分的 O_1K 实际上就代表一个等温面。

从 O_2L 开始，燃料层进入焦炭燃烧区 3，也即主要燃烧阶段。这个区域的温度很高，燃烧相当猛烈。由于燃料层的厚度一般超过氧化区的高度（大致也是燃料颗粒直径的 3～4 倍，或略超过此值），因此沿燃料层高度上又划分成氧化区 3a 和还原区 3b。从炉排下面上来的空气中的氧气在氧化区中被迅速耗尽。燃烧产物中的 CO_2 和 H_2O 上升进入还原区后，立即与炽热的焦炭发生还原反应。

最后为燃尽阶段。此处，燃料层燃尽形成灰渣并随着炉排的移动而倾入渣斗。链条炉排的燃料层中，由于燃料是从上部引燃的，因此在燃料层上面先形成灰渣。同时由于空气从燃料层下面送入，故紧靠炉排面的燃料层也较早形成灰渣。因此，在炉排尾部未燃尽的焦炭层是加在灰渣中间（见图 2-23 中第 4 区），这对于多灰分燃料的燃烧是不利的。

在链条炉中，由于燃料层是沿着炉排长度分阶段燃烧的，因此从燃料中放出的气体，其成分也是沿炉排长度不断改变的。图 2-24 表示链条炉中烟气成分及空气供应量的变化曲线。在 O_1 点以前，燃料层正在受到加热烘干，因此通过燃料层的空气中氧气的浓度基本上保持不变，其容积成分约为 21%。从 O_1 点以后，挥发分不断析出，并着火燃烧，随即焦炭也开始进入反应。因此炉排上部气体中 CO_2 成分不断增加，O_2 成分相应减少，直到耗尽为零，与此相对应的是出现了第一个 CO_2 最高点。其后，随着主要燃烧阶段中还原区的出现和加厚，气体中 CO 和 H_2 成分不断增多，CO_2 成分逐渐减少，缺氧情况相当严重，以致连挥发分中的可燃气体成分 CH_4 等也无法燃尽。当 CO 和 H_2 成分达到最大值后，随着燃料层部分烧成灰渣，还原区厚度渐薄，该二成分又逐渐下降。当还原区消失时（此时燃料还在进行氧化反应），出现了第二个 CO_2 最高点。此后，灰渣不断增多，焦炭层厚度越来越薄，所需 O_2 量减少，因此燃料层上气体中 O_2 成分不断增高，最后有可能达到 21%。

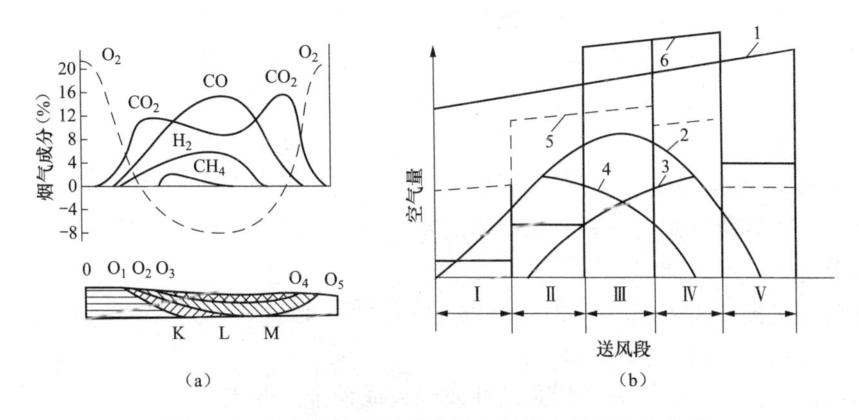

图 2-24　链条炉中烟气成分及空气供应量的变化曲线

(a) 烟气成分；(b) 空气供应量的变化曲线

1—无分段送风时空气供应量；2—燃烧所需空气量；3—焦炭燃烧所需空气量；4—挥发分燃烧所需空气量；5—有分段送风时按需分配空气供应量；6—有分段送风时按推迟配方法分配的空气供应量

由此可见，在炉排的头尾两区段，燃料层上气体汇总氧气有余（$a>1$），而在中部区段，氧气却相当缺乏，不完全燃烧产物 CO 和 H_2 则很多（$a<1$）。

3. 链条炉的煤种适应性

链条炉操作简单，增减燃煤量只需改变炉排转速，或用改变煤闸门的高度来改变煤层厚度。但链条炉对煤种的适应性较差。采用分段送风、设炉拱或二次风，情况有所改善，但在运行中还存在如下问题：

（1）由于煤仓中的煤向下垂直压力较大，加上与煤闸板的挤压，使进入炉中的煤层比较密实。

(2) 煤层都是由一些颗粒大小不等的煤粒混合在一起构成的，常称为煤的粒径无序掺混。

(3) 煤经过运煤装置向下卸至储煤仓时，块状煤易向两侧滚动，因此常造成炉排上的煤层分布不均匀，两侧块煤多而中部细碎煤粒较多。

由于上述原因造成煤层透气性差，通风阻力大，送风机电耗增加；炉排上通风分布不匀，易于形成“火口”，使炉膛内过量空气系数要求偏大，或漏煤量较多；炉排两侧块煤多通风阻力小，易漏入冷空气使炉温下降，过量空气系数上升。最终结果是煤不易烧透，排渣含碳量高，锅炉效率和出力都下降。

链条炉中，燃料单面引燃，着火条件较差，同时在整个燃烧过程中，燃料层本身没有自动扰动作用，拨火工作仍需借助人力。这就使燃料性质对链条炉的工作有很大影响。

黏结性强的煤，当受到炉内高温作用时，使燃烧不能连续进行，所以在链条炉中燃用强黏结性的煤是不适宜的。相反，贫煤在受热时易碎裂成细屑，而使飞灰带走和炉排漏煤损失增大。

燃料中的水分会使燃料层的着火延迟。但是当燃料中水分过少时，特别是对于含粉末较多的煤，适当加些水能提高燃烧的经济性。因为干煤加水以后，煤末黏结成团，不易被吹走和漏落，从而使飞灰和漏落损失较小。同时由于水分的蒸发，能疏松煤层，使空气容易透入煤层各部分。对于黏结性较强的煤，加少许水，可使煤层不致过分结焦，此外适当掺水可控制挥发分的析出速度，有利于减小化学不完全燃烧损失。但是水分会增加锅炉的排烟热损失，因此加的水量不应过多，而且要加的均匀，并应给予一定的渗透时间。

燃料中的灰分对燃烧也是不利的，灰分越多，焦炭的裹灰现象就越严重，焦炭的燃尽也就越困难。低熔点的灰分在火床中局部地区发生软化熔融，造成结渣，堵塞炉排的通风孔，破坏燃烧过程，并可能使炉排片过热。但是灰分过少，会使炉排上的灰渣垫不易形成，或者太薄，而使炉排片过热。因此，对于燃料中的灰分含量和熔点都应加以限制。

综上所述，可知链条炉对燃料有较严格的要求，一般需要满足如下指标：

(1) 水分适当，$M_{ar} \leqslant 20\%$。

(2) 灰分不过高，$A_{ar} \leqslant 30\%$，但灰分也不宜过低，$A_{ar} \geqslant 10\%$。

(3) 灰分熔点不太低，$FT > 1200$℃。

(4) 黏结性适中，不允许有强烈黏结性或碎裂成粉末的性质。

(5) 燃料最好分选过。在燃用未经分选的统煤时，小于6mm的粉末不应超过55%，煤块的最大尺寸不应超过40mm，以保证燃尽。

20世纪90年代以来，我国出现了用分层燃烧技术以改善链条炉工作性能。分层燃烧装置主要是改进炉子的给煤装置。一般是在落煤口的出口装给煤器，使落煤疏松和控制加煤量，而取消煤闸门；然后通过筛板或气力的作用，降煤按粒度分离分挡，使炉排上的煤层按不同粒径范围有序的分成二层或三层，有的还将粉末送至炉膛内燃烧。

(四) 抛煤机链条炉

前已叙及，抛煤机固定炉排炉具有着火条件优越、燃烧热强度高、煤种适应性广泛等优点。但由于炉排是固定的，因此也存在着一些问题。链条炉排炉的加煤和出渣都机械化，运行也很可靠，可适用于中等容量的锅炉。但是在链条炉中着火条件较差，煤粒受不到分选，燃烧过程不易强化，而且对煤质要求也较高。如果把抛煤机和链条炉排结合起来，就可以在一定程度上相互取长补短，收到较好的效果。

抛煤机链条炉按照所采用的抛煤机形式的不同，可分为两种；一种为风力抛煤机链条炉（常称风播炉），在这种炉子中，由于粉末大多播向炉排后部，故其炉排与普通链条炉排一样是顺转的。另一种为风力与机械联合的抛煤煤机链条炉，此时由于以机械抛煤为主，因此其煤粒分布为前细后粗，这时炉排转动的方向就应与普通链条炉排相反，即倒转炉排。在生产实践中使用较多的是风力与机械联合的抛煤机链条炉。图 2-25 所示的为我国生产的风力与机械联合的抛煤机链条炉。

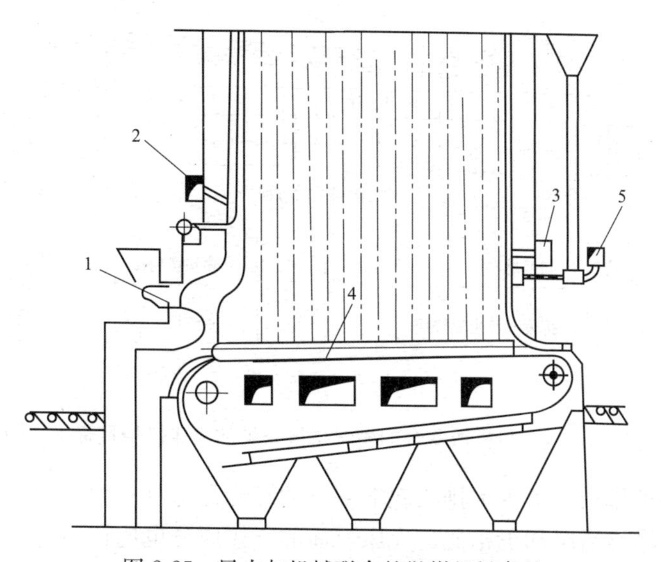

图 2-25　风力与机械联合的抛煤机链条炉

1—风力与机械联合的抛煤机；2—前部二次风；3—后部二次风；4—链条炉排；5—飞灰复燃装置

1. 抛煤机链条炉的火床燃烧过程

抛煤机链条炉的加煤方式与普通链条炉截然不同。燃料由抛煤机播散在整个炉排面上，炉排移动仅仅是为了出渣。

图 2-26 为风力与机械联合的抛煤机链条炉的火床燃烧过程示意图。炉排面起端处的燃料，除了在播散时飞行过程中已经在炉膛重吸收了少量热量以外，其燃烧情况大致与链条炉相似：主要依靠来自炉膛的辐射热来加热和引热，燃烧自上而下发展，随着炉排的移动，沿炉排长度形成燃料加热干燥、析出挥发分和焦炭燃烧几个阶段（见图 2-26 中的区域 a）。图 2-26 区域 b 中的燃烧则具有抛煤机炉子的各项特点：在这个区域内连续落下的煤粒总是盖在正在燃烧或将燃尽的焦炭层上、下部，引起燃作用十分强烈，着火条件优越，而且煤粒经过炉内分选落在炉排每个断面上的煤的粒度组成比较一致，因此炉排热强度可以提高，能适应的煤种范围也比较广。其次，由于燃烧的燃料层较薄，而且比较均匀地分布在炉排面上，因此沿炉排长度方向各横截面上的燃烧情况是相似的，火床上面的气体成分也比较均匀，化学不完全燃烧损失一般很小。同时由于煤层薄，燃烧又很猛烈，因此炉子的热惯性小，调节灵敏。此外，煤粒在炉膛中穿过高温烟气时，一部分表面已经焦化，加至火床中煤粒的粒度又比较一致，因此无论燃煤性质是否属于黏结，火床中一般都不会出现结大块焦的现象。

区域 b 占炉排的大部分面积，是火床燃烧的主要部分，但决定这个区域燃烧情况的关键是区域 a 的着火情况。如前所述，区域 a 的燃烧情况和普通链条炉相似，着火条件差，对水分多或挥发分少的煤种更感到着火困难，有时甚至会发生“脱火”现象。

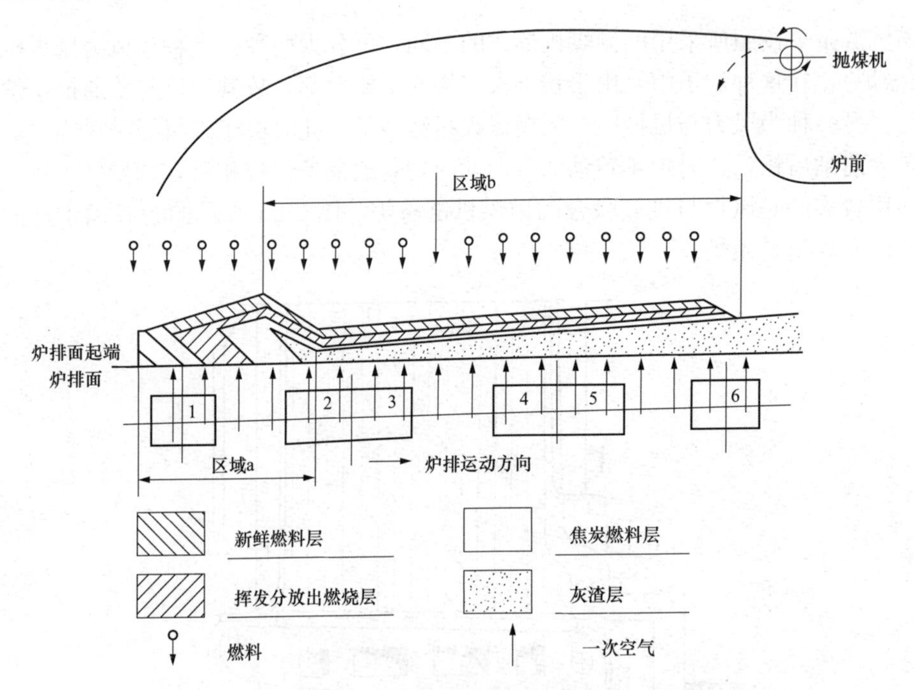

图 2-26　风力与机械联合的抛煤机链条炉的火床燃烧过程示意图

在抛煤机链条炉排中，由于炉排面起端部分的燃烧是与链条炉排的情况相似，而在其余的路排长度上虽然燃烧情况都很相似，火床上面的气体成分也比较均匀，但由于燃料层沿炉排长度的厚度，尤其是颗粒组成有较大差别，需要据此来分配风量和风压。因此，抛煤机链条炉排同样应该装设分段送风装置，当然分的段数可以少一些。

2. 抛煤机链条炉火床燃烧的调整

抛煤机链条炉中，给煤量由抛煤机控制。改变炉排速度主要是为了保证炉排面起端部分煤层的及时着火，并使其逐渐过渡到猛烈的薄层燃烧区，同时还使炉排末端具有适当厚度的渣层，以便得到稳定而经济的燃烧。主要有二个因素限制炉排速度调节范围：一个是燃煤的挥发分，另一个是燃煤的灰分。

低挥发分的煤，着火温度较高，如果此时炉排速度过快，煤层必须进入炉内相当一段距离后才开始着火燃烧。这样就使活泼的薄层燃烧区域缩小，炉排面起端部分上方的温度也降低，对引燃更加不利。另一方面落在炉排末端的煤粒，由于停留时间短促，可能来不及燃尽就调入渣斗。

灰分高的煤，发热量比较低，因此在锅炉蒸发量一定的条件下，给煤量就必须增加。此时如果路牌速度不相应增高，炉排面的起端和末端都将形成过厚的煤层和渣层，火床阻力增大，以至于一次风不能穿透，或者集中在某一阻力较小的地区吹入，引起严重的起堆现象，使化学不完全燃烧损失和机械不完全燃烧损失同时增高。此外，煤的水分及抛煤的分布情况对炉排速度的调整也有影响。

炉排面的送风量应当与各部分燃耗情况相配合。在炉排起端部分应该通过 1 号风门供给适量的空气（见图 2-26），为煤层的上部引燃创造适宜的条件。在图 2-26 区域 b 的靠近 a 的一段，为最早形成的主要焦炭燃烧区，应供给最大的风量，一般可将风门全开。随后各段因细煤粒较多，燃烧的煤层又较薄，故风门可以开得小些。

总之，应保证炉排面起端部分煤层的及时着火，保持薄煤层燃烧。煤层（不包括灰渣层）平均厚度在20～25mm之间，炉排末端的灰渣层厚度保持在120～150mm之间。

3. 抛煤机链条炉的炉膛

抛煤机链条炉与抛煤机炉一样，一般采用没有炉拱或只有极短炉拱的开式炉膛（见图2-25）。主要是因为担心安装炉拱会妨碍抛煤，同时也由于煤层上方气体成分比较均匀，对混合的要求有所降低之故。另外，由于悬浮燃烧的需要，炉膛常比较高大。

抛煤机链条炉中有很多细煤末（0～1mm）做悬浮燃烧，但其燃烧条件远不如煤粉炉优越。如果大量煤末来不及燃尽就飞出炉膛，则不仅降低燃烧效率，而且还会使对流受热面遭到剧烈磨损。但是，和抛煤机炉一样，抛煤机链条炉的最大问题还在于对大气的污染，包括大量飞灰逸出炉膛、单级除尘器不堪负担所引起的粉尘污染，以及炉内混合不好所引起的烟囱冒黑烟。如果大气污染问题解决不好，那么尽管这类炉子有很大优点，其应用仍然会受到限制。利用一次风来控制悬浮燃烧后，早已成为抛煤机炉及抛煤机链条炉消烟减尘和提高燃烧效率的有效途径。

4. 抛煤机链条炉的燃料适应性

抛煤机链条炉的燃料适应性范围是很广的。简略来说，它适宜于燃用细屑不过多、挥发分中等以上的燃料。抛煤机链条炉宜燃用未经分选的统煤，以充分发挥其长处。但是粉末含量仍有一定限制，一般与普通抛煤机炉所规定的相同，即0～6mm粉末不超过60%，其中0～3mm的粉末不超过35%。煤块的最大尺寸不超过30～40mm，最好不大于25mm，以保证其燃尽。

当燃用低挥发分燃料时，飞灰含碳量很多，机械不完全燃烧损失大大增加，此时即使采用飞灰复燃装置，收效也不大，因此抛煤机链条炉一般宜燃用挥发分$V_{daf}>15\%\sim20\%$的燃料。

燃用灰分过高的燃料时，因除渣要求儿加快炉排速度，这时有可能使炉排面起端部分的煤层来不及着火，因而要求灰分$A_{ar}<30\%$。此外，燃煤中水分过高，将导致给煤机机构堵塞失灵，故要求水分$M_{ar}<17\%$。

（五）往复推饲炉和振动炉排炉

1. 往复推饲炉

（1）往复推饲炉排炉的构造及工作原理。最常用的往复炉排是倾斜式往复炉排，其构造简图如图2-27所示。它的炉排是由相同布置的活动炉排片1和固定炉排片2组成。固定炉排片的尾部嵌卡在固定梁7上，中间由支撑棒托住。活动炉排片的尾部装嵌在活动炉排梁上，其前端直接搭在下一排的固定炉排片上。所有活动炉排梁都连在活动框8上形成一个整体。活动炉排片和固定炉排片间隔叠压成阶梯状的炉排面，与水平成15°～20°的倾角。活动框架支撑在滚轮9上，并与推拉杆11相连。可变速的直流电动机10驱动偏心轮12而带动推拉杆，拉到活动框架，使所有的活动炉排片都做前后的往复运动，其行程为70～120mm，往复次数通过直流电机的变速可在1～5次/min范围内无级调节。炉排片的通风截面比为7%～12%。最下端的活动炉排片搭在固定的燃尽炉排5上。

煤从煤斗加入，由于活动炉排片不断往复运动，将煤从炉排行缓慢由前向后，由上向下移动，最后落集在燃尽炉排上，燃尽后灰渣下落至渣斗6。空气由炉排下送入。

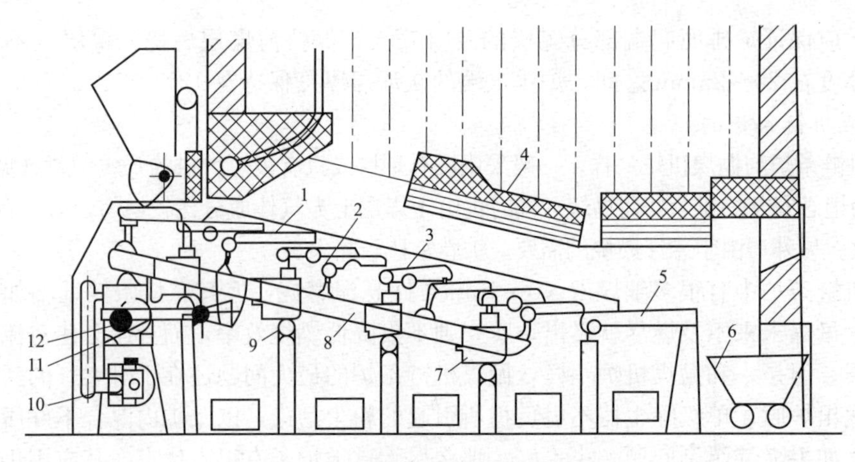

图 2-27 倾斜式往复炉结构图

1—活动炉排片；2—固定炉排片；3—支撑棒；4—炉拱；5—燃尽炉排；6—渣斗；7—固定梁；8—活动框；9—滚轮；10—直流电动机；11—推拉杆；12—偏心轮

(2) 往复推饲炉排炉的燃烧过程。往复推饲炉排炉的燃烧过程如图 2-28 所示。其三个阶段的划分与链条炉排一样，也是沿炉排长度方向分区段划分，因此分段送风、设拱及一次风等措施也都适用。其燃烧和燃尽阶段也与链条炉相似。与链条炉主要不同点就是煤与炉排有相对运动。煤是由活动炉排片的往复运动，被向下推饲而滚动的。炉排片向后下方推动时，部分新煤被推饲到已燃着的煤的上部，炉排片向前返程时，又将一部分已燃着的煤带到尚未燃烧的煤的底部。

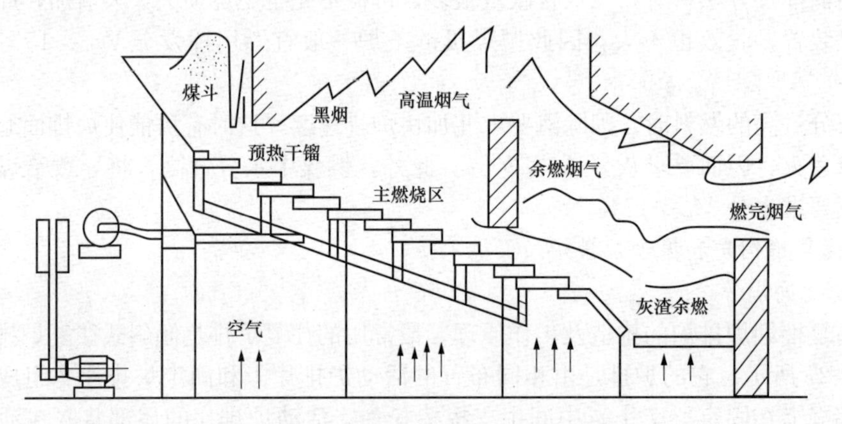

图 2-28 往复推饲炉排炉的燃烧过程

很显然，上述特点使煤在着火前的准备阶段的条件得到改善，因而适宜燃用水分和灰分较高，而发热量较低的劣质煤。煤在被推动的过程中受到挤压，破坏焦块或灰壳，煤向下翻滚时，煤层又得到松动与平整。这种炉子有自动拨火的能力，不仅可燃用易结焦的煤，而且不会产生“火口”或燃烧层表面板结，避免链条炉拨火带来劳动强度大和开启侧墙炉门而使锅炉效率降低的缺点。组织好烟气在炉内的流动过程，使在炉排前段产生的可燃气体及炭黑，经过中部高温燃烧区燃尽，而避免冒黑烟（图 2-28）。其结构简单、制造容易，金属耗量及耗电量都比链条炉少。

但是，这种炉子对煤的粒度要求较严，直径一般不宜超过 400mm，否则难以烧透。炉排推饲时，炉排片的头部不断与炽热的焦炭接触，又无冷却条件，因而常易烧坏，特别是燃用固定碳含量大的无烟煤时，更为严重。这种炉排的漏煤也较严重。还有炉排倾斜炉体高大，对负荷变化的适应性较差。

2. 振动炉排炉

（1）振动炉排炉的构造及工作原理。振动炉排炉是小容量锅炉采用的一种结构简单、钢耗量和投资费用较低的机械化燃烧设备。它的整个炉排面在交变惯性力的作用下产生振动，促使煤层在其上跳跃前进，实现了燃烧的机械化。

图 2-29 为一风冷固定支点振动炉排，由炉排片、上框架、弹簧板、固定支点、下框架和激振器等几个主要构部件组成。

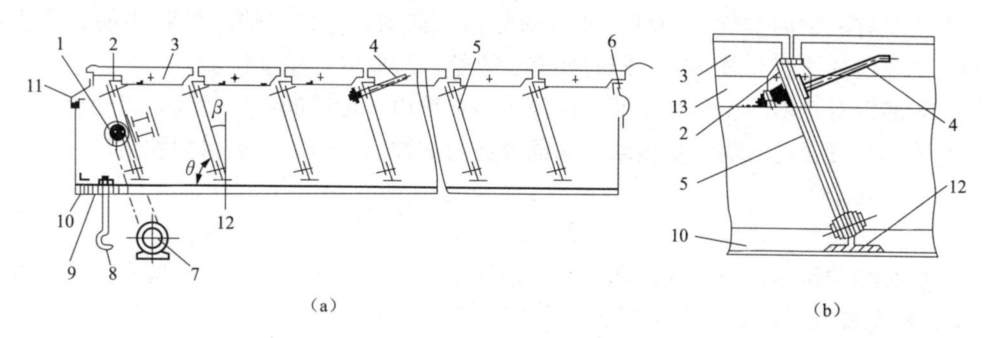

图 2-29　风冷固定支点振动炉排

（a）结构总图；（b）固定支点结构图

1—偏心块激振器；2—“7”字横梁；3—炉排片；4—拉杆；5—弹簧板；7—激振器电动机；8—地脚螺钉；9—减振橡皮垫；10—下框架；11—前密封；12—固定支点；13—侧梁

上框架是组成炉排面的长方形焊接框架，其前端横向焊有安置激振器的大梁，在整个长度上游横向焊接了一系列平行布置的“7”字横梁。铸铁炉排片就搁置在“7”字横梁上，并用拉杆钩住炉排片下的小孔，保证振动时炉排片不会脱落。

下框架是由左右两条钢板和用以固定炉排墙板的型钢拼焊而成，并用地脚螺栓固定在炉排基础上。弹簧板分左右两列联结于上、下框架之间，它与水平的倾角为 55°～70°，下端采用固定支点连接于下框架，上端与“7”字横梁相接支撑着上框架。

在炉排前端装有激振器，它是振动炉排的振源，由轴承座、转轴、偏心块和皮带轮等组成。激振器由电动机通过皮带轮驱动旋转，产生一个周期性变化而垂直于簧板的力，此作用力可分解为水平和垂直两个分力，水平分力使煤向炉后移动，垂直分力使煤从炉排上微跃。这样周期性的间断微跃向后运动，实现了加煤、除渣的机械化。

改变偏心块的转速可以调节振幅。转速增加，振幅也越大，煤的移动速度也越大。当转速达到某值时，炉排振幅达到最大值时，工程上称为共振，即偏心块转动产生的工作频率与炉排本身的固有频率相同。此时，煤的移动速度最大，所耗的功率最小。通常，振动炉排都选在共振状况下工作。炉排的固有频率与炉排的刚性成正比，与其质量成反比。而炉排刚性可用弹簧板的厚度来调整。根据运行经验，炉排工作的振动速度一般宜在 800～1400r/min；最佳振幅一般为 3～5mm，此时煤的运动速度约 100mm/s。炉排振动的间隔和每次振动的时间与锅炉负荷、炉排结构和煤层厚度等因素有关，可采用时间继电器控制和调节，一般每隔 1min 左右振动一次，每次振动 1～3s。

(2) 振动炉排炉的燃烧特点。振动炉排燃烧过程三阶段的划分也是沿炉排长度来划分区段，其燃烧情况与链条炉也相似。因此分段送风、设炉拱、采用二次风等措施也都适用。与链条炉主要不同点也是煤与炉排有相对运动，其运动方式与往复推饲炉排炉不同，煤不是在炉排上向下滚动，而是微跃向后运动。

四、室燃燃烧方式及其设备

(一) 煤粉炉的炉膛

炉膛是燃料燃烧的场所，同时也是换热的场所。煤粉炉的炉膛应满足如下要求：

(1) 良好地组织炉内燃烧过程。合理布置燃烧器，使燃料能及时着火、稳定燃烧、充分燃尽，并有良好的炉内空气动力场，使各壁面热负荷均匀。即火焰在炉膛内的充满程度要好，减少气流的死滞区和漩涡区，同时要避免火焰冲墙刷壁，壁面结渣。

(2) 炉膛要有足够的容积和高度，保证燃料在炉内有足够的停留时间，以便燃尽。

(3) 能够布置合适的辐射受热面，保证合适的炉膛出口烟温，确保炉膛出口后的对流受热面不结渣和安全工作。

(4) 炉膛的辐射受热面应具有可靠的水动力特性，保证其工作的安全。

(5) 炉膛结构紧凑，金属及其他材料的消耗量要少，制造、安装、检修和运行要方便。

(二) 燃烧器及其分类

燃烧器是煤粉锅炉的主要燃烧设备，其作用是保证燃料和燃烧用空气在进入炉膛时能充分混合，即使着火稳定燃烧。

送入燃烧器的空气，一般都不是一次集中送入的，而是按对着火、燃烧有利合理组织、分批送入的。按作用不同，一般将送入燃烧器的空气分为三种，即一次风、二次风和三次风。携带煤粉送入燃烧器的空气称为一次风，其主要作用是输送煤粉和满足燃烧初期对氧气的需要，一次风数量一般较少。煤粉气流着火后再送入的空气称为二次风。二次风补充煤粉继续燃烧所需要的空气，并主要起扰动、混合作用。当煤粉制备系统采用中间储藏式热风送粉时，在磨煤机内干燥原煤后排出的乏汽，其中含有10%～15%的细煤粉，可将这股乏汽由单独的喷口送入炉膛燃耗，称其为三次风。

性能良好的燃烧器应该做到：能使煤粉气流稳定地着火；着火以后，一、二次风能及时而合理混合，确保较高的燃烧效率；火焰在炉内的充满程度好，且不会冲墙贴壁，避免结渣；有较好的燃料适应性和负荷调节的范围；阻力较小；能较少 NO_x 的生成，减少对环境污染。

煤粉燃烧器按其出口气流特性可分为直流燃烧器和旋流燃烧器两大类。直流燃烧器的出口气流为直流射流或直流射流组；旋流燃烧器的出口气流为旋转射流。

(三) 直流燃烧器及其特性

1. 直流燃烧器工作原理

煤粉气流以一定速度，从直流燃烧器的喷口直接射入炽热烟气的炉膛。由于炉膛相对很大，而且气流从喷口射出后一般都处于湍流状态，因此可认为从单个喷口射出的煤粉气流是直流湍流自由射流。

由直流湍流自由射流特性可知，射流刚从喷嘴喷出时，在整个截面上流速均匀并等于初速 w_0，射流离开喷口后，周围精致的气流被卷吸到射流中随着射流一起运动，射流的截面逐渐扩大，流量增加，而其流速却逐渐衰减。在射流中心尚未被周围气体混入的地方，仍然保持初速 w_0，这个保持初速为 w_0 的三角形区域称为等速核心区。在喷口出口处于等速核心区结束点所在的截面之间的区段称为射流的初始段。射流初始段以后的区段成为射流主体段或基本段。射流主体段内轴线上的流速 w_m 是低于初速 w_0 的，并沿着流动方向逐渐衰减。

射流主体段内轴线上流速沿流动方向的变化规律与喷口形状有关。

对于圆形喷口，射流主体段轴线相对速度 w_m/w_0 可按式（2-45）计算

$$\frac{w_m}{w_0}=\frac{0.96}{\frac{ax}{R_0}+0.29} \tag{2-45}$$

式中　w_0——射流初速，m/s；

R_0——喷口的半径，m；

x——所求截面距喷口出口的距离，m；

α——湍流系数，取 0.07～0.08。

对于矩形喷口，射流主体段轴线相对速度 w_m/w_0 可按式（2-46）计算

$$\frac{w_m}{w_0}=\frac{1.2}{\sqrt{\frac{ax}{b_0}+0.41}} \tag{2-46}$$

式中　a——湍流系数，a 为 0.1～0.12；

x——所求截面距喷口出口的距离，m；

b_0——喷口短边一半的尺寸，m。

直流射流只有轴向速度和径向速度，射流是不旋转的。直流射流的射程比旋转射流的长。射程与喷口尺寸和射流初速的因素有关，喷口尺寸越大初速越高，即初始动量越大，射程越大。射程长表示射流衰减慢，在烟气介质中贯穿能力强，对后期混合有利。显然，集中大喷口比分散的多个小喷口的射流的射程长。

射流卷吸烟气的能力直接影响燃料的着火过程。当喷口流通截面不变时，将一个大喷口分成多个小喷口，由于射流周界面增大，因此卷吸烟气量也增加。对于矩形截面的喷口，当初速与喷口流通面积不变时，随喷口高宽比的增大，射流周界面增大，卷吸能力也增大。射流卷吸周围烟气后流量增加，流速自然会衰减下来。卷吸能力越强速度衰减越快，射程就越短。炉膛并非是无限大的空间，在炉内微小的扰动，也会导致射流偏离原有轴线方向发生偏转。射流抗偏转的能力称为射流的刚性。射流的动量越大，刚性越强，越不易偏转。对矩形截面喷口，喷口的高度比越小，刚性越好。在炉内几股射流平行或交叉时，一般是刚性大的射流吸引刚性小的射流，并使其偏转。

2. 直流煤粉燃烧器的形式

直流煤粉燃烧器的出口是由一组圆形、矩形或多边形的喷口所组成。一次风煤粉气流、燃烧所需要的二次风以及中间储仓式制粉系统热风送粉时的发起分别由不同喷口以直流射流形式喷进炉膛。燃烧器喷口之间保持一定距离，整个燃烧器呈狭长形。喷口射出的直流射流多为水平方向，也有的向上或向下倾斜某一角度；有的直流燃烧器的喷口可以在运行时上下摆动一定角度。

根据燃烧其中一、二次风喷口相间布置情况，直流煤粉燃烧器大致可分为均等配风和分级配风两种形式。

（1）均等配风直流煤粉燃烧器。均等配风方式是指一、二次风喷口相间布置，即在两个一次风喷口之间均等布置一个或两个二次风喷口，或者在每个一次风喷口的背火侧均等布置二次风喷口。

在均等配风方式中，由于一、二次风喷口相间布置，即在两个一次风喷口之间均等布置一个或两个二次风喷口，或者在每个一次风喷口的背火侧均等布置二次风喷口。

在均等配风方式中，由于一、二次风喷口间距相对较近，一、二次风自喷口流出后能很快得到混合，使煤粉气流着火后不致由于空气不足而影响燃烧，故一般使用燃烧烟煤和褐煤，所以又叫作烟煤-褐煤型直流煤粉燃烧器。

典型的均等配风直流煤粉燃烧器喷口布置方式如图 2-30 所示。

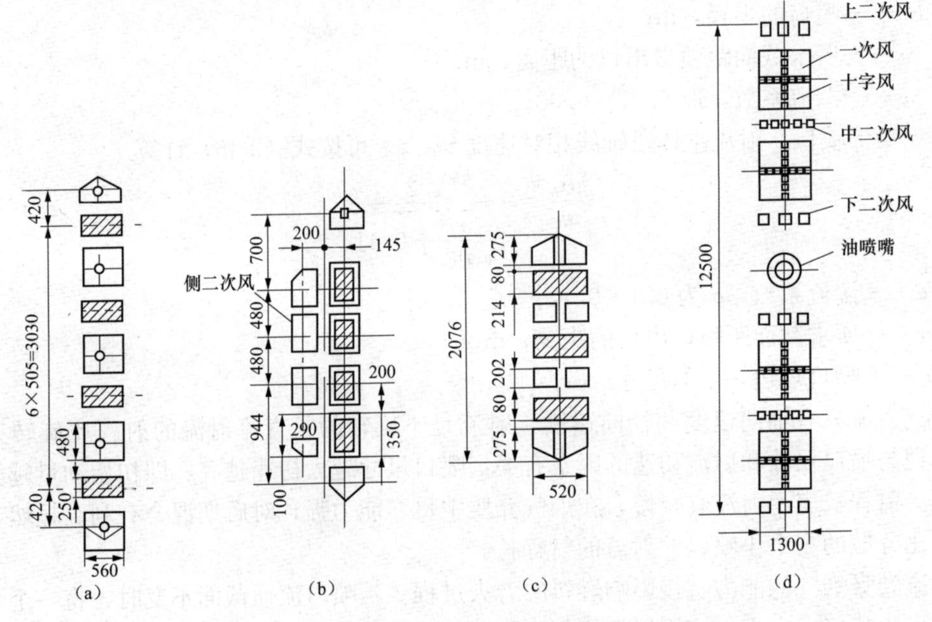

图 2-30　均等配风直流煤粉燃烧器喷口布置方式

(a) 锅炉容量 400t/h，适用烟煤；(b) 锅炉容量 220t/h，适用贫煤和烟煤；(c) 锅炉容量 220t/h，适用褐煤；(d) 锅炉容量 927t/h，适用褐煤

图 2-30（a）是燃烧烟煤的直流煤粉燃烧器。烟煤挥发分较高，容易着火和燃烧，因此燃烧烟煤时要求一次风中的煤粉着火后，应尽快和二次风混合以保证进一步燃烧所需的氧气。在每个一次风喷口的上下方都有二次风喷口，而且喷口间距也较小。燃烧器最高层为上二次风喷口，其作用除供应上排煤粉燃烧器所需空气外，还可提供炉内未燃尽的煤粉继续燃烧所需空气。燃烧器最底层为下二次风喷口，其作用除供应下排煤粉燃烧器所需空气外，还能把煤粉气流中析出的粗煤粉托住，使其燃烧从而减少机械不完全燃烧热损失。

图 2-30（b）为侧二次风燃烧器，是均等配风燃烧器的一种特殊形式。其一次风喷口集中布置，而且布置在向火侧（内侧），而将二次风布置在一次风的背火侧（外侧）。其作用如下：一次风布置在燃烧器的向火侧，这样有利于煤粉气流卷吸高温烟气和接受炉膛空间的辐射热，同时也有利于接受邻角燃烧火炬的加热，从而改善煤粉着火；二次风布置在背火侧，可以防止煤粉火炬贴墙和粗煤粉离析，并可在水冷壁区域保持氧化性气氛，不致使灰熔点降低。这些有助于避免水冷壁结渣。此外，这种并排布置降低了整组燃烧器的高度比，可以增

强气流的穿透能力，这样有利于燃烧的稳定和安全。这种燃烧器适用于既难着火又易结渣的贫煤和劣质烟煤。

图 2-30（c）和（d）为燃烧褐煤的直流煤粉燃烧器。褐煤挥发分高、灰分大、灰熔点低、煤龄短的褐煤水分较高。干燥的褐煤煤粉很容易着火，也易在炉膛内形成结渣。因此，燃烧褐煤的炉膛的温度应尽可能保持低一些，火焰中心的温度在 1100～1200℃的范围内，以避免产生局部高温而引起结渣。为了能降低炉膛内的燃烧温度，一、二次风喷口应间隔布置，并将一次风喷口的距离适当拉开，大容量的燃烧器应采用分组布置，使煤粉不过于集中喷入炉膛，以分散火焰。为了使煤粉着火后能和二次风迅速混合，常在一次风喷口内安装十字行排列的二次风小管，称为十字风。其作用是：冷却一次风喷口，以免喷口受热变形或烧损；将一个喷口分割成四个小喷口，也可减少煤粉和气流速度分布的不均匀程度。

（2）分级配风直流煤粉燃烧器。分级配风方式是指把燃烧所需要的二次风分级分阶段地送入燃烧的煤粉气流中，即将一次风喷口集中布置在一起，而二次风喷口分层布置，且一、二次风喷口保持较大的距离，以便控制一、二次风的混合时间，这对于无烟煤的着火和燃烧是有利的。故此种燃烧器适用于无烟煤、贫煤和劣质烟煤，所以又叫做无烟煤型直流煤粉燃烧器。

典型的分级配风直流煤粉燃烧器喷口布置方式如图 2-31 所示。

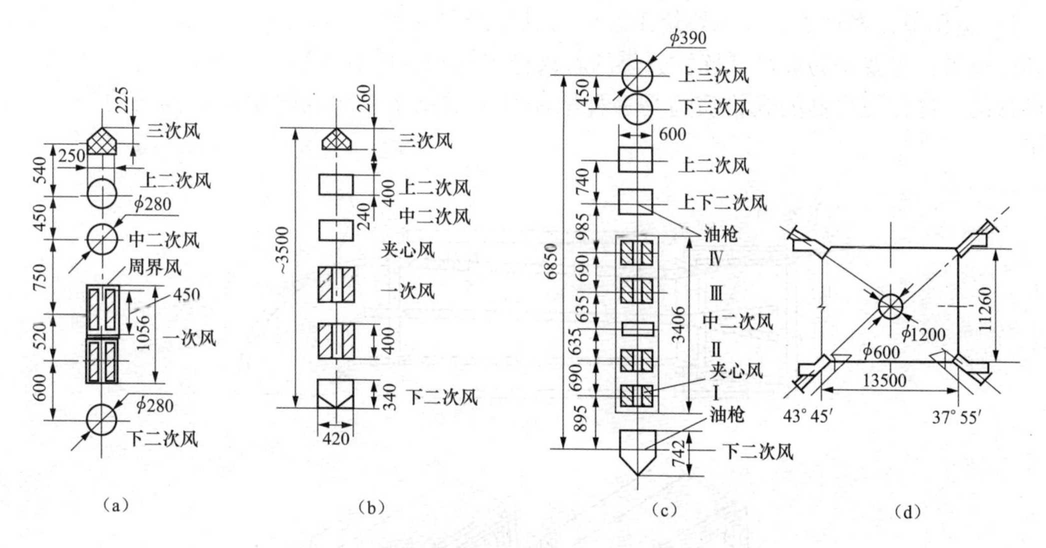

图 2-31　分级配风直流煤粉燃烧器喷口布置方式

（a）锅炉容量 130t/h，适用无烟煤；（b）锅炉容量 220t/h 适用无烟煤；（c）锅炉容量 670t/h，适用无烟煤；（d）锅炉容量 670t/h，燃耗器四角布置

无烟煤和贫煤的固定碳含量较高，挥发分含量低，不易着火和燃尽。为了保证无烟煤和贫煤的着火和燃尽，必须保持较高的炉膛温度。为了解决低挥发分煤种着火难的问题，直流煤粉燃烧器在设计和布置上具有如下特点：

1）一次风喷口呈狭长形，狭长的一次风喷口高宽比较大，可以增大煤粉气流的着火周界，从而增加高温烟气的卷吸能力，有利于煤粉气流着火。

2）一次风喷口集中布置，一次风集中喷入炉膛可提高着火区的煤粉浓度，同时煤粉燃烧放热集中，火焰中心温度会有所提高，这有利于煤粉迅速稳定着火。集中大喷口还可增强一次风射流的刚性和贯穿能力，从而减轻火焰的偏斜，并加强煤粉气流的后期混合。

3）一、二次风喷口的间距较大，这样一、二次风混合比较迟，对于无烟煤和劣质烟煤的着火有利。

4）二次风分层布置，即按着火和燃耗需要分级分阶段将二次风送入燃烧的煤粉气流中，这既有利于煤粉气流的前期着火，又有利于煤粉后期的燃耗。

5）一次风喷口的周围或中间还布置有一股二次风，分别称为周界风和夹心风，如图 2-31 所示。周界风和夹心风的风速高，可以增强气流刚性，防止气流偏斜，也能防止燃烧器烧坏，但周界风和夹心风量过大，会影响着火稳定。

6）在燃用无烟煤、贫煤、劣质烟煤时，为了保证着火的稳定性，都采用热风送粉，而含有 10%～15%细煤粉的乏气作为三次风送入炉膛，目的是提高燃烧的经济性和避免污染环境。由于乏气的温度低（约 100℃）、水分高、煤粉浓度小，若三次风口布置不当，将会影响主煤粉气流的着火燃烧。因此，一般将三次风口布置在燃烧器上方。三次风口应有一定的下倾角（7°～15°），以增加三次风在炉内停留时间，有利于三次风中少量煤粉的燃尽。此外，三次风的风速高达 50～60m/s，使其能穿透高温烟气进入炉膛中心，这有利于加强炉内气流的扰动和混合，又有利于三次风中细粉的燃尽。

（3）几种改进的直流煤粉燃烧器。

1）宽调节比燃烧器。美国燃烧工程公司设计的 WR 燃烧器，其全名为直流式宽调节比摆动燃烧器，主要是为提高低挥发分煤的着火稳定性和在低负荷运行时着火、燃烧的稳定性而设计的。这种燃烧器的煤粉喷嘴是一种浓淡分离的高浓度煤粉燃烧器，其结构如图 2-32 所示。

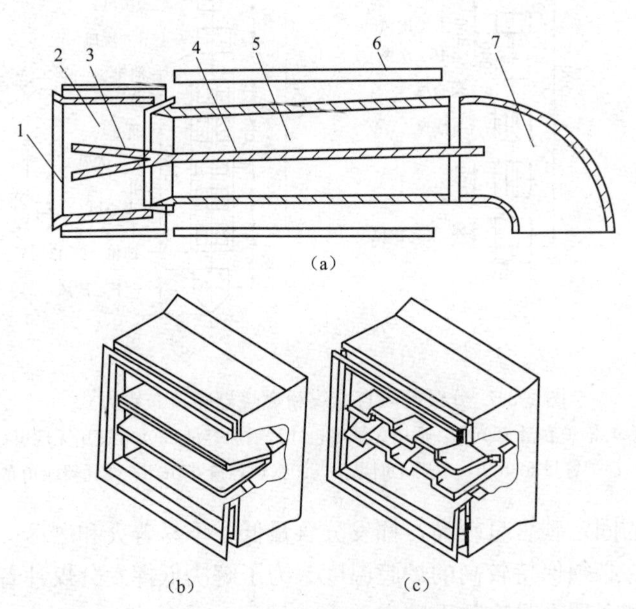

图 2-32 WR 燃烧器的煤粉喷嘴

(a) 一次风煤粉喷嘴结构图；(b) V 形扩流锥；(c) 波浪形扩流锥

1—阻挡板；2—喷嘴头部；3—扩流锥；4—水平肋片；5—一次风管；6—燃烧器外壳；7—入口弯头

从图 2-32（a）可以看出，煤粉喷嘴的一次风道的连接处有一个弯头，因此利用煤粉气流通过这个管道弯头转弯时，受离心力的作用，大部分煤粉紧贴着弯头外侧进入煤粉喷嘴，而设置在煤粉喷嘴中间的水平肋片，将煤粉气流顺势分成浓淡两股，上部为高浓度的煤粉气流，下部为低浓度的煤粉气流，并将其保持到离开喷嘴以后的一段距离，从而提高了煤粉喷嘴出口处上部煤粉气流中的煤粉浓度。在煤粉喷嘴出口处装有一个扩流锥，扩流锥有V形和波浪形两种，如图2-32（b）、（c），但多采用波浪形扩流锥。采用扩流锥可以在喷嘴出口形成一个稳定的回流区，使高温烟气不断稳定回流到煤粉火炬的根部，以维持煤粉气流的稳定着火。扩流锥装在煤粉管道内，不断有一次风煤粉气流流过，所以不易烧坏。其波浪形或V形的结构可以吸收扩流锥在高温辐射下的热膨胀；同时可以增加一次风煤粉空气混合物和回流高温烟气的接触面、加快煤粉空气混合物的预热和着火。扩流锥前端有一细长阻挡块，当煤粉气流的流动速度发生变化时，有利于回流区的稳定。

国内外的实践表明，WR燃耗器能有效燃用低挥发性的无烟煤和贫煤。

2）PM燃烧器。PM燃耗器是污染最小型燃烧器的简称，它由日本三菱公司设计。PM直流烟煤燃烧器的喷口布置及一次风入口管道上的弯头分离器如图2-34所示，它由靠近燃烧器的一次风管的一个弯头及两个喷口组成。煤粉气流流过弯头分离器时进行惯性分离，富粉流进入上喷口，贫粉流进入下喷口。在两喷口之间插入再循环的烟气喷口，称为隔离烟气再循环（SGR），它可以推迟二次风向燃烧区域扩散，延长挥发分在高温区内的燃烧时间，还可降低炉内温度水平及焦炭燃尽区中的氧浓度，既可稳定燃烧，也抑制NO_x的生成。每组PM燃烧器上部都有燃尽风（OFA）喷口，从而将燃烧所用空气分成二次风和燃尽风，是一个典型的分级燃烧方式。大部分煤粉形成的浓煤粉气流在过量空气系数远小于1的条件下燃烧，而另一部分煤粉气流在过量空气系数远大于1的条件下燃烧。煤粉在高浓度燃烧时，由于缺氧产生燃料型NO_x减小，煤粉低浓度燃烧时，由于空气量多，使燃烧温度降低，产生的温度型NO_x减少。这样，就形成了两个燃烧区段。所以PM燃烧器是集烟气再循环、分级燃烧和浓淡燃烧于一体的低NO_x燃烧系统。

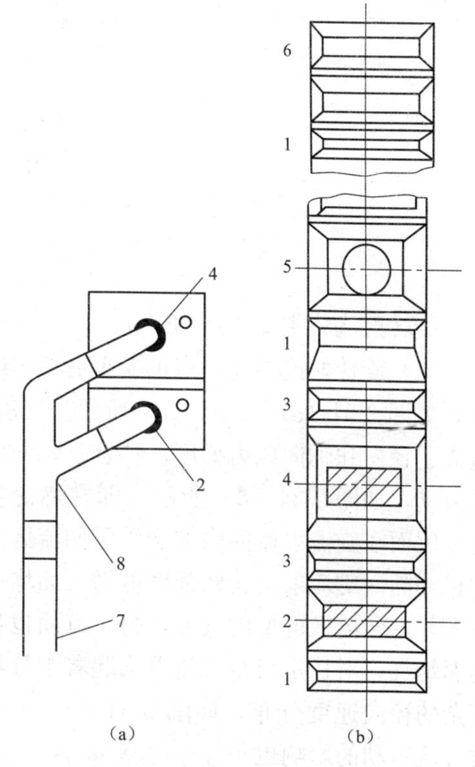

图2-33　PM型直流煤粉燃烧器
(a) 一次风入口管道上的弯头分离器；
(b) 燃烧器的喷口布置
1—二次风喷口；2—贫燃料喷口；
3—再循环烟气喷口；4—富燃料喷口；
5—油枪；6—火上风（OFA）喷口；
7—一次风煤粉管道；8—弯头分离器

（四）旋流燃烧器及其特性

1. 旋转射流的特性

旋流燃烧器是利用旋流器使气流旋转运动的。当旋转气流由燃烧器出口喷出后，气流在炉膛内就形成了旋转射流，如图2-34所示。

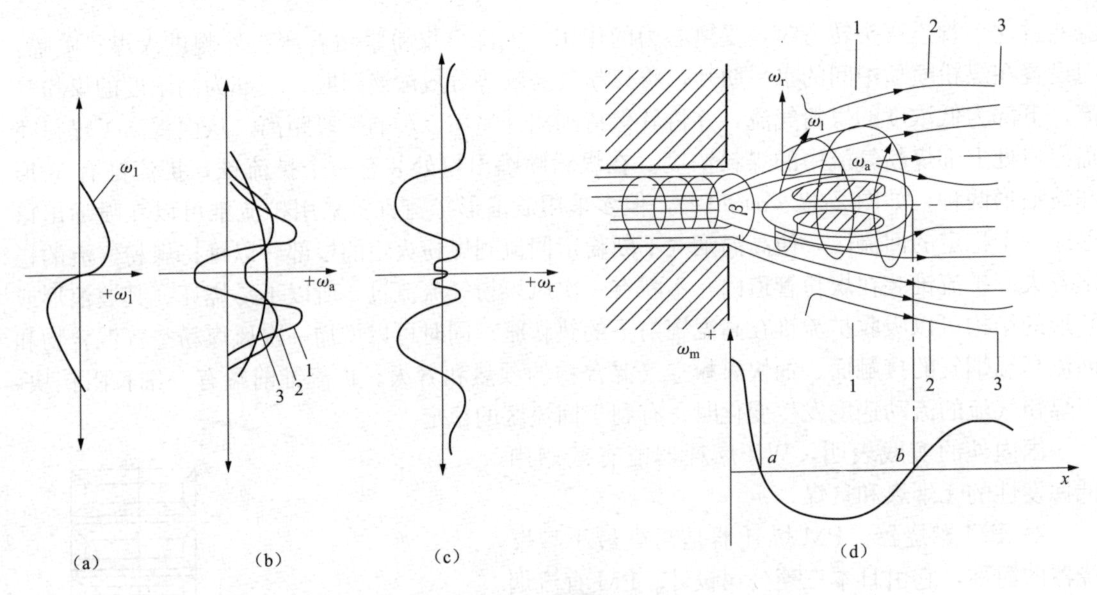

图 2-34　旋转射流

（a）截面 1-1 内切向速度 w_l 的分布；（b）截面 1-1、2-2、3-3 内轴向速度 ω_a 的分布；
（c）截面 1-1 内径速度 w_r 的分布；（d）沿射流轴线方向，轴向速度 ω_m 的分布

旋转射流的主要特点如下：

（1）旋转射流中任一点的空间速度均可分解成轴向速度 w_a、径向速度 w_r 和切向速度 w_l，如图 2-34（a）、（b）、（c）所示。气流旋转的结果，在射流的中心部分产生一个低压区，造成了径向和轴向压力梯度，特别是轴向的反向压力梯度，将吸引中心部分的烟气沿轴向反向流动，如图 2-34（d）所示。即在燃烧器出口附近形成和主气流流动方向相反的回流运动，因而在旋流射流的内部产生了回流区—内回流区，这是旋转射流的主要特点。内回流区的尺寸随回旋流射流旋转强度的增大而增大。这样旋转射流就从两方面来卷吸周围介质，一方面靠内回流区的反向气流，另一方面也从射流外边界卷吸。燃烧过程中从内、外两侧卷吸高温烟气，对稳定煤粉气流着火起着十分重要的作用。径向压力梯度导致旋转射流内产生出复杂的径向速度分布，如图 2-34（c）。一般情况下，旋转射流的 w_r 比 w_a、w_l 数值要小，对气流运动的影响也小。

（2）由于和周围介质进行强烈的湍流交换，沿射流的运动方向，切向速度 w_t 衰减，即旋转效应衰减很快。旋转射流中，轴向速度 w_a 的衰减比切向速度 w_l 慢，但远比直流射流快。在同样的初始动量下，旋转射流的射程要比直流短。

旋转射流的扩散角一般比直流射流大，而且随着旋转强度的增大而增大。旋转强度 n 可用式（2-47）表示

$$n=\frac{M}{KL} \tag{2-47}$$

式中　M——气流的切向旋转动量矩；

K——气流的轴向旋转动量；

L——燃烧器喷口的特征尺寸。

随着旋转强度 n 的不同，旋转射流有三种不同的流动状态。图 2-35 所示为旋流燃烧器中常见的环形旋转射流的流动状态。

当出口气流的旋转强度 n 小于一定数值时，射流中不可能产生内部回流区，如图 2-35（a）所示。没有内部回流流动的旋转射流叫弱旋转射流，此时整个旋转射流呈封闭状态，故又称为封闭射流。弱旋转射流的流动特性接近于直流射流。

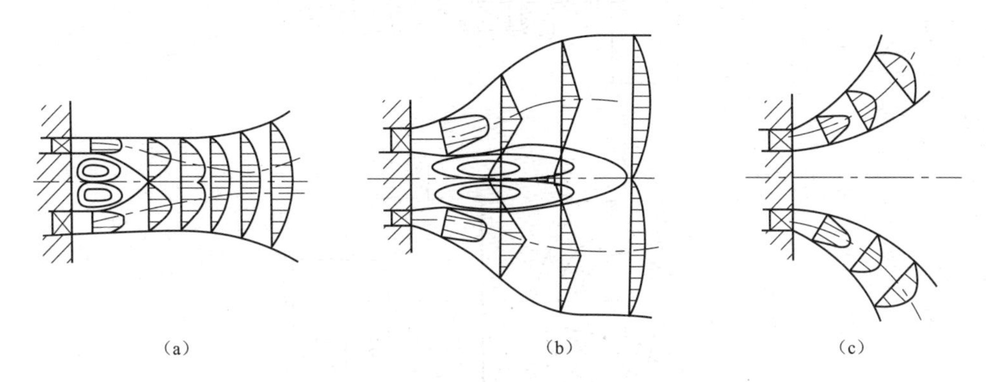

图 2-35　环形旋转射流的流动状态

（a）弱旋转射流（封闭射流）；（b）开放式旋转射流；（c）全扩散式旋转射流

旋转强度 n 增大到一定数值以后，在轴向反向压力梯度作用下，在靠近射流出口的中心区形成一个轴向内回流区。回流区的尺寸和回流量均随旋转强度 n 增大而增加。内回流对煤粉射流的着火和燃烧有极重要的作用。因为内回流将烟气抽吸到射流的根部，可使煤粉气流稳定着火。这种流动状态称为开放式旋转射流，如图 2-35（b）所示。锅炉燃烧设备中，从旋转燃烧器出来的旋转射流，大多属于这种流动状态。

再继续增大旋转强度，由于射流湍流增大，射流外边界卷吸能力增强。当周围环境补气条件较差时，气流外边界的压力可能低于射流中心。在内外压力差的作用下，射流就向周围扩展，形成全扩散式旋转射流，如图 2-35（c）所示。锅炉燃烧技术中，把这种流动状态叫作飞边。飞边会使火焰贴墙，造成炉墙或水冷壁结渣。

2. 旋流煤粉燃烧器的形式

旋流煤粉燃烧器是利用旋流器使气流产生旋转运动的。旋流燃烧器中所采用旋流器的主要有蜗壳、轴向叶片及切向叶片等，如图 2-36 所示。

旋流煤粉燃烧器是根据旋流器的形式来命名的。按照产生旋转气流方法的不同，常见的旋流燃烧器可分为蜗壳形和叶片形两大类。前者选用蜗壳作旋流器，故称为蜗壳形旋流煤粉燃烧器；后者用叶片作旋流器，故称为叶片形旋流燃烧器。

（1）单蜗壳形旋流煤粉燃烧器。单蜗壳形旋流煤粉燃烧器的结构如图 2-37 所示。这种燃烧器一次风为直流，二次风气流通过蜗壳旋流器产生旋转。一次风出口处装有一蘑菇形扩流锥，扩流锥尾迹的回流区有助于煤粉气流的着火。扩流锥的位置可以伸缩，用以调节一次风的出口速度和气流扩散角的大小，但由于扩流锥处于高温中心回流区，因而常易烧坏及结渣。这种燃烧器的特点是一次风阻力小，射程远，初期混合扰动不如双蜗壳旋流燃烧器，后期扰动比双蜗壳燃烧器好。因此，对煤种适应性较双蜗壳旋流燃烧器好，可燃用挥发分较低的贫煤。

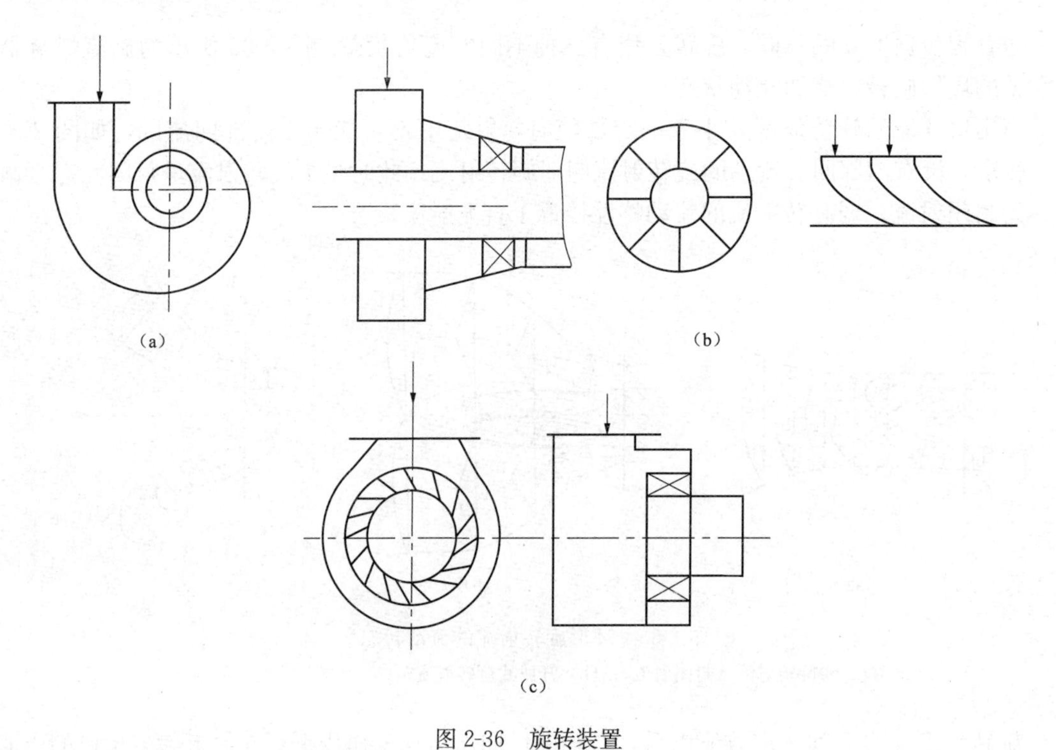

图 2-36 旋转装置

(a) 蜗壳旋流器；(b) 轴向叶片旋流器；(c) 切向叶片旋流器

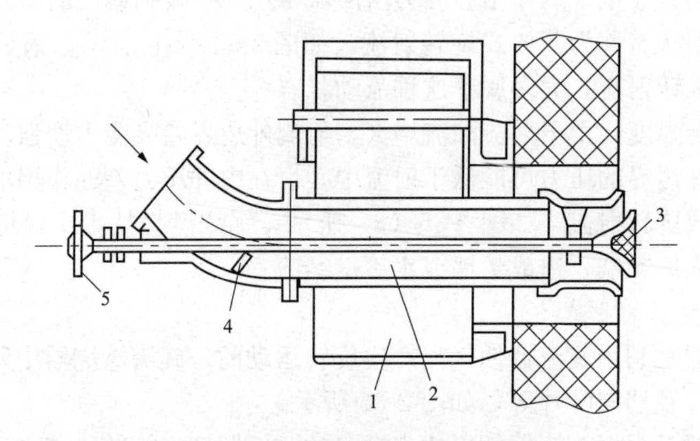

图 2-37 单蜗壳形旋流煤粉燃烧器

1—二次风蜗壳；2——次风进风口；3—扩流椎体；4—阻力版；5—调节手轮

(2) 双蜗壳形旋流煤粉燃烧器。这种燃烧器的一、二次风均通过各自的蜗壳而形成旋转射流，两股射流的旋转方向相同，有利于气流的混合。燃烧器中心装有一根中心管，可以装置点火用的重油喷嘴，结构示意图如图 2-38 所示。由于出口气流的前期混合强烈，因而多用于燃烧烟煤和褐煤，有时也用于烧贫煤。

但这种燃烧器的舌形挡板调节性能差，调节幅度不大，故对燃料的适用范围不广；同时其阻力较大，特别是一次风阻力大，不宜用于直吹式制粉系统；燃烧器出口处的气流速度和煤粉浓度分布都很不均匀，所以近几年这种燃烧器的应用已逐渐减少。

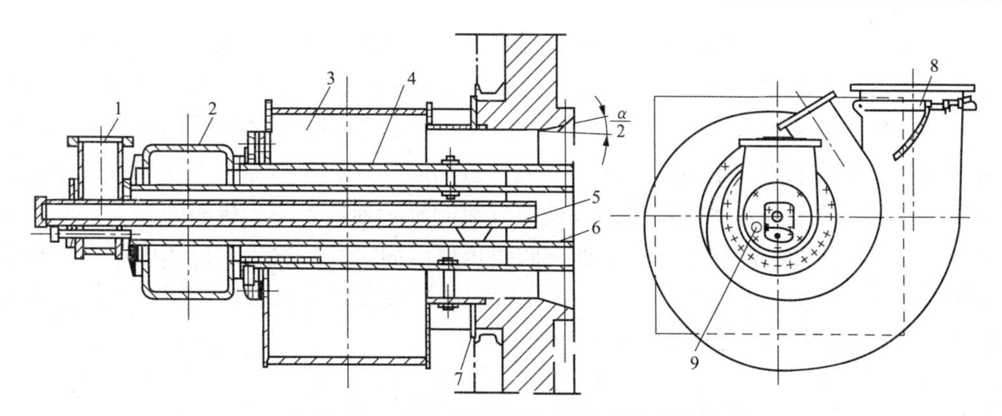

图 2-38　双蜗壳形旋流燃烧器结构示意图

1—中心风管；2—一次风蜗壳；3—二次风蜗壳；4—一次风通道；5—油喷嘴装设管；6—一次风内套管；7—连接法兰；8—舌形挡板；9—火焰检测器安装管

（3）轴向叶片形旋流煤粉燃烧器。利用轴向叶片使气流产生旋转的燃烧器称为轴向叶片形旋流煤粉燃烧器。这种燃烧器的二次风是通过轴向叶片的导向，形成旋转气流进入炉膛的。燃烧器中的轴向叶片可以是固定的，也可以是移动可调的。一次风也有不旋转的和旋转的两种，因而有不同的结构。图 2-39 所示是一次风不旋转，在出口处装有扩流锥（也有不装扩流锥的），二次风通过轴向可动叶片形成旋转气流的轴向可动叶片旋流煤粉燃烧器。这种燃烧器的轴向叶轮是可调的。

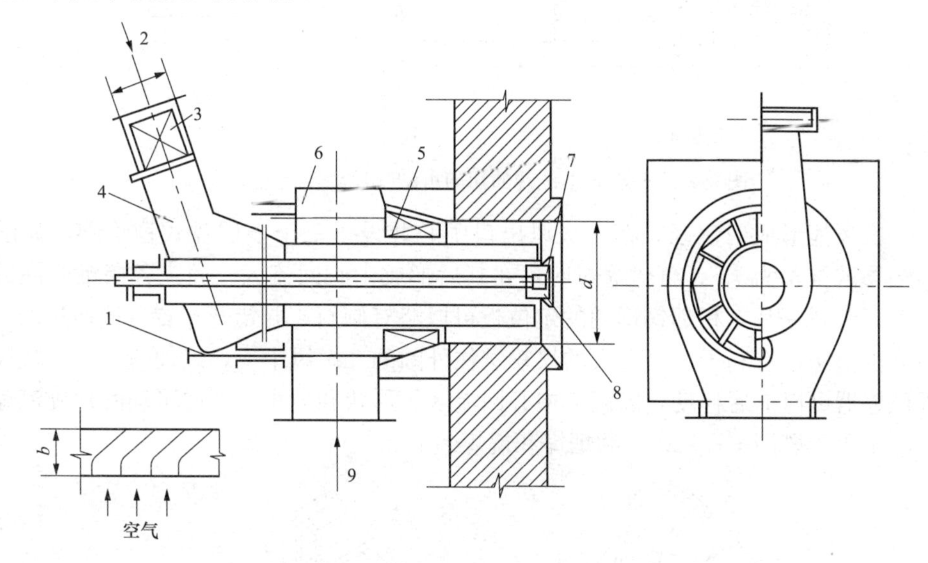

图 2-39　一次风不旋转的轴向可动叶片旋流煤粉燃烧器

1—拉杆；2—一次进风口；3—一次风舌形挡板；4—一次风管；5—二次风叶轮；6—二次风壳；7—喷油嘴；8—扩流锥；9—二次风进口

沿轴向移动拉杆便可调节叶片在二次风道中的位置。当拉杆向外拉时，叶片向外移动，叶片和二次风的圆锥形通道间便出现间隙，部分二次风就通过这个间隙流出，它不带旋转，是直流二次风。这股直流二次风与经叶片流出来的旋转二次风混合，形成的旋流强度就随直流二次风和旋流二次风混合，形成的旋转强度就随直流二次风和旋流二次风的比例不同而变化。因而通过调节叶片的位置，改变间隙的大小，就可以调节二次风的旋流强度，调节比较灵活，调节性能也较好。这种燃烧器的中心回流区较小、较长，因此只适合用易着火的高挥发分燃料。在我国，主要用来燃用V_{daf}≥25%，低位发热量$Q_{ar,net}$≥16800kJ/kg 的烟煤和褐煤。

（4）切向叶片形旋流煤粉燃烧器。切向叶片形旋流煤粉燃烧器的结构如图 2-40 所示。一次风气流为直线或弱旋转射流，二次风气流通过切向叶片旋流射流，二次风气流通过切向叶片做成可调式，改变叶片的倾斜角即可调节气流的旋转强度。对于煤粉燃烧器，叶片倾斜角可取 30°～45°，随着燃煤挥发分的增加，倾斜角也应加大。二次风出口端用耐火材料砌成 52°的扩口（旋口），并与水冷壁平齐。一次风管缩进燃烧器二次风口内，形成一、二次风的预混合段，以适应高挥发分烟煤的燃烧。

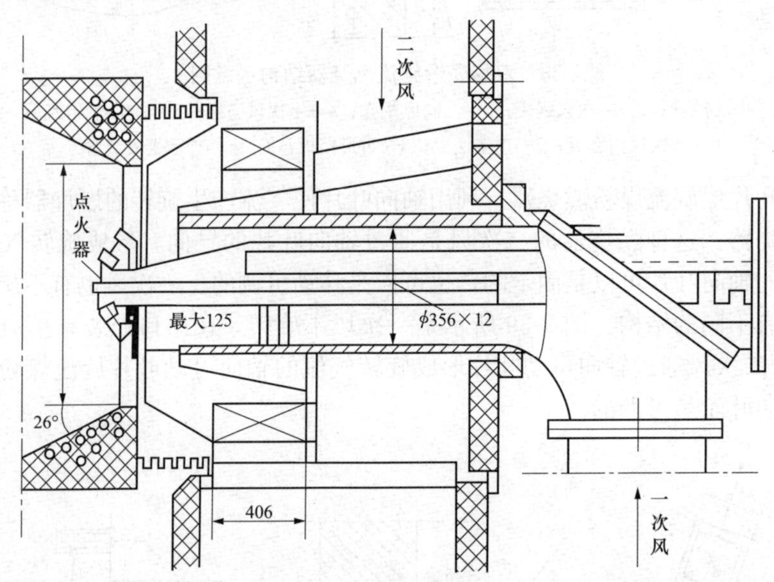

图 2-40　一次风不旋转的切向可动叶片旋转流燃烧器

为使一次风能形成回流区，在一次风出口中心装设了一个多层盘式稳焰器，如图 2-41 所示，稳焰器的锥角为 75°，气流通过时可在其后形成中心回流区，固定各层锥心圈的固定板，每隔 120°装置一片，相邻锥形圈的定位板可以略有倾斜，并错开布置，使通过的一次风轻度旋转。锥形圈还有利于将已着火的煤粉送往外圈的二次风中去，以加速一、二次风的混合，这种稳焰器可以前后移动，以调节中心回流区的形状和大小。切向可动叶片旋流煤粉燃烧器，一般是用于燃用V_{daf}≥25%的烟煤和褐煤。

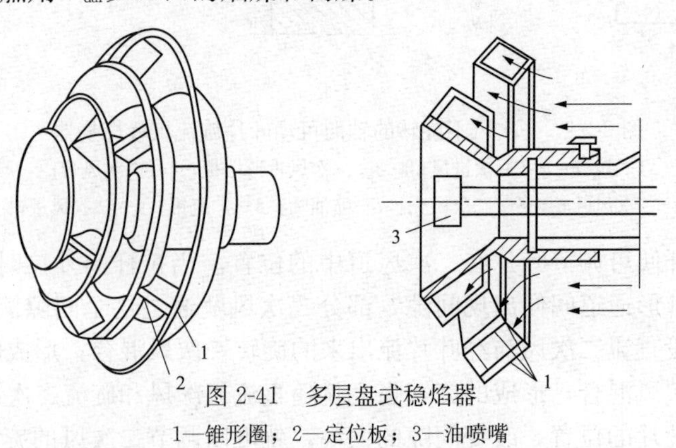

图 2-41　多层盘式稳焰器

1—锥形圈；2—定位板；3—油喷嘴

（5）双调风低 NO_x 煤粉燃烧器。双调风低 NO_x 煤粉燃烧器的结构如图 2-42 所示。其主要特点是二次风分为内、外二次风两部分，它有三个同心的环形喷口，中心为一次风喷口，一次风量占总风量的 15%～20%。外面是内外层双调风器喷口，内二次风的风量占总风量的 35%～45%，外二次风占总风量的 55%～65%。此外，在一次风喷口周围还有一股冷空气或烟气，它对抑制在挥发分析和着火阶段的生成 NO_x 也起着较大作用。在燃烧器周围也布置有二级燃烧空气喷口，以维持炉内过量空气系数为 1.2 左右，从而保证煤粉的燃尽。由于这种燃烧器的二次风采用内、外两个调风器，故称为双调风低 NO_x 煤粉燃烧器。

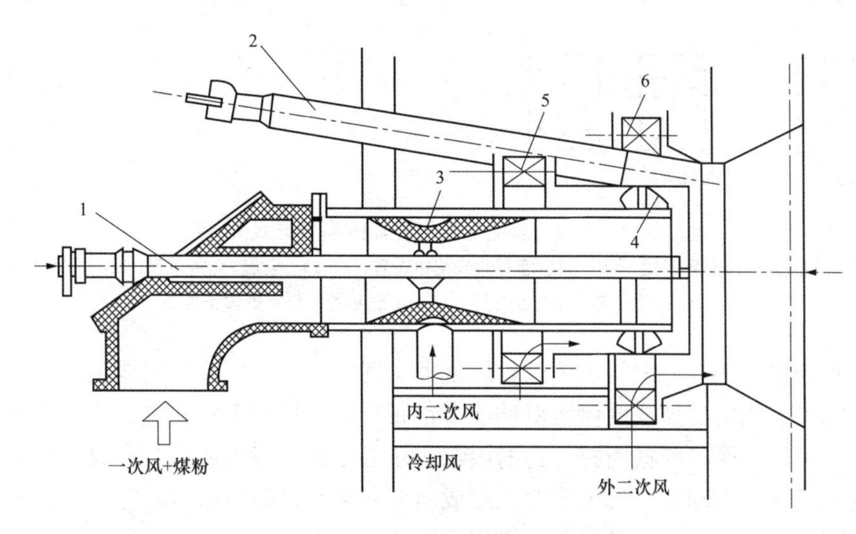

图 2-42　双调风低 NO_x 煤粉燃烧器

1—油嘴；2—点火油枪；3—文丘里管；4—二次风叶轮；5—内二次风调风器；6—外二次风调风器

本质上说，该燃烧器是一种分级燃烧技术在旋流燃烧器中的具体应用。燃烧器的轴心线上是一个断面为圆形、类同文丘里管的煤粉气流通道，煤粉气流是以直流射流的形式进入炉膛。燃烧器的一次风（煤粉混合物为不旋转的直流射流），在燃烧器出口处一次风与内二次风混合形成富燃料的着火燃烧区。外二次风的旋流强度较低，因而可使燃烧过程退后，并降低火焰温度。采用该双调风燃烧器进行空气分级燃烧后，根据对火焰温度的测量结果，在距喷口 1.2m 处的火焰温度由 1600℃降低到了 1400℃，因而可抑制热力型 NO_x 的生成。运行结果表明，在单独使用这种燃烧器时可使锅炉的 NO_x 排放浓度降低 39%；如果与炉膛分级燃烧同时使用，可使 NO_x 的排放降低至 63%。一般该燃烧器的外二次风所占比例较大，因而可以把燃烧中心由富燃料燃烧形成的还原性气氛与炉壁水冷壁分隔开来，以防止结渣或腐蚀。

双调风燃烧器的主要优点是空气能分级进入。实践证明，采用双调风燃烧器既能有效地控制温度型 NO_x，又能限制燃料型 NO_x。此外，燃烧调节灵活，有利于稳定燃烧、对煤质有较宽的适应范围。

3. 旋流煤粉燃烧器的布置方式

旋流煤粉燃烧器的布置方式对炉内的空气动力场有很大的影响。良好的空气动力场应该是使火焰（烟气）在炉膛的充满度好，烟气不冲墙贴壁。

旋流煤粉燃烧器的布置方式有多种，常用的是前墙布置，前后墙对冲或交错布置。此外，还有两侧墙对冲或交错布置和炉顶布置等，如图 2-43 所示。

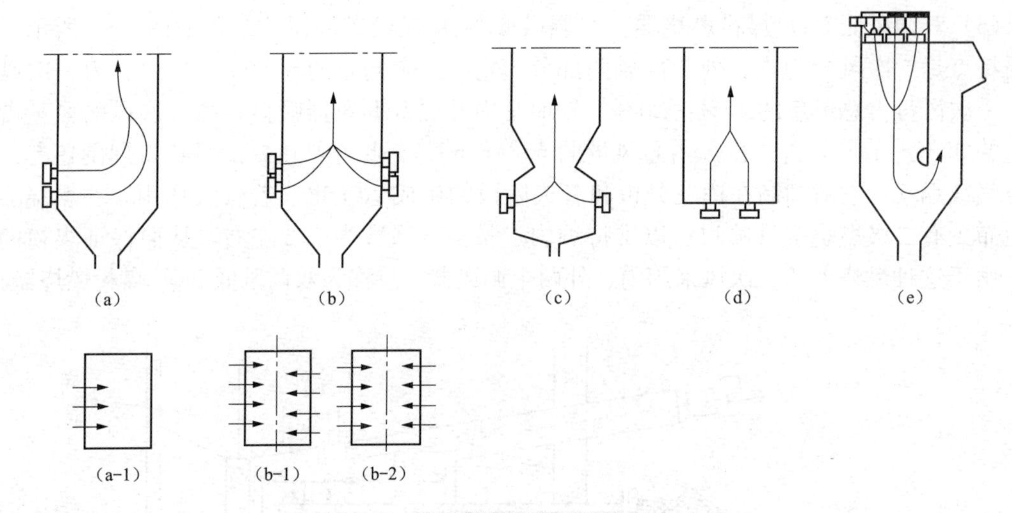

图 2-43　旋流煤粉燃烧器的布置方式

(a) 前墙布置，(a-1) 前墙布置附图；(b) 前后墙对冲或交错布置，(b-1) 两面墙交错布置，(b-2) 两面墙对冲布置；(c) 半开式炉膛对冲布置；(d) 炉底布置；(e) 炉顶布置

如果锅炉容量较小，一般将旋流煤粉燃烧器布置在前墙，单排布置或多排布置，锅炉容量较大时，则可采用前后墙或两侧墙对冲或交错布置，单排或多排布置。旋流煤粉燃烧器布置在前墙时，可以不受炉膛截面宽深比的限制，布置方便，特别适宜与磨煤机煤粉管道的连接，但炉内空气动力场却在主流上下两端形成两个非常明显的停滞漩涡区，炉膛火焰的充满程度较差，而且炉内火焰的扰动较差，燃烧后期的扰动混合也不好。

燃烧器布置在前后墙或两侧墙时，两面墙上的燃烧器喷出的火炬在炉膛中央相互撞击后，火焰大部分向炉膛上方运动，只有少量烟气下冲到冷灰斗，在冷灰斗处便会形成停滞漩涡区。因此，炉内的火焰充满程度较好，扰动性也较强。如果对冲的两个燃烧器负荷不相同，则炉内高温核心区将向一侧偏移，将会形成一侧结渣。两面墙交错布置燃烧器则可避免这个缺点。

旋流煤粉燃烧器布置在炉顶时，煤粉火炬可沿炉膛高度向下发展，炉内火焰充满程度也较好。但其缺点是引向燃烧器的煤粉及空气管道特别长，故实际应用不多。

4. 旋流煤粉燃烧器的运行参数

旋流煤粉燃烧器的性能除由燃烧器的形式和结构特性决定外，还与它的运行参数有关。旋流燃烧器的主要运行参数为一次风率 r_1，一次风速 w_1，二次风率 r_2，二次风速 w_2，一、二次风速比 w_2/w_1 和热风温度等。

一次风率 r_1 就是一次风量占总风量的份额。一次风率直接影响到煤粉气流着火的快慢，特别是对燃用低挥发分的煤时，为加快着火，应限制一次风量，降低着火热，使煤粉空气混合物能较快的加热到煤粉气流的着火温度。同样理由，也应采用较低的一次风速，以增强煤粉着火的稳定性。在热风送粉的中间储仓式制粉系统中，热风温度也因燃煤种类不同而异。

一次风率 r_1 可按表 2-7 选用；一、二次风速则可按表 2-8 选取，而热风温度则列于表 2-9 中。

表 2-7　旋流燃烧器的一次风率

煤种	V_{adf}（%）	一次风率 r_1
无烟煤	2～10	0.15～0.20
贫煤	11～19	0.15～0.20
烟煤	20～30	0.25～0.30
	30～40	0.30～0.40
褐煤	40～50	0.50～0.60

注　采用 300℃以上热风温度并采用热风送粉时 r_1=0.20～0.25。

表 2-8　旋流燃烧器的一、二次风速

煤种	一次风速 w_1（m/s）	二次风速 w_2（m/s）
无烟煤	12～16	15～22
贫煤	16～20	20～25
烟煤	20～26	30～40
褐煤	20～26	25～35

表 2-9　不同煤种的热风温度

煤种	无烟煤	贫煤及劣质烟煤	烟煤、洗中煤	褐煤	
				热风干燥	烟气干燥
热风温度（℃）	380～430	330～380	280～350	350～380	300～350

五、流化床燃烧方式及其设备

（一）流化床燃烧简介

流化床中的颗粒具有流体的性质主要体现在以下几点：任意高度处的静压近似等于在此高度以上单位床截面内固体颗粒的质量；无论床层如何倾斜，床表面总是保持水平，床层的形状也保持容器的形状；床内固体颗粒可以像流体一样从底部或侧面的孔中排出；密度高于床层表现密度的物体在床内会下沉，密度小的物体会浮在床面上；床内颗粒混合良好，当加热床层时，整个床层的温度基本均匀。流化用的流体可以是气体，也可是液体。一般的液—固流态化，颗粒均匀地分散于床层中，称为“散式”流态化。而一般的气—固流态化，气体并不均匀地流过颗粒床层，一部分气体形成气泡经床层短路逸出，颗粒则被分成群体做湍流运动，床层中的空隙率随位置和时间的不同而变化，因此这种流态化称为“聚式”流态化。

20 世纪初期，德国科学家试验中发现，将燃烧产生的烟气引入一装有焦炭颗粒炉室的炉底，固体颗粒因受气体的阻力而被提升，整个颗粒系统看起来就像沸腾的液体。这个试验标志着流态化工艺的开始。流态化技术于 20 世纪 20 年代初在德国首先应用于工业。此后，流化技术在美国、法国和英国等发达国家均开始研究开发和应用。至 20 世纪 40 年代，流化技术几乎在各工业部门（如石油、化工、冶炼、粮食和医药等）中都有应用。

20 世纪 60 年代开始，流化床被用于煤的燃烧，并且很快成为三种主要燃烧方式（即固定床燃烧、流化床燃烧和悬浮燃烧）之一。流化床燃烧的理论和实践也大大推动了流态化学科的发展。目前，流化床燃烧已成为流态化的主要应用领域之一，并越来越得到人们的重视。

流化床燃烧设备按流体动力特性可分为鼓泡流化床锅炉和循环流化床锅炉，按工作条件又可分为常压和增压流化床锅炉。这样流化床燃烧锅炉可分为常压鼓泡流化床锅炉、常压循环流化床锅炉、增压鼓泡流化床锅炉和增压循环流化床锅炉。其中前三类已得到工业应用，增压循环流化床锅炉正在工业示范阶段。

从20世纪60年代起，我国一直从不同规模进行流化床燃烧锅炉的研究和实践，取得了一定的成绩。

随着燃煤联合循环发电技术的迅速发展，煤气化也得到人们的高度重视，流化床煤气化装置是三种主要气化装置之一（另两种煤气化装置分别为固定床气化装置和夹带流气化装置）。

流化床燃烧方式是一种介乎层状燃烧和悬浮燃烧之间的燃烧方式。它具有高传热率、高热强度、燃料适应性极强、能有效地脱硫除硝等一系列优点，受到各国的高度重视。但各国在发展流化床燃烧锅炉过程中，由于国情不同，研究和使用的侧重点也颇不相同。例如，我国重点在于燃用劣质煤，英国在于利用埋管的高效传热和炉膛热强度高的特点来减小大容量锅炉的体积和降低成本，而美国则侧重于保护环境，控制 SO_2 和 NO_x 的排放。随着技术的进步，上述各自不同的侧重点已经得到兼顾。

（二）沸腾燃烧方式及其设备

1. 鼓泡流化床的特征

前已述及，在流化床中，当燃料颗粒像液体沸腾时那样上下翻滚时，称为沸腾床。由于沸腾中有大量的气泡，因此又称为鼓泡流化床。

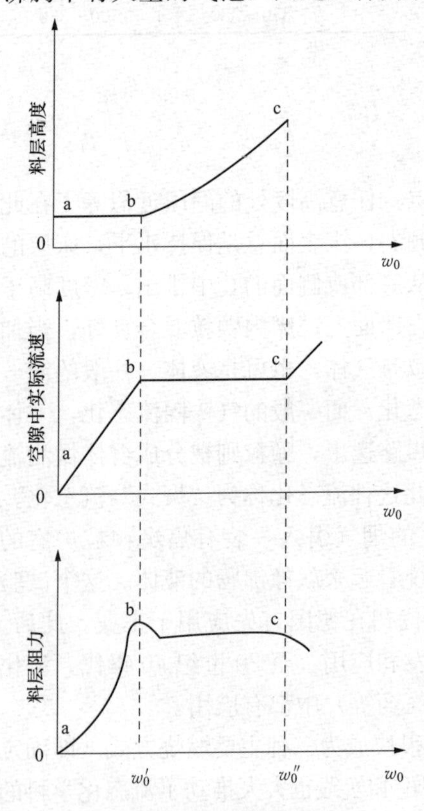

图 2-44　料层的特性曲线
w_0—按空截面计算的气流速度

燃料层开始沸腾时的气流速度 w_0' 称为临界流化速度，而将燃料颗粒开始被带走的气流速度 w_0'' 称为极限速度或飞出速度。显然，形成沸腾床的必要条件是 $w_0'<w_0<w_0''$，如图 2-44 所示。

图 2-44 表示了床层高度、气流实际速度、料层阻力与流化床空截面流速的关系。由图可知，在 ab 段上，料层高度不随流速的增大而增高，而是保持一定值，这就是固定床阶段。在固定床中，气体在燃料颗粒空隙中的实际流速与空截面流速之间存在直线比例关系，于是料层阻力与空截面流速间基本呈二次曲线关系。达到 b 点以后，流速的增加使得料层高度不断增高，进入了流化床阶段。显然，此处 b 点就是固定床和流化床的分界点，即所谓临界点，此时空截面流速增加，虽然流过的空气量增加，但由于此时燃料层不断膨胀，燃料颗粒之间的间隙随之增大，因而流通截面也相应增加，而且空气量的增加是和流通截面的增大始终成比例。由于气流的实际速度不变，因此料层阻力也基本不变。实际中就是利用沸腾床中空截面风速增大时料层压降不变这一特征来判断料层是否进入流化状态的。但是，在料层刚要开始流态化时（$w_0=w_0'$），料层阻力先有所上升，而当 w_0 超过 w_0' 后又有所

下降。这是因为当空截面风速等于临界速度 w_0' 时，并不是全部燃料颗粒都进入流态化，而是局部似动非动，局部有穿孔，使料层阻力瞬时突升，速度 w_0 越过 w_0' 后，全部燃料颗粒都进入流态化，这时颗粒间的空隙增大，料层阻力也就下降了。c点为“极限点”，此点的速度达到极限速度 w_0''，此点以后，颗粒就不能再停留在床层内而随气体所带出，因而床层高度垂直上升，如果这时炉膛高度无限，床层高度就可无限上升。

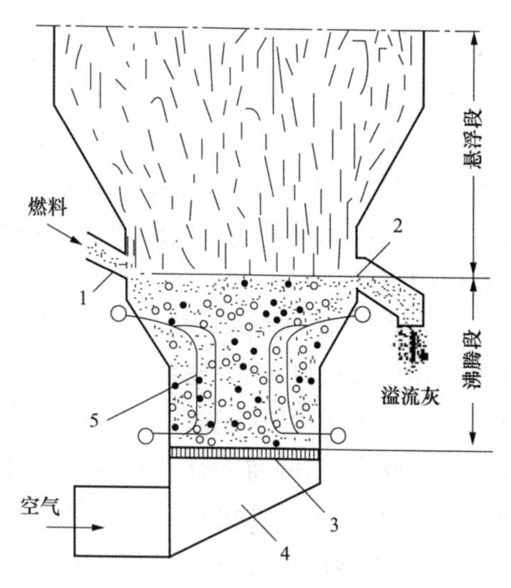

图 2-45 全沸腾炉结构原理图

1—进料口；2—溢流口；3—布风板；4—风室；5—埋管

由图 2-45 可知，沸腾床层的气体流动阻力与气体的流量无关，在沸腾床能够存在的整个速度范围内都保持定值。料层阻力等于单位面积布风板上静止料层的重量。但是，实际的沸腾层阻力常小于此值，这是由于沸腾床内靠近布风板处的颗粒往往不能被气流托起所致。显然，料层越厚，这部分颗粒的影响就相对地减小。必须指出，如果料层过薄，会使运行时流态化工况不稳定；相反，如果料层过厚，则又会使沸腾床阻力过大，导致送风机功率消耗不必要地增大。相应地沸腾床阻力应有一合理的数值，一般为4000～5000Pa。

沸腾炉设计或运行操作不当，会出现节涌、沟流和分层等异常沸腾床。

2. 沸腾炉内的燃烧

沸腾炉的燃煤颗粒一般相对较粗，最大粒径可达30mm，流化速度一般不大于3m/s。因此燃煤进入炉床后，基本沉积在炉膛下部与热床料混合加热沸腾燃烧。由于煤颗粒大而重，不易被吹浮到炉膛出口被烟气带走，只能在床内沸腾或悬浮于炉膛上部燃烧。这部分煤粒在炉内停留时间较长，可以燃尽变成冷灰（炉渣），最后从溢流口排出。尽管沸腾炉的燃煤颗粒相对较大，但是原煤中必然含有一部分细小颗粒。另外，煤经破碎机破碎后也将产生一定数量的小颗粒，这些细小的颗粒送入炉内后停留时间很短，迅速被烟气携带出燃烧室。对于那些不一着火和燃尽的燃料，这部分细小颗粒很难燃尽，因此会降低锅炉的燃烧效率，使飞灰中可燃物增多。

沸腾炉的燃煤颗粒一般相对较粗，最大粒径可达30mm，流化速度一般不大于3m/s。因此燃煤进入炉床后，基本沉积在炉膛下部与热床料混合加热沸腾燃烧。由于煤颗粒大而重，不易被吹拂到炉膛出口被烟气带走，只能在床内沸腾或悬浮于炉膛上部燃烧。这部分煤粒在炉内停留时间较长，可以燃尽变成冷灰（炉渣），最后从溢流口排出。尽管沸腾炉的燃煤颗粒相对较大，但是原煤中必然含有一部分细小颗粒。另外煤经破碎机破碎后也将产生一定数量的小颗粒。这些细小颗粒送入炉后停留时间很短，迅速被烟气携带处燃烧室。对于那些不易着火和燃尽的燃料，这部分细小颗粒很难燃尽，因此会降低锅炉的燃烧效率，使飞灰中可燃物增多。

沸腾炉炉内温度场沿水平方向比较均匀，而沿炉膛高度方向温差很大，由于大部分煤粒在炉膛下部燃烧，放出绝大多数热量，为了吸收这部分热量，防止料层温度过高而结焦，在床内布置有埋管。鼓泡床锅炉炉膛下部床内温度一般控制在1050℃以内，上部由于处于稀相区，物料浓度低，炉床温度一般相差100～200℃，运行中如果调整不当，可能相差更大。

可以认为，沸腾床内燃烧具有下列优势条件：

(1) 沸腾床中经常保持着很厚的灼热料层，它相当于一个很大的蓄热池，其中新加入的燃料大约只占5%。新燃料进入沸腾层后，立即与比其多几十倍的灼热炉料相混合。此时，由于床层内固体颗粒之间的剧烈扰动和混合，新燃料迅速受到强烈而稳定的加热，从而使任何难以引燃的燃料得以迅速着火燃烧。

(2) 料层中的炉料不断进行上下循环翻腾，大大延长了燃料颗粒在床内的停留时间。这就能为任何难以燃尽的燃料提供足以其燃尽的燃烧时间。

(3) 沸腾床中空气和燃料颗粒的相对速度较大，同时沸腾床内的燃料颗粒的扰动也相当剧烈，因此空气和燃料的接触和混合比较完善。试验发现，床层内存在着大量气泡，它将整个沸腾床分割为气泡和颗粒团。气泡内包含的燃料颗粒极少，为床层中颗粒的0.2%～1.0%，而气泡以外的颗粒则处于浓度最大的临界沸腾状态。尽管气泡和颗粒之间存在着一定的物质交换，但是相对于两者浓度的巨大差别来说，气泡的存在，特别是大气泡的出现就意味着这部分气体的某种程度的短路，从而恶化了气固两相的接触。因此，对沸腾床内空气和燃料的接触混合的完善程度也不能估计过高。

沸腾床燃烧的不利条件是燃烧的温度受限制。因为过高的炉温会导致结焦，从而会破坏流化床的工作。通常，沸腾床的平均温度控制在燃料灰分开始变形温度（DT）以下200℃，为850～950℃，因此属于低温燃烧。虽然燃烧温度低会减慢燃烧的化学反应速度，但是根据理论分析和实践经验，对于在沸腾炉中燃烧的0.2～8mm的燃料颗粒而言，当平均床温为900～950℃时，它的燃烧速度不是取决于燃烧的化学反应速度，而是取决于气体的扩散速度，包括氧气从两相交界面由气泡相扩散到颗粒相，以及氧气在颗粒相中扩散到每个燃烧着的燃料颗粒。

3. 沸腾层中的传热

由热平衡计算可知，当沸腾层保持950～1000℃时，需要从床层中吸走的热量占燃料燃烧后所放出热量的45%～55%，否则床层温度升高而造成结焦。这种热量传递一般靠埋设在沸腾的、燃烧的燃烧层中的管子受热面，称为“埋管”受热面来完成。

鼓泡床内的固体颗粒浓度很大，容积热容量比气体几乎大1000倍，而且受到气泡的强烈扰动、混合，所以鼓泡床的温度很均匀，埋管受热面的放热系数很大，能够把床内放出的热量带走，将床温控制在对煤燃烧和脱硫两者均有利的温度范围之内。

鼓泡床与埋管受热面之间的热量传递主要通过三个途径：颗粒对流放热、颗粒隙间气体对流放热和床层辐射放热。

(1) 鼓泡床中的固体颗粒可以看成是许许多多的颗粒团，每一颗粒团是由数量众多的颗粒集合而成的，颗粒团的温度与床温一样，在气泡运动的带动下颗粒团聚成一运动主体。当它们运动到受热面附近时，与受热面形成很大的温差，这时热量很快从颗粒团经过气体膜以导热方式传给受热面，颗粒团直接碰撞受热面把携带的热量传给受热面。颗粒团停留在埋管受热面附近的时间越长，颗粒团与受热面间的温差则越小。反之，若颗粒团停留时间越短，亦即颗粒团更新频率越高，则颗粒团与受热面间的温差越大，热量传递速率就越高，颗粒团更新的频率越高。

气泡扰动的强烈程度以及流化速度与临界速度之差的大小有关。其他条件相同的情况下，颗粒尺寸减小，单位受热面上接触的颗粒数量越多，传热就越剧烈。此外，当床温增高时，流化床与埋管受热面之间的放热系数增大。通常颗粒粒径为 40～1000μm 时，颗粒对流放热是传热的主要方式。

（2）当颗粒直径变大，颗粒隙间气流处于湍流前的过渡状态或湍流状态时，气流的对流放热则很显著。随着颗粒粒径的加大，隙间对流作用加强，通常在粒径大于 0.8mm 直至数毫米时，隙间气体对流放热在传递热量中占主要份额。

（3）在实际鼓泡床中，这两种传热途径是并存的。在 0.5～3mm 的范围内，总的传热系数与粒径的关系相对减弱。但随着温度增加，总传热系数由于气体导热系数增加而有所提高。当床温大于 530℃后，辐射换热份额越来越重要，而且组成床层的颗粒越大时，辐射作用越强，总传热系数显著上升。

鼓泡床内气-固两相流的埋管受热面传热系数不仅与锅炉运行条件有关，而且与床料固体颗粒物理特性、受热面结构参数以及烟气物理性质等许多因素有关。

流化床锅炉受热面的布置方式各种各样，如垂直埋管、水平埋管、布置在周壁上的受热面、布置在悬浮区域的受热面等，另外，还有单管与管束之分。布置方式对放热系数影响十分复杂，布置方式不同的受热面将对局部颗粒循环产生不同程度的影响，因而将影响颗粒的对流换热。目前，受热面布置方式对放热系数的影响也是依靠实验或经验数据来确定的。实践证明，鼓泡床内竖直埋管的换热条件比横向布置的好，这是因为横管的下半周有时被上升气泡所包裹，横管的上半周又有可能被活动缓慢的固体颗粒所覆盖，这都将影响横管的传热条件。工业试验测得：当床料温度处于 800℃左右，床料颗粒为 0.8～1.6mm 的条件下对埋管的传热系数为 170～260W/(m^2·K)，床料细的取高值，床料粗的取低值。

颗粒的各种物理性中，颗粒热容量的影响最为显著。颗粒的热容量一般为气体的几百至几千倍，高热容的固体颗粒是携带热量并向受热面传递的主要媒介，因而也是流化床传热率远高于气体对流换热的主要原因之一。诸多气体热物理性参数中首推热导率对换热的影响最大。在不太高的温度范围内，放热系数随床温升高而增大，在较大程度上是气体导热率随温度升高而增大的结果。

4. 沸腾炉的工作过程

在沸腾炉的发展初期，曾出现采用链条炉排的半沸腾炉和采用固定布风装置的全沸腾炉。由于前者炉内只有部分燃料处于流化状态，不能充分发挥沸腾燃烧的优越性，因而逐渐被淘汰。

图 2-45 所示的是全沸腾炉的结构原理图。空气从进风管送进风室后，经布风板的分配而均匀地进入炉子的下半部—沸腾段口。气体在沸腾段中基本向上流动，直至流出沸腾段，流过整个炉膛。燃料从进料口送入沸腾段。由于沸腾炉一般燃用粒径在 8mm 以下的煤末，这种燃料的颗粒直径的范围较宽，这种燃料进入沸腾段以后，一部分细粉（通常是颗粒直径在 2mrn 以下者）被气流吹出沸腾段，进入沸腾段以上的悬浮段，并在那里进行悬浮燃烧。其余绝大部分燃料颗粒则留在沸腾段内并被气流流化而形成沸腾床。这部分燃料颗粒在沸腾运动过程中完成燃烧。燃尽的灰渣从溢流口溢出。由于全沸腾炉一般都采用溢流除渣，因此又称为溢流式沸腾炉。

沸腾燃烧、沸腾层传热和溢流除渣是全沸腾炉最基本的特点。

5. 沸腾炉的结构特点

(1) 布风装置。沸腾炉的炉箅在流态化技术上称为布风装置，其作用和结构都和普通火床炉的炉箅有所不同。沸腾炉布风装置的主要作用是均匀分配气体，使空气沿炉膛底部截面均匀进入炉内，以保证燃料颗粒的均匀流化。只有在停沸的状态下，才需要起支承燃料的作用。

布风装置是沸腾炉的关键部件。沸腾床的流化质量，也就是沸腾炉工作的好坏，在很大程度上取决于布风装置的结构。目前在沸腾炉中使用最广泛的是风帽式布风装置，它是由花板（多孔板）、风帽和风室等组成。其中花板和风帽组成一体，统称为布风板。

花板是由钢板或铸铁板制成的多孔平板，它用来固定风帽，并使之按一定方式排列，以达到均匀布风。花板的尺寸应与炉膛相应部位的内截面相适应，厚度为 20～35mm。风帽插孔一般按等边三角形布置，孔距为风帽直径的 1.3～1.7 倍，帽檐间的最小间跳不得小于 20mm。通常每 1.3～1.5m^2 中开一个 $\phi108$ 的放灰孔。

风帽是一种弹头状的物体，它的上端封闭，称为帽头，下端敞开，制成插头，垂直地插于花板上的插孔中。风帽的颈部开有一圈水平的或略向下倾斜的小孔。空气在花板下进行“分流”，分别从各风帽的下端流入各风帽。空气在风帽中向上流至颈部后，即从所有小孔沿侧面向各个方向高速喷散出来。大量细小、高度分散和强烈扰动的高速气流，在布风板上形成一层均匀的“气垫”，后者为均匀配风创造了优越的条件。实践表明，风帽小孔的喷散作用对空气的分配质量起了主要作用，而小孔风速则是一个最重要的参数。小孔风速有一合理的数值范围，一般为 35～45m/s，相应的开孔率为 2.2%～2.8%。所谓开孔率，即是风帽小孔总面积和布风板面积之比。

风帽有菌形（蘑菇形）、柱形、球形和伞形等形式。其中应用最广的是菌形风帽和柱状风帽。这两种风帽的结构及其固定如图 2-46 所示。

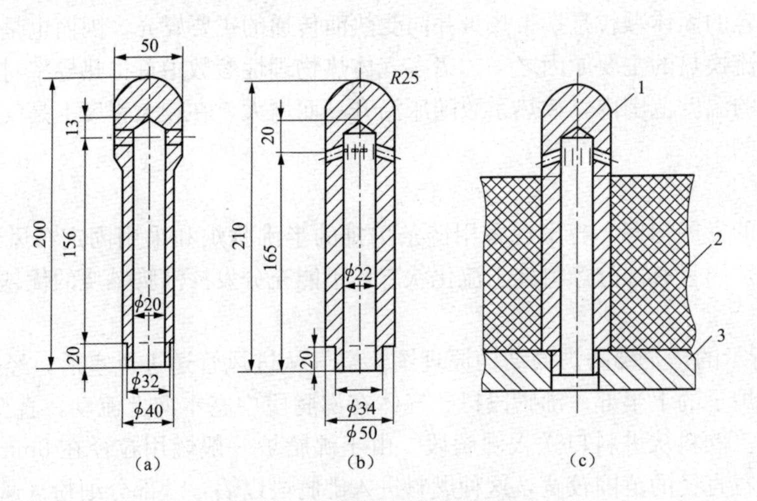

图 2-46 风帽的结构及其固定

(a) 菌形风帽；(b) 柱状风帽；(c) 风帽的固定

1—风帽；2—耐火混凝 L 充填（保护）层；3—花板

菌形风帽：风帽颈部钻有 6～8 个 $\phi6$～$\phi8$ 的小孔，小孔可水平，也可钻成向下倾斜 15°的斜孔。这种风帽的阻力小，工作性能良好。但结构稍较复杂，清渣较为困难，在帽檐处经常有卡渣现象。此外，风帽菌头部分冷却面不够，易出现氧化烧穿等现象。因此，这种风帽有逐渐被柱状风帽所取代的趋势。

风室使进风管和布风板之间的空气均衡容积，它的结构对于布风的均匀性也有一定的影响。目前，实用中已有很多种风室结构，但是结构简单且使用效果最好的却只是所谓等压风室，如图 2-47 所示。等压风室的结构特点是具有一个倾斜的底面，后者能使风室内的静压沿深度保持不变，从而有利于提高风量分配的均匀性。

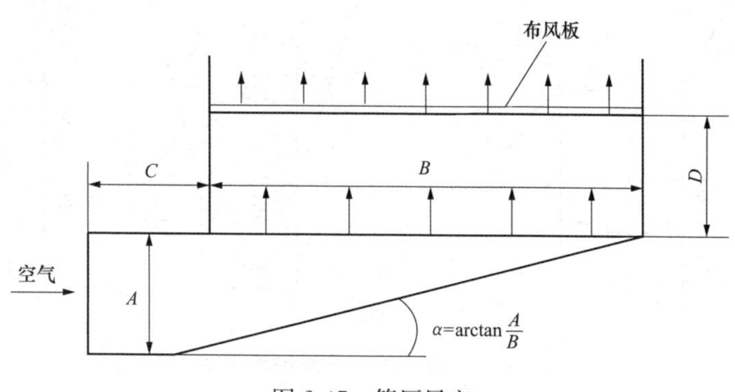

图 2-47 等压风室

实践表明，为了稳定风室气流，在斜底部分以上留出一稳定段是必要的。稳定段的高度 D 不宜小于 50mm。同时，风室的进口风速也必须加以控制，一般不宜超过 10m/s。风室的进口直段 C 不宜小于水力直径的 1～3 倍。

(2) 炉膛结构。沸腾炉的炉膛必须满足燃料颗粒流态化、燃烧、传热以及飞灰沉降等一系列要求，因此对炉膛形状和尺寸有相当严格的限制。

对于方形截面的炉膛，其截面的长宽比例既要使进料口和溢流灰口之间有一定距离，以减少燃料颗粒的短路现象，又要保证不致因截面过于狭长而产生气泡、节涌现象。通常长宽比不超过 3∶1 就基本不会发生异常现象。为了防止流态化的死角，炉膛底部四角宜筑成具有一定半径的圆角。

在燃用宽筛分的燃料时，实行所谓分段配速即采用变截面炉膛。以逐段降低气流速度，这样就既能保证流化质量，又能延长可燃颗粒在炉内的停留时间，增强飞灰在炉内的有效分离，从而减少飞灰带走损失。其结果是得到一个中部截面逐渐扩大的倒锥形炉膛，如图 2-48 所示。

垂直段的主要作用是保证在距炉底的一定高度范围内有足够的气流速度，以使大颗粒在底部能良好沸腾，防止颗粒分层，减少“冷灰层”的形成。垂直段的截面尺寸应根据风量和该处风速来确定。垂直段风速一般取 $w_0=1.1\sim1.2w_0'$。垂直段的高度与燃料性质有关，一般为 0.3～1.0m。

基本段是沸腾段的截面渐扩部分。此处炉膛可以从四面向外扩张，也可以只从左右两侧向外扩大。前一种结构的气流扩散比较均匀，但炉墙结构比较复杂。出于结构上的考虑，我国现有的沸腾炉多采用后一种结构。这里重要的是扩展角（锥角）β 的选择必须恰当。显然，扩展角过小，对降低气流速度、减少飞灰带走量和促进颗粒的循环返混都不利，而且炉子中心气流速度过高，易造成节涌现象；相反，扩展角过大，则会在炉墙转折处造成死滞区。因此，有一最佳值，一般以 44°为宜，不过也有采用 50°～60°的。在不形成死滞区的条件下 β 角以取大值为好。基本段的气流速度一般取 $w_0=0.6\sim0.7w_0'$。

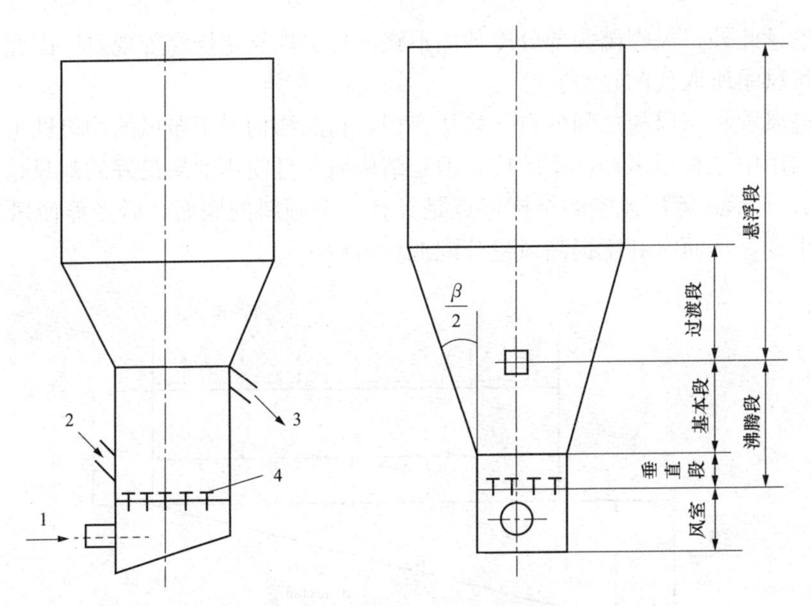

图 2-48 沸腾炉倒锥形炉膛简图

1—进风口；2—进料口；3—溢流灰口；4—风帽

基本段的上界面或沸腾段的上界面即是灰渣的溢流面，也就是说，溢流口的高度即是沸腾段的高度，而沸腾段的高度则又决定了沸腾层的阻力和沸腾层的体积，而沸腾层的体积显然又决定了颗粒在沸腾层中的停留时间。因此，溢流口的高度应该合理选取。一般取溢流口的中心线离风帽小孔中心线的距离为 1.2～1.6m，这一数值与燃料颗粒尺寸和密度等因素有关。溢流口的截面尺寸应根据排灰量的多少而定，一般为 300mm×400mm 左右。

悬浮段的作用是使部分被气流从沸腾段带出来的燃料颗粒因降速而落回沸腾段和延长细小颗粒在炉内的停留时间以便进行悬浮燃烧。但由于悬浮段温度较低，颗粒又比较粗，燃料和氧气浓度也比较低，两者的混合和扰动又不强烈，因此燃烧条件很差，颗粒燃尽的效果一般不显著。因此，悬浮段的作用主要是阻止颗粒的沉降。应尽可能增大悬浮段的截面积，以降低该处的流速。为此，一个继续扩大段——过渡段是必要的。悬浮段的烟气流速一般取 1.0m/s 左右。

(3) 进料方式。根据进料口所处部位的不同，进料方式可分为正压进料和负压进料两种。进料口设在正压区（溢流口以下）者，称为正压进料。反之，进料口设在负压区（溢流口以上）者，则称为负压进料。

正压进料时，全部燃料经过高温沸腾层，因此有利于细粒燃料的燃尽，因而也就可以降低飞灰带走的损失。进料口要求密封严密，而且进料口处新燃料容易堆积。同时，正压进料一般需要采用机械进料装置，如螺旋给煤机等。进料口处于正压的高温区，螺旋给煤机的工条件恶劣，容易发生机械故障。

为了简化进料机构，并提高其工作可靠性，可以采用溜煤管（见图 2-49）来代替螺旋给煤机。溜煤管以 50°以上的倾角斜插入炉内正压区之中，管内燃料依靠煤柱压力直接注入炉内。为了防止从进料口喷火、冒烟，在炉墙内装设平衡管，使溜煤管与炉膛负压区连通。当然在密封良好时也可不装平衡管。

负压进料与正压进料相反，由于燃料从沸腾层以上进入，因此有部分细粒燃料未经沸腾层就被上升的烟气流带走，增加了飞灰损失。负压进料装置比较简单、可靠，而且是自由落下，故播散度大，不易造成进料口堆料。

6. 沸腾炉的优点及存在的问题

(1) 沸腾炉的主要优点：

1) 可以燃用品质极为低劣的燃料，其中包括灰分达70%、发热量仅4200kJ/kg的燃料以及挥发分为2%～3%的无烟煤和含碳量在15%以上的炉渣。

2) 由于其燃烧热负荷和埋管传热系数都非常高，因此可以大大缩减炉膛尺寸，一般为同容量的其他型锅炉的一半左右。这一点对于大型锅炉特别重要，因为这可减少金属耗量和安装费用。

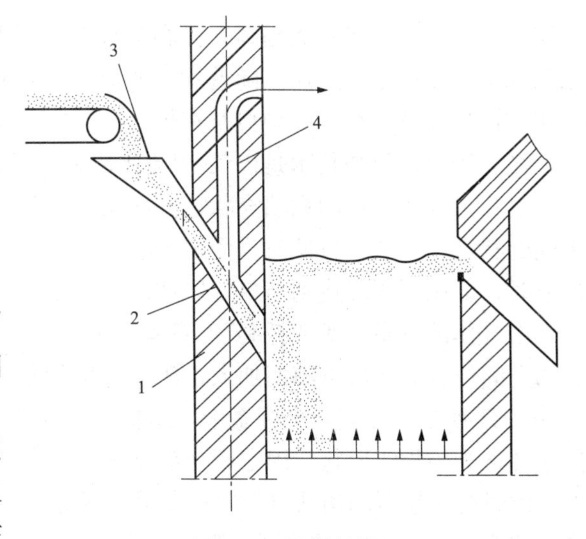

图2-49 溜煤管简图

1—炉墙；2—溜煤管；3—进料口；4—平衡管

3) 沸腾炉为低温燃烧，因而可以燃用低灰熔点的燃料，燃烧后烟气中NO_x，等污染物质的含量也较少，而且易于在燃料中加入添加剂（石灰石、白云石），使燃料脱硫，进一步减少大气污染、低温腐蚀和高温腐蚀。

4) 沸腾炉灰渣具有低温烧透的性质，便于综合利用。目前已成功利用灰渣制造建筑材料、提取化工产品、用作农田肥料等。

5) 负荷调节性能好。沸腾炉能在25%～110%的负荷范围内正常运行。

(2) 沸腾炉的主要问题：

1) 锅炉热效率低。一般沸腾炉效率在54%～68%之间。这主要是因为机械不完全燃烧损失q_4很大所致。q_4值与所用燃料有关，一般对于石煤和煤岩石为20%～30%，对于劣质烟煤为15%～20%，对于劣质无烟煤为20%～25%，对于褐煤为5%～15%。沸腾炉q_4之所以大，主要是飞灰热损失所造成的。

2) 埋管磨损快。有的单位在使用3～6个月后，3.5mm壁厚的埋管即被磨穿。但采取防磨措施后。一般能运行1年左右，有些甚至能运行2年以上。

3) 电耗大。主要消耗于高压送风、碎煤等。沸腾炉的单位蒸发量的电耗量比一般煤粉炉高一倍左右。

在总结和研究沸腾炉的基础上，开发、研制出了循环流化床锅炉（CFB锅炉）。通常把早期的流化床锅炉称为鼓泡床锅炉（又称沸腾炉），即第一代流化床锅炉。循环流化床锅炉称作第二代流化床锅炉。两者之间既有联系，也有差别。

(三) 循环流化床燃烧方式及其设备

1. 循环流化床及其特点

为了提高沸腾炉的燃烧效率，历史上曾有人尝试采用飞灰再燃装置，即将逸出炉膛的未燃尽颗粒收集后送回炉膛继续燃烧，因此发明了循环流化床燃烧锅炉。20世纪40年代许多流化床的流化速度相对较高，后来因为技术上的困难，运行流化速度降低。50～60年代，许多研究机构开始进行流态化的研究，研究重点放在流化床的气泡特性等方面。这样，对低速流化床的认识有了很大提高，而高速流态化过程则几乎被忽略，因此这段时间投运的流化床也基本上是鼓泡流化床。随着对高速流态化研究的开展，使得循环流化床技术得到了广泛应用。循环流化床燃烧锅炉更是在较短时间内从实验室研究发展到了电站应用。

循环流化床燃烧技术是以气-固流化床为基础的，如图 2-50 所示，当气体通过布风板自下而上穿过固体颗粒随意填充状态的床层时，整体床层将依气体流速的不断增大而呈现完全不同的状态。当流速较低时为固定床状态，床层阻力随流速增加而增加；当流速达到某一极限值时，即床层压降达到与单位床截面上床层颗粒质量相等时，颗粒不再由布风板支持，而全部由气体的升举力所“托起”。对单个颗粒来讲，不再依靠与其他邻近颗粒的接触来维持它的空间位置。床层空隙率加大，床层发生膨胀，开始进入流态化，床层压降将维持不变，如图 2-51 所示。在直角坐标系中，坐标原点是唯一没有误差的参考点，此时固定床段在湍流条件下为抛物线形状，固定床与流化床的分界点被称为起始流态化点，或称为临界流态化点。此时的床层压降由式（2-48）表示。所对应的截面流速称为最小流化速度（也称为临界流化速度）u_{mf}，相应的床层空隙率称为最小空隙率。

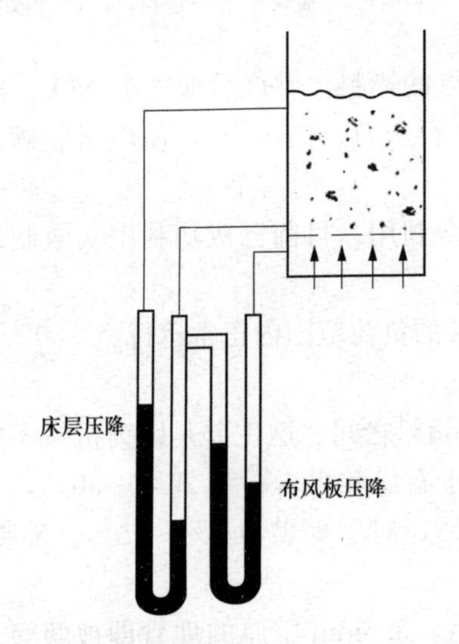

图 2-50　布风板压降和一段床层的压降

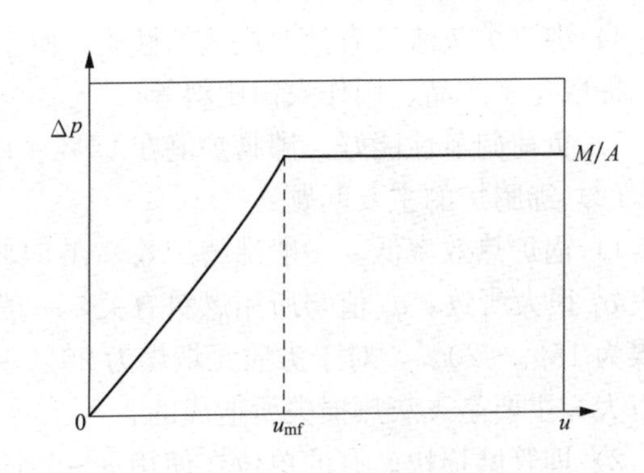

图 2-51　最小流化速度的确定

$$\Delta p = \frac{M}{A} \tag{2-48}$$

式中　M——床层质量，kg；

A——床层的横截面积，m^2。

处于起始流态化下的床层均匀且平稳，并且在很多方面呈现类似流体的性质，可以像流体一样具有流动性，可由一个容器开孔流到另一个容器。当容器倾斜，床层上表面保持水平，轻物浮起，重物下沉。床层任意两点压力差大致等于此两点的床层静压差。流速进一步增加，将依次历经鼓泡流化床、湍流流化床、快速流化床，最终达到气力输送状态。床层内颗粒间的气体流动状态也由层流开始，逐步过渡到湍流。流速进一步增加，将依次历经鼓泡流化床、湍流流化床、快速流化床，最终达到气力输送状态。床层内颗粒间的气体流动状态也由层流开始，逐步过渡到湍流。一般来讲，从起始流化到气力输送，气流速度将增大达

10（对粗颗粒）～90 倍（对细颗粒），如图 2-52 所示。

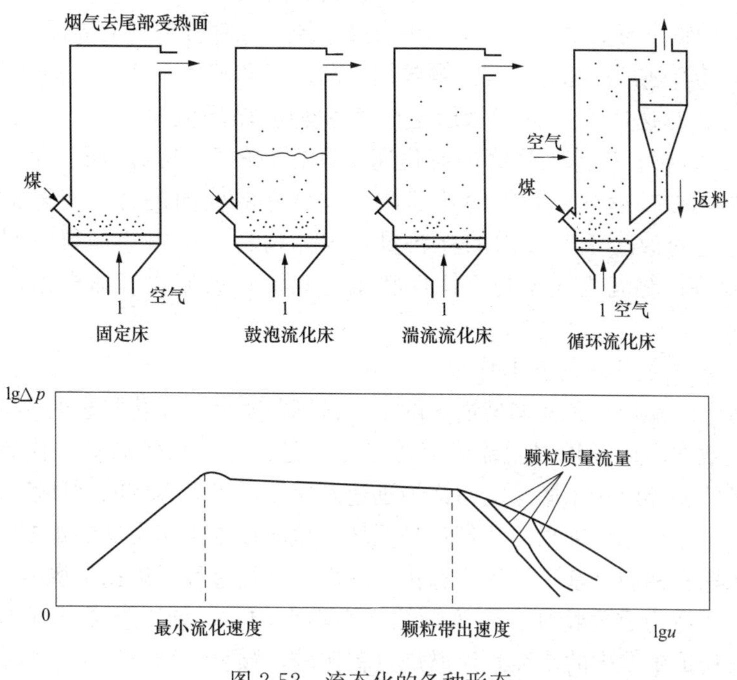

图 2-52　流态化的各种形态

在起始流态化下，气流速度的微小增量将使床层进入鼓泡流化状态，其基本特征是床层内出现颗粒物料在整个床层范围内循环运动，平均空隙率增大，气流速度越高气泡造成的扰动越强烈，床层压降波动加剧，表面起伏明显。在鼓泡流化床中，由于气泡的强烈扰动造成床料的良好混合，以及流化速度不太高等优点，鼓泡床在流化床燃烧中得到了广泛应用，循环流化床锅炉在启动和低负荷运行时即处于鼓泡流化床状态。风速较低时，燃料层固定不动，表现层燃的特点。当风速增加到一定值（所谓最小流化速度或初始流化速度），布风板上的燃料颗粒将被气流带起从而使整个燃料层具有类似流体沸腾的特性。此时，除了非常细而轻的颗粒床会均匀膨胀外，一般还会出现气体的鼓泡这样明显的不稳定性，形成鼓泡流化床燃烧（又称沸腾燃烧）。当风速继续增加，超过多数颗粒的终端速度时，大量未燃尽的燃料颗粒和灰颗粒将被气流带出流化床层和炉膛。为将这些燃料颗粒燃尽，可将它们从燃烧产物的气流中分离出来，送回并混入流化床继续燃烧，进而建立起大量灰颗粒的稳定循环，这就形成了循环流化床燃烧。如果空气流速继续增加，将有越来越多的燃料颗粒被气流带出，而气流与燃料颗粒之间的相对速度则越来越小，以致难以保持稳定的燃烧。当气流速度超过所有颗粒的终端速度时，就成了气力输送。但若燃料颗粒足够细，则可用空气通过专门的管道和燃烧装置送入炉膛使其燃烧，这就是燃料颗粒的悬浮燃烧。

风速、再循环速率、颗粒特性、物料量和系统几何形状的特殊组合，可以产生特殊的流体动力特性，这种特殊流体动力特性的形成。对循环流化床的工作是至关重要的。在这种流体动力特性中，固体物料被速度大于单颗粒物料的终端速度的气流所流化，同时在这种流体动力特性下，固体物料并不像在垂直气力输送系统中立即被气流所夹带，相反地，物料以颗粒团的形式上下运动，产生高度的返混。这种细长的颗粒团既向上运动，向周围运动，也向下运动。颗粒团不断的形成、解体又重新形成。一定数量其终端速度远大于截面平均气速的大颗粒物料也被携带，气固两相之间产生了大的滑移速度。

循环流化床的特点可归纳如下：①不再有鼓泡流化床那样清晰的界面，固体颗粒充满整个上升段空间；②有强烈的物料返混，颗粒团不断形成和解体，并且向各个方向运动；③颗粒与气体之间的相对速度大，且与床层空隙率和颗粒循环流量有关；④运行流化速度为鼓泡流化床的2～3倍；⑤床层压降随流化速度和颗粒的质量流量而变化；⑥颗粒横向混合良好；⑦强烈的颗粒返混、颗粒的外部循环和良好的横向混合，使得整个上升段内温度分布均匀；⑧通过改变上升段内的存料量，固体物料在床内的停留时间可在几分钟到数小时范围内调节；⑨流化气体的整体性状呈塞状流；⑩流化气体根据需要可在反应器的不同高度加入。

2. 循环流化床燃烧锅炉的基本特点

循环流化床燃煤锅炉与其他类型锅炉的主要区别是其处于流化状态的燃烧过程，具有煤种适应广、燃烧效率高以及炉内脱硫脱氮等特点，是洁净、高效的新一代燃煤技术。近年来，我国大容量的循环流化床燃煤电站锅炉迅速发展，单机大容量的循环流化床锅炉示范电厂已投入运行，可以预见，未来的几年将是循环流化床技术飞速发展的重要时期。

循环流化床燃煤锅炉是基于循环流态化组织煤的燃烧过程，以携带燃料的大量高温固体颗粒物料的循环燃烧为重要特征。固体颗粒充满整个炉膛，处于悬浮并强烈掺混的燃烧方式。但与常规煤粉炉中发生的单纯悬浮燃烧过程比较，颗粒在循环流化床燃烧室内的浓度远大于煤粉炉，并且存在显著的颗粒成团和床料的颗粒回混，颗粒与气体间的相对速度大，这一点显然与基于气力输送方式的煤粉悬浮燃烧过程完全不同。

循环流化床由快速流化床（上升段）、气固物料分离装置和固体物料回送装置所组成。典型的循环流化床锅炉燃烧系统如图2-53所示。

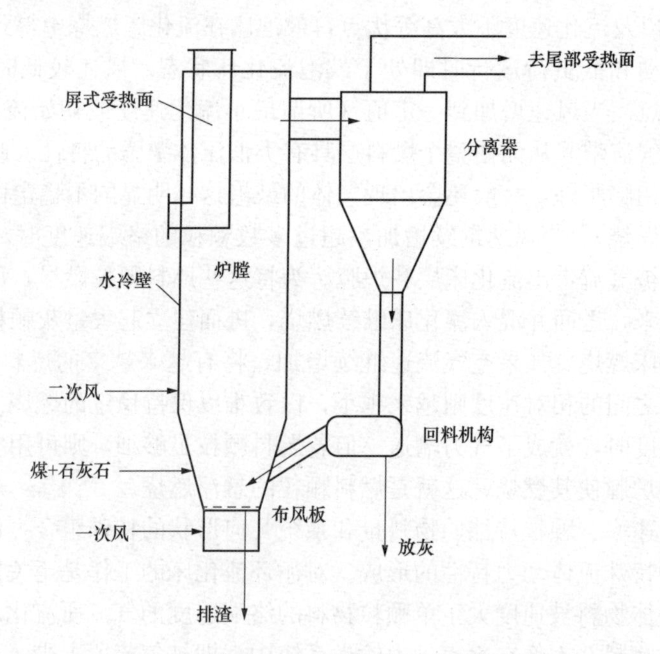

图2-53　典型的循环流化床锅炉燃烧系统

循环流化床锅炉中，离开炉膛的大部分颗粒，由气固分离装置所捕集并以足够高的速率从靠近炉膛底部的回送口再送入炉膛。经过预热的一次风（流化风）经过风室由底部穿过布风板送入炉膛，炉膛内固体处于快速流化状态，燃料在充满整个炉膛的惰性床料中燃烧。较细小的颗粒被气流夹带飞出炉膛，并由飞灰分离器收集，通过分离器下的回料管与飞灰回送器（返料器）送回炉膛循环燃烧；燃料在燃烧系统内完成燃烧和高温烟气向工质的部分热量传递过程。烟气和未被分离器捕集的细颗粒排入尾部烟道，继续与受热面进行对流换热，最后排出锅炉。燃料燃烧产生热量的一部分由布置在炉膛内的水冷或蒸汽冷却受热面所吸收，余下部分则被称为尾部受热面的对流受热面所吸收。循环流化床燃煤锅炉炉内高速流动烟气与其携带的湍流扰动极强的固体颗粒密切接触，燃料的燃烧过程发生在整个固体循环通道内。在这种燃烧方式下，燃烧室内，尤其是密相区的温度水平受到燃烧过程中的高温结渣、低温结焦和最佳脱硫温度的限制，料层温度过高将形成因灰渣熔化的高温结渣，温度过低则易发生煤的低温烧结结焦，也不利于燃料的燃烧，一旦结渣或结焦发生将迅速增长。因此，燃烧室密相区必须维持在850℃左右，这一温度范围也恰与最佳脱硫温度吻合。在远低于常规煤粉炉炉膛的温度水平下燃烧的特点带来了低污染物排放和避免燃煤过程中结渣等问题的优越性。

3. 循环流化床燃烧方式的基本特点

（1）蓄热量极大，燃烧稳定，对燃料的适应性好。由于循环流化床锅炉采用高温固体颗粒物料的循环燃烧方式，炉内的温度分布十分均匀，燃烧室内存在大量高温固体颗粒物料（约95%为惰性颗粒，约5%为可燃物），炉内的热容量很大，不需要辅助燃料即可燃用任何燃料。不同设计的循环流化床锅炉可以燃烧高硫分和高灰分的煤、油页岩和煤矸石、石油焦、废木柴，甚至烧垃圾等。循环流化床锅炉对燃料的适应性优于常规煤粉炉，为有效利用劣质燃料提供了一条很好的途径。但是，根据某一种燃料或煤种设计的循环流化床锅炉并不能经济有效地燃用性质差别较大的同类或其他燃料。

（2）燃烧效率可与煤粉炉媲美。流化床燃烧是介于固定床燃烧和煤粉悬浮燃烧之间的一种处于流态化下的煤燃烧方式。流态化形成的优越的湍流气固混合条件，可大大强化燃烧，提高床层内的传热和传质效率。设计合理的循环流化床锅炉的燃烧效率可达到99%，与煤粉炉的燃烧效率相当，但在燃烧低质煤方面，则其燃烧效率大大优于煤粉炉，而且循环流化床的燃烧效率不受炉内脱硫过程的影响。

（3）流化床锅炉传热强烈。尽管燃烧室内的温度较低，但由于炉内颗粒的浓度大得多，因此循环流化床锅炉炉内受热面的传热系数高于常规煤粉炉，且不存在管外壁积灰污染问题。但是，由于现有常规受热面的耐磨性能还不能适应流化床锅炉的要求，因此为了避免受热面的严重磨损，以满足发电厂锅炉的连续运行的需要，在锅炉设计中，不在循环流化床燃烧室的密相区布置受热面，而在对流换热受热面采用较低的烟气流速，以降低受热面的磨损，所以流化床锅炉高效传热的优越性尚未得到体现，受热面的金属消耗量甚至略高于同容量的煤粉炉。

（4）低温燃烧，污染较轻。由煤的灰渣变形温度所决定，燃煤流化床锅炉的燃烧温度处于850～950℃的范围内，属于与传统煤燃烧方式完全不同的低温燃烧。流化床锅炉的低温燃烧特性直接使得气体污染物NO和NO_2的排放大大减少（比煤粉炉减少50%以上）还可在炉内采用分级燃烧等进一步降低NO_x排放的技术措施，因此，一般无需烟气脱除氮氧化物的设备。

由于流化床内的燃烧温度较低，因此可以在流化床床层内直接添加石灰石脱硫剂，在燃烧过程中完全有效的脱硫。与煤粉锅炉的炉内脱硫过程相比较，流化床内脱硫剂与烟气中SO_2间的反应环境（反应温度、停留时间和传质等）十分有利于脱硫反应的进行，因此可以在相对较低的钙硫摩尔比下得到较高的脱硫效率。如果与煤粉锅炉的烟气脱硫方式相比，其设备投资和运行费用也远低得多，另外流化床锅炉的脱硫灰渣可以综合利用，不会产生二次污染。

（5）锅炉设备占地面积少。循环流化床锅炉不需要单独的烟气脱硫脱氮装置，也不需要像煤粉炉的庞大复杂的煤粉制备系统，只需燃煤的简单破碎和筛分，一般不需要干燥。而且，热风温度仅在206℃左右。另外，由于循环流化床锅炉没有像煤粉炉那样精心设计和布置数十台煤粉燃烧器，而是采取简单的机械（或气力）输送方式将煤直接送入流化床的密相区内，还因为密相区内的固体颗粒混合十分强烈和均匀，通常只需很少数量的给煤口即可，因此给煤管道较煤粉炉的煤粉管道数量少且布置简单，从而能节约电厂布置场地，为循环流化床锅炉的大型化创造了有利条件。但循环流化床锅炉的底渣处理系统较煤粉炉复杂，大尺寸的分离器也占据了较大的空间。

（6）负荷变化范围大，调节特性好。循环流化床锅炉负荷调节性能优于常规煤粉的锅炉，而且变负荷操作简单，这一优越性尤其适合于电站锅炉的运行要求。电站锅炉的负荷调节性能取决于变负荷条件下的水循环特性、汽温特性和燃烧特性的优劣，循环流化床锅炉在这方面均具有明显的优势。

1）循环流化床锅炉水循环的安全性。循环流化床锅炉沿炉膛高度的温度均匀分布为低负荷运行时蒸发受热面的可靠水循环提供了保障。而对煤粉锅炉来说，炉内存在明显火焰中心，热负荷分布很不均匀，炉内热负荷最高处与易产生传热恶化的受热管段相吻合。另外，根据在锅炉较高负荷下的沿炉膛高度的热负荷分布设计的水循环系统，在锅炉低负荷时，由于火焰中心变化，热负荷分布也发生较大的变化，因此易引起水循环故障。譬如，工质发生停滞或倒流，甚至出现爆管等事故。

循环流化床锅炉炉内不存在火焰中心，温度和热负荷分布较煤粉炉均匀得多，无论锅炉负荷如何变化，炉内温度始终保持均匀且变化不大，因此炉膛壁面的热负荷分布均匀。这种热负荷分布不随锅炉负荷而明显变化的特点使得循环流化床锅炉具有可靠的水循环性能，这对锅炉炉膛水循环及金属安全性十分有利，可以适应较煤粉炉大得多的负荷调节范围。

2）循环流化床锅炉的汽温特性。众所周知，由于对流受热面出口汽温随负荷变化的特点，煤粉炉在低负荷运行时，过热汽温和再热汽温常难以达到满负荷时的额定汽温。但是，对于循环流化床锅炉来说，由于燃烧温度较低，炉膛出口的烟气焓不足以使过热蒸汽和再热蒸汽达到额定温度值，因此在设计时就考虑了炉膛和尾部受热面的合理布置和吸热量的分配，部分过热器和再热器受热面必须布置在固体颗粒的循环回路中。这部分受热面不仅具有较好的换热特性，而且可以在负荷变化时通过改变循环物料的浓度来控制蒸发、过热和再热吸热量，因此，循环流化床锅炉具有优于煤粉炉的汽温控制手段，保证了在很大的负荷变化范围内维持额定的蒸汽温度。

3）循环流化床锅炉的燃烧特性。循环流化床锅炉燃烧系统中的燃料存有量很少，其优越的燃烧稳定性是不言而喻的，因此可以适应很低负荷下的稳定燃烧。而且，由于床温在很大负荷范围内总保持一定，基本不存在负荷变化时加热和冷却炉内物料的过程。因此，当要求负荷变化时，在维持床温不变的条件下，采用改变燃煤量、送风量、飞灰循环量和床层厚度等手段，来实现负荷的调节。

循环流化床锅炉的负荷调节特性一般受限于燃烧系统的调节特性，从循环流化床锅炉自动控制的角度，燃烧控制也是难度最大的。由于循环流化床的燃烧室必须维持一定的温度和随负荷而定的颗粒物料浓度，因此循环流化床锅炉的控制操作比较复杂，而且燃烧系统的热惯性很大，其控制特性也与常规煤粉炉有很大的差别。

综上所述，循环流化床锅炉所特有的良好的水循环特性、汽温控制特性和燃烧特性，使得其具有较大的负荷变化范围，一般为25%～100%，而且也具有较大的负荷升降速度，流化速率约为每分钟5%。

(7) 流化床燃烧的灰渣可以综合利用。低温燃烧和添加脱硫剂使炉渣和飞灰具有与煤粉炉不同的物理和化学特性，流化床锅炉灰渣未经高温熔融过程，灰渣活性好，可燃物含量低，且含有无水石膏，有利于做水泥掺合料或其他建筑材料。

(8) 存在问题。循环流化床锅炉是在鼓泡床锅炉的基础上发展起来的，它几乎保持了沸腾炉的所有优点。除电耗大外，它几乎可以解决鼓泡床锅炉的所有其他缺点，但与常规煤粉炉相比还存在一些问题。例如：

1) 大型化困难。尽管循环流化床锅炉发展很快，已投运的单炉容量已大于1000t/h，更大容量的锅炉正在研制中。但由于受技术和辅助设备的限制，容量更大的锅炉较难实现。

2) 自动化水平要求高。由于循环流化床锅炉风烟系统和灰渣系统比常规锅炉复杂，各炉型燃烧调整方式有所不同，控制点较多，因此采用计算机自动控制比常规锅炉难得多。

3) 磨损严重。循环流化床锅炉的燃料粒径较大，并且炉膛内物料浓度是煤粉炉的十至几十倍。虽然采取了许多防磨措施，但在实际运行中循环流化床锅炉受热面的磨损速度仍比常规锅炉大得多。

4) 厂用电率高于煤粉炉。尽管在燃煤准备工艺上的电耗低于煤粉炉，但循环流化床锅炉所需的各类风机等辅助设备的数量多于煤粉炉，而且风机的压头也高，风机的电能消耗大大高于煤粉炉。因此，循环流化床锅炉的厂用电率较煤粉炉高，一般在10%以上。

4. 循环流化床锅炉的构成

循环流化床锅炉燃烧系统由流化床燃烧室和布风板、飞灰分离收集装置、飞灰回送器等组成，有的还配置外部流化床热交换器。与燃煤粉的常规锅炉相比，除了燃烧部分外，循环流化床锅炉其他部分的受热面结构和布置方式与常规煤粉炉大同小异。典型的循环流化床锅炉如图5-54所示，国产某450t/h流化床锅炉本体主视图如图2-55所示。

(1) 燃烧室。循环流化床锅炉燃烧室的截面为矩形，其宽度为深度的2倍以上，下部为一锥型结构，底部为布风板。燃烧室下部区域为循环流化床的密相区，颗粒浓度大，是燃料发生着火和燃烧的主要区域，此区域的壁面上敷设耐热耐磨材料，并设置循环飞灰返料口、给煤口、排渣口等。燃烧室上部为稀相区，颗粒浓度较小，壁面上主要布置水冷壁受热面，也可布置过热蒸汽受热面，通常在炉膛上部空间布置悬挂式的屏式受热面，炉膛内维持微正压。

流化风（也称为一次风，额定负荷下占总风量的40%～60%）经床底的布风板送入床层内，二次风风口布置在密相区和稀相区之间。炉膛出口处布置飞灰分离器，烟气中95%以上的飞灰被分离和收集下来，然后烟气进入尾部对流受热面。

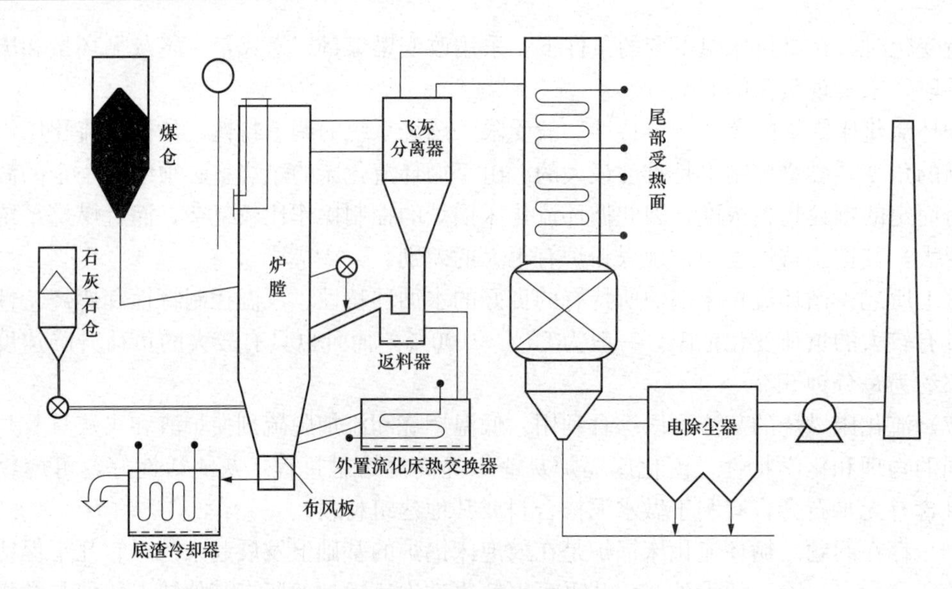

图 2-54 循环流化床锅炉

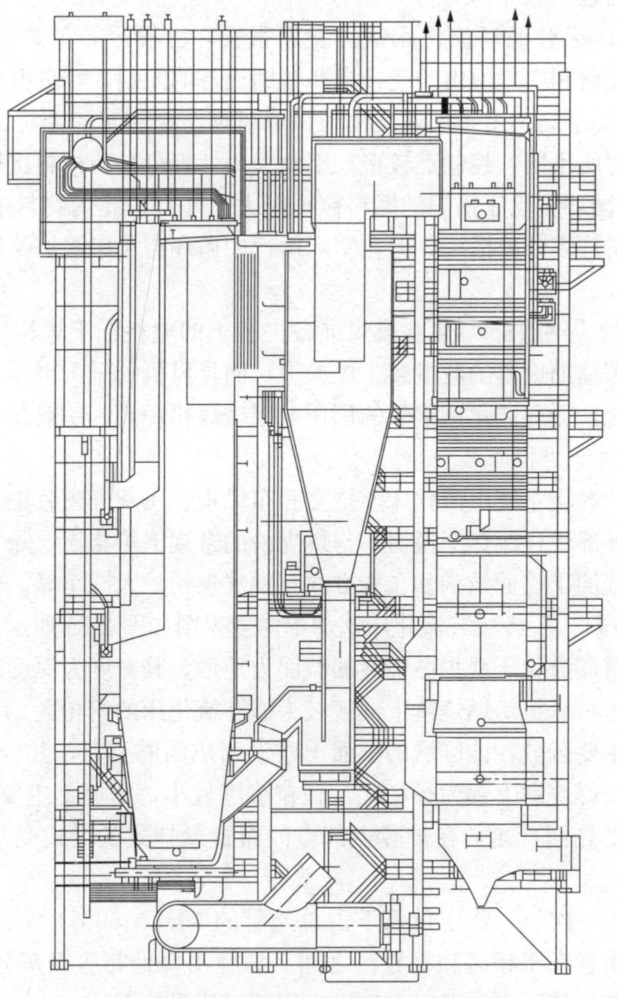

图 2-55 450t/h 流化床锅炉本体主视图

给煤经过机械或气力输煤的方式送入燃烧室，脱硫用的石灰石颗粒经单独的给料管采用气力输送的方式或与给煤一起送入炉内，燃烧形成的灰渣经过布风板上或炉壁上的排渣口排出炉外。

（2）布风板。布风板位于炉膛燃烧室的底部，实际上是一个其上布置有一定数量和形式的布风风帽的燃烧室底板，它将其下部的风室与炉膛隔开。它一方面起到将固体颗粒限制在炉膛布风板上，并支撑固体颗粒（床料）的作用；另一方面，保证一次风穿过布风板进入炉膛对颗粒均匀流化。为了满足均匀、良好流化，布风板必须具有足够的阻力压降，一般占烟风系统总压降的30％左右。风帽在布风板上的安装方式如图2-56所示。我国循环流化床锅炉常用的两种风帽形式如图2-57与图2-58所示。在大容量循环流化床锅炉中，为防止布风板过热，均采用水冷布风板（见图2-59），风帽则固定在水冷壁管之间的鳍片上，还将整个风室设计成水冷结构，使其可以减少用于水冷风箱和布风板之间的高温膨胀节和厚重的耐火层，同时有利于实现床下点火和锅炉的快速启动。

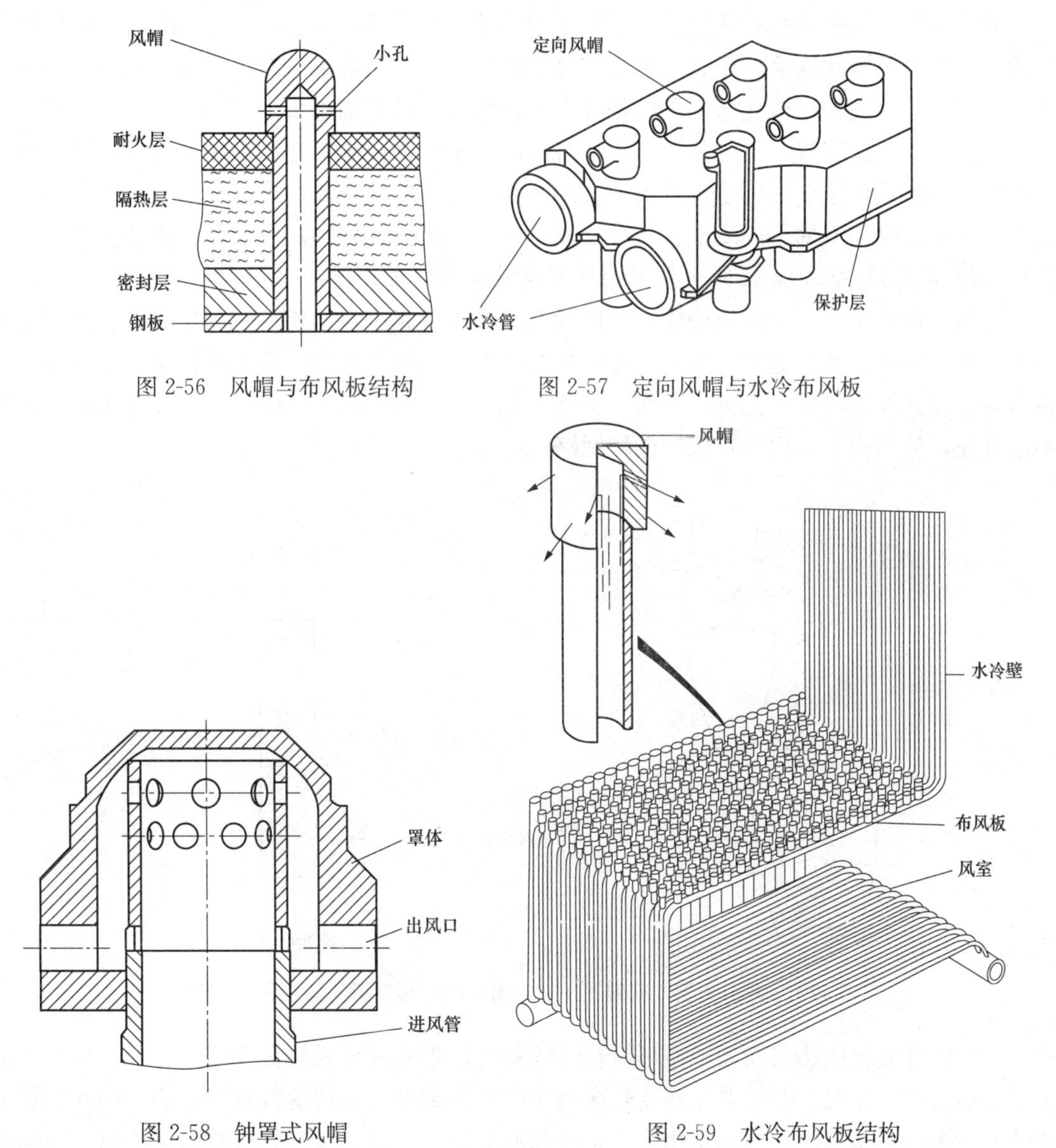

图2-56　风帽与布风板结构

图2-57　定向风帽与水冷布风板

图2-58　钟罩式风帽

图2-59　水冷布风板结构

（3）飞灰分离器。飞灰分离器是保证循环流化床燃煤锅炉固体颗粒物料可靠循环的关键部件之一，布置在炉膛出口的烟气通道上，工作温度接近炉膛温度。它将炉膛出口烟气流携带的固体颗粒（灰粒、未燃尽的焦炭颗粒和未完全反应的脱硫吸收剂颗粒等）中的95%以上分离下来，再通过返料器送回炉膛进行循环燃烧（见图2-60）。飞灰分离器的性能直接影响到炉内燃烧、脱硫与传热。循环流化床锅炉飞灰分离器的主要作用在于保证床内物料的正常循环，而不在于降低烟气中的飞灰浓度，飞灰分离器对某一粒径范围的颗粒的分离效率必须满足锅炉循环倍率的要求。

目前，最典型、应用最广、性能也最可靠的是旋风式分离器，一台锅炉通常采用两台或四台分离器。旋风分离器使含灰气流在筒内高速旋转，固体颗粒在离心力和惯性力的作用下，逐渐贴近壁面并向下呈螺旋运动，被分离下来；烟气和无法分离下来的细小颗粒由中心筒排出，送入尾部对流受热面。

除了旋风分离器之外，还有许多其他的分离器形式，如U形槽、百叶窗等，但旋风分离器在大型循环流化床锅炉中具有更高的可靠性和优越性。旋风分离器的阻力较大，加之布风板的阻力，因此循环流化床锅炉的烟气阻力比常规煤粉炉高得多。

（4）飞灰回送装置。飞灰回送装置是将分离下来的固体颗粒送回炉膛的装置，通常称为返料器。返料器的主要作用是将分离下来的灰由压力较低的分离器出口输送到压力较高的燃烧室，并防止燃烧室的烟气反窜进入分离器。由于返料器所处理的飞灰颗粒均处于较高的温度（一般为850℃左右），因此无法采用任何机械式的输送装置。

目前，均采用基于气固两相输送原理的返送装置，属于自动调整型非机械阀。典型的返料器相当于一个小型鼓泡流化床，固体颗粒由分离器料腿（立管）进入返料器，返料风将固体颗粒流化并经返料管溢流进入炉膛，如图2-61所示。由于分离器分离下来的固体颗粒的不断补充，从而构成了固体颗粒的循环回路。

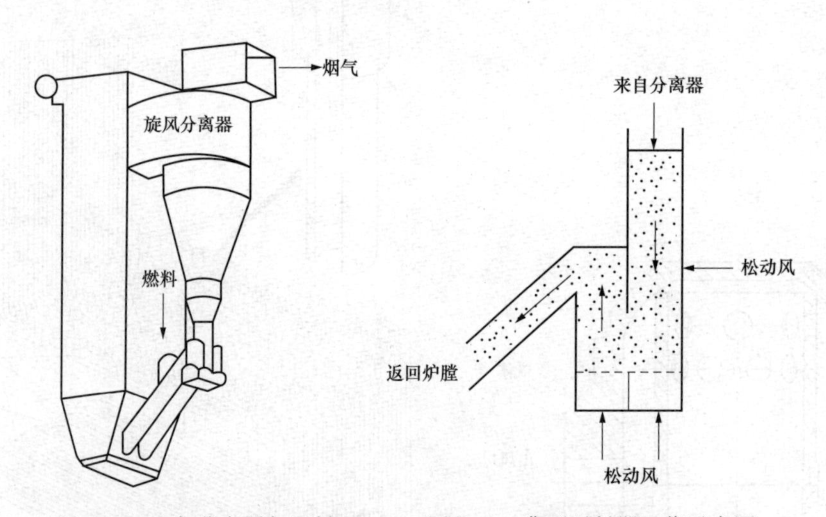

图2-60　飞灰分离器与回料　　　图2-61　典型返料器工作示意图

（5）外部流化床热交换器。循环流化床锅炉可以带有外置式热交换器，外置热交换器的主要作用是控制床温，但并非循环流化床锅炉的必备部件。它将返料器中一部分循环颗粒分流进入一个内置受热面的低速流化床中，冷却后的循环颗粒再经过返料器送回炉膛。根据有无外置式流化床换热器所设计的循环流化床锅炉已经在制造领域形成对应的两大流派，各自具有不同的特点。

(6) 底渣排放处理系统。循环流化床锅炉的灰渣处理主要是指燃烧室底渣处理。在循环流化床的燃烧过程中，必须定期排出一些不适合构成床料的灰渣和杂质，以保证正常的流化状态。同时对应于锅炉的不同运行工况，也必须维持一定量的床内物料量，防止床压过大，多余的物料也必须及时排出。

与煤粉炉相比，循环流化床锅炉的底渣量占锅炉总灰量的比例在50%以上，再加之脱硫所形成的额外排渣，因此灰渣的排放量比煤粉炉要大得多。同时，循环流化床锅炉的排渣具有灰渣流量不稳定、温度较高且波动大、热量回收价值高以及底渣颗粒不均匀等特点，而且底渣排渣不畅或受阻，将影响锅炉的正常运行。因此，对循环流化床锅炉底渣处理系统的要求比煤粉炉要高得多，底渣处理系统包括底渣的排放、冷却和热量回收、输送至灰场，其关键装备是底渣冷却器（也称为冷却器）。

从炉膛内排出的底渣温度与炉膛内的温度相同，高温灰渣经排渣管直接通入冷渣器。经底渣冷却器出口放出的灰渣温度约在150℃以下，再将其送入灰渣场。

目前，国内用得较多的冷渣器采取风（烟）水联合灰渣冷却方式，具有热量回收、灰渣分选、细颗粒回炉等功能。

由于正常运行的循环流化床锅炉排出的底渣均为颗粒物料状，其颗粒粒径处于可以良好流化的范围，因此目前采用的底渣冷却器大都是基于鼓泡流化床热交换器的原理，在鼓泡流化床壁面上或床层内布置传热效率很高的受热面，用高温灰渣的热量来加热锅炉给水，流化气体在保证正常流化的同时也作为灰渣的冷却介质，水和气体同时起到冷却灰渣和回收灰渣热量的作用。

(7) 点火系统。循环流化床锅炉的点火操作是将静止的、常温状态下的固体物料转变为流化状态下正常燃烧的一个动态过程，这一过程比煤粉炉或层燃炉的启动点火要困难得多，其难度主要在于床温的控制。大容量的循环流化床锅炉的点火均采用床下风道点火器（见图2-62），通过在炉膛水冷风室下部前一次风道内布置有两台风道点火器，将通入布风板下的一次风加热到900℃左右，使高温烟气通过布风板并迅速加热颗粒物料床层。同时，还常辅助以床上点火油枪。

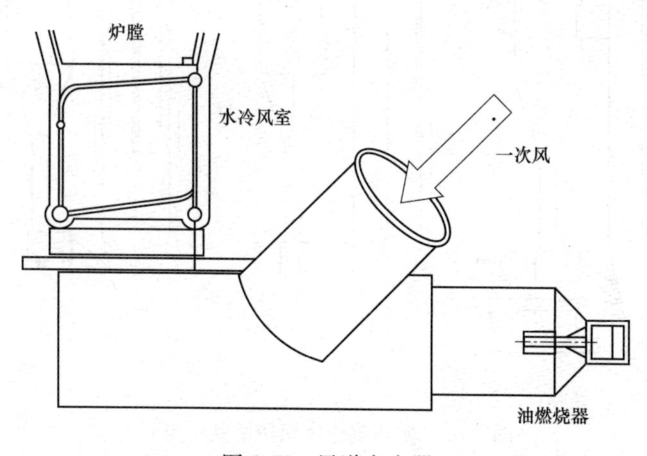

图2-62　风道点火器

循环流化床锅炉的辅助系统与常规煤粉炉有很大区别。如煤的破碎与筛分系统及石灰石制备系统，送入炉内的煤和石灰石的颗粒粒径大小与分布对炉内颗粒浓度分布和保证合理的物料循环均是至关重要的。

循环流化床锅炉在运行和调节方式上与常规煤粉锅炉有着显著的差异，维持正常的床温、床内存料量和循环物料量是循环流化床锅炉稳定、经济运行的关键，几乎所有的燃烧控制和调节均是围绕维持稳定的床温和所要求的蒸汽参数进行的。在锅炉的运行过程中，除需要监测和控制大量固体颗粒的输运外，还需要控制一次风和二次风的比例。所以，循环流化床锅炉的自动控制系统需要完成较常规煤粉锅炉更复杂的控制任务。

5. 循环流化床锅炉的分类

早期的循环流化床锅炉称为循环床锅炉。循环床锅炉的特点是炉内为快速床（流化速度大于 7m/s）外加物料循环系统，其循环倍率一般都是较高的。由于炉内流化速度较高，受热面磨损严重。目前循环流化床锅炉流化速度一般不大于 7m/s。实际上一台循环流化床锅炉燃烧室内流化速度常常是一个变值，因此物料流化状态也在变化，有时是快速床、有时可能是湍流床、有时甚至是鼓泡床。所以用“循环流化床锅炉”名称比用“循环床锅炉”名称更确切些。

目前已经投运的循环流化床锅炉的类型较多，并适合于不同的场合和要求。各种类型的循环流化床锅炉主要区别在分离器的类型和工作温度，以及是否设置外部换热器等。

(1) 按分离器形式，有旋风分离型循环流化床锅炉、惯性分离型循环流化床锅炉、炉内卧式分离型循环流化床锅炉、炉内旋涡分离型循环流化床锅炉、组合分离型循环流化床锅炉。

(2) 按分离器的工作温度可分为高温分离型循环流化床锅炉、中温分离型循环流化床锅炉、低温分离型循环流化床锅炉（适合鼓泡床）、组合分离型循环流化床锅炉（两级分离）。在保证分离器可靠工作的条件下，循环流化床锅炉的设计中更趋于采用高温分离器。

(3) 按有无外置式流化床换热器可分为有外置式流化床换热器的循环流化床锅炉［见图 2-63 (a)］和无外置式流化床换热器的循环流化床锅炉［见图 2-63 (b)、图 2-63 (c)］。根据有无外置式流化床换热器所设计的循环流化床锅炉，已经在制造领域形成对应的两大流派，各自具有不同的特点。

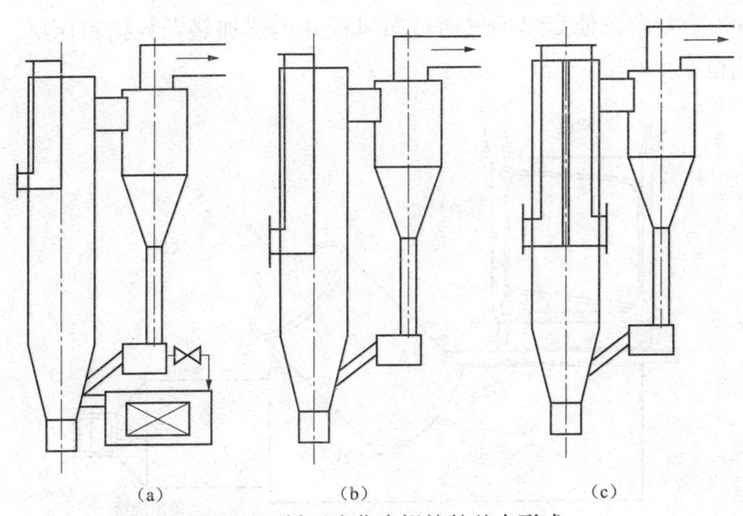

图 2-63 循环流化床锅炉的基本形式

(a) 带外置式流化床换热器；(b) 和 (c) 无外置式流化床换热器（带不同数量的屏式过热器）

在有外置式流化床换热器的循环流化床锅炉中，将燃烧与传热的过程分离，在运行中可以分别对燃烧与传热进行比较方便的调节与控制，并使各自均达到比较好的状态。比如，仅需调节进入流化床换热器与直接返回燃烧室的固体物料的比例，即可调节和控制床温。另外，通常将再热器或过热器的部分受热面布置在外置式流化床中，锅炉汽温的调节比较灵活，也缓解了大型循环流化床锅炉炉内受热面布置空间紧张的状况，但是采用外置式流化床换热器的锅炉结构比较复杂。一般来说，CFB锅炉大型化后（如发展到2000t/h），炉膛内需要更多的容积来布置更大比例的过热器和再热器受热面，外置式流化床换热器往往成为不可避免的技术选择。

无外置式流化床换热器的循环流化床锅炉中，颗粒循环回路上的吸热主要靠炉膛水冷壁以及炉膛上部的屏式受热面来完成，锅炉的燃烧与传热调节比较复杂，但是锅炉的结构相对比较简单。

在循环流化床锅炉中，物料循环量是设计和运行控制中的一个十分重要的参数，通常用循环倍率来描述物料循环量，其定义为

$$R=F_S/F_C=\text{循环物料量}/\text{投煤量}$$

根据循环流化床锅炉设计时所选取的循环倍率的大小，可大致分为低循环倍率循环流化床锅炉（$R=1\sim5$）、中循环倍率循环流化床锅炉（$R=6\sim20$）、高循环倍率循环流化床锅炉（$R=20\sim200$）。

循环流化床锅炉燃烧系统主要特征在于飞灰颗粒离开炉膛出口后经气固分离装置和回送机构连续送回床层燃烧，由于颗粒的循环，使未燃尽颗粒处于循环燃烧中，因此随着循环倍率增加，会使燃烧效率增加。但另一方面，由于参与循环的颗粒物料量增加，系统的动力消耗也随之增加。

按锅炉燃烧室的压力不同，又可分为常压流化床锅炉和增压流化床锅炉，后者可与燃气轮机组成联合循环动力装置。

目前，循环流化床燃煤锅炉的主流形式为带高温旋风分离器、有或无外置式换热器。

6. 循环流化床锅炉的燃烧

循环流化床由于流化速度的增大，不再是鼓泡床流化状态，而进入湍流床和快速床流化状态。为了减小固体颗粒对受热面的磨损，床料和燃料粒径一般比鼓泡床时小得多，并且绝大多数的固体颗粒被烟气带出炉膛。通过布置在炉膛出口的分离器，把分离下来的固体颗粒返送回炉床内再燃烧。因此，循环流化床燃烧技术的最大特点是燃料通过物料循环系统在炉内循环反复燃烧，使燃料颗粒在炉内的停留时间大大增加，直至燃尽。循环流化床锅炉燃烧的另一特点是向炉内加入石灰石粉或其他脱硫剂。在燃烧中直接除去SO_2，炉膛下部采用欠氧燃烧（$\alpha<1$）和二次风，采用分段给入等方式，不仅降低了NO_x的排放，而且使燃烧份额的分配更趋合理，同时炉内温度场也更加均匀。

煤粒在循环流化床锅炉内的燃烧过程是非常复杂的，煤颗粒进入燃烧室后大致经历四个连续的过程：①煤粒被加热和干燥；②挥发分的析出和燃烧；③煤粒膨胀和破裂；④焦炭燃烧和再次破裂及炭粒磨损。

循环流化床锅炉燃用的成品煤含水分一般较大，当燃用泥煤浆时其水分就更大，甚至超过40%。煤粒送入炉膛后与850℃左右的物料强烈混合并被加热、干燥，直至水分被蒸发掉。当煤粒被加热到一定温度时，首先释放出挥发物。对于细小的微粒，挥发物的析出释放

非常快，而且释放出的挥发物将细小煤炭粒包围并立刻燃烧，产生许多细小的扩散火焰。这些细小的微粒燃尽所需要的时间很短，一般从给煤口进入炉床到从炉膛出口飞出炉膛一个过程就可燃尽。对于不参加物料再循环也未被烟气携带出炉膛的较大颗粒，其挥发物析出就慢得多。例如，平均直径 3mm 的煤粒需要近 15s 时间才可析出全部的挥发物。另外，大颗粒在炉内的分散掺混也慢得多。由于大颗粒基本沉积于炉膛下部，给入氧量又不足，因此大颗粒析出的挥发物往往有很大一部分在炉膛中部燃烧。这对于中小煤粒的燃烧和炉内温度场分布以及二次风门的高度设计都非常重要。理论上讲，大煤粒在循环流化床锅炉炉内燃尽是不存在问题的，尽管它们的燃尽时间需要很长，如平均直径是 2m 的颗粒约需要 50s，更大的煤粒甚至达几分钟。但由于大煤粒仅停留在炉膛内燃烧，因此大颗粒燃煤在炉内的停留时间将大大超出所需燃尽的时间。但如果在运行中一次风调整不当和排渣间隔时间过短、排渣时间太长，就有可能把未燃尽的炭粒排掉，使炉渣含碳量增大。介于细小微粒和大颗粒之间的参与外循环的中等煤炭颗粒，它们的挥发分析出及燃烧时间自然比细小微粒长、比大颗粒时间短，一般一次循环是很难燃尽的。表 2-10 给出燃尽所需时间和循环次数。

表 2-10　　燃尽所需的时间及循环次数

煤粒直径（mm）	0.1	0.5	1.0	2.0	>2.0
最长燃尽时间（s）	0.68	8.9	23.1	50.1	炉内循环
需要的最大循环次数	0	3.6	7.2	16	炉内循环
实际循环次数	0	6.0	12.0	27	

注　种为煤矸石、石煤；总体循环倍率 $K=2.36$。

从表 2-10 给出的实验数据可知，如果锅炉设计和运行调整合理，参与循环的煤粒实际循环次数和通过炉膛的时间均将超出所需的循环次数和所需的燃尽时间。因此，煤粒的燃烧效率是比较高的。

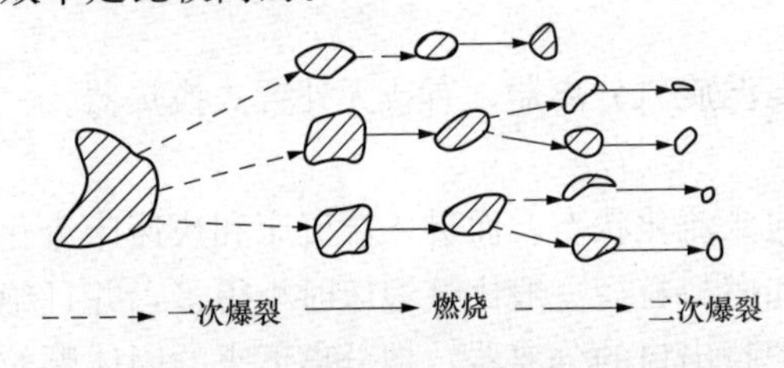

图 2-64　煤粒燃烧过程爆裂示意图

在锅炉实际运行中，给入炉内的煤粒燃烧是相当复杂的，对于那些热爆性比较强的煤种，无论是大颗粒还是中等颗粒，在进入炉床加热干燥、挥发分析出的同时，将爆裂成中等或细小颗粒，甚至在燃烧过程中再次发生爆裂，如图 2-64 所示。

大多数煤种热爆性都比较强，使那些初期不参与循环的大颗粒爆裂成中等颗粒后参与物料的外循环，同样中等直径的颗粒爆裂后转化成细小微粒将可能不再循环（分离器捕捉不到）而随烟气进入尾部烟道。特别应当注意的是，循环流化床锅炉煤颗粒燃烧，除那些少量的细小微粒外，绝大多数是处于焦炭燃烧，当煤粒挥发分被加热析出燃烧后，未被一次燃尽的煤粒往往转化为焦炭颗粒或外层为焦炭内部仍为“煤”，焦炭比煤燃烧困难得多。所以在炉内的停留时间比按煤燃烧燃尽计算所需的时间要长。另外，煤粒在炉内循环掺混中不断地碰撞磨损使颗粒变小，同时将炭粒外表层不再燃烧的“灰壳”摩擦掉，这些都有助于煤粒的燃烧和燃尽，以提高燃烧效率。

循环流化床锅炉虽然不像鼓泡床锅炉那样在炉内有一个明显的物料（料层）界面。但是炉床下部的物料浓度也足够大，对于高倍率的锅炉也在 100～300kg/m^3，因此炉内相当于一个很大的“蓄热池”，当新燃料进入炉内后，立刻被 850～900℃ 的物料强烈地掺混合加热，很快燃烧起来。即使是那些不易着火和燃尽的高灰分、高水分燃料进入炉内也可以燃烧和燃尽，这是因为给入的燃料量仅仅是炉内物料量的千分之几或者是几千分之几，有足够的热量加热新燃料而不会导致炉内的温度有较大的变化。另外，新燃料在炉内的停留时间远远大于其燃尽所必需的时间。因此，无论多么难燃烧的燃料，如果颗粒特性满足锅炉的要求，运行中调整适当都可以燃尽。循环流化床锅炉几乎可以燃用所有的固体燃料。

7. 循环流化床锅炉炉内热交换

锅炉结构布置的多样化，炉内物料浓度、粒度和流化速度的差别，使得炉内传热过程非常复杂。目前，对于循环流化床锅炉炉内传热的机理尚不十分清楚，难以用数学公式定量表达。但通过大量的研究、试验和工业实践，已经总结出了热交换的主导传热方式、炉内各种受热面的传热系数的大小范围以及对传热系数的影响因素等。

目前有两种炉内换热机理。一种认为炉内换热主要依靠烟气对流、固体颗粒对流和辐射来实现。这里所说的固体颗粒对流的作用可解释为颗粒对热边界的破坏，当颗粒在壁面滑动时实现的热量传递；而另一种认为是颗粒团沿壁面运动时实现的热量传递。沿炉膛高度，随着炉内两相混合物的固气比不同，不同区段的主导传热方式和传热系数均不相同。影响循环流化床锅炉的炉内传热系数的主要因素有床温、物料浓度、循环倍率、流化速度、颗粒尺寸等。

在锅炉炉内沿炉膛高度各段，尽管其主导传热方式发生变化，但总的传热系数总是随着床温的增高而增大。床温增高，不仅减小颗粒的热阻力，而且辐射传热随着床温的增高而增大。炉内传热系数将随着物料浓度的增加而增大，这是因为炉内热量向受热面的传递是由四周沿壁而向下流动的固体颗粒团和中部向上流动的含有分散固体颗粒气流来完成的，由颗粒团向壁面的导热比起由分散相的对流换热要高得多。较密的床和较疏的床相比有较大份额的壁面被这些颗粒团所覆盖，受热面在密的床层会比在稀的床层受到更多的来自物料的热交换。物料浓度的变化对炉内传热系数的影响是比较显著的，了解这一点对锅炉运行和改造是非常重要的。

循环倍率对炉内传热的影响，实质上是物料浓度对炉内传热系数的影响。循环倍率 K 与炉内物料浓度是成正比的。返送回炉床内的物料越多，炉内物料量越大，物料浓度越高，传热系数也越大，反之亦然。因此，循环倍率越大，炉内传热系数也越大，所以影响循环倍率的因素也必然影响炉内的传热。

快速流化床与鼓泡床不同，除了悬浮密度以外，流化速度的变化对于炉内热交换并无大的直接影响。在一定的悬浮密度即一定的物料浓度下，不同的流化速度对传热系数的影响很小。在大多数情况下，当流化速度增大时，若不考虑物料循环倍率的变化，其结果往往由于悬浮密度的减小而使传热系数降低，但实际中，流化速度变化对循环倍率是有影响的，这主要由物料粒度和分离器特性决定的。因此在锅炉运行时一般增加（或减小）一次风量和增加（或减少）给料量是同时进行的，这样才能调整锅炉负荷。

颗粒尺寸大小对受热面的传热影响与受热面布置高度有关，对于较短（矮）的受热面，炉内固体颗粒尺寸大小对传热系数有较明显的影响，这与鼓泡床中颗粒尺寸大小对竖式布置的埋管影响基本一致。而对于较长（高）的受热面，它对传热系数的影响并不很显著。应当说明的是，这里叙述的颗粒尺寸的影响是在其他条件不变的情况下，仅仅考虑颗粒尺寸大小对炉内传热的影响。如果因颗粒尺寸的变化，而改变炉内物料浓度和浓度分布以及温度场，这也将影响炉内传热系数的大小变化。

六、旋风燃烧方式及其设备

（一）旋风燃烧及其特点

空气带动燃料颗粒在圆筒内旋转燃烧时称为旋风燃烧，组织这种燃烧方式的设备称为旋风炉。旋风炉中主要进行燃烧的圆筒称为旋风筒。一台旋风炉可以有一只或数只旋风筒。旋风炉中，高速的二次风从切向进入筒内，而燃料则可以从切向也可以从轴向进入。在筒内，二次风携带燃料颗粒旋转前进，大部分燃料颗粒在离心力的作用下摔向筒壁。旋风筒的内外壁上均敷设有保温层，以便在筒内保持高温。燃料在筒内受热后，迅速着火、燃烧，直至燃尽而被排出筒外，而燃料在燃烧中所放出的大量热量则反过来促进了筒内的高温。多数旋风炉采用液态排渣。此时，旋风筒内壁上有液态渣膜存在，由于有一层燃料贴附在熔渣膜上，使燃料颗粒受到的阻力更大，从而旋转和前进的速度大大减慢。旋风筒中燃烧所产生的高温烟气，全部进入锅炉的燃尽冷却炉膛，进行进一步燃尽和冷却。较细的煤粉在圆柱形旋风筒中进行悬浮状燃烧。渣因高温熔化而黏在筒壁上形成液态渣膜。液态渣排出筒外形成液态排渣。旋风炉工作过程示意图如图 2-65 所示。

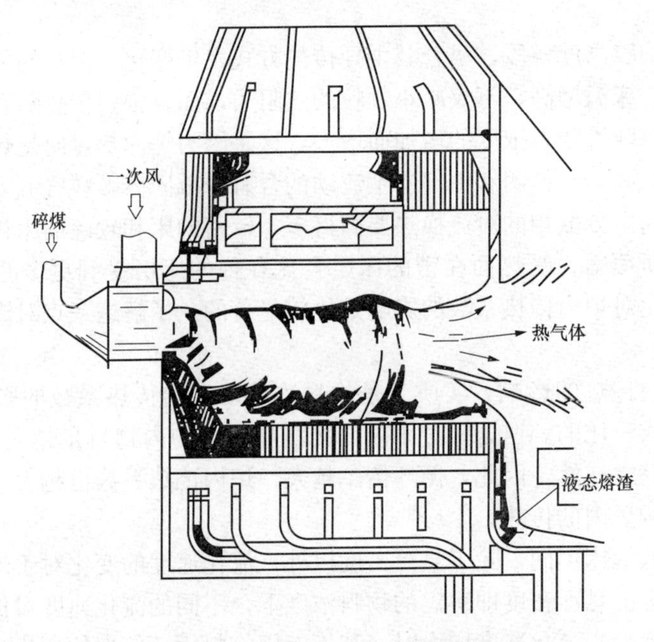

图 2-65　旋风炉工作过程示意图

1. 旋风燃烧方式的优点

（1）热强度高。由于火焰在旋风筒内高速旋转，扰动极其强烈，传热、传质条件非常好，燃料颗粒完全处于扩散燃烧区。在高温作用下，燃料中的灰分完全熔化成液态渣。由于扰动强烈，可以采用低氧燃烧，旋风筒内的过量空气系数一般均小于 1.1。

（2）燃烧稳定。燃料进入旋风筒后黏粘附在熔渣膜上，因此燃料在筒内有相当长的滞留时间，燃烧室中蓄积相当多的热量，这有助于维持燃烧过程的连续性。蓄积一定热量的灼热熔渣膜，是极其稳定的燃烧场所。

(3) 燃烧经济性。高口旋风炉具有高的燃烧温度，优良的传热和传质条件，充分保证了燃料的完全燃烧。化学不完全燃烧损失、机械不完全燃烧热损失较小。排渣中的含碳量一般均小于0.2%，飞灰中的含碳量远低于一般煤粉炉，飞灰份额也大大低于煤粉炉。由于过量空气系数较小，因此排烟热损失也较小，锅炉效率提高。

(4) 捕渣率高。旋风筒内高速旋转的气流具有很高的分离熔渣的能力。立式旋风炉捕渣率一般在70%以上。

(5) 锅炉尺寸紧凑。由于捕渣率高，烟气中挟带的飞灰量少，锅炉对流受热面的烟速可以提高，而不必担心飞灰对受热面磨损。烟速提高使传热强化，飞灰量减少，使除尘器负担减轻，这些都将使锅炉设备布置紧凑。

(6) 旋风筒中的燃烧既不存在火床燃烧中那种保持火床层稳定的必要性，也没有悬浮燃烧中燃料颗粒与空气之间相对速度趋近于零、燃料颗粒在炉内停留时间很短的缺点。应该认为，旋风燃烧是一种高热强度和高效率的燃烧方式。

2. 旋风燃烧方式的缺点

(1) 能量消耗高。旋风筒中高速旋转气流使流动阻力剧增。采用热风送粉，必须有高压风机，这样锅炉自身消耗的电能就必然增高。

(2) 煤质适应能力差。对旋风炉炉型来说，能适应各种煤种。但对于某一特定的旋风炉，因其对燃煤灰分的熔融特性、灰渣的流动能力极其敏感，尤其是锅炉负荷较低时，问题越突出。对一台已投运的旋风炉，由于受结构特性、容量大小、制粉系统形式等一系列具体条件的限制，致使该炉对燃煤品种变动的适应能力变弱。

(3) 锅炉可用率低。旋风炉存在析铁、受热面烟气侧高温腐蚀、粒化冲渣系统容易发生故障、过热器和高温段省煤器处容易积灰等均能引起故障停炉，使旋风炉可利用率降低。实践表明，旋风炉在投运初期事故率较高，通过对配煤的摸索，对不合理的设计的改造，其安全状况、运行周期和可靠程度大体上接近固态排渣煤粉炉的平均水平。

(4) 灰渣物理热损失高。旋风炉的燃烧经济性较高，但高温的灰渣送至渣沟排掉，尤其是燃用高灰分煤时，其灰渣物理热损失更大。如果考虑此项热量的回收，会使旋风炉的热效率大大地提高。

(5) NO_x 排放量较高。旋风炉燃烧温度比一般煤粉炉高，氮在高温下生成氧化氮，烟气中 NO_x 较高，对环境影响较大。

(6) 对流受热面易积灰。旋风炉捕渣率高，使进入对流受热面烟气中较粗的飞灰颗粒减少，因此丧失了大颗粒飞灰冲刷对流管束积灰的作用，使锅炉出口对流受热面积灰严重。

(7) 制造费用高。旋风炉结构复杂，销钉焊接工作量大，因而制造费用要比同容量的煤粉炉高。

(8) 旋风燃烧方式只强化了燃烧，而未能强化传热。

虽然旋风炉有以上缺点，但在综合利用方面是其他炉型无法比拟的。如利用附烧熔融磷肥，可以生产出一、二级品磷肥；粒化后的玻璃体熔渣可直接做水泥掺合料；除尘下来的增钙粉煤灰加上一定数量的水泥、白灰、镁粉等经饱和蒸汽加压养生可得到建筑材料——加气混凝土，是很好的建筑砌块；由一定量的玻璃体水淬渣、除尘后的飞灰和生石灰等制成普通砖型，再经饱和蒸汽加压养生可得到与普通红砖质量几乎相同的增压免烧砖，是土建工程较好的建筑材料。

（二）旋风炉的分类

旋风炉主要有立式旋风炉和卧式旋风炉两种类型。立式旋风炉按照旋风筒与主炉膛的布置方式，又有前置式和下置式之分。

1. 立式旋风炉

（1）图 2-66 所示为前置式立式旋风炉。前置式旋风筒体由上下两个环形集箱和沿圆周密布的水冷壁管连接而成。管子的向火面焊有销钉，敷有耐火材料。筒的下端有冷却管圈形成的出渣口。炉膛也称二次室，下部敷满耐火材料的区域称为燃尽室，上部则为冷却炉膛口由旋风筒至炉膛的烟道称为过渡烟道。过渡烟道由旋风筒的水冷壁管组成，内壁也敷满耐火材料。燃尽室的前墙水冷壁管在过渡烟道内拉稀成 4～6 排捕渣管束，以捕除 20%～25%的液态灰渣。二次室后墙有折烟角，其作用在于改善燃尽室内的流动工况，减轻燃尽室炉底死角和流动死滞区内的堆渣现象。另外，这种折烟角也有利于提高燃尽室温度。旋风筒顶部装有叶片型燃烧器，其两根一次风管道对冲引入，从一次风入口到出口旋流叶片之前保持有足够的混合长度，以使煤粉分布均匀。整个燃烧器由内外套管组成，向火侧端部采用耐热合金钢。固定在出口处的旋流叶片使环状一次风煤粉气流在喷入筒体时呈伞形的旋转气流。其内外两侧均能卷吸高温烟气以帮助着火。二次风喷口布置在筒体的上部，二次风切向引入。

前置式立式旋风炉燃用粗煤粉。制粉系统根据不同煤种可用仓储式或直吹式。对于热风送粉的系统，乏气作三次风喷门可布置在燃尽室的侧墙上。煤粉从顶部的叶片式燃烧器送入，二次风从二次风喷口切向引入，烟气由旋风筒下部的出口经捕渣管束进入燃尽室，熔渣则从旋风筒底部渣口排出。

旋风筒内的燃烧过程与空气动力场有密切关系。分析和测定表明，筒内各点气流的切向速度和轴向速度的分布形态如图 2-67 所示。

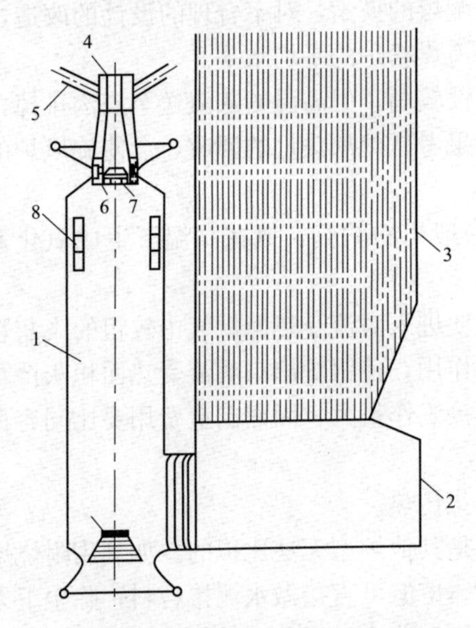

图 2-66 前置式立式旋风炉

1—筒体；2—燃尽室；3—冷却炉膛；

4—叶片型燃烧器；5—一次风管道；

6—旋流叶片；7—冷却管圈；8—二次风喷口

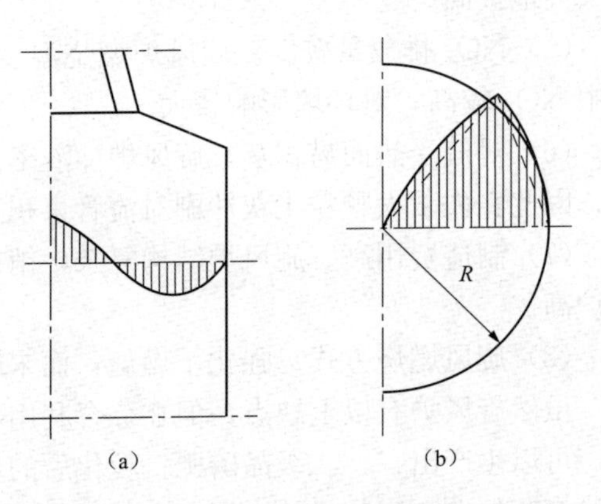

图 2-67 立式旋风筒内冷态空气动力场

(a) 切向速度分布形态；(b) 轴向速度分布形态

靠近筒壁的外圈气流接近于势流，而靠近中央的内圈气流通过动量交换和物质交换被外圈气流所带动，也跟着旋转，由于流体有黏性，内圈气流的运动接近于刚体的旋转。在距中心0.7～0.9半径处，切向速度有一最大值，气流的旋转最为强烈。沿筒身不同的横截面上，切向速度分布以及最大切向速度分量的绝对值的大小均有所不同。这是由于有摩擦损耗存在，气流越往下，旋转强度越弱，但基本形态是类似的。热态运行时，由于筒壁上存在熔渣膜，气流中含有大量固体颗粒以及由于高温下气体黏性的增大，各点切向速度绝对值下降更快一些。当筒身长度达到4倍直径时，在下端出口附近，气流的旋转强度已大为减弱。

旋风筒中央有向上的同流。但热态运行时，由于煤粉气流燃烧时产生的气体体积膨胀，以及旋转强度比冷态时有较快的减弱，向上的回流只有在着火段内才有一定程度的存在。

前置式立式旋风炉的煤种适应范围很广，可燃用褐煤、烟煤、贫煤和无烟煤。对于煤种的限制主要是煤的灰熔点，这与液态排渣炉相似。这种旋风炉在我国还成功地用于综合利用方面，其中附烧钙镁磷肥具有较高的经济效益，因为此时锅炉不仅生产蒸汽，而且还烧制磷肥。另外，此时还因为加入熔剂会降低灰分熔化温度，因而煤的灰熔点就不再是限制因素了。

前置式立式旋风炉，由于其燃烧得到强化，因而容积热负荷 g_v 为一般煤粉炉的十几倍。在燃用烟煤时，炉膛容积可见热负荷 q_v 约为 2.2MW/m^3，燃用无烟煤时约为 1.25MW/m^3。为了保证有较高的燃尽程度和捕渣率，旋风筒呈细长形，长径比 L/D 为3.5～4.5。这种旋风炉的 q_3 几乎等于零，q_4 可小于1%。因此虽然 q_5（散热损失）比固态排渣炉高些，但锅炉效率仍可达到92%。这种炉子的捕渣率通常为60%～70%。旋风筒出口的过量空气系数一般为1.05，煤粉细度 R_{90} 控制在等于或略高于煤的可燃基挥发分 V_{daf} 的数值。

（2）下置式立式旋风炉的旋风燃烧室置于冷却炉膛之下，二次风和煤粉沿旋风室割向引入，烟气由旋风室上部出口排入冷却炉膛，如图2-68所示。冷却炉膛为矩形截面，在冷却炉膛和旋筒的交界处，一部分水冷壁拉下形成圆柱形旋风筒体。这种旋风室的直径大、二次风速低，所以容积热负荷较低，为1.2～1.4MW/m^3。可燃用 $V_{daf} \geqslant 12\%$、$R_{90}=15\%\sim45\%$ 的煤粉。

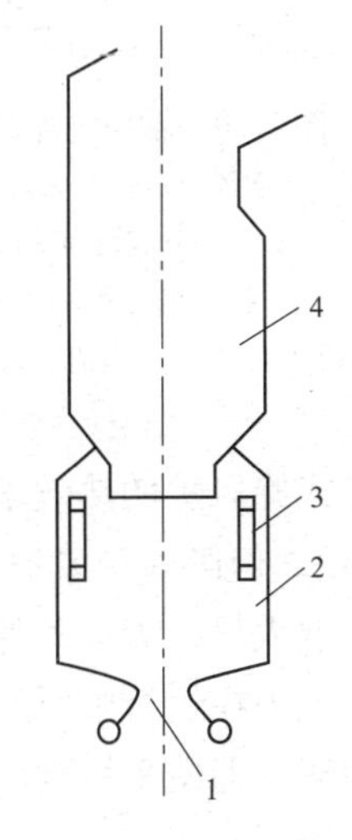

图2-68　下置式立式旋风炉
1—出渣口；2—旋风室（圆柱形旋风筒体）；3—切向布置燃烧器；4—形冷却炉膛

2. 卧式旋风炉

卧式旋风炉按照燃料进入方式的不同分为轴向进煤和切（割）向进煤两种。

轴向进煤卧式旋风炉如图2-69所示。这种旋风炉的旋风筒由水冷壁管弯制拼装而成。燃料经旋流式燃烧器沿轴向送入旋风筒，二次风以高速（约150m/s）切向喷入筒内，烟气从后环室喉口进入燃尽室，再经捕渣管束进入冷却炉膛，熔渣则从后环室下部的一次渣口流到燃尽室底部，再经二次渣口排出炉子。这种旋风炉可燃用 V_{daf} 大于或等于15%、粒度小于5mm的煤屑。其容积热负荷在几种旋风炉中最高，可达3.5～7.0MW/m^3。

切（割）向进煤卧式旋风炉与轴向进煤卧式旋风炉的不同之处仅在于燃料是在二次风口下以切（或割）向送入旋风筒。可以燃用着火困难的低挥发分燃料，一般燃用 $V_{daf}>10\%$ 的粗煤粉（R_{90}＝40%～70%）。由于燃料切向引入，可以防止大量细粉沿旋风筒轴线涌出，避免机械不完全燃烧损失增大。

卧式旋风筒内的燃烧强度之所以比立式旋风筒还要高，是由于后锥（也称喇叭口）的存在使空气动力场和燃烧过程具有独特性。图 2-70 所示为冷态试验中筒内气流的轴向运动规律。在靠近筒壁处，气流一面旋转一面向筒的后端行进，在进入后环室之后又退出来。这股退出来的环形旋转气流遇到近中心另一股向后运动的气流时，就分成两股，一股经后锥流出旋风筒，另一股又回向后环室而形成循环气流。在筒中央，一股圆柱形中心回流由筒外流进来，这是旋转气流中心负压所造成的（图 2-70 中蜗壳型燃烧器中心风只能使中心回流缩短行程，但筒内流动结构的基本形态不变）。二次风速越高，上述各股气流的分界越明显。筒内各点切向速度的分布和立式旋风筒相似。

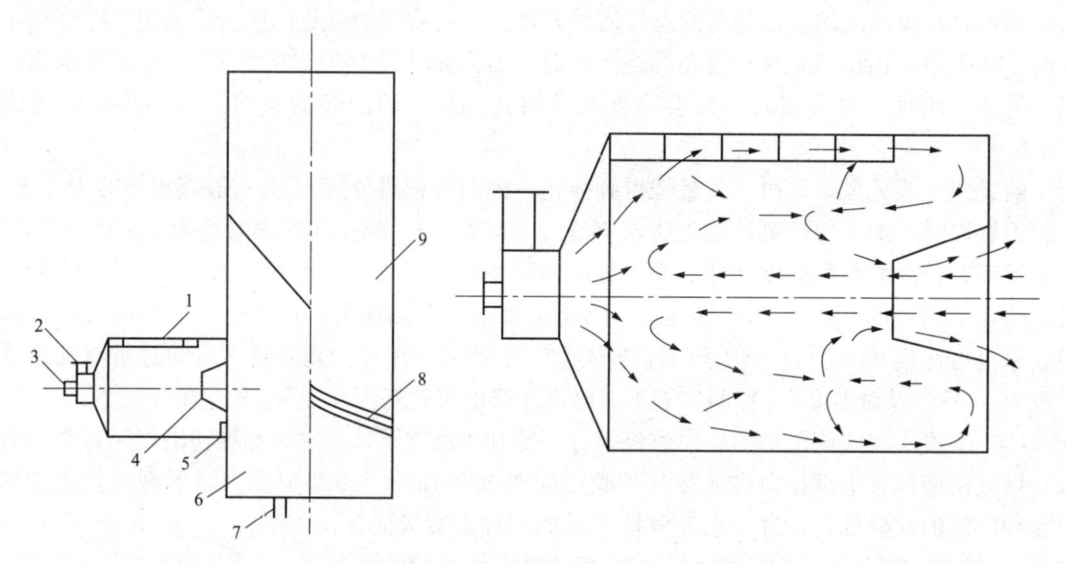

图 2-69　轴向进煤卧室旋风炉

1—二次风喷口；2—蜗壳一次风进口；
3—中心风管；4—出口尾锥；
5—旋风筒流渣口；6—燃尽室；
7—总流渣口；8—捕渣管束；9—冷却炉膛

图 2-70　卧式旋风筒内气流轴向运动的规律

卧式旋风炉的热效率与立式旋风炉大致相同，捕渣率为 85%～90%，q_v 可达（3.5～7）MW/m^3。但卧式旋风炉不宜烧无烟煤或劣质烟煤，否则燃烧不易稳定，q_4 太大。这是因为二次风混入早，着火条件比不上立式旋风炉的缘故。

旋风炉在运行中所发生的问题不少与液态排渣有关，其他方面一个较普遍的问题是二次风口结渣，即使采用割向进风也难以避免，在运行中多采用使两组二次风口轮流停风，烧去所结之渣。

（三）旋风炉对燃料的适应性

旋风炉在参数、结构及排渣方式一定的条件下，能否正常运行，达到连续排渣并提高运行周期，主要取决于燃料在炉内的着火速度与燃烧温度。影响着火速度与燃烧温度的因素有挥发分、水分、灰分和发热量等。

1. 挥发分

通过一次风将煤粉送入旋风筒后，要求迅速着火，达到一定的燃烧强度。由于旋风筒的容积较小，如果气粉混合物不能及时着火，就会降低煤粉在旋风室内的燃尽度，同时容易使前置炉不着火而进入二次室强烈燃烧，即所谓“跑火”，也有称为“脱火”，使前置炉温度水平明显下降，带来的后果是主蒸汽温度急剧上升，前置炉渣口暂时不流渣，大量的液态渣暂时停留在二次室炉底。

旋风炉具有优越的着火条件，如采用热风送粉，使一次风粉在进入旋风筒前就被加热，则有利于煤粉的着火；筒内敷设有碳化硅炉衬，蓄积大量的热量，为燃用低挥发分的贫煤、提供了有利的燃烧着火条件，这就使旋风炉对煤种变动的适应能力较强。经验表明 75t/h 立式旋风炉燃用可燃基挥发分在 15%～18%内比较合适。

2. 水分

燃料中所含的水分会降低燃料的低位发热量。当烟气在离开锅炉的尾部受热面时由于排烟温度在 140℃以上，烟气中的水蒸气没有被凝结，因而带走一定的热量。燃料水分含量增加，锅炉一部分热量将消耗在加热水分使水分汽化及过热上，使锅炉燃烧温度下降，导致燃烧不稳，影响煤粉的燃尽度，从而影响锅炉运行的可靠性和经济性。

若旋风炉选择中间储仓式制粉系统，旋风炉实际燃用的是经球磨煤机磨制和热风干燥的煤粉。其水分小于原煤的固有水分，同时制粉系统的乏气不排入旋风筒内而是排入二次室的燃尽室，煤粉水分对旋风筒内燃烧工况无影响。

3. 灰分

旋风筒内涂有碳化硅，但在锅炉运行一段时间后，筒内很难看到碳化硅。而见到的是熔渣膜，而熔渣膜的厚度与燃料中的灰分大小有关。长期燃用发热量较高、灰分较小的煤种时，会使旋风筒渣膜变薄、烧漏，二次室炉底也容易烧漏流渣。如果长期燃用灰分较大而发热量又低的燃料，会使旋风筒渣膜增厚，容积减小而造成正压，给运行的安全造成极大威胁。同时由于灰分大、发热量低、燃料消耗量增加，因此给制粉系统运行带来影响，输送煤粉的一次风管常常造成堵塞，给运行安全也造成影响。

旋风炉对燃料品质的改变非常敏感，因此应使入炉煤质基本保持稳定，如果运行中燃料的灰熔点、挥发分、灰分、水分有大幅度变化，会使旋风筒燃烧工况受到明显的影响。一般来说，旋风炉不宜经常改变煤种，当燃煤无法保持单一煤种时，为了避免煤质波动，将各品种的煤都在储煤场按品种分别储放，在上煤时按试验好的配比进行混合，使入炉的煤质基本保持稳定。

综上所述，旋风炉对燃料的适应性，不仅与燃料的特性有关，还与旋风炉的容量、结构、制粉系统、煤粉细度、热风温度及运行中的调整有关。因此旋风炉对煤种的适应性不能规定一个严格的界限，应根据常用的几种燃料在试验室做各种不同的配比试验，或者在有条件的情况下在基本相似的旋风炉上进行试烧来确定。

第二部分

煤炭质量检验

第三章

煤质检测的数理统计方法

煤质检测的目的就是通过采样、制样与化验操作，提供准确可靠的检测结果，作为入厂煤质量验收及指导锅炉燃烧的依据。然而，在煤质检测的各个环节中，都存在质量控制问题。因此，在煤质检测的质量控制，涉及众多的科学概念和理论知识，对煤质检测人员来说，经常要对数据进行收集、整理和处理。对数据进行研究，可以发现和认识事物内部规律，从而解决各种问题，提高生产效率和科学研究的质量，为扩大人们的认识领域提供依据。

本章重点介绍数理统计方法及质量控制的基础理论。

第一节 误差的分类及特点

煤质检测质量是以检测结果误差的大小来衡量的。通过误差分析，可以估计它的范围，并分析引起误差的原因，从而采取必要的措施以消除或减少误差，从而有助于提高检测结果的质量及检测人员的检测技术水平。

一、有关测量名词术语

1. 绝对误差

绝对误差简称误差，是指煤质的任何一项特性指标，如灰分、发热量等均存在一个客观存在的准确性，此值通常为真值，而实际上的观测值难以和真值完全一致。观测值与真值或真值的估计值之间的差值，称为误差。即

绝对误差＝测量结果－被测量真值

2. 相对误差

相对误差以相对值表示的误差，即

相对误差＝绝对误差/被测量真值

3. 真值

所谓真值，是指被测某一物理量或化学成分的真实值。真值也是一种量值，在对任何一项特性指标或化学成分的检测中，其测试方法不可能完美无缺，观测条件，包括仪器设备、环境质量也不可能达到完全理想的程度。也就是说，在实际检测中，无法消除观测中的一切不足之处，故真值也只是一个理想的概念，它是无法确知的。

4. 系统误差

在同一被测量的多次测量过程中，保持恒定或以可预知方式变化的测量误差的分量。它包括：

（1）随条件变化的系统误差。其值以确定的、通常是已知的规律随某些测量条件变化的系统误差。如温度变化引起的温度附加误差。

（2）固定值的系统误差。其值（包括正负号）恒定。如采用天平称重中的标准砝码误差所引起的测量误差分量。

5. 随机误差

在同一量的多次测量中，以可不预知方式变化的测量误差分量称之为随机误差，它引起对同一量的测量列中各次测量结果之间的差异，常用标准差表征，随机误差也称为偶然误差。

二、误差的基本特征

产生误差的原因不同，导致各种误差具有不同的性质，显示出不同的基本特征，通常将误差分为系统误差和随机误差两类。

1. 系统误差

由于在测定过程中某些固定的原因，造成测定结果经常性偏高或偏低，出现比较恒定的正误差或负误差，这种误差称为系统误差，或者称为固定误差、可测误差，它是测定结果中的主要误差来源。

系统误差的特点是，这种误差在测定过程中按一定规律重复出现，并具有一定的方向性，表现为测定结果经常性偏高或偏低，增加测定次数并不能减小系统误差。正因为系统误差往往由确定的原因所造成，故它可以被认识，也可以被修正，而使系统误差得以消除或减小。

2. 随机误差

随机误差又称偶然误差或不可测误差，它是在测定过程中一些难以控制的偶然因素所引起的。所谓偶然因素，是指它对测定结果的影响变化不定，误差时正时负，时大时小，这种误差无法确定，也无法校正。

随机误差在测定操作中总是不可避免的，但随着测定次数的增加，就可发现测定数据分布呈现下述规律性：

（1）对称性。绝对值相等而符号相反的误差出现的次数大致相等，也就是说，测定值以它们的算术平均值为中心呈对称分布。

（2）有界性。在一定条件的有限测定值中，其误差绝对值不会超过一定的界限。

（3）单峰性。绝对值小的误差出现的次数多，大误差出现的次数少，特大误差出现的次数更少，也就是说，随机误差以测定值的算术平均值为中心相对集中的分布。

（4）抵偿性。在一定条件下，对同一个量的测定，随机误差的算术平均值随测定次数的增加而趋近于零。也就是说，随机误差平均值的极限值为零。

对称性、单峰性、有界性及抵偿性，也就是随机误差所具有的基本特征。

三、误差控制及其方法

检测结果的误差，通常是由系统误差及随机误差造成的，如何消除或减小各类误差，也就是说，如何较高测定结果的准确性，这在各项检测工作中，具有重要的实际意义。

1. 产生系统误差的原因

系统误差为可测误差，一旦分析确定了产生系统误差原因，就可以提出消除或减小系统误差的方法。产生系统误差的原因可归结为：

（1）测定方法误差。如果用燃烧法（包括库仑法、燃烧中和法、红外吸收法）测定煤中全硫含量，由于煤中硫酸盐在确定的试验条件下不能完全分解，致使测定结果会偏低。

（2）环境条件误差。如测定发热量按标准应在15～30℃范围内进行，如超越此温度范围来测定发热量，就将使测定结果偏高或偏低。

（3）仪器设备误差。如某种型号的热量计，由于自身的缺陷，所测发热量常常出现偏低的倾向。

（4）试剂纯度误差。如配制某一标准溶液需用高纯度的一级试剂，因实际上使用较低纯度的三级试剂来配制，这样此标准溶液的浓度将会偏低。

（5）计量器具误差。如某一台天平所能用的砝码不准，致使称量结果总是偏高。

系统误差产生的原因是多方面，有时好几种原因同时存在，呈现比较复杂的情况。和真值一样，系统误差也是无法完全确知的，因而它也不能完全被消除，但通过对产生误差原因的分析，采取相应的措施，可以减小误差或者被抵偿。

2. 减小系统误差的方法

（1）对测定结果加以修正。最简单的方法是对含有系统误差的结果，加上一修正值后，就可以减小或抵偿误差的影响。

（2）进行空白试验。所谓空白试验，是指在与测定试样完全相同的条件（包括仪器、试剂、环境、操作等）下，不加试样所进行的试验，如在碳、氢的标准方法（三节炉法）测定中，在计算氢含量时，必须在水分吸收剂的增重中减去水分的空白值，以消除氢值测定偏高的影响。

（3）进行比对试验。进行比对试验是检验所测样品是否存在系统误差及其大小的有效方法，此种方法对煤质检测中有着广泛的应用。例如检验某皮带采煤样机所采样品是否存在系统误差，通常采用停带样品作参比，进行比对试验。又如在试验室中，要判断快速测法是否存在系统误差及其大小，常常可采用与标准法进行比对试验，从而为对所用设备或方法的检查结果进行修正或抵偿提供依据。

（4）保持良好的环境条件。

3. 产生随机误差的原因

随机误差是由于能够影响检测结果的众多无法控制或未加控制的因素，发生无法预防的微小波动所引起的。也可以说，随机误差可以看作是大量随机因素所造成的微小误差的总和。虽然构成随机误差的因素众多，但由于误差不一定具有同一方向性，故随机误差是各种因素微小误差的代数和，因而通常情况下，随机误差值不会太大。

4. 减小随机误差的方法

（1）正态分布。随机误差呈现一定的规律性、对称性、单峰性、有界性与抵偿性，而正态分布曲线正反映了上述规律性，在相同条件下重复试验的结果与检测中的随机误差，均遵从正态分布。正态分布曲线如图3-1所示。

从图3-1知：总体标准差σ则决定曲线的形状。以μ为中心，测定值呈对称分布。σ的大小反映了测定值的分散程度。σ值越大，则测定值越分散；反之，则越集中。故有了真值μ（实际上为大量测定结果的平均值）及标准偏差σ，那么正态分布曲线就可完全确定下来。随测定值x的增多，各测定值x对μ的偏差互相抵消。

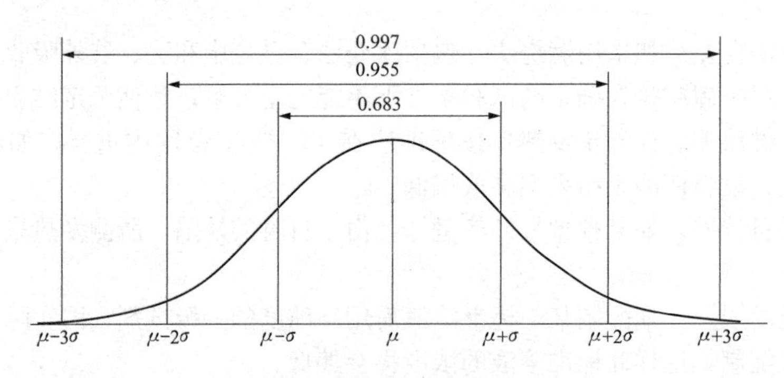

图 3-1　正态分布的概率区间

图 3-1 中的 68.3%、95.4%、98.7%称为置信概率。$\mu\pm\sigma$、$\mu\pm2\sigma$、$\mu\pm3\sigma$ 则称为置信范围置信区间。置信概率 P 也可用显著性水平 α 来表示，它们之间的关系是：$\alpha=1-P$。

(2) 减小随机误差主要途径。减小随机误差的主要途径，就是进行多次重复测定。前已指出随机误差具有抵偿性。在一定条件下，对同一量的测定，随机误差的算术平均值随测定次数的增多而趋近于零。正基于这一特点，当采用不存在系统误差的方法来测定某一特性指标或化学成分时，其大量测定结果的平均值，因其随机误差趋近于零，故其算术平均值可以看成真值的估计值。

第二节　检 测 精 密 度

一、精密度概况

精密度与准确度是煤质检测质量控制的核心。精密度是在规定条件下多次重复一测量程序所得结果间的符合程度，它是所用测量方法的一个特征。一个方法的随机误差越小，它的精密度就越高。精密度的高低反映了检测结果中随机误差的大小，如果要定量地表示检测结果的随机误差，则可用检测的重复性来代替精密度。

所谓检测的重复性，是指在实际相同的测试条件下，对同一被测物理量或化学成分进行多次连续测定时，其测定结果之间的一致性。测定结果的重复性，是检测结果质量控制的重要参数。对一特性指标的重复测定，一般为 2 次，所允许的分散程度或重复性界限均有明确的规定。只有在重复测定时，所得结果间的差值（一般在 95%的概率下）不超过规定的重复性界限值，才考虑测定结果的准确性。上述重复性界限，就是煤质检测标准中规定的同一试验室允许差。

二、精密度的表示方法

精密度有各种表示方法，常用的有极差、平均偏差、标准偏差等，下面逐一介绍其精密度的表示方法。

1. 极差

极差是指一组测定值中，最大与最小值之差，通常以符号 R 来表示。

$$R = x_{\max} - x_{\min} \tag{3-1}$$

极差 R，仅取决于一组测定结果中的 2 个大小极值，而与测定次数及其他测定值无关。

因此，它不能全面地评价测定结果的精密度，但由于其计算特别简单，故在某些情况下也还使用。

2. 平均偏差

平均偏差为各观测值与其平均差值（取绝对值）的算术平均值，以 $\bar{d}$ 表示

$$\bar{d}=\frac{1}{n}\sum_{i=1}^{n}|d_i| \tag{3-2}$$

式中　$\bar{d}$——平均偏差；

d_i——绝对偏差，$d_i=x_i-\bar{x}$；

n——测定次数；

$\sum d_i$——各次测定的总偏差。

3. 标准偏差

标准偏差或称标准差，它是表示精密度的最好、最为重要、应用最多的一种方法。

(1) 定义及表达式。所谓标准偏差，是表示单次测定值与其平均值偏离程度的一种平均偏差，通常以符号 S 表示。标准偏差有 2 种表达形式，即

$$S=\sqrt{\frac{\sum_{i=1}^{n}(x_i-\bar{x})^2}{n-1}} \tag{3-3}$$

或

$$S=\sqrt{\frac{\sum x_i^2}{n-1}-\frac{\left(\sum x_i\right)^2}{n(n-1)}} \tag{3-4}$$

式中　x_i——测定值；

$\bar{x}$——测定平均值；

$\sum x_i^2$——各测定值的平方和；

$\left(\sum x_i\right)^2$——各测定值的平方；

n——测定次数。

标准偏差在煤质检测技术中应用很多，如各测定值数值很大，又有几位小数，计算起来似乎很麻烦，但只要配备一台具有统计功能的计算器，就可以很方便地计算出标准偏差的准确结果。

三、精密度的影响因素关系式

1. 连续采样精密度关系式

如把一批煤分成数个采样单元，每个采样单元采取一个总样，则各总样的算术平均值的方差按式 (1-5) 计算：

$$V_{SPT}=\frac{V_1}{mn}+\frac{V_{PT}}{m} \tag{3-5}$$

式中　V_1——初级子样方差；

V_{PT}——制样和化验方差；

n——总样中子样数；

m——采样单元数。

2. 间断采样精密度关系式

当假定一批煤的所有采样单元的初级子样方差都一致时，各采样单元的平均值可能会有差异，如果对所有采样单元都采样并化验则这个差异不会导致额外的方差，但如果只对某些采样单元采样和化验（即间断采样）。则这个差异会带来额外的方差，故进行间断采样时应在精密度关系式中加入一项采样单元方差，即

$$V_{SPT}=\frac{V_1}{um}+\frac{V_{PT}}{u}+\left(1-\frac{u}{m}\right)\frac{V_m}{u} \tag{3-6}$$

式中 m——总采样单元数；

u——进行采样的采用单元数；

V_m——采样单元方差。

四、精密度的控制方法

在煤质检测的质量控制中，首要任务就是控制检测精密度，其次才是准确度。前者反映检测过程中随机误差的大小，后者则反映系统误差与随机误差的综合影响。

在煤质检测中，通常选用标准试验方法。首先在于方法自身不会产生系统误差，这样精密度的高低，即随机误差的大小，将对测定结果往往起着决定性的作用。

系统误差可来自多个方面。除方法误差外，还可能有仪器误差、试剂误差、观测误差等，故方法自身不存在系统误差，并不能说明检测过程中就不存在引起系统误差的因素。对同一组测定结果，精密度的控制通常采用控制图法及允许差法。

1. 控制图法

为了保证检测结果的质量，可采用同一试验方法对一个控制煤样（通常为组成及其特性与待测煤样相近的标准煤样）在相同试验条件下于短时间内进行重复测定，在剔除异常值后对如图 3-2 所示的 30 个测定结果求出平均值 $\bar{x}$ 与标准差 S。

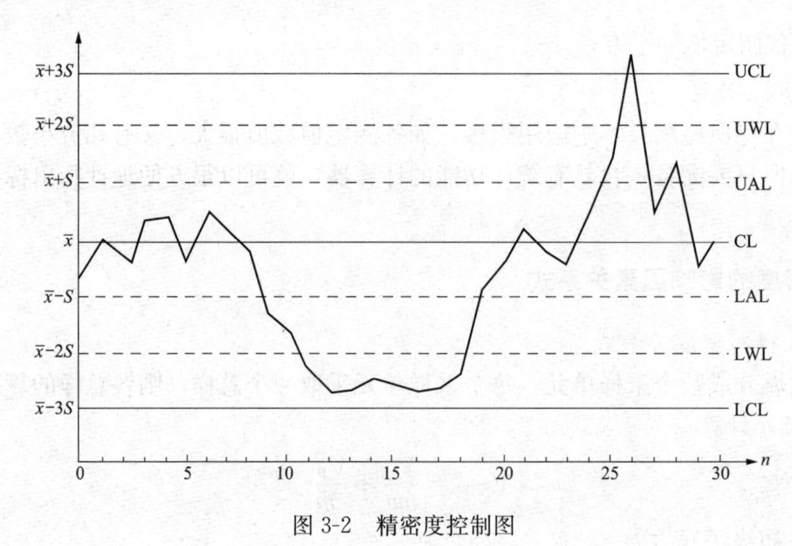

图 3-2 精密度控制图

在一般情况下，测定值多位于 $\bar{x}+2S$ 之内，即上下警戒线范围内。如果连续几天的测定值超出警戒线或者某一天测定值超出控制限 $\bar{x}\pm3S$，则应对检测条件加以检查，直至恢

复到 $\bar{x}\pm2S$ 内。由于控制样选用标准煤样，故图 3-2 不仅可控制精密度，而且可控制准确度。图中的 $\bar{x}$ 值以标准煤样的标准值（名义值）μ 来代替，此图就成为全面质量控制图。

当控制样的结果能稳定地处于 $\mu+2S$（或标准煤样的不确定度）范围内，则就可以对待测试样进行测定，其检测质量就能得到保证。故该图对用于日常检测质量的控制具有实际意义。

2. 允许差法

无论是同一试验室允许差（重复性界限）还是不同试验室允许差（再现性界限）是对确定的试验方法及被测含量区间而规定的，试验方法与被测含量不同，允许差也就不同。例如 GB/T 214—2007《煤种全硫的测定方法》中库仑滴定法对煤中全硫含量测定的精密度规定见表 3-1。

表 3-1　　库仑滴定法对煤中全硫含量测定的精密度

全硫质量分数 S_t（%）	重复性限 $S_{t,ad}$（%）	再现性临界差 $S_{t,d}$（%）
≤1.50	0.05	0.15
1.50（不含）～4.00	0.10	0.25
>4.00	0.20	0.35

重复性是指同一试验室中，对某一指标进行重复测定，看其差值是否合格，故用空气干燥基表示其指标值；而再现性是指不同试验室中，对同一指标进行测定。为消除环境条件的影响，故采用干燥基表示其指标值，这样在不同条件的检测结果更具可比性。

重复精密度即同一试验室的允许差，是在确定条件下（方法、仪器、环境等），由重复测定结果的临界值 d_n 所决定。所谓临界值，就是 n 次测定结果的极差 R 与标准差 S 的比值。因为允许差是指重复测定结果所允许的最大差值，故极差 R 可用允许差 T 来取代。

$$d_n=\frac{R}{S}=\frac{T}{S} \tag{3-7}$$

在置信概率为 95%的条件下，不同试验次数 n 与临界的关系见表 3-2。

表 3-2　　不同试验次数 n 与其临界值

重复测定次数 n	2	3	4	5	6
临界值 d_n	2.77	3.32	3.63	3.83	4.03

第三节　常用的数理统计检测方法

数理统计是以概率论为理论基础，它对采制样、测试误差分析、判断检测精密度与准确度以及如何进行数据处理等方面均做出了规定，故数理统计方法是煤质检测中的一种基础知识，也是一种有效的工具。本节只对常用的数理统计方法中的 F 检验法与 t 检验法加以介绍。

一、*F* 检验法

F 检验法可用于比较不同条件下，例如不同检测方法、不同仪器设备、不同操作人员、不同环境条件等所测定的 2 组数据是否具有相同的精密度。

F 检验的检验步骤：

第一步：先求出 2 组测定的方差 S_1^2 及 S_2^2，再求二者的比值 F（$F>1$）：

$$F=\frac{S_1^2}{S_2^2}(S_1^2>S_2^2) \tag{3-8}$$

第二步：由 F 临界值表查出临界值 F_{a,f_1,f_2}，a 为显著性水平，通常取 0.05，f_1 与 f_2 分别为第一及第二自由度，$f_1=n_1-1$，$f_2=n_2-1$，n_1 为大方差 S_1^2 的测定次数，n_2 为小方差 S_2^2 的测定次数。

第三步：如只要求二者没有显著性差异，则应用双侧检验。查 F 临界值表时，应将选定的 a 值除 2，即查 $F_{a/2,f_1,f_2}$；如要确定 2 个方差中的一个显著大于或小于另一个，则查 F_{a,f_1,f_2}，即 a 值不变。

第四步：当计算的 F 值小于由 F 临界值表查出的临界值，则认为两者精密度无显著性差异；否则，认为两者精密度有着显著的不同。表 3-3 和表 3-4 所示为 F 检验的 F 临界值表。

表 3-3　　F 临界值表（a=0.025）

f_2 \ f_1	3	4	5	6	7	8	9	10	20	40	60	120
3	15.4	15.1	14.9	14.7	14.6	14.5	14.5	14.4	14.2	14.0	14.0	13.9
4	9.98	9.60	9.36	9.20	9.07	8.98	8.90	8.84	8.56	8.41	8.36	8.31
5	7.66	7.39	7.15	6.98	6.85	6.76	6.68	6.62	6.33	6.18	6.12	6.07
6	6.60	6. 23	5.09	5.82	5.70	5.60	5.52	5.46	5.17	5.01	4.96	4.90
7	5.89	5.52	5.29	5.12	4.99	4.90	4.82	4.76	4.47	4.31	4.25	4.20
8	5.42	5.05	4.82	4.65	4.53	4.43	4.36	4.30	4.00	3.84	3.78	3.73
9	5.08	4.72	4.48	4.32	4.20	4.10	4.03	3.96	3.67	3.51	3.45	3.39
10	4.83	4.47	4.24	4.07	3.95	3.85	3.78	3.72	3.42	3.26	3.20	3.14
20	3.86	3.51	3.29	3.13	3.01	2.91	2.84	2.77	2.46	2.29	2.22	2.16
40	3.46	3.13	2.90	2.74	2.62	2.53	2.45	2.39	2.07	1.88	1.80	1.72
60	3.34	3.01	2.79	3.63	2.51	2.41	2.33	2.27	1.94	1.74	1.67	1.58
120	3.23	2.89	2.67	2.52	2.39	2.30	2.22	2.16	1.82	1.61	1.43	1.43

表 3-4　　F 临界值表（a=0.05）

f_2 \ f_1	3	4	5	6	7	8	9	10	20	40	60	120
3	9.28	9.12	9.01	8.94	8.89	8.85	8.81	8.79	8.66	8.59	8. 57	8.55
4	6.59	6.39	6.26	6.16	6.09	6.04	6.00	5.96	5.80	5.72	5.69	5.66
5	5.41	5.19	5.05	4.95	4.88	4.82	4.77	4.74	4.56	4.46	4.43	4.40
6	4.76	4.53	4.39	4.28	4.21	4.15	4.10	4.06	3.87	3.77	3.74	3.70
7	4.35	4.12	3.97	3.87	3.79	3.73	3.68	3.64	3.44	3.34	3.30	3.27
8	4.07	3.84	3.69	3.58	3.50	3.44	3.39	3.35	3.15	3.04	3.01	2.97
9	3.86	3.63	3.48	3.37	3.29	3.23	3.18	3.14	3.94	2.83	2.79	2.75
10	3.71	3.48	3.33	3.22	3.14	3.07	3.02	2.98	2.77	2.66	2.62	2.58
20	3.10	2.87	2.71	2.60	2.51	2.45	2.39	2.35	2.12	1.99	1.95	1.90
40	2.84	2.61	2.45	2.34	2.25	2.18	2.12	2.08	1.84	1.69	1.64	1.58
60	2.76	2.53	2.37	2.25	2.17	2.10	2.04	1.99	1.75	7.59	1.53	1.47
120	2.68	2.45	2.29	2.18	2.09	2.02	1.96	1.91	1.66	1.50	1.43	1.35

注　F 函数有两个变量，分别为第一自由度 f_1，第二自由度 f_2，查表时根据两个自由度 f_1、f_2 就可以查到对应的 F 函数值。

【例】 应用2台热量计测定同一煤样发热量各测8次，其测定结果如下：

第1台热量计的测定结果为24020、24080、24110、24090、24080、24070、24130、24060J/g；第2台热量计的测定结果为24160、24110、24040、24060、24080、24090、24020、24080J/g。问此2台热量计所测得发热量是否具有相同的精密度？

检验步骤如下：

第一步：

求出方差：$S_1=33$，$S_1^2=1089$；$S_2=43$，$S_2^2=1849$。

第二步：

求F值：$F=S_2^2/S_1^2=1.70$。

第三步：

自由度：$f_1=f_2=7$。

第四步：

对于给定的$a=0.05$，查F临界值表，则$F_{0.025,7,7}=4.99$。

第五步：

比较大小：由于$1.70<4.99$，故2台热量计测定发热量的精密度之间没有显著性差异。

二、t检验法

t检验法常用以对被测体系2组平均值的比较、平均值与真值的比较，不同检测条件的比较等。对于不同的检验目的，t检验法程序也略有不同，现结合实例来说明t检验法的应用。

1. 两组测定结果平均值的比较

【例1】 2位化验员应用同一台热量计，用同一批号的苯甲酸各标定热容量5次，它们分别是：

A：10434、10472、10465、14445、10470J/℃；

B：10418、10436、10456、10455、10433J/℃。

问此工人所标热容量是否显著性不同？

t检验步骤如下：

第一步：为了进行2个平均值的比较，首先应做F检验，如2个体系方差无显著性差异后，再做平均值的t检验。

$$S_A=S_1=18.12,\quad \bar{x}_1=10457$$

$$S_B=S_2=16.04,\quad \bar{x}_2=10440$$

$$F=S_1^2/S_2^2=1.28$$

查F临界表知：$F_{0.025,4,4}=9.60$。

故：$1.28<9.60$，所以2人所标定的热容量精密度没有显著性差异，因而进一步进行t检验。

第二步：先求出$\bar{S}$值。

由

$$t=\frac{(\bar{x}_2-\bar{x}_1)}{\bar{S}}\sqrt{\frac{n_2\times n_1}{n_2+n_1}}\text{和}\ \bar{S}=\sqrt{\frac{(n_1-1)S_1^2+(n_2-1)S_2^2}{n_1+n_2-2}}$$

得 $\bar{S}=17.10$，$t=1.57$。

第三步：由于是双侧检验，对于给定的 $a=0.05$，查表 3-5 得 $t_{0.05,8}2.31$。

第四步：比较大小，由于 $1.57<2.31$，则 2 人所标热容量不存在显著性差异。

【例 2】 要确定某方法测定全硫含量的回收率，应用该法 8 次回收率的实测平均值为 88.7%，标准偏差为 9.6%，问该法全硫回收率能否达到 100%？

解：由题意可知：$\bar{x}88.7\%$，$S=9.6\%$，$n=8$。

根据统计量 t 值：$t=\frac{|\bar{x}-u|}{S}\sqrt{n}$，则 $t=3.33$。

而本题为单侧检验，对于给定 $a=0.05$，查 t 临界值表得，$t_{0.10,7}=1.90$，而 $3.33>1.90$ 故该方法达不到 100%。

表 3-5　　t 临界值

f \ a	0.20	0.10	0.05
1	3.078	6.314	12.706
2	1.886	2.920	4.303
3	1.638	2.253	3.182
4	1.533	2.132	2.776
5	1.476	2.015	2.571
6	1.440	1.943	2.447
7	1.415	1.895	2.365
8	1.397	1.860	2.306
9	1.383	1.833	2.262
10	1.372	1.812	2.228
20	1.325	1.725	2.086
40	1.303	4.684	2.021
60	1.296	1.671	2.000

2. 平均值与真值的比较

一组测定结果的平均值与真值作比较，实际上就是判定结果的准确度，如平均值与真值之间不存在显著性差异，则说明此测定结果是准确的。

【例】 用已知含硫量 1.66% 的标准煤样检验一台测硫仪，共测 8 次，其所测结果为 1.64%、1.72%、1.65%、1.73%、1.71%、1.69%、1.67%、1.62%。问所测结果的平均值是否与标准煤样的标准值相一致？

解：检验步骤如下：

第一步：根据统计量 t 值公式，$t=\frac{|\bar{x}-u|}{S}\sqrt{n}$，则 $t=1.41$。

第二步：该检验为双侧检验，对于给定的 $a=0.05$，查 t 临界值表有 $t_{0.05,7}=2.36$。

第三步：比较大小，由于 $1.41<2.36$，故两者之间不存在显著性差异。

第四节　数理统计的应用

数理统计方法在煤质检测中有着广泛的应用，第三节中主要介绍了 F 检验法和 t 检验法，它们属于统计检验的范畴，然而，在实际应用中，样本的观测值为基本依据，但又很少直接利用样本的观测值，而是利用由它们计算出来的统计量，如 $\bar{x}$、S、F、t 值等，这些统计量都是观测值的函数。在煤质检测技术中，还遇到一些常见的问题，如系统误差检验、2个随机变量之间的相关性等。本节主要是针对上述的问题加以检验和阐述。

一、系统误差检验

系统误差检验是煤质检测中经常要碰到的问题，如某采煤样机所采样品有无系统误差，制样过程中缩分装置有无系统误差、某一新的或非标准化验方法有无系统误差等，煤质检测人员应该掌握系统误差的检验方法。

对于一台皮带采煤样机来说，机械与停带人工采样样品一一对应，作为一组，共采集20组分别制样与化验空气干燥基水分 M_{ad} 及空气干燥基灰分 A_{ad}，从而计算出 A_d 值，其结果列于表3-6中。

表3-6　　2种采样方法对比示例

组别	机械采样 A_d（%）	停带人工采样 A_d（%）	2种采样方法 ΔA_d（%）	组别	机械采样 A_d（%）	停带人工采样 A_d（%）	2种采样方法 ΔA_d（%）
1	27.19	26.61	0.58	12	25.37	25.35	0.02
2	24.91	24.51	0.40	13	31.06	31.46	−0.40
3	23.77	25.18	−1.41	14	30.38	30.53	−0.15
4	24.81	27.35	−2.54	15	30.08	29.87	0.21
5	25.77	28.45	−2.68	16	31.07	29.96	1.11
6	23.70	24.65	−0.95	17	25.43	24.03	1.40
7	24.52	23.42	1.10	18	26.40	29.36	−2.96
8	26.73	27.04	−0.31	19	26.08	26.32	−0.24
9	26.02	27.19	−1.17	20	26.68	25.36	1.32
10	27.27	27.30	−0.03	平均	26.64	27.01	−0.37
11	25.57	26.38	−0.81				

1. 精密度检验

应用 F 检验法对2种采样方法精密度的一致性进行检验。

机械采样标准差 $S_{机}=2.30$；

停带人工采样标准差 $S_{人}=2.28$；

$F=S_{机}^2/S_{人}^2=1.02$。

给定显著性水平 a 为0.05，因是双侧检验，查 F 临界值表，$F_{0.025,19,19}=2.51$，由于 $1.02<2.51$，则说明2种采样方法精密度之间无显著性差异，即精密度具有一致性。

2. 灰分平均值一致性检验

先求出 $S_{机}$ 与 $S_{人}$ 的平均标准差 $\bar{S}$：

$$\bar{S}=\sqrt{\frac{(n_{机}-1)S_{机}^{2}+(n_{人}-1)S_{人}^{2}}{n_{机}+n_{人}-2}}=2.29$$

再按下式计算统计量 t 值：

$$t=\frac{\bar{A}_{机}-\bar{A}_{人}}{\bar{S}}\sqrt{\frac{n_{机}\times n_{人}}{n_{机}+n_{人}}}=0.51$$

对于给定的 a 值 $a=0.05$，查 t 临界值表，$t_{0.05,38}=0.02$，由于 $0.51<2.02$，故二者灰分平均值具有一致性。

3. 系统误差检验

系统误差是利用 2 种不同采样方法所采样品 A_d 之间是否存在显著性差异来判断的，先求出 2 种采样方法 A_d 差值的平均值 $\bar{d}$：$\bar{d}=\frac{1}{n}\sum(A_{机}-A_{人})=-0.37$；

再计算 A_d 差值的方差 S_d^2：$S_d^2=\frac{1}{n-1}\left[\sum d^2-\frac{\left(\sum d\right)^2}{n}\right]=1.66$；

最后计算统计量 t 值：$t=\frac{|\bar{d}|\sqrt{n}}{S_d}=1.28$。

在对于给定的 a 值 $a=0.05$，此为双侧检验，查 t 临界值表，$t_{0.05,19}=12.09$，由于 $1.28<12.09$，则两者无显著性差异，机械采样不存在系统误差。

4. 置信范围的检验

2 种采样方法 A_d 差值的置信范围 D 按 $D=\bar{d}\pm t_{a,f}\frac{S_d}{\sqrt{n}}$ 计算，则 $D(\%)=-0.37\pm0.60$。

计算表明：两者 A_d 差值在 95%的概率下在 0.23%～−0.97%内。

二、标准曲线与一元回归方程

在煤质检测中，常常会遇到一定联系的变量，如煤种灰分与发热量。煤中挥发分与氢含量等均存在一定关系。研究变量相互关系的统计方法，称为回归分析。在煤质检测质量控制中，应用最多的是一元线性回归分析。

1. 一元线性回归方程

直线方程的一般表达式为：

$$y=a+bx$$

式中 x——自变量；

y——因变量；

a——直线的截距；

b——直线的斜率。

为了制作一条标准曲线，通常应不少于 5 个测点，设测点数为 n，则直线在 x 轴上的截距 a 及直线的斜率 b 则有：

$$a=\frac{\sum x^2\sum y-\sum x\sum xy}{n\sum x^2-\left(\sum x\right)^2} \tag{3-9}$$

$$b=\frac{n\sum xy-\sum x\sum y}{n\sum x^2-\left(\sum x\right)^2} \tag{3-10}$$

【例】 已知标准物质的含量为x，测得其对应量为y，计算x^2，y^2，xy及其总和见表3-7。

表3-7　　线性回归相关数据

n	x	y	x^2	y^2	xy
1	0	0	0	0	0
2	4	42	16	1764	168
3	10	86	100	7396	860
4	20	162	400	26244	3240
5	30	234	900	54756	7020
6	40	292	1600	85264	11680
$\sum$	104	816	3016	175424	22968

由式（3-9）和式（3-10）可知：

$$a=9.94;\qquad b=7.27$$

故直线方程：$y=9.94+7.27x$。

2. 标准曲线的绘制

在绘制标准曲线时，可任选三个数，0、10、20，则y的计算值分别为：

$x=0$，$y_0=9.94$；

$x=10$，$y_1=82.6$；

$x=20$，$y_2=155.3$。

绘制如下所示的标准曲线图如图3-3所示。

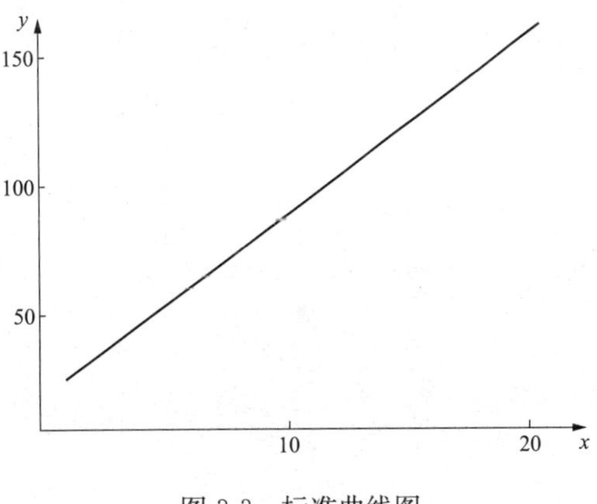

图3-3　标准曲线图

应用回归方程时，其适用范围一般限于原来观测数据的变动范围，不能任意扩展延伸，回归方程主要用于质量控制、监督管理、数据处理等，不宜用回归方程的计算代替实际检测。虽然回归直线的计算比较麻烦，但应用有回归功能的计算器，就可大大提高计算速度，并减少或避免计算中出现的人为差错。

3. 相关性

自变量x与因变量y之间的线性关系可用相关系数r去度量，r的表达式为

$$r=\frac{n\sum xy-\sum x\sum y}{\sqrt{\left[n\sum x^2-\left(\sum x\right)^2\right]\left[n\sum y^2-\left(\sum y\right)^2\right]}} \tag{3-11}$$

则有

$$r=0.998$$

相关系数r取值有3种情况：

（1）当$r=0$时，y与x没有关系；

（2）当$|r|=1$时，y与x完全线性相关，$r=1$，完全正相关，$r=-1$，完全负相关；

（3）当$0<|r|<1$时，x与y之间呈现一定的相关性，$r>0$，为正相关，$r<0$，为负相关。

不同相关系数示意图如图3-4所示。

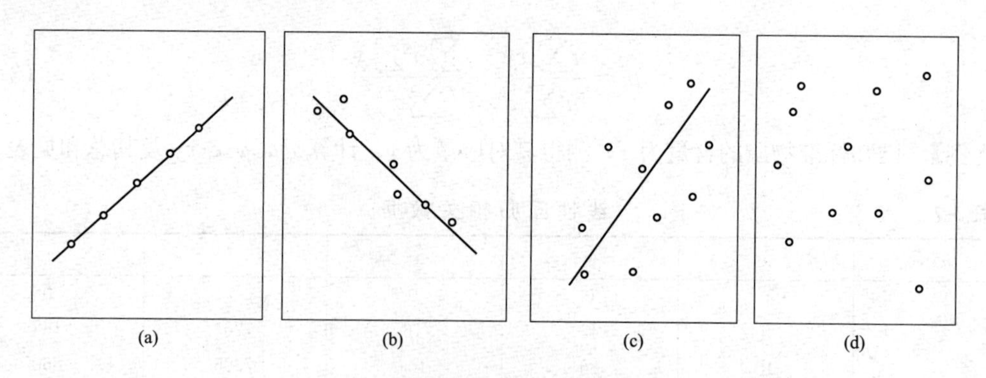

图 3-4 不同相关系数的示意图

(a) $r=1.0$；(b) $r=-0.9$；(c) $r=0.50$；(d) $r=0$

第四章

煤质检测的化学分析基础

第一节　定量分析概述

分析化学是研究物质化学组成的分析方法及有关理论的一门学科，由于煤质指标检测中绝大部分基于化学反应，因此分析化学是煤质检测检测过程的重要基础。它主要可以分成定性分析和定量分析两个部分，定性分析的任务是鉴定物质是由哪些元素或离子所组成，定量分析测定各组成部分的含量。

一、定量分析方法的分类

根据分析任务、分析对象和具体要求的不同，分析方法又分为两大类，即化学分析方法与仪器分析方法。

1. 化学分析方法

以化学反应为基础的分析方法称为化学分析法。

如果经过化学反应及一系列操作步骤使试样中的待测组分转化为另一种纯粹的、固定化学组成的化合物，再通过称量该化合物的质量，从而计算出待测组分的百分含量，这样的方法称为重量分析法。

如果用一种已知准确浓度的溶液（称为标准溶液），滴加到被测试样的溶液中，直到加入的标准溶液的量与被测组分的含量相当时（称为等当点），由用去的标准溶液的体积和它的浓度计算出被测组分的含量，这样的方法称为容量分析法。滴加标准溶液的操作过程称为滴定。

属于容量分析的测定方法，一般可分为四类：

（1）酸碱滴定法（又称中和法）。利用中和反应对酸碱进行测定，其反应可用式（4-1）表示：

$$H^{+}+OH^{-}\longrightarrow H_2O \tag{4-1}$$

（2）沉淀滴定法（又称容量沉淀法）。利用生成沉淀的反应进行测定，如银量法，其反应如式（4-2）：

$$Ag^{+}+Cl^{-}\longrightarrow AgCl \tag{4-2}$$

（3）络合滴定法。利用络合反应对金属离子进行测定，如用 EDTA 作络合剂，有如式（4-3）反应：

$$Me^{2+}+Y^{4-}\longrightarrow MeY^{2-} \tag{4-3}$$

（4）氧化还原法。利用氧化还原反应进行测定，如：

$$Cr_2O_7^{+} + 6I^{-} + 14H^{+} \longrightarrow 2Cr^{3+} + 3I_2 + 7H_2O \tag{4-4}$$

2. 仪器分析方法

仪器分析方法是一类借助光电仪器测量试样溶液的光学性质（如吸光度或谱线强度）、电化学性质（如电流、电位、电导）等物理或物理化学性质而求出待测组分含量的方法。

有的物质，其吸光与浓度有关，例如 $KMnO_4$ 的溶液越浓，其颜色越深，吸光度越大，利用这一性质可做锰的比色或分光光度法测定。

利用不同的元素可以产生不同光谱的特性，根据谱线的强度不同进行定量测定，这种方法称为发射光谱分析。

由于测量技术的不断改进，近年来，利用不同的元素可以吸收不同波长的光的性质，而有了原子吸收分光光度法。

另外，还有一些应用物质的电学及电化学性质来测定物质组分含量，称为电学分析法。

仪器分析的优点是操作简便而快速，最适用于生产过程中的控制分析，尤其在含量很低时，更加需要用仪器分析。在进行仪器分析之前，时常要用化学方法对实验进行预处理（如富集、除去干扰物质等），在建立测定方法过程中，要把未知物的分析结果和已知的标准作比较，而该标准则常需要化学测定，化学分析方法与仪器分析方法是互为补充的。

二、定量分析过程

1. 取样

根据分析对象是气体、液体或固体，采用不同的取样方法。取样中最重要的一点是要使分析试样具有代表性，否则进行分析工作是毫无意义的，甚至可能导致错误的结论。

2. 试样的分解

定量化学分析属于湿法分析，通常要求将试样分解后转入溶液中，然后进行测定。根据试样性质的不同，采用不同的分解方法，最常用的是酸溶法，也可采用碱溶法或熔融法。

3. 测定

根据待测组分的性质、含量对分析结果准确度的要求以及实验室的具体情况，选择最合适的化学分析方法或仪器分析方法进行测定。各种方法在灵敏度、选择性和适用范围等方面有较大的差别，所以应该熟悉各种方法的特点，做到心中有数，以便在需要时能正确选择分析方法。

由于试样中的其他组分可能对测定有干扰，故应设法消除其干扰。消除干扰的方法主要有两种，一种是分离方法，一种是掩蔽方法。常用的分离方法有沉淀分离法、萃取分离法和色谱分离法等；常用的掩蔽方法有沉淀掩蔽法、络合掩蔽法和氧化还原掩蔽法等。

4. 计算分析结果

根据试样质量、测量的数据和分析过程中有关反应的计量关系，计算试样中待测组分的含量。

三、定量分析结果的表示

1. 待侧组分的化学表示形式

分析结果通常以待测组分实际存在形式的含量表示。例如，测得试样中氮的含量以后，根据实际情况，以 NH_3、NO_3^-、N_2O、NO_2 或 N_2O_3 等形式的含量表示分析结果。如果待测组分的实际存在形势不清楚，则分析结果最好以氧化物或元素形式的含量表示。例如在矿石分析中，各种元素的含量常以其氧化物形式（如 K_2O、NaO、CaO、MgO、FeO、Fe_2O_3、SO_3、P_2O_5 和 SiO_2 等）的含量表示；在金属材料和有机分析中，常以元素形式（如 Fe、Cu、Mo，W 和 C、H、O、N、S 等）的含量表示。

在工业分析中，有时还用所需要的组分的含量表示分结果。例如分析铁矿石的目的是寻找炼铁的原料，这时就以金属铁的含量来表示分析结果。

电解质溶液的分析结果，常以所存在离子的含量来表示，如以 K^+、Na^+、Ca^{2+}、Mg^{2+}、$SO4^{2-}$、Cl^- 等的含量表示。

2. 待测组分含量的表示方法

（1）固体试样。固体试样中待测组分的含量，通常以相对含量表示。试验中含待测物质 B 的质量 $m_B(g)$ 与试样的质量 $m_S(g)$ 之比，称为质量分数 w_B，则物质 B 的百分含量为

$$x_B\% = w_B \times 100\% = \frac{m_B(g)}{m_S(g)} \times 100\% \tag{4-5}$$

当待测组分含量非常低时，才采用 μg/g、ng/g 和 pg/g 来表示，若在溶液中，则分别以 mg/L、μg/L 和 ng/L 表示，过去分别以 ppm、ppb、ppt 表示。

（2）液体试样。液体试样中待测组分的含量，通常有下列几种表示方法：

1）质量百分数：表示待测组分在试液中所占的质量百分率。

2）体积百分数：表示 100mL 试液中待测组分所占的体积（mL）。

3）质量体积百分数：表示 100mL 试液中待测组分的质量（g）。

对于试液中的微量组分，通常以 mg/L、μg/L 或 μg/mL、ng/mL 和 pg/mL 等表示其含量。例如，分析某工业废水试样，测得每升水中含 Na^+ 0.120g、F^- 0.80mg、Hg^{2+} 5μg，则它们的含量分别表示为 Na^+ 0.120mg/L、F^- 0.80mg/L、Hg^{2+} 5μg/L。

（3）气体试样。气体试样中的常量或微量组分的含量，通常以体积百分数表示。

第二节　滴定分析法

一、滴定分析法的特点

滴定分析法是定量化学分析中最重要的分析方法。根据所依化学反应原理不同，可分为酸碱滴定法、络合滴定法、氧化还原滴定法和沉淀滴定法等。

滴定分析时，一般是将滴定剂由滴定管逐滴滴加到盛有被测物溶液的锥形瓶（或烧杯）中，进行测定，这一过程叫作滴定。当加入滴定剂物质的量（mol）与被滴物质的量（mol）正好符合化学反应式所表示的化学计量关系时，滴定反应就达到了化学计量点（旧称等当点）。在化学计量点时，往往没有任何外部特征为我们所察觉，所以一般必须借助指示剂的变色来确定。在滴定过程中，指示剂正好发生颜色变化的转变点称为滴定终点。滴定到此结束时，滴定终点与化学计量点不一定完全符合，由此而产生的误差叫作滴定误差（或终点误差）。

滴定分析法的特点是简便快速，适应性强，可以测定很多物质。通常用于测定常量组

分，测定结果相对误差可达0.2%，准确度较高。有时也用于测定微量组分，所以滴定分析法在工农业生产和科学实验中具有重要的实用价值。

二、滴定分析对化学反应的要求和滴定方式

（一）滴定反应的条件

(1) 反应必须定量地完成。即反应按一定的反应方程式进行，而且反应进行完全（通常要求99.9%以上），这是定量计算的基础。

(2) 反应能够迅速地完成。对于速度较慢的反应，有时可通过加热或加入催化剂等方法来加快反应速度。

(3) 共存物质不干扰主要反应，或干扰作用能用适当的方法消除。

(4) 有比较简便而可靠的方法确定滴定终点。如指示剂或物理化学方法。

（二）滴定的方式

1. 直接滴定法

凡能满足上述要求的滴定反应，都可以用标准溶液直接滴定被测物质，这种滴定方式称为直接滴定法。它是滴定分析中最常用和最基本的滴定方式，例如以盐酸滴定氢氧化钠、碳酸钠溶液等。

2. 返滴定法

由于反应较慢或反应物是固体，加入相当的滴定剂的量而反应不能立即完成时，可以先加过量滴定剂，待反应完成后，用另一种标准溶液滴定剩余的滴定剂，这种滴定方法叫作返滴定法。如测定碳酸钙的含量时，加入过量的盐酸标准溶液，再用NaOH标准溶液回滴剩余的酸，可获得较好的结果。某些反应由于没有合适的指示剂也可采用返滴定法。

3. 置换滴定法

对于没有定量关系或伴有副反应的反应，可以先用适当的试剂与待测物反应，转换成一种能被定量滴定的物质，然后再用适当的标准溶液进行滴定，这种滴定方法称为置换滴定法。如硫代硫酸钠不能直接滴定重铬酸钾及其他氧化剂，因氧化剂将 $S_2O_3^{2-}$ 氧化为 $S_4O_6^{2-}$ 或 SO_4^{2-}，没有确定的计量关系，故不能直接滴定。但在酸性的 $K_2Cr_2O_7$ 溶液中加入过量KI，反应产生的 I_2 则可用 $Na_2S_2O_3$ 溶液滴定。

4. 间接滴定法

不能与滴定剂直接反应的离子，可以通过另外的反应间接地测定，如将 Ca^{2+} 沉淀为 CaC_2O_4 后，用 H_2SO_4 溶解，然后用 $KMnO_4$ 标准溶液滴定 Ca^{2+} 结合的 $C_2O_4^{2-}$，从而间接地测得钙的含量。这种滴定方法叫作间接滴定法。

三、基准物质和标准溶液

滴定分析中必须使用标准溶液，最后要通过标准溶液的浓度和用量来计算待测组分的含量，因此正确地配制标准溶液，准确地标定标准溶液的浓度以及对有些标准溶液进行妥善保存，对于提高滴定分析的准确度有重大意义。

（一）基准物质

在滴定分析法中，能够用于直接配制或标定溶液浓度的物质，称为基准物质或基准试剂。基准物质应符合下列要求：

（1）物质的组成与其化学式完全符合，如硼砂 $Na_2B_4O_7 \cdot 10H_2O$、草酸 $H_2C_2O_4 \cdot 2H_2O$ 等，其结晶水的含量也应与化学式完全符合。

（2）试剂的纯度高，一般要求达 99.9%以上。

（3）试剂稳定，易于保存。

（4）试剂参加反应时，应按化学反应式定量地进行而没有副反应。

常用的基准物质有纯金属和纯化合物，如 Cu、Zn 和 Na_2CO_3、$H_2C_2O_4 \cdot 2H_2O$、$KHC_8H_4O_4$、$K_2Cr_2O_7$、KIO_3、As_2O_3、NaC_2O_4、$CaCO_3$、NaCl 等。

（二）标准溶液的配制

标准溶液的配制，通常有直接法和标定法两种：

（1）直接法。准确称取一定量的基准物质，溶解后，制成一定体积的溶液，根据基准物质的重量和溶液的体积，即可算出此溶液的准确浓度。

（2）标定法。有些试剂，由于不易提纯、组成不定或容易分解等原因，不能直接配制标准溶液，而应配成接近于所需浓度的溶液，然后用基准物质（或已用基准物质标定过的标准溶液）来确定它的浓度，这种确定浓度的操作叫作标定。例如，NaOH 纯度不高且易吸收空气中的 CO_2 和水分，可以先配成大致所需浓度的溶液，再用邻苯二甲酸氢钾标定其浓度。

以 HCl 标准滴定溶液为例介绍其配制、标定和制备。

按照溶液准备清单，根据已计算的溶液体积、配制溶液用的药品量，按照一般溶液的配制方法配制指示剂及其他溶液，并将配制好的溶液装入相应试剂瓶中，贴上标签妥善保存。

（1）HCl 标准滴定溶液的配制。用小量筒量取 90mL 浓盐酸，加入盛有一定体积的蒸馏水的烧杯中，并稀释至 1000mL，储存于玻璃细口瓶中，充分摇匀，贴上标签，待标定。

（2）HCl 标准滴定溶液的标定。

1）标定原理。用于标定 HCl 标准溶液的基准物有无水碳酸钠和硼砂等。

a. 无水碳酸钠（Na_2CO_3）。Na_2CO_3 容易吸收空气中的水分，使用前必须在 270～300℃高温炉中灼热至恒重（见 GB/T 601—2002《化学试剂标准滴定溶液的制备》），然后密封于称量瓶内，保存在干燥器中备用。称量时要求动作迅速，以免吸收空气中水分而带入测定误差。

用 Na_2CO_3 标定 HCl 溶液的标定反应为

$$2HCl + Na_2CO_3 = H_2CO_3 + 2NaCl$$

$$H_2CO_3 = CO_2 + H_2O$$

滴定时用溴甲酚绿-甲基红混合指示剂指示终点（详细步骤见 GB/T 601—2002）。近终点时要煮沸溶液，去除 CO_2 后继续滴定至暗红色，以避免由于溶液中 CO_2 过饱和而造成假终点。

b. 硼砂（$Na_2B_4O_7 \cdot 10H_2O$）。硼砂容易提纯，且不易吸水，由于其摩尔质量大（M=381.4g/mol），因此直接称取单份基准物作标定时，称量误差相当小。但硼砂在空气中相对湿度小于 39%时容易风化失去部分结晶水，因此应把它保存在相对湿度为 60%的恒湿器中。

用硼砂标定 HCl 溶液的标定反应为

$$Na_2B_4O_7 + 2HCl + 5H_2O = 4H_3BO_3 + 2NaCl$$

滴定时选用甲基红作指示剂，终点时溶液颜色由黄变红，变色较为明显。

2）操作步骤。GB/T 601—2002 中盐酸标准滴定溶液标定的步骤如下：

称取于 1.9g 碳酸钠在 270～300℃高温炉中灼烧至恒重，溶于 50mL 水中，加 10 滴溴甲酚绿-甲基红指示液，用配制好的盐酸溶液滴定至溶液由绿色变为暗红色，煮沸 2min，冷却后继续滴定至溶液再呈暗红色。同时做空白试验。

（3）试样溶液的制备。由于试样的性质和均匀程度各不相同，无论是固体或液体样品，纯品或复杂的样品，须制备成一定浓度的溶液。例如 GB/T 601—2002 中工业氢氧化钠试样的制备：用已知质量干燥、洁净的称量瓶，迅速从样品瓶中移取固体氢氧化钠 36g±1g 或液体氢氧化钠 50g±1g（精确至 0.01g）。将已称取的样品置于已盛有约 300mL 水的 1000mL 容量瓶中，冲洗称量瓶，将洗液加入容量瓶中。冷却至室温后稀释到刻度摇匀。

注意：由于氢氧化钠固体溶解时要放热，一定要注意安全。

四、标准溶液浓度表示法

1. 物质的量浓度（简称浓度）

物质的量浓度是指单位体积溶液所含溶质的物质的量（摩尔数 n）。如 B 物质的浓度以符号 c_B（mol/L）表示，即

$$c_B = \frac{n_B}{V} \tag{4-6}$$

式中 V——溶液的体积。

物质的量与物质的质量（以 m 表示）的关系见式（4-7）

$$n(\text{mol}) = \frac{m(\text{g})}{M(\text{g/mol})} \tag{4-7}$$

式中 n——物质的量，(mol)；

m——物质的质量，g；

M——物质的摩尔质量，即 1 摩尔物质的质量，g/mol。

由式（4-6）、式（4-7）可以得到溶质的质量与溶液浓度之间的计算关系：

$$n_B = c_B V = \frac{m}{M} \tag{4-8}$$

或

$$m = c_B VM \tag{4-9}$$

2. 滴定度

滴定度指与每毫升标准溶液相当的待测组分的质量，用 $T_{待测物/滴定剂}$ 表示。例如用来测定铁含量的 $KMnO_4$ 标准溶液，如果 1mL 的 $KMnO_4$ 标准溶液相当于 5.585mg 的铁，则 $T_{Fe/KMnO_4}$ ＝5.585mg/mL。在生产实际中，对大批试样测定其中同一组分的含量，若用滴定度来表示标准溶液所相当的被测物质的质量，则计算待测组分的含量就比较方便。如上例中，如果已知滴定中消耗 $KMnO_4$ 标准溶液的体积为 V，则被测定铁的质量 $m(Fe) = TV$。

浓度 c 与滴定度 T 之间存在如下关系：

$$c = 10^8 \frac{T}{M} \tag{4-10}$$

五、溶液的活度与活度系数

通常我们认为强电解质在水溶液中是完全电离的，但实际情况并非如此。溶液导电性的

实验所测得的强电解质在溶液中的电离度都小于100%，这是因为在溶液中不同电荷的离子之间存在着相互吸引力，相同电荷的离子之间存在着相互排斥力，离子与溶剂分子之间也可能存在着相互吸引或相互排斥的作用力。由于这些作用力的存在，影响了离子在溶液中的活动性，减弱了离子在化学反应中的作用能力，或者说由于离子间力的影响，使得离子参加化学反应的有效浓度要比它的实际浓度低，为此，就有必要引入“活度”的概念。

活度可以认为是离子在化学反应中作用的有效浓度。活度与浓度的比值称为活度系数。如果以 α 代表离子的活度，c 代表其浓度，则活度系数 γ 为

$$\gamma = \frac{\alpha}{c} \tag{4-11}$$

$$\alpha = \gamma c \tag{4-12}$$

活度系数的大小代表了离子间力对离子化学作用能力影响的大小，也就是溶液偏离理想溶液的尺度。在较稀的弱电解质或极稀的强电解质溶液中，离子的总浓度很低，离子间力也很小，离子的活度系数接近等于1，可以认为活度等于浓度。在一般的强电解质溶液中，离子的浓度大，离子间距离很近，因此离子间有较强的静电作用，活度系数就小于1，因此活度就小于浓度。在这种情况下，讨论溶液中的化学平衡时各种平衡常数的计算就不能用离子浓度，而应该用活度。在很浓的强电解质溶液中，情况比较复杂，这里就不讨论了。

六、滴定分析结果的计算

滴定分析是用标准溶液去滴定被测物质的溶液，本章选取分子、离子或原子作为反应物的基本单位，此时滴定分析结果计算的依据为：当滴定到化学计量点时，它们的物质的量之间关系恰好符合其化学反应式所表示的化学计量关系。

(1) 被测物的物质的量 n_A 与滴定剂的物质的量 n_B 的关系。在直接滴定法中，设被测物A与滴定剂B间的反应为

$$a\mathrm{A} + b\mathrm{B} = c\mathrm{C} + d\mathrm{D} \tag{4-13}$$

当滴定到达化学计量点时，$a$mol的A恰好与$b$mol的B作用完全：

$$n_A : n_B = a : b \tag{4-14}$$

即

$$n_A = \frac{a}{b}n_B, n_B = \frac{b}{a}n_A \tag{4-15}$$

若被测物是溶液，其体积为 V_A，浓度为 C_A，到达化学计量点时，用去浓度为 c_B 的滴定剂的体系为 V_B，则

$$c_A V_A = \frac{a}{b} c_B V_B \tag{4-16}$$

例如用已知浓度的NaOH标准溶液测定 H_2SO_4 溶液浓度，其反应为

$$\mathrm{H_2SO_4} + 2\mathrm{NaOH} = \mathrm{Na_2SO_4} + 2\mathrm{H_2O} \tag{4-17}$$

滴定达化学计量点时，

$$n_{\mathrm{H_2SO_4}} = \frac{1}{2} n_{\mathrm{NaOH}} \tag{4-18}$$

或者

$$c_{\mathrm{H_2SO_4}} V_{\mathrm{H_2SO_4}} = \frac{1}{2} c_{\mathrm{NaOH}} V_{\mathrm{NaOH}} \tag{4-19}$$

$$c_{H_2SO_4} = \frac{c_{NaOH}V_{NaOH}}{V_{H_2SO_4}} \tag{4-20}$$

上述关系式也能用于有关溶液稀释的计算中。因为溶液稀释后，浓度虽然降低了，但所含溶质的物质的量没有改变，所以

$$c_1V_1 = c_2V_2 \tag{4-21}$$

式中 c_1、V_1——稀释前溶液的浓度和体积；

c_2、V_2——稀释后溶液的浓度和体积；

在间接法滴定中涉及两个或两个以上反应，应从总的反应中找出实际参加反应物的物质的量之间的关系。

例如：用 $KMnO_4$ 法测定 Ca^{2+}，经过如下几步：

$$Ca^{2+} \xrightarrow{C_2O_4^{2-}} CaC_2O_4 \downarrow \xrightarrow{H^+} HC_2O_4^- \xrightarrow{MnO_4^-} 2CO_2$$

此处 Ca^{2+} 与 $C_2O_4^{2-}$ 的摩尔比是 1∶1；而 $C_2O_4^{2-}$ 与 $KMnO_4$ 按 5∶2 的摩尔比相互反应：

$$5C_2O_4^{2-} + 2KMnO_4 + 16H^+ \longrightarrow 2Mn^{2-} + 10CO_2\uparrow + 8H_2O$$

故
$$n_{Ca} = \frac{5}{2}n_{KMnO_4}$$

（2）被测物百分含量的计算。若称取试样的质量为 G，测得被测物的质量为 m，则被测物在试样中的百分含量 x 为

$$x = \frac{m}{G} \times 100\% \tag{4-22}$$

在滴定分析中，被测物的物质的量 n_A 是由滴定剂的浓度 c_B、体积 V_B，以及被测物与滴定剂反应的摩尔比 $a:b$ 的，即

$$n_A = \frac{a}{b}n_B = \frac{b}{a}c_BV_B \tag{4-23}$$

根据式（4-9）可求得被测物的质量 m_A：

$$m_A = \frac{a}{b}c_BV_BM_A \tag{4-24}$$

于是
$$x = \frac{\frac{a}{b}c_BV_BM_A}{G} \times 100\% \tag{4-25}$$

这是滴定分析中计算被测物百分含量的一般通式。

七、滴定条件的选择

1. 指示剂、滴定终点、终点误差

用滴定分析定量测定样品中物质的含量，是按被滴定物质 A 与滴定剂 B 间的化学计量关系为依据的，当加入的滴定剂的量与被滴定物质的量之间正好符合化学反应式所表示的化学计量关系时，则化学反应到达了理论终点。但在滴定过程中这些反应往往没有易被人察觉的外部特征，很难直接根据溶液外观进行理论终点的判断，因此通常加入某种能在化学计量点时，使反应试液颜色突变的试剂，这种试剂称为指示剂。

在指示剂显示反应液颜色发生突变时，则终止滴定，这一点称滴定终点。由此可知，滴定终点是在滴定时获得的实验值，与理论计算的化学反应计量点不一定完全吻合，则它们的

差值称为终点误差，也叫作滴定误差，这是滴定分析中误差的主要来源。因此，在滴定分析中需要选择合适的指示剂或突变点，使滴定终点尽可能接近化学计量点。

2. 滴定分析法对滴定反应的要求

滴定分析法能利用各种类型的反应，但不是所有反应都可以用于滴定分析，因此在选择检测方法时要考虑是否可以采用滴定分析法进行测定。能采用滴定分析法进行测定必须具备下列条件：

（1）反应要按具有确定化学计量关系的化学反应进行，不发生副反应。

（2）反应必须定量进行完全，在滴定终点时，通常要求反应完全程度不小于99.9%。

（3）反应速度要快。对于速度较慢的反应，可以通过加热、增加反应物浓度、加入催化剂等措施来加快。

（4）能选择合适指示剂或仪器简便可靠地确定滴定终点。

因此，按照滴定分析所利用的化学反应类型不同，可分为酸碱滴定、氧化还原滴定、络合滴定和沉淀滴定四类，由于各类滴定分析的性质特点有较大的差异，所以在满足上述4个要求时会有所侧重。

根据滴定分析时测定未知物的过程、步骤和加入标准溶液的方式的不同，滴定方式可分为直接滴定法、返滴定法、置换滴定法和间接滴定法四种。

3. 滴定曲线与指示剂的选择

滴定过程中，随着滴定剂的不断加入，被滴组分的浓度不断发生变化，这种变化可用滴定曲线表示。图4-1为1.000mol/LHCl与1.000mol/L NaOH的滴定曲线图。图上横轴表示滴定剂的加入量（或滴定百分数），纵轴表示被滴组分浓度（pH值）的变化。

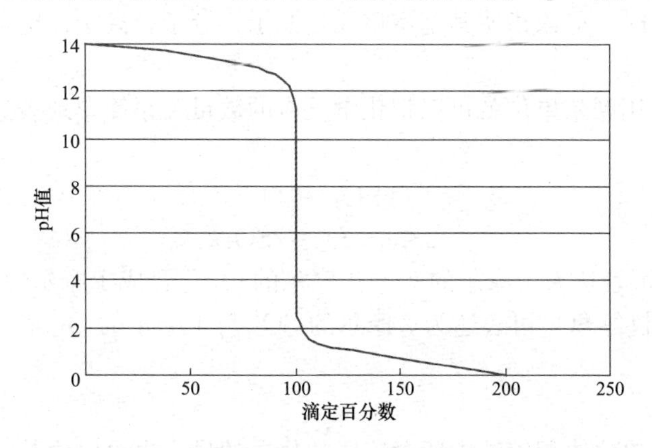

图4-1　1.000mol/LHCl与1.000mol/L NaOH的滴定曲线

滴定曲线可以通过实验绘制，也可以由理论计算求得。研究滴定曲线时，一般将其分为四段：

（1）滴定前取决于被滴溶液的原始状态。

（2）滴定时到理论终点前，取决于溶液中剩余被滴离子的浓度。

（3）理论终点滴定100%。

（4）理论终点后取决于溶液中过量滴定剂的浓度。

盐酸滴定氢氧化钠属于一元强酸滴定一元强碱，由图4-1可以看出，以1.000mol/L HCl标准滴定溶液滴定20.00mL1.000mol/L NaOH，从滴定开始到加入99.9%（19.98mL）

HCl滴定溶液，溶液的pH值仅改变了3.30个pH单位，曲线比较平坦。而在化学计量点附近，加入0.04mLHCl溶液（即1滴），即使溶液从剩余0.02mL NaOH到过量0.02mL HCl，导致溶液的酸度发生巨大变化，其pH值由10.70急减至3.30，减幅达7.4个pH单位，溶液也由碱性突变到酸性，溶液的性质由量变引起了质变。从图4-1也可看到，在化学计量点前后0.1%，此时曲线呈现近似垂直的一段，表明溶液的pH值有一个突然的改变，这种pH值的突然改变便称为滴定突跃，而突跃所在的pH值范围也称之为滴定突跃范围。此后，再继续滴加HCl溶液，则溶液的pH值变化便越来越小，曲线又趋平坦。

滴定突跃范围是选择指示剂的依据，其选择原则一是指示剂的变色范围全部或部分地落入滴定突跃范围内；二是指示剂的变色点尽量靠近化学计量点。

第三节　酸碱滴定法

酸碱滴定法又叫中和法，它是以酸碱反应为基础的滴定分析法。在酸碱滴定中，经常要用到酸、碱标准溶液，它们的浓度是经过标准测定的。过去我们用克分子、克当量浓度表示，现在用物质的量的浓度表示，它的单位是mol。本节主要简述溶液的浓度及酸碱滴定基本原理。

一、溶液浓度

1. 摩尔

摩尔是一系统的物质的量，该系统中所包含的基本单元数与0.012kg的碳12的原子数目相等。在使用摩尔时，应该指明其基本单元是原子、分子、离子、电子或其他粒子，或是这些粒子的特定组合。

在实际使用中，用摩尔单位就可以把化学反应的数量关系简单地表达出来。

例如：

$$C+O_2=CO_2 \tag{4-26}$$

$$2SO_2+O_2=2SO_3 \tag{4-27}$$

（1）式（4-26）可表达为1摩尔的C与1摩尔的O_2化合成1摩尔的CO_2。

（2）式（4-27）制备SO_3可表达为2摩尔的SO_2与1摩尔的O_2完全反应生成2摩尔的SO_3。

2. 浓度

这种浓度是表示单位体积溶液中所含溶质的物质的量，也可以说某物质所具有摩尔数除以该物质所占的总体积，单位为摩尔/升，符号为mol/L。

物质的量浓度与过去的克分子浓度不完全相同，克分子浓度与克分子有关。只有当基本单元为1个摩尔时，物质的量浓度与过去的克分子浓度相同，否则不同。

如$C(HCl)=1mol/L$，基本单元是盐酸分子，相当于克分子浓度1mol。

物质的量浓度表示溶液浓度，表达式为：

（1）$C(NaOH)=1mol/L$，表示溶质的基本单元是氢氧化钠分子，其摩尔质量为40g/mol，溶液的浓度为1mol/L，即每升溶液中含有40g氢氧化钠。

（2）$C\left(\frac{1}{2}H_2SO_4\right)=3mol/L$，表示溶质的基本单元是$\frac{1}{2}$个硫酸分子，其摩尔质量为49g/mol，

溶液的浓度为 3mol/L，即每升溶液含有 49g 硫酸。

（3）$C\left(\frac{1}{2}Ca^{2+}\right)$=1mol/L，表示溶质的基本单元是$\frac{1}{2}$个钙离子，其摩尔质量为 20.04g/mol，溶液的浓度为 1mol/L，即每升溶液中含有 20.40g 钙的阳离子。

3. 计算示例

【例】 为了测定 NaOH 溶液的浓度，吸取 NaOH 溶液 20.00mL，用 0.2mol/L 的 HCl 标准溶液滴定，用去 HCl 溶液 25.00mL，求 NaOH 的物质的量浓度。

其反应方程为：$NaOH+HCl=NaCl+H_2O$ 即 1mol 的 NaOH 与 1mol 的 HCl 反应，所以 NaOH 的物质的量浓度为：

$$0.2\times25.00=20.00x$$

$$x=0.25\text{mol/L}$$

4. 碱指示剂

在酸碱滴定中，采用一种能在酸碱溶液中改变颜色的物质（称为指示剂）来判断反应的完成点——酸碱完全反应。通常把这种“点”称为达到中和，酸碱完全反应，溶液变成中性。从化学计算的角度来说，酸碱反应恰好，即既没有过剩的酸，也没有过剩的碱。分析化学中称这样的状态为等当点。对指示剂的要求，就是要尽可能准确地指出等当点，根据指示剂发生颜色变化而终止滴定的一点，称为滴定终点。例如酚酞指示剂，它在酸性溶液中，H^+浓度较高时，形成无色分子，但随着溶液中 H^+浓度的降低，OH^-离子浓度的增加，酚酞结构发生变化，进一步电离成红色离子。表 4-1、表 4-2 列出了酸碱滴定法中常用的指示剂。

表 4-1　常用的酸碱指示剂及其配制方法

指示剂	变色范围（pH 值）	颜色		pK_a	浓度
		酸色	碱色		
百里酚蓝（Ⅰ）	1.2～2.8	红	黄	1.7	$w_{百里酚蓝}$=0.1%的 $w_{乙醇}$=0.2 的溶液
甲基黄	2.9～4.0	红	黄	3.3	$w_{甲基黄}$=0.1%的 $w_{乙醇}$=0.9 的溶液
甲基橙	3.1～4.4	红	黄	3.4	$w_{甲基橙}$=0.05%的水溶液
溴酚蓝	3.0～4.6	黄	紫	4.1	$w_{溴酚蓝}$=0.1%的 $w_{乙醇}$=0.2 的溶液或其钠盐水溶液
溴甲酚绿	3.8～5.4	黄	蓝	4.9	$w_{溴甲酚绿}$=0.1%的 $w_{乙醇}$=0.2 溶液或其钠盐水溶液
甲基红	4.4～6.2	红	黄	5.0	$w_{甲基红}$=0.1%的 $w_{乙醇}$=0.6 的溶液或其钠盐水溶液
溴百里酚蓝	6.0～7.6	黄	蓝	7.3	$w_{溴百里酚蓝}$=0.1%的 $w_{乙醇}$=0.2 的溶液或其钠盐水溶液
中性红	6.8～8.0	红	黄橙	7.4	$w_{中性红}$=0.1%的 $w_{乙醇}$=0.2 的溶液
酚红	6.7～8.4	黄	红	8.0	$w_{酚红}$=0.1%的 $w_{乙醇}$=0.6 的溶液或其钠盐水溶液
百里酚蓝（Ⅱ）	8.0～9.6	黄	蓝	8.9	$w_{百里酚蓝(Ⅱ)}$=0.1%的 $w_{乙醇}$=0.2 的溶液
酚酞	8.0～9.8	无	红	9.1	$w_{酚酞}$=0.1%的 $w_{乙醇}$=0.9 的溶液
百里酚酞	9.4～10.6	无	蓝	10.0	$w_{百里酚酞}$=0.1%的 $w_{乙醇}$=0.9 的溶液

注　1. pK_a 为解离常数的负对数值。
2. w 为重量比。

表 4-2　　几种常用酸碱混合指示剂

混合指示剂的组成	变色点（pH 值）	颜色		备注
		酸色	碱色	
一份 $w_{甲基橙}=0.1\%$ 的水溶液，一份 $w_{靛蓝二磺酸钠}=0.25\%$ 的水溶液	4.1	紫	黄绿	
三份 $w_{溴甲酚绿}=0.1\%$ 的乙醇溶液，二份 $w_{甲基红}=0.1\%$ 的乙醇溶液	5.1	酒红	绿	颜色变化非常显著
一份 $w_{中性红}=0.1\%$ 的乙醇溶液，一份 $w_{次甲基蓝}=0.1\%$ 的乙醇溶液	7.0	蓝紫	绿	pH 值为 7.0，紫蓝
一份 $w_{甲基红钠盐}=0.1\%$ 的水溶液，三份 $w_{百里酚蓝钠盐}=0.1\%$ 的水溶液	8.3	黄	紫	pH 值为 8.2，玫瑰红 pH 值为 8.4，紫色
一份 $w_{百里酚蓝}=0.1\%$ 的 $w_{乙醇}=0.5$ 的溶液，三份 $w_{酚酞}=0.1\%$ 的 $w_{乙醇}=0.5$ 的溶液	9.0	黄	紫	从黄经绿再紫
二份 $w_{百里酚酞}=0.1\%$ 的乙醇溶液，一份 $w_{茜素黄}=0.1\%$ 的乙醇溶液	10.2	黄	紫	

依据图 4-1 和表 4-1，用 1.000mol/L HCl 标准滴定溶液滴定 1.000mol/L NaOH 溶液，则可选择酚酞、甲基橙或甲基红作为指示剂。倘若选择甲基橙作指示剂，则当溶液颜色由黄色转变成橙色时，其 pH 值为 4.0，滴定误差较大。实际分析时，为了进一步提高滴定终点的准确性，以及更好地判断终点（如用甲基红时终点颜色由黄变橙，人眼不易把握，若用酚酞时则由红色褪至无色，人眼也不易判断），通常选用混合指示剂溴甲酚绿-甲基红，终点时颜色由绿经浅灰变为暗红，容易观察。

反过来如果用 1.000mol/L NaOH 滴定 1.000mol/L HCl，其突跃范围为 4.30～9.70，则可选择甲基红、甲基橙与酚酞作指示剂。如果选择甲基橙作指示剂，当溶液颜色由橙色变为黄色时，溶液的 pH 值为 4.4，滴定误差小于 0.1%。实际分析时，为了更好地判断终点，通常选用酚酞作指示剂，因其终点颜色由无色变成浅红色，非常容易辨别。

二、酸碱理论

1. 酸碱的定义和共轭酸碱对

酸碱质子理论认为：凡是能给出质子（H^+）的物质就是酸；凡是能接受质子的物质就是碱。例如 HCl、HCO_3^-、NH_4^+ 是酸；Cl^-、CO_3^{2-}、NH_3 是碱。

按照酸碱质子理论，当酸失去一个质子而形成的碱称为该酸的共轭碱；而碱获得一个质子后就生成了该碱的共轭酸。由得失一个质子而发生共轭关系的一对酸碱称为共轭酸碱对（conjugate acid-base pair），也可直接称为酸碱对，即

$$酸 \rightleftharpoons 质子 + 碱 \tag{4-28}$$

例如：

$$HAc \rightleftharpoons H^+ + Ac^-$$

HAc 是 Ac^- 的共轭酸，Ac^- 是 HAc 的共轭碱。类似的例子还有：

$$H_2CO_3 \rightleftharpoons HCO_3^- + H^+$$

$$HCO_3^- \rightleftharpoons CO_3^{2-} + H^+$$

$$NH_4^+ \rightleftharpoons NH_3 + H^+$$

$$H_6Y^{2+} \rightleftharpoons H_5Y^+ + H^+$$

由此可见，酸碱可以是阳离子、阴离子，也可以是中性分子。

上述各个共轭酸碱对的质子得失反应，称为酸碱半反应，而酸碱半反应是不可能单独进行的，酸在给出质子同时必定有另一种碱来接受质子。酸（如 HAc）在水中存在如下平衡：

$$HAc(酸_1)+H_2O(碱_2) \rightleftharpoons H_3O^+(酸_2)+Ac^-(碱_1)$$

碱（如 NH_3）在水中存在如下平衡：

$$NH_3(碱_1)+H_2O(酸_2) \rightleftharpoons NH_4^+(酸_1)+OH^-(碱_2)$$

所以，HAc 的水溶液之所以能表现出酸性，是由于 HAc 和水溶剂之间发生了质子转移反应的结果。NH_3 的水溶液之所以能表现出碱性，也是由于它与水溶剂之间发生了质子转移的反应。前者水是碱，后者水是酸。

对上述两个反应通常可以用最简便的反应式来表示，即

$$HAc \rightleftharpoons H^+ + Ac^-$$

$$NH_3 \cdot H_2O \rightleftharpoons NH_4^+ + OH^-$$

2. 酸碱反应

根据酸碱质子理论，酸和碱反应的实质是共轭酸碱对之间的质子转移反应，质子的转移是通过水合质子实现的。

【例 1】 HCl 在水溶液中的离解，作为溶剂的水分子同时起着碱的作用：

$$\underset{酸_1}{HCl} + \underset{碱_2}{H_2O} = \underset{酸_2}{H_3O^+} + \underset{碱_1}{Cl^-} \quad 简写为：HCl = H^+ + Cl^- \tag{4-29}$$

（酸$_1$—碱$_1$ 共轭；碱$_2$—酸$_2$ 共轭）

【例 2】 NH_3 与 H_2O 反应，作为溶剂的水分子同时起着碱的作用：

$$\underset{碱_1}{NH_3} + \underset{酸_2}{H_2O} = \underset{碱_2}{OH^-} + \underset{酸_1}{NH_4^+} \tag{4-30}$$

（碱$_1$—酸$_1$ 共轭；酸$_2$—碱$_2$ 共轭）

由此可知：NH_3 与 HCl 的反应质子的转移是通过水合质子实现的：

$$HCl+H_2O \rightleftharpoons H_3O^+ + Cl^- \tag{4-31}$$

$$NH_3+H_2O \rightleftharpoons OH^- + NH_4^+ \tag{4-32}$$

酸碱反应：
$$HCl+NH_3 \rightleftharpoons NH_4^+ + Cl^- \tag{4-33}$$

将酸碱质子理论与酸碱离解理论加以比较，可以看出，酸碱质子理论扩大了酸碱及酸碱反应范围，质子理论的概念具有更广泛的意义；质子理论的酸碱理论具有相对性，同一种质子在不同的环境中，其酸碱性发生改变；质子理论的应用广泛，适用于水溶液和非水溶液。但它只限于质子的给予和接受，对于无质子参加酸碱反应不能解释。如：SO_3、BF_3 等酸性物质。

3. 溶剂的质子自递反应

H_2O 即能给出质子，又能接受质子，这种质子的转移作用在水分子之间也能发生：

$$H_2O + H_2O \rightleftharpoons H_3O^+ + OH^- \tag{4-34}$$

质子自递反应，即溶剂分子之间发生的质子传递作用。

此反应平衡常数称为溶剂的质子自递常数，以 K_S 表示。水的质子自递常数又称为水的离子积，以 K_W 表示。在一定温度下，K_W 是一个常数，25℃时，$c(H_3O^+)=c(OH^-)=1.0\times10^{-7}$，$K_S=c(H_3O^+)\times c(OH^-)=K_W=1.0\times10^{-14}$。

简写：$K_W=c(H^+)\times c(OH^-)=1.0\times10^{-14}$。

由于水的质子自递是吸热反应，故 K_W 随温度的升高而增大。如 100℃时 $K_W=5.5\times10^{-13}$。在室温下做一般计算时，可以不考虑温度的影响。

其他溶剂，如 C_2H_5OH：

$$C_2H_5OH + C_2H_5OH \longrightarrow C_2H_5OH_2^+ + C_2H_5O^-$$

$$K_S = c(C_2H_5OH_2^+)\times c(C_2H_5O^-) = 7.9\times10^{-20} \quad (25℃)$$

许多化学反应，是在 H^+ 浓度较小（$10^{-2}\sim10^{-8}$ mol/L）的溶液中进行的，因此用 $c(H^+)$ 负对数（用符号 p_H 代表）表示溶液的酸碱性更方便。

$p_H=-\lg c(H^+)$，同理 $p_{OH}=-\lg c(OH^-)$，则 $p_{K_W}=p_H+p_{OH}=14.00$。

在 $c(H^+)\leqslant1$mol/L，$c(OH^-)\leqslant1$mol/L 时：

$c(H^+)=c(OH^-)$时，中性，$c(H^+)=10^{-7}$，pH=7；

$c(H^+)>c(OH^-)$时，酸性，$c(H^+)>10^{-7}$，pH<7；

$c(H^+)<c(OH^-)$时，碱性，$c(H^+)<10^{-7}$，pH>7。

在实际工作中，pH 值的测定有很重要的意义，pH 值的测定常采用的两种方法。若需要较准确测定溶液的 pH 值时可以用酸度计，否则用 pH 试纸就可以了。

4. 酸碱离解常数

酸碱强度取决于酸碱本身的性质和溶剂的性质。

在水溶液中：酸碱的强度取决于酸将质子给予水分子或碱从水分子中夺取质子的能力的大小，通常用酸碱在水中的离解常数大小衡量，酸的解离常数，用 K_a 表示，碱的解离常数，用 K_b 表示。

$$HAc + H_2O \rightleftharpoons H_3O^+ + Ac^-,\ K_a=\frac{c(H_3O^+)\times c(Ac^-)}{c(HAc)}$$

$$NH_3 + H_2O \rightleftharpoons OH^- + NH_4^+,\ K_b=\frac{c(OH^-)\times c(NH_4^+)}{c(NH_3)}$$

弱酸的 K_a 越大，表示它给出质子的能力越强，酸性越强；反之，它的酸性越弱。

如：$HAc \rightleftharpoons H^+ + Ac^-$，$K_a=1.8\times10^{-5}$；

$NH_4^+ \rightleftharpoons H^+ + NH_3$，$K_a=5.6\times10^{-10}$；

$HS^- \rightleftharpoons H^+ + S^{2-}$，$K_a=7.1\times10^{-15}$。

这三种酸的强弱顺序为 $HAc>NH_4{}^+>HS^-$。

对于 Ac^-、NH_3、S^{2-}，K_b 分别为 5.6×10^{-10}、1.8×10^{-5}、7.1×10^{-1}。

同样，K_b 越小的碱在水中它接受质子的能力越差，碱性越弱；K_b 越大则碱性越强。

这三种碱的强弱顺序为 $S^{2-}>NH_3>Ac^-$。由此可见：对于任何一种酸，若其本身的酸性越强，其 K_a 越大，则其共扼碱的碱性就越弱，K_b 就越小。例如 HCl，它是强酸，它的共扼碱 Cl^-，几乎没有从 H_2O 中夺取 H^+ 转化为 HCl 的能力，是一种极弱的碱，它的 K_b 小到测不出来。

多元酸在溶液中逐级解离，溶液中存在多个共轭酸碱对。例如三元酸 H_3A 的解离平衡和三元碱 A^{3-} 的解离平衡关系如下：

$H_3A \rightleftharpoons H^+ + H_2A^-$，　$A^{-3} + H_2O \rightleftharpoons HA^{2-} + OH^-$；

$H_2A^- \rightleftharpoons H^+ + HA^{2-}$，　$HA^{2-} + H_2O \rightleftharpoons H_2A^{2-} + OH^-$；

$HA^{2-} \rightleftharpoons H^+ + A^{3-}$，　$H_2A^{2-} + H_2O \rightleftharpoons H_3A + OH^-$。

$$K_{a1} = \frac{c(H^+)c(H_2A^-)}{c(H_3A)},\quad K_{b1} = \frac{c(OH^-)c(HA^{2-})}{c(A^{3-})};$$

$$K_{a2} = \frac{c(H^+)c(HA^{2-})}{c(H_2A^-)},\quad K_{b2} = \frac{c(OH^-)c(H_2A^{2-})}{c(HA^{2-})};$$

$$K_{a3} = \frac{c(H^+)c(A^{3-})}{c(HA^{2-})},\quad K_{b3} = \frac{c(OH^-)c(H_3A)}{c(H_2A^{2-})}。$$

H_3A 解离常数为 K_{a1}、K_{a2}、K_{a3}，通常 $K_{a1} > K_{a2} > K_{a3}$。

碱 A^{3-} 的解离常数则为 $K_{b1} > K_{b2} > K_{b3}$，共轭酸碱对 K_a 与 K_b 的关系为

$$K_{a1} \cdot K_{b3} = K_{a2} \cdot K_{b2} = K_{a3} \cdot K_{b1} = K_w$$

$$p_{K_{a1}} + p_{K_{b3}} = p_{K_{a2}} + p_{K_{b2}} = p_{K_{a3}} + p_{K_{b1}} = p_{K_w}$$

5. 酸碱溶液的酸度和酸浓度

酸度与酸浓度在概念上是完全不同的。酸度是指溶液中 H^+ 的浓度或活度，常用 pH 表示；而酸浓度则是指单位体积溶液中所含某种酸的物质的量（mol），包括未解离的与已解离的酸的浓度。

同样，碱度与碱的浓度在概念上也是完全不同的。碱度一般用 pH 表示，有时也用 p_{OH} 表示。

在实际应用过程中，一般用 C_B 表示酸或碱的浓度，而用 [ ] 表示酸或碱的平衡浓度。

第四节　沉淀滴定法

一、沉淀滴定法简介

沉淀滴定法是以沉淀反应为基础的一种滴定分析方法。虽然沉淀反应很多，但由于条件的限制，能用于沉淀滴定法的反应并不多。能用于滴定分析的沉淀反应必须符合下列条件：

（1）沉淀反应进行得相当迅速，生成的沉淀溶解度很小，并按一定的化学计量关系进行。

（2）能够用适当的指示剂或其他方法确定滴定终点。

（3）沉淀的吸附现象应不妨碍滴定终点的确定。

由于上述条件的限制，能用于沉淀滴定法的反应并不多，目前有实用价值的主要是形成难溶性银盐的反应，例如：

$$Ag^+ + Cl^- = AgCl\downarrow$$

$$Ag^{+}+SCN^{-}=AgSCN\downarrow$$

利用生成难溶性银盐反应来进行测定的方法，称为银量法。银量法可以测定Cl^{-}、Br^{-}、I^{-}、Ag^{+}、SCN^{-}等，还可以测定经过处理而能定量地产生这些离子的有机物，如六氯化苯、二氯酚等有机药物的测定。

根据滴定的方式不同，银量法又可分为直接滴定法和返滴定法两类。

1. 直接滴定法

直接滴定法是用沉淀剂作标准溶液，直接滴定被测物质。例如，在中性溶液中测定Cl^{-}或Br^{-}时，用K_2CrO_4作指示剂，用$AgNO_3$标准溶液直接滴定溶液中的Cl^{-}或Br^{-}。根据$AgNO_3$标准溶液所用的体积及样品的质量，即可计算Cl^{-}或Br^{-}的百分含量。

2. 返滴定法（或称间接滴定法）

在被测定物质的溶液中，加入一定体积的过量沉淀剂标准溶液，再用另外一种标准溶液滴定剩余的沉淀剂。例如，在酸性溶液中测定Cl^{-}时，先将过量的$AgNO_3$标准溶液，加入到被测溶液中，再以铁铵矾作指示剂，用KSCN标准溶液滴定剩余的$AgNO_3$。根据$AgNO_3$和KSCN两种标准溶液所用的体积及样品的质量，即可计算氯的百分含量。

银量法主要用于化学工业如烧碱厂食盐水的测定，电解液中Cl^{-}的测定，以及一些含卤素的有机化合物的测定。在环境检测、农药检验、化学工业及冶金工业等方面具有重要的意义。

根据确定滴定终点采用的指示剂不同，银量法分为莫尔法、佛尔哈德法和法扬司法等。

二、溶度积原理的应用

1. 分步沉淀

在含有数种离子的沉淀中，加入某种试剂时，该试剂往往可以和这些离子生成难溶化合物。

如在含有浓度为0.10mol/L的Cl^{-}和0.10mol/L的CrO_2^{4-}溶液中，逐滴加入$AgNO_3$溶液，可发生下列反应：

$$Ag^{+}+Cl^{-}\longrightarrow AgCl\downarrow$$

$$2Ag^{+}+CrO_2{}^{-4}\longrightarrow Ag_2CrO_4\downarrow$$

这两种化合物中首先达到容度积的先沉淀，AgCl和Ag_2CrO_4开始生成沉淀时所需要的Cl^{-}浓度可从它们的溶度积分别计算出来：

已知：$K_{ap,AgCl}=1.56\times10^{-10}$，$K_{ap,AgCrO_4}=9.0\times10^{-12}$。

所以，Cl^{-}离子开始沉淀时所需的Ag^{+}离子浓度等于：

$$c(Ag^{+})=1.56\times10^{-10}/0.10=1.56\times10^{-9}\text{mol/L}$$

$CrO_2{}^{4-}$离子开始沉淀时所需的Ag^{+}浓度等于：

$$c(Ag^{+})=\sqrt{\frac{9.0\times10^{-12}}{0.10}}=9.5\times10^{-6}\text{mol/L}$$

可见Cl^{-}离子开始沉淀时所需要的Ag^{+}离子浓度比$CrO_2{}^{4-}$离子开始沉淀时所需要的Ag^{+}离子浓度小得多。即AgCl首先达到容度积，AgCl先沉淀。

那么，Ag_2CrO_4沉淀开始生成后，随着$AgNO_3$溶液的不断加入，AgCl沉淀的不断析出，溶液中Cl^{-}离子浓度不断降低，为了继续析出AgCl沉淀，必须继续加入$AgNO_3$溶液，

使 Ag^+ 离子浓度不断增加，当 Ag^+ 离子浓度增加到 9.5×10^{-6} mol/L 时，即达到了 Ag_2CrO_4 同时沉淀，此时，Cl^- 离子浓度应为

$$c(Cl^-)=\frac{K_{sp,AgCl}}{c(Ag^+)}=\frac{1.56\times10^{-10}}{9.5\times10^{-6}}=1.6\times10^{-5}\text{mol/L}$$

即 Ag_2CrO_4 开始沉淀时，Cl^- 已几乎沉淀完了。这种利用溶度积的大小不同进行沉淀的作用称为分步沉淀。

2. 沉淀的转化

一种难溶的化合物，例如 AgCl，受到 NH_4SCN 作用时，可转变成另一种难溶的化合物 AgSCN，这种现象称为沉淀的转化。

上述反应的进行可以解释如下：在有 AgCl 沉淀的溶液中含有 Ag^+ 离子，当在此溶液中加入 NH_4SCN 溶液时，由于 AgSCN 溶度积（$K_{sp,AgSCN}=0.49\times10^{-12}$）小于 AgCl 的溶度积（$K_{ap,AgCl}=1.56\times10^{-10}$），因此溶液中的 Ag^+ 离子与 SCN^- 离子浓度的乘积超过了 AgSCN 的溶度积，于是析出 AgSCN 沉淀。由于 AgSCN 沉淀析出，溶液中 Ag^+ 离子浓度降低，此时溶液对于 AgCl 来说是未饱和的，AgCl 沉淀就开始溶解，由于 AgCl 沉淀的溶解，Ag^+ 离子浓度增加，AgSCN 沉淀将不断的析出。如此继续进行直到达到平衡。转化过程的反应式如下：

$$
\begin{array}{c}
AgCl \longrightarrow Ag^+ + Cl^- \\
+ \\
NH_4SCN \longrightarrow SCN^- + NH_4^+ \\
\downarrow\uparrow \\
AgSCN\downarrow
\end{array}
$$

三、莫尔法

1. 基本原理

以 K_2CrO_4 为指示剂的银量法叫莫尔法。

例如，以 K_2CrO_4 作指示剂，在中性或弱碱性溶液中用 $AgNO_3$ 标准溶液可以直接滴定 Cl^- 离子。滴定反应为

$$Ag^+ + Cl^- =\!=\!= AgCl\downarrow\text{（白色）}，\quad K_{SP}=1.8\times10^{-10}$$

$$2Ag^+ + CrO_4{}^{2-} =\!=\!= Ag_2CrO_4\downarrow\text{（砖红色）}，\quad K_{SP}=1.2\times10^{-12}$$

根据分步沉淀的原理，由于 AgCl 的溶解度（1.3×10^{-5} mol/L）小于 Ag_2CrO_4 的溶解度（7.9×10^{-5} mol/L），因此在含有 Cl^- 和 CrO_4^{2-} 的溶液中，用 $AgNO_3$ 标准溶液进行滴定，AgCl 首先沉淀出来，当滴定到化学计量点附近时，溶液中 Cl^- 浓度越来越小，Ag^+ 浓度越来越大，直至$[Ag^+]^2[CrO_4{}^{2-}]>Ksp(Ag_2CrO4)$时，立即生成砖红色的 Ag_2CrO_4 沉淀，以此指示滴定终点。

用一计算说明：

设 Cl^- 浓度为 0.10mol/L，CrO_4^{2-} 的浓度为 0.010mol/L，则生成 AgCl 沉淀时 Ag^+ 浓度为

$$c(Ag^+)=\frac{Ksp(AgCl)}{c(Cl^-)}=\frac{1.8\times10^{-10}}{0.10}=1.8\times10^{-9}\text{mol/L}$$

生成 Ag_2CrO_4 沉淀时 Ag^+ 的浓度为

$$c(Ag^+)=\sqrt{\frac{K_{sp}(Ag_2CrO_4)}{c(CrO_4^{2-})}}=\sqrt{\frac{1.2\times10^{-12}}{0.010}}=1.0\times10^{-5}\text{mol/L}$$

当有 Ag_2CrO_4 沉淀生成时：

$$c(Cl^-)=\frac{K_{sp}(AgCl)}{c(Ag^+)}=\frac{1.8\times10^{-10}}{1.0\times10^{-5}}=1.8\times10^{-5}\text{mol/L}$$

即滴定终点时 Cl^- 浓度已很小了。

2. 滴定条件

（1）指示剂的用量。在滴定过程中，应严格控制指示剂的用量，因为如果指示剂加入过多，会使滴定终点提前；如果指示剂加入量太少，则多消耗 Ag^+，滴定终点滞后。根据溶度积原理，当达到化学计量点恰好析出 Ag_2CrO_4 沉淀时，Ag^+ 和 Cl^- 的浓度为

$$c(Ag^+)=c(Cl^-)=1.3\times10^{-5}\text{mol/L}$$

此时所需的 $CrO_4{}^{2-}$ 的浓度为

$$c(CrO_4^{2-})=\frac{K_{sp}(Ag_2CrO_4)}{c^2(Ag^+)^2}=\frac{1.2\times10^{-12}}{(1.3\times10^{-5})}=7\times10^{-3}\text{mol/L}$$

在实际滴定中，由于 K_2CrO_4 本身呈黄色，高浓度的指示剂将妨碍 Ag_2CrO_4 沉淀颜色的观察，影响终点的判断。实验表明，K_2CrO_4 浓度约为 5×10^{-3}mol/L 时比较合适。

（2）滴定溶液的酸度。通常溶液的酸度应控制在 pH 值为 6.5～10.5。若酸度过高，则 Ag_2CrO_4 沉淀溶解。

$$Ag_2CrO_4+H^+=\!=\!=2Ag^++HCrO_4^-$$

酸度太低时，则生成 Ag_2O 沉淀。

$$2Ag^++2OH^-=\!=\!=Ag_2O\downarrow+H_2O$$

当溶液中有铵盐存在时，要求滴定酸度 pH 值为 6.5～7.2。因 pH 值大于 7.2 时，NH_4^+ 将转化为 NH_3，会使溶液中 NH_3 的浓度增大，而 NH_3 与 Ag^+ 能生成 $Ag(NH_3)^+$ 和 $Ag(NH_3)_2{}^+$ 离子，增加难溶银盐的溶解度，影响滴定反应的定量进行。

（3）干扰离子。凡是能与 Ag^+ 生成沉淀的阴离子，如 PO_4^{3-}、CO_3^{2-}、$C_2O_4^{2-}$、AsO_4^{3-}、SO_3^{2-}、S^{2-} 等都干扰测定。能与 CrO_4^{2-} 生成沉淀的阳离子，如 Ba^{2+}、Pb^{2+} 等，以及有色离子 Cu^{2+}、Co^{2+} 和 Ni^{2+} 等，还有在中性、弱碱性溶液中易发生水解反应的离子，如 Fe^{3+}、Al^{3+} 等，均干扰测定，应预先分离。其中 S^{2-} 可在酸性溶液中加热除去，SO_3^{2-} 可氧化成 SO_4^{2-}，Ba^{2+} 可加入大量的 Na_2SO_4 以消除其干扰。

（4）剧烈摇动。莫尔法在滴定过程中生成的 AgCl 沉淀会强烈地吸附 Cl^-，从而使溶液中 Cl^- 浓度降低，以至终点提前而导致误差。因此，在滴定过程中必须剧烈摇动溶液，以减小误差。

莫尔法只适用于测定 Cl^- 和 Br^- 的含量，不适用于滴定 I^- 和 SCN^-。因 AgI 或 AgSCN 吸附 I^- 或 SCN^- 更为强烈。即使剧烈摇动也不能消除吸附的影响，对分析结果影响甚大，因此本法不适合于碘化物和氰化物的测定。

3. 标准溶液

（1）NaCl 标准溶液。NaCl 易提纯，可作为基准物质直接配制，NaCl 易潮解，使用前需在 500～600℃下干燥。为此，可将 NaCl 置于干净的瓷坩埚中，加热至不再有爆破声（表

示水分已除尽），稍冷，置于干燥器中保存备用。

（2）$AgNO_3$ 标准溶液。市售的一些高纯度 $AgNO_3$ 试剂（标签上标明可作为基准物质），可直接配制成标准溶液。但若所用的 $AgNO_3$ 纯度不够高，应采用标定的方法确定其浓度。标定 $AgNO_3$ 的基准物质是 NaCl，若标定与测定使用相同的方法，则可抵消方法的系统误差。

配制 $AgNO_3$ 所用蒸馏水应不含氯离子，由于 $AgNO_3$ 溶液见光分解，故应保存在棕色瓶试剂中。滴定时应使用棕色酸式滴定管。

$$2AgNO_3 \longrightarrow 2Ag\downarrow + 2NO_2\uparrow + O_2\uparrow$$

4. 应用

水中氯含量的测定：地面水、地下水、用漂白粉消毒的天然水中都含有氯化物，工业循环冷却水中也含有氯离子，测定时都可用 $AgNO_3$ 标准溶液进行滴定。一般采用莫尔法。

当水中含有 H_2S 时，可用稀硝酸酸化，并煮沸 5～15min，冷却后调至 pH 值为 6.5～10.5，再进行滴定。

$$3H_2S + 2HNO_3 = 3S\downarrow + 4H_2O + 2NO\uparrow$$

当水样中含有 SO_3^{2-}，它能与 Ag^+ 反应生成 Ag_2SO_3 而使结果偏高，可在滴定前先用 H_2O_2 将 SO_3^{2-} 氧化成 SO_4^{2-}。

$$SO_3^{2-} + H_2O_2 = SO_4^{2-} + H_2O$$

若水样颜色较深，影响滴定终点的观察时，可在滴定前用活性炭或明矾吸附脱色。水样中有 PO_4^{3-}、AsO_4^{3-} 时，应采用佛尔哈德法测定。

四、佛尔哈德法

1. 原理

佛尔哈德法是在酸性溶液中，以铁铵钒［$NH_4Fe(SO_4)_2 \cdot 12H_2O$］作指示剂来确定滴定终点的方法。根据滴定方式的不同，佛尔哈德法可分为直接滴定法和返滴定法两种。

（1）直接滴定法：在酸性条件下，以铁铵矾 $NH_4Fe(SO_4)_2$ 为指示剂，用 KSCN 或 NH_4SCN 标准溶液直接滴定溶液中的 Ag^+，至溶液中出现 $FeSCN^{2+}$ 的红色时，表示到达终点。

$$\text{滴定反应：} Ag^+ + SCN^- = AgSCN\downarrow\text{（白色）}$$

$$\text{指示反应：} Fe^{3+} + SCN^- = FeSCN^{2+}\text{（血红色）}$$

在滴定过程中，由于不断形成的 AgSCN 沉淀强烈吸附溶液中的 Ag^+，终点将提前出现，使分析结果产生较大的误差。因此，滴定过程中必须剧烈摇动溶液，使被吸附的 Ag^+ 尽量减少。

（2）返滴定法：首先向试液中加入准确过量的 $AgNO_3$ 标准溶液，使卤离子或硫氰根离子定量生成银盐沉淀后，再加入铁铵矾指示剂，用 NH_4SCN 标准溶液返滴定剩余的 Ag^+。如测定 Cl^- 时，反应如下：

$$Cl^- + Ag^+\text{（已知过量）} = AgCl\downarrow\text{（白色）}, \quad K_{SP} = 1.8\times10^{-10}$$

$$Ag^+\text{（剩余）} + SCN^- = AgSCN\downarrow\text{（白色）}, \quad K_{SP} = 1.1\times10^{-12}$$

$$Fe^{3+} + SCN^- = FeSCN^{2+}\text{（血红色）}, \quad K = 1.4\times10^{2}$$

应用此法测定 Cl^- 时，由于 AgCl 的溶解度比 AgSCN 大，当剩余 Ag^+ 被滴定完毕后，

过量的 SCN^- 将与 AgCl 发生沉淀转化反应：

$$AgCl + SCN^- = AgSCN \downarrow + Cl^-$$

故在形成 AgCl 沉淀之后加入少量有机溶剂，如硝基苯、苯、四氯化碳、邻苯二甲酸二丁酯等，用力振摇后使 AgCl 沉淀表面覆盖一层有机溶剂而与外部溶液隔开，并轻轻摇动，以防止转化反应进行。

2. 滴定条件：

（1）指示剂用量。指示剂铁铵矾的用量要适当，否则会影响滴定终点出现的时间，也影响测定的准确度。指示剂加入过少，终点不明显；指示剂加入过多时，终点将提前出现，并且 Fe^{3+} 的深黄色也影响终点的观察。实验证明，溶液中 Fe^{3+} 的浓度在 0.0015mol/L 时，滴定终点误差很小，可忽略不计。

（2）溶液的酸度。滴定应在硝酸溶液中进行，一般控制溶液酸度在 0.1～1mol/L 之间。溶液 pH 值较高时，Fe^{3+} 容易水解成深棕色的 $Fe(OH)_3$，降低了溶液中 Fe^{3+} 的浓度，Ag^+ 在碱性溶液中生成褐色的 Ag_2O 沉淀，影响滴定终点的观察。此外，溶液的酸度也不宜过高，否则会降低 SCN^- 的浓度，也会影响终点的观察。在 H^+ 浓度为 0.1～1mol/L 的酸性溶液中测定，许多弱酸根离子，如 PO_4^{3-}、CO_3^{2-}、$C_2O_4^{2-}$ 等都不与 Ag^+ 生成沉淀，因而不干扰测定。氧化剂、氮的低价氧化物和汞盐都能与 SCN^- 反应，干扰测定，应预先除去。

3. 标准溶液

NH_4SCN 试剂一般含杂质较多，且易吸潮，故不能作为基准物质，可用已标定好的 $AgNO_3$ 标准溶液用直接滴定法进行标定。

4. 应用

佛尔哈德法可用直接法测定 Ag^+，返滴定测定 Cl^-、Br^-、I^-、SCN^- 等离子。

（1）烧碱中 NaCl 含量的测定。对含有 NaCl 的烧碱溶液进行酸化处理后，在其中加入准确过量的 $AgNO_3$ 标准溶液，使 Cl^- 离子定量生成 AgCl 沉淀后，再加入铁铵矾指示剂，用 NH_4SCN 标准溶液返滴定剩余的 $AgNO_3$。可由试样的质量及滴定用去标准溶液的体积，计算试样中氯的百分含量。

测定步骤为：准确移取烧碱溶液 25.00mL，加入 100mL 容量瓶中，以酚酞作指示剂，用浓 HNO_3 中和至红色消失，在用水稀释至刻度，摇匀。移取 10.00mL 试液放入锥形瓶中，加入浓度为 4mol/L 的 HNO_3 4mL，在充分摇动下，自滴定管准确加入 40mL$AgNO_3$ 标准溶液，再加入 2mL 铁铵矾指示剂，5mL 邻苯二甲酸二丁酯，用力摇动使 AgCl 沉淀凝聚，并被邻苯二甲酸二丁酯所覆盖，用 NH_4SCN 标准溶液滴定至呈现淡红色，并在轻轻摇动下，淡红色不在消失为终点。记下 NH_4SCN 标准溶液的体积。

（2）银合金中银的测定。将银合金溶于 HNO_3 中，制成溶液。

$$Ag + NO_3^- + 2H^+ = Ag^+ + NO_2 \uparrow + H_2O$$

在溶解试样时，必须煮沸以除去氮的低价氧化物，因为它能与 SCN^- 作用生成红色化合物，而影响终点的观察：

$$HNO_2 + H^+ + SCN^- = NOSCN(\text{红色}) + H_2O$$

试样溶解之后，加入铁铵矾指示剂，用 NH_4SCN 标准溶液滴定。

根据试样的质量、滴定用去 NH_4SCN 标准溶液的体积，以计算银的百分含量。

5. 计算示例

【例 1】 称量基准物质 NaCl0.7526g，溶于 250mL 容量瓶中并稀释至刻度，摇匀。移取 25.00mL，加入 40.00mL $AgNO_3$ 溶液，滴定剩余的 $AgNO_3$ 时，用去 18.25mL NH_4SCN 溶液。直接滴定 40.00mL $AgNO_3$ 溶液时，需要 42.60mL NH_4SCN 溶液，求 $AgNO_3$ 和 NH_4SCN 的浓度。

解： 与 NaCl 反应的 $AgNO_3$ 溶液体积为

$$V=40.00-\frac{40.00\times 18.25}{42.60}$$

$$c(AgNO_3)=\frac{0.7526\times\frac{25}{250}}{58.44\times\left(40.00-\frac{40.00\times 18.25}{42.60}\right)}\times 1000=0.05633\text{mol/L}$$

$$c(NH_4SCN)=\frac{0.05633\times 40.00}{42.60}=0.05289\text{mol/L}$$

【例 2】 称取食盐 0.2000g 溶于水，以 K_2CrO_4 作为指示剂，用 0.1500mol/L $AgNO_3$ 标准溶液滴定，用去 22.50mL，计算 NaCl 的百分含量。

解： 已知 NaCl 的摩尔质量 $M=58.44\text{g/mol}$，则

则 NaCl 的百分含量为 $\frac{0.1500\times\frac{22.50}{1000}\times 58.44}{0.2000}\times 100\%=98.62\%$。

第五节 络合滴定法

近年来，在煤灰分析中普遍应用络合滴定法来分析 Fe^{3+}、Al^{3+}、Ca^{2+}、Mg^{2+} 等金属离子，络合滴定法是利用形成稳定络合物的络合反应来进行滴定的容量分析方法。

一、络合物

在 $AgNO_3$ 溶液中滴入 NaCl 溶液，立即有白色 AgCl 沉淀生成：

$$Ag^{+}+Cl^{-}\rightarrow AgCl\downarrow$$

如果在这一体系中加入过量的 $NH_3\cdot H_2O$，则白色 AgCl 溶解，体系成为无色透明的液体，这时再滴加 Cl^{-}，就不会出现白色的沉淀，可见溶液中已没有足够量的 Ag^{+} 生成 AgCl，也就是说大量 Ag^{+} 离子消失了，这是因为 $NH_3\cdot H_2O$ 加到 AgCl 中生成了可溶于水的复杂离子——银氨络离子 $[Ag(NH_3)_2]^{+}+2H_2O$，又因为 $[Ag(NH_3)_2]^{+}$ 本身的电离度很小，以致在溶液中只有极微量的 Ag^{+}，其浓度和加入 Cl^{-} 浓度的乘积小于 $K_{ap,AgCl}$，所以没有 AgCl 沉淀，类似于 $[Ag(NH_3)_2]^{+}$ 的电离度很小的这类复杂离子叫作络离子。

银氨络离子中的 Ag^{+} 叫作络离子的中心离子，其中 NH_3 叫作络离子的内配位体。因此，络离子是由中心离子和一定数量的内配位体构成的。内配位体的数量叫作中心离子的配位数。Ag^{+} 的配位数为 2。内配位体可以是分子，也可以是与中心离子具有相反电荷的离子，例如铜氯络离子 $[CuCl_4]^{2-}$ 中的 Cl^{-} 是具有和中心离子 Cu^{2+} 相反电荷的离子。络离子的电荷数等于中心离子的电荷数和内配位体电荷数的代数和。

在 $[Ag(NH_3)_2]^+$ 中，Ag^+ 的配位数为 2，每一个内配位体 NH_3 只能满足 Ag^+ 的一个配位数，如果一个内配位体能满足一个中心离子的两个配位数，并且和中心离子构成环状结构则这种络合物称为螯合物。如 Cu^{2+} 的配位数为 4，乙二胺可以满足 Cu^{2+} 的两个配位数，因而有两个乙二胺就能满足 Cu^{2+} 的全部配位数。

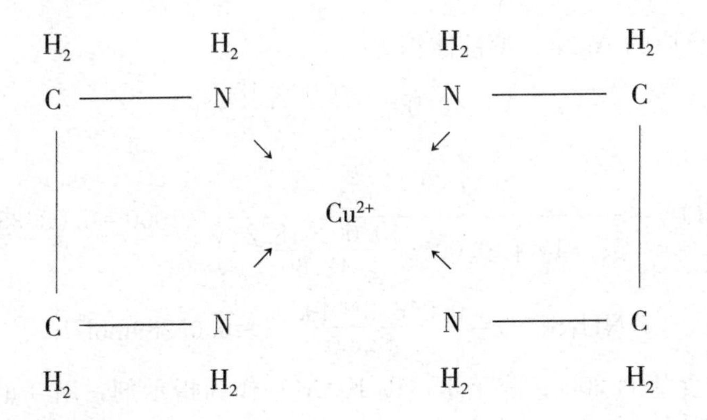

二、络离子的稳定常数

以煤灰分析中络合滴定 Ca^{2+} 为例：

$$Ca^{2+}+Y^{4-}\rightarrow CaY^{2-}$$

用质量作用定律表示：

$$K_{稳}=\frac{[CaY^{2-}]}{[Ca^{2+}][Y^{4-}]}=4.9\times10^{10}$$

$K_{稳}$ 称为络合物稳定常数，不同的络合物，各有一定的稳定常数，从络合物稳定常数的大小，可以比较络合物的稳定性，稳定常数越大，络合物越稳定。

$$K_{不稳}=\frac{c[Ca^{2+}]\ c[Y^{4-}]}{c[CaY^{2-}]}=2.04\times10^{-11}$$

不稳定常数越小，络合物越稳定。

三、络合剂

凡能和正离子形成络离子的叫络合剂，常用的有机络合剂是以胺二乙酸基团 $[-N(CH_2COOH)_2]$ 的衍生物，由于应用最广的络合剂为乙二胺四乙酸，在水中溶解度很小，因此用其二钠盐：

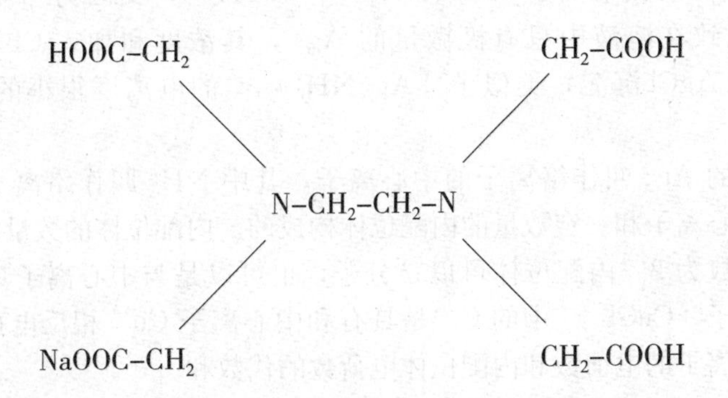

在化学反应式中，又常用 H_4Y 代表乙二胺四乙酸，用 Na_2H_2Y 代表它的二钠盐。

无论金属离子的原子价多少，在一般情况下，EDTA 与一至四价的金属离子都能形成 1∶1 而易溶于水的络合物。

例如：$M^{+}+H_2Y^{2-}$—$MY^{3-}+2H^{+}$

$M^{2+}+H_2Y^{2-}$—$MY^{2-}+2H^{+}$

$M^{3+}+H_2Y^{2-}$—$MY^{-}+2H^{+}$

$M^{4+}+H_2Y^{2-}$—$MY+2H^{+}$

以上特点是络合滴定法得以发展的主要原因。

四、金属指示剂

1. 金属指示剂的作用原理

金属指示剂是一种络合剂，它能与金属离子形成与其本身具有显著不同颜色的而指示滴定终点的到达。由于它能指示出溶液中金属离子浓度的变化情况，故称其为金属离子指示剂。

变色原理：以 EDTA 滴定 Mg^{2+}（pH 值为 10），用铬黑 T（EBT）作指示剂为例，滴定前先加一定量的指示剂于试液中，铬黑 T 与一部分 Mg^{2+} 反应生成红色络合物：$Mg^{2+}+HIn^{2-}\rightleftharpoons MgIn^{-}+H^{+}$

当加入 EDTA 后，溶液中游离的 Mg^{2+}（大量）渐渐与 EDTA 络合，溶液仍呈红色。

当滴定至计量点附近时，游离镁的浓度已降至很低。此时加入少许 EDTA 就可以夺取出 Mg-EBT 中的 Mg^{2+}，而使 EBT 游离出来，引起溶液的颜色突变，指示滴定终点。

$$\underset{\text{（红色）}}{MgIn^{-}}+HY^{3-}\rightleftharpoons MgY^{2-}+\underset{\text{（兰色）}}{HIn^{2-}}$$

一般规律：

$$\underset{\text{（甲色）}}{MIn}+Y\rightleftharpoons MY+\underset{\text{（乙色）}}{In} \tag{4-35}$$

MIn 为金属离子与指示剂形成的络合物，In 为指示剂的游离态。

注意：金属指示剂为有机弱酸或弱碱，在不同的 pH 阶段有不同的主要型体，应注意使用时的适宜酸度。

$$H_2In^{-}\rightleftharpoons HIn^{2-}\rightleftharpoons In^{3-}$$

（紫红色） （兰色） （橙色）

$pH<6$ $pH=8\sim11$ $pH>12$

铬黑 T 能与一些金属离子形成红色的络合物，则适宜的酸度范围应在 pH 值为 8～11 之间。

金属指示剂必须具备的条件：

（1）在滴定的酸度范围内，指示剂和金属离子的络合物与自身的颜色应有显著的区别，才能在终点产生明显的颜色变化。

（2）指示剂和金属离子的显色反应必须灵敏、迅速并具有良好的变色可逆性。

（3）络合物 MIn 的稳定性要适当，既要有足够的稳定性，又要比 MY 络合物的稳定性低。

2. 金属指示剂变色点的 $PM(PM_t)$ 值

在金属离子与指示剂的络合反应中，同样也有副反应的存在。只考虑指示剂 In 与 H^{+}

的副反应，则金属离子-指示剂 MIn 的条件形成常数为：

$$K'_{MIn}=\frac{c(MIn)}{c(M)c(In')}=\frac{c(MIn)}{c(M)c(In)\cdot\alpha_{In(H)}}=\frac{K_{MIn}}{\alpha_{In(H)}}$$

因此：

$$\lg K'_{MIn}=PM+\lg\frac{c(MIn)}{c(In')}==\lg K_{MIn}-\lg\alpha_{In(H)}$$

（1）在计量点附近有如下反应：

$MIn+Y\rightleftharpoons MY+In'$当 $c(MIn)=c(In')$时，溶液的颜色发生改变（呈混合色），称为指示剂的理论变色点。此时金属离子的浓度 PM 值用 PM_t 表示。

则：

$$PM_t==\lg K'_{MIn}==\lg K_{MIn}-\lg\alpha_{In(H)}$$

式中，$\lg K'_{MIn}$是只考虑酸效应时 MIn 络合物的条件常数。

（2）如果金属离子同时也存在副反应，则：

$$PM'_{ep}==PM_t-\lg\alpha_M$$

即

$$PM'_{ep}==\lg K'_{MIn}-\lg\alpha_M=\lg K_{MIn}-\lg\alpha_{In(H)}-\lg\alpha_M$$

由于酸效应的影响，指示剂的变色点不是一个确定的值，PM_t 随溶液酸度的减小而增大。在络合滴定中，通过选择适宜的滴定酸度，使此时的 PM_{ep}（PM'_{ep}）与 PM_{SP}（PM'_{SP}）尽可能接近，且指示剂变色敏锐，则有利于提高滴定分析的准确度。

3. 金属指示剂在使用中存在的问题

（1）指示剂的封闭现象：某些金属离子与指示剂形成的络合物较其 EDTA 的络合物更为稳定。如果溶液中存在着这些金属离子，即使滴定已经达到计量点，甚至过量的 EDTA 也不能夺取 MIn 络合物中的金属离子而使指示剂 In 释放出来，因而看不到滴定终点应有的颜色突变，这种现象称为指示剂的封闭现象。

解决方法：

1）加入掩蔽剂：滴定 Ca^{2+}、Mg^{2+} 时，用铬黑 T 作指示剂，在酸性条件下加入三乙醇胺掩蔽 Al^{3+} 和 Fe^{3+}；在碱性条件下，加入 KCN 掩蔽 Cu^{2+}、Co^{2+}、Ni^{2+}。

2）采用返滴定法：如果封闭现象是由被滴定离子自身引起的，在计量点附近 MIn 不能很快地 EDTA 反应，因而看不到颜色的突变。

（2）指示剂的僵化现象：有些指示剂 MIn 络合物在水中的溶解度较小，或 MIn 只稍逊于 MY 的稳定性，致使 EDTA 与 MIn 之间的置换反应速率缓慢，终点拖长或颜色变化很不敏锐，称之为指示剂的僵化现象。

解决方法：加入适当的有机溶剂或加热，以 MIn 络合物的溶解度或加快置换反应的速率。

4. 常用金属指示剂简介

铬黑 T(EBT)：在 pH 值为 10 的氨性缓冲溶液中，是良好的指示剂。

钙指示剂（NN）：在 pH 值为 12～13 之间，钙指示剂与 Ca^{2+} 形成酒红色络合物，而自身呈纯兰色。

二甲酚橙（XO）：适用范围为 pH 值小于 6.0 的酸性溶液中使用。

1-(2-吡啶偶氮)-2-萘酚（PAN）：适用于 pH 值为 1.9～12.2 之间。由于 PAN 与金属离子的络合物水溶性差，大多数出现沉淀，变色不敏锐，因此常加入乙醇或加热后再进行滴定。

（1）Cu-PAN 作为一种间接指示剂可以测定多种金属离子，它是 CuY 和 PAN 的混合液，当取适量加至待测金属离子 M 的试液中

$$CuY(蓝)+PAN(黄)+M \xlongequal{} MY+Cu-PAN$$

（黄绿色）　　　　　　（紫红色）

溶液呈紫红色。当加入的 EDTA 与 M 定量络合后，稍过量的滴定剂就会夺取出 Cu-PAN 中的 Cu^{2+}，而使 PAN 游离出来：

$$Cu\text{-}PAN+Y \xlongequal{} CuY+PAN$$

（紫红色）　　　　（黄绿色）

此时溶液由紫红色变为黄绿色，表明滴定已达到终点。由于滴定前加入 CuY 与最后生成的 CuY 量相等，故加入的 CuY 不会影响测定结果。

（2）间接指示剂还有 MgY-EBT，在 pH 值为 10 的溶液中，用 EDTA 滴定 Ca^{2+} 或 Ba^{2+} 时，终点由红色变为兰色。

磺基水杨酸（SSA）：在 pH 值为 1.5～2.5 时与 Fe^{3+} 形成紫红色的络合物 $FeSSA^{+}$，可用作滴定 Fe^{3+} 的指示剂，终点由红色变为亮黄色。

五、终点误差和准确滴定的条件

1. 终点误差

终点误差的意义：

$$E_t=\frac{\text{滴定剂 Y 过量或不足的物质的量}}{\text{金属离子的物质的量}}$$

设在终点时，加入的滴定剂 Y 的物质的量为 $c_{Y,ep}V_{ep}$，溶液中金属离子 M 的物质的量为 $c_{M,sp}V_{ep}$，通过推导可得

林邦终点误差公式：

$$E_t=\frac{10^{\Delta PM'}-10^{-\Delta PM'}}{\sqrt{c_{M,SP}K'_{MY}}}\times 100\%$$

公式中 $\Delta PM'=PM'_{ep}-PM'_{sp}$，决定误差的正负。

$c_{M,sp}$为按计量点时体积计算的金属离子的浓度。

公式表明：当 $\Delta PM'$一定时，$c_{M,sp}K'_{MY}$值越大，络合滴定突跃越大，终点误差越小。若金属离子未发生副反应，则用 ΔPM 代替 $\Delta PM'$计算。

2. 直接准确滴定金属离子的条件

（1）影响络合反应的因素：①待测金属离子的浓度 c_M（也与滴定剂的浓度）有关；②络合物的条件形成常数 K_{MY}；③对滴定准确度的要求（E_t 的大小）；④指示剂的选择（决定 $\Delta PM'$的大小和检测终点的敏锐性）。

（2）设 $\Delta PM'=\pm 0.2$，显然只有当滴定突跃不小于 0.4 个 PM 单位时，指示剂的变色点才可能落在其中。若要求 $|E_t|\leqslant 0.1\%$，则得 $\lg c_{M,sp}K'_{MY}\geqslant 6$。

（3）直接准确滴定金属离子的可行性判据：

$$\lg c_{M,sp}K'_{MY}\geqslant 6$$

3. 络合滴定中酸度的选择与控制

（1）缓冲溶液和辅助络合剂的作用：

$$M+H_2Y \xlongequal{} MY+2H^+ \tag{4-36}$$

随着滴定剂与金属离子反应生成相应的络合物，溶液的酸度会逐渐增高，减小了 MY 的条件常数，降低滴定反应的完全程度，而且还可能影响指示剂的变色点和自身的颜色，

导致终点误差变大，因此酸度对络合滴定的影响是多方面的，需要加入缓冲溶液予以控制。

常用的缓冲体系：

酸性：HAc-NaAc，$(CH_2)_6N_4-HCl$。

碱性：NH_3-NH_4Cl。

当在较低的酸度下滴定时，常需加入辅助络合剂如氨水、酒石酸和柠檬酸等，但同时又引起络合效应，应注意控制其浓度。

注意：选择缓冲溶液时，不仅要考虑它的缓冲范围和缓冲容量，还要注意可能引入的副反应。

（2）单一金属离子滴定的最高酸度和最低酸度。

1）最高酸度（最低 pH 值）：由 $\lg c_{M,sp}K'_{MY}\geqslant 6$ 知当 c_M 一定时，K 至少应达到某一数值（最小值），才有可能对该金属离子直接准确滴定。由于酸效应时影响络合滴定最主要的因素，假如金属离子不发生副反应，则 K'_{MY} 仅受酸效应的影响，其大小由 $\alpha_{Y(H)}$ 决定，也就是说溶液的酸度存在着一个高限，这一最高允许酸度称为最高酸度。

a. $\lg\alpha_{Y(H)}(\max)=\lg K_{MY}-\lg K'_{MY}(\min)$。

b. 当 $c_{M,sp}=0.010\text{mol/L}$，$\Delta PM'=\pm 0.2$ 时，由 $\lg c_{M,sp}K'_{MY}\geqslant 6$，得

$$\lg K_{MY}(\min)=8 \qquad (|E_t|\leqslant 0.1\%)$$

$$\lg\alpha_{Y(H)}(\max)=\lg K_{MY}-8$$

c. 酸效应曲线（林邦曲线）：横坐标用 $\lg\alpha_{Y(H)}$ $(\lg K_{MY})$ 表示，纵坐标是各金属离子对应的滴定最高酸度。

作用：

（a）查得曲线上所标离子的 $\lg K_{MY}$。

（b）找到每种离子在指定条件下（$c_{M,sp}=0.010\text{mol/L}$，$\Delta PM'=\pm 0.2$，$|E_t|\leqslant 0.1\%$）可被准确滴定的最低 pH 值。

（c）了解各离子相互干扰的情况：曲线右下方的离子干扰左上方离子的滴定，但在左上方离子存在下，可用控制酸度的方法滴定右下方离子。

d. 最高酸度与具体条件有关。

2）最低酸度（最高 pH 值）：将金属离子开始生成氢氧化物沉淀时的酸度作为络合滴定的最低酸度。由氢氧化物的溶度积求得。

3）适宜酸度范围：最高酸度和最低酸度之间的酸度范围称为适宜酸度范围。

4）最佳酸度：在滴定某离子的最高酸度和最低酸度之间，究竟选择哪一酸度最为合适，还要结合指示剂的适宜酸度来进行选择。如果在所用的酸度下滴定时，指示剂所指示的终点与计量点最为接近，那么这个酸度就可认为是滴定的最佳酸度。一般介于适宜酸度之间（$PM_{ep}=PM_{sp}$时的酸度）。

注意：金属离子的滴定并非一定要在适宜的酸度范围内进行，若有合适的络合剂（防止金属离子水解），也可以在其他酸度下进行。

六、提高络合滴定选择性的方法

1. 分步滴定的可行性判据

（1）分步滴定：设溶液中只有两种金属 M（被测金属离子）和 N（干扰金属离子）共

存，他们都能与 EDTA 络合，但 $K_{MY}>K_{NY}$。当用 EDTA 进行滴定时，M 离子首先与之反应。若 K_{MY}、K_{NY}相差到一定程度，就有可能准确滴定 M 而不受 N 离子的干扰。这种情况称为分步滴定。

（2）条件讨论：设 M、N 的分析浓度分别为 c_M 和 c_N，按计量点溶液体积计算时的分析浓度各为 $c_{M,SP}$和 $c_{N,SP}$。此时滴定剂在溶液中有两种副反应——酸效应和共存离子效应。

$$\alpha_Y = \alpha_{Y(H)} + \alpha_{Y(N)} - 1 \tag{4-37}$$

如果 M 离子能被分步滴定，那么到达计量点时 N 离子与 Y 的络合反应就可以忽略不计，$[N]\approx c_{N,sp}$。

$$\alpha_{Y(N)} = 1 + K_{NY}[N] \approx c_{N,sp}K_{NY} \tag{4-38}$$

1）在较高的酸度下滴定 M 离子，由于 EDTA 的酸效应是主要的，即 $\alpha_{Y(H)}\geqslant\alpha_{Y(N)}$，则 N 离子与 EDTA 的副反应可以忽略。

$$\alpha_Y\approx\alpha_{Y(H)}，则\ \lg K'_{MY}=\lg K_{MY}-\lg\alpha_{Y(H)}$$

此时可认为 N 的存在对 M 的滴定反应没有影响，与单独滴定 M 离子时的情况相同。

2）由于滴定 M 时的酸度较低，$\alpha_{Y(H)}\leqslant\alpha_{Y(N)}$，Y 的酸效应可被忽略，而 N 离子与 EDTA 的副反应起主要影响，因此：

$$\alpha_Y \approx \alpha_{Y(N)} \approx c_{N,sp}K_{NY}$$

$$\lg K'_{MY}= \lg K_{MY} - \lg K_{NY} - \lg c_{N,sp} = \Delta\lg K - \lg c_{N,sp}$$

而

$$\lg c_{M,sp}K'_{MY}=\Delta\lg K+\lg(c_{M,sp}/c_{N,sp})=\Delta\lg K+\lg(c_M/c_N)$$

若 $c_M=c_N$，则

$$\Delta\lg K=\lg c_{M,sp}K'_{MY}\geqslant 6$$

此式即为分步滴定的可行性分析判据。

一般情况下，如果满足：$\Delta\lg K\geqslant 6$，$\Delta pM'=\pm 0.2$，终点误差 $|E_t|\leqslant 0.1\%$，即符合一般混合离子的滴定分析对准确度的要求。

以上即为判别混合溶液中 M 离子能否准确滴定的条件。

注意：分步滴定的条件与络合滴定的具体情况以及对准确度的要求有关。

2. 控制酸度进行混合离子的选择滴定

当 $\Delta\lg K$ 足够大时，分步滴定实际是通过控制不同的滴定酸度来实现的。由于金属离子 EDTA 络合物的形成常数不同，滴定的最高允许酸度和适宜的酸度范围也各不相同。当溶液中不只存在一种金属离子时，通过控制滴定酸度使 M 离子能 EDTA 定量络合，而其他离子基本不能与之形成稳定的络合物（同时也不与指示剂显色），从而达到选择滴定的目的。例如在烧结铁矿石的溶液中，常含有 Fe^{3+}、Al^{3+}、Ca^{2+} 和 Mg^{2+} 四种离子，如果控制溶液的酸度，使 pH 值为 2（这是滴定 Fe^{3+} 的允许最小 pH 值），它远远小于 Al^{3+}、Ca^{2+} 和 Mg^{2+} 的最小允许 pH 值，这时用 EDTA 滴定 Fe^{3+}，其他三种离子就不会发生干扰。

3. 使用掩蔽剂提高络合滴定的选择性

大多数金属离子的 K_{MY}相差不多，甚至有时 K_{MY}较 K_{NY}还小，无法通过控制酸度进行选择滴定。由于共存离子影响还与其浓度有关，由此借助某些试剂与共存离子的反应使其平衡浓度大为降低，由此减小以至消除它们与 Y 的副反应，从而达到选择滴定的目的，这种方法称为掩蔽法。

(1) 络合掩蔽法：掩蔽剂是一种络合剂，在一定的条件下它与N离子形成较稳定的络合物（最好是无色或浅色的），但不与或基本不与M离子反应。例如用EDTA测定水中的Ca^{2+}和Mg^{2+}时，Fe^{3+}、Al^{3+}等离子的存在对测定有干扰，可加入三乙醇胺作为掩蔽剂。三乙醇胺能与Fe^{3+}、Al^{3+}等离子形成稳定的络合物，而且不与Ca^{2+}、Mg^{2+}作用，这样就可消除Fe^{3+}、Al^{3+}等离子的干扰。有两种情况：

1) N离子的浓度$c[N]$已减至很小，致使$\alpha_{Y(H)} \geqslant \alpha_{Y(N)}$，即N已不构成干扰。

2) 掩蔽剂L对N离子的掩蔽并不完全，此时能否选择滴定M离子则取决于K'_{MY}的大小。

(2) 沉淀掩蔽法：利用沉淀反应降低干扰离子的浓度，不经分离沉淀直接进行滴定，这种消除干扰的方法称为沉淀掩蔽法。例如在Ca^{2+}、Mg^{2+}共存的溶液中，加入NaOH使溶液的pH值大于12，Mg^{2+}形成$Mg(OH)_2$沉淀，不干扰Ca^{2+}的滴定。沉淀掩蔽法存在一些缺点：

1) 一些沉淀反应进行得不完全，掩蔽效率不高。

2) 由于生成沉淀时，常用“共沉淀现象”，因而影响滴定的准确度，有时由于对指示剂有吸附作用，而影响终点的观测。

3) 沉淀有颜色或体积很大，都会妨碍终点的观察。因此沉淀掩蔽法应用不是很广泛。

(3) 氧化还原掩蔽法：利用氧化还原反应来改变干扰离子的价态以消除干扰的方法，称为氧化还原掩蔽法。

有些金属离子被氧化成高价态后，在溶液中以酸根的形式存在，干扰作用大为减小。氧化还原掩蔽法，只适用于那些易发生氧化还原反应的金属离子，并且生成的还原性物质或氧化性物质不干扰测定的情况，因此目前只有少数几种离子可用这种掩蔽方法。

(4) 采用具有选择性的解蔽剂：加入某种解蔽剂，使被掩蔽的金属离子从相应的络合物中释放出来的方法，称为解蔽。

七、络合滴定的方式及其应用

在络合滴定中，采用不同的滴定方式可以扩大络合滴定的应用范围，常用的有以下几种。

1. 直接滴定法和返滴定法

(1) 直接滴定法：将试样处理成溶液后调节至所需要有的酸度，加入必要的其他试剂和指示剂，直接用EDTA滴定。

(2) 返滴定法：返滴定法是在试液中先加入已知量过量的EDTA标准溶液，用另一生种金属盐类标准溶液滴定过量的EDTA，由两种标准溶液的浓度和用量，即可求得被测物的含量。

2. 置换滴定法

在直接滴定法和返滴定法都遇到困难时，可以利用置换反应，置换出相当量的另一金属离子，或置换出EDTA，然后滴定，这就是置换滴定法。

如以煤中滴定Al^{3+}为例，用EDTA滴定时，存在下列问题：

(1) Al^{3+}对二甲酚橙指示剂有封闭的作用。

(2) Al^{3+}与EDTA络合缓慢，需要过量EDTA并加热煮沸，络合反应才比较完全。

(3) 在酸度不高时，Al^{3+}水解生成一系列多核羟基络合物，如$[Al_2(H_2O)_5(OH)_3]^{3+}$，

$[Al_3(H_2O)_6(OH)_6]^{3+}$与EDTA的反应缓慢，络合比不定，对滴定不利，甚至将酸度提高至EDTA滴定Al^{3+}的最高酸度（pH值为4.1）仍不能避免多核络合物的形成。

当滴定Al^{3+}时，可在分离出SiO_2后的溶液中，加入过量的EDTA，调节溶液的pH值为6，使其余多种金属离子络合，再用锌盐回滴过剩的EDTA，然后加入过量的NaF以置换出与Al^{3+}和Ti^{4+}络合的EDTA，最后用锌盐滴这些EDTA的量，即可求出Al^{3+}与Ti^{4+}的总量，减去Ti的含量后即为铝含量。

反应式如下：

（1）加入过量的EDTA：

$$Al^{3+}+H_2Y^{2-}\longrightarrow AlY^{-}+2H^{+}$$

$$Ti^{4+}+H_2Y^{2-}\longrightarrow TiY^{-}+2H^{+}$$

（2）加锌盐回滴定过剩的EDTA：

$$Zn^{2}+H_2Y^{2-}\longrightarrow ZnY^{2-}+2H^{+}$$

（3）加过量的NaF：

$$AlY^{-}+6F^{-}+2H^{+}\longrightarrow AlF_6^{-}+H_2Y^{2-}$$

$$TiY^{-}+6F^{-}+2H^{+}\longrightarrow TiF_6^{-}+H_2Y^{2-}$$

（4）用锌盐滴定Al、Ti释放出的EDTA：

$$Zn^{2+}+H_2Y^{2-}\longrightarrow ZnY^{2-}+2H^{+}$$

第六节　氧化还原法

氧化还原法是基于溶液中氧化剂与还原剂之间电子转移的反应来进行滴定的氧化还原法。

一、还原反应的本质

氧化还原反应的特色是反应中有某些元素的化合价发生了变化，如金属锌与硫酸铜溶液的反应：

$$Zn+CuSO_4\rightarrow Cu+ZnSO_4$$

锌的化合价由0升到+2，铜的化合价由+2降为0。在这一类反应中，可以看出，上述反应Cu^{2+}得到电子Zn失去的电子过程：

$$\overset{2e}{\overbrace{Zn+Cu}}SO_4\rightarrow Cu+ZnSO_4$$

$$Zn-2e\rightarrow Zn^{2+}\text{（氧化）}$$

$$Cu^{2+}+2e\rightarrow Cu\text{（还原）}$$

把有电子得失的化学反应叫作氧化还原反应。现在，把氧化还原反应的几个基本概念概括如下：

（1）失去电子（化合价升高）的过程叫作氧化，得到电子（化合价降低）的过程叫作还原。

(2) 失去电子的物质叫作还原剂。得到电子的物质叫作氧化剂。

$$\overset{2e}{\overbrace{Zn+Cu}}SO_4 \rightarrow Cu+ZnSO_4$$

还原剂　　氧化剂

(3) 某一元素失去电子，必定有另一元素得电子，而且得失电子数必然相等。

二、氧化还原方程式的配平

配平氧化还原方程式，必须知道氧化剂在给定条件下反应后的生成物。然后根据反应中还原剂失去的电子数和氧化剂得到的电子数必定相等以及反应前后各元素的原子数目也必定相等的原则，来配平氧化还原方程式。

下面举例说明配平氧化还原方程式的方法：

【例 1】 铜和稀硝酸作用：

$$Cu+HNO_3 \longrightarrow Cu(NO_3)_2+NO+H_2O$$

在上式中，铜的化合价从 0 升高到+2，失去 2 个电子而被氧化；硝酸分子中氮的化合价从+5 降到+2，得到 3 个电子而被还原：

$$Cu^0-2e \longrightarrow Cu^{2+}$$

$$N^{5+}+3e \longrightarrow N^{2+}$$

由于反应中得失电子数必定相等，因此为了氧化 3 个铜原子需要 2 个硝酸分子。

由此可知，反应结果生成 3 个硝酸铜分子和 2 个一氧化氮分子：

$$Cu+HNO_3 \longrightarrow Cu(NO_3)_2+NO+H_2O$$

比较上式两边氮原子数，右边较左边多 6 个。为了使两边氮原子数相等，必须在左边加上 6 个硝酸分子，这样就一共有 8 个硝酸分子参加反应，但其中只有 2 个分子用来使铜氧化：

$$3Cu+8HNO_3 \longrightarrow 3Cu(NO_3)_2+2NO+4H_2O$$

再比较上式两边氢原子数，方程式左边有 8 个氢原子，因此右边必须生成 4 个水分子：

$$3Cu+8HNO_3 \longrightarrow 3Cu(NO_3)_2+2NO+4H_2O$$

最后核对两边的氧原子数，左边是 24 个氧原子，右边也是 24 个氧原子，所以方程式已配平。

【例 2】 $FeCl_3+SnCl_2 \longrightarrow FeCl_2+SnCl_4$

用离子式写出反应物和生成物

$$Fe^{3+}+Sn^{2+} \longrightarrow Fe^{2+}+Sn^{4+}$$

将上式写成两个半反应方程式

$$Sn^{2+}-2e \longrightarrow Sn^{4+}\text{（氧化）}$$

$$Fe^{3+}+e \longrightarrow Fe^{2+}\text{（还原）}$$

根据氧化剂与还原剂得失电子数目相等的原则，将两个半反应方程式合并后，就得到了配平的离子方程式

$$Sn^{2+}-2e \longrightarrow Sn^{4+}$$

$$\frac{2Fe^{3+}+e \longrightarrow 2Fe^{2+}}{Sn^{2+}+2Fe^{3+} \longrightarrow Sn^{4+}+2Fe^{2+}}$$

添上不参加反应的正离子及负离子，写出相应的分子式，然后核对方程式两边各种原子数目是否相等，如相等，就得到配平的分子方程式：

$$SnCl_2+2FeCl_3 \longrightarrow SnCl_4+2FeCl_2$$

三、氧化还原当量

由于氧化还原反应的本质是电子的得失，因此在氧化还原反应中，氧化剂或还原剂的当量是以氧化剂得到一个电子或还原剂失去一个电子所需要量来计算的，如硫酸亚铁与高锰酸钾在稀硫酸溶液中反应，其配平的氧化还原方程式如下：

$$2KMnO_4+10FeSO_4+8H_2SO_4 \longrightarrow 2MnSO_4+5Fe_2(SO_4)_3+K_2SO_4+H_2O$$

其中高锰酸钾中锰的化合价从+7 降到+2，得到 5 个电子，即一个高锰酸钾分子通过上述反应可得到 5 个电子，因而每得到一个电子所需高锰酸钾的量应该是它的分量的 1/5。

硫酸亚铁中铁的化合价从+2 升高到+3，失去 1 个电子，即 1 个硫酸亚铁分子通过上述反应，失去 1 个电子，因此它失去 1 个电子所需硫酸亚铁的量，即为它的分子量。

$$氧化剂当量=\frac{氧化剂的分子量}{反应中得到的电子数}$$

$$还原剂当量=\frac{还原剂的分子量}{反应中失去的电子数}$$

所以上述反应中：

$$高锰酸钾的当量=\frac{高锰酸钾的分子量}{5}$$

$$硫酸亚铁的当量=\frac{硫酸亚铁的分子量}{1}$$

在氧化还原反应中，要使氧化剂和还原剂完全作用，反应物之间的当量数必须相等。在上述反应中，1 当量高锰酸钾能与 1 当量硫酸亚铁完全反应，即 1/5 摩尔高锰酸钾能与 1 摩尔硫酸亚铁完全反应。

四、计算示例

【例】 用 30.00mL $KMnO_4$ 恰能氧化一定重量的 $KHC_2O_4 \cdot H_2O$，同样重量的 $KHC_2O_4 \cdot H_2O$ 又恰能被 25.20mL0.2000NKOH 溶液中和，$KMnO_4$ 溶液当量浓度为多少？

解：$KHC_2O_4 \cdot H_2O$ 与 $KMnO_4$ 溶液的作用是 $KHC_2O_4 \cdot H_2O$ 中的 $KHC_2O_4^{2-}$ 离子被氧化，所以：

$$KHC_2O_4H_2O 的当量为\frac{M_{KHC_2O_4 \cdot H_2O}}{2}$$

与 $KMnO_4$ 作用的 $KHC_2O_4 \cdot H_2O$ 的克数应为

$$W_{KHC_2O_4H_2O}=N_{KMnO_4} \cdot V_{KMnO_4} \cdot \frac{M_{KHC_2O_4 \cdot H_2O}}{2000}$$

$W_{KHC_2O_4H_2O}$与 KOH 的作用是 $KHC_2O_4 \cdot H_2O$ 中的 H^+ 离子被中和，所以：

$KHC_2O_4 \cdot H_2O$ 当量$\frac{M_{KHC_2O_4 \times H_2O}}{1}$与 KOH 作用的 $KHC_2O_4 \cdot H_2O$ 的克数应为

$$W_{KHC_2O_4H_2O}=N_{KOH}\cdot V_{KOH}\cdot\frac{M_{KHC_2O_4\times H_2O}}{1000}$$

已知两次作用的 $KHC_2O_4\cdot H_2O$ 重量相等，而 $V_{KMnO_4}=30.00mL$，$V_{KOH}=25.20mL$，$N_{KOH}=0.2000$ 则：

$$N_{KMnO_4}\cdot V_{KMnO_4}\cdot\frac{M_{KHC_2O_4\cdot H_2O}}{200}=N_{KOH}\cdot V_{KOH}\cdot\frac{M_{KHC_2O_4\cdot H_2O}}{1000}$$

$$N_{KMnO_4}\times 30.00\times\frac{1}{2000}=0.2000\times 25.20\times\frac{1}{1000}$$

$$N_{KMnO_4}=0.3360$$

第七节 重量分析法

一、概述

重量分析一般是将试样中的被测组分与其他组份分离，然后测定该组分的重量，根据测得的重量算出试样中被测组份的含量。在重量分析中，应用最普遍而又最重要的是沉淀重量法。

此法就是利用沉淀反应，加过量的沉淀剂于试样溶液中，使被测组分定量地形成难溶的沉淀，经过过滤、洗涤、烘干或灼烧、称量，根据称得的重量计算出被测组分的含量。例如：在测定煤灰中 SO_3 含量时，加过量的 $BaCl_2$ 溶液（称为沉淀剂）于试液中，使 SO_4^{2-} 离子完全沉淀成 $BaSO_4$，经过滤、洗涤、干燥后，称量 $BaSO_4$ 的重量，根据 $BaSO_4$ 的重量计算煤灰中 SO_3 的含量。

二、重量分析对沉淀的要求

重量分析是根据沉淀称量形式的重量来计算分析结果的。因此，对欲分离的沉淀有严格的要求。这些要求主要是：沉淀分离要完全；沉淀要纯净，带入的杂质尽可能少；沉淀要易于分离和洗涤；沉淀组成要一定，尤其是称量时要符合计算所用的分子式，并且要有足够的重量，以减少称量误差。

三、沉淀进行的条件

为了得到纯净和易于分离和洗涤的沉淀，如硫酸钡类晶体形的沉淀其合适的沉淀条件是：

(1) 沉淀应在适当稀的溶液中进行。这样，沉淀开始时，溶液过饱和度就不至于太大，可以使晶核生成的速度降低，生成的晶核较少，有利于晶体逐渐长大。

(2) 开始沉淀时，用较稀的沉淀剂在不断搅拌下均匀而缓慢地滴加，以免发生局部过饱和度太大，同时也能维持一定的过饱和度。

(3) 沉淀应在热溶液中进行，使沉淀的溶解度略有增加，过饱和度相对降低，有利于晶体生长，同时温度升高，吸附杂质的作用也减少。为了防止在热溶液中因溶解度增大而造成损失，沉淀完毕，应待陈化，冷却后再过滤、洗涤。

陈化的作用是在沉淀后，让沉淀在溶液中放置一段时间（应保持一定温度），由于微小的晶体比粗晶体溶解度大，当溶液中大小晶体同时存在时，溶液对大晶体已达到过饱和而对微小晶体尚未达到饱和，于是微小晶体就逐渐溶解，溶液对大晶体成为过饱和，小晶体就要继续溶解，这样继续下去，基本上消除了微小的颗粒，获得了粗晶体。由于粗晶体总表面较小，吸附杂质较少，而且吸留在小晶体内部的杂质也在溶解过程中转入溶液。

四、重量分析结果的计算

在重量分析中，通常按式（2-39）计算被测组分的百分含量：

$$X = \frac{W}{M} \times 100 \tag{4-39}$$

式中　X——被测组分的百分含量，%；

W——被测组分的重量，g；

M——试样重量，g。

如重量测定煤灰中 SiO_2，称样 0.5000g，析出硅胶沉淀后均烧成 SiO_2 的形式称量，得 0.2728g，则试样中 SiO_2 的百分含量为

$$SiO_2 = \frac{0.2728}{0.5000} \times 100\% = 68.20\%$$

但是在很多情况下，沉淀的称量形式与要求的被测组分的表示形式不一样，这时，需要由称量形式的重量计算出被测组分的重量，即

$$W = FW_1$$

式中　W——被测组分重；

W_1——称量形式重；

F——换算因数，或化学因数。

【例】 称取煤灰试样 0.5035g，用硫酸钡重量法测定其中 SO_3 的含量，得 $BaSO_4$ 重 0.1166g，求试样中 SO_3 的质量百分数含量。

解：$BaSO_4$ 换算为 SO_3 的因数为

$$F = \frac{SO_3}{BaSO_4} = \frac{80}{233.4}$$

所以

$$SO_3 = \frac{0.1166 \times 80/233.4}{0.5035} \times 100\% = 7.95\%$$

第八节　比色分析法

一、概述

许多物质都具有一定的颜色，例如高锰酸钾盐溶液呈紫色，硫氰酸铁络合物的溶液为红色。这些溶液颜色的深浅，与有色物质在溶液中的浓度有关。有色溶液的溶度越大，颜色越深。

比色分析法就是利用比较溶液颜色深度来确定被测物质含量的一种方法。在进行比色分析时，采用一种合适的试剂将试样溶液的被测组分转变为有色物质，从而得到一种有色溶液。这类用途的试剂，称为显色剂；这类反应称为显色反应。被测组分在溶液中的浓度越

高，则所得有色溶液的色度就越深，在相同条件下，将此有色溶液与一系列已知浓度的被测组分的有色溶液进行比较，从而求出被测物质在试样中的百分含量。

在比色分析中，大多数显色反应的灵敏度都很高，少数至微克的物质，也可充分显色，所以比色分析大都用来测量微量组分，随着比色仪器与方法的不断改进和发展，目前比色分析法已超出测定的微量组分的范围，可用于中量甚至大量组分的测定。

比色分析法具有较高的灵敏度和一定的准确度，使用一般比色计，通常可准确测得含量为0.001%左右的组分，对这样低含量的组分，如采用容量法或重量法进行测定，误差很大，甚至测不出结果，但比色法对高含量组分的测定，其相对误差一般要大于重量法和容量法。

在煤灰分析中，常用比色法测定 TiO_2、P_2O_5、SiO_2 等组分。

二、比色分析法的基本原理

1. 单色光和溶液的颜色

我们日常所见的白光如日光，是波长范围 400～760nm 的电磁波，当一束白光经棱镜分光后色散为红、橙、黄、绿、青、兰、紫七种色光，这种只具有一种波长，不能再行分解的色光，叫作单色光。所以，白光是由各种不同波长的单色光，按一定比例混合而成的复合光。

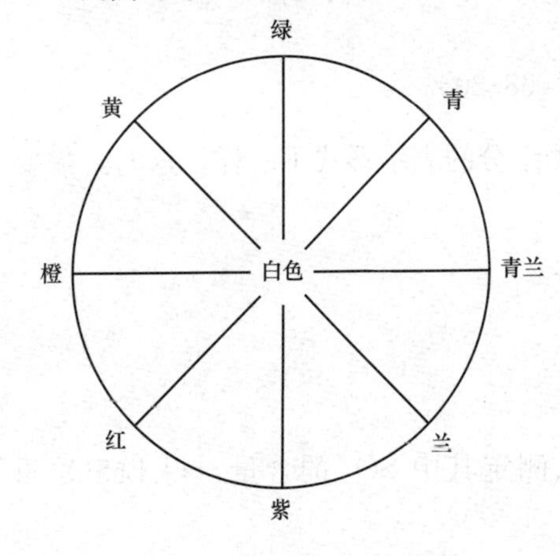

图 4-2　各种色光的互补

把两种适当颜色的光按一定的强度比例混合，可以成为白光，这两种色光叫作互补色。

图 4-2 中处于直线关系的两种色光为互补色，例如黄光和兰光可混合成白光。波长范围在 400～7600nm 的光（$1nm=10^{-9}m$）是人的视觉所能觉察的。故称为可见光。波长小于 400(nm) 纳米的光为紫外光，大于 760(nm) 纳米的光为红外光。各种颜色光的近似波长列于表 4-3 中。

表 4-3　各种颜色光的近似波长范围

颜色	波长（nm）
红	620～760
橙	590～620
黄	560～590
绿	500～560
青	480～500
兰	430～480
紫	400～430

溶液呈现不同的颜色，是由于溶液中的有色质点——分子或离子，选择性地吸收了某种颜色（某一波段）的光所引起的。例如一束白光通过 $KMnO_4$ 溶液时，它选择性地吸收了白光中的紫色光，其他色光透过溶液，比互补色示意图来看，透过光中除了紫色光外，白光中其他颜色的光均两两互补，即混合成白光透过溶液而在透过光中只剩下紫色光，所以 $KMnO_4$ 溶液呈紫色。因此，在进行比色分析时，必须选择能被有色物质吸收得最多的那一部分光波

进入溶液。

2. 兰伯特—比耳定律

当强度为 I_0 的单色光（具有单一波长）射入一个对这个波长的光具有选择性吸收的溶液时，一部分光便被吸收，而透过溶液的光的强度 I 则将小于 I_0，如图 4-3 所示。比色分析所依据的基本定律有两个：兰伯特定律、比耳定律。

（1）兰伯特定律：当一个单色光通过一个吸收溶液时，入射光强度 I_0，透过光强度 I 和液层厚度 b 有如下关系：

$$\log \frac{I_0}{I} = Kb \quad (4\text{-}40)$$

式中　K——比例常数；

I_0——入射光的强度；

I——透射光的强度；

b——比色皿厚度，mm。

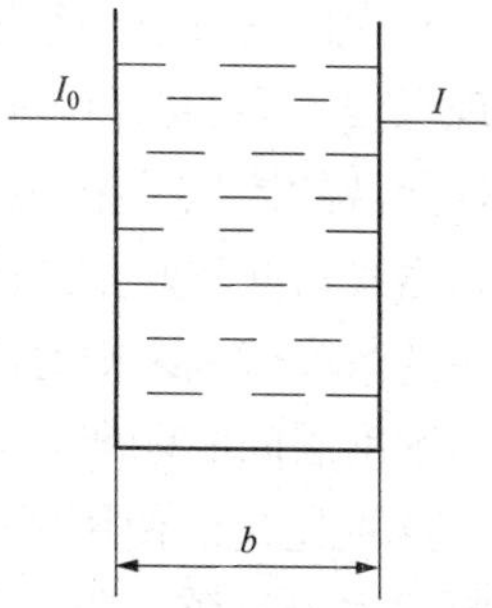

I_0　I　b

图 4-3　入射光透过溶液后的光强度衰减

K 值随有色溶液的性质、浓度以及光束波长的不同而改变。

（2）比耳定律：当一个单色光，通过液层厚度为一定的吸收液时，入射光强度 I_0、透过光强度 I 和溶液浓度 c 有如下关系：

$$\log \frac{I_0}{I} = K_1 c \quad (4\text{-}41)$$

式中　K_1——由入射光的波长和液层厚度决定的常数。

当把式（4-40）和式（4-41）结合时，得到：

$$\log \frac{I_0}{I} = abc \quad (4\text{-}42)$$

式中　a——比例常数，只取决于入射光波长吸收液的性质。

这一公式通常称为兰伯特-比耳定律。实践证明，兰伯特定律符合所有的溶液，而比耳定律对某些溶液并不适用。

式（4-41）中的 $\log \frac{I_0}{I}$ 称为吸光度（A），又称消光值（E）或光密度（D），所以式（4-41）又可写为：

$$A = \log \frac{I_0}{I} = abc \quad (4\text{-}43)$$

在比色分析中还有一常用的术语——透光率，以 T 表示：

$$T = \frac{I}{I_0} \quad (4\text{-}44)$$

$$A = -\log T \quad (4\text{-}45)$$

一般分光光度计的读数仪表上都有这两种刻度——消光值 E 和透光率 T。

三、比色方法

比色的目的就是借助于对比未知溶液和标准溶液（已知浓度）的颜色深浅，从而推断未知溶液的浓度。用来比色的用具原则上都可称为比色计，它们可由最简单的玻璃比色管，直到分光光度计。比色法大体上可分为目视比色法和光电比色法两大类。

1. 目视比色法

目视比色法是用眼睛来比较试样溶液和标准溶液颜色深度的比色法，这种方法使用无透明、尺寸完全一致的一系列玻璃管，这种玻璃管称为纳氏比色管，可配有磨口塞，以便摇混溶液，可制成不同容积，如 25、50、100mL 等，以适合不同的需要。

比色时先配制一组浓度由小到大的标准溶液，这些溶液中所含待测物质的浓度为已知，并显现深浅不同的颜色。试液也按同样方法显色放入比色管中。由于各个比色管的尺寸是一致的，溶液的体积是相同的，因此比色管中溶液层的浓度和厚度也是相同的，比色时以白纸作背景，由管口向下观察或由侧面观察，以找颜色同未知溶液完全相同的标准溶液，显然这个标准溶液的浓度就是未知溶液的浓度。如试液的颜色介于两个相邻浓度的标准溶液之间，则应补充一组浓度居间的标准溶液，再作比较，直到找出颜色同未知溶液完全相同的标准溶液为止。

这种比色法使用的仪器简单、易行、经济，适于大批样品的例行分析，其缺点是由于用目力观察着颜色，眼睛容易疲劳，同时因为每个人对颜色的感觉也不尽相同，故易产生主观误差，所以用目视法测定的准确度不是太高。此外，由于有色溶液都不够稳定，因此标准溶液不能久存，而每次需花较多时间进行配制，这对少量样品的分析很不经济。

2. 光电比色法

如前所述，兰伯特-比耳定律只适用于单色光即单波长的光，但由于仪器制造上存在的实际问题，单一波长的光源不适于使用，故实际上只能使用波长范围较窄的光带，以便得到足够强的光源，而利于检测。通常窄光带可以通过使用滤光片或单色器获得，使用滤光片的仪器称为光电比色计，使用单色器的仪器称为分光光度计。

根据比耳定律，以同一强度的单色光，分别通过液层厚度相等而浓度不同的有色溶液时，则光强的减弱仅与浓度有关，如用已知光浓度的标准溶液，显色后在比色计或分光光度计上测定其吸光度，则得：

$$A_{标} = a_1 b_1 c_1 \tag{4-46}$$

在同样条件下，测定试样溶液的吸光度，则有：

$$A_{试} = a_2 b_2 c_2 \tag{4-47}$$

由于有色化合物为同一物质并且液层厚度相同，所以 $a_1 = a_2$，$b_1 = b_2$ 将式（4-46）除以式（4-47），则得：

$$\frac{A_{标}}{A_{试}} = \frac{c_1}{c_2} \tag{4-48}$$

即溶液的吸光度与有色溶液的浓度成正比。因 c_1 为已知，$A_{标}$ $A_{试}$ 可直接测出，c_2 即可求出。

在实际工作中，通常用一系列已知不同浓度的标准溶液，显色后分别测出吸光度，并与对应的浓度绘制成工作曲线，然后再用同样的方法测出试样溶液的消光度，从工作曲线上即可查出相应被测物质的含量。

第五章

燃料商品煤采样

第一节 人工采样

一、人工采样的方案设计

煤具有品质不均匀性，导致随意采取一份煤无法完全代表整批煤的品质。由此产生两个方面的问题，一方面，随意采样不能保证批煤检测结果的准确性；另一方面，煤炭贸易和煤的加工利用需要批煤品质和性质的准确结果。为了保证所采取的煤样能代表批煤品质，需要科学的“采样方法”，从而解决上述问题。本节主要着重介绍人工采样。

（一）人工基本采样方案设计

采样精密度制定后，需设计能达到预期精密度要求的采样方案，同时在具体采样操作中尽量避免采样偏倚的产生，使采取的煤样有代表性。在进行采样方案设计时，GB 475—2008《商品煤样人工采取方法》既保留了 GB 475—1996《商品煤样采取方法》基本采样方案（原采样方案）的设计方法，又增加了专用采样方案（针对不同采样精密度和不同均匀程度煤设计的采样方案）的设计方法，并对适用范围规定如下：

采样原则上按基本采样方案进行。在下列情况下须另行设计专用采样方案，专用采样方案在取得有关方同意后方可实施：

（1）采样精密度用灰分以外的煤质特性参数表示时；

（2）要求的灰分精密度小于 GB 475—2008 基本采用方案采样精密度指定值时；

（3）经有关方同意需另行设计采样方案时。

1. 采样方案的设计程序

设计采样方案时需要煤的基本信息。煤源与划分采样单元相关，批煤量与子样数目相关，煤的标称最大粒度与子样和总样质量相关。煤炭检测项目决定所采煤样的类型，各种类型煤样的采取方法有别，如只测定全水分，可采取全水分煤样。通常既测定全水分，又进行常规化验，需要采取共用煤样。

综上所述，基本采用方案的设计程序简化为：

（1）确定煤的基本信息：煤源、批量、标称最大粒度。

（2）决定采样地点：移动煤流或火车、汽车、煤堆、驳船等。

（3）确定煤炭需检测项目和需要的试样类型。

（4）指定采样精密度值。

（5）确定采样单元数和采样单元的子样数。

（6）确定总样和子样的最小质量。

（7）决定采样方法：系统采样（时间基采样或质量基采样）或随机采样（分层随机采样），确定采样间隔，子样的布置。

2. 采样精密度的指定

对同一煤进行一系列测定所得结果间的彼此符合程度就是精密度，而这一系列测定结果的平均值对一可以接受的参比值的偏离程度就是偏倚。采样偏倚属系统误差，采样偏倚越大，采样系统误差就越大。采样精密度与被采样煤的变异性（初级子样方差、采样单元方差）、制样和化验误差、采样单元数、子样数和试样量有关。在试样量一定情况下，可用下列公式估算。

如果自同一个采样单元中采取大量的重复样品并分别制样和分析，则单次样品的精密度 P 为

$$P = 2S = 2\sqrt{V_{SPT}} \tag{5-1}$$

式中　S——样品总体标准差估计值；

V_{SPT}——重复样品的总方差。

对于一个总样，V_{SPT} 由式（5-2）给出：

$$V_{SPT} = \frac{V_1}{n} + V_{PT} \tag{5-2}$$

式中　V_1——初级子样方差；

V_{PT}——制样和化验方差；

n——总样中的子样数量。

将一批煤分为多个采样单元并从每个采样单元中采取一个总样（即连续采样）时，V_{SPT} 见式（5-3）。

$$V_{SPT} = \frac{V_1}{mn} + \frac{V_{PT}}{m} \tag{5-3}$$

式中　n——单个采样单元中的子样数量；

m——批煤采样单元数量。

同一批煤的采样精密度见式（5-4）、式（5-5）。

$$P_L = 2\sqrt{\frac{V_1}{mn} + \frac{V_{PT}}{m}} = \frac{P_{SL}}{\sqrt{m}} \tag{5-4}$$

$$P_{SL} = P_L\sqrt{m} \tag{5-5}$$

式中　P_L——一批煤在95%置信水平下 m 个采样单元的平均测定值精密度；

P_{SL}——一个采样单元在95%置信水平下的采样精密度。

P_L 是相对于批煤而言的采样精密度，而不是采样单元煤的采样精密度。当批煤中只有一个采样单元时，两者相同。

在连续采样方式下，如一批煤中只有一个采样单元，采样精密度为

$$P_L = 2\sqrt{\frac{V_1}{n} + V_{PT}} \tag{5-6}$$

$$V_{PT} = 0.05 \cdot P_L^2 \tag{5-7}$$

$$n = \frac{5V_1}{P_L^2} \tag{5-8}$$

式中 V_{PT}——制样和化验方差；

V_1——初级子样方差。

V_1、V_{PT}表征煤的不均匀程度，对采样精密度值有显著影响。采样方案中的采样单元数、子样数及总样和子样质量，对采样精密度有显著影响，但考虑到可操作性，采样单元数、子样数不可能很多，总样和子样质量不可能很大，导致采样精密度值不可能很小。

原煤、筛选煤、精煤和其他洗煤（包括中煤）的采样精密度（灰分，A_d）见表 5-1 规定。

表 5-1　　采样精密度（灰分，A_d）

原煤、筛选煤			精煤	其他洗煤（包括中煤）
$A_d \leqslant 10\%$	$10\% < A_d \leqslant 20\%$	$A_d > 20\%$		
±1%（绝对值）	$\pm\frac{1}{10}A_d$	±2%（绝对值）	±1%（绝对值）	±1.5%（绝对值）

采样方案中影响采样精密度的因素为：①煤的变异性；②从该批煤中采取的采样单元数目；③每个采样单元中的子样数目；④与标称最大粒度相应的子样质量和总样质量；⑤制样和化验方差。

煤的变异性采样时一般无法改变，只能针对煤的不均匀程度设计和调整采样方案中的其他参数。随着采样单元数的增加，采样精密度值减小，采样单元数显著影响采样精密度值。日常采样中，通常批煤中只有一个采样单元，用采样单元数目调整采样精密度的情况很少应用。随着采样单元中子样数的增加，采样精密度值将减小。目前调整采样精密度多采用调节子样数的方法。总样质量和子样质量也能影响采样精密度值，随着总样和子样质量的增加，采样精密度值将减小，但当总样和子样质量增加到一定程度后，对采样精密度的影响较小，以致几乎无影响。制样和化验方差对采样精密度也有影响，有时甚至是主要影响。制样和化验误差应控制在一定范围内，使其对采样精密度的影响可以接受。

3. 采样单元数和每个采样单元子样数

批煤中采样单元数的划分根据实际需要按品种来确定，随着采样单元数的增加，可使采样精密度值变小。但是当采样过程持续很久时，要考虑煤样放置过久是否会造成水分损失，是否需要及时收集和制备煤样。当划分成多个采样单元时，每个总样的质量不致太重，以便制样。实际工作中，通常批煤中只有一个采样单元，但不同品种的煤要划分成不同的采样单元。

由于煤炭品质存在一定的序列相关关系，相距较远的煤倾向于有不相似的组成，即随着煤量的增加，煤的变异性会增大，初级子样方差值会发生变化，必然导致子样数的变化。GB 475—2008 所采用的初级子样方差值是采样单元煤量 1000t 时测定的，在采样精密度指定值确定后，1000t 煤量应采取的子样数目也就确定下来。基本采样单元最少子样数见表 5-2。

表 5-2　　基本采样单元最少子样数　　（个）

煤种	灰分 A_d 范围	采样地点				
		煤流	火车	汽车	煤堆	船舶
原煤、筛选煤	>20%	60	60	60	60	60
	≤20%	30	60	60	60	60
精煤	—	15	20	20	20	20
其他洗煤	—	20	20	20	20	20

采样单元煤量少于 1000t 时子样数根据公式计算

$$n=\frac{5V_{1,B}}{P_L^2}\times\frac{M}{1000}=n_0\frac{M}{1000} \tag{5-9}$$

式中　$V_{1,B}$——采样单元煤量等于 1000t 时的初级子样方差；

M——采样单元煤量，t；

n_0——表 5-2 规定的基本采样单元子样数。

但是子样数不能无限制地减少，目前国际上通用的是总样中子样数不能少于 10 个，结合 GB 475—2008 对最少子样数的规定，最终确定的最少子样数见表 5-3。

表 5-3　　采样单元煤量少于 1000t 时的最少子样数

煤种	灰分 A_d 范围	采样地点				
		煤流	火车	汽车	煤堆	船舶
原煤、筛选煤	>20%	18	18	18	30	30
	≤20%	10	18	18	30	30
精煤	—	10	10	10	10	10
其他洗煤	—	10	10	10	10	10

采样单元煤量大于 1000t 时的子样数量按式（5-10）计算

$$n=n_0\sqrt{\frac{M}{1000}} \tag{5-10}$$

4. 煤样质量

（1）总样的最小质量。表 5-4 列出了一般分析煤样的总样、共用煤样的总样、全水分煤样的总样或缩分后总样质量的最小值，表 5-5 列出了粒度分析煤样的总样质量的最小值。

表 5-4　　一般分析煤样和共用煤样及全水分煤样的最小总样质量

标称最大粒度（mm）	一般分析和共用煤样的总样（kg）	全水分煤样的总样（kg）
150	2600	500
100	1025	190
80	565	105
50	170*	35
25	40	8
13	15	3
6	3.75	1.25
3	0.7	0.65
1	0.10	—

* 标称最大粒度 50mm 的精煤，一般分析和共用煤样的总样最小质量为 60kg。

表 5-5　　粒度分析煤样的最小总样质量

标称最大粒度（mm）	精密度 1%以下总样质量（kg）	精密度 2%以下总样质量（kg）
150	6750	1700
100	2215	570
80	280	70
50	36	9
25	8	2
13	5	1.25
6	0.65	0.25
3	0.25	0.25

注　表中精密度为测定筛上物产率的精密度，即粒度大于标称最大粒度的产率精密度，对其他粒度组成的精密度一般会更好。

（2）最小子样质量。子样质量首先与被采样煤的粒度有关，煤的粒度越大，子样质量也越大。最小子样质量除了考虑粒度要求外，还需满足总样质量的要求。

子样最小质量按式（5-11）计算，但最少为 0.5kg

$$m_a = 0.06d \tag{5-11}$$

式中　m_a——子样最小质量，kg；

d——被采样煤标称最大粒度，mm。

表 5-6 给出了部分粒度下初级子样或缩分后子样的绝对最小质量。

表 5-6　　部分粒度下初级子样或缩分后子样的绝对最小质量

标称最大粒度（mm）	绝对最小子样质量参考值（kg）
100	6.0
50	3.0
25	1.5
13	0.8
≤6	0.5

（3）子样平均质量。当按规定的子样数和最小子样质量采取的总样质量达不到表 5-4、表 5-5 规定的总样最小质量时，应将子样质量增加到按式（5-12）计算的子样平均质量

$$\overline{m} = \frac{m_g}{n} \tag{5-12}$$

式中　$\overline{m}$——子样平均质量，kg；

m_g——总样最小质量，kg；

n——子样数。

5. 全水分煤样的采取

全水分煤样可在共用煤样中分取，也可单独采取。GB 475—2008 在基本采样方案中没有给出单独采取全水分煤样的方法。由于煤中水分比灰分要均匀，如全水分煤样需单独采取，建议按照 GB 475—2008 的规定原则进行，方法如下：

（1）子样数。在采样单元中，无论煤种当煤量少于或等于 1000t，至少采取 10 个子样，当煤量大于 1000t 时，子样数按式（5-10）计算。对于火车煤，每车至少采取一个

子样。

（2）煤样质量。总样质量及子样质量根据本节“4. 煤样质量”计算。

（3）在煤堆、驳船和轮船中不单独采取全水分煤样。

（4）一批煤可分多个采样单元采取若干全水分总样，每个总样的子样数参照以上所述确定，以各总样的全水分加权平均值作为该批煤的全水分值。

（二）人工专用采样方案的设计

本节主要内容包括专用采样方案的实施条件、煤的变异性确定、采样单元数和每个采样单元子样数确定。

1. 专用采样方案的实施条件

如前所述，在下列情况下须另行设计专用采样方案，专用采样方案在取得有关方同意后方可实施：

（1）采样精密度用灰分以外的煤质特性参数表示时。

（2）经有关方同意需另行设计采样方案时。

（3）要求的灰分精密度小于表 5-1 规定值时。

设计人工专用采样方案时采样精密度可参照表 5-1 规定，也可指定其他数值，但要考虑煤的变异性和采样可操作性，不能随意指定不切实际的采样精密度值。

2. 煤的变异性确定

（1）初级子样方差。初级子样方差表征采样单元内各初级子样品质间的彼此符合程度，是煤的不均匀程度、煤量、标称最大粒度和子样质量的函数。GB 475—2008 及 GB/T 19494.3—2004《煤炭机械化采样　第 3 部分：精密度测定和偏倚试验》介绍了初级子样方差的四种方法，即直接测定、间接推算、根据类似的煤炭在类似的采样方案中测定的子样方差和在没有初级子样方差资料情况下，对于灰分，最初可以假定 $V_1=20$，并在采样后进行核对。

1）直接测定。在一批煤或在同一煤源的几批煤种，系统采取至少 50 个子样。每个子样分别制样并化验灰分，换算成干基。计算初级子样方差公式如下

$$V_1=\frac{1}{n-1}\left[\sum X_i^2-\frac{\left(\sum X_i\right)^2}{n}\right]-V_{PT} \tag{5-13}$$

式中 V_1——初级子样方差；

n——所采的子样数；

X_i——分析参数测定值；

V_{PT}——制样和化验方差。

2）间接推算。初级子样方差可由实际测定的采样精密度值推算出，推算公式如下

$$V_1=\frac{m\cdot n\cdot P_L^2}{4}-n\cdot V_{PT} \tag{5-14}$$

注意的是对于在没有初级子样方差资料情况下，对于灰分，最初可以假定 $V_1=20$，并在采样后进行核对的确定方法，这种方法应慎重使用，其处理思路和基本采样方案相同，这里介绍四个初级子样方差估算公式：

a. 适用于干基灰分不大于 15%的筛选煤和所有洗煤

$$V_1 = 0.5A_d - 0.02m_{PI} - 1 \tag{5-15}$$

b. 适用于干基灰分在15%～30%范围内的筛选煤和少量品质较均匀的原煤

$$V_1 = 0.4A_d - 0.0.08m_{PI} \tag{5-16}$$

c. 适用于原煤和干基灰分大于30%的筛选煤

$$V_1 = 0.5A_d - 0.0.06m_{PI} \tag{5-17}$$

d. 适用于精煤

$$V_1 = 3 \tag{5-18}$$

式中　A_d——被采样煤的干燥基灰分的质量分数，%；

m_{PI}——初级子样质量，kg。

上述公式可用于估算所采样煤的初级子样方差，并在采样后进行采样精密度核对。

（2）制样和化验方差。制样和化验方差是表征制样方案和化验方法精密度的参数，主要取决于制样缩分和从分析试样中抽取出数克煤样的过程。制样和化验方差可用以下方法之一确定

1）直接测定。从同一批煤或同一种煤的几批中至少采取20个分样，从每个分样再制出（或在第一缩分阶段缩取出）两个试样，分别制成分析试样并用例常分析方法化验品质参数（最好是灰分），然后按下式计算制样和化验方差

$$V_{PT} = \frac{\sum d_i^2}{2n_p} \tag{5-19}$$

式中　V_{PT}——制样和化验方差；

d_i——每对样品定值之差；

n_p——样品对数。

2）根据类似的煤炭在类似的采样方案中测定的制样和化验方差确定。

3）在没有制样和化验方差资料情况下，对于灰分，最初可以假定$V_{PT}=0.2$，并在采样后进行核对。

对于3）应慎重使用，这里介绍两个制样和化验方差估算公式，供读者参考

$$V_{PT} = 0.05 \cdot P_L^2 \tag{5-20}$$

$$V_{PT} = \frac{V_1}{50} \tag{5-21}$$

（3）采样单元方差确定。采样单元方差用于间断采样方式，可用以下方法进行确定：

1）直接测定。从一批煤或在同一煤源的几批煤的至少20个采样单元中，各采取1个总样，将每个总样分别制样并化验，测定参数最好是干基灰分，然后用式（5-22）计算采样单元方差

$$V_m = \frac{1}{m-1}\left(\sum X_m^2 - \frac{\left(\sum X_m\right)^2}{m}\right) - V_{PT} \tag{5-22}$$

式中　V_m——采样单元方差；

m——采样单元数；

X_m——总样的分析参数数值。

2）根据类似的煤炭在类似的采样方案中测定的采样单元方差确定。

3）在没有采样单元方差资料情况下，对于灰分，最初可以假定 $V_m=5$，并在采样后进行核对。

3. 采样单元数和每个采样单元子样数确定

（1）单采样单元的子样数。对于基本采样单元煤量（M_0）的规定，专用采样方案与基本采样方案不同。基本采样方案的基本采样单元煤量为1000t，专用采样方案的基本采样单元煤量分别为1000t和5000t。当采用单元煤量大于基本采样单元煤量（1000t或5000t）时，初级子样方差估算公式如下

$$V_{I,L}=V_{I,B}\sqrt{\frac{M}{M_0}} \tag{5-23}$$

式中 $V_{I,L}$——采样单元煤量大于1000t或5000t时的初级子样方差；

$V_{I,B}$——采样单元煤量等于1000t或5000t时的初级子样方差；

M——采样单元煤量，t；

M_0——基本采样单元煤量，t。

对大批量煤（如轮船载煤）M_0 取5000t，对小批量煤（如火车、汽车和驳船载煤）M_0 取1000t。

根据式（5-24）计算每个采样单元子样数 n

$$n=\frac{4V_{I,B}}{P_L^2-4V_{PT}}\cdot\sqrt{\frac{M}{M_0}} \tag{5-24}$$

所计算的 n 值是当采用单元煤量大于基本采样单元煤量（1000t或5000t）时采样单元中应采取的最少子样数目，即批煤应采取的最少子样数。

（2）多采样单元及其子样数。多采样单元的子样数确定有两种情况：

1）根据实际工作需要批煤划分成多个采样单元，每个采样单元的煤量不等。

2）批煤划分成煤量相同的数个采样单元，则计算起始单元数公式为

$$m=\sqrt{\frac{M}{M_0}} \tag{5-25}$$

式中 m——起始采样单元数。

根据式（5-26）计算每个采样单元子样数 n

$$n=\frac{4V_{I,B}}{mP_L^2-4V_{PT}}\cdot\sqrt{\frac{M}{M_0}} \tag{5-26}$$

【例】 连续采样，轮船载煤40000t混煤，在煤流中按GB 475—2008专用采样方案实施采样，有关数据如下：$V_{I,B}=5$，$V_{PT}=0.1$，$P_L=0.8\%$，试计算不同采样单元的子样数。

解： 不同采样单元的子样数列在表5-7中。

表5-7　不同采样单元的子样数

起始采样单元数		1	2	3	4	5
式5-26	采样单元子样数	236	23	14	10	10
	批煤总子样数	236	46	42	40	50
式5-24	采样单元子样数	236	46	22	14	10
	批煤总子样数	236	92	66	56	50

二、人工煤炭采样

（一）人工煤炭采样技术

从全国电力系统情况来看，入厂煤基本实现机械采样机采样，即使采用机械采样，但人工采样仍是基础。故要掌握机械采样技术，首先就应该深入学习并理解采样标准，掌握人工采样技术。

1. 要有足够的子样数

对一个采样单元来说，要取得有代表性的样品，关键就在于是否有足够的子样数，故子样数是决定采样精密度的关键性因素。

采样精密度，煤的不均匀度与采集的子样数三者的关系如式（5-27）所示

$$P(\%) = 1.96\frac{S}{\sqrt{n}} \times 100\% \tag{5-27}$$

式中 P——95%概率下的采样精密度；

S——单个子样标准差；

n——采样的子样数；

1.96——$t_{0.05,\infty}$的临界值。

如果选不同的概率（或称不同的显著性水平 α），则 $t_{0.05,\infty}$值不相同。

值得注意的是，对同一个采样单元来说无论煤的不均匀度如何，但 S 值是一定的，因此当采集不同的子样数时，其采集精密度也就不同。若要提高采样精密度，即减小 P 值，就得增加子样数，采样人员必须认识到这一点，采样不能有随意性，要有代表性。

2. 每个子样要有一定的量

每个子样必须满足一定数量的要求，例如子样量太少，必然大块煤采集不到，采样量的多少取决于煤的最大粒度 d。

煤的最大粒度，是指在筛分试验中，筛上物产率接近 5%的那个筛子的孔径，不能误认为煤中最大一块煤的直径就称为煤的最大粒度。采样的技术关键在于每个子样的质量由煤的最大粒度决定，煤的最大粒度与子样量的关系见表 5-6。

3. 采样点要正确定位

由于煤的极端不均匀性，且在堆放的过程中易出现偏析现象，如采样点不能反映这一采样单元不同煤粒的分布情况，所采的样品就将会失去代表性。采样点的定位有一个总的原则，就是它应该均匀分布于被采的全部煤量中。例如，火车来煤，必须车车采样，煤流采样，采样点要均匀分布于全煤流中。

4. 要采取适当的采样工具

人工采样一般采用宽 250mm、长 300mm 的尖头铲。按要求，采样工具的开口宽度应为煤最大粒度的 2.5～3 倍，它一次能容纳下 5kg 的样品。关于尖头铲把手的要求，一般为 900mm，由于各人身材高低不同，把手的长度可因人而异。

上述 4 条是相互联系的，采样要符合标准要求，首先是采样精密度合格，同时要求所采样品没有系统误差，才能真正采集到有代表性的样品。

（二）人工火车煤采样

电厂的进煤方式随煤源及电厂的地理位置而异，国内大多数电厂以火车及汽车进煤或两种

方式并存，而沿江滨海电厂，多以轮船进煤，再用汽车或输煤皮带将煤自港口转运进电厂。

无论在何种输煤工具上采样，均遵循“（一）人工煤炭采样技术”中所述的四项采样技术基本原则。本节将对火车煤采样的注意事项加以详细阐述。

1. 子样数的确定

子样数的多少对采样代表性具有关键性作用，不同品种的煤，在各种运输工具上所采子样数按表5-2确定。

当煤量少于1000t时，子样数目按表5-2规定的数目递减，但是至少不得少于表5-3规定的数目。

当煤量大于1000t时，子样数目根据式（5-10）计算。

当要求的子样数等于或少于一采样单元的车厢时，每一车厢应采取一个子样；当要求的子样数多于一采样单元的车厢数时，每一车厢应采的子样数等于总子样数除以车厢数，如除后有余数，则余数子样应分布于整个采样单元。分布余数子样的车厢可用系统方法选择（如每隔若干车增采一个子样）或用随机方法选择。

2. 子样量的确定

每个子样的最小质量应按煤的最大粒度决定，见表5-6，对一采样单元来说，确定了子样数及每个子样的质量，也就可计算出所采煤样量。例如一列火车装原煤16个车皮及装洗煤4个车皮，每节车皮均装煤50t，原煤的最大粒度小于50mm，洗煤的最大粒度是小于25mm，则原煤应采集的样品量为16×3×2=96（kg），洗煤应采集的样品量为6×1=6（kg）。

3. 采样点的定位

原煤及筛选煤，无论车皮大小至少采集3个子样，按斜线3点布置，如图5-1所示3个子样布置在车皮对角线上，其中2个子样各距车角1m，另1个子样在对角线中心。对洗煤来说，则按斜线5点循环方式布置采样点，如图5-2所示。

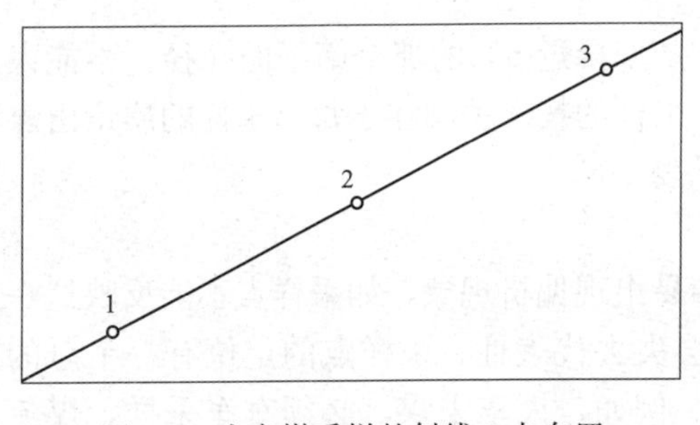

图5-1 火车煤采样的斜线3点布置

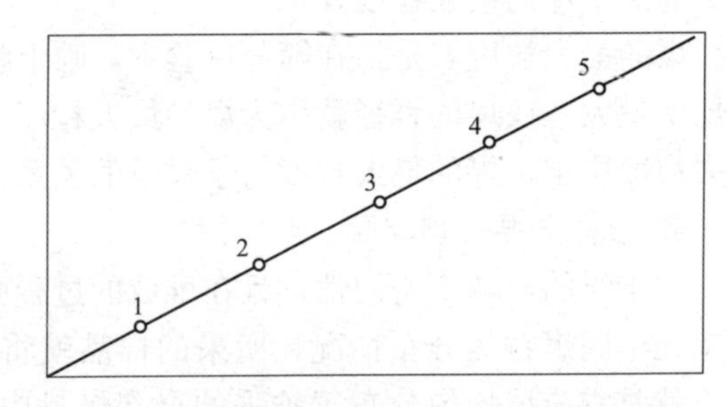

图5-2 火车煤采样的斜线5点循环布置

以上所说的按斜线3点或5点循环方式分布子样操作简便，但采样位置过于“单调”，与采样原则“均匀布点，使每一部分煤都有机会被采出”有出入，往往被贸易方利用来造假。子样位置应逐个车厢不同，以使车厢各部分的煤都有相同的机会被采出，常用方法为：

（1）系统采样法。本法适用于每车采取的子样相等的情况。将车厢分为若干个边长为1～2m的小块并编号，如图5-3所示，在每车子样数超过2h，还要将相距的、数量与欲采子样数相等的号编成一组并编号。如每车采3个子样时，则将1、2、3号编为第一组，4、5、6号编为第二组，以此类推。先用随机方法决定第一个车厢采样点位置或组位置，然后顺着与其相继的点或组的数字顺序，从后继的车厢中依次轮流采取子样。

1	4	7	10	13	16
2	5	8	11	14	17
3	6	9	12	15	18

图 5-3 火车采样子样分布示意图

（2）随机采样方法。将车厢分为若干个边长为 1～2m 的小块并编号，一般为 15 块或 18 块，图 5-3 为 18 块示意图。然后以随机方法依次选择各车厢的采样点位置。

无论原煤或洗煤，如采用斜线布点采样时，各车皮斜线方向应一致。同时在采样时，应下挖 0.4m 采样，采样时将滚落在坑底的煤块及矸石清除干净。

4. 采样工具

人工采样应使用长 300mm、宽 250mm 的尖头铲，它能容纳一个子样的全部煤量。

5. 采样要求

（1）火车煤采样应首选在装/堆煤或卸煤过程中进行，如不具备在装/堆煤或卸煤过程中采样的条件，也可对火车煤直接采样。

（2）直接从火车煤中采样时，应采取全深度煤样或不同深度（上、中、下或上、下）的煤样；在能够保证运载工具中煤的品质均匀且无不同品质的煤分层装载时，也可从运载工具顶部采样。

（3）在从火车顶部煤采样的情况下，在装车后应立即采样；在经过运输后采样时，应挖坑至 0.4～0.5m 采样，取样前应将滚落在坑底的煤块和矸石清除干净。

（4）用采样器具（如铲子）采样时，采样器具应不被煤样充满或从采样器具中溢出，而且子样应一次采出，多不扔，少不补。

（5）采取子样时，采样器具应从采样表面垂直（或成一定倾角）插入，不能有意地将大块物料（煤或矸石）推到一旁。

条款（1）主要针对装卸煤过程中可否在煤流中采样而言，显然煤流采样的煤样代表性优于火车采样。实际工作中人工全深度采样或深部分层采样很难实现，通常在火车煤顶部进行人工采样，但要保证煤的品质均匀且无不同品质的煤分层装载。从火车顶部煤采样时，因表面煤没有污染，所以装车后立即采样可不必挖坑。采样时不能坚持“遇到什么采什么”的原则。为防止煤样可能产生的粒度选择性散落，采样铲应不被煤样充满，且不能抖落。子样应一次采出，否则破坏了采样位置的粒度组成，再补采将失去子样代表性。

火车煤采样中常见问题是：

（1）有的电厂只重视煤样量，而不重视子样数，以至出现在某几个点采集数量很多的样。

（2）按规定应该车车采样，按标准要求采足子样数。有的采样人员则随意减少子样数，想采几个子样就采几个子样；如有的采样人员则隔几个车皮采样或 1 个车皮只采 1 个原煤样等，从而无法保证采样精密度能符合标准要求。

（3）按规定电厂应实测煤的最大粒度，以确定每个子样应采集的煤量，而实际上不少电厂从来不测煤的最大粒度，而是凭主观估计或者无论煤的最大粒度大小，一律采每个子样2kg或1kg。

（三）人工船舶煤采样

装煤船舶煤量相差悬殊，从数百吨至数万吨均有，船上不直接采取仲裁煤样及进出口煤样，一般也不直接采集其他商品煤样，而应在装卸煤过程中于输煤皮带煤流中或其他运输工具如汽车上采样；同样情况，煤堆上也不采集仲裁煤样与出口煤样，必要时，可应用迁移煤堆的方法在迁移过程中采样。因此，电力行业进行标准规范严格要求，例如 A_d 大于20%的原煤，国家规定采样精密度为±2%，而电力行业标准规定为±1.5%。采样精密度的规定与电力行业标准汽车煤采样精密度规定完全相同，参见表5-8。

表5-8　电力行业标准规定的汽车采样精密度

原煤、筛选煤		其他洗煤（包括中煤）
A_d≤20%	A_d>20%	
$\pm A_d 1/10\times\sqrt{2}$；但不小于0.7%（绝对值）	±1.5%（绝对值）	±1.1%（绝对值）

1. 子样数

对（1000±100）t原煤、筛选煤及除精煤外的其他洗煤（包括中煤、煤泥）及粒度大于100mm的块煤应采子样数参见表5-9。

表5-9　1000t煤量的最少子样数

煤炭品种		采样地点		
		煤流	船舶	
			驳船	海轮
原煤（%）	A_d≤20	50	40	50
	A_d>20	100	80	110
其他洗煤		30	30	30

当采样单元煤量少于1000t时，子样数应按表5-9所规定的数按比例递减，但最少不得少于表5-10中所规定的数目。

表5-10　不足1000t煤量的最少子样数

煤炭品种		采样地点		
		煤流	船舶	
			驳船	海轮
原煤（%）	A_d≤20	16	20	25
	A_d>20	30	40	55
其他洗煤		10	10	30

2. 子样量

每个子样的质量按煤的最大粒度决定，参见表5-6。

3. 采样点的布置

对设有分舱的驳船，可按载运量的大小及均匀布点的原则，把采样布置在船舱中央及其两侧，并要下挖0.4m采样。

对未设有分舱的驳船，可根据船的长度与宽度划分若干方形或矩形格，把采样点均匀分布在全煤流中。电力行业对船舶采样进行了相关的规定：①采样精密度要求提高（子样数增多）；②不在船舱内采样（船舱内采样，很难获得有代表性的样且相当危险）；③海轮应根据运载量及船舱分布情况适当划分若干采样单元。

4. 采样器械

在装卸煤过程中，于煤流中采样尽可能采取机械采样方式，人工在输煤带上难以采集到有代表性的煤样，且很不安全。

（四）人工汽车煤采样

汽车运输，也是电厂的一种主要进煤方式。对某些电厂来说，而且是唯一的进煤方式。汽车进煤有它自身的特点：①运进电厂的汽车煤矿源多，每天有一二十矿的煤用汽车运进电厂并不少见；②运煤车装载量大小不一，有的相差悬殊，少则每车 2～3t，多则 30t 以上；③各矿进厂煤车并非按矿依次排列，而是杂乱无序的，哪一辆汽车先到电厂，就先采样、过磅、卸煤；④有的厂一天只进数量很少的几车煤，作为一采样单元来说，其煤量仅数十吨或百余吨，这样电厂采制样及化验的工作量就很大。

载重 20t 以上的汽车，按火车采样方法选择车厢。载重 20t 以下的汽车，按下述方法选择车厢：当要求的子样数等于一采样单元的车厢数时，每一车厢采取一个子样；当要求的子样数多于一采样单元车厢数时，每一车厢的子样数等于总子样数除以车厢数，如除后有余数，则余数子样应分布于整个采样单元。分布余数子样的车厢可用系统方法或随机方法选择；当要求的子样数少于车厢数时，应将整个采样单元均匀分成若干段，然后用系统采样或随机采样方法，从每一段采取 1 个或数个子样。

对于载重 20t 以上的汽车，每车至少采取一个子样；而对于载重 20t 以下的汽车，则不一定每车都采取子样。至于子样在车厢中的位置分布与火车煤相同。汽车采样要求与火车煤相同。

（五）煤流采样

1. 子样分布

煤流中样品采取按照时间基、质量基和分层随机三种方式分布子样。从操作方便和经济的角度出发，时间基采样较好。采样时应尽量截取一完整煤流横截段作为一子样，子样不能充满采样器或从采样器中溢出。试样应尽可能从流速和负荷都均匀的煤流中采取。

（1）时间基采样。从煤流中按一定的时间间隔采取子样，子样质量与采样时煤流量成正比，初级子样可直接合成或按定比缩分后合并成总样或分样。采取子样的时间间隔 Δt(min) 按式（5-28）计算

$$\Delta t \leqslant \frac{60m_{sl}}{Gn} \tag{5-28}$$

式中 m_{sl}——采样单元煤量，t；

G——煤最大流量，t/h；

n——总样的初级子样数目。

时间基采样时煤流尽可能地稳定，尽量避免时间基采样的不确定性。

（2）质量基采样。从煤流中按一定的质量间隔采取子样，子样的质量应固定。采取子样的质量间隔 $\Delta m(t)$ 按式（5-29）计算

$$\Delta m \leqslant \frac{m_{sl}}{n} \tag{5-29}$$

所采用的质量间隔应不大于 Δm。

质量基采样的最大难点在于子样质量的固定，即每次采取的初级子样或经破碎缩分后的子样质量应相等。因间隔相同的煤量所采取的每个子样对总样的贡献是相同的，质量基采样实现了上述要求，所以理论上讲质量基采样比时间基采样更准确。实际工作中因煤流的流量在波动，传统的采样器具很难采到子样质量一致的初级子样，若初级子样质量不一致，可用定质量缩分装置进行缩分，但对于定质量缩分，保证缩分后子样的代表性对缩分装置提出了很高的技术要求，目前，国内很少使用质量基采样主要是因为上述原因。

(3) 分层随机采样。采样过程中煤的品质可能会发生周期性的变化，应避免其变化周期与子样采取周期重合，否则带来不可接受的采样偏倚。为此可采用分层随机采样方法。

分层随机采样不是以相等的时间或质量间隔采取子样，而是在预先划分的时间或质量间隔内随机采取子样。如按时间基系统采样，划分的时间间隔为5min，则除第一个子样在0～5min内随机选择外，其余子样采取时间都是固定的，假使第一个子样在60s时刻采取，那么第二个子样应在360s时刻采取。如按分层随机采样，划分的时间间隔也是5min，则每个子样在相应的0～5min、5～10min、10～15min……时间段内随机时刻采取。

分层随机采样中，两个分属于不同的时间或质量间隔的子样很可能非常靠近，因此初级采样器煤箱应该至少能容纳两个子样。

分层随机采样可避免系统采样可能产生的系统误差，更符合采样“精神”。以随机时间进行的分层随机采样，采取的初级子样可直接合并或经定比缩分后合并成总样或分样。以随机质量进行的分层随机采样，采取的初级子样若质量恒定则可合并，否则需按定质量缩分后才能合并子样，目前应用很少。

2. 采样要求

(1) 从安全和技术角度考虑，煤流采样通常不适合人工采样。在必须进行人工采样时，可考虑在煤流落煤中或煤流中部进行。

(2) 如预先计算的子样数已采够，但该采样单元煤尚未流完，则应以相同的时间或质量间隔继续采样，直至煤流结束。

(3) 对于系统采样，初级子样应均匀分布于整个采样单元中。子样按预先设定的时间或质量间隔采取，第1个子样在第1个时间或质量间隔内随机采取，其余子样按相等的时间或质量间隔采取。

(4) 分层随机采样中，两个分属于不同的时间或质量间隔的子样很可能非常接近，因此采样器至少能容纳两个子样。

第二节　机　械　采　样

一、机械采样的方案设计

人工在船舶、煤堆、火车、汽车等地点采样，劳动强度大，同时采样的代表性也难以保证，以火车采样为例：过去沿用的火车来煤在火车顶部采样，如果煤炭在火车上采用按不同品质分层装载，此时，人工在火车顶部采集的样品代表性极差，新的国家标准方法虽然改进了采样方法，提出了全深度采样和深度分层采样，在一定程度上提高了采样代表性，同时也推荐一些用于人工钻孔的工具，但是，在实际操作时，人工钻孔是很艰难的，而采用螺旋式采样机在机械力的作用下钻孔轻而易举，并且在钻孔同时将样品提升到制样系统进行制样，一系列的采制样工作自动快速完成，既免去了艰苦的劳作，又大大提高采样代表性。其他采样地点也存在同样的问题，如人工在煤流上采样，只能采到煤流一侧的少量样品，无法实现全断面采样，除非停皮带采样，但这在实际工作中是不现实的，借助煤流采样机就可以实现全断面采样。人工采样还无法避免工作人员的主观意识对采样代表性的影响，如果工作人员有意识地漏采或多采某些品质的煤，采样代表性就大打折扣。此外，人工采样的安全性差，例如：人工在运输工具顶部采样，容易发生高空坠落；在煤堆、船舱等地点采样，容易发生煤层塌陷掩埋工作人员，堆/卸煤设备也容易对工作人员产生伤害。由此可见，机械采样机既能免除人工采样过程的安全隐患，又提高了采样代表性，从发展趋势来看，机械采制将逐渐代替人工采样，图 5-4 为 CYJ 型采样机的示意图。

机械采样机一般由采样系统与制样系统组成，根据采样系统与制样系统的组合与运行方式可分为一体式和分体式两类采样机，一体式采样机采样系统与制样系统紧密联系在一起，采到子样立即由落煤管或螺旋杆提升设备送到制样系统完成制样；而分体式采样机采样系统与制样系统结合不紧密，对一个采样单元来说，采样头采完所有子样后再送到制样系统制样。目前，机械采样机以一体式为主，分体为早期产品。

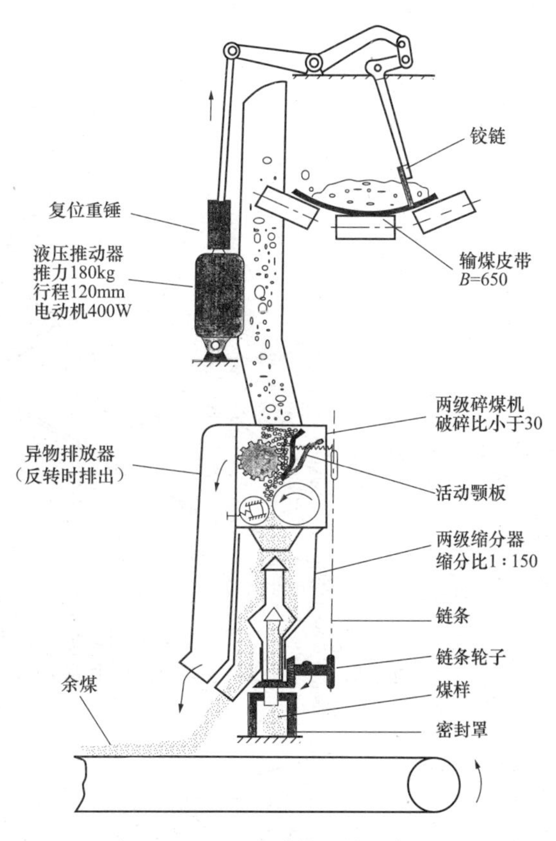

图 5-4 CYJ 型采样机的示意图

机械采样机根据采样地点分为煤流采样机和静止煤采样机。煤流采样机根据在皮带的安装位置分为皮带中部采样机和皮带头部采样机，皮带中部采样机的工作原理是由边板切割煤流，再由后板将煤样推出，为了使采样头与皮带保持最小距离，要求边板的曲率与皮带的曲率一致，后板安装软刷或弹性胶垫用于清扫底煤，皮带中部采样机的采样器有两种类型：固定式和移动式，固定式的采样头位置固定不动，而皮带在移动，因而其横切面是倾斜的，如图 5-5 所示；而移动式的采样头横切煤流时，沿着皮带运行方向与皮带同步移动，其横切面是垂直的，如图 5-6 所示。皮带头部采样可以从左到右、从前到后或者旋转切割煤流等不同的方式来截取一个全断面的煤样，各种类型的采样器的示意图如图 5-7～图 5-11 所示。静止煤的采样器可分螺旋式、振插式、抓爪式等，采样装置能够三维移动，灵活确定采样点。静止煤的采样方式有全深度和深度分层采样两种方式，全深度采样采样器采取煤层全厚度的样品，而深度分层采样只是采取某一深度某一层的样品。螺旋式采样器是目前最常用的静止煤采样器，使用一条机械螺杆钻孔来采样（见图 5-12），机械螺杆为一钢筒，中间有一轴，轴上的螺旋有两种，一种为阿基米德螺旋［见图 5-12（a)］，一种为全螺旋［图 2-8（b)］，阿基米德螺旋需将煤提出表层卸煤，而全螺旋可以将样品提升到顶部排出。

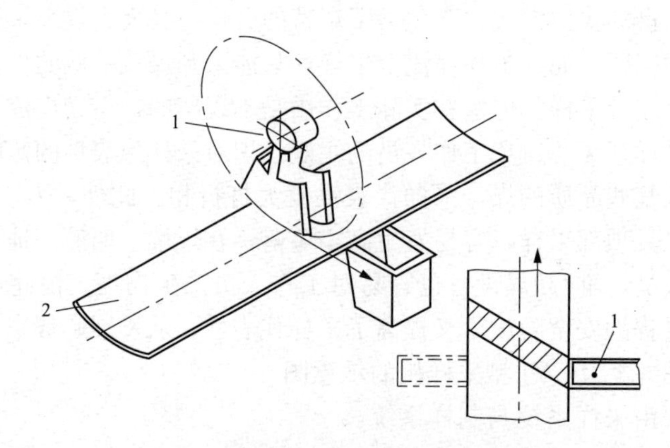

图 5-5　固定式皮带中部采样器示意图

1—切割器；2—皮带

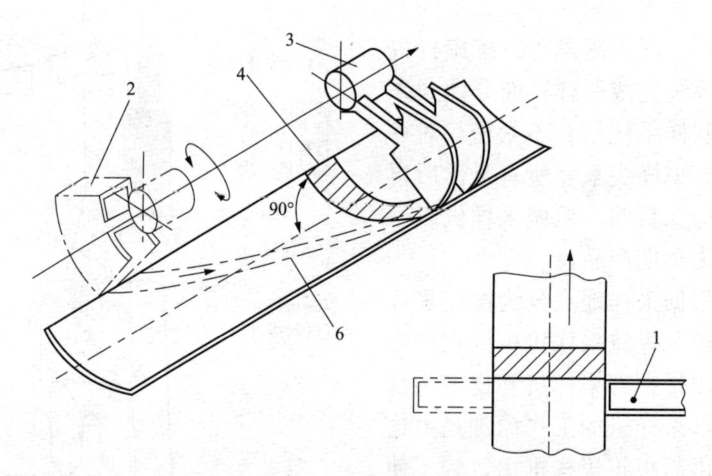

图 5-6　移动式皮带中部采样器示意图

1—切割器；2—切割器停止位置；3—切割采样结束位置；4—切取煤流断面；5—切割器运行轨道

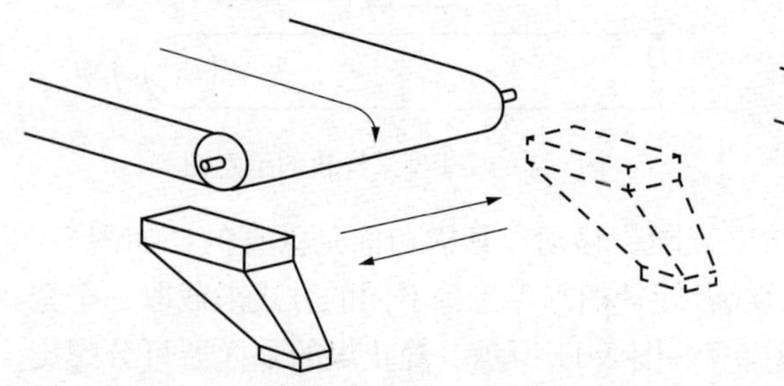

图 5-7　皮带头部切割槽式采样器

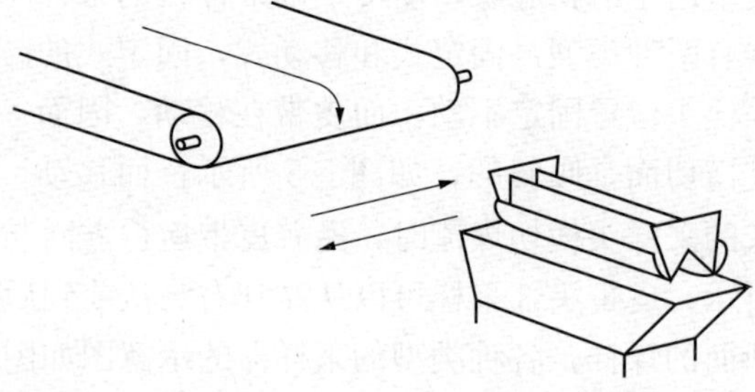

图 5-8　皮带头部切割斗式采样器 1（自左到右切割）

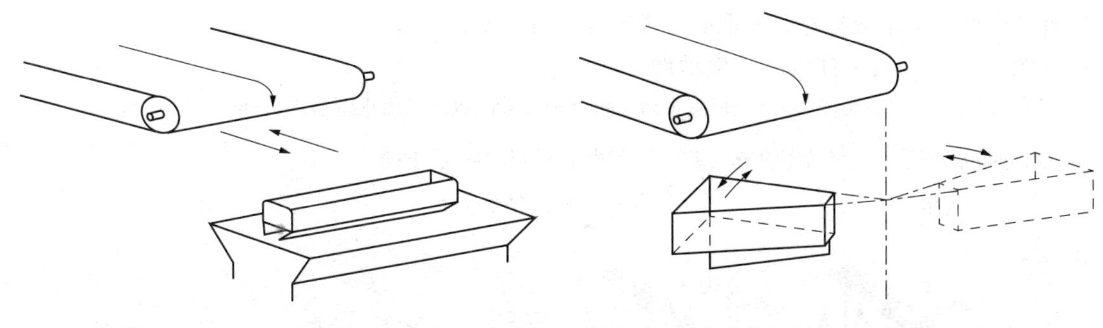

图 5-9 皮带头部切割斗式采样器 2（自前到后切割） 图 5-10 皮带头部摇臂式采样器 1（旋转切割）

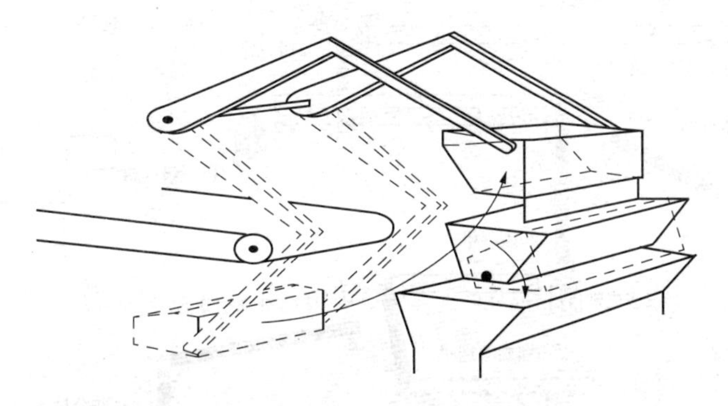

图 5-11 皮带头部摇臂式采样器 2（前后摆动切割）

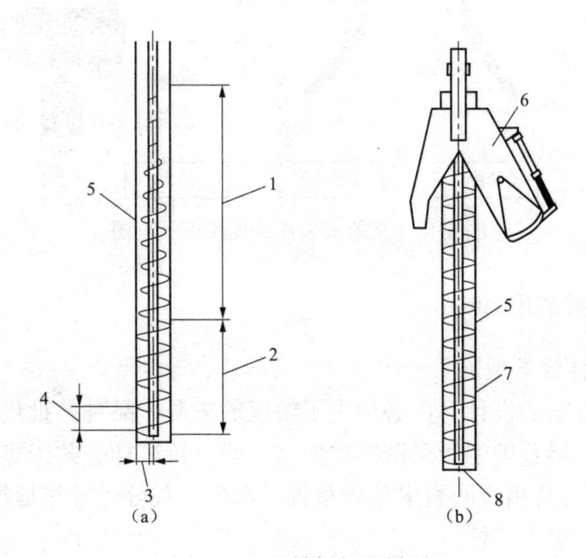

图 5-12 机械螺杆取样器

(a) 阿基米德螺旋；(b) 全螺旋

1—锥形螺旋；2—全螺旋；3—环距；4—螺距；5—钢筒；6—出煤口；7—螺旋；8—轴

机械采样机的制样系统按照制样流程可分为一级破碎、一级缩分或者多级破碎、多级缩分，系统流程设计与皮带的流量、皮带宽度以及采样精密度有关，一般来说，如果初级子样的样品量越大，则一般采用多级破碎、多级缩分，通常 1m 宽度以下的皮带采用一级破碎、一级缩分，而 1m 宽度以上的皮带采用多级破碎、多级缩分全水分样与分析样合并在一起，也有分开的，全水分样分开缩取时一般在第一缩分后取出。

图 5-13 为一台采样机的流程示例：

原始煤样（由采样器采集）→一级皮带给煤机→一级破碎机→二级皮带给煤机→

水分缩分器 —余煤→ 二级破碎机→三级皮带给煤机→缩分器→收集桶

└→水分收集桶　　　　　　　　　　　　└→弃煤回到下级皮带

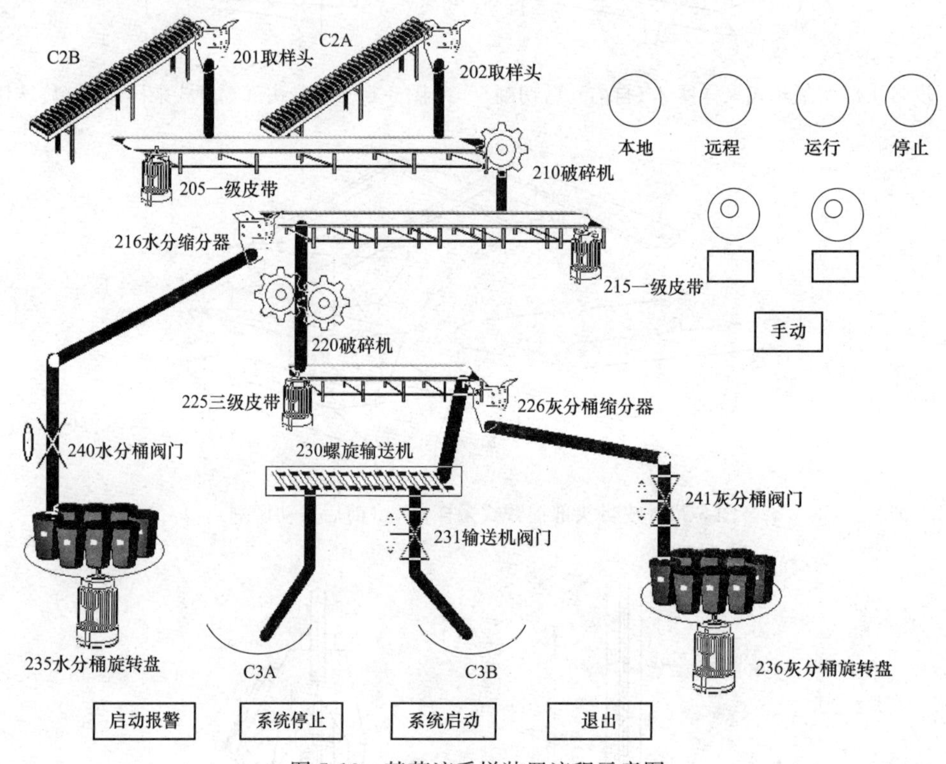

图 5-13　某落流采样装置流程示意图

二、机械采样方案的设计

1. 采样对象和试样的类型

在进行机械采样方案的设计时，必须先了解煤的来源、品种、批量、最大标称粒度、品质的历史状况等信息，接着确定所采试样类型（一般分析煤样、共用煤样、全水分专用煤样或其他专用煤样），以及其相应的测定品质参数（水分、灰分、发热量等），不同类型的试样对子样数和子样量的要求不一样。

2. 采样方式——采用间断采样或者连续采样

当对同一煤源或同一种煤进行例行采样时，只对一批煤的几个采样进行采样，其他单元不采样，这就是间断采样，如果能够证明采用系统选择采样单元不会产生偏倚，则可采用系统法，否则采用随机方法选择采样单元。每一采样单元所采的子样数应相等。如果一批煤的不同采样单元的变异性太大，则应采用连续采样，即对一批煤的所有采样单元均采样。

3. 精密度的确定

精密度可以由供需双方协定，在没有协议的情况下，参见表 5-11。

表 5-11 机械采样采、制、化总精密度

煤炭品种	精密度 A_d（%）
精煤	±0.8
其他煤	±1/10A_d，但 A_d>1.6

精密度确定后，可以采用多份样法检验精密度是否达到要求。当要求的精密度改变，此时采样单元数和每个采样单元的子样数也随着改变，必须重新检验精密度是否达到要求。如果被采煤的变异性增大，也需要重新检验精密度是否达到要求。

4. 煤的变异性

煤的变异性是指煤的不均匀程度，与煤的品种、最大标称粒度、加工混合程度、子样质量等因素有关，表示煤的变异性的参数有初级子样方差 V_1、采样单元方差 V_m、制样和化验方差 V_{PT}。

5. 采样单元数及采样单元最少子样数

基本采样单元的煤量对于大批量的轮船运煤规定为 5000t，对于小批量的火车、汽车等运输工具规定为 1000t，一批煤的采样单元数见式（5-25）。

采样单元最少子样数的确定有三种方法：

（1）根据煤的变异性、采样精密度来确定。通过实验确定了 V_1、V_m、V_{PT}，此时，根据间断采样或者连续采样分别按式（5-25）或式（5-26）计算采样单元最少子样数。然后通过多份样法核对按计算出来的采样单元最少子样数采样是否达到精密度要求，如达到则方案可行。

连续采样的情况下，采样单元应采的最少子样数根据式（5-26）计算。

如果 n 的计算值为无穷大或负数，说明制样和化验方差偏大，则已设定的 m 值达不到要求的精密度，应调整 m 值，直到 n 的计算值合适为止。

当以大于基本采样单元煤量（1000t 或 5000t）的一批煤作为一个采样单元时，按式（5-24）计算采样数。

当以小于基本采样单元煤量（1000t 或 5000t）的一批煤作为一个采样单元时，子样数可按比例递减，但各子样合并后总样质量不能少于表 5-3 规定的最少总样质量，且最少不能少于 10 个。

在间断采样的情况下，必须考虑采样单元方差 V_m，此时，采样单元应采的最少子样数计算见式（5-30）

$$n = \frac{4V_1}{uP_L^2 - 4(1-u/m)V_m - 4V_{PT}} \tag{5-30}$$

式中 V_1——初级子样方差；

V_m——采样单元方差；

V_{PT}——制样和化验方差；

P_L——采样精密度；

m——采样单元数；

u——实际采取的单元数。

如果 n 的计算值为无穷大或负数，说明制样和化验方差偏大，则已设定的 u 值达不到要求的精密度，重复设定一个较大的 u 值，直到 n 的计算值合适为止。当 n 的计算值小于 10，

则取 $n=10$。

(2) 假设 $V_1=20$，$V_m=5$，$V_{PT}=0.2$，根据间断采样或者连续采样分别按式（5-24）或式（5-30）计算采样单元最少子样数。然后通过多份样法核对按计算出来的采样单元最少子样数采样是否达到精密度要求，如达到则方案可行。

(3) 对于低流量煤流或静止煤进行非全深度采样时可按表（5-12）确定采样单元最少子样数。

表 5-12　相应精密度下采样单元最少子样数

煤炭品种	精密度 A_d（%）	不同采样地点采样单元最少子样数		
		煤流	火车、汽车	煤堆、轮船
精煤	±0.8	16	22	22
其他煤	$\pm 1/10A_d$，但 $A_d>1.6$	28	40	40

根据表 5-12 及下式就可以确定一批应采的最少子样数

$$n=N\sqrt{\frac{M}{M_0}} \tag{5-31}$$

式中 M_0——基本采样单元煤量，t；

M——实际发运量，t；

N——规定的最少子样数。

6. 总样的最少质量及子样的最小质量

机械采样每动作一次所采集的初级与采样器的开口尺寸、煤的流量、采样器速度、皮带速度等有关，以下是各种采样方式的初级子样质量：

(1) 落流采样的初级子样质量

$$m=\frac{Cb\times10^{-3}}{3.6v} \tag{5-32}$$

式中 C——煤的流速，t/h；

b——采样器开口尺寸，mm；

v——采样器的速度，m/s。

(2) 横过皮带采样的初级子样质量

$$m=\frac{Cb\times10^{-3}}{3.6v_b} \tag{5-33}$$

式中 C——煤的流速，t/h；

b——采样器开口尺寸，mm；

v_b——采样器的速度，m/s。

(3) 螺旋采样器初级子样质量

$$m=\pi d^2 l\rho \tag{5-34}$$

式中 d——采样器开口直径，m；

l——采样器长度，m；

ρ——煤的堆积密度，kg/m^3。

大多数机械采样的初级子样质量合并的总样远远大于构成总样的最小质量，为了避免样

品量太多，制样系统对初级子样进行破碎缩分，但每个子样缩分后的质量应满足绝对最小子样质量要求

$$m_{\mathrm{d}} = d^2 \times 10^{-3} \tag{5-35}$$

式中 d——被采煤样的最大标称粒度，mm。

如果按式（5-35）规定的绝对最小子样质量合并的总样质量小于总样最少质量的要求，则应将缩分后子样的质量增加到平均最小子样质量，计算见式（5-12）。

7. 移动煤流的机械采样方法

移动煤流的机械采样方法有时间基、质量基和分层随机采样三种方式，时间基采样是按一定的时间间隔在煤流中采取一个子样，质量基采样是一定的质量间隔在煤流中采取一个子样，而分层随机采样是在质量基采样和时间基采样划分的间隔内随机采取一个子样，从操作简便和经济的角度来说，时间基采样最优。为了保证子样的代表性，应尽量截取煤流的一个截面的煤作为一个子样，子样不能充满采样器或溢出。

在煤流中系统采样，初级子样应均匀地分布在整个采样单元中，子样按预设的时间间隔或质量间隔采样，除了第一个子样在第一个时间间隔中随机采取，其他子样按相同的时间或质量间隔采样，如果预设的子样数已采完，而煤流尚未流完，则仍按相同的时间或质量间隔采样，直到煤流流完为止。在整个采样过程中，要求采样器横过煤流的速度恒定，时间间隔和质量间隔根据式（5-28）、式（5-29）计算。

煤流中的系统采样是最常用的采样方法，要求样品从流速和负荷均匀的煤流中采取，避免煤流的负荷和品质变化周期与采样周期重合，否则容易引起采样偏倚。如果煤流的负荷和品质变化不均匀，此时必须采用分层随机采样。与系统采样不同的是：分层随机采样不是以相同的时间和质量间隔采样，而是预先划分的时间和质量间隔内随机采样。分层随机采样的子样分布按时间基和质量基两种方式进行叙述。

（1）时间基分层随机采样计算出时间间隔，然后将每一个时间间隔从 0 到该时间间隔结束的时间划分若干个时间段，接着用抽签或其他方法决定每个时间间隔内的时间段，到此时间数时采取样品。

（2）质量基分层随机采样计算出质量间隔，然后将每一个质量间隔从 0 到该质量间隔结束的时间划分若干个质量段，接着用抽签或其他方法决定每个质量间隔内的质量段，到此质量数时采取样品。

为了使机械采样器能够采到具有代表性的煤样，落流机械采样器必须满足以下条件：

（1）机械采样器能够完整地截取一个全断面的子样，不会有选择地采取或漏采某种品质或某种粒度的样品而造成实质性的偏倚，有足够的容量使采取的样品能够全部通过，子样不溢出、不损失，任何部位不阻塞。

（2）采样器的前缘与后缘应在同一平面或圆柱面上，该平面或圆柱面应垂直于煤流的平均轨迹。

（3）机械采样器以均匀的速度通过煤流，任一点的切割速度不能高于基准速度的 5%，一般来说机械采样器的切割速度在 1.5m/s 以下不会产生实质性偏倚。

（4）机械采样器的开口宽度至少为样品最大标称粒度的 3 倍，最小不能小于 30mm。同时机械采样器开口设计应使煤流的各部分通过时间相等。

（5）能避免样品互相污染，更换煤种时能清除滞留下来的原先采样的煤。

(6) 能使被采煤的物理化学性能降低到最小。例如：水分和煤粉的损失，不同粒度煤的离析等。

(7) 运行的可靠性高，足够牢靠，能在最坏的条件下工作，维修次数少。

横过煤流采样器的技术性能要求如下：

(1) 采样器以与皮带中心线垂直的平面横切煤流并能截取全断面的煤样，横断面既可以是垂直于皮带中心线，也可以与皮带中心线形成一个倾角。

(2) 采样器以均匀的速度横过煤流，各点的速度相差不要超过10%。

(3) 采样器的开口宽度至少为样品最大标称粒度的3倍，最小不能小于30mm。

(4) 采样器有足够的容量能够容纳最大煤流下切取的整个断面的子样。

(5) 采样器的边板弧度与皮带的曲率相匹配，使边板和后板与皮带保持最小距离，不直接与皮带直接接触，可以在后板配扫煤刷子或弹性刮板。

8. 静止煤的机械采样

静止煤的机械采样方式主要有两种：全深度采样和深度分层采样，全深度采样是指采样器在采样点将从静止煤的顶部到底部的整个煤柱采出来作为一个子样；深度分层采样是指采样器在采样点将从静止煤的顶部到底部分成上、中、下三层来采，可以只采一、二层或者三层均采作为一个子样，只采了整个煤柱的部分煤样。

采样点分布方式根据不同运输工具或煤堆分别进行叙述，以下是这几个采样地点的子样点分布方式：

(1) 火车采样。子样分配到各个车厢的方法：当要求的子样等于或少于车厢数时，要求每个车厢采一个子样；当要求的子样多于车厢数时，每个车厢应采的子样数为总子样数除以车厢数，如有余数，则将余数子样分布于整个采样单元，分配余数子样的车厢可采用系统法或随机方法选择。系统法分配余数子样是指有规律地分布余数子样，例如每隔一个车厢增加一个子样；随机方法分布余数子样是指采用抽签的方法来决定余数子样分布到那一个车厢，具体办法为制作与车厢数相同的牌子并编号与车厢对应，将编好号的牌子放到一个袋子里，决定第一个余数子样分配在那个车厢时，从袋子里取出一个牌子，此时牌子上对应号码的车厢增加一个子样，然后将取出的牌子放到另一个袋子，继续用同样方法决定第二个余数子样，依此类推，一直到所有车厢被选择完为止，若还有余数子样未决定，则从另外的袋子中抽出牌子决定剩余的子样分配到那个车厢，依此类推，一直到所有余数子样都被决定。

子样车厢上位置的选择：子样在每个车厢上位置的选择逐个车厢不同，为了使车厢每个位置的煤均有机会被采到，常用的方法也是系统法和随机方法：

1) 系统法：如图5-3所示，将车厢分成若干个1～2m的小块并编号，如果一个车厢应采的子样在两个以上，那么，应将相继、数量与应采子样数相同的号编成一组并编号，例如一个车厢取三个子样，那么将1、2、3编成一组，4、5、6编成一组，依此类推；先用随机的办法决定第一个车厢的采样点位置或组位置，然后，顺着与其相继的点或组数字顺序，在后继车厢依次轮流采取子样。

2) 随机方法：将编好号牌子（包括采样点和组编号）放到一个袋子里，决定第一个车厢采样点或组位置时，从袋子里取出一个牌子，此时在牌子上对应号码位置或组位置采取子样，然后将取出的牌子放到另一个袋子，继续用同样方法决定第二个车厢采样点位置或组位置，依此类推，决定其他车厢采样点或组位置，如果牌子被抽完，则从另一个袋子抽出牌子决定剩下车厢的采样位置，抽出的牌又放回原来袋子，用同样方法决定所有车厢的采样位置。当进行深部采样时，还需要用相似的抽牌方法确定每一个小块的采样层次（上、中、下三层）。

(2) 汽车采样。子样分配到各个车厢的方法：载质量超过 20t 的汽车，子样在各个车厢的分配方法与火车一致。载质量小于 20t 的汽车，当应采子样数等于车厢数时，每个车厢取一个子样；当要求的子样多于车厢数时，每个车厢应采的子样数为总子样数除以车厢数，如有余数，则将余数子样分布于整个采样单元，分配余数子样的车厢可采用系统法或随机方法选择；当要求的子样数少于车厢数时，可以将整个采样单元分成若干段，然后用系统法或随机方法，从每一段取一个或多个子样。

子样在汽车车厢上位置的选择：与火车采样一样，将车厢划分为若干个小方块，然后用系统法或随机方法决定采样位置。

(3) 船运煤采样。从采样的代表性和安全性角度出发，对于大批量的船运煤（万吨轮）不推荐直接从船舱采样，而是在装船/卸船的煤流上采样或小型运输工具上采样。而小型的船运煤（如驳船）可参照火车采样方法进行采样。

(4) 煤堆采样。煤堆采样应从在堆堆或卸堆的过程，或者在迁移煤堆的过程中，以下列的方式采取子样：在输送皮带的煤流上、堆/卸煤的各层新工作面、斗式卸煤机刚卸的煤上或刚卸未与主堆合并的小煤堆上采取子样，不能在高度超过 2m 的煤堆上采样，必须在大煤堆上采样，可参照小煤堆的采样方法，但是可能存在较大偏倚，精密度也较差。

新卸小煤堆的采样方法：计算出小煤堆应采的最少子样数，然后再根据小煤堆的形状和大小，将小煤堆划分为若干区，用火车采样的方法将总子样数分配到各个区，再将各个区划分为若干个面积相等的小块并编号（煤堆底部的小块应距地面 0.5m），用系统法或随机方法决定采样区和每个采样区采样点位置，然后从每个采样点用机械采样器采取一个全深度或深度分层样品。

静止煤机械采样器的性能要求：

1) 样器具有三维方向移动的功能。

2) 样点定位准确可靠。

3) 具有破碎大块煤的能力，能采到全深度煤层的样品。

9. 机械采样装置存在的问题与改进措施

机械采样装置相对于人工采样来说，克服了人工采样的缺点，采样代表性大大提高，但是机械采样装置在设计和运行过程中存在的一些问题也直接影响采样的代表性，以下从机械采样装置部件存在的问题进行分析。

横过煤流采样由于其采样器不能直接与皮带接触，若接触，则采样器会划伤皮带或者造成皮带卡死而烧坏皮带驱动电动机，因此采样时会存在“留底煤”的现象，加上皮带在运行过程由于负载不同或者偏载等因素，采样器的边板弧度很难与皮带曲率完全匹配，从停皮带采样的现场观察来看，有一些采样器只采到表面一点的煤样，甚至在负载低的情况下出现空采的现象，严重影响采样代表性。目前，解决这个问题的办法是在采样器的后板安装刷子或弹性橡皮刮板，通过刷子或弹性橡皮刮板与皮带接触，一方面可以将底部的煤刮走，另一方面减少对皮带的刮伤，但是由于刷子或弹性橡皮刮板刚性难以与钢铁相比，因此能否完全将底煤刮走值得验证。此外，刷子或弹性橡皮刮板刮煤过程也容易损坏，有限使用期也不长。通过整形皮带托辊将皮带抬高，提高采样器与煤流的接触面，增加采样器切割煤流的深度，因此有利于提高采样代表性。由于横过煤流机械采样一般来说初级子样质量小于落流采样，因此制样系统的出力不需要很大，整体体积较小，对安装位置要求不高，适合于旧电厂改造。

采样器的开口尺寸、容积、切割速度是影响落流机械采样代表性的主要因素。采样器的开口尺寸达不到要求的话，一些颗粒偏大煤就被有选择地排斥在外，直接影响代表性；采样器的容积要求能容纳最大煤量时所采集到的初级子样，如果容积太小，则采到的样品就会溢出造成样品损失而采不到一个全断面子样；切割速度增大则样品进入采样器的倾斜角增大，采样器的开口有限宽度减小，不利于全断面采样，但切割速度过低，会使初级子样量太大，增加制样系统的负担并且容易堵煤，还容易从采样器溢出，国家标准推荐的切割速度为1.5m/s。落流机械采样相对横过煤流机械采样容易实现全断面采样，因此采样代表性相对来说较好一点，但是其初级子样质量较重，对制样系统出力要求较高，整体体积较大，较适合于新建电厂。

螺旋采样器在理论上可以对静止煤进行全深度采样，但在实际操作上要做到全深度采样却不现实，一方面螺旋采样器直接接触到火车、汽车等运输工具车厢底部，很容易将车厢底部钻坏；另一方面，由于车辆摆放位置高低、车厢的大小高矮等因素使长度一定的螺杆无法做到全断面采样，可以通过限制载煤车厢高度容积、车辆摆放位置保证水平、车辆摆放位置限制等方式使螺杆钻入煤层到达底部后与车厢底部的距离保持最小距离来提高采样代表性。另外，机械螺杆存在着对一些硬煤、矸石、大块煤采集不到的问题，可以在螺杆底部安装切割或者破碎大块装置。螺旋采样器存在的另一个问题就是混样，混样是指样品改变时，滞留在制样系统或采样器中样品与后面的样品发生混淆，直接影响样品的代表性。由于当日火车、汽车来煤供煤单位多、矿源多、质量差异大、同时进厂的汽车、火车不同供煤单位的来煤排列无序，仅靠待采煤“冲洗”一两次是不足于将堵煤、积煤“冲洗”干净，如果前后两个样品质量差异大，前一个样品对后一个样品的影响就很大，而且由于采样时间受到严格限制，不能因采样耽搁而使运煤车滞留于电厂，往往没有“冲洗”就开始采另一个样品，混样就更严重。解决混样的措施如下：对于螺旋式采样器可以通过螺杆的反转将采样器中积煤清除出来，对于抓爪式的采样器可以采用自清洗装置来清除余煤，如图5-14所示。该采样器内安装类似活塞式的卸料器，通过推杆带动将样品推出采样器，相对于通过螺杆的反转，该采样器能够较好解决混样问题，通过螺杆的反转能有效清除采样器内筒壁的积煤，但是，对于螺旋之间积煤比较难以清除，必须辅以待采煤“冲洗”才能彻底清除所有的积煤。

落煤管是比较容易发生堵煤的地方，可以通过增大落煤管尺寸、保证落煤管倾斜度不低60°（注：最好为垂直状态）等方法来防止落煤管堵煤。

破碎机、缩分器也是比较容易发生堵煤的部位，特别是对于水分大、黏性强的煤。入料量是造成堵煤的一个因素，制样系统中各级设备之间的出力应互相匹配，否则前一级设备的出力大，后一级的设备出力小，后一级的设备就容易堵煤。在破碎机、缩分器之前安装皮带式给煤机或振动料斗使入料均匀、适量是解决破碎机、缩分器堵煤的常用措施。为了防止铁屑损坏破碎机等电动设备，在给煤机上安装除铁器。在破碎机内部安装刮扫装置或者疏通器（见图5-15）是近年来开发的一种破碎机防堵新技术，带有刮扫装置的破碎机，通过刮扫装置将沾在破碎机内壁的煤刮落、疏松，以达到清堵的目的。清料装置的破碎机由电动机带动上下移动来疏松破碎机内的堵煤。

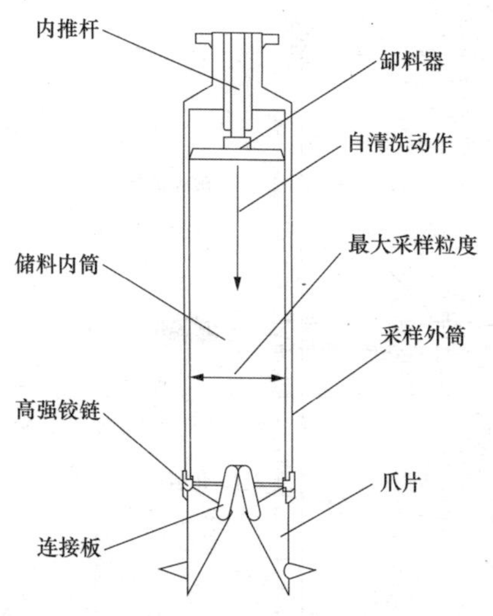

图 5-14 带有自清洗功能的爪式采样器

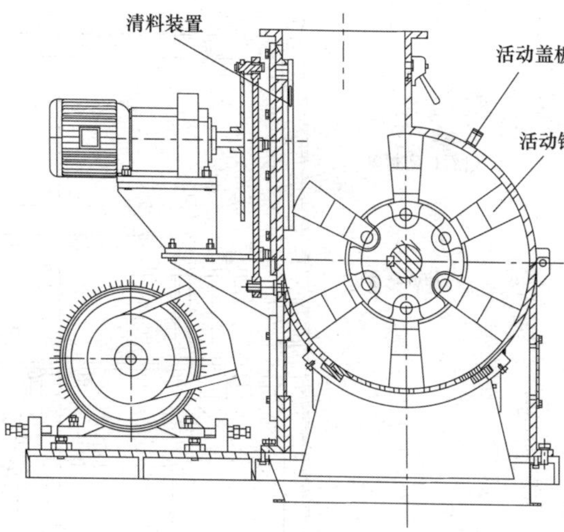

图 5-15 带疏通装置的破碎机

此外，破碎机采用活动盖板便于清堵，破碎机底部采用不锈钢筛板等均是解决堵煤的措施。

缩分器的缩分比越大，其开口尺寸就越小，可以通过多个缩分器串联来减小单个缩分器缩分比的办法来减少堵煤；缩分器的出料口管道保证有较大的倾斜度和采用不锈钢板材也有利于防止堵煤。

在皮带式给煤机上安装二次刮板式采样器代替缩分器也是解决堵煤的有效措施，但是该类缩分器容易出现留底煤的问题而出现偏倚。皮带上采用了托板机构使皮带平整，刮板采用链条传动，形成了直线的刮扫方式，有效解决留底煤问题，提高了缩分的代表性。

皮带链刮板缩分装置结构示意图如图 5-16 所示。

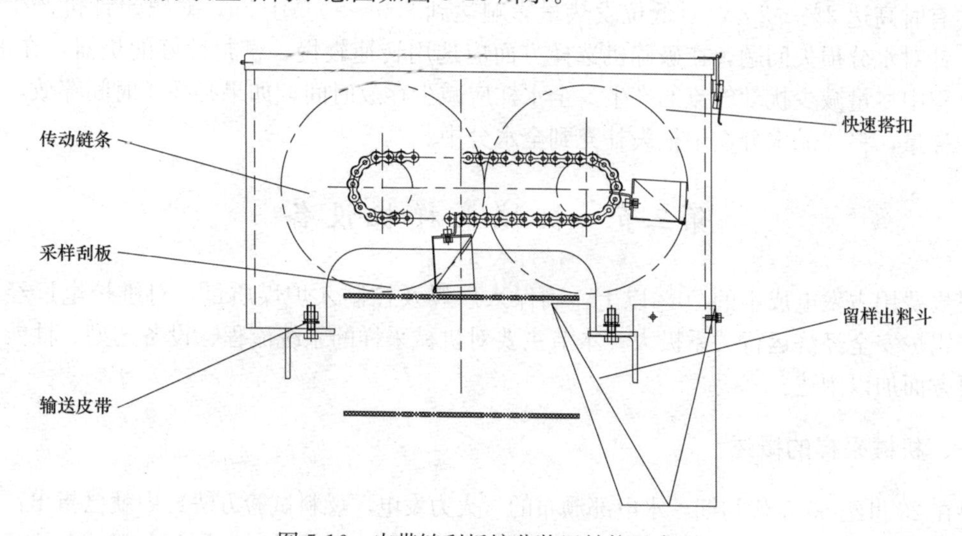

图 5-16 皮带链刮板缩分装置结构示意图

在破碎出料口、缩分器的上游安装的物料整流混匀装置（见图 5-17），有利于提高样品的均匀性，提高制样的代表性，它采用搅拌的方式使样品均匀。

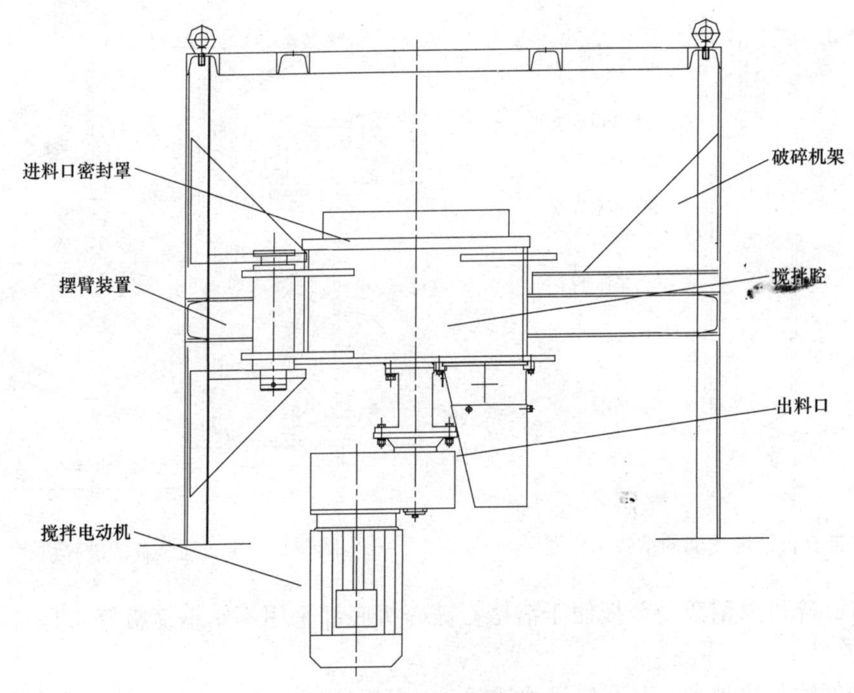

图 5-17 物料整流混匀装置

目前一般来说弃煤的处理办法采用自排方式，弃煤排至下一级皮带，或者采用提升装置送回原皮带，当处理量大而且水分含量高时采用提升装置则易发生堵煤、漏煤现象。

样品在制样系统中在破碎、缩分过程气流扰动、摩擦生热等原因造成水分损失。此外，诸如轮船运煤卸煤时间有时长达3～4天，样品在集样桶中存放时间长也造成水分大量损失，样品全水分的高低直接影响低位发热量，进而影响煤炭计价。据有些电厂不完全统计，全水分损失有时高达2%～3%，对低位发热量影响达到800～900MJ/kg，对煤炭计价产生严重影响。针对水分损失问题，在破碎机选择方面应选用转速较慢、密封性好的机器，在破碎、缩分过程中尽量减少扰动气流的产生。全水样应减少存放时间，如果必须长时间存放，应将样品先称量，将样品水分途中损失补充到全水分中。

第三节　机械采样机设备

煤炭费用占发电成本的70%以上，确保入厂煤及控制入炉煤质量，对维护电厂经济效益保证锅炉安全经济运行关系极大。本节主要对机械采样的系统流程、设备选型、性能检验等主要方面加以阐述。

一、机械采样的概述

早在20世纪80年代初期，水电部颁布的《火力发电厂燃料试验方法》中就已指出：为保证所采样品代表性，火电厂入炉煤应逐步实现机械化采样；1993年11月电力部颁布的《火力发电厂按入炉煤正平衡计算发供电煤耗的方法》进一步明确指出：机械采制样装置是目前唯一能够采到具有代表性样品的手段，并要求入炉煤采样精密度按A_d计，要达到±1%以内，这对电厂入炉煤实现采制样机械化提出了更高更新的要求；1995年新发布的电力行业标准DL/T

567.2—1995《入炉煤和入炉煤粉样品的采取方法》规定为达到采样精密度，入炉煤原煤样采取应使用机械化采制样装置，这一切均促进了我国机械化采制样技术的迅速发展，特别是在皮带采煤样机的技术上已日趋成熟，使用面越来越大；火车、汽车采煤样机的技术也有了新的突破；分体式采制煤样机的研制成功为采煤样机技术的发展开拓了新的方向与途径。

二、机械采样的技术规范

在电厂中应用采煤样机，实现机械化采制样，既可避免人为的操作误差，提高采制样质量，又能减轻采制样人员的劳动强度，提高工作效率。

（一）机械采煤样机的设计依据

机械采样与人工采样器基本原理是一致的，但是按国际标准规定，制样过程只要选择一个中间粒度，从而简化了采煤系统流程，实现机械化采制样的目标。

（二）采煤样机的系统流程与主要部件

在各类采煤样机中，皮带采煤样机应用最多，技术也较成熟。各种采煤样机的结构域组件大致相同，但又各具不同点，这以皮带采煤样机为例加以说明。

1. 采煤机的系统流程

采煤样机的一般分为两种不同的系统流程：

（1）一级采样→给煤机→一级碎煤→一级缩分→二级碎煤→二级缩分→最终产品。余煤，向上提升或自排。一级碎煤出料粒度小于 13mm；二级碎煤出料粒度小于 3mm。

（2）一级采样→给煤机→一级碎煤→一级缩分→最终产品。余煤，向上提升或自排。碎煤机出料粒度小于 13mm 或小于 6mm。

2. 采煤样机主要部件造型、配套

中部及端部采样头均可。无论采用何种类型的采样头，对它的基本要求是：①它能采到有代表性的煤样；②具有良好的运行可靠性。

现在，中部刮斗式采样头及端部摇臂式采样头均可考虑选用，如图 5-18、图 5-19 所示。

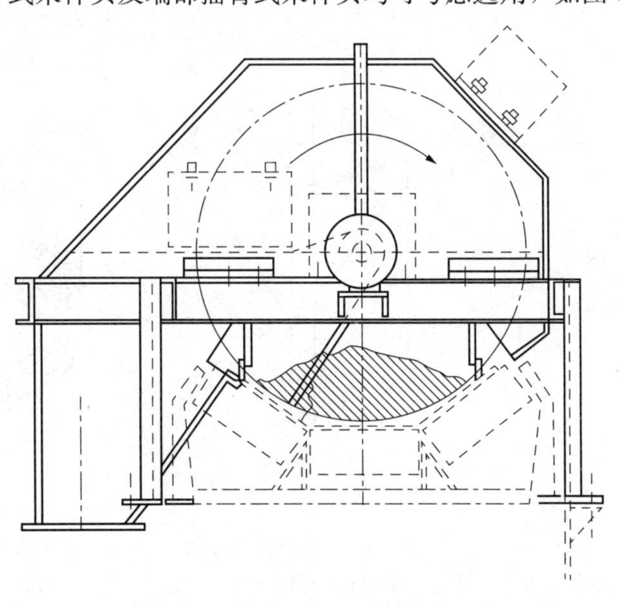

图 5-18　皮带中部刮斗式采样头

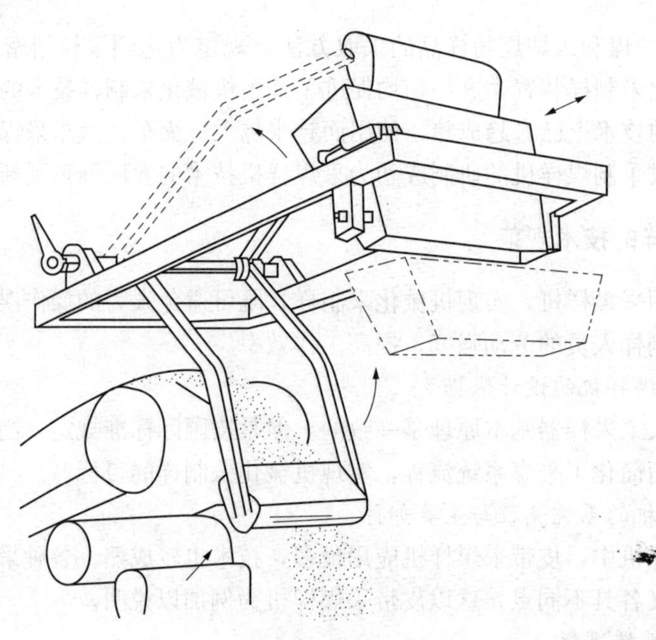
图 5-19　皮带端部摇臂式采样头

3. 给煤机

给煤机类型很多，常用的有皮带给煤机、螺旋给煤机、振动给煤机等，尤以皮带给煤机应用最为广泛。这些给煤机是采煤样机的必要部件，对制样系统防堵具有十分重要的作用。

4. 缩分器

缩分器必须与制煤机的出力相匹配，缩分器的一个重要参数是缩分比。所谓缩分比，是指缩分出来的样品占总样品的百分率。缩分器的作用是从大量的煤样中缩分出少量样品，它能代表原煤样的平均特性。缩分器的类型也很多，一般分为旋锥式、旋槽式、切割槽式等缩分器，分别如图 5-20～图 5-22 所示。

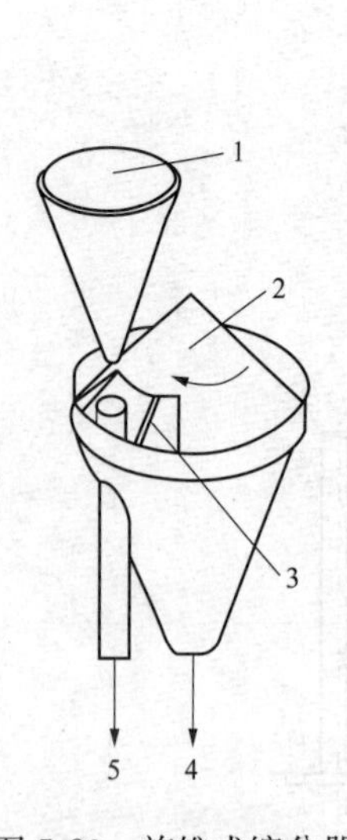

图 5-20　旋锥式缩分器
1—进料斗；2—旋转锥体；3—可调装置；4—余煤品；5—样品

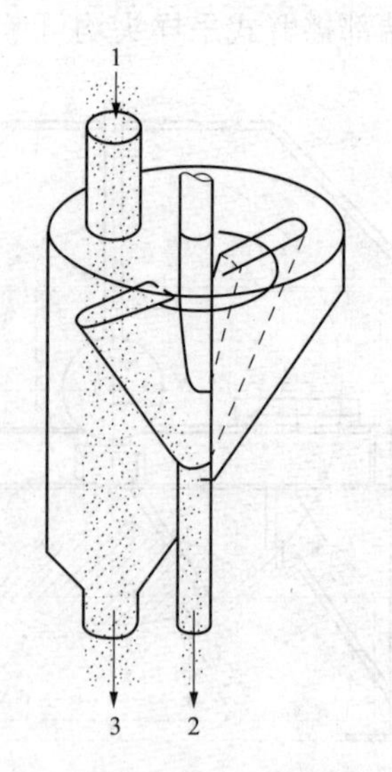

图 5-21　旋槽式缩分器
1—进料；2—样品；3—余煤

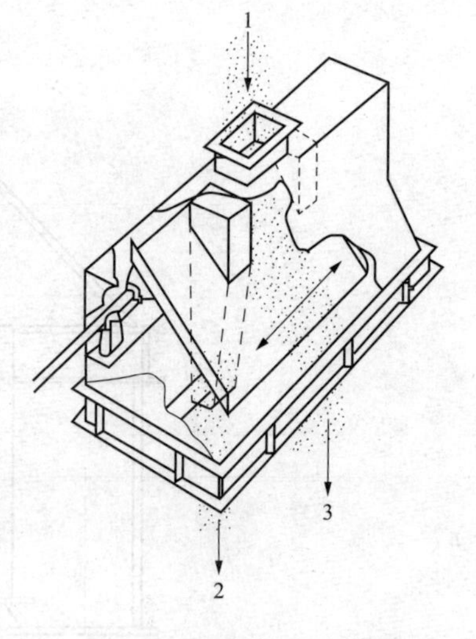

图 5-22　切割槽式缩分器
1—进料；2—样品；3—余煤

5. 余煤处理装置

在采煤样机中，缩分后的余煤数量还是比较大的。例如一级碎煤、一级缩分流程，如缩 1：10，则破碎缩分 10kg 原煤，余煤就达 90kg。在采煤样机设计中，尽可能考虑余煤自排方式，或排至下层皮带、或排至煤沟等适当地方；如不能自排，通常加装斗式提升机，提至原皮带将余煤带走。

6. 电控设备

任何采煤样机，均配有电控柜或电控箱，除了采煤样机启停外，它还应具有如下基本功能：采煤样机要与输煤皮带联动运行、采样头动作周期可调、设备运行异常的报警指示等。

（三）采煤样机的技术要求

煤是很不均匀的散状大宗固体物料，要从一采样单元煤中采集相对少量的煤样，然后再缩制成极少量的最终样品，它应能代表该采样单元煤的平均质量与特性，具有很高的难度。例如一采样单元煤量为 1000t，设取出煤样为 100kg，其比例为 10^4：1；而由 100kg 原煤样最后缩制出 0.1kg 的分析样品，其比例为 10^3：1。也就是说，0.1kg 的最终样品应能代表原 1000t 煤的平均特性，故对其技术要求很高。

当然，采制样的技术难度还与煤的不均匀性及精密度的要求密切相关。煤的不均匀性越大，对采样精密度要求越高，则对采煤样机的技术要求也越高，要实现其目标难度也越大。

对采煤样机的主要技术要求是：

（1）制样应具有代表性，煤样制样与分析总方差应符合 $0.05P^2$ 的要求，P 为采制化总精密度，且不允许存在系统误差。

（2）采样应具有代表性，精密度应符合有关标准要求，且不允许存在系统误差。

（3）采煤样机应具有运行可靠性，其年投运率达到 95%以上，检修周期要与输煤系统大致相同，一般为 1～2 年。

（四）采煤样机的安装要求

（1）采煤样机一定要安装在电厂原煤碎煤机的后方，一方面原煤已经多级除铁，有助于减少铁器进入碎煤机；另一方面，原煤中大块已经破碎，这样提高了原煤的均匀性，使得采样装置的开口宽度不必过大，从而减少了样品量，有助于制样系统的正常运行。

（2）采煤样机安装位置与皮带磅秤相距宜近不宜远，有助于确保煤量与煤质基本一致，特别是按质量基采样的采煤样机，更要注意这一点。

（3）采煤样机与输煤皮带应有电气联锁装置。一般情况下，二者同步运行，这有助于采煤样机运行管理和确保入炉煤采样规范化、标准化。

（4）在输煤系统设计时，就应确定采煤样机的选型及其安装位置。如一时无合适的采煤样机可供选择，则应预留它的位置。端部采样，其皮带端部要有足够的空间位置；中部采样，则可供安装的空间要求较小，且选择裕地较大，国产采煤样机上下总高度为 10m 左右，而进口采煤样机则不应小于 20m。

（5）采煤样机安装时，要留有适当的通道与空间，便于工作人员巡回检查及对设备的维修。

三、机械采样设备的应用

（一）火车、汽车采煤样机的应用

火车、汽车采煤样机开放研制起步稍晚于皮带采煤样机，本节主要对采煤样机的特点及其在电厂中的应用情况加以阐述与介绍。

1. 火车、汽车采煤样机应用概况

目前国内生产的火车采煤样机均为一体式的，即包括采样机制样装置。从采样头的结构来区分，有螺旋式、振插式等类型。

螺旋式采样机的采样原理是：当螺旋转动时靠自重或液压推杆、齿条转动等装置，使螺旋取样头钻入煤中，在螺旋叶片和外壳的组合作用下，使煤在管中提升，当提升至弃煤孔时，弃煤门打开，使煤落回车厢；当提升煤样时，关闭弃煤门，开启煤样门，使煤样导入煤斗中完成采样。

振插式采样机的采样原理是：它是一个底部可以张合的方形容器四角加工成尖角，以便插入煤中，它借助于液压力将其伸入煤层0.6m以上，采样时，底板闭合，提升至一定高度后，移至给煤皮带上方，自动打开底板，煤样则由皮带给煤机送进采煤机的制样系统，这种采样方式是按我国现行采样标准设计的，它比较灵活，可实现前后、左右、上下移动，每个子样为7kg左右，样品不存在系统误差。

汽车采煤样机与火车采煤样机一样，其采样头有螺旋式、振插式等多种形式。目前，国内生产厂很少使用螺旋式采样头，而国外则较多的使用这种形式的采样机，它装在固定垂直轨架上或者装在吊臂上由机动车牵引，称为一种吊臂式采样机，以便任意选择采样点，既可用于汽车采样，又可用于火车采样。

国内生产的振插式汽车与火车采煤样机的采样头结构基本相同，对汽车采煤样机来说，最大的难题是当采集不同矿源的煤样时出现的混样问题，煤的水分在7%以下，一般不存在混样，当煤的水分达到8%～10%，制样时就易出现黏煤。为解决这一问题，有人认为系统先用待采的煤样“冲洗”一两遍即可，实际上这是行不通的，也冲洗不了的。对汽车采煤样机来说，振插式采样头是不会混样的，问题是制样系统中的碎煤机、缩分器易堵煤、黏煤。在制样时，碎煤机仅缩分器发生黏煤、堵煤，需打开设备，借助铁钩、铁棍等工具疏通，才有可能将积煤清除。

2. 解决火车、汽车采煤样机运行管理的问题

（1）对有关运行维修人员组织专业培训，并要进行考核。对于设备的小故障应及时排除，防止一旦出现一点毛病就长期停运。

（2）按标准要求，每台采煤样机都需经权威部门的性能检验，确认符合标准规定的精密度且所采制的样品不存在系统误差，方可正式投入使用。

（3）要制定健全火车、汽车采煤样机的运行管理制度，明确责任，考核投运率。

（4）要对运行中的采煤样机进行巡回检查，及时对黏煤、堵煤予以清理，保持设备运行正常。

（二）分体式采煤样机的应用

火车煤和汽车煤采样机均为一体式的，即将机械采样与制样装置组合成一体，由采样头采集样品后，随即进入制样系统进行制样。一体式采煤样机，集采样制样功能于一体，故其主要特点是结构紧凑，但是这种采样机利用率低，经济性较差，制样系统易堵，且易出现系统误差，故障率高，维修又不方便。采样装置结构示意图如图5-23所示。

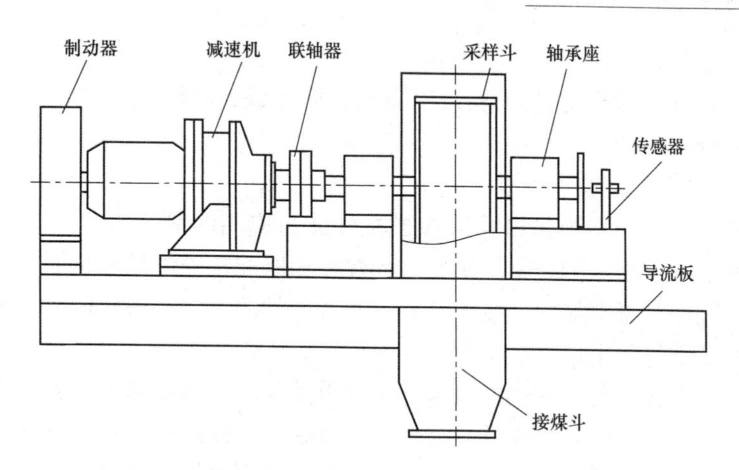

图 5-23　采样装置结构示意图

采样装置为刮斗式，用不锈钢制造。刮斗式要优于传统的刮板式：①它的采样量大，代表性好；②本机设计的采样器开口宽度为 140mm，相当于煤最大粒度的 4.7 倍（通常为 2.5～3倍），故所采样品不易产生系统误差；③选用特殊的限位装置，以保证采样器不会停留在皮带中间；④选用堵转电动机做动力，以确保在湿煤及皮带流量较大时也能可靠运行。落煤管采用大口径不锈钢制造，采取垂直布置方式：①方便采样器安装；②落煤管穿过煤层，方便样品的收集。输煤皮带两侧采样装置采用两套控制系统机，每一侧采样装置又有自动及手动两种控制方式，以防控制系统一旦出现故障而影响运行。自控系统采用逻辑程序控制器（PLC）对采样装置的运行予以控制，它比传统的控制方式具有更高的可靠性。

（三）皮带式采煤样机的应用

在我国皮带采煤样机开发最早，技术也较成熟，DL/T 567.2—1995《火力发电厂燃料试验方法——入炉煤和入炉煤粉样品的采取方法》规定电厂入炉煤得采用机械采制样，因而现在大多数电厂均安装了各种类型的皮带采煤样机，但由于各厂条件的不同，采煤样机性能及维修管理方面的差异，各电厂采煤样机运行效果相差很大，有的能达到 95%以上的年投运率，有的则断断续续运行，年投运率不足 70%，甚至有的电厂采煤样机自安装上以后，就一直未能正常运行而长期停用，造成上述情况的原因是多方面的。本节拟从采煤样机流程设计的合理性、主要部件的选型配套及维修管理诸方面去阐述如何选用皮带采煤样机，并令其发挥应有的作用。

1. 系统流程设计的合理性

系统流程设计的合理性是选用采煤样机最为重要的依据，流程设计不合理，该采煤样机肯定无法达到预期的要求。现在的采煤样机普遍配备了各式给煤机，即使如此，煤中水分较大时，如外在水分 M_t 达到 10%左右时，无论是国内还是国外产品，其堵煤情况基本上是无法避免的。

对于大中型电厂来说，均应按电力行业标准要求，实现入炉煤采制样的机械化。现在国内皮带采煤样机大都设计成一级碎煤、一级缩分流程，碎煤机出料粒度多为小于 13mm，正好用以测定煤中全水分。

建议采用如下流程：

初级采样（中部或端部均可）→初级给煤机、低速锤式碎煤机→二级给煤机→初级缩分器→二级缩分器→样品。

2. 主要部件的选型配套

主要部件选型与配套不当是影响采煤样机性能与应用的另一重要因素。对采煤样机来说，采样要与制样系统相匹配，给煤机要与碎煤机相匹配，碎煤机要与缩分器相匹配。总的来说，自采样头开始，直至最后一级缩分器，其各部件的出力要依次增大，不能出现相反的情况。否则，系统必将发生堵煤。

如何对采煤样机各主要部件选型也是一个突出的问题，采煤样机有其自身的特殊性，从表面上看，碎煤机转速宜选高不选低，这样碎煤效率高，样品粒度小；缩分器缩分比宜大不宜小，这样留下来的样品量少，易于处理等。实际上问题并不是那么简单，诸如按上述一般情况来考虑采煤样机主要部件的选型，往往会出现与预期相反的效果。

3. 运行管理上的弊端

国内多数电厂已安装了各种形式的皮带采煤样机，使用中或多或少存在一些问题，除其自身不足之外，不少电厂对采煤样机运行管理不善，对有关人员缺少培训考核，运行管理制度很不健全密切相关。如果这些问题不能解决，再好的采煤样机，也不可能长期正常运行，这必须引起各电厂的重视，予以认真解决。

对采煤样机运行管理方面的问题，较集中的表现为：

（1）对采煤样机运行、维修人员缺少培训与考核。电厂采样人员的业务素质对保证采样机能否正常运行关系极大。电厂要在人力、物力、财力各方面体现对采样的重视。采煤样机运行人员要熟悉有关标准对煤炭采样的规定与要求，掌握其技术要点；维修人员要熟悉采煤样机的结构与各部件的功能，消除一般性故障，而实际情况并非如此。某些电厂皮带采煤样机运行、维修人员对上述知识甚为缺乏，甚至连最基本的知识也很模糊。

（2）采煤样机运行管理责任不清。皮带采煤样机装在输煤皮带上，而煤的采制化一般并不是燃料车间管。有的电厂由化学车间管，有的则与燃料车间共管。这往往造成不同部门之间相互推卸责任，以致采煤样机实际上处于无人负责的状态。例如有的电厂采样机刮煤板端部橡皮块脱落照常运行，实际上只刮到极少量，甚至刮不到样品也不去修复；更有甚者设备保险管坏了也不及时更换，致使采煤样机长期停运等，这些本来不难解决的问题往往因不同部门之间责任不清而一拖再拖，严重影响采煤样机的正常使用。

（3）皮带采煤样机运行管理制度不健全，或者虽有规章制度却流于形式，也是影响采煤样机正常使用的一个重要方面。实践表明，凡是采煤样机使用正常的，投运率高的电厂都有一套行之有效的规章制度。例如运行值班时，巡回检查制度，有着详细的值班记录，有完善的交接班制度；当出现故障时，向谁汇报，由谁处理以及定期维修等均有明确的规定。更主要是规章、制度、规定一定要认真执行。主管部门不仅要检查规章制度，更得检查监督其执行情况。

为保障采煤样机的正常运行和管理维护，应做好以下几个方面：

（1）对责任心强，业务水平高的人员充实到采样岗位上，并加强培训与考核力度，真正能掌握煤的机械化采样技术。

（2）建立健全采样机运行维修管理制度，并要经常性考核检查制度的执行情况。

（3）采煤样机最好由一部门统一管理，有关班组分工明确，责任到位。

第四节 机械采样机性能试验

机械采样机的性能鉴定内容包括采样与制样的代表性、整套设备运行的可靠性、水分损失率和水分适应性。机械采样机的广泛应用使动力用煤的采样代表性大大提高，但是设备在制造和应用过程存在一些缺陷直接影响采样代表性，如前面所述，横过煤流采样如果要全断面采样，采样器必须直接接触皮带就会刮伤皮带，其安全性和采样代表性是两个互相矛盾的问题；又如螺旋式采样器容易将大块煤、煤矸石、硬煤挤开以及混样也影响了采样代表性。堵煤使整套设备运行的效率下降，水分高低又是造成堵煤的重要因素，水分含量越高越容易堵煤；样品在制样系统由于摩擦生热、搅动气流使样品水分损失，而水分的变化又影响煤炭计价。以上这些问题都是机械采样机在应用过程中常常出现的问题，通过鉴定试验对整机性能做出合理评价，并且根据实际情况提出改进意见。

在所有的采样、制样、化验程序中，误差总是存在的，因此其测量结果总会偏离真值，而测定结果与真值的绝对偏倚是无法测定，只能对测定结果的精密度进行估算，精密度用于表征一系列测定结果之间的符合程度。精密度用某一特征参数来表示时，实际就是用该特征参数表示的一系列测定结果的极差，而这一系列测定结果的平均值与某一可接受的参比值之间的偏离程度就是偏倚。可见精密度和偏倚是考量采样代表性的两个重要因素，精密度表征的是最大允许随机误差，而偏倚表征的是采样系统的系统误差。当机械采样装置不存在实质性偏倚，同时采样精密度符合要求则采样结果具有代表性，因此精密度试验和偏倚试验是整个机械采样装置性能验收试验中最重要的两部分试验。

一、精密度试验

精密度试验常用的方法有双份样法和多份样法，顾名思义，双份样法只采取两个分样，而多份样法采多个分样，然后对这些分样的测定结果的精密度进行估算。双份样法和多份样法各自的用途不同，双份样法用于核验对已有的采样系统所采取的采样方案的精密度能否达到期望的精密度要求，而多份样法是对某一特定批煤从实际结果来估算其所能达到的精密度。

（一）双倍子样数双份样法

1. 采样方法

在每个采样单元采取两倍于正常子样数 n_0 的子样，对于煤流采样相当于将采样时间间隔缩短一半，例如：原来的采样时间间隔为 5min，增加一倍子样数后采样时间间隔为 2.5min，将原来子样集中收集作为“A 样”，增加的子样集中收集作为“B 样”，操作如图 5-24 所示，每个采样单元收集到 A、B 一对分样，采用交叉采样的方法所采集到的两个分样的所有子样均能够均匀分布在整个采样单元中，因此两个分样均能代表该采样单元的平均质量，依此类推，在同一批煤的至少 10 个采样单元或同一种煤的至少 10 批煤中至少 10 对分样。从经济简便的角度出发，往往选择前一种方式较多，采样单元的选择可以以起始采样单元煤量（如 1000t）或者一天的来煤量等。将采集到的至少 10 对分样共至少 20 个分样分别用密封容器装好并编号，如 A_1、B_1、A_2、B_2…。

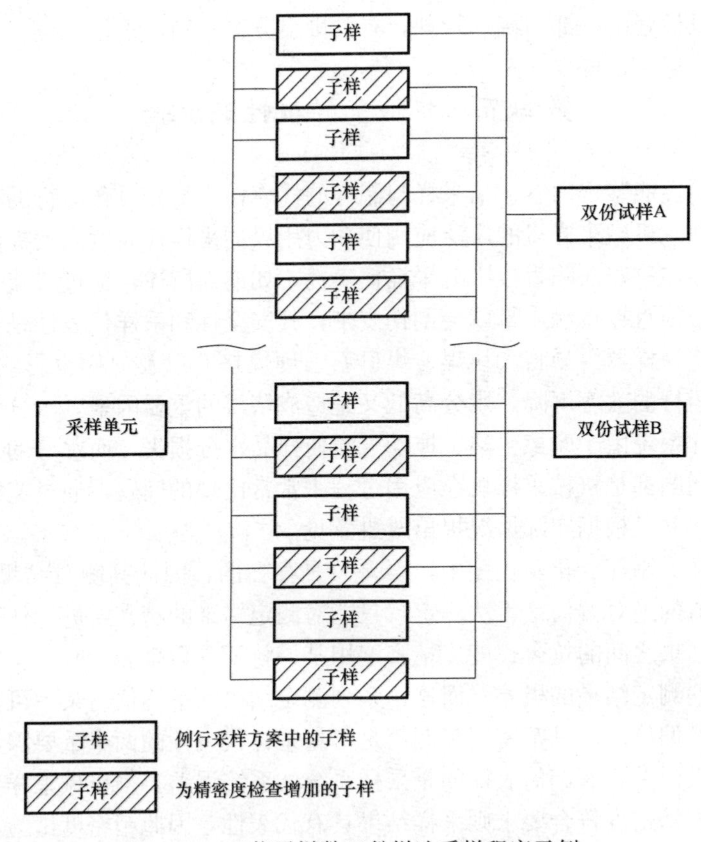

图 5-24 双倍子样数双份样法采样程序示例

2. 制样方法

将所收集到分样分别按国标规定的制样方法制成 0.2mm 的一般分析样品，留取 700g 粒度为 3mm 的样品作为存查样品。

3. 化验方法

按国标规定的化验方法分别测定各分样的 A_{ad} 及 M_{ad}，将 A_{ad} 换算为 A_d。

4. 精密度估算和判定

分别将每个采样单元采到 A 样和 B 样测定的 A_d 值相减得到两者之间的偏差值 d，计算公式见式（5-36）

$$d_i = A_i - B_i \tag{5-36}$$

式中 A_i——代表第 i 个采样单元 A 样的 A_d 值；

B_i——代表第 i 个采样单元 B 样的 A_d 值。

总共得到至少 10 对差值，求差值之间的标准偏差 S 见式（5-37）：

$$S = \sqrt{\frac{\sum_{i=1}^{n} d_i^2}{2n_p}} \tag{5-37}$$

式中 d_i——第 i 个采样单元双份样之间的差值；

n_p——双份样对数。

在 95%的概率下，单个采样单元的精密度取标准偏差的 2 倍，即

$$P = 2S \tag{5-38}$$

m 个采样单元的平均精密度 P 计算见式（5-39）

$$P = \frac{2S}{\sqrt{m}} \tag{5-39}$$

根据估算的点精密度 P 和计算因数 a_l 和 a_u（与自由度 f 有关）计算出精密度的置信范围

$$上限 = a_l P \tag{5-40}$$

$$下限 = a_u P \tag{5-41}$$

将期望的采样精密度 P_0（指国标规定的精密度或制定采样方案时双方约定的精密度）与估算的采样精密度进行比较：若 $P_0 \leqslant a_l P$，则采样精密度不符合要求；$P_0 \geqslant a_u P$，则采样精密度优于期望的采样精密度；$a_l P < P_0 < a_u P$，则采样精密度符合要求，但是如果置信范围很宽，并且 $a_u P$ 大于最大允许精密度 P_w［指国标规定的最大允许精密度或双方约定的最大允许精密度（见表 5-13），对于其他煤 $P_w = 1.6$］，此时不能立即下结论，而是需要进一步试验，按同样方法采集 10 对双份样，将试验结果与原试验结果合并，重新计算精密度和置信范围，此时自由度 f 增大，置信范围缩小，直到 P_w 大于 $a_u P$ 或者落在置信范围之外，对于后一情况，须调整采样方案。

表 5-13　　精密度范围计算因数

f（观测数）	5	6	7	8	9	10	15	20	25	50
上限因数 a_l	0.62	0.64	0.66	0.68	0.69	0.70	0.74	0.77	0.78	0.84
下限因数 a_u	2.45	2.20	2.04	1.92	1.83	1.75	1.55	1.44	1.38	1.24

计算示例：双倍子样数双份样法干基灰分测定结果见表 5-14。

表 5-14　　双倍子样数双份样法干基灰分测定结果

试样对号	A_d（%）		$d_i = \mid A_i - B_i \mid$	d_i^2
	A	B		
1	4.88	4.91	0.04	0.0016
2	5.15	6.12	0.97	0.9409
3	2.89	3.15	0.26	0.0676
4	4.19	4.05	0.14	0.0196
5	5.30	5.16	0.14	0.0196
6	6.90	6.74	0.16	0.0256
7	6.03	5.91	0.12	0.0144
8	8.18	8.76	0.58	0.3364
9	5.82	6.16	0.34	0.1156
10	5.12	5.34	0.22	0.0484
$\sum_{i=1}^{n} d_i^2$	1.5897		$\overline{A_d}$	5.54

统计分析：由表 5-14 计算灰分测定标准偏差：

$$S=\sqrt{\frac{\sum_{i=1}^{n}d_i^2}{2n_{\mathrm{p}}}}=\sqrt{\frac{1.5897}{2\times10}}=0.2819$$

单个采样单元的精密度为

$$P=2S=0.5638$$

m 个采样单元的精密度为

$$P=\frac{2S}{\sqrt{m}}=0.1783$$

精密度上限$=a_lP=0.70\times0.1783=0.1248$。

精密度下限$=a_uP=1.75\times0.1783=0.3120$。

因此，该批煤在 10 个采样单元的条件下，实际精密度置信范围在 0.1248～0.3120 之间，而按国家标准 $P_0=\frac{1}{10}A_{\mathrm{a}}=0.554$，可见 $P_0>a_{\mathrm{u}}P$，采样精密度优于期望的采样精密度。

（二）例行子样数双份样法

该方法的精密度估算和核验程序与双倍子样数双份样法相同，仅是试样对的合成和精密度的计算有差异。

（1）采样方法。在每个采样单元采取例行子样数 n_0 的子样，子样数没有增加，按照采样次序，将单数子样合成一个分样，双数子样合成另一个分样，构成一个双份样，每个分样由 $n_0/2$ 个子样组成，采样程序如图 5-25 所示。重复此操作，在同一批煤的至少 10 个采样单元或同一种煤的至少 10 批煤中至少 10 对分样。

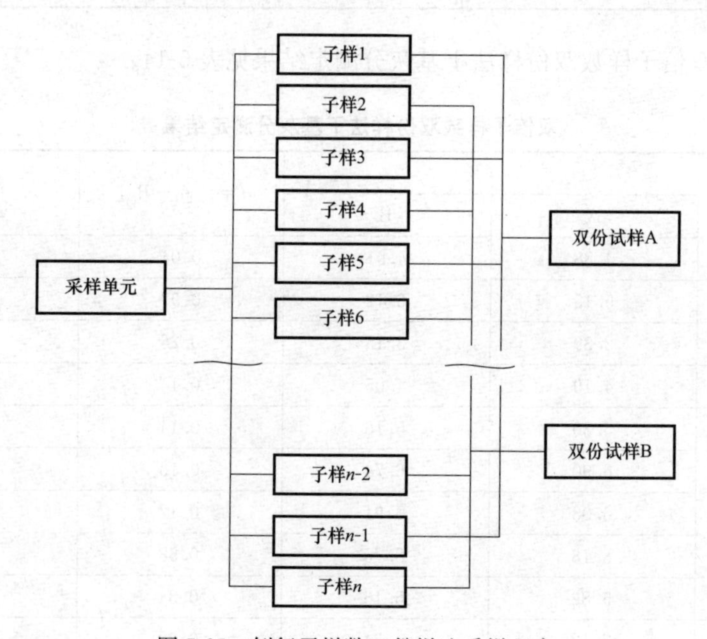

图 5-25　例行子样数双份样法采样程序

（2）精密度估算。由 $n_0/2$ 个子样组成的双份样的标准差、单个采样单元精密度计算见式（5-42）、式（5-43）。

$$S_{n_0/2}=\sqrt{\frac{\sum_{i=1}^{n}d_i^2}{2n_p}} \tag{5-42}$$

$$P_{n_0/2}=2S_{n_0/2} \tag{5-43}$$

式中　d_i——第 i 个采样单元双份样之间的差值；

n_p——双份样对数。

然后，计算由 n_0 个子样组成一份样的精密度见式（5-44）

$$P_{n_0}=\frac{P_{n_0/2}}{\sqrt{2}} \tag{5-44}$$

m 个采样单元的精密度计算见式（5-45）

$$P_{n_0}=\frac{P_{n_0/2}}{\sqrt{2}\times\sqrt{m}} \tag{5-45}$$

（三）多份样法

采样方法：按采样方案将一批分为 m 个采样单元，每个采样单元采取 n 个子样，然后将 $n\times m$ 个子样轮流交替放入 j 个容器中，合并为 j 个分样，要求 j 不小于 m，而且不小于10，并将收集到的 j 个分样，分别进行编号，如 A、B、C 等。

根据国标规定的方法将所有分样制成 0.2mm 的一般分析样品，并留取 3mm 的存查样，测定各分样的 A_{ad} 及 M_{ad}，利用 M_{ad} 将 A_{ad} 换算为 A_d。按式（5-46）、式（5-47）估算总体标准差和精密度

$$S=\sqrt{\frac{\sum_{i=1}^{n}x_i^2-\left(\sum_{i=1}^{n}x_i\right)^2/n}{n-1}} \tag{5-46}$$

$$P=\frac{2S}{\sqrt{j}} \tag{5-47}$$

式中　x_i——各个分样的 A_d 测定结果；

j——分样的数。

由表 5-13 查出精密度的计算因数，则可以计算出精密度置信范围。

计算示例：表 5-15 为某一特定批煤采用多份样法的测定结果。

表 5-15　　某一特定批煤采用多份样法的测定结果

试样号	A_d（%）	$(A_d)^2$（%）
A	15.8	249.64
B	16.7	278.89
C	17.2	295.84
D	16.9	285.61
E	15.6	243.36
F	16.8	282.24
G	17.1	292.41
H	17.5	306.25

续表

试样号	A_d（%）	$(A_d)^2$（%）
I	16.4	268.96
J	16.9	285.61
总和	166.9	2788.81

统计分析：由表 5-15 可知

$$j=10$$

$$S=\sqrt{\frac{\sum_{i=1}^{n}x_i^2-\left(\sum_{i=1}^{n}x_i\right)^2/n}{n-1}}=\sqrt{\frac{2788.81-(166.9)^2/10}{10-1}}=0.601$$

$$P=\frac{2S}{\sqrt{j}}=\frac{2\times0.601}{\sqrt{10}}=0.380$$

查表 5-13 可知：当自由度为 10 时，$a_l=0.70$，$a_u=1.75$，因此精密度置信范围为 0.266～0.665。

（四）采样方案的调整

经过精密度核验之后，如果精密度不符合要求，必须对采样方案进行调整，根据试验得到精密度，计算初级采样方差，见式（5-48）

$$V_1=\frac{mn_0p^2}{4}-n_0V_{PT} \tag{5-48}$$

式中 m——采样单元数；

P——试验所得的精密度（非期望精密度）；

n_0——原采样方案子样数；

V_{PT}——原制样和化验方差。

求出新的初级采样方差后，重新计算新采样方案每个采样单元应采的子样数，重新设计煤流采样和静止煤采样方案，并对新方案进行精密度核验，直到满意为止。

二、偏倚试验

偏倚试验的试验原理是用被试验的采样系统或其部件采取一试样与用参比方法采取的试样构成试样对，然后计算每对试样之间的差值，并进行统计分析，最后用 t 检验进行判定。

（一）参比方法

参比方法必须是一种本质上无偏倚的方法，常用的方法有两种：停皮带采样法和人工钻孔法。

（1）停皮带采样法是在停止的皮带上截取一个全横截段作为一个子样，这是唯一能将所有颗粒都能采到的采样方法，从而不存在偏倚，往往可作为其他采样方法的参比方法，停皮带采样法子样采取是采用如图 5-26 所示的采样框放在停止的煤流上，将采样框的边板插入煤流直到底缘与皮带接触，然后将两个边板之间的煤全部收集。采样框的宽度要求为最大标称粒度的 3 倍且不小于 30mm，边板底缘的弧度与皮带的弧度相近。停皮带采样点最好布置在初级采样点前面或者布置在后面未扰动部分，位置与初级采样点尽量靠近。

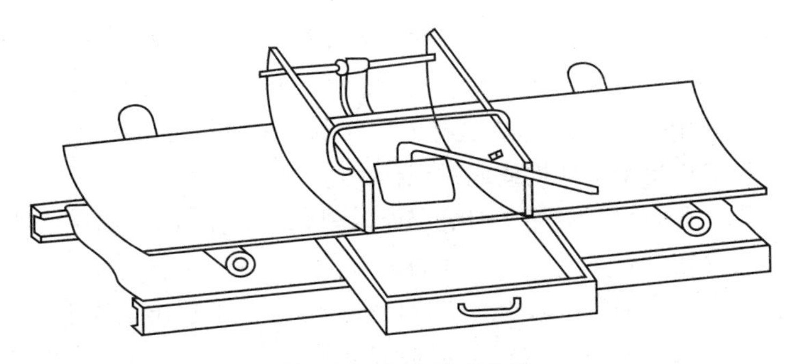

图 5-26　停皮带采样框

（2）人工钻孔法是螺旋采样器取样点旁边（尽量靠近但不交叉）、煤的状态未被扰动的地方垂直插入一根直径与螺旋采样器相等的圆筒，将筒内煤取出作为试样。取样时，从上到下插入圆筒，插入一定深度取一部分样，直到底部为止，然后将全部的样品合并为一个子样。阻挡圆筒插入的煤粒，可以采用左半圆取右半圆舍的方式或左半圆舍右半圆取的方式，开始采用什么方式取舍，整个过程就采用什么方式取舍。煤流采样的参比方法一般采用停皮带采样法；而静止煤的参比方法既可采用停皮带采样法也可以采用人工钻孔法，如果采用停皮带采样法，可以采用以下两种方式：

1）在装车（船）的皮带上采取停皮带总样（由全部停皮带子样构成），与装车后用螺旋采样器或其他采样器采取的总样构成一个试样对，构成总样的子样数分别按照煤流采样和静止煤采样计算。

2）先用螺旋采样器或其他采样器在车（船）采取的总样，然后将煤转到皮带上再采取停皮带总样。

（二）分系统或部件的参比方法选择

初级采样器的偏倚试验的参比方法与整系统偏倚试验的参比方法一致，也采用停皮带采样和人工钻孔法，但是单独试验初级采样器比较麻烦，一方面要将样品卸到采样系统之外处理，另一方面，在短时间内要处理大量煤样。而缩分器、破碎机等部件的偏倚试验一般在采样系统运行的情况下，采用预先检定有效的采样器在入料流、弃料流、出料流中采样对比的方法，例如缩分器以缩分后的试样与弃样按缩分比混合而成的样品作为参比样，破碎机以入料流和出料流对比。不同试验对象的偏倚试验试样对的构成如下：

（1）整系统的偏倚试验。由采样系统的最后试样与停皮带采取的人工样或人工钻孔法采取的人工样构成试样对。

（2）初级采样器的偏倚试验。由初级采样器采取初级子样与停皮带采取的人工样或人工钻孔法采取的人工样构成试样对。

（3）破碎设备的偏倚试验。由破碎前和破碎后采取的试样构成。

（4）缩分系统与缩分器的偏倚试验。由以下方法之一采取试样构成：

1）由入料流和出料流采取的煤样。

2）从出料流和弃料流采取的煤样。

3）收集全部出料和全部弃料所构成的试样。

试样对中的每个试样可以是单个子样构成，也可以是由多个子样组成的总样构成，当成对试样由单个子样构成时，它们的采样点尽可能接近并交叉；当成对试样由总样构成时，要求采取总样的煤量要一样，同时构成的系统样与参比样要求子样数固定不变，而且要求两个成对试样的子样最好一样。从工作量来说，成对试样由单个子样构成时工作量相对较小，试验时间相对较短，同时由单个子样构成试样对，机械采样过程的随机更容易表现出来。因此，目前很多偏倚试验以单个子样构成成对试样为主。

没有采样、制样和化验程序不存在随机误差，因此没有任何一个统计试验能证明不存在偏倚，只能确定是否存在没有大于一定程度的偏倚，这个偏倚值就定义为最小检测偏倚，也就是实际测量中的最大允许偏倚。对于一个统计程序必须能够检出偏倚小于或等于的最大允许偏倚 B，因此在偏倚试验之前必须先确定最大允许偏倚 B。最后判定的统计分析为 t 检验，如果试验证明被试验的采样系统与参比方法观测值的差值明显小于 B，则采样系统或部件不存在偏倚。采样系统采样所产生的偏倚既与来煤的质量密切相关，也与采样系统的性能有关，偏倚表征的是采样系统的系统误差，而对于不同煤种和不同类型的采样系统其最大允许偏倚的确定决定了偏倚试验中采样机是否合格的尺度，GB 19494.3—2004《煤炭机械化采样　第3部分：精密度测定和偏倚试验》尚未制订适应我国煤质情况的 B 值参考值，使采样系统偏倚性能没有统一的判据，GB 19494.3—2004 只是对最大允许偏倚 B 的确定做了以下描述：

（1）有关各方协调商议确定。

（2）通过试验确定可能产生的最大允许偏倚 B，例如取 10%最大颗粒被排斥时所产生的偏倚为最大允许偏倚 B。

（3）参照国际标准要求，最大允许偏倚 B 取 0.2%或 0.3%（包括全水分和灰分）。

方法（1）在实际工作容易引起争议，所出具的鉴定证书，其法律效力不强；方法（2）需要大量的试验来确定；方法（3）是参照国际标准要求，由于国际上大部分国家在煤炭贸易上要求严格，煤的颗粒均匀，并且煤质均匀，而我国的大部分煤炭的煤质均匀程度差，若参照国际标准要求偏严。目前，有一些专家对最大允许偏倚 B 进行深入的研究，提出一些适用于我国煤质情况的最大允许偏倚 B，见表 5-16。

表 5-16　　机械化采样最大允许偏倚 *B*

<table>
<tr><th>煤种</th><th colspan="3">灰分 A_{d}（%）</th><th>全水分 M_{t}（%）</th></tr>
<tr><td>精煤</td><td colspan="3">0.5</td><td rowspan="8">0.8</td></tr>
<tr><td>其他洗煤</td><td colspan="3">0.8</td></tr>
<tr><td rowspan="2">筛选煤（%）</td><td>$A_{d}\lt 15$</td><td>$15\leqslant A_{d}\leqslant 30$</td><td>$A_{d}\gt 30$</td></tr>
<tr><td>0.80</td><td>1.10</td><td>1.50</td></tr>
<tr><td rowspan="2">原煤（%）</td><td>$A_{d}\lt 15$</td><td>$15\leqslant A_{d}\leqslant 30$</td><td>$A_{d}\gt 30$</td></tr>
<tr><td>1.00</td><td>1.30</td><td>1.8</td></tr>
</table>

偏倚试验最好用同一煤源的煤来进行，选择预计会使采样系统产生偏倚的煤来进行，这就要求采用粒度范围宽、各粒级煤样的灰分相差较为明显的煤进行试验。试验参数可以用干燥基灰分、全水分或者其他参数，一般只采用干燥基灰分、全水分就足够，干燥基灰分的偏倚由粒度分布误差构成，而全水分偏倚的因素很多，例如粒度分布、破碎时的水分损失、系统内空气流动过大、各部件之间的结合不严密、样品存放时间过长等因素，因此以全水分作为试验参数时，要特别注意水分损失。

为了保障试验结果的统计分析的有效性，要求被统计分析的变量呈正态分布，并有统计的一致性，其测量误差有独立性。做偏倚试验时必须保证观测对数（即试样对）满足要求，以保证通过 t 检验时存在偏倚的判定结果的准确性，如发现观测对数不切实际，应减小组内方差，例如使机械采样点与人工停带采样点靠近或者减少制样误差，如果结果不能改进，应增加试样的子样数，如果还是不能解决，应考虑最大允许偏倚 B 的设置。观测对数可以从同类煤炭的试验资料求得，如果没有资料的话，开始可先取 20 对，然后通过标准差与预定的最大允许偏倚 B 检验是否足够，如果不足够，应增加观测对数直到足够为止，不过最好一次采够，以免由于两次采样的条件和煤质变化而使两组数据失去一致性而不能合并。

（三）采样

1. 全系统偏倚试验采样

（1）移动煤流的采样。设定采样时间间隔，启动皮带供煤。启动采样系统，当初级采样器采到一个子样后，立即停止皮带，按照上述停皮带采样方法在初级子样采样点的前面或后面紧靠但不交叉，煤流未被扰动的位置采取一个人工对比样，收入容器中，同时收集采样系统最后缩分阶段缩分后的试样，两者构成一组试样对，以此类推，采集足够的试样对并编号，如人工样编为 R1、R2…，自动样编为 A1、A2…。当采用总样对时，将整个采样单元的停皮带采取的人工样全部收集到同一容器中构成参比试样，同时将整个采样单元最后缩分阶段缩分后的子样到同一容器中构成系统试样，两者构成试样对，重复操作，直到采取了要求数量的试样对。

（2）静止煤的采样。可以按以下几个方法采取试样对。

1）于车厢中部煤炭颗粒分布较均匀的位置，用采样器采取一个全深度或者深度分层子样并通过其制样系统制成实验样品。当采样器钻到预定的位置，不要马上提起，在其旁边煤炭状态未扰动的位置，分步插入一个直径与采样器相等的圆筒，每插入一定深度取出一部分样品，直到圆筒插到底部，将圆筒中的样品全部取完为止，将全部的样品合并为一个参比子样，两者构成一个试样对。重复操作直到采取了要求的子样对为止。

2）用皮带机往车厢中装煤，以 1000t 或一个发货量为一个采样单元，根据国家标准在皮带上按时间基或质量基采取停皮带子样，将所有子样合并为一个参比总样。装车后，用螺旋采样器等静止煤采样器按静止煤的机械采样方法在车厢中采取一个总样，两者构成一组试样对。重复操作，直到采取了要求的总样对为止。

3）与方法 2）一样，先在车厢中用静止煤采样器采取一个总样，然后将煤转移到皮带上，从移动煤流中采取停皮带总样。

2. 初级采样器偏倚试验采样

采样方法与全系统偏倚试验采样方法基本相同，只是将样品转移到系统外，样品不通过制样系统制样，参比子样的制样也是如此。

3. 分系统或部件偏倚试验采样

（1）缩分器偏倚试验可以按以下两种方法之一进行采样：

1）在采样系统运转的条件下，用两个精密度和偏倚符合要求的采样器，分别对供入缩分器的每个子样或总样（或缩分后的弃样）和子样或总样的留样按时间基或质量基进行采样，两者构成一个试样对。采样时，每个子样（或其弃样）和子样留样至少切割 4 次，而且入料和出料的切割周期应错开。同法操作直到采取了要求的子样对为止。

2）最后阶段的缩分器：在采样系统正常运行的情况下，分别收集每个子样或总样的全部留样和弃样，并准确称量，两者构成一组试样对，同法操作直到采取了要求的试样对为止。

（2）破碎机偏倚试验可以按以下两种方法之一进行采样：

1）在采样系统运转的条件下，用两个精密度和偏倚符合要求的采样器，分别对供入破碎机的每个子样（或总样）和子样（或总样）的出样，按时间基或质量基进行采样，入料样与出料样构成一个试样对。采样时，每个子样（或其弃样）和出样至少切割 4 次。重复操作，直到采取了要求的试样对为止。

2）在采样系统运转的条件下，交替收集进入破碎机和从破碎机出来相继子样，两组交替收集样品构成试样对，重复操作，直到采取了要求的试样对为止。

4. 制样系统整体偏倚试验采样

在采样系统运转的条件下，全部收集每个子样或总样的留样和各阶段的弃样并准确，留样和各阶段的弃样的合并样构成试样对，重复操作，直到采取了要求的试样对为止。

（四）制样和化验

样品的制样和化验方法在其他章节已经详细介绍，这里不再重述。将以上采集到的一系列成对试样分别制成 13mm 或 6mm 的全水分分析样以及 0.2mm 的一般分析样品。化验项目包括全水分、空气干燥基水分、空气干燥基灰分，将空气干燥基灰分换算为干燥基灰分。

（五）结果统计分析

1. 基本统计

设定试验系统或部件的测定值为 A_i，参比方法的测定值为 R_i（i=1、2、3、…、n，i 为序数，n 为总对数）。每对试样的测定结果差值 d_i、参比方法的平均值 $\bar{R}$、差值的平均值 $\bar{d}$、差值标准差 S_d 计算如下：

$$d_i = A_i - R_i \tag{5-49}$$

$$\bar{R} = \frac{\sum_{i=1}^{n} R_i}{n} \tag{5-50}$$

$$\bar{d} = \frac{\sum_{i=1}^{n} d_i}{n} \tag{5-51}$$

$$S_d = \sqrt{\frac{\sum_{i=1}^{n} d_i^2 - \left(\sum_{i}^{n} d_i\right)^2 / n}{n-1}} \tag{5-52}$$

2. 离群值检验

离群值的形成原因：数据中存在随机变化的极差、计算和记录的误差、偏离规定程序的过失偏离。判断离群值的统计准则采用科克伦最大方差准数，即

$$C = \frac{d_{max}^2}{\sum_{i=1}^{n_p} d_i^2} \quad (5\text{-}53)$$

式中 n_p——差值组中的试样对数；

d_{max}——一组差值中的最大值；

d_i——每对结果间的差值。

表 5-17 给出在 95%的概率下，n=20～40 的科克伦最大方差准数临界值。如果 C 的计算值大于表中的临界值，则 d_{max} 为临界值。剔除了一个离群值后，继续对剩余的数据是否有离群值，对剩余的数据中最大值进行判断，如果判断结果为离群值，则应继续将后面离群值剔除，一直到无离群值为止。

表 5-17　科克伦最大方差准数 C 临界值

n	95%的置信概率	n	95%的置信概率
20	0.480	31	0.355
21	0.465	32	0.347
22	0.450	33	0.339
23	0.437	34	0.332
24	0.425	35	0.325
25	0.413	36	0.316
26	0.402	37	0.312
27	0.391	38	0.306
28	0.382	39	0.300
29	0.372	40	0.294
30	0.363		

3. 所需试样对数的估算

所需试样对数的估算可以根据式（5-54）计算试样因数 g，然后根据 g 从表 5-18 中查出最少观测对数 n_p。

$$g = \frac{B}{S_d} \quad (5\text{-}54)$$

式中 B——预先设定的最大允许偏倚；

S_d——试样对的标准差。

由于在试验之前不可能知道试样对的 S_d 值，因此可以借助以往的经验资料先暂定一个替代值。如果无经验资料可先取至少 20 对试样。为了避免再补充的样品产生数据的合并问题，可以采用一个比实际测定值大的 S_d 值计算出一较小的 g 值，以期一次采集足够的试样对数。

表 5-18　计算最少观测对数的试样因数 g

n_{pr}	0	1	2	3	4	5	6	7	8	9
10	>1.295	1.218	1.154	1.099	1.051	1.009	0.971	0.938	0.907	0.880
20	0.855	0.832	0.810	0.790	0.772	0.755	0.739	0.724	0.710	0.696
30	0.684	0.672	0.660	0.649	0.639	0.620	0.620	0.611	0.602	0.594
40	0.586	0.579	0.571	0.564	0.558	0.551	0.545	0.539	0.533	0.527

续表

n_{pr}	0	1	2	3	4	5	6	7	8	9
50	0.521	0.516	0.511	0.506	0.501	0.496	0.491	0.487	0.483	0.478
60	0.474	0.470	0.466	0.463	0.459	0.455	0.451	0.448	0.445	0.441
70	0.438	0.435	0.432	0.429	0.426	0.423	0.420	0.417	0.414	0.411
80	0.409	0.406	0.404	0.401	0.399	0.396	0.394	0.392	0.389	0.387
90	0.385	0.383	0.380	0.378	0.376	0.374	0.372	0.370	0.368	0.366

试验结束后，由实测的 S_d 值计算试样因数 g，从表5-18中查出新的 n_{pr}，如果 $n_p \geqslant n_{pr}$ 可继续进行统计，若 $n_p < n_{pr}$，则可能要补充煤样。此时，先由实测 S_d 值计算 B'，即

$$B' = gS_d \tag{5-55}$$

式中 g——由实采的试样对数查表5-18得到的 g 值；

S_d——实测的试验对标准差。

如果 B' 能够代替 B，则不用补充煤样，否则必须补充采样，补充样品对数为 $n_{pr}-n_p$，如果需要补充的对数少于10对，则最少应补充10对，并且得到补充试样结果后，计算其平均值、差值的标准差，并进行离群值检验，然后检验原数据组与补充数据组的一致性，如果满意，可以将两组数据合并，继续下一步的统计分析。

4. 原数据组与补充数据组的一致性检验

（1）方差一致性检验。由式（5-56）计算出原数据组与补充数据组的方差之比 F_c

$$F_c = \frac{V_1}{V_2} \tag{5-56}$$

式中 V_1——大方差组的方差；

V_2——小方差组的方差。

根据 V_1 和 V_2 对应的观测数 n_1 和 n_2，从表5-19查出横排自由度为 n_1-1（即 f_1）和竖排自由度为 n_2-1（即 f_2）的 F 值，若 $F_c < F$，则两组数据来自一个共同方差的总体，两组数据可以合并，若 $F_c \geqslant F$，则两组数据不一致，不能合并。

（2）均值一致性检验。除了对原来的数据和补充数据进行方差一致性检验，还需对两组数据的均值一致性检验，由式（5-57）计算差值的结合标准差 $\overline{S_x}$

$$\overline{S_x} = \sqrt{\frac{(n_1-1)\times S_1^2 + (n_2-1)S_2^2}{n_1+n_2-2}} \tag{5-57}$$

式中 n_1——原数据的观测值；

n_2——新数据的观测值；

S_1——原数据的标准差；

S_2——新数据的标准差。

根据式（5-58）计算均值一致性判断的统计量 t_m

$$t_m = \frac{\overline{x_1}-\overline{x_2}}{\overline{S_x}\times\sqrt{\frac{1}{n_1}+\frac{1}{n_2}}} \tag{5-58}$$

式中 $\overline{x_1}$——原数据平均值；

$\overline{x_2}$——新数据平均值；

$\overline{S_x}$——由式（5-57）计算的结合标准差。

表 5-19 **95%概率下的 F 值**

f_1 \ f_2	9	10	11	12	13	14	15	16	17	18	19	20	21	22	23	24	25	26	27	28	29	30	35	40	45	50	55	60
9	3.179	3.137	3.102	3.073	3.048	3.025	3.006	2.989	2.974	2.960	2.948	2.936	2.926	2.917	2.908	2.900	2.893	2.886	2.880	2.874	2.869	2.864	2.842	2.826	2.813	2.803	2.784	2.878
10	3.202	2.978	2.943	2.913	2.887	2.865	2.845	2.828	2.812	2.798	2.785	2.774	2.764	2.754	2.745	2.737	2.730	2.273	2.716	2.710	2.705	2.700	2.678	2.661	2.648	2.637	2.628	2.621
11	2.896	2.854	2.818	2.787	2.761	2.739	2.719	2.701	2.685	2.671	2.658	2.646	2.636	2.626	2.617	2.609	2.498	2.490	2.484	2.582	2.576	2.570	2.548	2.531	2.517	2.507	2.498	2.490
12	2.769	2.753	2.717	2.687	2.660	2.637	2.617	2.599	2.583	2.568	2.555	2.544	2.533	2.523	2.514	2.505	2.412	2.405	2.398	2.478	2.472	2.466	2.443	2.426	2.412	2.401	2.392	2.387
13	2.714	2.671	2.635	2.604	2.577	2.554	2.553	2.515	2.499	2.484	2.471	2.459	2.448	2.438	2.429	2.420	2.341	2.333	2.326	2.392	2.386	2.380	2.357	2.339	2.325	2.314	2.304	2.297
14	2.646	2.602	2.656	2.534	2.507	2.484	2.463	2.445	2.428	2.413	2.400	2.388	2.377	2.367	2.357	2.349	2.280	2.427	2.263	2.320	2.314	2.306	2.284	2.266	2.252	2.240	2.231	2.223
15	2.588	2.544	2.507	2.475	2.448	2.424	2.403	2.385	2.368	2.353	2.340	2.327	2.316	2.306	2.296	2.288	2.227	2.220	2.212	2.295	2.253	2.247	2.223	2.204	2.190	2.178	2.168	2.160
16	2.538	2.494	2.456	2.425	2.397	2.373	2.352	2.333	2.317	2.302	2.288	2.275	2.264	2.254	2.244	2.235	2.181	2.174	2.167	2.206	2.200	2.194	2.169	2.151	2.136	2.124	2.114	2.106
17	2.494	2.450	2.413	2.381	2.353	2.329	2.308	2.289	2.272	2.257	2.243	2.230	2.219	2.208	2.199	2.190	2.141	2.138	2.126	2.160	2.154	2.148	2.123	2.104	2.089	2.077	2.067	2.058
18	2.456	2.412	2.374	2.342	2.314	2.290	2.269	2.250	2.233	2.217	2.203	2.191	2.179	2.168	2.159	2.150	2.141	2.133	2.126	2.119	2.113	2.107	2.082	2.063	2.048	2.035	2.025	2.017
19	2.423	2.378	2.340	2.308	2.280	2.256	2.234	2.215	2.218	2.182	2.168	2.155	2.144	2.133	2.123	2.114	2.160	2.098	2.090	2.084	2.077	2.071	2.046	2.026	2.011	1.999	1.988	1.980
20	2.393	2.348	2.310	2.278	2.250	2.225	2.203	2.184	2.167	2.151	2.137	2.124	2.112	2.102	2.092	2.082	2.074	2.066	2.059	2.052	2.045	2.039	2.013	1.994	1.978	1.966	1.955	1.946
21	2.366	2.321	2.283	2.250	2.222	2.197	2.176	2.156	2.139	2.123	2.109	2.096	2.084	2.073	2.063	2.054	2.045	2.037	2.030	2.023	2.016	2.010	1.984	1.954	1.949	1.936	1.925	1.916
22	2.343	2.297	2.259	2.226	2.198	2.173	2.151	2.131	2.114	2.096	2.084	2.071	2.059	2.048	2.038	2.028	2.020	2.011	2.004	1.997	1.990	1.984	1.958	1.938	1.922	1.909	1.898	1.889
23	2.320	2.275	2.236	2.204	2.175	2.150	2.128	2.109	2.091	2.075	2.051	2.048	2.036	2.025	2.014	2.005	1.996	1.988	1.980	1.973	1.967	1.960	1.934	1.914	1.898	1.885	1.874	1.865
24	2.300	2.255	2.216	2.183	2.155	2.130	2.108	2.088	2.070	2.054	2.040	2.027	2.015	2.003	1.993	1.984	1.975	1.967	1.959	1.952	1.945	1.939	1.912	1.892	1.876	1.862	1.852	1.842
25	2.282	2.236	2.198	2.165	2.136	2.111	2.089	2.069	2.051	2.035	2.021	2.007	1.995	1.984	1.974	1.964	1.955	1.947	1.939	1.932	1.925	1.019	1.892	1.872	1.855	1.842	1.831	1.822
26	2.265	2.220	2.181	2.148	2.119	2.094	2.072	2.052	2.034	2.018	2.003	1.990	1.987	1.966	1.956	1.946	1.937	1.929	1.921	1.914	1.907	1.901	1.874	1.853	1.837	1.823	1.812	1.803
27	2.250	2.204	2.166	2.132	2.103	2.078	2.056	2.036	2.018	2.002	1.987	1.974	1.961	1.950	1.940	1.930	1.920	1.919	1.905	1.897	1.891	1.884	1.857	1.839	1.819	1.806	1.795	1.785
28	2.236	2.190	2.151	2.118	2.089	2.064	2.041	2.021	2.003	1.987	1.972	1.959	1.946	1.935	1.924	1.915	1.906	1.897	1.889	1.882	1.875	1.869	1.841	1.820	1.803	1.790	1.778	1.769
29	2.223	2.177	2.138	2.104	2.075	2.050	2.027	2.007	1.989	1.973	1.958	1.945	1.932	1.921	1.910	1.901	1.891	1.883	1.875	1.868	1.681	1.854	1.827	1.805	1.789	1.775	1.763	1.754
30	2.211	2.165	2.126	2.092	2.063	2.037	2.015	1.995	1.976	1.960	1.945	1.932	1.919	1.908	1.897	1.887	1.878	1.870	1.682	1.854	1.847	1.841	1.813	1.792	1.775	1.761	1.749	1.740
35	2.161	2.114	2.075	2.041	2.012	1.986	1.963	1.942	1.924	1.907	1.892	1.878	1.866	1.854	1.843	1.833	1.824	1.815	1.807	1.799	1.792	1.768	1.757	1.735	1.717	1.703	1.691	1.681
40	2.124	2.077	2.038	2.003	1.974	1.948	1.924	1.904	1.885	1.868	1.853	1.839	1.826	1.814	1.803	1.793	1.783	1.775	1.766	1.759	1.751	1.744	1.715	1.683	1.675	1.680	1.648	1.637
45	2.096	2.049	2.009	1.974	1.945	1.918	1.895	1.874	1.855	1.838	1.823	1.808	1.795	1.783	1.772	1.762	1.752	1.743	1.735	1.727	1.720	1.713	1.683	1.660	1.541	1.626	1.614	1.603
50	2.073	2.026	1.986	1.952	1.921	1.895	1.871	1.850	1.831	1.814	1.798	1.784	1.771	1.768	1.748	1.737	1.727	1.718	1.710	1.702	1.694	1.687	1.657	1.634	1.615	1.599	1.587	1.576
55	2.055	2.008	1.968	1.933	1.903	1.876	1.852	1.831	1.812	1.795	1.779	1.764	1.751	1.739	1.727	1.717	1.707	1.698	1.689	1.681	1.674	1.666	1.636	1.612	1.593	1.577	1.564	1.553
60	2.040	1.993	1.952	1.917	1.887	1.860	1.836	1.815	1.796	1.778	1.763	1.748	1.735	1.722	1.887	1.711	1.690	1.681	1.672	1.664	1.656	1.649	1.618	1.594	1.575	1.559	1.546	1.534

注 F 函数有两个变量，分别为第一自由度 f_1，第二自由度 f_2，查表时根据两个自由度 f_1、f_2 就可以查到对应的 F 函数值。

由表 5-20 查出自由度为（n_1+n_2-1）的双尾 t_a 值，然后将 t_m 与 t_a 进行比较和判断：若 $t_m<t_a$，则两组数据来自一共同均值的总体；$t_m \geqslant t_a$，两组数据均值不一致。

表 5-20　　95%的概率下，单尾和双尾的 t 值

自由度	双尾 t_a	单尾 t_β
5	2.571	2.015
6	2.447	1.943
7	2.365	1.895
8	2.306	1.860
9	2.262	1.833
10	2.228	1.812
11	2.201	1.796
12	2.179	1.782
13	2.160	1.771
14	2.145	1.761
15	2.131	1.753
16	2.120	1.746
17	2.110	1.740
18	2.101	1.734
19	2.093	1.729
20	2.086	1.725
21	2.080	1.721
22	2.074	1.717
23	2.069	1.714
24	2.064	1.711
25	2.060	1.708
26	2.056	1.706
27	2.052	1.703
28	2.048	1.701
29	2.045	1.699
30	2.042	1.697
31	2.040	1.695
32	2.037	1.694
33	2.035	1.692
34	2.033	1.691
35	2.031	1.690
36	2.029	1.688
37	2.027	1.687
38	2.025	1.686

续表

自由度	双尾 t_{α}	单尾 t_{β}
39	2.023	1.685
40	2.021	1.684
41	2.020	1.683
42	2.019	1.682
43	2.017	1.681
44	2.016	1.680
45	2.015	1.679
46	2.013	1.679
47	2.012	1.678
48	2.011	1.678
49	2.010	1.677
50	2.009	1.676
55	2.005	1.673
60	2.000	1.671
70	1.995	1.667
80	1.990	1.664
90	1.987	1.662
100	1.984	1.660

(3) 数据合并。如果新、旧两组数据通过方差、均值一致性检验合格，说明两组数据无显著性差异，可以合并，重新进行合并后数据的离群值检验、计算差值的平均值、差值的标准差等。

如果两组数据其中一种检验无法通过，说明两组数据不一致，应舍弃两组数据，查明不一致的原因，重新进行试验。

5. 差值独立性检验

差值独立性检验是对差值中位值以上或以下的运算群数进行随机检验，运算群数是指全部中位值以上或以下的一系列符号相同的值（与中间值相减，大于中间值为“+”，小于中间值为“−”）。

差值总体运算群数的统计方法：将差值由大到小进行排列，当观测次数为奇数时，取中间值为中位值，当观测次数为偶数，取中间两个值的平均数为中位值。

将试样的差值按采样的先后次序排列各对差值，将差值与中位值相减，得数为正者记为“+”，得数为负者记为“−”，然后统计“+”“−”变换的次数 r，此次数就是运算群数，注意不要将与中位值相等的数计入，设 n_1为最少的相同符号数，n_2为最多的相同符号数。由表 5-21 查出 n_1、n_2对应的上限 U 和下限 L，与运算群数 r 进行比较并判断：若 $r<L$ 或 $r>U$，则差值独立检验不通过，应查明原因；若 $L\leqslant r\leqslant U$，则差值独立检验通过，可继续进行下面的偏倚最终判定。

表 5-21　　群数显著性值表

n_1	n_2	下限 L	上限 U
3	5	3	—
3	6	3	—
3	7	3	—
4	4	3	7
4	5	3	8
4	6	4	8
4	7	4	8
4	8	4	—
5	5	4	8
5	6	4	9
5	7	4	9
5	8	4	10
5	9	5	10
6	6	4	10
6	7	5	10
6	8	5	11
6	9	5	11
6	10	6	11
7	7	5	11
7	8	5	12
7	9	6	12
7	10	6	12
7	11	6	13
7	12	7	13
8	8	6	12
8	9	6	13
8	10	7	13
8	11	7	14
8	12	7	14
9	9	7	13
9	10	7	14
9	11	7	14
9	12	8	15
9	13	8	15
9	14	8	16
10	10	7	15

续表

n_1	n_2	下限 L	上限 U
10	11	8	15
10	12	8	16
10	13	9	16
10	14	9	16
10	15	9	17
11	11	8	16
11	12	9	16
11	13	9	17
11	14	9	17
11	15	10	18
11	16	10	18
11	17	10	18
12	12	9	17
12	13	10	17
12	14	10	18
12	15	10	18
12	16	11	19
12	17	11	19
12	18	11	20
13	13	10	18
13	14	10	19
13	15	11	19
13	16	11	20
13	17	11	20
13	18	12	20
13	19	12	21
14	14	11	19
14	15	11	20
14	16	12	20
14	17	12	21
14	18	12	21
14	19	13	22
14	20	13	22
15	15	12	20
15	16	12	21
15	17	12	21

续表

n_1	n_2	下限 L	上限 U
15	18	13	22
15	19	13	22
15	20	13	23
16	16	12	22
16	17	13	22
16	18	13	23
16	19	14	23
16	20	14	24
17	17	13	23
17	18	14	23
17	19	14	24
17	20	14	24
18	18	14	24
18	19	15	24
18	20	15	25
19	19	15	25
19	20	15	26
20	20	16	26

6. 偏倚最终判定

对于配对偏倚实验，差值的期望值为0，因此，当差值的平均值$|\bar{d}| \geqslant B$时，说明被检验系统存在偏倚，无需进行统计分析，当$|\bar{d}| < B$时，可以进行t检验。

（1）与B有显著性差异的检验。按计算$|\bar{d}|$与B的统计量t_{nz}

$$t_{nz} = \frac{B - |\bar{d}|}{\left(\frac{S_d}{\sqrt{n_\rho}}\right)} \tag{5-59}$$

式中　B——最大允许偏倚；

$|\bar{d}|$——差值的平均值；

S_d——差值的标准差；

n_p——差值数。

由表5-20查出单尾t_β值，与t_{nz}比较并进行判定：若$t_{nz} < t_\beta$，则被检定系统存在显著大于0且显著不小于B的偏倚，系统存在实质性偏倚。若$t_{nz} \geqslant t_\beta$，则系统偏倚显著小于B，证明系统不存在实质性偏倚。

（2）与0有显著性差异的检验。当$|\bar{d}| < B$且$t_{nz} \geqslant t_\beta$，按式（5-60）计算差值的统计量

$$t_z = \frac{|\bar{d}|}{\left(\frac{S_d}{\sqrt{n_\rho}}\right)} \tag{5-60}$$

由表5-20查出双尾t_a值，与t_{nz}比较并进行判定：若$t_z < t_a$，则差值与0不存在显著性差

异，被检系统或部件可认为无偏倚。若 $t_z \geq t_a$，则系统偏倚显著小于 B，证明被检系统或部件存在小于 B 的偏倚。

7. 偏倚试验结果分析示例

表 5-22 为一组偏倚试验成对样品干燥基灰分原始数据，本试验确定灰分的最大允许偏倚为 0.2%。

表 5-22 偏倚试验成对样品干燥基灰分原始数据

i	系统样 A_i	参比样 R_i	差值 d_i
1	9.55	9.63	−0.08
2	8.99	8.99	0.00
3	8.74	8.62	0.12
4	9.08	9.12	−0.04
5	9.83	9.14	0.69
6	9.70	9.57	0.13
7	8.71	8.83	−0.12
8	8.50	8.29	0.21
9	8.83	8.60	0.23
10	8.29	8.15	0.14
11	8.51	8.76	−0.25
12	8.80	8.69	0.11
13	8.69	8.60	0.09
14	8.81	8.67	0.14
15	8.60	8.70	−0.10
16	9.23	8.97	0.26
17	8.56	8.52	0.04
18	8.35	8.23	0.12
19	9.01	9.09	−0.08
20	9.13	9.14	−0.01

统计分析：

（1）基本计算：

$$n = 20(\text{对})$$

$$\overline{A_i} = 8.8955$$

$$\overline{d_i} = 0.0800$$

$$S_d = 0.1948$$

$$S_d^2 = 0.0379$$

$$\sum_i^n d_i^2 = 0.8433$$

（2）离群值检验。由表 5-22 知：

$$d_{max} = 0.69;$$

$$C = \frac{d_{max}^2}{\sum_{i=1}^n d_i^2} = \frac{(0.69)^2}{0.84333} = 0.561$$

查表 5-17 知：$C_{临}=0.480$，$C>C_{临}$，因此该离群值舍弃。舍弃离群值后的测定值见表 5-23。

表 5-23　　舍弃离群值后的测定值

i	系统样 A_i	参比样 R_i	差值 d_i
1	9.55	9.63	−0.08
2	8.99	8.99	0.00
3	8.74	8.62	0.12
4	9.08	9.12	−0.04
5	9.70	9.57	0.13
6	8.71	8.83	−0.12
7	8.50	8.29	0.21
8	8.83	8.60	0.23
9	8.29	8.15	0.14
10	8.51	8.76	−0.25
11	8.80	8.69	0.11
12	8.69	8.60	0.09
13	8.81	8.67	0.14
14	8.60	8.70	−0.10
15	9.23	8.97	0.26
16	8.56	8.52	0.04
17	8.35	8.23	0.12
18	9.01	9.09	−0.08
19	9.13	9.14	−0.01

（3）差值独立性检验。将舍弃离群值后的测定值由小到大排列，排列结果见表 5-24。

表 5-24　　测定中位值的数据排列

序号	差值 d_i	序号	差值 d_i
10	−0.25	11	0.11
6	−0.12	17	0.12
14	−0.10	3	0.12
1	−0.08	5	0.13
18	−0.08	9	0.14
4	−0.04	13	0.14
19	−0.01	7	0.21
2	0.00	8	0.23
16	0.04	15	0.26
12	0.09（中位值）		

19 组数据中，中位值为 12 号样，差值为 0.09。以下是对测定群数的统计，将表 5-24 中的各个差值减去中位值，所得数为正值计为“+”，反之计为“−”，差值符号由“+”变为“−”或由“−”变为“+”，运算群数增加 1，统计结果见表 5-25。

表 5-25 运算群数统计表

序号	差值 d_i	d_i－中位值	符号	运算群数
1	－0.08	－0.17	－	1
2	0.00	－0.09	－	1
3	0.12	0.03	＋	2
4	－0.04	－0.13	－	3
5	0.13	0.04	＋	4
6	－0.12	－0.21	－	5
7	0.21	0.12	＋	6
8	0.23	0.14	＋	6
9	0.14	0.05	＋	6
10	－0.25	－0.34	－	7
11	0.11	0.02	＋	8
12	0.09	0.00		8
13	0.14	0.05	＋	8
14	－0.10	－0.19	－	9
15	0.26	0.17	＋	10
16	0.04	－0.05	－	11
17	0.12	0.03	＋	12
18	－0.08	－0.17	－	13
19	－0.01	－0.09	－	13

由表 5-25 可见，运算群数 $r=13$，“＋”和“－”组数相等，$n_1=n_2=9$，查表 5-21 知：$L=7$，$U=13$，r 落在两者之间，因此差值具有独立性。对表 5-26 进行基本数理统计

$$n=19(\text{对})$$
$$\overline{A_i}=8.84632$$
$$\overline{d_i}=0.04789$$
$$S_d=0.13522$$
$$S_d^2=0.01828$$

（4）所需试样对数检验。

$$g=\frac{B}{S_d}=\frac{0.2}{0.13522}=1.4791$$

由表 5-18 知：当 $g>1.295$ 时，$n_{pr}=10$，可见，$n_p>n_{pr}$，试验对数足够。

（5）偏倚最后判定。由基本统计知：$|\bar{d}|<B$，先计算 $|\bar{d}|$ 与 B 的统计量

$$t_{nz}=\frac{B-|\bar{d}|}{\frac{S_d}{\sqrt{n_p}}}=\frac{0.2-0.04789}{\frac{0.13522}{\sqrt{19}}}=4.9$$

由表 5-20 知：自由度 $n-1=18$ 时，$t_\beta=1.734$，$t_{nz}>t_\beta$，因此 $|\bar{d}|$ 显著小于 B，系统不存在实质偏倚。

$$t_z=\frac{|\bar{d}|}{\frac{S_d}{\sqrt{n_p}}}=\frac{0.04789}{\frac{0.13522}{\sqrt{19}}}=1.544$$

由表 5-20 知：自由度 $n-1=18$ 时，$t_a=1.734$，$t_a>t_z$，说明 $|\bar{d}|$ 与 0 无显著性差异，系统可接受为无偏倚。

8. 数据一致性检验示例

某偏倚试验根据 20 对测定结果的所需试样对数检验表明需增加 5 对，但当增加对数小于 10 对时，需增加 10 对，新旧数据统计结果见表 5-26。

表 5-26　　新旧数据统计结果

参数	原数据 $n=19$	新数据 $n=10$
$\|\bar{d}\|$	0.048	0.064
S_d^2	0.01828	0.008116
S_d	0.13522	0.09015

统计分析：

（1）方差检验：

$$F_c=\frac{0.01828}{0.008116}=2.252$$

由表 5-26 知：$n_1=19-1=18$，$n_2=10-1=9$ 时，$F=2.423$，$F_c<F$，说明两组数据的方差一致。

（2）均值检验：

$$\overline{S_x}=\sqrt{\frac{(n_1-1)S_1^2+(n_2-1)S_2^2}{n_1+n_2-1}}=\sqrt{\frac{(19-1)\times 0.01828+(10-1)\times 0.008116}{20+10-1}}$$

$$=0.122033$$

$$t_m=\frac{|\overline{d_1}-\overline{d_2}|}{\overline{S_x}\sqrt{\frac{1}{n_1}+\frac{1}{n_2}}}=\frac{|0.048-0.064|}{0.122033\times\sqrt{\frac{1}{20}+\frac{1}{10}}}=0.3356$$

由表 5-20 知：自由度 $20+10-2=28$ 时，$t_a=2.052$，$t_m<t_a$，两组数据均值具有一致性。两组数据通过方差及均值一致性检验，因此两组数据可以合并。

三、水分损失试验及水分适应性试验

机械采样系统采集的样品通过制样系统后由于煤在破碎机中的摩擦破碎发热以及制样系统的气流扰动或者严密性不好等因素都会引起水分损失，而水分又是煤炭计价的一个重要参数，据不完全统计水分每变化 1%，低位热值变化 250～300J/g，这就造成很大的价格差异，根据标准 DL/T 747—2010《发电用煤采制样装置性能验收导则》要求煤在全水分不大于 10%时卡堵现象。

水分也是引起机械采样系统卡堵的主要原因，煤在采样机的制样系统中在水分含量较低的情况下能够正常运行，而水分含量较高的情况下，容易发生堵塞而停运，因此采样机对原煤水分适应性大小往往决定了采样机实际应用价值，水根据标准 DL/T 747—2001 要求在全水分不大于 10%时卡堵现象。

水分损失试验与水分适应性试验可以一起进行，试验方法如下：选择电厂可能用到最大黏性的易堵煤种进行试验，取粒度为 50mm 以下、质量不少于 200kg 样品加入适量水分或者干燥到采样系统标称最大全水分，用九点法取 1kg 全水分样迅速破碎到 13mm 并化验原煤全水分，剩余样品以取样周期按每次 5kg 分 40 次人工送入制样系统一级给料机，经破碎缩分后收集 3mm 留样 0.5kg 化验全水分，以 13mm 样品的全水分值与 3mm 样品水分平均值之差作为采样系统的水分损失。观测采样系统是否发生卡堵，否则以每次增加或减少 1%全水分含量的方式对系统进行多次检验至找出最大适应水分。

四、整机性能验收

对采样机来说既要考虑采样代表性又要考虑运行可靠性，包括以下几方面：

（1）采样精密度合格，系统无偏倚。

（2）整机水分损失率小于 1.5%，水分不大于 10%时无卡堵现象。

（3）各配件出力匹配。

（4）其控制系统与输煤系统有联动功能，具备异常情况停机保护和故障自诊断功能，在样品量大时能手动或自动调节给料机喂料速度。

（5）落煤管、破碎机、缩分器不易发生堵煤并容易清理。

第六章

煤炭人工制样

第一节　制样原理

一、制样的含义与制样的精密度

制样是指对所采集的具有代表性的原始煤样，按照标准规定的程序与要求，对其反复应用筛分、破碎、掺合、缩分操作，以逐步减小煤样的粒度和减少煤样的数量，使得最终所缩制出来的试样能代表原始煤样的平均质量。煤样制备的目的是将采集的煤样制备成能代表原来煤样特性的分析用煤样。换言之，制样是所采取的煤样在满足制样精密度和无实质性制样偏倚的条件下，按照一定的程序制备成化验项目所需要的数量和粒度的试验用煤样的过程。制样标准是按粒度不同实行分级制样，各粒度级间相互联系、密不可分。人工制样程序复杂、劳动强度大、效率低，制样的根本出路在于实现机械化和自动化。人工制样过程中要反复筛分、破碎掺合、缩分操作，需要配备相应的设备与工具，电厂要有专门的制样室。

分析试样与原始煤样的平均质量越接近，则表示所制取的样品越具代表性，也就是制样精密度越高。然而，偏差不可避免，不允许超过一定的限度。制样精密度也就是煤样缩制偏差限度。外界物质混入煤样或是损失一部分煤样，在缩分时保留的试样与舍弃部分的煤质有所差异，这些都会导致制样偏差。为了提高精密度，就必须严格按照标准规定的制样程序与方法，配备适当的制样机械设备及工具，仔细认真的进行操作。

批煤（单采样单元）检验结果的精密度估算值 P_L 在95%的置信水平下为

$$P_L = 2\sqrt{\frac{V_1}{n} + V_{PT}} \tag{6-1}$$

式中　P_L——采样、制样和化验总精密度；

V_1——初级子样方法；

V_{PT}——制样和化验方差；

n——总样中初级子样数。

V_{PT}即代表制样和化验精密度，且以方差表示。制样和化验误差几乎全产生于缩分和从分析试样中抽取少量煤样的过程中。影响制样精密度的最主要因素是缩分前煤样的均匀性和缩分后的煤样留量。

GB 474—2008《煤样的制备方法》中规定制样和化验方差目标值 V_{PT}^0 为 $0.05P_L^2$，此目标值可看作是制样和化验最差允许精密度，其推导过程如下：

设采样方差 V_S 占总方差（V_{SPT}）的 80%。大量试验表明，若以方差来表示误差，制样方差（V_P）占采制化总方差（V_{SPT}）的 16%，化验方差（V_T）占 4%，采样方差（V_S）占 80%，则：

$$P_L = S\sqrt{V_{SPT}} \Rightarrow V_{SPT} = \frac{P_L^2}{4}$$

$$V_S = \frac{80V_{SPT}}{100};V_P = \frac{16V_{SPT}}{100};V_T = \frac{4V_{SPT}}{100}$$

$$V_{PT} = V_P + V_T = \frac{20V_{SPT}}{100} = \frac{20}{100}\cdot\frac{P_L^2}{4} = 0.05P_L^2$$

二、制样的技术要点

（一）煤样缩制程序

煤样缩制程序图如图 6-1 所示。

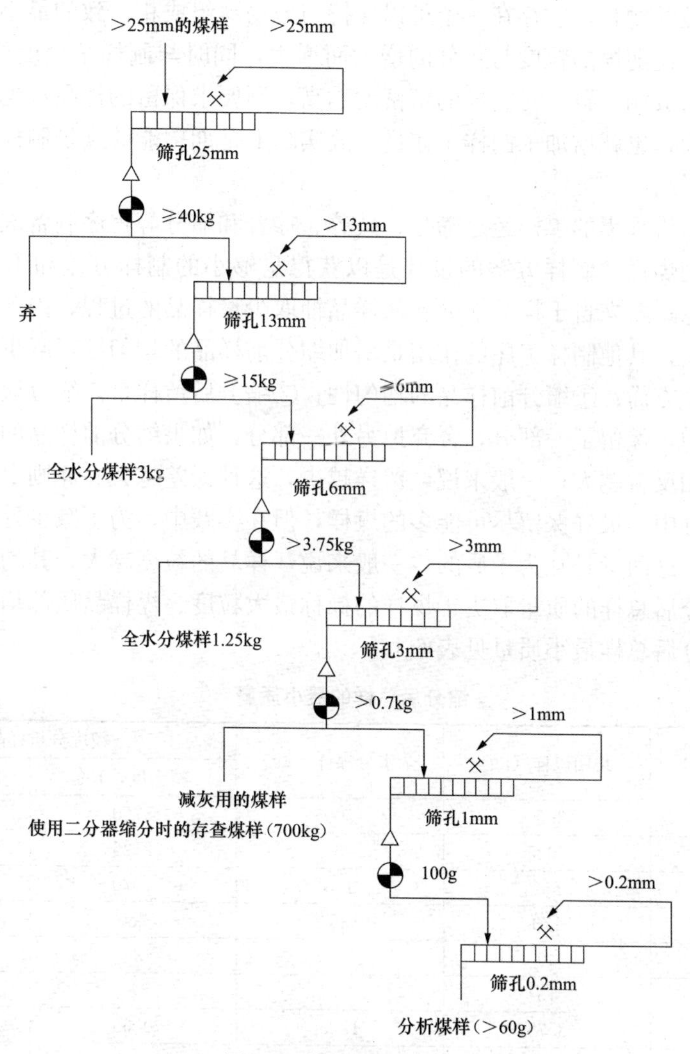

图 6-1　煤样缩制程序图

⚒—破碎；△—掺合；◐—缩分；▭▭▭—过筛

由图6-1可以看出，煤样的缩制实际上是按粒度不同分级进行的，通常分为25、13、6、3、1mm五级，最后制备成小于0.2mm的分析煤样。每一级制备时，都必须进行筛分、破碎、掺合、缩分等相同的操作，只是在不同粒度级所保留的样品数量不同。煤的粒度越大，所保留的样品量越多。筛分在于判别煤样粒度；破碎在于减小煤样粒度；掺合在于将煤样混匀；缩分在于减少煤样数量。原始煤样粒度往往有大于50mm者，通过缩制，最终制取的分析煤样粒度小于0.2mm，而数量仅仅100g，约相当原始煤样（按100kg计）的1/10000，故煤样制备花费时间较长，通常要1.5～2h，而且由于制样程序复杂，操作中引入的误差因素很多，故要保证制样精密度符合标准规定，还是有相当难度的。

（二）煤样缩制要点

制样的第一步，原始煤样必须全部通过25mm孔径的方孔筛后，才允许缩分。对其他粒级的样品在筛分时，筛上物必须经破碎后全部通过相应的筛子。在煤样缩制过程中，务必遵循煤样粒度与最小保留量之间的关系。

煤是一种散粒的物料，它存在一个可以保持与原物料组成相一致的最小量。此最小量随煤的不均匀性或者说随煤的粒度与灰分的增大而增大，同时与制样精密度要求有关。显然，为保持与原煤样组成相一致，对制样的精密度越高，则要求保留的样品量也越大。随着样品最小保留量的增大，也就增加了制样工作量，故实际上是期望能够满足制样精密度要求而又不必保留过多的样品。

制样的目的是将采集的煤样经过筛分、破碎、掺合和缩分等程序制备成能代表原来煤样的分析（试验）用煤样。制样方案的设计是以获得足够小的制样方差和不过大的留样量为准。制样误差来源一般来自于样品缩分和从样品抽取少量样品的过程，因此制样误差实际上均产生于缩分误差，其他制样工序的作用是增加缩分前样品的均匀性，减少缩分误差。影响制样精密度有两个方面：①缩分前样品的均匀性；②缩分后留样量。缩分误差是随机的，原因是在缩分过程中，保留了一部分，舍弃掉另外一部分，如果缩分前样品的均匀性好，则缩分误差就越小，相反就越大；一般来说，留样越少，这种误差越大。原则上，为了减少缩分误差，在每步缩分中，最好保留尽可能多的煤样，但在实践中，为了减少处理量，又要保留尽可能少的煤样，这两者是互为矛盾的，一般来说，样品的粒度越大，其均匀度就越差，留样量就越多。缩分后总样的质量取决于煤样的标称最大粒度、煤样品质部均匀性和所需求的制样精密度。缩分后总样最小质量见表6-1。

表6-1　　缩分后总样的最小质量

标称最大粒度（mm）	共用煤样（kg）	全水分煤样（kg）	粒度分析样品（kg）	
			精密度，1%	精密度，2%
150	2600	500	6750	1700
100	1025	190	2125	570
80	565	105	1070	275
50	170	35	280	70
25	40	8	36	9
13	15	3	5	1.25
6	3.75	1.25	0.65	0.25
3	0.7	0.65	0.25	0.25
1.0	0.10	—	—	—

GB 474—2008 和 GB/T 194194.2—2004 对表 6-1 有如下说明：表 6-1 第 2 列所列的一分析煤样和共用煤样的缩分后总样最小质量，可使由于颗粒特性导致的灰分方差减小到 0.01，相当于 0.2%的灰分精密度。这句话的含义为：假使有一煤样，缩分成相等的四部分，每一部分均可代表该煤样。实际上四个缩分后煤样的品质并不完全相同，品质间的波动可用缩分精密度表示，灰分方差是表示缩分精密度的一种方法，而造成缩分后煤样品质波动的主要原因是粒度特性。换句话说，对同一个煤样缩分后留在总样中的各粒级的颗粒数不同，而对于大小不同的颗粒其品质大多是不相同的，导致了缩分后总样的品质波动。这里没有考虑大小相同的颗粒品质也有可能不同，这也是构成灰分方差的原因，但该原因与粒度特性导致的灰分方差相比要小得多。

在其他制样精密度水平下的缩分后总样最小质量 m_a 由式（6-2）计算：

$$m_a = m_{a,0}\left(\frac{0.2}{P_R}\right)^2 \tag{6-2}$$

式中 $m_{a,0}$——表 6-1 给定的标称最大粒度下缩分后的试样最小质量，kg；

P_R——给定缩分阶段要求的精密度。

由表 6-1 可知，全水分煤样缩分后最小质量约为一般分析煤样的 20%，但不能少于 0.65kg。这说明对于大部分煤而言（除了精煤和全水分很高、灰分较低的煤），煤中全水分比灰分要均匀得多，因此全水分试样的制备方法可适当降低要求，如可用九点取样法缩取全水分试样，但不能缩取一般分析煤样。

另外，粒度分析总样的最小质量是根据筛上物测定的精密度计算出来的。如按照表 6-1 规定质量采取粒度分析煤样，对其他粒度组分测定的精密度会更好；或者按其他粒度组分测定精密度且采用表 6-1 精密度值，采取的粒度分析总样质量一般比表 6-1 规定值少。

表 6-1 规定值应为灰分较大煤（较不均匀煤）的总样最小质量。如对于精煤，总样最小质量应可减少，但按表 6-1 要求，制样精密度应更好。如对于极不均匀的煤，表 6-1 规定值可能不满足制样精密度的要求，此时应加大总样最小质量，并进行制样精密度的核验。制样过程应在专门的制样室中进行，在制样过程中，应避免样品受到污染或水分损失，这就要求制样时，地面、设备应清扫干净，制样人员应穿专用鞋，对于难以清扫干净的密封破碎机和联合破碎缩分机，破碎前，应用准备制样的样品“冲洗”破碎机，弃去“冲洗煤”后再处理样品，处理后，反复停、开机，以排尽滞留的煤。

1. 破碎

（1）破碎目的。

1）破碎目的：减小试样粒度，增加试样颗粒数，以减小缩分误差。同样质量的试样，粒度越小颗粒数越多，缩分后试样的颗粒数也越多，粒度组成越全面，缩分误差也越小。

2）破碎程度：破碎进行到分析化验试样所需粒度。如全水分试样破碎到 13mm 或 6mm，一般分析试验试样破碎到 0.2mm 等。

（2）破碎设备。

1）破碎设备的基本要求是破碎粒度准确，破碎中试样特别是煤粉损失小，破碎后机内不残留试样或残留量很少，并易于清扫。用于全水分、发热量和黏结指数测定煤样制备的破碎机更要求生热和空气流通尽可能小，以免水分损失或煤的特性改变。

2）破碎机的出料粒度取决于破碎机的类型、破碎口尺寸和速度。用于煤炭制样的破碎机，有板式和对辊式破碎机（低速）、圆锥式和盘式破碎机（中速）以及锤式（或打击棒式）破碎机（高速）。这三种速度的破碎机都可用来将煤样破碎到 4mm 以上，中速破碎机可用于破碎到 1～3mm，高速破碎机可用于破碎到 0.5mm 以下。用于进行粉碎（<0.2mm）的设备，有密封（振动环）式粉碎机和球磨机。

（3）破碎的进行。

1）由于破碎需对煤样施加质量，破碎应该用机械设备进行，但允许用人工方法将大块煤破碎到破碎设备的最大允许供料粒度；如破碎分阶段进行，则人工破碎只能对粒度大于第一阶段破碎机最大供料粒度的煤块进行。

2）由于破碎耗时间、耗能量，同时会产生试样，特别是粉煤和水分损失，因此不宜将大量煤样一步破碎到分析试验煤样所要求的粒度，如将 170kg 粒度 50mm 的煤样一次破碎到 0.2mm，将 3.75kg 粒度 6mm 的煤样一次破碎到 0.2mm，应该用多阶段破碎-缩分的方法来逐渐减小粒度和质量。但破碎-缩分阶段不能多，否则反会增加缩分误差。

3）制备有粒度范围要求的专用煤样，如可磨性和黏结指数测定用煤样时，应用对辊破碎机，并采用逐级破碎法。

4）为防止水分和粉煤损失，应使用密封式破碎机；为防止煤样的热值和黏结特性改变，勿使用易生热的盘式破碎机、速度大于 950r/min 的锤式破碎机和频率大于 20Hz 的高速球磨机。

5）如无特殊需要，破碎前后不要使用筛分程序，即将大颗粒煤筛分出来破碎到期望粒度后，再合并到小颗粒煤样中；如必须使用（如制备有粒度范围要求的煤样时），则应在进一步处理前，将试样充分混匀。最好用二分器来缩分合并试样。

（4）破碎设备的检查。应经常用筛分方法检查破碎机的出料粒度。在以下情况下，应对破碎缩分联合制样机进行精密度检验和偏倚试验：新设计生产时；新购入设备安装后，且使用前；关键部件更换后；怀疑精密度不够或有偏倚时。

2. 掺合

（1）掺合的目的。掺合的目的是使煤样尽可能均匀，减小缩分误差。理论上讲缩分前的掺合会减小缩分误差，但是有些方法如堆堆法，如操作不当反会产生粒度离析和水分损失而增加误差或导致偏倚。掺合只在进行离线制样时才有可能。对机械采样（制样）系统，或破碎缩分联合制样机，试样很难进行混合；而对于机械缩分器，掺合对保证缩分精密度也没有多大必要。

在制样最后阶段用机械方法将分析试验煤样掺合，可提高分样（如分发给不同试验室的分析煤样和存查样等）和从中称取分析试验样的精密度。

（2）掺合的方法。在煤炭制样中可使用以下方法进行混合：

1）二分器或多容器缩分器法：将试样多次（至少 3 次）通过二分器或多容器缩分器，每次通过后将试样重新合在一起，再通过缩分器，这是目前混合效果较好的方法。

2）堆掺法：这是目前人工混合最常用的方法，具体操作是将煤样堆堆，从煤堆底部对角逐锹铲起，堆成另一个煤堆，如此反复，直至粒度离析分布比较均匀为止。在利用堆堆四分法缩分煤样时，只需堆堆三遍。

3）试样“滚动”法：将试样放在一张方形纸上，轮流将纸的一角提起，让试样在纸面上缓缓向对角滚动，反复操作多次。这种方法适用于量少、粒度小的试样掺合。

4）机械掺合法：如低速钢球磨煤机。低速钢球磨煤机掺合法适用于较大量的试样掺合，特别适于在破碎-掺合同时进行的制样程序中应用。

3. 空气干燥

空气干燥是使煤样或试样的水分与其破碎或缩分区域的大气达到接近平衡的过程。

（1）空气干燥的目的。

1）除去煤样中部分水分，使之顺利通过破碎机和缩分机。

2）使煤样达到空气干燥状态（和周围大气湿度达到接近平衡），使试验过程中煤样水分变化达到最小程度，保证分析试验结果的准确度和精密度。

3）测定煤样的外在水分。

（2）空气干燥方法。

1）空气干燥方法：将煤样铺成均匀的薄层，在环境温度下使之与大气湿度达到平衡。煤层厚度不能超过煤样标称最大粒度的 1.5 倍或质量面密度为 $1g/cm^2$，哪个厚选用哪个。

2）达到空气干燥状态的判定：煤样连续干燥 1h 后，质量变化不超过 0.1%（对于褐煤为 0.15%）即为达到空气干燥状态。为方便起见，可采用在试验室大气中暴露一定时间的方法（如放置过夜）进行，而不必进行频繁的检查称量。根据 GB/T 19494.2—2004《煤炭机械化采样　第 2 部分：煤样的制备》表 6-2，给出不同环境温度下煤样达到干燥状态的时间，各试验室在使用前应进行验证，如时间不够可适当延长，但延长时间应尽量短，特别是对易氧化煤。

表 6-2　　不同环境温度下煤样达到干燥状态的时间

环境温度（℃）	干燥时间（h）
20	≤24
30	≤6
40	≤4

（3）加速干燥方法。可在温度比环境温度高 10℃，但不超过 50℃的带空气循环装置的干燥箱或干燥室中进行干燥，但干燥后必须将煤样在试验室环境中放置一定时间（一般 3h 足够）使之与大气湿度达到平衡。但在下列情况下，空气干燥温度不能超过 40℃：

1）易氧化煤。

2）制备发热量，黏结性和膨胀性测定试样。

3）测定煤样外在水分。

4. 人工缩分

常用的人工缩分方法有：二分器法、九点取样法、堆堆四分法。此外 GB 474—2008 和 GB/T 19494.2—2004 推荐的缩分方法还有棋盘法和条带截取法。

（1）二分器法。二分器法是一种煤粒被随机选择缩分的方法。煤样沿格槽长度多次往复入料时，煤粒将随机落入两个接收器中的任一个，每一粒级的煤样都有一半的几率落入其中一个接收器中，因而理论上讲两个接收器中的煤样品质是相同的，均可代表入料品质。

1）结构要求。二分器是一种简单而有效的缩分器，它由两组相对交叉排列的格槽及接收器组成，其结构要求如下：

a. 两侧格槽数相等，每侧至少 8 个。

b. 格槽开口尺寸至少为煤样标称最大粒度的 3 倍，但不能小于 5mm。

c. 格槽对水平面的倾斜度至少为 60°。

d. 为防止粉煤和水分损失，接收器与二分器主体应配合严密，最好是封闭式。

条款 a. 决定着煤样被切割的次数，格槽数越多，煤样被切割的次数越多，煤粒随机选择性越强，缩分精度越高。

为了避免煤样堵塞格槽，条款 b. 的要求是必要的。同时条款 b. 影响着缩分精密度，如格槽很宽，缩分煤样时切割数减少。缩分精密度将变差。建议二分器格槽宽度在满足要求的前提下不宜太宽。故此，二分器是“专用的”，用于标称最大粒度不同的煤样的缩分所使用的二分器格槽宽度是不一样的。此外，二分器各格槽宽度应一致。

为了使煤样顺利落入接收器中，格槽不宜过于倾斜，否则煤样滞留在格槽中无法下落，对此条款 c. 给出了具体的要求。

条款 d. 指出了封闭式二分器的优点，但目前应用较多的是敞开式二分器。敞开式二分器操作较为方便，对于湿度适中煤样的快速缩分，具有优势。

2）操作要点。

a. 使用二分器缩分煤样，缩分前可不混合。

b. 缩分时，应使煤样呈柱状沿二分器长度来回摆动供入格槽。

c. 供料要均匀并控制供料速度，勿使试样集中于某一端，勿发生格槽阻塞。

d. 当缩分需分几步或几次通过二分器时，各步或各次通过后应交替地从两侧接收器中收取留样。

由于二分器法的缩分原理，缩分前混合煤样没有多大必要。二分器的缩分精密度很高，理论上讲应没有缩分偏倚（系统误差）。但二分器各格槽宽度多少有些差异，操作时偶尔也会有些偏颇，这都会带来较小的缩分偏倚。当煤样多次通过二分器缩分时从两侧交替收取留样可最大限度消除缩分偏倚。

此外，正确使用二分器缩分时两侧煤样质量变化在 3%以内。

（2）九点取样法。用堆堆法将煤样掺合一次后摊开成厚度不大于标称最大粒度 3 倍的圆饼状，然后用与棋盘缩分法类似的取样铲从图 6-2 所示的 9 点中取 9 个子样，合成一全水分试样。

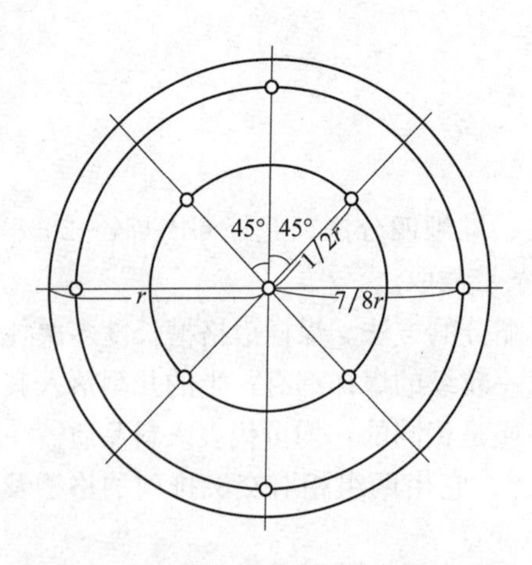

图 6-2　九点法取全水分煤样布点示意图

九点取样法从上述 9 点中取样合成全水分试样。对于灰分而言，上述试样因取样点数过少并不能保证代表缩分前的煤样，但煤样中全水分比灰分均匀，采取的试样对全水分具有充分的代表性，因而九点取样法仅用于抽取全水分试样。同理，九点取样法抽取全水分试样后的余样对于灰分而言，并不能保证其对缩分前的全部煤样具有代表性。

为了尽量减少水分损失，煤样仅需稍加混合，即用堆堆法掺合一次，即可摊平取样（稍加混合已能保证 9 个点位的全水分已有代表性）；抽取全水分试样的操作应迅速。

（3）堆堆四分法。堆堆四分法操作要点（见图 6-3）如下：

堆堆时，应将煤样一小份、一小份地从煤样堆顶部撇下，使之从顶到底、从中心到外缘形成有规律的粒度分布，并至少堆掺 3 次，摊饼时，应从上到下逐渐拍平或摊平成厚度适当的扁平体。分样时，将十字分样板放在扁平体的正中间，向下压至底部，煤样被分成四个相等的扇形体。将相对的两个扇形体弃去，另两个扇形体留下继续下一步制样。

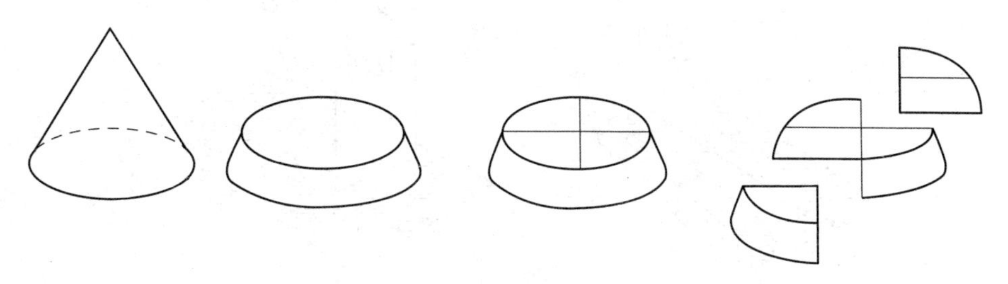

图 6-3　堆堆四分法

堆堆四分法是一种比较方便的方法，其操作关键在堆堆环节。堆堆环节是粒度离析的过程，从煤样堆顶部到底部形成有规则的粒度分布，煤样堆粒度分布的均匀性是堆堆缩分精密度的主要影响因素。如操作不当，使煤样堆不同方向的粒级有所偏颇，则会引起缩分偏倚。

堆堆四分法适用于一般分析煤样的缩分和全水分煤样的缩分。当进行全水分煤样缩分时，仅需堆堆一次，但由于缩分后的煤样量只减小了一半，通常需要多次应用堆堆四分法缩取出全水分试样。这势必导致操作时间较长，水分损失较大，因而很少采用堆堆四分法缩分全水分煤样。

正确使用堆堆四分法缩分时留样和弃样质量变化在 5%以内。

（4）棋盘法。将样品混合均匀之后，将样品铺成厚度不大于煤样标称最大粒度 3 倍均匀的长方块，如图 6-4（a）所示。如果铺成的长方块尺寸大于 2.0m×2.5m，则应该将样品铺成 2 个或以上的质量相等的长方块，并将各个长方块划分成至少 20 个小方块，如图 6-4（b）所示从小方块中分取样品，根据缩分比确定应取的小方块数，例如：缩分比为 1∶20，则应从 20 个小方块中取 1 个小方块。

缩分样品同时使用插板和小铲，小铲的开口粒度为煤样最大标称粒度的 3 倍，边板高度大于样品堆厚度。取样时，先将插板从小方块的一边叉入样品堆至底部，小铲从小方块平行的另一边插样品堆至底部，然后将小铲水平向插板移动至两者合拢，提起小铲取出样品，要求将小方块的样品全部取完，并不撒落，每个小方块取出样品质量要相等。

棋盘法的操作关键是混合和铺块。操作中没有说明混合的方法，建议采用平铺混合法，如需制备全水分试样，混合次数应尽可能地少（建议 1～2 次）。为了保证缩分精密度，铺块时厚度应严格控制。取样时避免煤样散落，且从各小方块中取出的样量应相等。为了防止取样时大颗粒煤的滚落，应使用插板。

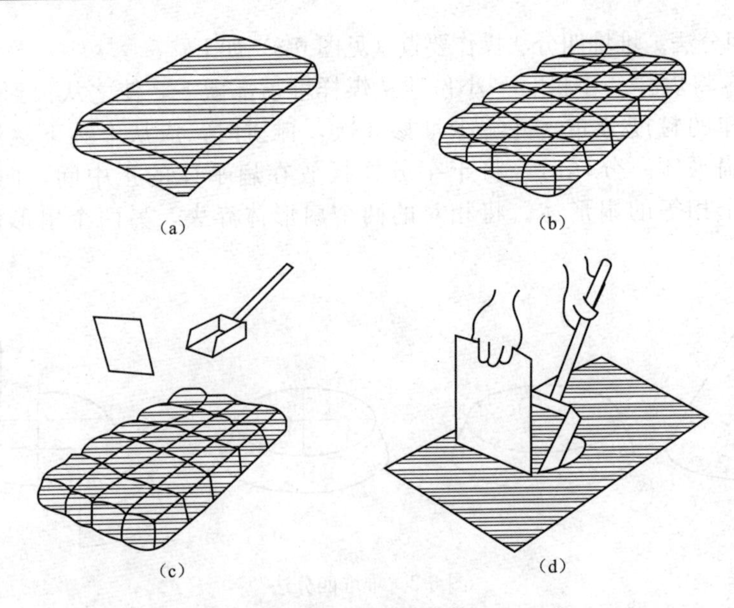

图 6-4　棋盘法缩分

(a) 将样品铺成长方形；(b) 将长方形分成 20 个以上的小块；(c) 取样使用平底取样小铲和插板；(d) 取出子样

在共用煤样制样时，采用棋盘法缩取全水分试样后，余下的煤样可用于制备一般分析试验煤样。

(5) 条带法缩分。将样品混合均匀之后，顺着一个方向将样品铺成条带，要求条带的长度是其宽度的 10 倍以上，然后采用一个宽度为煤样最大标称粒度 3 倍、边高大于条带厚度的取样框，每隔一段截取一段试样作为一个子样，每个试样至少要截 20 个取子样以上，合并所有子样作为缩分后的试样，操作如图 6-5 所示。

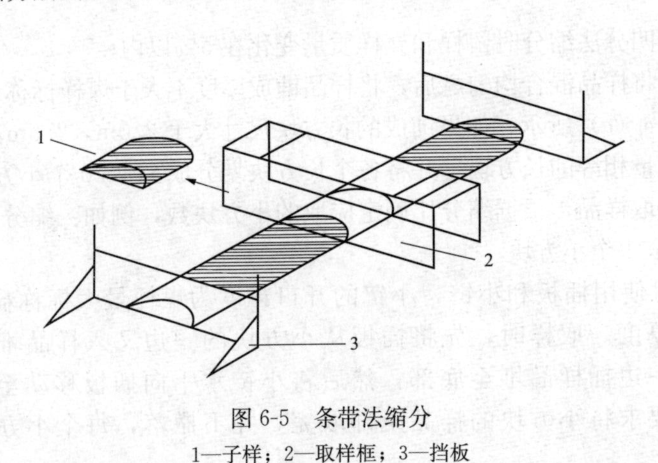

图 6-5　条带法缩分

1—子样；2—取样框；3—挡板

条带截取法的操作关键是铺带，实际上铺带过程也能起到样品混合的作用。如需制备全水分煤样，建议最多堆锥混合一遍即可铺带。铺带时应将煤样逐铲铲起、分数次散落堆成条带状。

对于品质均匀煤样的缩分，从条带上截取煤样的次数可减少，但最少为 10 个，且应预先已经证实能够达到所需精密度，尤其对于大量同种煤样的制备可减小劳动量。

第二节　样 品 制 备

样品制备是指应用各种制样操作将采取的煤样制备成煤分析所需试样的过程。采取的煤样分为全水分煤样、一般分析煤样、共用煤样和粒度分析煤样。

一、测定全水分煤样的制备

（一）制样程序

使用任何制样程序制备的全水分煤样必须满足 GB/T 211—2007《煤中全水分的测定方法》的要求。如果在任何制备阶段进行了空气干燥，则必须将空气干燥的水分损失计入全水分。

制备全水分煤样的主要问题是水分的无意损失。水分损失量与煤的品种、水分的存在形态和含量、环境状态、使用的破碎和缩分设备以及制样程序有关。制样程序可以包括空气干燥，也可以没有空气干燥。但最好是先将煤样进行空气干燥，然后再破碎和缩分到要求粒度和质量。

根据 GB/T 19494.2—2007 图 6-6 给出了全水分试样两阶段制备程序，是先将专门采取的全水分煤样或从共用煤样中分取的全水分煤样进行空气干燥（测定外在水分），然后破碎到 13mm，从中缩分出 3kg 再破碎到 6mm（测定内在水分）。在实际操作中，可根据具体情况进行调整，但任何调整后的程序都应经试验证明无实质性（水分）偏倚。

设备和程序的精密度检验和偏倚试验可用以下方法之一进行。

（1）破碎前后水分对比方法，此法只适用于粒度小于 13mm 的煤样。

（2）与人工多阶段制样，即先空气干燥测定外在水分，再破碎到适当粒度测定内在水分的测定值对比。但人工制样必须使用密封式、空气流通很小并经试验证明无明显水分损失的破碎机破碎并用二分器缩分。

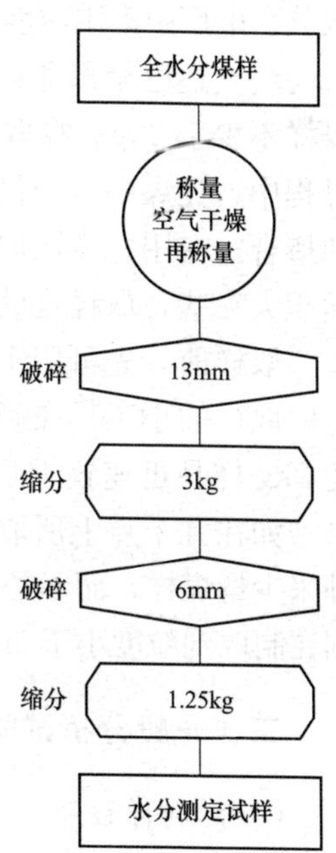

图 6-6　全水分试样两阶段制备程序

（二）空气干燥

（1）空气干燥的目的。全水分煤样空气干燥的目的是测定外在水分和在随后的制样和内水测定过程中尽可能减少试样的水分变化。

（2）空气干燥的质量损失应计入全水分。

（3）空气干燥的时机。空气干燥一般应在煤样第一次破碎和缩分前进行，但可依据下列情况做相应调整：

1）煤样水分较低、制样过程中不产生水分实质性偏倚时，可不进行空气干燥。

2）当试样量过大不能直接进行空气干燥时可将其缩分到规定的试样量再干燥，但使用此程序前应经试验证明缩分不产生实质性偏倚。

3）当粒度过大不能直接进行干燥时，可对其进行最小程度的破碎后再干燥。但使用此程序前应经试验证明破碎不产生实质性偏倚。

4）当煤样过湿、水分从煤中渗透出来或沾到容器上时，应将容器和试样一块进行干燥。

(4) 空气干燥温度。测定煤样外在水分的空气干燥温度不能超过40℃，而且也不宜使用加速干燥法，即先在温度不超过40℃的干燥箱或干燥室干燥，然后再使之在大气中达到湿度平衡的方法。

(三) 破碎和缩分

破碎和缩分全水分煤样时应避免在操作过程中产生水分损失，为此，应遵守以下原则：

(1) 第一次破碎-缩分前必须使煤样达到空气干燥状态，否则应经试验证明破碎和缩分不会产生实质性水分偏倚。

(2) 破碎应使用不明显生热、机内空气流动很小的破碎机。

(3) 缩分应使用机内空气流动很小的缩分机，并且操作要快；如煤样过湿不能顺利通过缩分机，则先使煤样达到空气干燥状态后再缩分，或者用人工缩分法中的棋盘法、条带法及九点法进行缩分，不要用堆堆四分法。

(四) 煤样储存

全水分煤样，无论在制备前、制备后，还是制备过程中的任何阶段，都应装在不吸湿、不透气的密封容器中，并保存在无风、无阳光直射和温度较低的地方。

当一批煤的采样周期较长、试样放置时间太久时，应分成若干采样单元采样，以缩短试样放置时间，而且每个试样采取后应及时制备、及时测定全水分。

试样制备后应准确称量，以便测定在储存或运输过程中的水分变化，并将此变化值计入全水分。电厂中多用粒度小于13mm的样品测定全水分，而煤矿上则多用粒度小于6mm的样品。

将上述已全部通过13mm筛的煤样掺合1遍，按图6-2所示的九点法取出测定全水分的煤样不少于2kg。在取样前，要将煤样适当掺合，以使样品代表性好一些，但又不能在掺合过程中，让煤中水分过多的损失，故它不是掺合3遍，而是GB/T 474—2008中所要求的稍加掺合。在用九点法取样前，将煤样堆锥、压平成扁圆形，煤层不宜太厚，这样可使煤饼的面积大一些，取样也就比较方便。

取样前，先可用十字分样板将煤饼分成如图4-3所示的8个相等的扇形；取样时，应用专门取样的小工具在确定的九个点上，分别自上而下采集约230g样品；取样后，将所取的约2kg样品迅速置于密封容器中，贴上标签，速送化验室测定全水分。

如在九个点上所取的样品估计不足2kg，允许补取。但应注意，补取时应在各个点上均补采少量煤样，而不是在其中某几个点上集中补取。如是采集小于6mm的样品测定全水分，则在制取到粒度小于6mm时取样，其方法同上，只是数量为500g，即每点至少采集56g。

二、一般分析试验煤样的制备

(一) 制样程序

制备一般分析试验煤样的目的，是得到粒度小于0.2mm并达到空气干燥状态的煤样，供进行煤炭一般物理和化学特性分析用。它是煤炭试验室用得最多煤样。一般分析试验煤样通常分2～3个阶段进行制备，每个阶段由干燥（需要时）、破碎、掺合（需要时）和缩分构成。需要时可根据具体情况增加或减少制样阶段，但每阶段的试样粒度和缩分后试样质量应符合表6-1要求。

一般分析试验煤样制备程序示例如图6-7所示。这个程序不是规范性的，可根据实际情况做调整。例如可将制样阶段减少到2～3个；第2阶段的空气干燥可放在破碎到13mm之前，也可放在破碎到 3mm 之后；煤样破碎到 3mm 后，如使之全部通过 3mm 圆孔筛并用二分器缩分，则可直接缩分出 100g 并破碎到 0.2mm。

质量符合要求且粒度小于 3mm 的煤样，如使之全部通过 3mm 圆孔筛，则可用二分器直接缩分出不少于 100g，用于制备一般分析试验煤样，而省去了小于 1mm 的制样阶段。粒度小于 13mm 或小于 6mm（质量均符合要求）的煤样也可按此方法处理。若煤样量不多，如小于 40kg，则不必经过小于 25mm 的制样阶段。若煤样粒度较小，如小于 6mm，则进行小于 6mm 及以下制样阶段即可。

在粉碎成小于 0.2mm 的煤样之前，应用磁铁将煤样中铁屑吸去，再粉碎到全部通过孔径为 0.2mm 的筛子，在煤样达到空气干燥状态后，装入煤样瓶中，放在阴凉干燥处。装入煤样的量应不超过煤样瓶容积的 3/4，以便使用时混合。

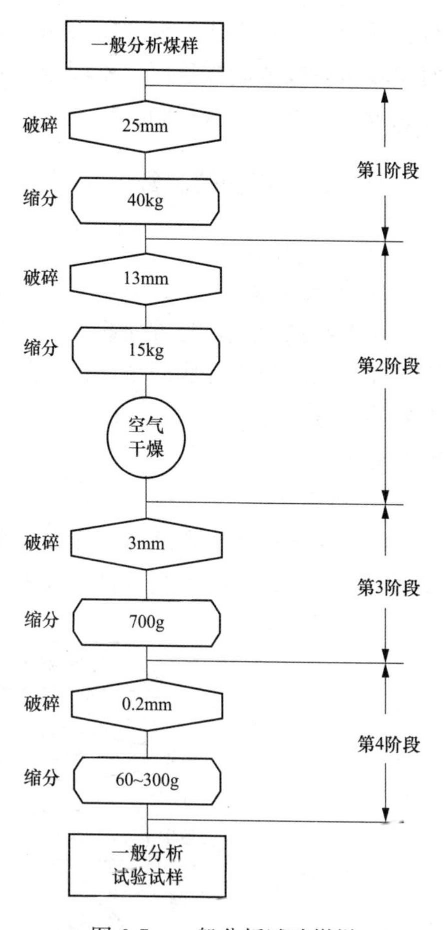

图 6-7　一般分析试验煤样制备程序示例

（二）空气干燥

1. 空气干燥的目的

一般分析试验煤样空气干燥的目的有两个，一是除去部分水分，使之顺利通破碎和缩分设备；二是使煤样与大气达到湿度平衡，避免化验过程中水分发生变化而影响化验的准确度和精密度。

2. 空气干燥的时机

空气干燥可在制样的任一阶段进行。制样最后阶段前的空气干燥不需要达到湿度平衡，只要煤样能顺利被破碎和缩分即可，而且此时的湿度平衡往往效果不好，因在后继的制样过程中，由于煤样粒度变小，表面积增大而使平衡破坏，但制样最后阶段的空气干燥必须达到湿度平衡。

3. 空气干燥温度

空气干燥一般在室温下进行，为加快速度，可先在温度不超过 50℃的干燥箱或干燥室干燥到质量恒定，然后再使之在大气中达到湿度平衡。但是，用于发热量，黏结指数和膨胀序数测定的一般分析试验煤样的干燥温度不能超过 40℃。

（三）破碎和缩分

1. 基本要求

一般分析试验煤样破碎和缩分应遵守“破碎”的规定。一般情况下各子样破碎到 3mm 后再合并，在可能情况下，最好在第一阶段就破碎到 3mm 并缩分到规定量后合并，一方面尽可能减少留样量，另一方面减少缩分阶段从而减少缩分误差。

2. 破碎和缩分方法

破碎应使用机械方法，如煤样原始粒度太大，可用人工方法将大块煤破碎到破碎机最大供料粒度以下。缩分应使用机械方法。如用人工方法，则粒度小于 13mm 的试样最好用二分器缩分。理论上讲，制样阶段越少，制样误差越小；或者为达到相同制样精密度的要求，对于较多阶段的制样程序，不同制样阶段的留样量应较大，为此最好在第一阶段就将煤样破碎到较小粒度，以减小制样误差。

三、共用煤样的制备

（一）制样程序

1. 基本要求

在多数情况下，为方便起见，采样时都采取同时用于全水分测定和一般分析试验用的共用煤样，然后将之分成两个试样。制备共用煤样时，应同时满足 GB/T 211—2007《煤中全水分的测定方法》、GB/T 212—2008《煤的工业分析方法》和其他一般分析试验项目国家标准的要求。

2. 制备程序

由共用煤样制备全水分煤样和一般分析试验煤样程序示例如图 6-8 所示。在该图的左侧程序中，如煤样过湿，则可将空气干燥放在破碎至 13mm 粒度之前。

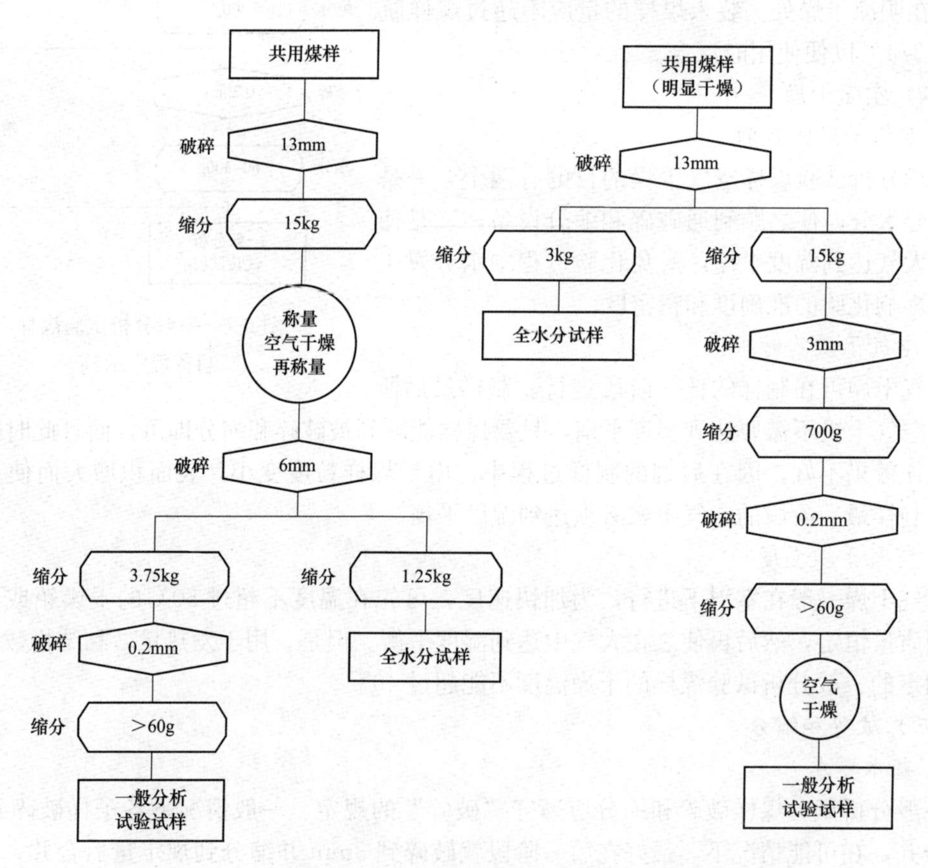

图 6-8　由共用煤样制备全水分煤样和一般分析试验煤样程序示例

3. 全水分煤样分取

从共用煤样中分取全水分煤样最好用机械方法；如果共用煤样水分过高又不可能将整个

煤样进行干燥，则可用人工方法分取。

（二）机械方法分取全水分煤样

从理论上讲，只要遵守全水分煤样制备规则，全水分煤样可以在任一制样阶段分取，但为最大限度地减小水分损失，全水分煤样应尽早分取。同时煤样应进行破碎和（或）干燥。如进行了空气干燥，则应在干燥前后准确称量煤样，并将干燥后的水分损失计入全水分。

（三）人工方法抽取全水分煤样

人工方法抽取全水分煤样可用二分器法、棋盘法、条带法和九点法。为避免水分损失，空气干燥前应尽量少对煤样进行处理。抽取全水分后的煤样（除九点法抽样外）的余样用以制备一般分析试验煤样。如用九点法抽取全水分煤样，则必须先将其分成两部分（每份煤样的质量应满足图 6-8 的要求），一份制全水分试样，另一份制一般分析试验试样。

四、粒度分析煤样的制备

图 6-9 为煤样制备程序示例，其中包括干燥程序在煤样较湿时的使用，其目的一方面是防止粉煤黏在大块煤上，另一方面是防止细煤堵塞筛孔。

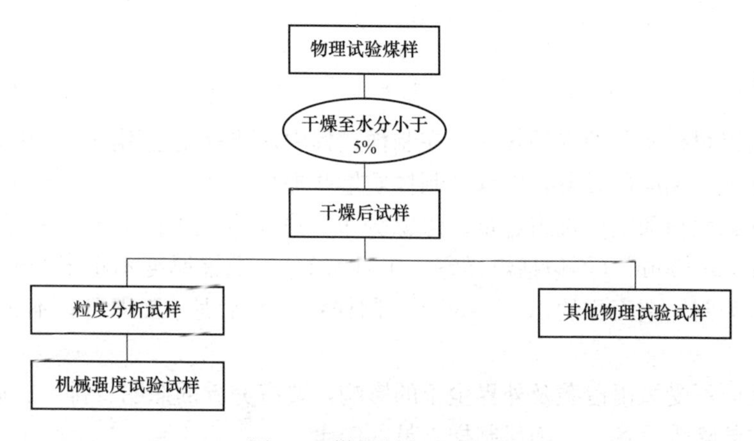

图 6-9 煤样制备程序示例

干燥在不高于 50℃的温度下进行，干燥后应使之冷却到室温，然后再筛分。如需进行缩分，且煤样的标称最大粒度大于切割器开口尺寸的 1/3，则应将这部分煤筛分出来单独进行粒度分析，然后将筛下部分缩分到规定质量以上，再进行粒度分析。取筛上部分和筛下部分粒度分析的加权平均值为最后结果。

五、存查样品的制取

（一）存查煤样的作用

（1）试验室质量管理。

（2）原始化验结果有疑问或丢失时进行再检验。

（3）发生品质纠纷或疑问时进行再检验。

（二）存查煤样的制备

存查煤样应在原始煤样制备的同时，用相同的程序于一定的制样阶段分取。

查煤样的质量和粒度根据试验室的储存能力和煤的特性而定，但其粒度应尽可能大、量应尽可能多。存查煤样应尽可能减少缩分，缩分到最大可储存量即可；也不要过多破碎，破碎到规定的与最大储存量相应的粒度即可。对于常规煤质分析，一般可以标称最大粒度3mm的煤样700g作为存查煤样。对于全水分分析，根据粒度情况分取符合要求数量的煤样作为存查煤样。

存查样品是为了对煤质检测结果予以复查、核对或仲裁，故它必须与被测样品的特性尽可能相近，因而存查样品应与制备分析煤样的样品来自一个整体为好。一般不用分析煤样作为存查样品，这是因为煤样的粒度越细，比表面越大，在空气中被氧化速度也越快，从而使煤质发生较明显的变化，特别是挥发分较大的变质程度较浅的煤更是如此。

存查煤样量（除全水分外）保存时间自报出结果之日起一般为2个月。全水分存查煤样一般保存5天。对于特殊用途的样品需保留更长时间，则一定要密封存好。凡是超过保存时间的存查煤样应及时处理掉，以免占据存样室的空间位置及增加样品的管理工作量。

第三节　样品制备设备

一、制样室

制样室是用以煤样制备的专用场所，在制样过程中，要反复应用筛分、破碎、掺合、缩分操作，故必须配备相应的设备，以保证制样质量并提高制样效率。

（1）制样室的面积随电厂机组容量、煤源分布、进煤方式不同而异。一般大中型电厂，制样室面积宜在40～80m^2（不包括煤样室、工具室等），上铺厚度不小于6mm的钢板，通常钢板的面积应为制样室面积的40%～50%。制样室采用水泥地面即可，不必铺设地板砖、瓷砖等。

（2）制样室应不受风雨侵袭及外界尘土的影响，要有完善的照明、排水、通风设施。在可能条件下要加装除尘设备，以确保制样人员的健康。

（3）制样室内应安装380V的交流电源，电源容量要满足制样设备的需要，要有可靠的接地线，各种制样设备宜安置于水泥台座上，用地脚螺栓固定好。

（4）除安置制样设备及进行制样操作的上述制样室外，还应配备有关辅助设施，这主要包括工具室、更衣室、浴室等，辅助设施的面积与要求随各厂具体条件而定。

二、制样设备

在制样过程中，反复应用筛分、碎煤、掺合、缩分操作，因此必须配备相应的制样设备与工具。

（一）筛分设备

制样室需要配备各种用途的不同规格的筛子：

（1）用于测定煤的最大粒度的筛子，为孔径25、50、100、150mm的方孔筛或圆孔筛。

（2）用于制样的一组方孔筛，其孔径为25、13、6、3、1、0.2mm方孔筛，外加一只用于特定制样操作的3mm的圆孔筛。

(3) 用于煤粉细度测定孔径为 200μm 及 90μm 的标准试验筛，并配筛底及筛盖。

(4) 用于测定哈氏可磨性指数的孔径为 1.25、0.63mm 的制样筛及孔径为 0.071mm 的筛分筛，并配筛底及筛盖。孔径 13mm 以下的制样筛可用不锈钢筛；孔径 25mm 及以上的筛子可用金属网编织的木框架，并由两人操作；测定煤粉细度、可磨性指数的标准试验筛要经计量检定部门，检定合格者方可使用。

(二) 破碎设备

破碎设备主要为各种类型的破碎机。不同类型的破碎机由于破碎机理不尽相同，转速也有很大差异，它们分别适用于制备一定出料粒度的样品。包括颚式破碎机、锤式破碎机、对辊破碎机、密封式制样破碎机以及无系统误差并且精密度符合要求的破碎缩分联合制样机。

1. 颚式破碎机

它是借固定颚板与振动颚板的挤压作用，破碎物料的一种破碎设备，如图 6-10 所示。颚式破碎机转速比较低，一般出料粒度小于 13mm（大型机出料粒度可小于 25mm；小型机出料粒度可小于 6mm)，属于粗、中碎设备。颚式破碎机不堵煤，煤样无残留，可逐级破碎煤样，水分损失小，但破碎效率不高，调节机构易锈蚀失灵，同时碎煤时煤尘飞扬较严重，不过这种设备比较耐用（颚板可以更换)，价格也较低。

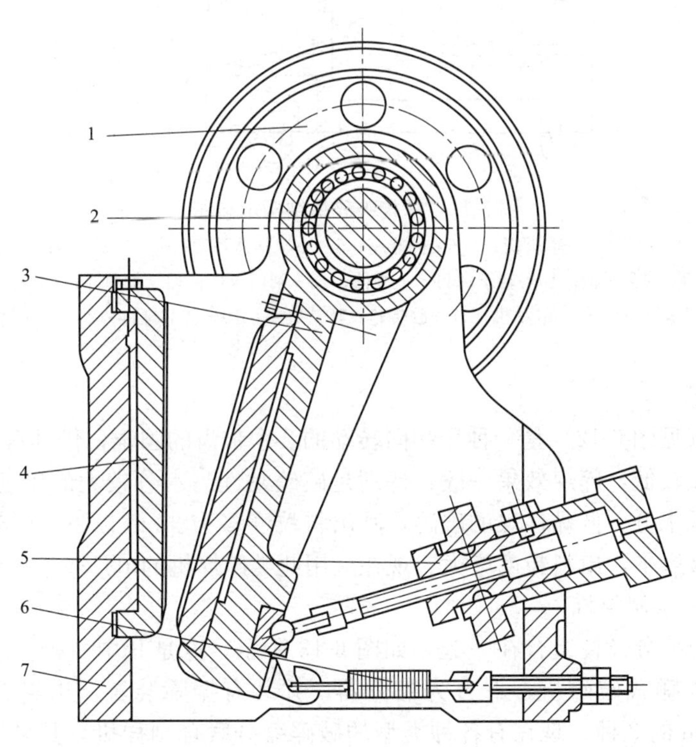

图 6-10 颚式破碎机结构示意图

1—大胶带轮；2—偏心轴；3—连杆机构；4—定颚板组合；5—调节机构；6—闭锁机构；7—机体

2. 锤式破碎机

这是目前应用较多的一种破碎机（见图 6-11），转速高，破碎效果高，破碎比大，密封性好，煤尘飞扬程度较轻，碎煤机出口配有不同孔径的筛网，以控制出料粒度，通常它可以用来破碎不同粒度的煤样，其出料粒度可以是小于 13mm（大型机），也可以是小于 6mm 或 3mm（小型机），其碎煤原理是相同的。锤式破碎机对于湿煤易堵，空气流动强易造成水分损失，在破碎腔中可能有残留煤样，不适用于逐级破碎煤样。

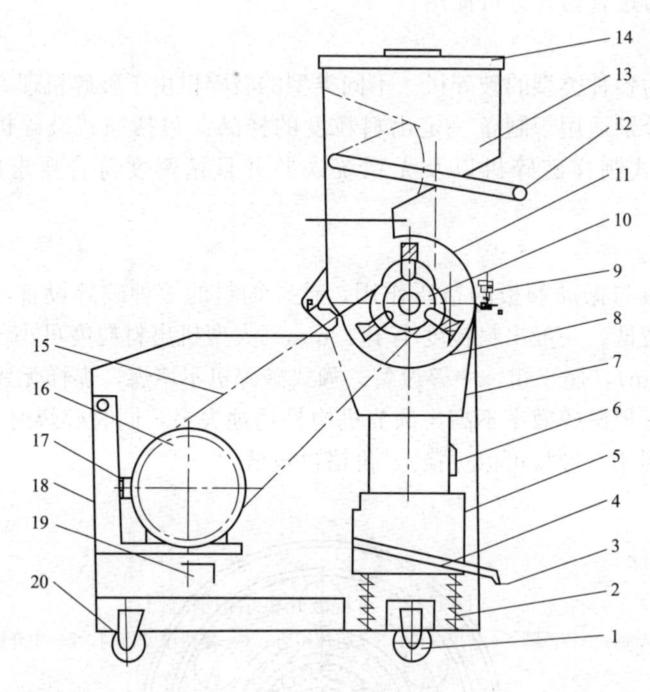

图 6-11　锤式破碎机结构示意图

1—脚轮；2—弹簧；3—踏脚板；4—接样器座；5—小接样器托架；6—小接样器；7—下壳体；8—筛板；9—锁紧手柄；10—转子；11—上壳体；12—闸门手柄；13—加料斗；14—加料斗盖；15—三角胶带；16—电动机；17—胶带轮；18—底座；19—调节螺杆；20—万向脚轮

3. 对辊破碎机

对辊破碎机（见图 6-12）是一种用相向转动的 2 个带齿的圆辊，借其劈裂作用破碎煤样的破碎机。转速比较低，碎煤效果一般，特别是破碎黏性与水分较大的煤易出现堵煤现象，它基本上适用于低水分、低黏性煤的破碎，其出料粒度多为 3mm 以下。随着使用时间的延长，双辊上的齿被磨平，出料粒度增大，现在应用此类碎煤机的电厂不多。

4. 破碎缩分联合制样机

将破碎设备与缩分设备组合在一起，如图 6-13 所示，这是其中一种类型的破碎缩分联合制样机，上方为颚式破碎机，下方为缩分器，并装有振筛装置，出料粒度一般有小于 13mm 或小于 6mm 的 2 种。现在有各种类型的破碎缩分联合制样机，其破碎机与缩分器的选型各不相同，同时加装了给煤机。新型的破碎缩分联合制样机由给煤机、一级破碎机、一级缩分器、二级破碎机、二级缩分器组成。通常一级出料粒度为小于 13mm；二级出料粒度小于 3mm。给煤机有连续给煤的，也有脉冲间断给煤的，破碎机与缩分器的选型与组合也不一样。

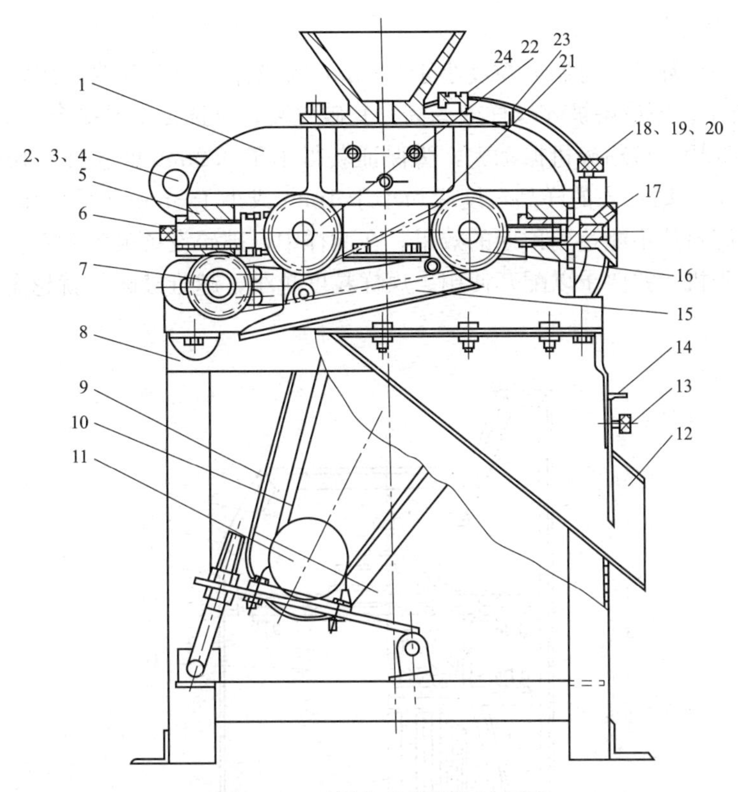

图 6-12 对辊破碎机结构示意图

1—箱盖组合；2—长销轴；3—挡圈；4—开口销；5—箱体组合；6—弹簧压紧机构；7— 中介链轮组合；8—机架组合；9—胶带罩；10—三角胶带；11—电动机；12—接料斗；13—紧固螺钉；14—排料斗插板；15—链传动罩合；16—主动辊轮组合；17—调节杆组合；18—扣紧叉；19—销轴；20—传动链；21—从动辊轮组合；22—进料口插板；23—顶丝

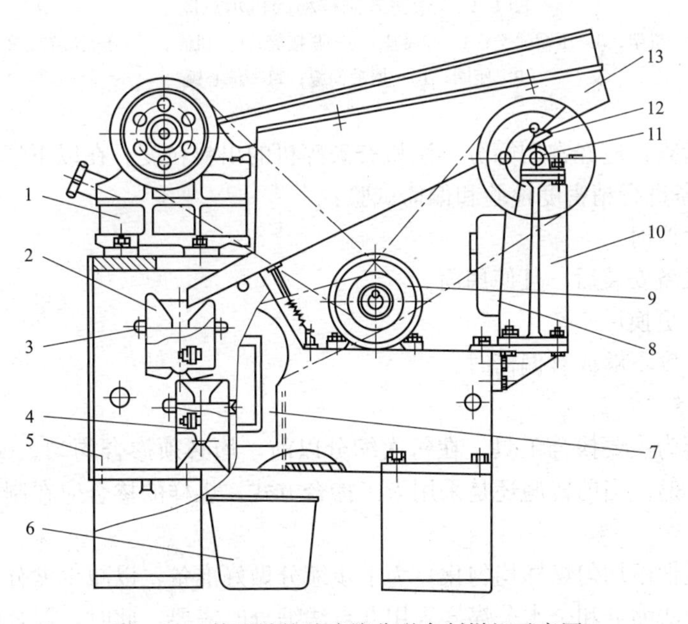

图 6-13 某型号的破碎缩分联合制样机示意图

1—颚式破碎机；2—缩分器；3—导杆；4—连杆；5—机座；6—接样斗；7—齿轮减速箱；8—磁力启动器；9—电动机；10—后轴承支座；11—油轴；12—轴承轴；13—振筛装置

5. 密封制样破碎机

制备的最后一个环节，是制取粒度小于 0.2mm 的粉样。现在普遍使用密封式制样破碎机，如图 6-14 所示。该设备被碎煤样效率高，其破碎装置可选 1 个或多个，不过最多宜选 3 个，过多的并不好用。该粉碎机振动大，为保证获得小于 0.2mm 的粉样，粉碎装置中加料量不宜超过 100g，同时加入的样品粒度应为小于 1mm 或小于 3mm（圆孔筛）。过粗过大粒度的煤样，其破碎自然不能达到预期的效果。在制样中，破碎设备最为关键。电厂应选择不同出料粒度的破碎机，并要予以配套使用。煤样粒度越小，越难破碎，就越需要配备适当的破碎设备。

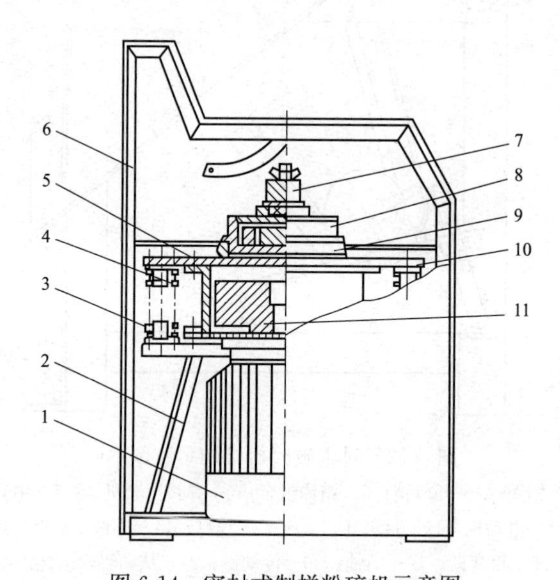

图 6-14　密封式制样粉碎机示意图

1—电动机；2—机架；3—压缩弹簧；4—弹簧座；5—联接套；6—机壳；7—压紧装置；8—粉碎装置；9—座圈；10—振动面板；11—偏心锤

破碎设备的检查：应经常用筛分方法检查破碎机的出料粒度。在以下情况下，应对离线破碎-缩分联合设备进行精密度检验和偏倚试验：

（1）新设计生产时。

（2）新购入设备安装后，且使用前。

（3）关键部件更换后。

（4）怀疑精密度不够或有偏倚时。

（三）掺合设备

铲子、铁锹等为主要掺合工具，在每次缩分以前，均必须掺合均匀。GB 474—2008 规定，至少要掺合 3 遍。当前普遍还是采用人工掺合方式，煤样的掺合应在制样室内的制样钢板上进行。

掺合的目的是把不均匀煤样均匀化，为下步缩分做好准备，以减少缩分误差。掺合工序只是人工堆堆四分法缩分和全水分煤样采用九点法缩分时需要，此时，混合的方法是通过反复堆堆三次以上，堆堆方法见堆堆四分法。二分器缩分和以多子样为基础的缩分机械均无须通过堆堆混合，因为堆堆掺合也容易引起水分损失，同时对保证缩分精密度帮助不大，有一种可行的办法是将试样多次（三次以上）通过二分器或多容器缩分器，每次通过后，又重新收集起来，又供入缩分器。在样品磨成粉样后，可使用机械搅拌方法来混合，增加样品均匀性。

（四）缩分设备

在制样室应用最多的缩分工具是十字分样板及各种规格的槽式二分器（见图 6-15）。

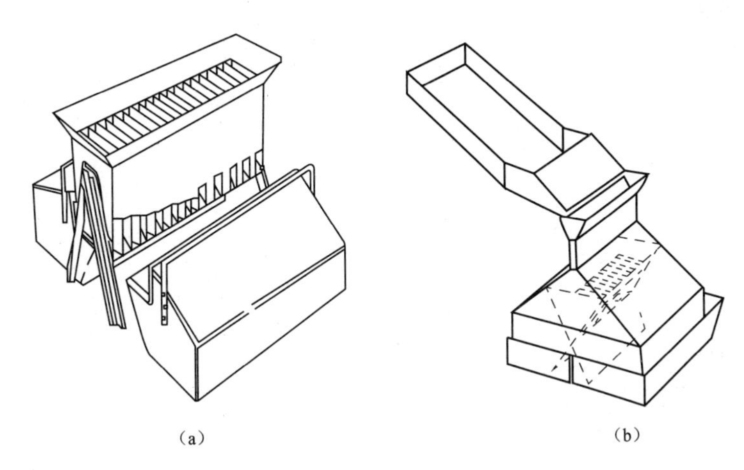

图 6-15 槽式二分器示意图

(a) 开式；(b) 闭式

十字分样板是最简单，也最实用的缩分工具。通常制样室至少要配备不同规格的 3～4 只十字分样板，用以缩分小于 25、13、6、3、1mm 的样品。样品粒度越大，缩分的样品量越多，就要使用大号的；反之，缩分小于 3、1mm 的细粒样品，可用小号的。特别是煤的水分较大，使用槽式二分器易堵时，更要使用十字分样板缩分样品。

用十字分样板缩分样品的方法，称为堆锥四分法，即把煤样从煤堆顶部均匀撒下，堆成一个圆锥体，再压成厚度均匀的圆饼。用十字分样板将其分成 4 个相等的扇形，取其中相对的扇形部分作为煤样的缩分方法。

二分器是最常见的缩分工具，它实际上具有掺合与缩分的双重功能。二分器由一列平行而交错的宽度相等的斜槽所组成。通常包括大小不同规格的二分器，用以缩分小于 13、6、3、1mm 的煤样，故二分器应大小各规格配套使用。二分器开口宽度应为煤最大粒度的 2.5～3 倍，但不应小于 5mm，也就是最小规格的二分器，格槽开口不是 2.5～3mm，而是 5mm。因此，使用二分器时，应注意以下问题：

（1）购进的二分器，要进行缩分精密度的检验，合格者方可使用。

（2）必须对各种规格的二分器进行配套使用，一般选用不锈钢加工的二分器。

（3）在使用二分器时，煤样还是要加以适当掺合，均匀垂直加入全部格槽中，才能保证两侧煤样量一致。

（4）当缩分时，应适当控制加煤速度，以防堵煤。对于水分特大的煤，不宜于二分器缩分，可采用堆堆四分法。

各种制样工具或机械，当煤的黏性及水分很大时，将不可避免产生不同程度的堵煤情况。制样筛筛孔堵塞，碎煤机、二分器局部堵煤都是常见的，此时还需要人工予以疏通清理，以保证制样工作的顺利进行。不过，煤样水分只要不是过大，应用上述工具及设备还是可以进行煤样制备的。

（五）其他设备

制样室除了配备筛分、破碎、掺合、缩分操作的工具及设备外，其他常用的物品还有样品桶、样品瓶、磅秤、样品盘、清扫工具等，如果在制样室测定煤中全水分，就得配备鼓风干燥箱、电子工业天平等。

第七章

煤 炭 分 析

第一节 煤中水分及其测定

一、水分测定的意义

水分是一项重要的煤质指标，它在煤的基础理论和加工利用研究中都具有重要的作用。

（1）煤中水分含量与其变质程度有一定的关系：泥炭—褐煤—烟煤—年轻无烟煤，水分逐渐减少，而由年轻无烟煤到年老无烟煤，水分又增加。因此，根据煤的水分含量可大致推断煤的变质程序。

（2）煤的水分对其加工利用、贸易和储存运输都有很大的影响。如水分高的煤不易破碎；在锅炉燃烧中，水分高会影响燃烧的稳定性，并降低锅炉的热效率；在炼焦中，水分高会降低产率，而且由于水分大量蒸发带走热量而延长焦化周期；在煤炭贸易上，水分是一个定质和定量的指标；但在现代煤炭加工利用中，水分高却有利于加氢液化和加氢气化。

（3）煤的水分是用于各种基换算的基础数据。

二、煤中水分的存在形式及其特性

煤中水分按其结合形态，可分为游离水和结合水。游离水是指以机械方式附着或吸附在煤中的水分。结合水是指以化合的方式同煤中的矿物质结合的水，如 $CaSO_4 \cdot 2H_2O$，$Al_2O_3 \cdot 2SiO_2 \cdot 2H_2O$。

化合水在200℃以上才能逸出，有些结合水（$Al_2O_3 \cdot 2SiO_2 \cdot 2H_2O$，高岭土中的）则在500℃以上才能逸出。煤中化合水的含量多少与煤中矿物质的含量和组成有关，与煤的煤化程度无关。化合水不能直接测得，而是根据煤中矿物质的组成及其可能带有的结晶水来推算。

煤中的游离水按其赋存状态又可分为外在水分和内在水分，煤的外在水分是指附着在煤颗粒表面上或非毛细孔孔穴中的水分。在实际测定中是指煤样达到空气干燥状态所失去的那部分水分。煤的内在水分是指吸附或凝聚在煤颗粒内部毛细孔中的水。在实际测定中指煤样达到空气干燥状态时保留下来的那部分水。

（1）内在水分：

1）存在煤中毛细孔径中的水。

2）实际测定中指煤样达到空气干燥状态时保留下来的那部分游离水。

特点：通常需加热才能散失。

（2）外在水分：

1）表面、缝隙、非毛细孔径中的水。

2）实际测定中指煤样达到空气干燥状态后所失去的那部分水。

特点：易散失。

当煤样中的水与空气湿度达到平衡时，所失去的水不仅有外在水，也有毛细孔中的水。失去的多少，取决于当时空气的湿度与温度。通常测定得到的空气干燥基水分 M_{ad} 是煤样与空气湿度达到平衡时所保留的水。

这里所说的内在水、外在水与两步法测定煤中全水所说的内在水、外在水不同，不能混淆。

三、煤中水分的测定方法

在煤的水分分析中实际测定的水分有两项：全水分、分析水。

全水分是煤中所含的全部游离水分，即内在加外水。

空气干燥基水分（也称分析水分）是分析试样与环境空气达到湿度平衡时所含的水分。

水分具有易变性，容易受环境温度的变化而变化，其测定值只说明指定样品实际状态下的水分含量，空气干燥基水分在不同的时间和空气分析时，其测定结果不会相同。因此，空气干燥基水分无可比性，只作为基准换算的参数，在实际运行工作中，很少使用它。

1. 煤中全水分的测定

煤中全水分的测定分氮气干燥法（A1、B1）、空气干燥法（A2、B2）和微波干燥法（C）三种方法，其中方法 A 称两步法，方法 B 称一步法。方法 A1 和方法 B1 适合于所有煤种。方法 A2 和方法 B2 适合于烟煤和无烟煤。方法 C 适合于烟煤和褐煤。

（1）方法 A（两步法）。

1）外在水分（方法 A1、A2）：称取（500±10）g 粒度小于 13mm 的煤样，平摊在浅盘中，于环境温度或不高于 40℃的空气干燥箱中干燥到质量恒定（连续干燥 1h，质量变化不超过 0.5g），记录恒定后的质量。对于使用空气干燥箱干燥的情况，称量前需使煤样在试验室环境中重新达到湿度平衡。

根据式（7-1）计算外在水分。

$$M_f = \frac{m_1}{m} \times 100 \tag{7-1}$$

式中 M_f——煤样的外在水分，%；

m——称取粒度小于 13mm 的煤样的质量，g；

m_1——煤样干燥后的质量损失，g。

2）内在水分（方法 A1、A2）：立即将测定外在水分后的煤样破碎到粒度小于 3mm，在预先干燥和已称量过的称量瓶内迅速称取（10±1）g 煤样，平摊在称量瓶中。打开称量瓶盖，放入通氮干燥箱内（充氮干燥箱的箱体应严密，具有较小的自由空间，有气体进、出口，每小时可换气 15 次以上，能保持温度在 105～110℃），在 105～110℃氮气中（方法 A1）烟煤干燥 1.5h，褐煤和无烟煤干燥 2h。从干燥箱中取出称量瓶，立即盖上盖，在空气中放置约 5min，然后放入干燥器中，冷却到室温称量。进行检查性干燥，每次 30min，直到连续两次干燥后煤样质量的减少不超过 0.01g 或质量有增加时为止。在后一种情况下，应采用质量增加前一次的质量作为计算依据。内在水分在 2%以下时，不必进行检查性干燥。

方法 A2 除将通氮干燥箱改为空气干燥箱外，其他操作一样。

根据式（7-2）计算内在水分：

$$M_{inh} = \frac{m_3}{m_2} \times 100 \qquad (7\text{-}2)$$

式中　M_{inh}——煤样的内在水分，%；

m_2——称取的煤样质量，g；

m_3——煤样干燥后的质量损失，g。

根据式（7-3）计算煤中全水分 M_t：

$$M_t = M_f + \frac{100 - M_f}{100} \times M_{inh} \qquad (7\text{-}3)$$

（2）方法 B（一步法）。

1）通氮干燥方法 B1：称取粒度小于 6mm 的煤样 10～12g 于称量瓶中，放入通入干燥氮气并加热到 105～110℃的通氮干燥箱内，烟煤干燥 2h，褐煤和无烟煤干燥 3h。干燥箱中取出称量瓶，立即盖上盖，在空气中放置约 5min，然后放入干燥器中，冷却到室温称量。进行检查性干燥，每次 30min，直到连续两次干燥后煤样质量的减少不超过 0.01g 或质量有增加时为止。在后一种情况下，应采用质量增加前一次的质量作为计算依据。根据式（7-4）计算煤中全水分：

$$M_t = \frac{m_1}{m} \times 100 \qquad (7\text{-}4)$$

式中　M_t——煤样的全水分，%；

m——称取的煤样质量，g；

m_1——煤样十燥后的质量损失，g。

2）空气干燥方法 B2：

称取粒度小于 13mm 的煤样（500±10)g 放入空气干燥箱中，于 105～110℃下烟煤干燥 2h，褐煤和无烟煤干燥 3h。趁热称量。进行检查性干燥，每次 30min，直到连续两次干燥后煤样质量的减少不超过 0.5g 或质量有增加时为止。在后一种情况下，应采用质量增加前一次的质量作为计算依据。对于粒度小于 6mm 煤样，须采用通氮干燥箱，其他步骤一样。根据式（7-4）计算煤中全水分。

（3）方法 C（微波干燥法）。方法提要：称取一定量粒度小于 6mm 的煤样，置于微波炉内。煤中水分子在微波发生器的高变电场作用下，高速振动产生摩擦热，使水分迅速蒸发。根据煤样干燥后的质量损失计算全水分。

操作步骤：称取粒度小于 6mm 的煤样 10～12g 放入微波干燥箱的转盘规定区内，按设定程序加热，加热结束后称量，不必进行检查性干燥。

计算见式（7-4）。

（4）水分损失补正。如果运送过程中有水分损失，则要进行补正：

$$M'_t = M_1 + \frac{100 - M_1}{100} \times M_t \qquad (7\text{-}5)$$

式中　M'_t——煤样的全水分，%；

M_t——不考虑煤样在运送过程中的水分损失时测定的水分，%；

M_1——煤在运送过程中水分损失百分率，%。

（5）方法的精密度。全水分测定的重复性限见表7-1。

表7-1　　煤中全水分测定结果的精密度

全水分 M_t（%）	重复性限（%）
<10	0.4
$\geqslant10$	0.5

2. 煤的空气干燥基水分测定

煤的空气干燥基水分测定有三种方法，方法A适合所有煤种，方法B仅适用于烟煤和无烟煤，方法C适用于褐煤和烟煤。

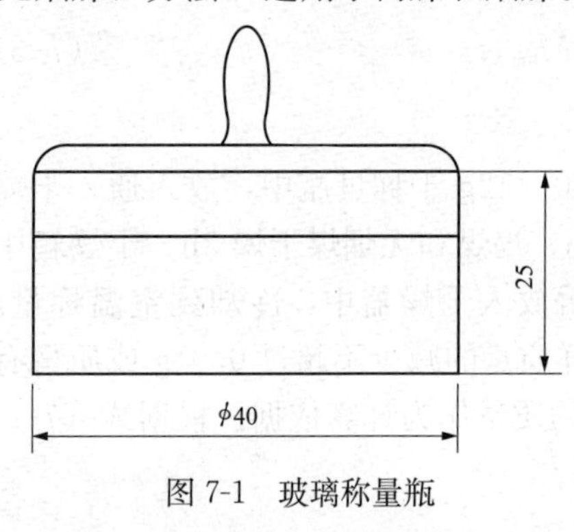

图7-1　玻璃称量瓶

（1）方法A（通氮干燥法）。称取粒度小于0.2mm的分析煤样（1±0.1）g于称量瓶中（见图7-1）并放入已加热到105～110℃的充氮煤箱中干燥，烟煤干燥1.5h，褐煤和无烟煤干燥2h，取出冷却，称重，然后进行检查性干燥，每次30min，直到连续两次干燥后煤样质量的减少不超过0.001g或质量增加时为止。在后一种情况下，采用质量增加前一次的质量为计算依据。当水分小于2%时不必进行检查性干燥。空气干燥基水分计算见式（7-6）：

$$M_{ad}=\frac{m_1}{m} \tag{7-6}$$

式中　M_{ad}——一般分析试验煤样空气干燥基水分的质量分数，%；

m——称取粒度小于0.2mm样品的质量，g；

m_1——煤样干燥后失去的质量，g。

（2）方法B（空气干燥法）。称取粒度小于0.2mm的分析煤样（1±0.1）g于鼓风并已加热到105～110℃的干燥箱中，烟煤干燥1h，无烟煤干燥1.5h。其他冷却、称重、检查和计算等均同方法A。

（3）方法C（微波干燥法）。称取（1±0.1）g的粒度小于0.2mm分析煤样，置于微波炉内，炉内磁控管发射非电离微波，使水分子超高速振动，产生摩擦热，使水分子迅速蒸发，根据式（7-6）煤样的质量损失计算水分。

3. 水分测定中的若干问题及注意事项

（1）全水分测定中的防止水分的变化。在全水分测定中，关键问题是要使试样保持其原有的含水状态，即在制备和分析过程中不吸水也不失水。为此，可采取以下措施：

1）将全水试样保存在密封良好的容器中，并放在阴凉的地方。

2）制样操作要快，最好用密封式破碎机。

3）进行全水分测定的煤样不宜过细，如要用较细的试样进行测定，则应该用密封式破碎机或用两步法进行测定——先破碎成较大颗粒测其外水，再破碎到较细颗粒测其内水。

（2）水分测定中防止煤样的氧化。在用加热干燥失重法测定水分时，要防止样品氧化。氧化会使煤样增重，从而使测定结果偏低。这对于年轻煤、风化煤影响尤其大。为了克服这一问题，一般采取两种措施：一种是在真空或惰性气氛（氮气）中加热，避免煤与氧接触；另一种是适当提高加热温度以尽量缩短加热时间，来减弱氧化程度。

（3）水分测定必须使用带鼓风的干燥箱，在鼓风的情况下进行干燥。试验表明，在鼓风情况下，水分蒸发比较完全，测定值均高于不鼓风情况下测得的水分值。鼓风比不鼓风容易达到称重，尽快测定。

（4）全水分样品达到实验室后立即称重，尽快测定。全水分样品送到实验室后立即称重，尽快测定。

（5）称样尽可能快（不必称准到1g）。干燥器中的干燥剂要经常更换，称量瓶取出后立即盖盖，称冷后放入干燥器中，尽量防止水分的变化。

（6）称样的台秤或天平的精度若不合适，不能用大秤称量少量的样品。

第二节 煤的工业分析

工业分析是水分、灰分、挥发分、固定碳四项特性指标检测的总称。水分、灰分为煤中不可燃组分，挥发分与固定碳则为可燃组分，它们之和构成煤的全部组成。煤的工业分析是最为重要的基础性检验，是入厂及入炉煤每天必测的常规检测项目。从煤的工业分析结果可大致了解煤中有机质和无机质的含量及有机质的性质，可初步判断煤种、煤的工业用途和加工利用的效果。煤中水分测定见本章第一节，本节对煤中灰分、挥发分和固定碳测定进行介绍。

一、煤的灰分测定

1. 煤中灰分的来源

煤的灰分不是煤固有的物质而是煤完全燃烧后煤中矿物质经分解、化合等复杂反应转化而成的无机物，或者说是煤完全燃烧后的残渣。其含量与烧灰条件有一定的关系。严格说来，应该是煤的灰分产率。

煤炭的灰分来源于矿物质，而煤中矿物质的来源有三：一是“原生矿物质”——成煤植物中所含的无机元素；二是“次生矿物质”——煤形成过程中混入或与煤伴生的矿物质；三是“外来矿物质”——指煤炭开采和加工处理混入的矿物质。

煤中存在的矿物质主要包括黏土或页岩、方解石（碳酸钙）、黄铁矿或白铁矿矿其他微量成分，如无机硫酸盐、氯化物和氟化物等。

煤灰化时，主要发生以下反应：

（1）黏土和页岩矿物失去结晶水。这类矿物中最普遍的是高岭土，它在500～600℃之间失去结晶水。

$$2SiO_2 \cdot Al_2O_3 \cdot 2H_2O \xrightarrow{\triangle} 2SiO_2 + Al_2O_3 + 2H_2O\uparrow$$

$$CaSO_4 \cdot 2H_2O \xrightarrow{\triangle} CaSO_4 + 2H_2O\uparrow$$

（2）碳酸钙受热分解成CO_2和CaO，后者在一定程度上与SO_3反应生成硫酸钙，在某种程度上还与SiO_2反应生成硅酸钙。

$$CaCO_3 \xrightarrow{\triangle} CaO + CO_2\uparrow$$

$$CaO + SO_3 \xrightarrow{\triangle} CaSO_4$$

$$CaO + SiO_2 \xrightarrow{\triangle} CaSiO_3$$

(3) 黄铁矿氧化生成 Fe_2O_3 和硫氧化物（主要是 SO_2，其中一部分被氧化成 SO_3）。

$$4FeS_2 + 11O_2 \longrightarrow 2FeO_3 + 8SO_2 \uparrow$$

$$2SO_2 + O_2 \longrightarrow 2SO_3$$

(4) 煤中与有机物结合的金属元素被氧化成金属氧化物。

2. 煤灰测定的意义

灰分是降低煤炭质量的物质，因此它对正确评价煤的质量和加工利用情况，起着重要的作用，主要有以下几方面：

(1) 煤炭贸易计价的主要指标。

(2) 在煤炭洗选工艺中作为洗选效率指标。

(3) 在炼焦工业中，灰分增加会降低焦炭质量，消耗更多的原材料。

(4) 锅炉燃烧中，灰分增加会降低热效率，增加排渣工作量。

(5) 根据煤的灰分可以计算煤的发热量和矿物质等。

3. 灰分测定方法

煤中灰分测定方法为缓慢灰化法和快速灰化法。缓慢灰化法为仲裁方法。

(1) 方法要点。分析煤样在 (815±10)℃温度下灼烧至恒重，剩下来的残渣占煤样质量的百分比即为灰分产率。

(2) 慢速灰化法分析步骤。用预先灼烧至恒重并已称量的灰皿（见图 7-2）称 (1±0.1)g 分析煤样，放入冷马弗炉，逐步升温至 500℃时停留 30min，再升温到 (815±10)℃，持续加热 1h，取出，冷却，称重。然后每隔 20min 进行一次检查性灼烧（对于 $A_{ad}>15\%$ 的煤），每次 20min，至质量变化小于 0.001g，以最后一次质量为计算依据。A_{ad} 小于 15%，不必做检查性试验。

(3) 快速灰化法

1) 方法 A：快速灰化炉法。快速灰化炉（见图 7-3）结构由马蹄形电炉、链式传送带和控制仪三部分组成。马蹄形电炉长 700mm，恒温带要求：(815±10)℃部分长 140mm，750～825℃长度 270mm，出口端温度不高于 100℃。链式传送带由耐高温金属制成，速度可调。控制仪包括温度控制器和链式传送带速度控制仪，温度能够控制在 (815±10)℃，传送带速度控制在 15～50mm/min。样品放在链式传送带上，送入马蹄形电炉中灰化，然后送出，以残留物的质量占煤样的质量的百分比作为煤样的灰分含量。

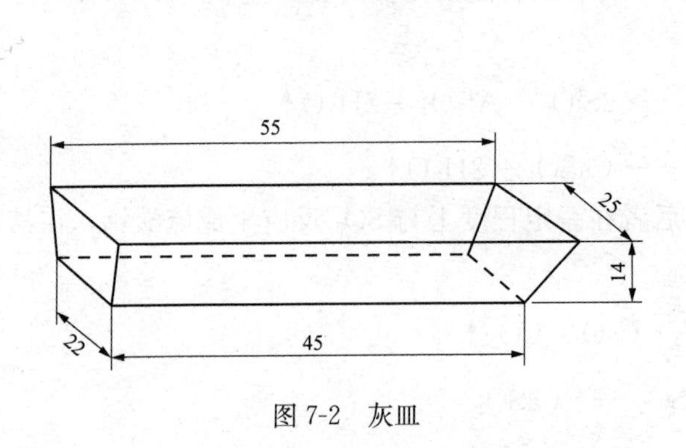

图 7-2 灰皿

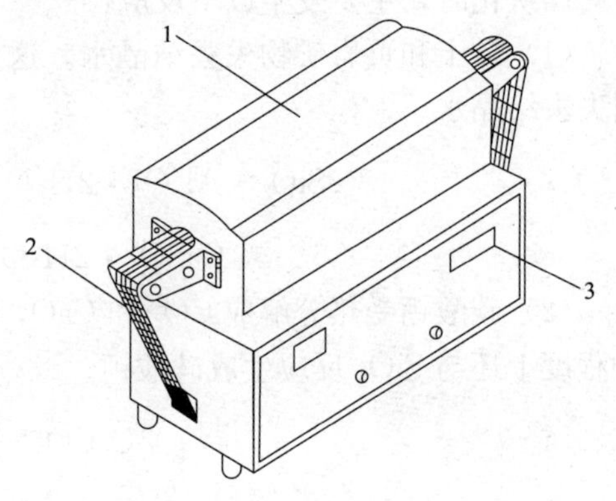

图 7-3 快速灰化炉

1—马蹄形电炉；2—链式传送带；3—控制仪

分析步骤：在预先灼烧至质量恒定并已称量的灰皿称取粒度小于 0.2mm 的样品（0.5±0.01)g，均匀摊平，厚度不超过 0.08g/cm²，放在传送带上，自动送入电炉中，链式传送带的速度控制在 17mm/min，当样品从炉中送出时，取下，在空气中冷却 5min，移入干燥塔中冷却至室温（约 20min）后称量。

2）方法 B：人工法。分析步骤：在预先灼烧至质量恒定并已称量的灰皿称取粒度小于 0.2mm 的样品（0.5±0.01)g，均匀摊平，厚度不超过 0.15g/cm²，将灰皿放在灰皿架上。将马弗炉预先加热至 850℃，打开炉门，将灰皿架慢慢推入炉中，先使第一排煤样灰化，然后按顺序灰化其他各排。待 5～10min 样品不再冒烟，以不大于 2cm/min 的速度将样品推入炉中恒温带，如果样品着火燃烧则试验作废。关上炉门，并留出 15mm 缝隙或者炉门通风孔，在(815±10)℃条件下灼烧 40min，取出，在空气中冷却 5min，移入干燥塔中冷却至室温（约 20min）后称量。然后每隔 20min 进行一次检查性灼烧（对于 $A_{ad}>15\%$的煤），每次 20min，至质量变化小于 0.001g，以最后一次质量为计算依据。$A_{ad}<15\%$，不必做检查性试验。

（4）结果的计算。

$$A_{ad}=\frac{m_1}{m}\times 100 \qquad (7\text{-}7)$$

式中 A_{ad}——空气干燥基灰分的质量分数,%；

m_1——灼烧后残留物的质量，g；

m——煤样的质量，g。

4. 灰分测定关键

测定煤中灰分的最简单而又直接的方法就是把煤完全燃烧，残留物即为灰分。但从前面讲的几个反应可以预料，随着燃烧条件的变化，将会得到不同的灰分量，特别是对黄铁矿和方解石都高的煤。造成灰分测定误差的内在因素有三个：①灰中固定的硫的多少；②黄铁矿氧化程度的不同；③方解石分解程度的不同。为了测得有可比性的灰分含量，就必须使黄铁矿氧化完成，方解石分解完全以及 SO_3 和 CaO 间的反应降低到最低程度。为此，一般采取以下措施。

（1）慢速灰化，分段升温以减少灰中固定的硫量。试验证明，煤中有机硫和黄铁矿硫在 500℃以前就基本分解而煤中碳酸盐从 500℃开始分解，到 800℃时才基本完全。因此，在 500℃停留 30～60min，就可使煤中硫在碳酸盐开始分解前就完全氧化从电炉后面烟囱排出，避免 SO_3 和 CaO 作用生成 $CaSO_4$ 而固定在灰中。慢速灰化法一般采用的加热程序为：将煤放在灰化炉中。先以比较慢的速度加热到 500℃（30min 或 1h 内），并在此温度下保持一定时间（30min），使黄铁矿完全分解，然后继续加热到 800℃或 815℃，在此温度下灼烧到恒重。对于黄铁矿和方解石含量都高的煤，可以通过进一步减少煤层厚度、延长在 500℃的停留时间、保持良好通风状态等方式来解决氧化钙固定硫的问题，一样可以得到重复性较好的结果。

（2）在灰化过程中始终保持良好的通风状况。800℃前炉门开缝或打开炉门通风小孔与烟囱形成对流使硫的氧化物一经生成就被排出，减少它与氧化钙的接触机会。如果同一批样品中有的样品硫分含量较高，就必须将含硫量高的样品放在炉膛后部，含硫量低的样品放在靠炉门的位置，以便硫氧化物及时排走，否则，含硫量高的样品释放出来的硫氧化物就被含硫量低的样品中的氧化钙所固定，造成“交叉影响”。

(3) 在高温（大于800℃）下灼烧足够长的时间。在高温下灼烧足够长的时间保证碳酸盐完全分解，CO_2 完全驱出，在815℃烧灰至恒重。

灰分是煤在高温下燃烧，除了可燃成分生成气态化合物溢出外，矿物质也发生一系列的化学变化，最终形成以硅、铝氧化物为主的化合物，因此燃烧条件和温度不一样，所生成的灰分量和组成也不同，所以对燃烧条件和温度严格按国标规定方法进行控制，同时测定多个样品时，各个灰皿应放在预先确定好的恒温区，保持温度的一致性。样品在815℃灼烧1h后还必须做检查性试验，其目的是保证燃烧后残留物中除了极少量的硫酸盐外不应含有任何未燃尽的有机质和未分解的矿物质，当灰分的质量达到恒定时，表明所有的反应已基本完成，因此，计算时也以最后一次检查性试验的质量为计算依据。

以上减少灰分测定误差的措施，在实验时还要注意的是热态的灰分是吸湿性很强的物质，容易吸湿，在空气放置的时间太长的话，灰分的质量增加，影响测定结果，灰皿从高温炉取出后，在空气中的放置时间不要超过5min，然后移到干燥塔中冷却约20min，只有冷却时间相同，测定结果才有可比性。刚刚从高温炉取出的灰皿也不能马上放入干燥塔中，因为这样会使干燥塔内的温度上升，气体受热膨胀，干燥塔内外的气压存在压差，当打开干燥塔盖子，外面的空气灌入造成灰分被吹走，因此打开干燥塔盖子时应轻轻移动或慢慢打开盖子上的放气阀，待压力一致后，再将整个盖子移走。

此外，当煤中黄铁矿硫的含量较高时，黄铁矿中的硫被氧化为二氧化硫逸出，而铁被氧化为氧化铁留在灰中，使灰分的测定值比应有的测定值高，在黄铁矿硫含量较低时可忽略不计，但增加到一定数量，会导致空气干燥基元素分析的百分组成超过100%，必须对灰分进行修正，见式（7-8）：

$$A'_{ad}=A_{ad}-0.8809\times0.4298S_{p,ad}=A_{ad}-0.3743S_{p,ad} \tag{7-8}$$

式中　A_{ad}——实测的灰分含量，%；

$0.3743S_{p,ad}$——铁氧化为氧化铁增加的质量。

二、煤的挥发分测定

1. 挥发分的定义及生成

煤在规定的温度下，隔绝空气加热7min，煤受热分解放出的产物减去煤中水分含量，即为挥发分。

煤的挥发分不是煤中固有的挥发物质，而是特定条件下受热分解的产物。它主要是由水分、氢、碳的氧化物和碳氢化合物（CH_4 为主）组成。但煤中物理的吸附水（包括外水和内水）和矿物质 CO_2 不属挥发分之列，必须从中扣除。因此，在测定挥发分产率时，都要同时测定煤的水分，碳酸盐含量高的，还要测定碳酸盐 CO_2，以对挥发分进行校正。

煤在隔绝空气的条件下，在不同温度的热解产物不同，在20～200℃释放出水分、二氧化碳、甲烷等气体；200～500℃含氧官能团分解产生二氧化碳和水分，非芳香族物质呈气态或液态，分解出大量的甲烷、稀烃和低温焦油类物质；500～700℃主要是甲基以及较长侧链分解产生甲烷、氢和一氧化碳等，芳香族碳环聚合成半焦；750～950℃半焦分解，产生大量的氢和一氧化碳、低温焦油和气态产物二次裂解，对热不稳定的原子团从煤基本结构中失去并分解。因此，不同温度有不同的挥发分的产率，化学组成也有所不同，所以挥发分测定是一个规范性很强的实验，一定要在规定的时间和温度下测定。试验证明在850～900℃的条件下，无烟煤有1%的挥发分未逸出，烟煤有1%～2%的挥发分未逸出，而褐煤有2%的挥发分未逸出；加热时间6min比7min偏低0.33%，加热时间8min比7min偏高0.17%，可见时间、温度、隔绝空气是影响挥发分的重要因素。挥发分的测定条件为：在(900±10)℃并隔绝空气的条件下加热7min，并且要求有不少于4min的时间温度处在(900±10)℃。

2. 挥发分测定的意义

(1) 挥发分与煤的变质程度有密切关系，是煤分类中的主要指标。

随着煤的变质程度增高，挥发分降低，见表7-2。

表7-2　　挥发分随着煤的变质程度的变化　　(%)

煤种	干燥无灰基挥发分 V_{daf}
泥炭	70
褐煤	40～60
烟煤	10～50
无烟煤	<10

(2) 挥发分是煤的加工利用的重要指标。高挥发分的煤干馏时化学副产品产率高，适于作低温干馏和气化的原料；中等挥发分的煤黏结性好，可用于炼焦；低挥发分的煤适于民用燃烧等。

(3) 挥发分是燃烧、气化、液化等工艺设备及条件选择的依据。在燃煤中，可根据挥发分来选择适于特定煤源的燃烧设备或适于特定设备的煤源；气化、液化工艺条件的选择要参考挥发分；环境保护中，挥发分是一个制定烟雾法令的依据。

3. 挥发分测定方法

(1) 方法要点。煤中挥发分的例常测定方法是将煤样放在一带密闭盖的坩埚中，在一定温度(一般为900℃)下，准确加热一定时间(一般为7min)，然后根据试样的质量损失测出挥发分。

挥发分测定方法是个典型的规范性方法，任何试验条件的改变都会给测定结果带来不同程度的影响，主要影响因素是加热温度、加热时间和加热速度。其他诸如设备的形式和大小，试样容器的材料、形状、尺寸甚至容器的支架都会影响测定结果。因此，任何一个挥发分测定标准方法，都对这些细节有严格的规定，操作者必须完全遵守。

(2) 操作步骤：称取(1±0.01)g煤样(褐煤、长焰煤预先压饼并切成3mm的小块后称样)放在挥发分坩埚内(见图7-4)，将挥发分坩埚放在坩埚架(见图7-5)，迅速将坩埚架放到预先升温到920℃的马弗炉内，同时计时，调节加热电流，使炉温3min内回升到(900±10)℃，并在此温度下持续总加热时间为7min，打开炉门，迅速取出坩埚，在空气中冷却3～5min后放入干燥器中，冷却到室温(约20min)，称重。

计算结果：

$$V_{ad}=\frac{m_1}{m}\times 100-M_{ad} \tag{7-9}$$

式中　V_{ad}——空气干燥基挥发分的质量分数，%；

m_1——煤样加热后减少的质量，g；

m——煤样质量，g。

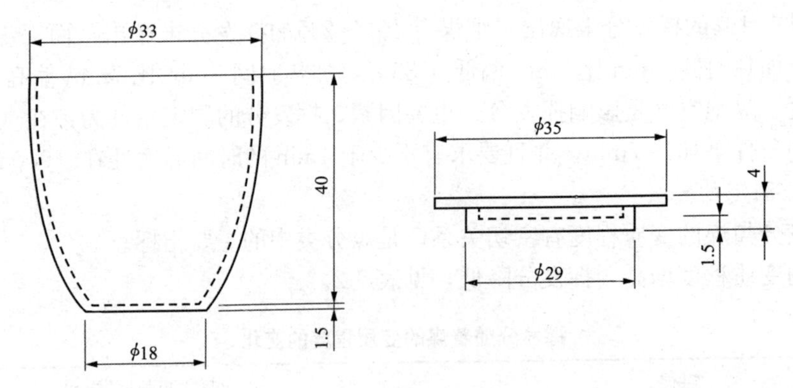

图 7-4　挥发分坩埚

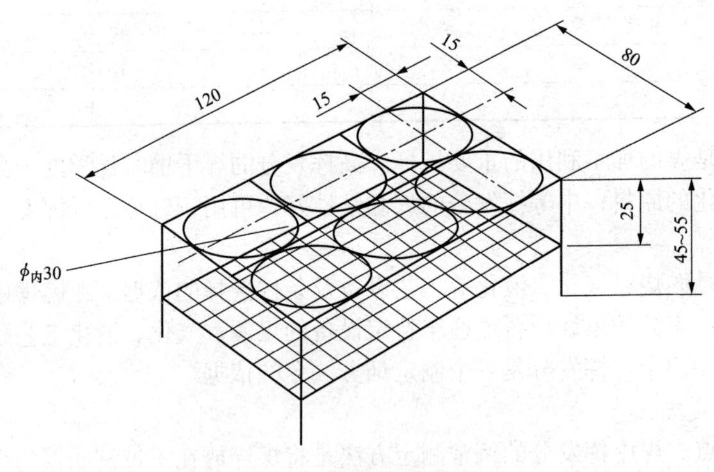

图 7-5　挥发分坩埚架

(3) 空气干燥基挥发分换算为干燥无灰基挥发分。当 $(CO_2)_{ad}<2\%$ 时，换算公式见式 (7-10)：

$$V_{daf}=\frac{V_{ad}}{100-M_{ad}-A_{ad}}\times 100\% \tag{7-10}$$

当 $(CO_2)_{ad}$ 在 2%～12%时，换算公式见式 (7-11)：

$$V_{daf}=\frac{V_{ad}-(CO_2)_{ad}}{100-M_{ad}-A_{ad}}\times 100\% \tag{7-11}$$

当 $(CO_2)_{ad}>12\%$ 时，换算公式见式 (7-12)：

$$V_{daf}=\frac{V_{ad}-[(CO_2)_{ad}-(CO_2)_{ad(焦渣)}]}{100-M_{ad}-A_{ad}}\times 100 \tag{7-12}$$

式中　V_{daf}——干燥无灰基挥发分的质量分数，%；

$(CO_2)_{ad}$——煤中的碳酸盐 CO_2 含量，%；

$(CO_2)_{ad(焦渣)}$——焦渣中的碳酸盐 CO_2 含量，%。

4. 挥发分测定中的若干问题

(1) 防止煤样的喷溅。当测定低变质程度的不黏煤、褐煤以及某些无烟煤时，由于挥发分的快速逸出而将煤颗粒带出，这些赤热的煤粒使坩埚口出现火花；当水分和挥发分过高时，由于它们的突然释出而把坩埚盖吹开，既带走煤粒，又会使煤氧化。以上种种情况都会使结果偏高。因此，在测定挥发分时，应避免试样粒度过小（100～200 目的比例不能过大），试样的水分不宜过高，但也不能用很干的试样。将试样压成饼可有效地防止喷溅。因此，标准中规定褐煤和长焰煤要先压饼，否则结果偏高，有时候偏高很多，而且稳定性不好。

（2）试样氧化问题。试样氧化会导致碳损失而使挥发分偏高。这种现象主要是由于坩埚盖不严，空气侵入坩埚而产生。对于烟煤，特别是高挥发分煤，并不严重，因为大量挥发分往外逸会阻止空气的侵入，但对焦炭和无烟烟煤等低挥发分物质，氧化作用可能严重一些，此时可加入几滴挥发性液体（如苯等）来阻止空气侵入。

（3）结晶水并不是真正的挥发分，但由于它不可能准确地与其他挥发性的物质分开，因此一般还是把它算作挥发分。

（4）操作注意事项：

1）电偶、表头要定期校正，使用时应注意冷端放在冰筒中或使用冷端补偿器，保证炉温正确。

2）定期测量恒温区，坩埚一定都要放在恒温区内。

3）每次放入 6 个坩埚，以保证每次试验热容量基本一致。

4）使用标准上规定的挥发分坩埚，盖子要严，带槽的坩埚盖不能用。

5）放坩埚的坩埚架不能掉皮，否则会沾在坩埚上影响坩埚的质量。

6）保证 3min 内温度回升到（900±100）℃内，在以后的加热时间内（总加热时间为 7min）也不会超过（900±100）℃。

7）空气中放置时间不宜过长，冷到一定程度立即放入干燥器内。

8）褐煤、长焰煤必须压饼，切成 3mm 小块后再做试验。

三、固定碳

固定碳是煤在隔绝空气的条件下逸出挥发分之后剩余的有机物，也是煤中有机物的分解产物，它与平常所说的单质炭是有区别的，主要成分为烃类碳氢化合物，在固定碳的组成成分中 C 为 95%、H 为 1%～11.3%、N 为 0.7%～1.5%、S 和 O 为 2.02%～2.95%。测定挥发分后，坩埚中的残存物称为焦渣，焦渣由固定碳和灰分组成，将焦渣的质量减去灰分的含量就是固定碳的质量。因此，固定碳的计算公式如下：

$$FC_{ad} = 100 - (M_{ad} + A_{ad} + V_{ad}) \tag{7-13}$$

$$FC_{d} = 100 - (A_{d} + V_{d}) \tag{7-14}$$

$$FC_{daf} = 100 - V_{daf} \tag{7-15}$$

式中　FC_{ad}——空气干燥基固定碳，%。

四、焦渣特性判断及意义

焦渣的不同特征反映了煤在高温下的黏结、膨胀及熔融性能。焦渣特征对锅炉用煤的选择有一定的参考意义，例如：对于链条炉，燃用粉状焦渣特征的煤则容易被吹走，造成燃烧不完全，但燃用黏结性强的煤则容易造成灰渣黏结在炉栅上，增加煤层阻力，妨碍通风。对于煤粉锅炉，黏结性强的煤，喷入炉膛后吸热立即黏结在一起，形成空心的粒子团，未燃尽就被空气带走，增加飞灰可燃物。以上情况均降低锅炉热效率。因此，焦渣特征判断对燃用煤选择、锅炉运行有一定的参考意义。

煤的焦渣特性分 8 类，用于判断煤的黏结、膨胀及熔融性能，各焦渣的特征如下：

（1）粉状：全部为粉末状，没有互相黏着的颗粒。

（2）黏着：用手一碰就成粉末或基本上是粉末，其中较大的团块一碰就成粉末。

（3）弱黏结：用手轻压即成小块。

（4）不熔融黏结：用力压才成小块，焦渣上表面无光泽，下表面稍有银白色光泽。

（5）不膨胀熔融黏结：焦渣形成扁平的块，颗粒的界线不易分清，焦渣上表面有银白色光泽，下表面更加明显。

（6）微膨胀熔融黏结：用手压不碎，焦渣上、下表面均有银白色光泽，焦渣表面有较小膨胀泡（或小气泡）。

（7）膨胀熔融黏结：焦渣上、下表面均有银白色光泽，焦渣明显膨胀，但高度不超过 15mm。

（8）强膨胀熔融黏结：焦渣上、下表面均有银白色光泽，焦渣明显膨胀，但高度超过 15mm。

五、煤的工业分析方法 仪器法

传统的煤工业分析采用干燥箱、马弗炉等加热设备来进行分析，操作步骤烦琐，耗费人力。目前煤质工业分析已有仪器法，实现了对煤工业分析各个项目的仪器分析，只要用专用的加样匙往坩埚中加入样品，称量、加热、结果计算全部由仪器自动完成，既节省人力，又缩短实验时间，精确度高，重现性好，又能同时测定多个样品。本文以某制造有限公司生产的工业分析以为例，介绍仪器法测定煤的工业分析。

1. 仪器测试原理

仪器检测原理为热重分析法，它将远红外加热设备与电子天平结合在一起，在规定的气氛、温度和时间内对试样加热并对受热过程中的试样予以称量，然后根据加热后试样的质量损失计算出试样的水分、灰分及挥发分。

2. 基本结构和工作原理

（1）仪器组成示意图和结构示意图。仪器包括分析仪（含Ⅰ、Ⅱ两部分）、PC 机、打印机三大部分。仪器组成如图 7-6 所示，结构如图 7-7、图 7-8 所示。

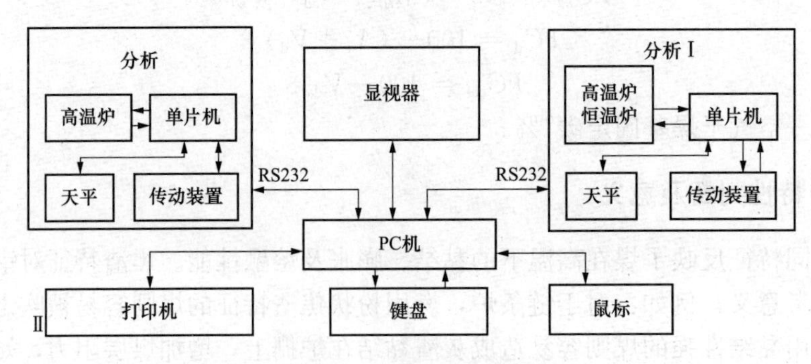

图 7-6 仪器组成示意图

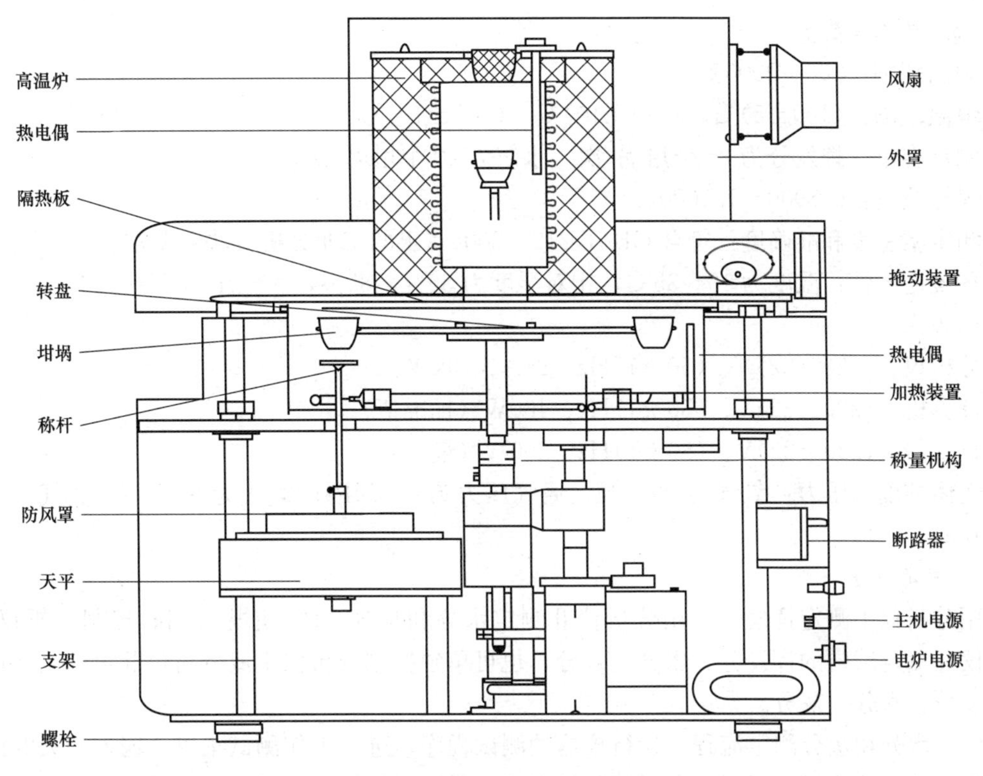

图 7-7 部分结构图（挥发分）

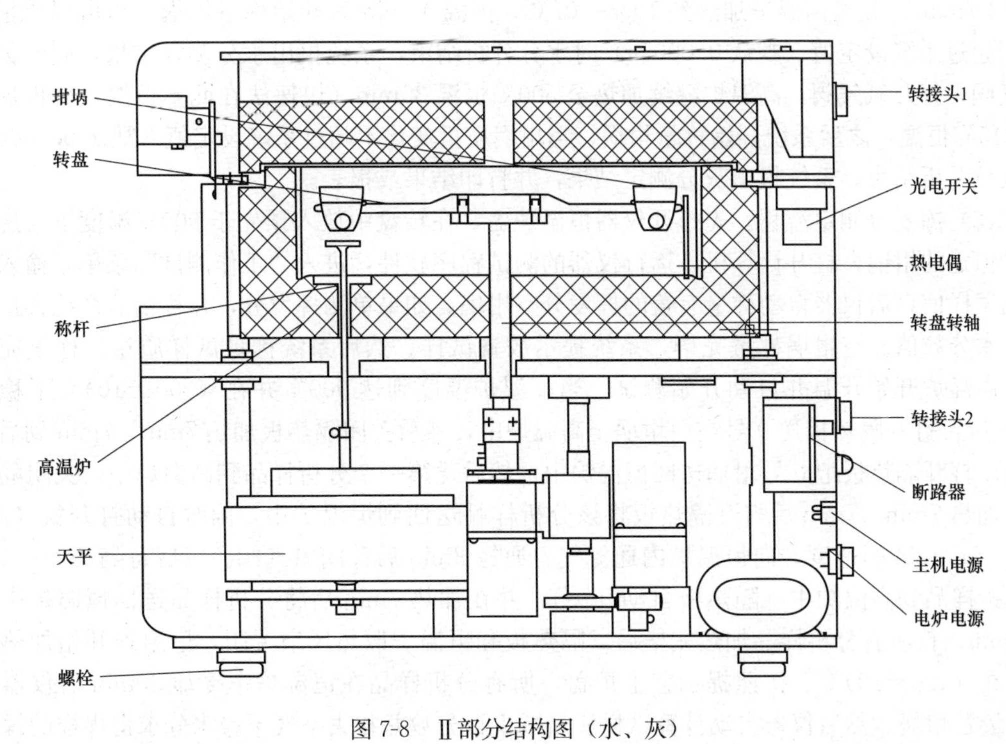

图 7-8 Ⅱ部分结构图（水、灰）

（2）技术参数。

炉温范围：100～1000℃。

恒温范围：(100±5)℃、(815±10)℃、(900±10)℃。

测定容量：挥发分为20个坩埚/次，水灰为20个坩埚/次。

煤样质量：0.8000～1.2000g。

测定精密度和准确度：符合GB/T 212—2008《煤的工业分析方法》要求。

环境适应性：温度为10～35℃，相对湿度为35%～85%，大气压为86～106kPa。

电源：

分析仪：(220±22)V、(50±1)Hz、25A、10kW。

计算机：(220±22)V、(50±1)Hz、400W（标准值）。

显示器：(220±22)V、(50±1)Hz、200W（最大）。

气体纯度和压力：氧气为99.5%，通气压力为0.1MPa；氮气为99.5%，通气压力为0.1MPa。

3. 测定方法

用分析仪Ⅰ测定挥发分，用分析仪Ⅱ测定水分和灰分。PC机既可同时控制分析仪Ⅰ、分析仪Ⅱ测定试样的挥发分、水分、灰分，也可单独控制分析仪Ⅰ或分析仪Ⅱ单独测定试样的挥发分、水分、灰分。

（1）水分和灰分测定流程。运行仪器的测试程序，进入工作测试菜单，输入相关的试样信息后仪器自动称量空坩埚，空坩埚称量完毕，系统提示放置试样，向坩埚加入(1±0.1)g煤样，然后系统开始加热高温炉（系统会打开氮气阀，向高温炉内通氮气，气体流量控制在4～5L/min)。先将高温炉加热到105～107℃，恒温45min后开始称量坩埚，当坩埚质量变化不超过系统设定值（默认0.0005g）时水分分析结束，系统报出水分测定结果，同时关闭氮气阀，打开氧气阀，高温炉继续加热至500℃恒温30min（快速法在此不恒温）后再加热至815℃恒温，之后系统开始称量坩埚，当坩埚质量变化不超过系统设定值（默认0.0005g）时灰分分析结束，系统报出灰分测定结果，并打印结果或报表。

（2）挥发分测定流程。先打开仪器恒温炉盖，在转盘中放入预先于900℃温度下灼烧至质量恒定的坩锅，打开计算机，运行仪器的测试程序软件，进入“工作测试”菜单，输入相关的试样信息后仪器自动称量有盖的挥发分空坩埚。如果单测挥发分，在称量前系统会提示输入水分数值。空坩埚称量完毕，系统提示放置试样，然后系统称量试样质量。称量完成后，高温炉开始升温并自动开始测试。当高温炉温度到达900℃并在(900±10)℃下稳定2min后，打开隔热板送0号空白坩埚至高温炉中，然后关闭隔热板加热7min。7min到后仪器自动打开隔热板把0号坩埚送回恒温炉中，然后送第一个分析样品到高温炉中，关闭隔热板并加热7min，7min后打开隔热板将该分析样品送回到恒温炉中，同时自动打开氮气阀，以4～5L/min的速度，向恒温炉内通氮气。通氮2min后关闭氮气阀。以后每隔7min送一个分析样品到高温炉中（隔热板自动开关），并在加热7min后将分析样品送回恒温炉中通氮2min，待所有分析样品加热完毕后，隔热板和恒温炉散热风扇关闭，恒温炉开始加热并稳定在(120±10)℃。按照提示盖上炉盖，所有分析样品在恒温炉中冷却30min后仪器自动称量各坩埚。然后仪器自动计算试样质量减少百分数并扣去空气干燥水分求得煤样的挥发分，并打印结果或报表。

（3）结果计算。空气干燥基水分 M_{ad} 计算见式（7-16）：

$$M_{ad}=\frac{m_0+m_1-m_2}{m_1}\times 100 \tag{7-16}$$

式中 m_0——室温下空坩埚质量，g；

m_1——称取的煤样质量，g；

m_2——干燥后经浮力校正后的坩埚与样品的总质量，g。

空气干燥基灰分 A_{ad} 计算见式（7-17）：

$$A_{ad}=\frac{m_3-m_0}{m_1}\times 100 \tag{7-17}$$

式中 m_0——室温下空坩埚质量，g；

m_1——称取的煤样质量，g；

m_3——加热后经浮力校正后的坩埚与样品的总质量。

空气干燥基挥发分 V_{ad} 计算见式（5-18）：

$$V_{ad}=\frac{m_0+m_1-m_4}{m_1}\times 100-M_{ad} \tag{7-18}$$

式中 m_0——室温下空坩埚的质量，g；

m_1——称取的煤样质量，g；

m_4——加热后经浮力校正后的坩埚与样品的总质量，g。

4. 日常维护及注意事项

（1）电子天平的安装与调试。

1）电子天平调试（见图 7-9）。

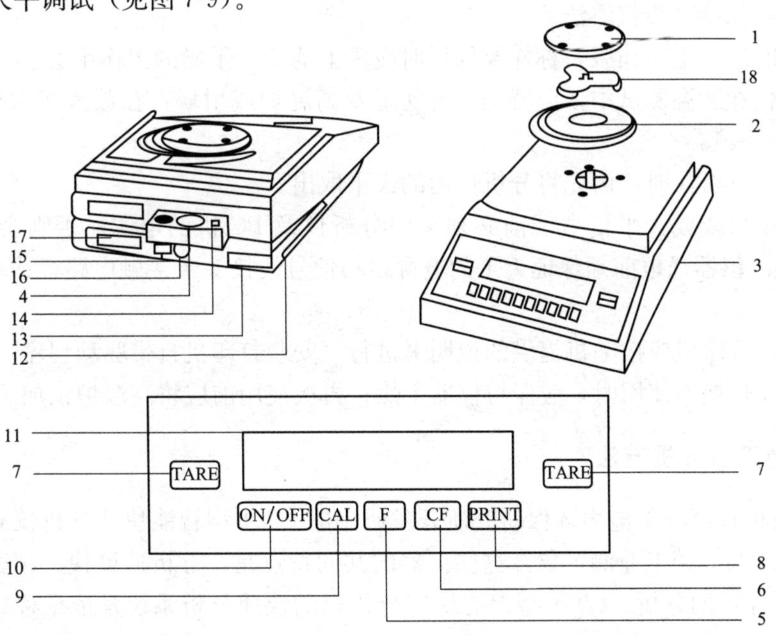

图 7-9 天平结构图

1—秤盘；2—屏蔽环；3—地脚螺栓；4—水平仪；5—功能键；6—CF 消除键；7—除皮键；8—打印键（数据输出）；9—调校键；10—开关键；11—显示器；12—CMC 标签；13—具有 CE 标记的型号牌；14—防盗装置；15—菜单-去联锁开关；16—电源接口；17—数据接口；18—秤盘支架

首先将电子天平设在电源自动接通状态，方法如下：

a. 按电子天平“ON/OFF”键。

b. 当屏幕全显示时轻按住“TARE”键。

c. 当显示“1”时，松开“TARE”键。

d. 按下“CAL”键，至显示“8”。

e. 按下“PRINT”键，至显示编码的第 2 个数码。

f. 按下“CAL”键，至显示“5”。

g. 按下“PRINT”键，至显示第 3 个数码（先显示出以前设定的编码）。

h. 用“CAL”键选择数字“4”（按下“CAL”键，至显示“4”）。

i. 为了确认调整结果，必须按下其中一个“TARE”键（标记：在编码后显示出一个小的“0”）。

g. 按下“TARE”键 2s 以上存储调整结果。

同样，按天平《安装操作手册》将接口参数的波特率设定为 9600 波特，将奇偶校验设为“空格”。

（2）天平在分析仪内的安装。取下天平称盘与称盘支架，打开分析仪的左边盖板，将天平置入分析仪内底板的天平位置——天平的三个地脚螺栓对应置入底板上的三个固定天平螺栓凹孔中。然后依次将称盘支架、称盘安装到天平上，再将天平电源线与信号线分别插到天平的电源接口与数据接口孔中。天平的高度通过调节底板上的三个固定天平螺栓的高度来调整，天平的水平通过调节整仪器的四个地脚螺栓来调整。

（3）日常维护及注意事项：

1）应随时保持分析仪清洁。

2）工作时应穿上工作服，称样及放样时应戴上清洁、干燥的工作手套。

3）分析仪在加温测试中，应特别注意勿触及高温炉或坩埚；在放入或取出坩埚盖时应戴上手套与防护镜。

4）在移动分析仪时，请先将分析仪内的天平取出。

5）拔插串口线或天平信号线前必须关闭分析仪及 PC 机的电源，否则会损坏分析仪、天平及 PC 机。仪器通电前须保证天平的电源线与信号线接头未接触电路板或仪器底板之类的导体。

6）安装机打印机应按随机提供的说明书进行（安装打印机自带驱动程序）。

7）分析仪长期不使用时，应保持仪器干燥；再次使用前应将高温炉预加温一次。

六、其他工业分析方法

常用的分析仪器有某电力环保研究所开发研制的 C951 型智能快速分析仪和美国力可公司生产的 MAC-500 型工业测定仪。这些仪器的共同特点是：分析速度快、精密度高，适合实验室内大量煤样的分析。C951 型智能快速分析仪的快速分析系统是依据称重分析原理并参照 GB/T 212—2008《煤的工业分析方法》中的主要参数设计的。仪器主要由特殊设计的多温区炉介电子天平、自动进样盘及其旋转机构，电子控制系统，电子计算机和打印机等构成。设计的核心部分的结构较先进，如图 7-10 所示。C951 型智能快速分析仪是快速检测煤质工业分析的专用国产仪器。

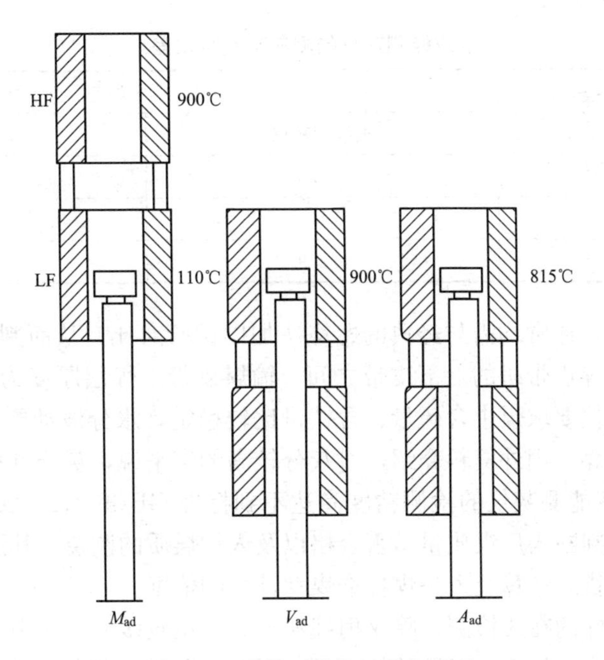

图 7-10 多温区炉的结构与原理

在线分析是一种实时分析技术，它无需进行采样、制样，可直接分析出煤质特性指标的结果，有效地避免了化验室分析所造成的时间滞后。在线（离线）检测，现在应用最多的为测灰仪，其次为测水仪。

国内外应用最多的是一种双能测灰仪，可以实现在线（离线）测灰，根据不同用户的要求，双能测灰仪可以装在输煤皮带上，实现灰分的在线检测；也可装在可移动的小车上，实现灰分的离线检测，还可安装在采煤样机上，将机械采制样与在线灰分检测合成一体，更具发展前景。在线灰分检测示意图如图 7-11 所示，离线灰分检测示意图如图 7-12 所示。

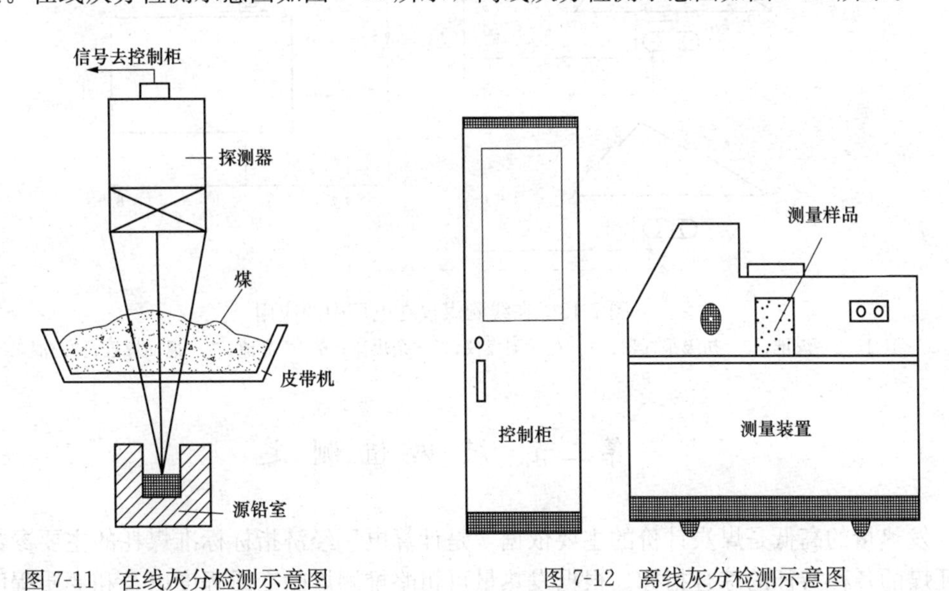

图 7-11 在线灰分检测示意图　　图 7-12 离线灰分检测示意图

双能测灰仪的测灰范围与误差参见表 7-3。

表 7-3　　双能测灰仪的测灰范围与误差　　（%）

范围	测定误差	
	离线测灰仪	在线测灰仪
低灰分煤	≤0.5	≤0.5
中灰分煤	≤1.9	≤1.0
高灰分煤	≤2.9	≤2.0

使用双能测灰仪，通常均需与经典的燃烧法加以试验对比，从而判断其结果的可靠性。在线测灰仪安装在输煤皮带机的上下皮带之间，输煤皮带上煤层厚度为 50～300mm 时，测量值有效。双能测灰仪要求煤中含硫量、含铁量比较稳定，水分波动要小于 2%，它更适合测定灰分值较低的精煤。国外资料介绍，对灰分较高的煤来说，灰分测量误差也可达到小于 1%的水平。目前，双能测灰仪的检测精度尚达不到标准 GB/T 212—2008 规定的要求，它较适合用于电厂大体判断入厂煤质量是否合格以及入炉煤质的监控，其测定结果在目前尚不能作为入厂煤质验收货款结算及入炉煤标准煤耗计算的依据。

其他煤质特性指标的在线检测，除 γ 射线法外，应用较多的还有中子源法，检测项目也不仅仅限于灰分和水分。作为放射源的热中子，可以激发被测煤中各元素的原子核，使之成为不稳定的基态或较稳定的低能态时发出的 γ 射线能谱，就可以测定各元素的含量。美国生产的某型号在线测煤仪，可直接测出煤中硫、灰分、碳、氢、氮、氯、硅、铝、铁、钾、钠、钙及水分含量；间接检测的参数包括发热量、灰熔融性、二氧化硫、氧等。在线测煤仪在电厂中的应用如图 7-13 所示。此仪器检测项目并非十分理想，而且价格昂贵，对于我国来说应用价值有限。

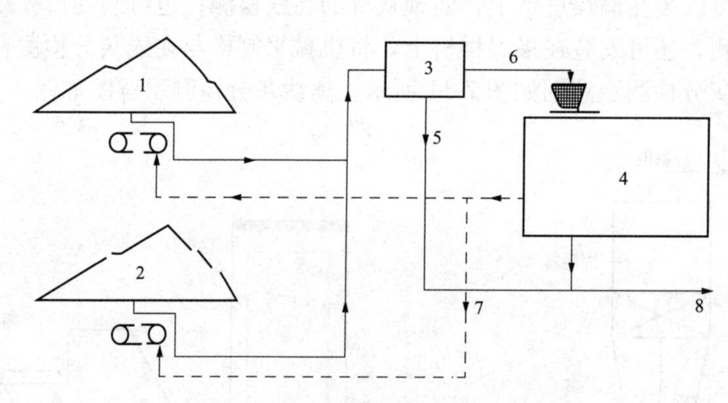

图 7-13　在线测煤仪在电厂中的应用

1、2—煤堆；3—初级采样器；4—在线测煤仪；5—余煤流；6—样品流；7—返回煤堆；8—混煤

第三节　煤热值测定

发热量的高低是煤炭计价的主要依据，是计算电厂经济指标标准煤耗的主要参数，也是表征煤的各种特征的综合指标。根据发热量可粗略推测煤的变质程度以及和变质程度有关的某些煤质特征，故发热量的测定在火电厂煤质检测中占有特殊重要的地位。

一、煤的发热量定义及表示方法

所谓发热量，是指单位质量的燃料完全燃烧时产生的热量。煤的发热量高低，主要取决于煤中可燃物含量及其组成，同时与煤的燃烧条件有关。

1. 热量单位

（1）焦耳。焦耳是我国颁布的法定计量单位中的热量单位，也是国际标准采用的热量单位。焦耳是能量单位，用符号 J 表示。其定义为 1J 等于 1N 的力在力的方向上通过 1m 的距离所做的功，焦耳用“J”表示。

（2）卡。卡是过去惯用的一种表示热量的单位，1cal 是指 1g 纯水升高 1℃所吸收的热量，由于水的比热是随温度的不同而变化的，见表 7-4，因而不同温度下的 1cal 所包含的真实热能并不相同。

表 7-4　　10～30℃范围内水的比热容

温度（℃）	比热（J）	温度（℃）	比热（J）	温度（℃）	比热（J）
10	4.1919	18	4.1829	26	4.1790
12	4.1890	20	4.1816	28	4.1785
14	4.1866	22	4.1805	30	4.1782
16	4.1846	24	4.1797		

下面介绍三种常见的“卡”：

1）$cal_{20℃}$：即将 1g 纯水从 19.5℃提高至 20.5℃所吸收的热量。我国所使用的就是 20℃卡。

$$1cal_{20℃} = 4.1816J$$

2）$cal_{15℃}$：即将 1g 纯水从 14.5℃提高至 15.5℃所吸收的热量。西德等国用的就是 15℃卡。

$$1cal_{15℃} = 4.1855J$$

3）$cal_{IT,℃}$：国际蒸汽表卡，这是 1956 年在伦敦的第 5 届蒸汽性质国际会议上定义的卡。英、美等国采用。

$$1cal_{IT,℃} = 4.1868J$$

上面介绍的热量单位之间的换算均可通过焦耳来进行。发热量测定结果以千焦/克（kJ/g）或兆焦/千克（MJ/kg）表示。

2. 发热量的表示方法

根据不同的燃烧条件，其燃烧产物也就不完全相同，产生的热量也就有所高低，可将发热量分为弹筒发热量、高位发热量及低位发热量。

（1）弹筒发热量 $Q_{b,ad}$。单位质量的燃料在充有过量氧气（初始压力 2.8～3.0MPa 或 28～30 标准大气压）的氧弹内燃烧，其燃烧产物为二氧化碳、氮、硝酸、硫酸、呈液态的水和固态的灰时放出的热量称为弹筒发热量。

（2）恒容高位发热量 $Q_{gr,v}$。单位质量的燃料在充有过量氧气的氧弹内燃烧，其燃烧产物为二氧化碳、氮、二氧化硫、液态的水和固态的灰时放出的热量称为恒容高位发热量。

煤在实际工业锅煤中燃烧，其中的硫只生成二氧化硫，氮则成游离氮，但在氧弹中燃烧时情况则不同，煤在氧弹中燃烧，其中的硫生成二氧化硫进一步氧化成三氧化硫并与氧弹中的水反应生成硫酸，所以氧弹中煤燃烧要多出一个硫酸生成热与二氧化硫生成热之差。另外在氧弹中燃烧，其中的氮要形成一部分硝酸，从而增加了硝酸形成热，所以高位发热量就是由弹筒发热量减掉硫酸生成热与二氧化硫生成热之差及稀硝酸的生成热后所得的发热量。由于弹筒发热量是在恒定容积下进行测定的，故由此算出的高位发热量，也相应地称为恒容高位发热量。它比工业的恒压（即大气压力）状态下的发热量低 8～16J/g，一般可忽略不计。

（3）恒容低位发热量 $Q_{net,v}$。单位质量的燃料在充有过量氧气的氧弹内燃烧，其燃烧产物为二氧化碳、氮、二氧化硫、气态水和固态灰时放出的热量称为恒容低位发热量。

工业燃烧与氧弹中燃烧的另一个不同条件是在前一情况下全部水（包括燃烧生成的水和煤中原有的水）呈蒸汽状态随燃烧废气排出，在后一般情况下，水蒸汽则又凝结成液体，从而多出一个水蒸汽的潜热。低位发热量就是由高位发热量减掉水的蒸发热后所得的发热量。

二、热容量（水当量）

测定煤的发热量前，应先标定氧弹热量计的热容量 E_0。热容量是指热量计量热系统（除内筒水外，还包括内筒、氧弹、搅拌器、温度计浸没于水中的部分）升高 1K（1℃）所吸收的热量。其单位是 J/K 或 cal/℃。在标定热容量时，称取一定量已知热值的标准苯甲酸，置于密封氧弹中，在充有过量氧的条件下完全燃烧，其放出的热量使整个量热体系由起始温度 t_0 升高至终点温度 t_n，这样就可按式（7-19）计算出热容量 E。

$$E = \frac{Qm}{t_n - t_0} \tag{7-19}$$

式中 Q——标准苯甲酸的热值，J/g；

m——标准苯甲酸的质量，g；

t_0——量热体系起始温度，℃；

t_n——量热体系终点温度，℃。

当测定煤样时，是将一定量的待测试样在与上述完全相同的条件下燃烧测定，因而可以测到被测试样的发热量，参见式（7-20）。

$$Q = \frac{E(t_n - t_0)}{m} \tag{7-20}$$

式中 Q——试样的发热量，J/g；

E——热量计的热容量，J/℃；

t_0——量热系统起始温度，℃；

t_n——量热系统终点温度，℃；

m——试样质量，g。

三、氧弹热量计

测定燃料发热量采用氧弹热量计，简称热量计或量热仪。热量计从测量热量的原理上来区分，分为恒温式热量计与绝热式热量计两大类。绝热式热量计除多一套自动控温装置外，其他部件基本上与恒温式热量计相同。热量计由氧弹、内筒、外筒（或称外套）、量热温度计、搅拌装置、点火装置等部件组成。传统的恒温式热量计及绝热式热量计分别由图7-14及图7-15所示。氧弹是热量计的核心部件，容积约为300mL，由耐热、耐腐蚀的镍铬或镍铬钼合金钢制成。需具备以下三个条件：

（1）不受燃烧过程中出现的高温和腐蚀性产物的影响而产生热效应。

（2）能承受充氧压力和燃烧过程中产生的瞬时高压。

（3）实验过程中能保持完全气密。

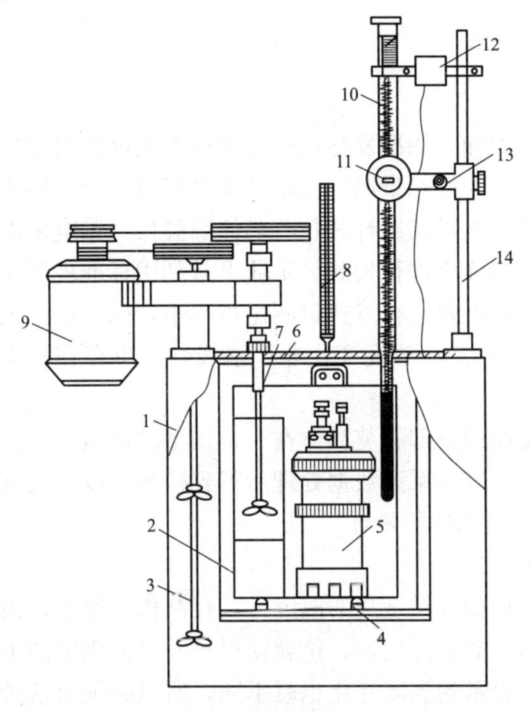

图7-14　传统恒温式热量计的结构图

1—外筒；2—内筒；3—外筒搅拌器；4—绝缘支柱；5—氧弹；6—盖子；7—内筒搅拌器；8—普通温度计；9—电动机；10—贝克曼温度计；11—放大镜；12—电动振荡器；13—计时指示灯；14—导杆

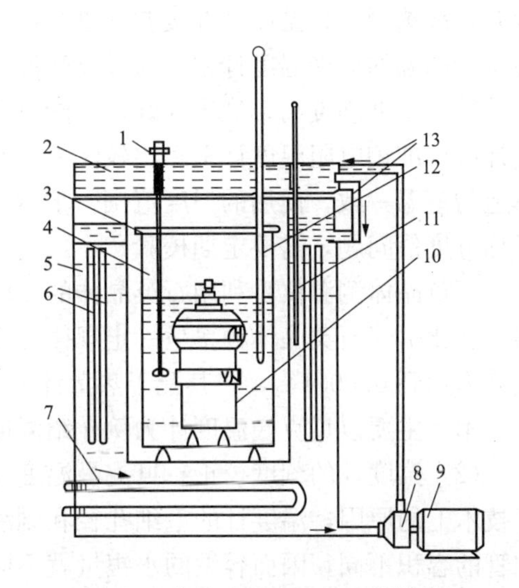

图7-15　传统绝热式热量计的结构图

1—内筒搅拌器；2—顶盖；3—内筒盖；4—内筒；5—绝热外套；6—加热极板；7—冷却水蛇形管；8—水泵电极；9—水泵；10—氧弹；11—普通温度计；12—贝克曼温度计；13—循环水连接管

绝热式热量计就是以适当方式使外筒温度在试验过程中始终与内筒保持一致，也就是当试样点燃后内筒温度上升的过程中，外筒温度也跟踪而上，当内筒温度达到最高点而呈现平稳时，外筒温度始终保持一致，从而消除了热交换。在绝热式量热法中，外筒温度能通过自动控温系统紧随内筒温度的变化而变化，内外筒之间基本不存在有温差，所以内筒温度变化可以认为完全是由燃料燃烧放出的热及点火热引起的。从而可直接由温升来计算燃料的发热量。这种方法操作简单计算容易，但仪器结构较复杂。绝热式热量计有一个带有双层盖子的水套，水套中的水要在盖中循环，使量热系统完全处于水套的包围之中。水套中装有加热电极，装满蒸馏水，在水中加一定量的电解质（常用Na_2CO_3或NaCl），水套中还装有一个通冷却水的蛇形管，试验中开冷却水以抵消外来热源的影响，试验过程中要仔细调节平衡点，使内筒温度稳定在每分钟变化不超过0.0005℃的范围内。

恒温式热量计就是以适当方式使外筒温度保持恒定不变，以便使用较简便的计算公式来校正热交换的影响。保持外筒恒定的方法有两种，一种是采用大容量的外筒加绝热层，使其少受室温变化的影响，二是用自动控制外筒温度恒定，前者称静态式，后者称为自动恒温式。在恒温式量热法中，点燃燃料后至达到稳定时，内筒温度的变化并不完全由燃料的燃烧引起的，其中有一部分是由内、外筒间的温差所导致的热交换引起的，因此在根据点火后内筒温度的升高来计算燃烧热值时，必须对这部分热交换引起的内筒温度变化进行校正。所以，恒温式量热法比绝热式量热法多一步冷却校正，故使操作及计算均为复杂。

四、量热温度计及其校正

1. 温度校正

(1) 温度测量的重要性。由发热量测定原理可知，测准发热量的关键在于测准内筒水的温升，故选用何种温度计并按要求进行校正，就成为发热量测定技术的重要组成部分。用于热量计测温的玻璃温度计主要为贝克曼温度计、铂电阻温度计和石英晶体测温仪。铂电阻温度计特点是准确度高，稳定性好，性能可靠，使用前应进行校验。工业上常利用标准玻璃温度计或标准铂电阻温度计采用比较法来校验被校铂电阻。在发热量测定过程中，内筒水温大体上与室温一致，使用的温度范围一般为 15～30℃。随温度变化非严格线性，也存在一个平均分度值问题，需要定期校验。

石英晶体测温仪是利用石英晶体的压电效应原理，即石英晶体在一定切型的切角下，因温度变化引起石英晶体频率呈一定规律性变化，并经一系列数据处理后得到被测温度。温度分辨率达到 0.0001℃，将其配于热量计上，称石英晶体热量计。

本文主要以贝克曼温度计为例介绍温度校正。

(2) 温度计的刻度校正。贝克曼温度计是一种刻度精度高的温度计，在制作过程中，由于技术上的原因，温度计的毛细孔径和刻线都不可能十分均匀，这就使得每一单位刻度的毛细管的容积不同，因而容纳的水银量就不同，所表示的温度变化也就不同，所以必须对这种误差进行校正，这就是温度计的刻度校正或毛细孔径的校正。

1) 计算法（即线性内插法）。根据检定证书所给的孔径修正值，用线性内插法求得修正值。如果某一支贝克曼温度计的检定证书所给的孔径修正值见表 7-5。

表 7-5　孔径修正值

分度线（℃）	0	1	2	3	4	5
修正值 h	0.000	0.001	−0.002	0.001	0.003	0.000

注　h 为贝克曼温度计孔径修正值。

若某次发热量测定中，点火时的温度读数 t_0 为 1.450℃，终点时的温度读数 t_n 为 4.240℃，求其校正值：

$$h_0 = 0.001 + (1.450 - 1) \times \frac{-0.002 - 0.001}{1} - 0.004(℃)$$

$$h_0 = 0.003 + (4.240 - 4) \times \frac{0.000 - 0.003}{1} - 0.0023(℃)$$

经过孔径修正后的点火温度和终点温度分别为：

$$t_0 + h_0 = 1.450 + 0.001 + (1.450 - 1) \times \frac{0.002 - 0.001}{1} = 1.4496(℃)$$

$$t_n + h_n = 4.240 + 0.003 + (4.240 - 4) \times \frac{0.000 - 0.003}{1} = 4.2423(℃)$$

则点火后的总温升为：

$$(t_n + h_n) - (t_0 + h_0) = 4.2423 - 1.4496 = 2.7927(℃)$$

2）作图法。用作图法进行刻度校正直观、方便。根据检定证书给的毛细孔径修正值直接在坐标纸上作图，然后根据点火温度 t_0 和终点温度 t_n 直接从图上查得 h_0 和 h_n 来计算最终总温升。如检定证书给的值为表 7-3，其作图方法则如图 7-16 所示：

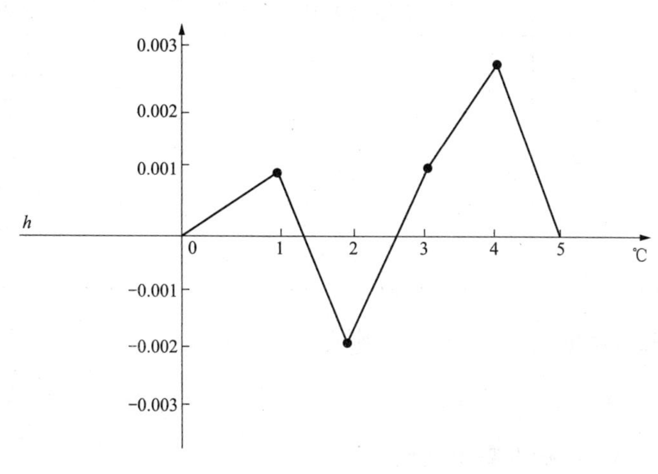

图 7-16　分度线与孔径关系

3）温度计的平均分度值修正。平均分度值是温度计 1°所代表的真实温度的数值。平均分度值是随温度计使用时的条件而变化的，所以在测定热值时，用贝克曼温度计直接测出的内筒温升，必须乘上平均分度值才能代表真实的温升。

影响贝克曼温度计平均分度值的因素主要有三种：

a. 基点温度。基点温度是指贝克曼温度计上 0°刻度所代表的实际温度。它由玻璃泡中水银量的多少决定。基点温度不同，即玻璃泡中水银量不同，平均分度值必定不同。因为水银量不同时，温度变化 1°水银的膨胀或缩小的体积就会不相同，因而在温度计毛细管内，水银柱长度的变化也不相同，所以基点温度不同时，同一根温度计上同一单位刻度（经孔径校正后）的毛细管内虽然容纳的水银体积相同，但所代表的真实温度是不同的。因此，每当改变基点温度时，必须对温度计做平均分度值修正。

b. 露出柱温度。温度计插在水中时，有一段水银柱是露出水面的，这露出水面的温度与水温不同，这就要影响平均分度值，所以当露出柱温度不同而水温相同时，温度计上所指示的温度会不同。这就是平均分度值不同。

c. 浸没深度。同一基点温度，温度计的浸没深度不同，平均分度值也不一样。但如果能保证热容量标定和发热量测定时温度计的浸没深度一致，可不必进行浸没深度的校正。

平均分度值的校正方法见式（7-21）：

$$H = H^0 + 0.00016(t_{标准} - t_a) \tag{7-21}$$

式中　H——对应于实际测定时的露出柱的平均分度值；

H^0——相应于温度计基点温度和标准露出柱温度下的分度值；

$t_{标准}$——相应于基点温度的标准露出柱温度；

t_a——实际测定的露出柱温度；

0.00016——综合考虑了水银和玻璃的膨胀系数而得的校正系数。

对于平均分度值的校正，下面举例说明，如某支贝克曼温度计的平均值由计量部门检定，见表 7-6。

表 7-6　某温度计的平均分度值　(℃)

基点温度	露出柱温度	平均分度值
0～5	15	0.991
10～15	17	0.996
20～25	20	1.000
30～35	22	1.004
40～45	24	1.008
⋮	⋮	⋮

若此温度计的基点温度调为 17.83℃，则在这一基点温度下的标准平均分度值：

$$H^0 = 0.996 + (17.83 - 10) \times \frac{1.000 - 0.996}{10} = 0.9991(℃)$$

对应于这一基点温度的标准露出柱温度

$$t_{标准} = 17 + (17.83 - 10) \times \frac{20 - 17}{10} = 19.35(℃)$$

如果实际测定中的露出柱温度（即贝克曼温度计附近的室温）是 19.75℃，则在这一条件下的平均分度值应该是：

$$H = H^0 + 0.00016(t_{标准} - t_a)$$
$$= 0.9991 + 0.00016(19.35 - 19.75) = 0.9990(℃)$$

2. 冷却校正

根据氧弹量热法原理可知，绝热式热量计的热量损失可忽略不计，因而不需做冷却校正，但恒温式热量计的内筒在试验过程中始终与外筒发生热交换。在点火前，内筒温度低于外筒，点火后的内筒温度高于外筒，对此散失或得到的热量应予校正，即在求得整个温升时加上一个校正值 C，这个校正值称为冷却校正。

（1）煤研冷却校正公式：

$$C = (n - a)V_n + aV_0 \tag{7-22}$$

式中　C——冷却校正值，K；

n——由点火到终点时的时间，min；

a——当 $\Delta/\Delta_{100} \leqslant 1.20$ 时，$a = \Delta/\Delta_{100} - 0.10$，当 $\Delta/\Delta_{100} > 1.20$ 时，$a = \Delta/\Delta_{100}$，其中 Δ 为主期温升（$\Delta = t_n - t_0$）Δ_{100} 为点火后 100s 时的温升（$\Delta_{100} = t_{100} - t_n$）；

V_0——点火内、外筒温差的影响下造成的内筒降温速度，K/min；

V_n——在终点时内、外筒温差的影响下造成的内筒降温速度，K/min。

具体计算方法是首先根据点火时和终点时的内外筒温差 $t_0 - t_j$ 和 $t_n - t_j$ 从 $V \sim (t - t_j)$ 关系曲线（见图 7-17）中查出相应的 V_0 和 V_n，再根据主期时间及 a 值计算出冷却校正值。

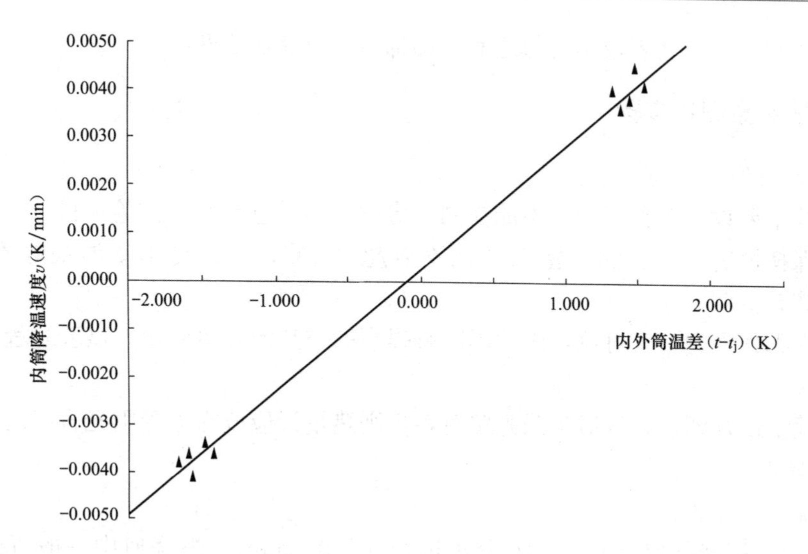

图 7-17 $V-(t-t_j)$ 关系图

（2）瑞-方公式：

$$C = nV_0 + \frac{V_n - V_0}{\overline{t_n} - \overline{t_0}}\left[\frac{1}{2}(t_0 + t_n) + \sum_{i=1}^{n-1}(t_i) - n\overline{t_0}\right] \tag{7-23}$$

$$\sum_{i=1}^{n-1}(t_i) = t_1 + t_2 + \cdots + t_{n-1} \tag{7-24}$$

式中 $\overline{t_0}$——初期内筒的平均温度,℃；

$\overline{t_n}$——末期内筒的平均温度,℃；

n——点火到终点的持续时间，min。

（3）本特公式。本特公式也是牛顿冷却定律推导出来的，公式如下：

$$c = \frac{m}{2}(V_0 + V_n) + (n - m - 1)V_n \tag{7-25}$$

式中 m——升温速度小于 0.3℃/30s 的 30s 数目，第一个 30s 不计入，若平均升温速度均小于 0.3℃/30s，则 m 取 4；

n——从点火开始到结束时的 30s 数；

V_0——初期内桶降温速度,℃/30s；

V_n——在终点时间、外筒温差的影响下造成的内筒降温速度,℃/30s。

3. 点火丝热量校正

在发热量测定中，点火分熔断式和棉线点火，前者由点火丝的实际消耗量（原用量减掉残余量）和点火丝的燃烧热计算试验中点火丝放出的热量。一般常见的点火丝的燃烧热如下：

铁丝为 6700J/g（1602cal/g）；镍铬丝为 6000J/g（1435cal/g）；铜丝为 2500J/g（598cal/g）；棉线为 17500J/g（4185cal/g）。

后者即用棉线点火时，首先算出所用的一根棉线的燃烧热（剪下一定数量适当长度的棉线，称出质量，然后计算出一根棉线的质量，再乘以棉线的单位热值），然后确定每次消耗的电能热。

电能产生的热量 = 电压(V) × 电流(A) × 时间(s)

总的棉线点火热为两者放出的热之和，即棉线与电能热之和。

五、煤发热量测定步骤

1. 实验室条件

(1) 实验室要设一单独房间，不能在同一房间内同时进行其他试验项目。

(2) 应保持恒定，每次测定室温变化不应超过 1℃，冬、夏季室温最好不超过 15～35℃，最好装有空调。

(3) 室内无强烈的空气对流，因此不应有强烈的空热源和风扇等，试验过程中应避免开启窗门。

(4) 实验室最好朝北，以避免阳光照射，否则热量计应放在不受阳光直射的地方。

2. 测定步骤

(1) 恒温式量热法：

1) 在烧皿中精确称取 0.9～1.1g 分析试样（<0.2mm），燃烧皿中一般可以不垫石棉衬，但对于不易完全燃烧的试样（Q<8360J，即 2000cal/g），必须垫石棉垫，还可掺苯甲酸助燃，对于易飞溅的试样，可先用已知热量的擦镜纸包紧，或先在压饼机中压饼并切成 2～4mm 的小块。石棉衬垫的制备，将酸洗石棉在 800℃的马弗炉中灼烧 1h，冷却后使用，取少量已烧过的酸洗石棉放入坩埚，沿坩埚底壁用手按平，对于包擦镜纸掺苯甲酸的煤在燃烧时必须扣除纸热和苯甲酸热。

2) 取一段已知质量的点火丝，把两端分别接在两个电极柱上，再把盛煤样的燃烧皿放在支撑架上，调节下垂的点火丝与试样接触（对难点燃的煤如无烟煤），对易燃的和易喷溅的煤，点火丝与煤保持微小的距离。

如用棉线点火，则预先在两电极间拴一根镍铬丝（直径为 4mm 左右），镍铬丝中间绕几圈，保证热量集中，并测量出使点火丝发红时的电压和电流，再在镍铬丝圈上拴一根固定长度的棉线，棉线的另一端下垂与煤样接触，注意在使用棉线点火时，千万不能使棉线沾湿，否则会使点火失败。

往氧弹中加入 10ml 蒸馏水，小心将氧弹盖拧紧，接上氧气导入管，往氧弹中缓缓充入氧气，充氧压力为 2.8～3.0MPa（28～30 个大气压），对不易燃烧完全的煤样，提高充氧压力至 3.5MPa（35 个大气压），充氧时间不得少于 30s，当钢瓶中氧气压力降到 5.0MPa（50 个大气压）以下时，充氧时间适当延长或更换氧气钢瓶。

3) 往内筒中加入足够的蒸馏水，使氧弹盖的顶面（不包括突出的氧气阀和电极）没在水面下 10～20mm，每次试验时的用水量与标定热容量时一致（相差 1g 之内），在天平上称准，如用容量法量水的体积时，必须对温度变化进行补正。

在称量内筒水前，注意先调节内筒水温，使终点时内筒温度高出外筒约 1℃，外筒温度应尽量接近室温，相差不得超过 1.5℃。

4) 把准备好的氧弹放入已称重的内筒水中，注意观察氧弹中有无气泡漏出，如无气泡漏出，则表明气密性好，否则应打开检查找出原因，重新充氧。将内筒放在外筒的绝缘支架上，然后接上点火电极插头，装好搅拌器和量热温度计，并盖上外筒的盖子，温度计的水银球应对准氧弹主体的中部，不得接触内筒和氧弹，靠近量热温度计的露出柱的部位另悬一支普通温度计，用以测定露出柱温度。

5）开动搅拌器，预搅拌 5min 后开始计时和读取内筒温度 t_0，并立即通电点火，读数前开动振荡器，随后立即记下外筒温度 t_j 和露出柱温度 t_a，外筒温度和露出柱温度至少读到 0.05℃，内筒温度借助放大镜读到 0.001℃。

6）观察内筒温度，如 30s 内温度急剧上升，则表明点火成功，点火后 100s 时再读取一次温度 t_{100}，读准至 0.01℃即可。

7）接近终点时（对具体仪器根据经验掌握），开始按 1min 的间隔读取内筒温度，读温前开动振荡器，读至 0.001℃，以第一个下降点作为终点温度 t_n，试验结束。

8）停止搅拌，取出内筒和氧弹，开启放气阀，放出燃烧废气，打开氧弹，仔细观察弹筒和燃烧皿内部，如有试样燃烧不完全的迹象或有碳墨存在，试验应作废。

如用金属丝点火，找出未烧完的点火丝，计算出长度，以便计算其实际消耗量，若用棉线点火，则免去这一步。

如需测弹筒硫，则用蒸馏水充分冲洗弹筒各部分、放气阀、燃烧皿内外和燃烧残渣，把全部洗液（共约 100mL）收集在一个烧杯中，煮沸 1～2min，取下稍冷后，以甲基红（或甲基红一次甲基蓝混合指示剂）作为指示剂，用氢氧化钠标准溶液滴定，以求出洗液中的总酸量，然后按式（7-26）计算出弹筒硫。

$$S_{b,ad}=\left(\frac{C\times V}{m}-\frac{aQ_{b,ad}}{59.8}\right)\times 1.6 \tag{7-26}$$

式中　$S_{b,ad}$——空气干燥基弹筒硫，%；

C——氢氧化钠溶液的物质量的浓度，0.1moL/L；

V——滴定用去的氢氧化钠溶液体积，mL；

59.8——相当于 1mmol 硝酸的生成热，J；

m——试样质量，g；

α——硝酸校正系数 $Q_{b,ad}\leqslant$16.70kJ/g，$a=0.0010$；16.70kJ/g$<Q_{b,ad}\leqslant$25.10kJ/g，$a=0.0012$；$Q_{b,ad}>$25.10kJ/g，$a=0.0016$。

（2）绝热式量热法：

1）称样、装样等按恒温式量热法。

2）按上述要求称重内筒水，将内筒水温调至接近室温，相差不要超过 5K，以稍低于室温为最理想。内筒水温过低，易引起水蒸气凝结在内筒外壁，温度过高，易造成内筒水过多的蒸发，这都对测定结果不利。

3）安放内筒、氧弹及装温度计等同上。

4）开动搅拌器和外筒水泵，开通冷却水和加热器，当内筒温度稳定后，调节冷却水流速，使外筒加热器每分钟自动接通 3～5 次（可观察电流计或指示灯）。

调好冷却水后，开始读取内筒温度，借助放大镜读到 0.001℃，每次读到数前开动振荡器，当 5min 内温度平均变化不超过 0.0005℃/min 时，即可通电点火，此时的温度为点火温度 t_0，否则应调节电极平衡钮，直到内筒温度稳定后再行点火。平衡钮一经调好后，就不要再动。如终点温度不稳，才需要重新调定。

点火后 6～7min，再以 1min 间隔读取内筒温度，直到连续三次读数相差不超过 0.001℃为止，取最高的一次读数为终点温度 t_n，试验结束。

其他步骤同上。

六、结果计算

1. 弹筒发热量

（1）恒温式量热法：

$$Q_{b.ad}=\frac{E\times H\times[(t_n+h_n)-(t_0+h_0)+c]-q_1-q_2}{m} \tag{7-27}$$

式中 $Q_{b,ad}$——空气干燥煤样的弹筒发热量，J/g；

E——热量计的热容量，J/K；

H——贝克曼温度计的平均分度值；使用数字显示温度计时，$H=1$；

q_1——点火热，J；

q_2——添加物如擦镜纸等产生的总热量，J；

C——冷却校正值，K；

h_0——t_0 的毛细孔径修正值，使用数字显示温度计时，$h_0=0$；

h_n——t_n 的毛细孔径修正值，使用数字显示温度计时，$h_n=0$。

（2）绝热式量热法

$$Q_{b.ad}=\frac{E\times H\times[(t_n+h_n)-(t_0+h_0)]-q_1-q_2}{m} \tag{7-28}$$

2. 高位发热量

$$Q_{gr,ad}=Q_{b,ad}-(94.1S_{b,ad}+aQ_{b,ad}) \tag{7-29}$$

式中 $Q_{gr,ad}$——空气干燥煤样的高位发热量，J/g；

$S_{b,ad}$——由弹筒洗液测得的含硫量（当煤中全硫含量低于4%，或发热量大于14.60kJ/g时，可用全硫代替弹筒硫），%；

94.1——空气干燥煤样中每1%的硫的校正值，J/g；

α——硝酸校正系数；$Q_{b,ad}\leqslant 16.70$kJ/g，$\alpha=0.0010$；16.70kJ/g$<Q_{b,ad}\leqslant 25.10$kJ/g，$\alpha=0.0012$；$Q_{b,ad}>25.10$kJ/g，$\alpha=0.0016$。

如加助燃剂后，应按总释热量考虑。

3. 低位发热量计算

$$Q_{net}=(Q_{gr,ad}-206H_{ad})\times\frac{100-M_t}{100-M_{ad}}-23M_t \tag{7-30}$$

式中 $Q_{gr,ad}$——分析试样的高位发热量，J/g；

M_t——煤中全水含量，%；

M_{ad}——煤中空气干燥基水分含量，%；

206——对应于空气干燥煤样中每1%氢的气化热校正值（恒容），J/g；

23——对应于收到基煤中每1%水分的气化热校正值（恒容），J/g；

H_{ad}——煤中空气干燥基氢含量，%。

七、热容量的标定

热容量标定是发热量测定中最为重要的环节，正确地进行热容量的标定，是获得准确发热量测定结果的前提。发热量的测定与热容量的标定其操作相同，只是前者称量的为试样，后者称量的为标准苯甲酸。热量计的热容量，是指量热系统升高1℃所吸收的热量，单位为J/℃。所谓量热系统，是指发热量测定过程中，试样所放出的热量所传到的各个部件，包括内筒水以及内筒、量热温度计、氧弹、搅拌器浸没于水中的部分。热量计的热容量，实际上就是包括内筒水的热容量及浸没于水中各部件热容量的总和。

苯甲酸易于提纯，不易吸水，燃烧性能稳定，它的发热量与煤的热量也比较接近，故它用作标定热容量的首选试剂，它应标有精确热值（精确到1J/g）。在标定前，苯甲酸需做干燥处理。使用传统恒温式热量计，标定热容量的程序包括：称取苯甲酸试饼；将点火丝在棉纱线中部打1个结，其尾部拧成1股并与苯甲酸试饼相接触；往氧弹中用带刻度的量管加水10mL；调节内筒水温，通常内筒水温调节到比外筒水温高0.8～1.0℃；应用感量0.1g，称量5000g的电子工业天平或称量5000g，感量1g的架盘天平称量内筒水量；往氧弹中充以2.6～3.0MPa压力的氧气，当达到规定压力后，维持15～30s；氧弹放进内筒水中，接上电极；冷却校正；关闭电源，取出氧源，排出弹内气体，打开氧弹，观测试样是否燃烧完全；量取残存点火丝的长度；计算热容量；重复标定热容量5次，计算5次重复试验结果的平均值和相对标准差，其相对标准差不应超过0.20%；若超过0.20%，再补做一次试验，取符合要求的5次结果的平均值，修约至1J/℃，作为该仪器的热容量。若任何5次结果的相对标准差都超过0.20%，则应对试验条件和操作技术仔细检查并纠正存在问题后，重新进行标定，舍弃已有的全部结果。

热容量标定的有效期一般为3个月，超过此限期时，则应复查。发生下列任一情况时，立即重测：

（1）更换量热温度计或改变贝克曼温度计的基点温度。

（2）更换热量计的较大部件如氧弹盖、连接环等。

（3）标定热容量与测定发热量时的内筒温度之差超过5℃。

（4）热量计经过搬动、变换环境。

第四节　煤 中 全 硫 测 定

煤在加热燃烧过程中，其中硫形成二氧化硫及三氧化气体排放到大气中，成为大气污染的主要成分，硫的氧化物在锅炉尾部与水形成硫酸而腐蚀锅炉设备。在炼焦时煤中硫大部分转到焦炭中，焦炭中的硫在进入生铁，就会使钢铁变脆。为了脱除焦炭中的硫，必须在高炉炼铁时加石灰石，这就减少了高炉的有效容积，同时还增加了出渣量。另外，黄铁矿含量高的煤，在储存中由于黄铁矿被大气中的氧氧化而放出热量，此热如果散发不出去就会使煤堆温度逐渐升高而自燃。所以，硫分是煤中有害元素之一，也是评价煤炭质量的重要指标之一。

为此，煤炭生产部门、外贸、电力、炼焦等用煤部门都十分重视煤中硫的测定。

煤中全硫通常可分为无机硫和有机硫，煤中无机硫，是以无机物形态存在于煤中的硫。无机硫有可分为硫酸盐硫和硫化物硫两种，有时还有微量的元素硫。硫化物主要是黄铁矿和白铁矿，它们的组成都是FeS_2，此外还有少量的其他硫化物，如闪锌矿（ZnS）和方铅矿（PbS）等。硫酸盐硫主要是石膏（$CaSO_4 \cdot 2H_2O$）和硫酸亚铁（$FeSO_4 \cdot 7H_2O$）等，有机硫含量一般较低，组成也很复杂。有机物均匀分布在煤中，不易用机械方法除去。煤各种形态的硫的总和称为煤的全硫（S_t），即：全硫＝硫酸盐硫＋硫化物硫＋有机硫。

煤中硫分，按其在空气中能否燃烧又分为可燃硫和不可燃硫。有机硫、硫铁矿硫和单质硫都能在空气中燃烧，都是可燃硫。硫酸盐硫不能在空气中燃烧，是不可燃硫。

测定煤中硫含量的方法基本上都需要将煤燃烧分解，将各种形态的硫转化为硫的氧化物（SO_2 及 SO_3），然后再选择不同化学原理进行分析。本书介绍了国内应用普遍的几种煤中全硫测定方法。

一、艾氏卡法

1. 艾氏卡法基本原理

煤样与艾氏卡试剂（一份质量的碳酸钠和两份质量的氧化镁的混合物）均匀混合后，在高温中灼烧，使煤中各种硫化物转化成二氧化硫和少量三氧化硫，并与艾氏卡试剂中的碳酸钠作用生成亚硫酸钠和硫酸钠，在空气中氧的作用下，亚硫酸钠又转化成硫酸钠。煤中存在的硫酸钠与碳酸钠进行复分解反应转化为硫酸钠。反应如下：

$$煤 \xrightarrow{\Delta} CO_2\uparrow + H_2O + N_2\uparrow + SO_2\uparrow + SO_3\uparrow(少量) + \cdots\cdots$$

$$2NaCO_3 + 2SO_2 + O_2 \xrightarrow{\Delta} 2NaSO_4 + 2CO_2\uparrow$$

$$2MgO + 2SO_2 + O_2 \xrightarrow{\Delta} 2MgSO_4$$

$$CaSO_4 + NaCO_3 \xrightarrow{\Delta} CaCO_3 + NaSO_4$$

生成的硫酸盐用水浸取，在一定的酸度下，加入氯化钡溶液，使可溶性硫酸盐转变为硫酸钡沉淀（反应式如下），测定硫酸钡质量，即可求出煤中全硫含量：

$$MgSO_4 + NaSO_4 + 2BaCl_2 \rightarrow 2BaSO_4\downarrow + 2NaCl + MgCl_2$$

2. 测定步骤

称取 1g 煤样放在 30mL 的磁坩埚中，加 2g 艾氏（即艾氏卡试剂）混合，用玻璃棒混匀，再加 1g 艾氏剂均匀覆盖在混合物上。

将装有试样的坩埚移入马弗炉中。在 1～2h 内将电炉从室温逐渐升到 800～850℃并在该温度下加热 1～2h。

将坩埚从电炉中取出，冷却到室温。将坩埚中的灼烧物用玻璃棒轻轻捣碎后转移到 400mL 烧杯中。用洗瓶以热蒸馏水将坩埚内壁冲洗干净并将洗液收集到烧杯中。

在烧杯中加入热蒸馏水 100～150mL，然后在电炉上煮沸约 5min。将烧杯中的煮沸物用倾斜法通过定性滤纸过滤，用热蒸馏水洗涤残渣三次，然后将残渣移入漏斗中的滤纸上，用热蒸馏水仔细冲洗 10 次以上，直至洗液总体积为 250～300mL。

向滤液中滴入 2～3 滴甲基橙指示剂，然后加 1＋1 的盐酸调至溶液呈现中性，再过量 2mL，使溶液呈微酸性。将溶液加热到沸腾，在不断搅拌下，慢慢滴加 10％氯化钡热溶液 10mL。使带沉淀的溶液在近沸状态维持约 2h，冷却或静置过夜。

用致密无灰定量滤纸过滤，并用热水洗涤到无氯离子为止（用硝酸银溶液检验）。

将沉淀连同滤纸移入已知质量的磁坩埚中，先在低温下灰化滤纸（切勿使之着火燃烧），然后在温度为 800～850℃的马弗炉内灼烧 20～40min，取出坩埚，在空气中稍加冷却后，再放入干燥器中冷却到室温（25～30min），称重。求得硫酸钡沉淀的质量。

空白实验：每配制一批艾氏剂或其他任一试剂时，应进行两次以上空白实验（不加煤样），操作步骤与试样测定相同。两次测定的差值不能大于 0.0010g（$BaSO_4$），取其算术平均值作为空白值。

3. 结果计算

$$S_{t,ad}=\frac{(m_1-m_2)\times 0.1374}{m}\times 100 \tag{7-31}$$

式中 $S_{t,ad}$——分析煤样中的全硫含量，%；

m_1——硫酸钡质量，g；

m_2——空白实验的硫酸钡质量，g；

m——煤样质量，g；

0.1374——由硫酸钡换算为硫的系数。

$$\frac{\text{S 的原子量}}{BaSO_4\text{ 的分子量}}=\frac{32.06}{233.42}=0.1374$$

4. 精密度

艾氏卡法全硫测定的重复性限和再现性临界值见表7-7。

表7-7 艾氏卡法测定煤中全硫精密度 (%)

全硫质量分数 S_t	重复性限 $S_{t,ad}$	再现性临界差 $S_{t,d}$
≤1.50	0.05	0.10
1.50（不含）～4.00	0.10	0.20
>4.00	0.20	0.30

5. 提高测定结果准确度措施

艾氏卡试剂中氧化镁的作用有两点，一是防止硫酸钠在较低温度下熔融，使被加热物保持疏松状态，增加煤样与空气的接触面积，促进其氧化；二是与硫氧化物作用生成硫酸镁。

灼烧煤样与艾氏剂混合物时为了避免煤中挥发物和硫氧化物（即 SO_2）很快逸出而不能被艾氏剂完全固定，要从室温开始升温加热，升温速度要慢，务必在1～2h内加热到800～850℃；此外在灼烧过程中，要半启炉门，以使空气进入。

因为重量法是根据硫酸钡沉淀的质量来计算分析结果的，所以对硫酸钡的沉淀有严格的要求。首先要求沉淀要完全，要纯净（不带杂质）；其次是硫酸钡沉淀颗粒要大，不能穿滤。为此，在操作中采取以下措施：

（1）控制一定的酸度使沉淀完全（溶液酸度是微酸性）。

（2）加入过量的氯化钡溶液，要缓慢地将之滴入热溶液中，切勿一次加入10mL。

（3）沉淀操作完毕后，要放置一段时间（过夜，使硫酸钡沉淀颗粒增大）。

（4）硫酸钡沉淀要用热水洗净，操作要用少量水进行多次洗涤。不宜用水过多，否则有部分溶解的可能。

（5）灼烧硫酸钡沉淀时，必须从低温开始。因为当加热到600℃时由于滤纸中的碳可能使 $BaSO_4$ 沉淀还原成BaS，会使结果偏低。

二、库仑法

1. 库仑测硫仪的化学原理

煤样在1150℃高温和催化剂条件下，于净化过的空气流中燃烧，煤中各种形态硫均被燃烧分解为 SO_2 和少量 SO_3 而逸出。反应如下：

$$煤(有机硫) + O_2 \longrightarrow CO_2 + H_2O + SO_2 + NO_x + N_2 + Cl_2 + \cdots$$

$$黄铁矿硫\ 4FeS_2 + 11O_2 \longrightarrow 2Fe_2O_3 + 8SO_2$$

$$硫酸盐硫(M表示金属)2MSO_4 \longrightarrow 2MO + 2SO_2 + O_2$$

此外在高温下，存在 SO_2 和 SO_3 的可逆平衡反应：

$$2SO_2 + O_2 \rightleftharpoons 2SO_3$$

在1150℃下，硫燃烧分解后，SO_2 约占96%，SO_3 约占4%。

生成的 SO_2 和少量 SO_3 被净化的空气流带到电解池内，与池内的水化合生成亚硫酸 H_2SO_3 和少量的硫酸 H_2SO_4。

$$SO_2 + H_2O \longrightarrow H_2SO_3$$

$$SO_3 + H_2O \longrightarrow H_2SO_4$$

在电解池内装有碘化钾KI（电解质）水溶液，在电解池的两个铂电极上通以直流电极，则产生如下的反应：

$$阳极(氧化作用)2I - 2e \longrightarrow I_2$$

$$阴极(还原作用)2H^+ + 2e \longrightarrow H_2$$

电解产生的碘，与生成的亚硫酸反应：

$$I_2 + H_2\overset{4+}{S}O_3 + H_2O \longrightarrow H_2\overset{+6}{S}O_4 + 2H^+$$

从上反应式得知，反应中硫失去的电子数为2。所以硫的克当量是32/2=16g。这就是说如果在电解碘化钾生成碘的过程中消耗了96500库仑电量，就有相当于有16g硫生成的亚硫酸被氧化为硫酸。有了这个关系就可以很方便地计算出煤中全硫的百分比含量。例如测定一份质量为mg的煤中全硫时，测硫仪的电量积分器显示的电量为 Q 库仑，则煤中全硫含量应为：

$$S_{t,ad} = \frac{16 \times Q \times 1.06}{96500 \times m} \times 100 \tag{7-32}$$

式中 1.06——校正系数；

Q——电解消耗的电量，C；

96500——法拉第电量，C；

16——硫的摩尔质量，g/mol；

m——煤样的质量，g。

校正系数包括对 $2SO_2 + O_2 \rightleftharpoons 2SO_3$ 的可逆平衡（在1150℃时约有4% SO_3 生成率）的校正和由于其他因素使测定结果偏低的校正，如 SO_2 与 H_2O 作用的校正（这些来自煤中氢燃烧生成的水，煤中储存的水和电解液渗入烧结玻璃熔板微量水与 SO_2 作用生成的 H_2SO_3 被吸附在进入电解池的管道中而造成测值偏低）。

2. 样品测定

将测硫仪升温并控制在（1150±10)℃，调节气泵流量到1000ML/min。在抽气下将电解液加入电解池内，开动电动搅拌器。在磁舟上称取（0.05±0.005)g煤样（称准到0.0002g），于煤样上面覆盖一薄层三氧化钨。将称入样品的磁舟放到仪器的石英托盘上，开启送样程序控制器，试样即随石英托盘进入测硫仪中。按预先规定的程序，分别在500～600℃处停留45s、1150℃处停留4～5min。试样燃烧后，库仑滴定即自动进行，待石英托盘和瓷舟返回原来位置时，仪器发出音响，实验结束，记下积分仪读数，按上述手续进行下一试样的分析。

当库仑积分器最终显示数为硫的毫克数时，全硫质量分数按式（7-33）计算：

$$S_{t,ad}=\frac{m_1}{m}\times 100 \tag{7-33}$$

式中 $S_{t,ad}$——分析煤样中全硫质量分数，%；

m_1——库仑积分器显示值，mg；

m——煤样质量，mg。

3. 精密度

库仑滴定法全硫测定的重复性限和再现性临界值见表 7-8。

表 7-8　库仑滴定法测定煤中全硫精密度　（%）

全硫质量分数 S_t	重复性限 $S_{t,ad}$	再现性临界差 $S_{t,d}$
≤1.50	0.05	0.15
1.50（不含）～4.00	0.10	0.25
>4.00	0.20	0.35

4. 测定结果校正和催化剂的选择

从库仑法的测定原理来看，碘与溴将亚硫酸氧化为硫酸，将 4 价的硫氧化为 6 价的硫，也就是说煤在高温下生成的二氧化硫和三氧化硫，只有二氧化硫参与氧化还原反应，而三氧化硫不参与反应，这样三氧化硫中的硫元素没有被测定，造成测定结果偏低，因此必须通过使用标准煤样对仪器进行标定校正，校正系数为 1.04～1.06，通过校正后测定结果可以达到较高的准确度，多点标定比单点标定更好，测定结果准确度更高。样品在氧气中更快速而完全地分解样品，但是二氧化硫被氧化三氧化硫是可逆反应，氧气增加平衡中氧分压，使三氧化硫生成率提高，造成结果更偏低，同时样品含硫量越低，影响越大，表 7-9 列出了氧气流下不同含硫量样品校正系数。

表 7-9　氧气流下不同含硫量样品校正系数

硫含量	校正系数
<1	1.292
1～3	1.158
>3	1.113

由此可见，采用空气流明显优于氧气流，所以，国标中采用空气流作为助燃气体。

高温炉采用两段不同的温度，各为 600℃和 1150℃，多了一个 600℃温度段，目的是使可燃硫在碳酸钙未分解之前大部分分解，尽量减少形成较难分解的硫酸钙，另外在 600℃时样品有大量挥发分逸出，可防止样品推入高温爆燃造成不完全燃烧。对于一些高挥发分的样品爆燃的不完全燃烧产物造成熔板和管道变黑影响准确度，可在燃烧管末段填充硅铝酸棉对气体进行过滤。

煤中的黄铁矿和有机硫等可燃硫在 800～900℃被氧化，而硫酸盐需要在 1100～1200℃以上才开始分解，其中硫酸钡需要在 1600℃以上才开始分解，为了保证各种形态的硫都能分解，除了需要较高的燃烧温度外，还需加入催化剂以加速硫酸盐分解，磷酸铁、氧化铝、三氧化钨、活性碳、石英沙、氧化铬等均可作为催化剂，以10mg的硫酸钙做回收试验，分别加不同催化剂的对比试验结果见表7-10。

表 7-10　　硫酸钙中硫的回收率

硫回收率（%）／催化剂／分解温度（℃）	无	Al_2O_3	SiO_2	Cr_2O_3	WO_3	V_2O_5	1份V_2O_5、9份Cr_2O_3
1100	9.80	9.80	14.75	29.50	98.34	100	100
1100～1200	24.58	29.50	49.10	85.58	100	100	100

由表7-8可见，WO_3、V_2O_5、$V_2O_5+Cr_2O_3$作为催化剂均可获得100%的回收率，但V_2O_5和Cr_2O_3在1100℃以上有挥发现象，容易造成玻璃熔板堵塞，因此选择三氧化钨最佳。

5. 库仑测硫仪

国内库仑测硫仪生产厂家众多，型号烦琐，既有单一进样的，也有自动连续进样的，但其本质都是以库仑滴定法为测定原理。本书以某公司生产的SDSM 2000定硫仪为例进行介绍。

(1) 仪器结构。SDSM2000定硫仪主要包括高温炉、称样机构、送样机构、电解池、磁力搅拌器、净化系统、控制系统等部件。

外型图如图7-17所示：

1) 高温炉。高温炉采用硅碳棒组加热，铂铑-铂热电偶测温，计算机控温。高温炉恒温区长度大于90mm，炉体保温材料为轻质耐火纤维，外包硅酸铝棉，以达到良好的保温性能。燃烧管采用石英管，垂直安装在高温炉内。高温炉的结构如图7-19所示。

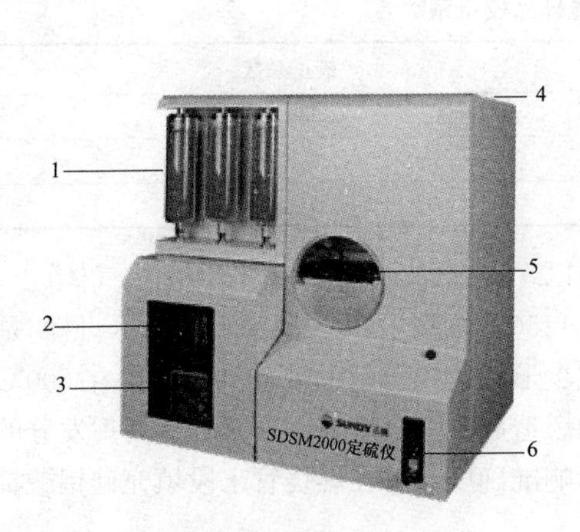

图7-18　定硫仪外形图

1—净化管；2—电解池视窗；3—搅拌器；4—高温炉顶盖；5—送样口；6—流量计

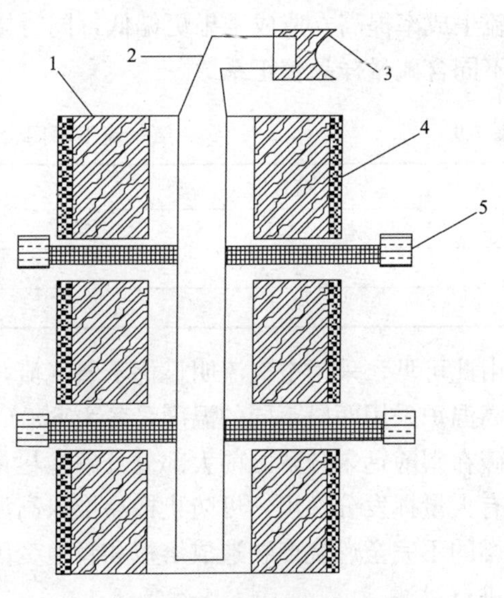

图7-19　高温炉结构示意图

1—炉体；2—石英管；3—气管；4—硅酸铝棉；5—硅碳棒

2）称样机构。称样机构由电子天平、称样杆、样盘、旋转电机、称样电机、旋转限位电路、称样限位电路组成，其作用是称量坩埚与煤样，并通过天平接口传送给计算机。

3）送样机构。送样机构由送样电机、联动丝杆、送样杆及上下限位电路组成，其作用是将试样送入（或退出）高温炉。

当计算机给控制器发出送（退）样指令后，控制器启动送样电机，送样电机带动联动丝杆，再带动送样杆，将试样送入（或退出）炉膛。

4）电解池和磁力搅拌器。电解池池体用有机玻璃模制而成，盖子用有机玻璃或尼龙制成，盖与池体之间用密封圈密封，容积为 400mL。盖上固定有进出气接头、安装有一对电解电极和一对指示电极。电解电极极片面积为 10mm×15mm，指示电极极片面积为 5mm×1mm。每对电极极片相互平行，且两对电极成一字排列。

电解池内有一搅拌子，它由磁力搅拌器带动在电解液中旋转，实现对电解液的搅拌。

仪器的磁力搅拌器是一个整体部件，面板上有一个电源开关、一个指示灯、一个调速旋钮。出厂时电源开关打在开启状态，调速旋钮调在较高转速位置。搅拌速度太慢则电解生成的碘得不到迅速扩散，会使终点控制失灵，无法得到准确的全硫测值。合适的转速是以搅拌时电解液中有大量气泡生成，而又不使搅拌子跳起碰击到电极上。电解池和搅拌器的结构如图 7-20 所示。

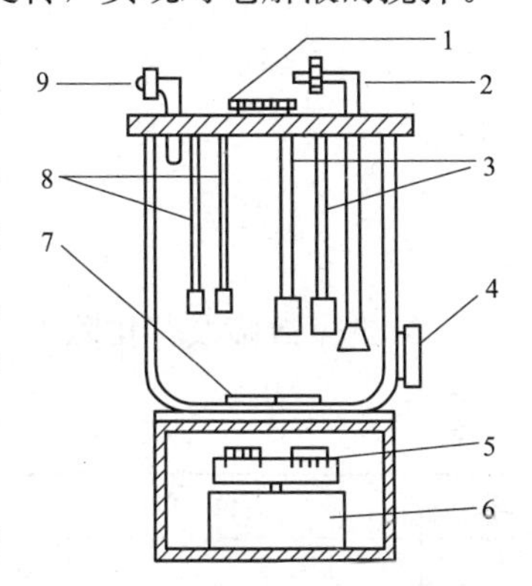

图 7-20　电解池和搅拌结构图

1—加液口；2—进气口；3—电解电极；4—放液口；5—搅拌磁棒（旋转体）；6—搅拌电动机；7—搅拌子；8—指示电极；9—出气口

5）净化系统。该部分由电磁泵、流量计、净化装置、烟尘过滤器等组成，其作用是对进入高温炉中的气体和从高温炉出来的气体进行干燥。

a. 电磁泵。电磁泵分为二路，一路为试样燃烧提供洁净干燥的空气；另一路为排出试样燃烧和电解后产生的气体。

b. 流量计。带针形阀的玻璃浮子流量计，量程为 0～1500mL/min，试验时调节到 1000mL/min。

c. 净化装置。净化装置由 2 根装有变色硅胶的净化管组成。当净化管内的变色硅胶约有 70%由蓝色变成红色（或白色）时应及时更换更换后的变色硅胶可烘干再用，保存时要防潮。

d. 烟尘过滤器。烟尘过滤器连接在高温炉石英管的末端，主要是防止高温炉中的烟尘进入电解池。烟尘过滤器为一装有脱脂棉的玻璃容器（脱脂棉用量约 1.1g，要求在进气口与排气口两处铺平、塞满，玻璃磨口涂凡士林密封），当使用一定时期（大约 200 次试验）、脱脂棉沉积了大量烟尘后，应及时更换。净化系统的结构和气流走向流程如图 7-21 所示。

6）控制系统。

a. 接口卡。接口卡安装在计算机主板上，它是计算机与定硫仪主机通信的接口。计算机通过接口卡对定硫仪主机下达各种程序指令，并将定硫仪主机的各种数据反馈给计算机。

b. 控制板。控制板根据计算机的各种程序指令，分别控制高温炉、送样机构、称样机构、电磁泵、电解池、磁力搅拌器等，进行协调工作，同时在电解电流和指示信号之间起传递作用。

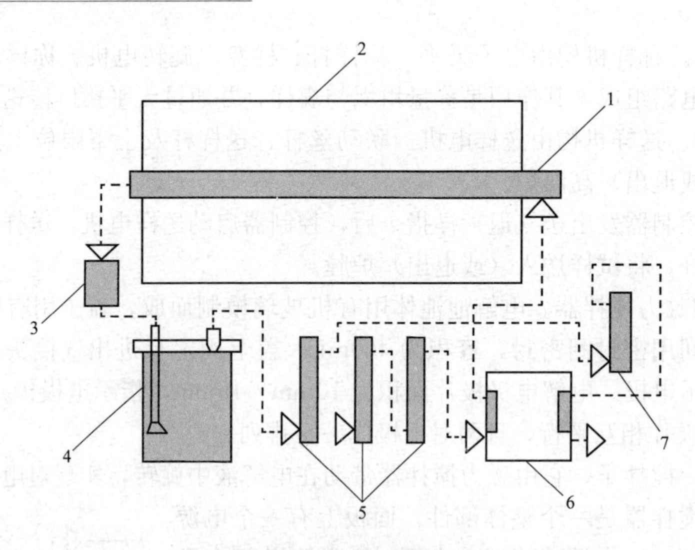

图 7-21　净化系统结构图

1—石英管；2—高温炉；3—烟尘过滤器；4—电解池；5—净化管；6—电磁泵；7—流量计

（2）常见故障及其排除方法。常见故障及其排除方法见表 7-11。

表 7-11　　常见故障及其排除方法

序号	现象	原因	排除方法
1	高温炉已开启，但不升温	电源未接好	接好电源
		保险丝熔断	更换保险丝
		硅碳棒损坏，或其连接导线接触不良	检查线路或更换硅碳棒
		固态继电器损坏	检查更换
		控制器失灵	请专业人员修理
2	升温时，炉膛已发热、发亮，但温度显示为 0	热电偶极性接错或损坏	正确接线或更换电偶
		控制电路有故障	请专业人员修理
		测控程序软件有问题	重新启动计算机或重新安装软件
3	升温太快	热电偶损坏	更换热电偶
		可控硅损坏	更换可控硅
4	送样时，送样杆不到位	送样系数设置不对	检查软件
		送样机构过紧或过松	检查送样机构
		送样丝杆槽中有异物	检查送样机构
		送样机构阻力太大	加润滑油
5	磁力搅拌器声音过大或转速不正常	速度未调节好	重新调速
		旋转头松弛	平衡拧紧
		电动机损坏	更换同型号电动机
6	流量计流量不稳定或达不到 1000mL/min	电磁泵漏气	更换电磁泵皮碗
		软管老化	更换软管
		烟尘过滤器中脱脂棉堵塞	更换脱脂棉
		流量计损坏	修理或更换
		导气管中有变色硅胶	清洗或更换导气管

续表

序号	现象	原因	排除方法
7	流量计指示流量1000mL/min，但电解池气泡少	系统漏气或堵塞	检查各部件和各接头，排除故障
		玻璃过滤器脏、堵塞	清洗过滤器
8	流量计浮子升降不灵或卡住	流量计前除水管硅胶失效，水气进入流量计	更换硅胶
9	电解过冲，电解液颜色变深	电极被沾污	清洗电极
		搅拌速度太慢	检查磁力搅拌器，调整速度
		电解池插头接触不良	检查插头并插紧
		电解液失效	重新配置电解液
		控制器故障	请专业人员修理
10	含硫量测值偏低	气体流量不够	调到1000mL/min
		载气系统漏气	检查载气系统
		炉温不够	检查炉子，调整炉温
		送样不到位，设置送样距离不够	重设
		电解液失效	重配电解液
		电解极片变形或错位	校正极片
		电解液过少	添加电解液
		搅拌速度太慢	调快速度
11	试验时电解液长时间发白	电解池插头接触不良	检查插头并插好
		指示电极断线	检查指示电极，接好导线
		程序失控	重新启动计算机
		控制器故障	清专业人员修理
12	测定结果不稳定	烟尘过滤器中脱脂棉堵塞	更换脱脂棉
		气路系统漏气	检查气路系统
		电极污染	用乙醇清洗
		电源不稳	加稳压器
		接口卡、控制板有故障	更换部件
13	炉温过高，烧坏坩埚或送样杆烧断	热偶系数偏低	调高该参数
		继电器短路	更换继电器
		热电偶损坏	更换热电偶
		板卡有问题	更换板卡
14	计算机死机	电脑CONFIG. SYS设置有误	检查设置，重新安装软件
		电脑病毒	杀毒
		测试软件被破坏	重新安装测试软件
		计算机故障	维修计算机
15	试验无曲线	气路系统漏气	检查气路系统
		电解池电极线松弛或断线	重新紧固或接好
		电解液问题	先做废样或更换电解液
		电解池有问题	更换电解池
16	打印机不打印或打印出错	信号线未接好或断线	接好信号线
		打印机程序问题	重新设置打印机
		测控软件有问题	更换软件
		打印机有问题	维修打印机

三、红外光谱法

以某公司生产的5E红外测硫仪为例。

1. 红外吸收法原理

煤在高温下于空气流中燃烧分解，煤中各种形态的硫被氧化分解二氧化硫和少量的三氧化硫，反应式如下：

$$煤中硫 + O_2 \rightarrow CO_2 + H_2O + SO_2 + Cl_2 + \cdots$$

$$2SO_2 + O_2 \rightarrow SO_3$$

红外定硫仪利用了 SO_2 在7.4mm处具有较强吸收带这一特性，通过测量气体吸收后的光强变化量，分析 SO_2 气体浓度百分含量，间接确定被测样品中的硫元素的百分含量。

红外吸收法是基于 SO_2、H_2O、CO_2 等气体分子能吸收特定波长的红外光（另一类气体分子 O_2、N_2 等则几乎不吸收红外光）的性质。根据朗伯-比尔吸收定律：气体吸收单色光的程度（吸光度）与该气体的浓度和气体的厚度成正比，即：

$$I = I_0 e^{-KLC}$$

$$或 \ln \frac{I_0}{I} = KLC$$

式中 I_0——入射光强度；

I——透射光强度；

$\ln \frac{I_0}{I}$——吸光度，表示吸收的程度；

K——吸光系数，与红外光波长和气体性质有关的常数；

L——气室的长度，对于实际设备是一个确定值；

C——被测样品高温分解生成的硫的氧化物气体浓度，%。

由于公式中的 K 和 L 都是常数，因此只要测得红外光被吸收前后的强度 I_0 和 I，就可以确定被测气体的浓度，进而计算出元素的含量。在5E红外测硫仪中，使用一个红外气体传感器（简称红外池）来完成此任务，其原理如图7-22所示。

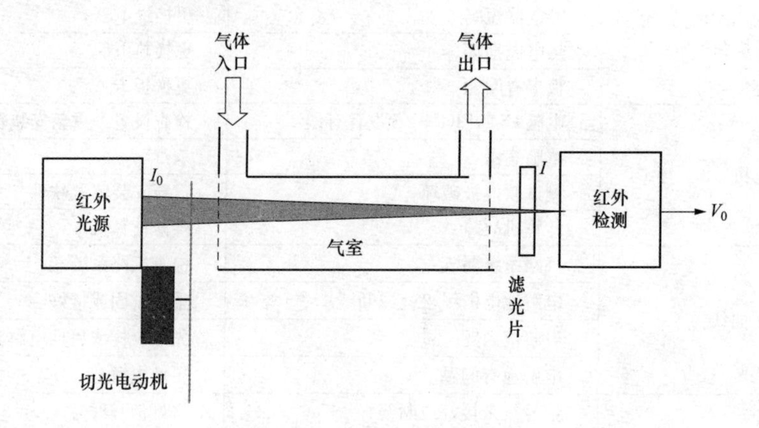

图7-22 红外吸收法示意图

红外光源发射出红外光，红外光穿透气室到达红外检测器，检测器就是将红外光强度转换为便于测量的电信号的器件。当气室中通入纯氧气时，红外光能量没有被吸收，此时红外池输出的电压最大，此电压对应于发射光强度 I_0，当气室中通过含有二氧化硫的气体时，此时红外光的能量被吸收而减弱，此时红外池电压变小，此电压对应于接收光的强度 I。也就是说通过气室的气体浓度越高，透过气室的红外光就被吸收得越多，输出电压（V_0）越低；反之，通过气室的气体浓度越低，红外光就被吸收得越少，输出电压就越高，从而将气体浓度转换成电压信号。

由此可见，测量出红外池的输出电压 V_0，就可以确定被测气体的浓度，从而计算出被测元素的含量。

2. 仪器测量原理

参考图 7-23 所示的 5E 红外测硫仪气路原理图。

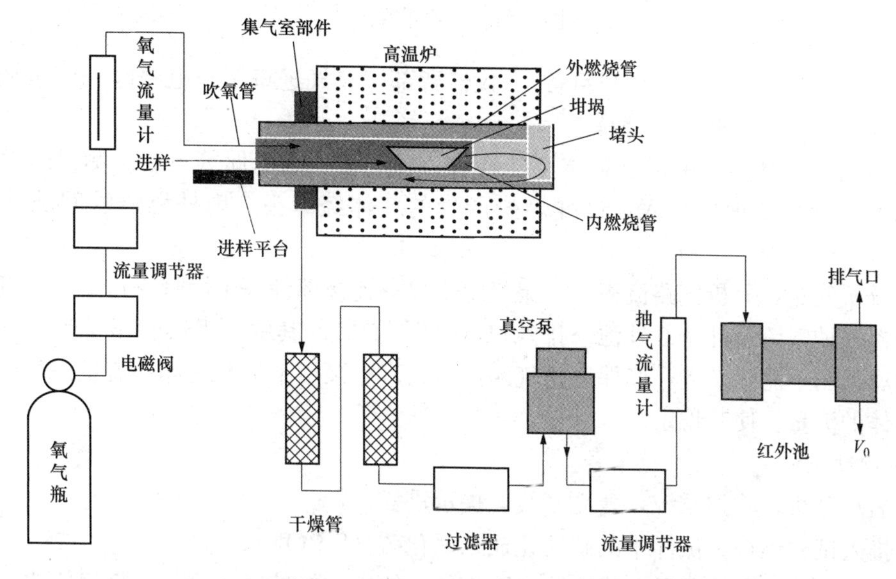

图 7-23 5E 红外测硫仪气路原理图

本仪器只要操作人员启动分析，将试样推入燃烧管内，就进入自动分析过程。试样在高温下于氧气流中充分燃烧，试样中的硫转化成二氧化硫。真空泵按一定的流量，将已除水除尘的气体送入到红外池检测气室。计算机读取红外池的输出电压（V_0），计算出二氧化硫的瞬时浓度并累计硫含量，当检测到气体浓度低于预先设定的比较水平时或分析时间到达最长时限时便自动结束测量过程，输出最终结果。

在红外池气室长度为常数的情况下，朗伯-比尔定律只阐述了吸收度和气体浓度之间是成正比的关系，而没有给出它们之间的系数是多少，因此红外吸收法是一种间接测量方法。为了将仪器测定量转换成二氧化硫或含硫量，从而得到待测式样的准确结果，仪器必须用标准物质标定，求出仪器测定量与二氧化硫量（或硫量）之间的相关系数。这一求系数的过程称为仪器校正。

3. 仪器组成

5E 红外测硫仪由主机、计算机、打印机、电子天平、氧气源、单相调压器和附件等组成，仪器正视图如图 7-24 所示。

主机箱包含供氧气系统、高温炉、分析气路、测量控制电路、供电系统。

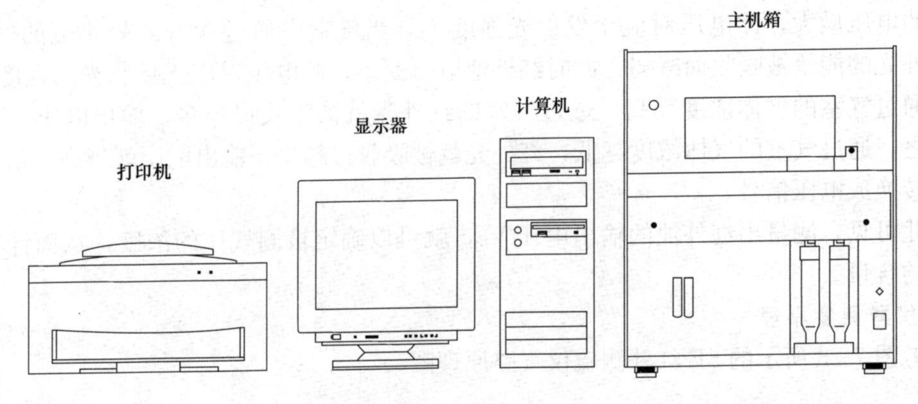

图 7-24 仪器正视图

(1) 氧气系统：氧气瓶（用户自备)→仪器背部“氧气进口”→电磁阀→流量调节器→氧气流量计→吹氧管（见图 7-23)。

(2) 高温炉：高温炉由保温炉体、硅碳管、燃烧管、热电偶等组成。测量时，试样从炉口推入，氧气也从炉口吹入，试样燃烧产生的气体经堵头、内外燃烧管间隙从集气室流出。

(3) 分析气路：分析气路流程为，集气室出口→连接部件→干燥管→过滤器→真空泵→流量调节器→抽气流量计→红外池→排气口（见图 7-23)。其中，干燥管用于吸收气体中的水分；过滤器用于滤除灰渣，确保分析气路清洁；真空泵用于抽取气体；流量调节器用于调节分析气体的流量，使其稳定。

4. 分析过程

(1) 启动分析，吹扫系统，建立基线，提示进样。

(2) 推入试样燃烧，试样中的硫转化成二氧化硫（$S+O_2 \rightarrow SO_2$)。

(3) 真空泵按一定的流量，将已除水除尘的气体送入红外气室检测，将气体浓度转换成电压信号。

(4) 计算机采集电压信号，计算浓度和硫含量。

(5) 当浓度低于比较水平或到达最长时限时结束本次试验，输出结果。

5. 日常操作

(1) 依次打开仪器、显示器、打印机和计算机的电源开关。

(2) 打开测试软件，进入“温度设置”设定“恒温室温度”为 48℃；“高温炉温度”为 1300℃。

(3) 检查干燥剂是否失效。

(4) 恒温 1h 时后（一般为开机 1.5h）才可以进行实验。

(5) 称取待测样品：煤和焦炭的样品质量为 0.3000g，样品应均匀平铺燃烧舟（坩埚）底；石油的样品质量为 0.1000g，表面应覆盖一层 2～3mm 厚的石英砂。

(6) 添加试样：进入“工作测试”界面，点击“添加试样”，然后输入“试样名称”“试样质量”“水分”，选择“方法”。

(7) 打开氧气。

(8) 从“测试”菜单打开“待机吹扫”3～5min。

（9）测试：按仪器上的绿色“启动”按钮（或用鼠标点击测试界面的“开始分析”按钮），等听到“嘀嘀嘀嘀”的叫声（同时绿色启动按钮会闪烁）后推入装有待测样品的燃烧舟，分析完成后取出燃烧舟。

（10）全部试样测试结束后关闭氧气。

（11）将“高温炉温度”设置为0℃，在高温炉温度低于500℃后关闭仪器。依次关闭计算机、显示器、打印机和仪器电源。

6. 精密度

红外光谱法精密度同库仑滴定法精密度。

7. 使用和日常维护

（1）使用：

1）试验室周围无强烈振动、气流、强电磁干扰及腐蚀性气体。

2）使用场地电源保护端必须连接到大地，以保证仪器和调压器外壳能可靠接地。

3）催化剂的作用是促进硫酸盐的分解，常用的催化剂有三氧化钨、磷酸铁、氧化铝、石英砂和镀铂硅胶（氯铂酸二乙烯基四甲基二硅氧烷）等。

4）燥剂应定期更换，以免失效影响结果。更换干燥管时应将换下的干燥管，用水清理干净不可有残留物质。每次更换前检查干燥管是否干燥，严禁使用带有水珠的干燥管填充干燥剂。玻璃棉的更换应注意将其摆放均匀。

（2）日常维护：

1）更换干燥剂。当干燥剂变色结块或结果明显不符时应予更换。更换时擦拭干净上下接头，并在密封圈上均匀涂抹一层硅脂，以保证气密性，密封圈损坏或老化时应予更换。

注意：应避免密封圈粘染干燥剂；不能用普通脱脂棉或其他有机材料来代替石英棉；更换下来的干燥剂应单独放置不能与煤样等易燃物混放。

2）清除积灰。每半月一次取下左侧干燥管，用试管刷插入大接头的气孔中，清除管道中的积灰。

每半年一次卸下燃烧管部件，拆开后清除燃烧管和集气室中的积灰。

3）更换过滤器。一般每年更换一次，但当过滤器积灰导致气流受阻（如出现抽气流量逐步降低的现象等）时应及时更换过滤器。

4）检查气密性。系统漏气将导致结果偏低、分析时间延长或结果异常。

正常情况下应每月检查一次气密性，更换气路中的部件后应立即检查气密性，结果异常时也应考虑检查气密性。

8. 常见故障及其排除方法

常见故障及其排除方法见表7-12。

表 7-12　　常见故障及其排除方法

类型	故障现象	可能原因	排除方法
高温炉	不升温	电源未接通	按接线图检查从电源到硅碳管的接线，确保连接良好；检查漏电断路器是否合上，若发现跳闸，应分清是过载还是漏电故障
		硅碳管断裂	更换硅碳管
		温度设置不正确	重新设置温度

续表

类型	故障现象	可能原因	排除方法
高温炉	炉温达不到设定值炉温不稳定	电源电压过低	适当调高加热电源电压
		硅碳管老化	更换硅碳管，或适当调高加热电压
		热电偶失效或安装位置不当	重装或更换热电偶，保证热电偶顶端与硅碳管之间有小的间隙
		控温系数不合适	重新输入或适当调整控温系数
	超温报警	炉温设置过高或超温报警温度调得过低	重新设置炉温或调整报警温度
		热电偶回路开路或断偶	检查热电偶冷端至测量板的连线、插座等是否接好，或更换热电偶
恒温室	不升温或温度不能到达设定值	加热回路未接通	按接线图检查从 AC220V 电源到平板加热器的接线，确保连接良好
		温度设置不正确	重新设置恒温室温度
		平板加热器损坏	更换平板加热器
	温度不稳定	AD590 失效或安装不当	更换或重装 AD590 并使之与铝板表面充分接触
		控温系数不正确	重新输入或适当调整控温系数
		环境温度高，散热条件差，导致超温	打开左侧盖板
真空泵	抽气流量减小或流量不稳，噪声增大	真空泵中进入了杂物	小心拆卸真空泵的泵体部分，清除膜片上的杂物，一般不要清洗。检查真空泵的最大抽气流量，在出口不接限流装置的条件下，抽气流量应不低于 5L/min，否则应更换真空泵
		工作电压过高使噪声大、抽气流量不稳	将工作电压调至 (22±0.2)V
		气流受堵也会使流量不稳	疏通气路，若是过滤器引起，则更换过滤器
红外池	输出电压很低或为零	AC24V 电源未接通或电压过低	接通 AC24V 电源，检查 AC24V 电源是否正常，排除电源故障
		切光电动机故障或切光片固定螺钉松弛	小心拆卸红外池，拧紧切光片固定螺钉，或更换损坏的切光电动机
		红外光源 DC6V 电源开路或故障	接通 6V 电源，检查 6V 电源是否正常，排除电源故障
	输出电压不稳，波动超过 10mV。不能进入测试	光源 DC6V 电压偏低	将电压调至 6.1～6.2V
		光源 DC6V 电压不稳，交流纹波大	排除电源故障，如更换滤波电容等
		切光电动机转速不稳	检查 AC24V 电源电压是否正常
		红外池固定的问题	使红外池的金属部分与固定板紧密接触
		红外池本身原因	更换红外池
分析时间	分析时间变长或很难进入就绪状态	高温炉温度偏低	重新标定温度
		干燥剂失效	更换干燥剂
		试样量过大	一般应不超过 300mg，硫含量超过 5%时应适当减少试样量
		氧气压力不足或流量偏低	调整压力流量或更换气源
分析时间	分析时间变长或很难进入就绪状态	红外池输出电压不稳定	解决红外池的问题
		系统漏气	排除漏气故障

续表

类型	故障现象	可能原因	排除方法
重复性准确度	重复性和准确度差	预热时间不够	高温炉恒温1h以上再试验
		系统漏气	检查系统气密性，排除漏气故障
		氧气压力和流量不足	调节压力和流量至规定值
		没有做“废样”	做正式样前加做1～3个“废样”
		未及时校正或校正效果差	按仪器说明书进行有效的校正

第五节 煤元素分析

煤由不可燃与可燃组分组成。其中可燃组分为挥发分与固定碳，如按其化学组成来说，则是由碳、氢、氧、氮、硫5种元素所构成。所谓元素分析，就是对上述5种元素分析的总称。不同煤种由于成煤的原始植物及其变质程度的不同，其元素组成及其特性也就有所差异，通常碳、氢、氧3种元素构成有机组分的主体，一般此3种元素的质量分数可达90%以上。碳、氢元素燃烧释放出大量热量，是煤的发热量的主要来源。在电厂锅炉设计、燃烧调整等许多方面都需要提供煤的元素分析数据。因此，元素分析是煤质检测的重要组成部分，而且是技术难度较大的内容。

煤中碳与氢的测定有多种方法，标准GB 476—2008《煤的元素分析方法》中规定采用三节炉法、二节炉法，其中以三节炉法最为普遍。GB/T 19227—2008《煤中氮的测定方法》规定了煤中氮的测定采用半微量开氏法和半微量蒸汽法。目前在电力系统普及采用仪器法测定煤中碳、氢、氮，并已有相应国家标准。

一、煤中碳、氢的测定（三节炉、二节炉法）

1. 煤中碳、氢测定的原理

$$煤 + O_2 \xrightarrow[催化剂]{800℃} CO_2\uparrow + H_2O + SO_3\uparrow + SO_2\uparrow + Cl_2\uparrow + NO_2\uparrow + N_2\uparrow$$

煤样在氧气流中燃烧，煤中的碳生成二氧化碳，氢生成水。生成的二氧化碳和水分别被二氧化碳吸收剂和吸水剂吸收。煤样中硫和氯对碳测定的干扰在三节炉中采用铬酸铅和银丝卷消除，在二节炉中用高锰酸银热解产物消除。氮对碳测定的干扰用粒状二氧化锰消除。根据吸收剂的增重，计算煤中碳和氢的含量。

对CO_2和H_2O的吸收反应如下：

$$2NaOH + CO_2 \longrightarrow Na_2CO_3 + H_2O$$

$$CaCl_2 + 2H_2O = CaCl_2 \cdot 2H_2O$$

$$CaCl_2 \cdot 2H_2O + 4H_2O = CaCl_2 \cdot 6H_2O$$

2. 碳、氢测定中的干扰因素及其排除方法

由燃烧反应可知，煤燃烧时，除生成二氧化碳和水以外，还有硫的氧化物、氮的氧化物、氯等生成，这些酸性氧化物和氯若不除去，将全部被二氧化碳吸收剂——碱石棉吸收，使得碳测值偏高。

为排除这些干扰因素，一般采取以下措施：

（1）三节炉法中，在燃烧管内用铬酸铅脱硫，以银丝卷脱氯：

$$4PbCrO_4 + 4SO_2 \xrightarrow{600℃} 4PbSO_4 + 2Cr_2O_3 + O_2$$

$$4PbCrO_4 + 4SO_3 \xrightarrow{600℃} 4PbSO_4 + 2Cr_2O_3 + 3O_2$$

$$2Ag + Cl_2 \xrightarrow{180℃} 2AgCl$$

（2）二节炉及半自动测碳氢法中，用高锰酸银的热分解产物脱除硫和氯：

$$2Ag + SO_2 + O_2 \xrightarrow{500℃} Ag_2SO_4$$

$$4Ag + 2SO_3 + O_2 \xrightarrow{500℃} 2Ag_2SO_4$$

$$2Ag + Cl_2 \xrightarrow{500℃} 2AgCl$$

在燃烧管外部和粒状二氧化锰除去氮的氧化物，在氧气流中燃烧时，在有催化剂存在情况下，煤中20%～60%的氮生成氮的氧化物，若不除掉，会使碳测值偏高0.1%～0.5%。

反应方程：$MnO_2 + 2NO_2 \longrightarrow Mn(NO_3)_2$

3. 三节炉法碳、氢测定装置

碳、氢测定装置分为净化系统，燃烧装置、吸收系统三部分。整个装置的系统图如图7-25所示。第一部分是净化系统，脱除氧气中的二氧化碳和水；第二部分是燃烧装置，煤样在燃烧装置中完全燃烧，煤样中碳、氢生成二氧化碳和水，硫、氯等元素对测定的干扰在燃烧管内脱除；第三部分是吸收系统，用来吸收煤燃烧生成的二氧化碳和水。根据吸收系统各自的增重，来计算煤中碳、氢的含量。在吸水管和二氧化碳吸收管之间，连接一个装有二氧化锰和氯化钙的U形管，用来除氮。

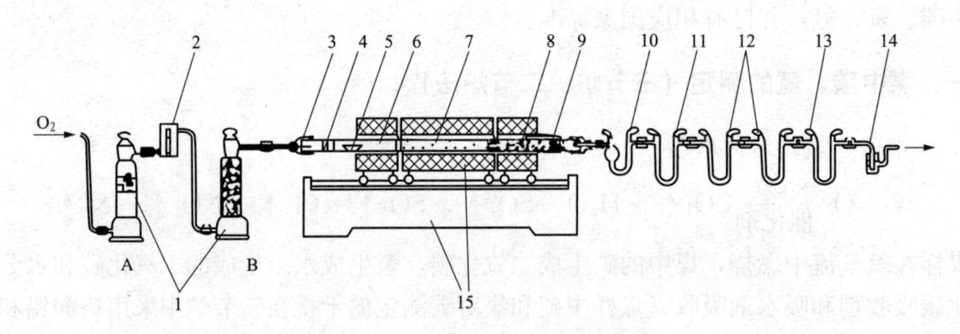

图7-25　三节炉碳、氢测定仪

1—气体干燥塔；2—流量计；3—橡皮塞；4—铜丝卷；5—燃烧舟；6—燃烧管；7—氧化铜；8—铬酸铅；9—银丝卷；10—吸水U形管；11—除氮氧化物U形管；12—吸收二氧化碳U形管；13—空U形管；14—气泡计；15—三节电炉及控制装置

（1）净化系统。净化系统的作用是除去氧气中的二氧化碳和水。

净化系统由一个下部装碱石棉、上部装氯化钙（或无水高氯酸镁）的气体干燥塔和一个全部装氯化钙（或无水高氯酸镁）的气体干燥塔组成。

连接的顺序，沿氧气流入方向依次为：鹅头洗气瓶→下部装碱石棉、上部装氯化钙的气体干燥塔；装有氯化钙的气体干燥塔。在两个气体干燥塔之间，装有一个量程为150mL/min的氧气流量计。

（2）燃烧装置。燃烧装置分为燃烧管和加热装置（包括测温和控温装置）两个部分。

1）燃烧管。用三节炉法测煤中碳、氢时，燃烧管内填充有线状氧化铜、铬酸铅、银丝卷。其中氧化铜的作用是使在氧气流中未能完全燃烧的物质进一步氧化为二氧化碳和水。其填充见图 7-26 所示。

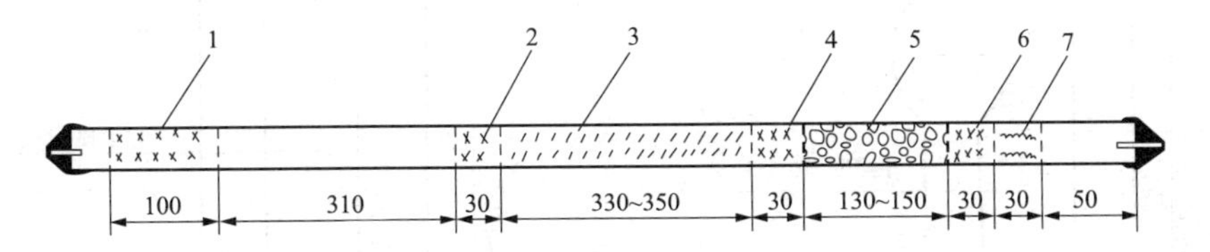

图 7-26　三节炉法燃烧管填充物（单位：mm）

1、2、4、6—铜丝卷；3—氧化铜；5—铬酸铅；7—银丝卷

二节炉法中，燃烧管内填充有高锰酸银的热分解产物。其填充如图 7-27 所示。

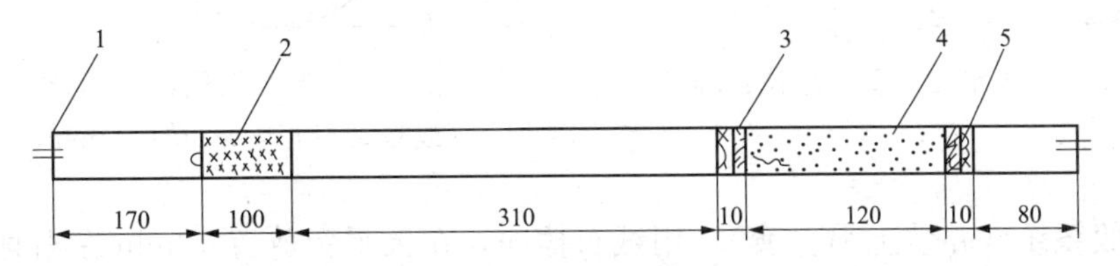

图 7-27　二节炉燃烧管填充物（单位：mm）

1—橡皮塞；2—铜丝卷；3、5—铜丝布圆垫；4—高锰酸铅热解物

应该注意，装有氧化铜的这段燃烧管，加热不得超过 900℃，装铬酸铅这段管子加热不得超过 600℃。否则，会使填充物熔化黏结，堵塞燃烧管，铬酸铅表面的硫酸铅也由于温度过高，分解出三氧化硫，不能保证脱硫效果。

2）加热装置。碳氢仪的加热装置是三节（或二节）管式电炉（单管或双管），每个电炉有各自的测温和控温装置。由于试验方法有三节炉法和二节炉法，故电炉亦有三节炉和二节炉。

(3）吸收系统。吸收系统主要是由装有吸水剂（氯化钙或无水高氯酸镁）和二氧化碳吸收剂（前 2/3 装碱石棉或碱石灰，后 1/3 装无水氯化钙或无水高氯酸镁）的 U 形管组成，如图 7-28、图 7-29 所示。其作用是吸收燃烧产物——水和二氧化碳。

在这个系统中，吸水管和二氧化碳吸收管之间，连接内装二氧化锰和氯化钙（或无水高氯酸镁）的除氮 U 形管。

在该系统中，用作吸水剂的氯化钙，可能含有碱性物质。因而使用前，应先以二氧化碳饱和，并除去过剩的二氧化碳，以免二氧化碳在吸水管中被吸收，确保测定值的准确，不致发生氢高、碳低的现象。

4. 煤中碳、氢的测定步骤

(1）空白试验。空白，是指燃烧舟中只放催化剂，不放煤样而按照规定的试验步骤操作时，吸收管的增重值。在氢的测定中，应减掉空白值。空白主要是由盛煤样的瓷舟表面和催化剂吸附空气中一定量的水分；氧气不纯等因素造成的。吸附空气中水分造成的空白应在氢测定结果中减掉。

空白试验步骤：通电升温，并按通氧气。将第一节炉往返移动几次。将新装好的吸收系统和装置连接，并检查系统是否漏气，若不漏气即以 120mL/min 的流速通氧气 20min 左

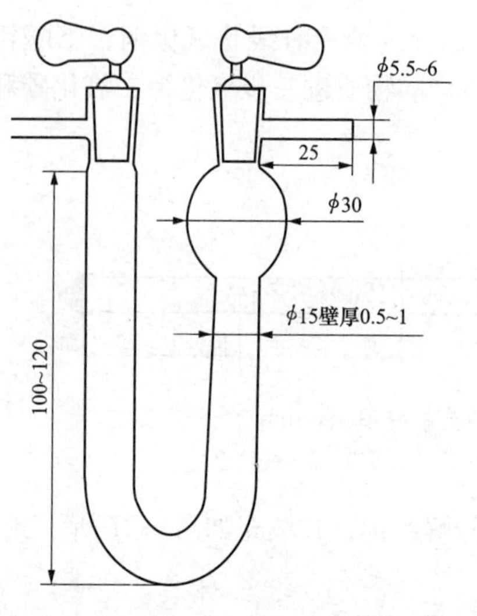

图 7-28 吸水 U 形管（单位：mm）

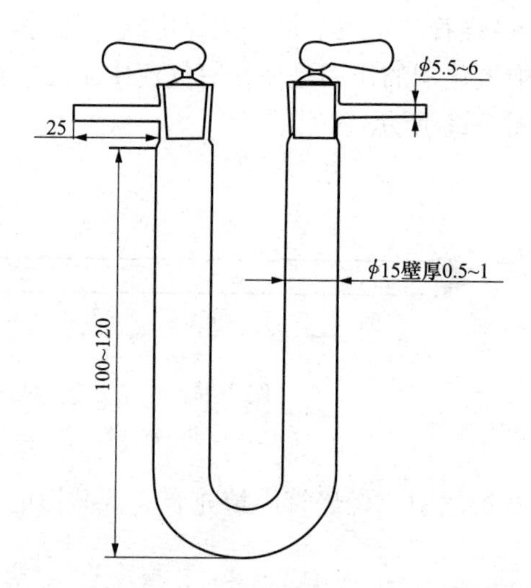

图 7-29 吸二氧化碳 U 形管
（或除氮 U 形管）（单位：mm）

右。取下吸收系统（并装上另一套），用绒布擦净，在天平旁放置 10min 左右称重。这时，各 U 形管的质量是与试验装置内的压力达到平衡的初始质量。

当第一炉温升到（850±10）℃，第二节炉温升到（800±10）℃，第三节炉温升到（600±10）℃，并保持各自温度后，开始做空白试验。空白试验时，瓷舟内只装与正式试验相当量的催化剂。空白试验时间为 25min。分析步骤与碳、氢测定操作步骤相同。

重复相同的空白试验，直至吸水管空白值的差值不超过 0.0010g。除氮管和二氧花碳吸收管最后一次质量变化不超过 0.0005g 时为止，取两次空白值的平均值作为当天空白值。

（2）煤中碳、氢测定的分析步骤：

1）将第一节炉温控制在（850±10）℃，第二节炉温控制在（800±10）℃，第三节炉温控制在（600±10）℃，并使第一节炉紧靠第二节炉。

2）在预先灼烧过的舟中称取粒度小于 0.2mm 的空气干燥分析煤样 0.2g（称准到 0.0002g）并均匀铺平，在煤样上盖一层三氧化二铬。可把舟暂存入专用的磨口玻璃管或不加干燥剂的干燥器中。

3）接上已测过空白并称重过的吸收系统，并以 120mL/min 的速度通入氧气。关闭靠近燃烧管出口端的 U 形管，打开入口端橡皮塞，取出铜丝卷，迅速将装有煤样的瓷舟放入燃烧管内，用推棒推至第一节炉炉口处，放入铜丝卷，塞紧橡皮塞，旋开 U 形管，进入氧气，保持 120mL/min 的流速，1min 后，向瓷舟方向移动第一节炉，使瓷舟的一头进入炉子，2min 后，使瓷舟全部进入炉子，再过 2min，使瓷舟位于炉子中心，保温 18min 后，把第一节炉移回原位。2min 后，关闭和拆下吸收系统，用绒布擦净，在天平旁放置 10min 后称重（除氮管不必称重）。

4）在使用二节炉法进行碳、氢测定时，第一节炉温控制在（850±10）℃，第二节炉温控制在（500±10）℃。空白试验时间为 20min。燃烧舟位于炉子中心保温时间为 18min。其他操作均与三节炉法操作相同。

（3）结果计算。测定结果的计算公式如下：当煤中碳酸盐二氧化碳含量小于 2%时，计算公式见式（7-34）。

$$C_{ad}=\frac{0.2729\times m_1}{m}\times 100\% \tag{7-34}$$

当煤中碳酸盐二氧化碳含量大于2%时，计算公式见式（7-35）。

$$C_{ad}=\frac{0.2729\times m_1}{m}\times 100\%-0.2729\,(CO_2)_{ad} \tag{7-35}$$

氢元素含量计算公式见式（7-36）。

$$H_{ad}=\frac{0.1119(m_2-m_3)}{m}\times 100\%-0.1119M_{ad} \tag{7-36}$$

式中 C_{ad}——分析煤样中碳含量，%；

H_{ad}——分析煤样中氢含量，%；

m——煤样质量，g；

m_1——吸收二氧化碳U形管的总增重，g；

m_2——吸收水分U形管的增重，g；

m_3——水分空白值，g；

0.2729——将二氧化碳折算成碳的因数；

0.1119——将水折算成氢的因数；

M_{ad}——分析煤样水分，%；

$(CO_2)_{ad}$——分析煤样碳酸盐二氧化碳含量。

5. 方法精密度

碳、氢测定的重复性限和再现性临界差见表7-13。

表7-13 碳、氢测定的重复性限和再现性临界差 （%）

重复性限		再现性临界差	
C_{ad}	H_{ad}	C_d	H_d
0.50	0.15	1.00	0.25

注 C_d 为干基碳含量；H_d 为干基氢含量。

二、煤中碳、氢测定（电量-重量法）

1. 测定原理

一定量煤样品在氧气流中燃烧产生二氧化碳和水分，水分与五氧化二磷反应生成偏磷酸，电解偏磷酸，根据消耗的电量计算氢的含量；而生成的二氧化碳由二氧化碳吸收剂吸收，根据吸收剂的增重来计算碳的含量。燃烧产生的硫氧化物和氯用高锰酸银的热解产物除去，氮的氧化物用粒状二氧化锰除去，以消除它们对碳测定的干扰。

2. 电量-重量法的测定步骤

(1) 电量-重量法的测定装置与流程。电量-重量法的测定装置与流程如图7-30所示，整个装置由氧气净化系统、燃烧系统、铂-五氧化二磷电解池系统、吸收系统等构成。氧气净化系统由净化炉、变色硅胶管、碱石棉管、高氯酸镁管组成，以除去氧气中的二氧化碳、水分等杂质，净化炉中填充线性氧化铜，温度控制在（800±10)℃。燃烧系统由燃烧炉和催化炉组成，燃烧炉温度控制在（850±10)℃，催化炉温度控制在（300±10)℃，催化炉中填充高锰酸银。铂-五氧化二磷电解池系统由专用电解池（见图 7-31）和积分仪组成，专用电解池套在冷却水套中，池内涂 P_2O_5，电量积分仪数字积分精确到 0.001mg 氢。吸收系统与三节炉法相同。

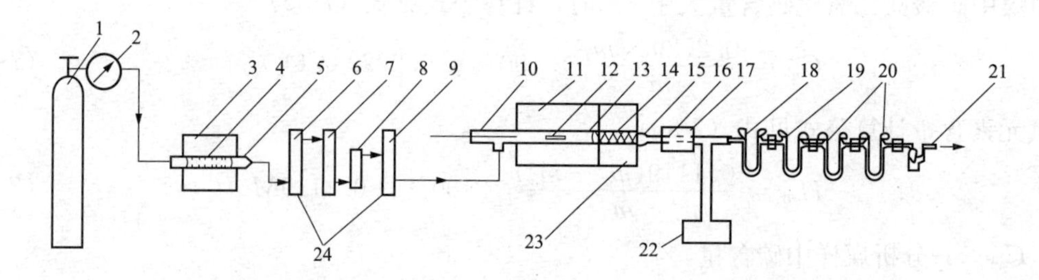

图 7-30　电量-重量法的测定装置与流程

1—氧气钢瓶；2—氧压力表；3—净化炉；4—线性氧化铜；5—净化管；6—变色硅胶；7—碱石棉；8—氧气流量计；9—无水高氯酸镁；10—带推杆橡皮塞；11—燃烧炉；12—燃烧舟；13—燃烧管；14—高锰酸银热解产物；15—硅酸铝棉；16—铂-五氧化二磷电解池；17—冷却水套；18—除氮氧化物 U 形管；19—吸水 U 形管；20—吸 CO_2 U 形管；21—气泡计；22—电量积分器；23—催化炉；24—气体干燥管

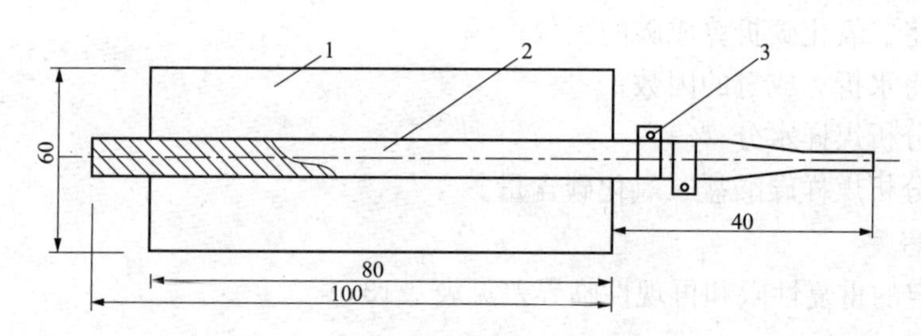

图 7-31　电解池示意图（单位：mm）

1—冷却水套；2—池体；3—电极插头

3. 测定操作步骤

（1）样品测定。选择电解电极的极性（每天互换一次），通入氧气并控制流量在 80mL/min，接通冷却水，通电升温。当净化炉、燃烧炉、催化炉达到了控制温度，用燃烧舟称取样品 0.070～0.075g，覆盖一层薄薄的三氧化钨，接上质量已恒重的吸收 CO_2 U 形管，保持氧气流量在 80mL/min，启动电解至终点，将氢积分值和时间清零。打开带有推杆的橡皮塞，迅速将燃烧舟放入燃烧管入口端，塞上橡皮塞，用推杆将推动燃烧舟，使燃烧舟一半进入燃烧炉口，样品燃烧后（约 30s），按电解或测定键，将全舟推入燃烧管，停留 2min，将燃烧舟推入高温带，约 10min 后，电解达到终点，取下吸收 CO_2 U 形管，关闭磨口塞，冷却 10min，用绒布擦净后称量。若第二支吸收 CO_2 U 形管质量变化不超过 0.0005g，忽略不计，记录氢含量读数。

（2）空白值测定。当净化炉、燃烧炉、催化炉达到了控制温度，启动电解至终点。向燃烧舟中加入三氧化钨，将氢积分值和时间清零，打开带有推杆的橡皮塞，迅速将燃烧舟放入燃烧管入口端，直接将燃烧舟推入高温带，按空白键或 9min 后按电解键，达到电解终点，记录显示的氢质量，重复上述试验，直到相临两次的空白试验的结果相差不超过 0.05g，取两次的空白试验的结果的平均值为当天的空白值。

（3）结果计算：碳元素的计算见式（7-34），而氢元素的计算见式（7-37）。

$$H_{ad} = \frac{m_2 - m_3}{m \times 1000} \times 100\% - 0.119M_{ad} \tag{7-37}$$

式中 m_2——测定样品时的氢读数，g；

m_3——空白试验的氢读数，g；

m——样品的质量，g；

M_{ad}——样品的空气干燥基水分，%。

电量-重量法测定煤中碳、氢精密度见表 7-12。

三、煤中氮的测定

煤中氮的测定方法有半微量开氏法和半微量蒸汽法。半微量开氏法适用于褐煤、烟煤、无烟煤，而半微量蒸汽法适用于烟煤、无烟煤和焦炭。本书以应用普遍的半微量开氏法为例讲解煤中氮的测定。

1. 方法原理

在催化剂存在下，将煤样与浓硫酸一起加热，煤中氮转化成硫酸铵。加入过量的氢氧化钠溶液，用水蒸汽蒸馏法从碱液中蒸出氨，以硼酸吸收，并以标准硫酸溶液滴定。根据硫酸的消耗量，计算煤中氮含量。

该方法有四个过程：

（1）消化过程

$$煤 + H_2SO_4(浓) \xrightarrow[HgSO_4 + Se]{\Delta Na_2SO_4} NH_4HSO_4 + CO\uparrow + H_2O + CO\uparrow + SO_2\uparrow + SO_3\uparrow$$
$$+ Cl_2\uparrow + H_3PO_4 + N_2\uparrow(极少) + \cdots$$

消化过程，是煤中氮生成硫酸氢铵的过程。加入硫酸钠，是为了提高浓硫酸的沸点，即提高消化温度，以缩短消化时间；而硫酸汞和硒粉则作为催化剂，促进消化。

在消化过程中，有极少量氮生成游离氮，使得测值偏低。由于无烟煤和贫煤杂环氮的比例多些，游离氮生成的比例也大些，因而测定值偏低的幅度也大些。

（2）蒸馏过程：

$$NH_4HSO_4 + H_2SO_4 + 4NaOH \xrightarrow[(过量)]{H_2O 蒸汽} NH_3\uparrow + 2Na_2SO_4 + 4H_2O$$

蒸馏过程，是使硫酸氢氨转化成氨，并被蒸出的过程。如何使硫酸氢氨完全转化成氨，是该过程的关键。

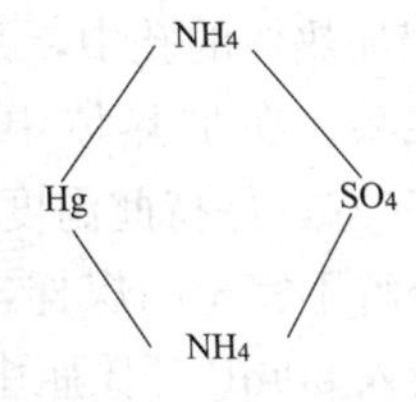

由于在煤样消化时加入的催化剂硫酸汞容易与氨生成稳定的汞铵络离子，使氨不能完全被蒸馏出来。为此，蒸馏时，要加入硫化钠（配成混合碱溶液），使汞盐生成硫化汞沉淀而不与铵络合，以保证氨能完全被蒸出。又由于消化时加入过量的浓硫酸，蒸馏时须相应加入过量的氢氧化钠溶液。如果过量的硫酸不能完全被氢氧化钠中和，它与硫化钠反应，放出硫化氢，一方面抑制氨蒸出，另一方面也干扰测定。所以，蒸馏时除加硫化钠外，要加入过量的氢氧化钠溶液。

（3）吸收过程：

$$H_3BO_3 + xNH_3 \longrightarrow H_3BO_3 \cdot xNH_3$$

这个过程的关键，是使蒸馏出的氨能够完全被硼酸吸收。因此，在蒸馏时，不宜使蒸馏量过大，以免造成吸收不完全或溅入碱滴等不良后果。若发生此类问题，试验应作废。

（4）滴定过程：

$$2H_3BO_3 \cdot xNH_3 + xH_2SO_4 \longrightarrow x(NH_4)_2SO_4 + 2H_3BO_3$$

以标准硫酸溶液来滴定氨，根据硫酸溶液的消耗量，来计算煤中氮含量。

2. 定氮装置

定氮装置包括消化装置、蒸馏吸收装置和滴定装置三个部分。

（1）消化装置。由一个带铝加热体的电炉和温度控制器组成。铝加热体的规格如图 7-32 所示。电炉应能均匀升温并能保持一定温度，用于消化煤样。

（2）蒸馏和吸收装置（见图 7-33）。用于蒸馏出氨，并吸收于硼酸溶液。

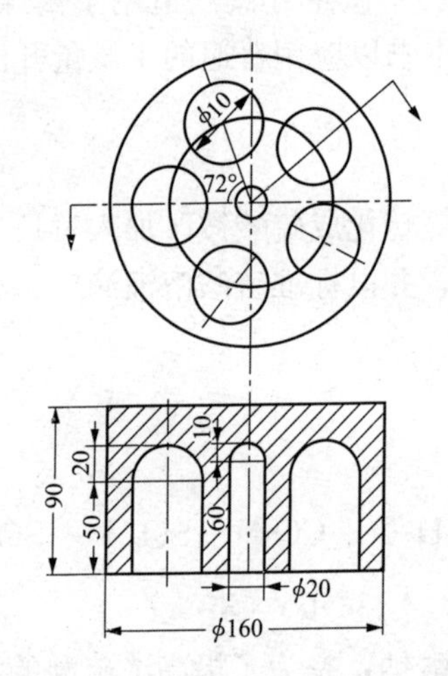

图 7-32　铝加热体（单位：mm）

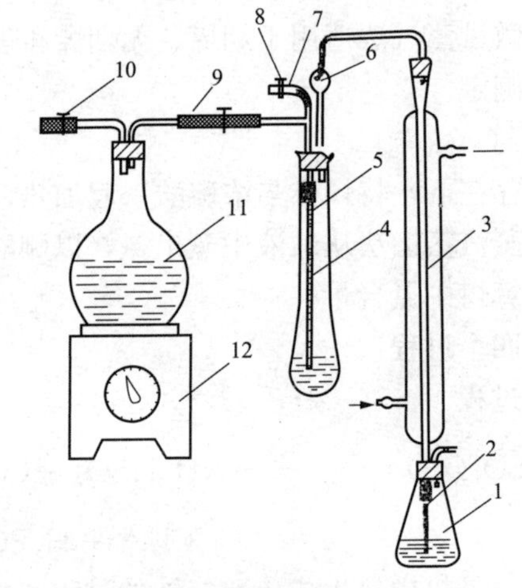

图 7-33　蒸馏和吸收装置

1—锥形瓶；2、7—胶皮管；3—直形玻璃冷凝管；4—开氏瓶；5—玻璃管；6—开氏球；8—夹子；9、10—胶管和夹子；11—圆底烧瓶；12—万能电炉

（3）滴定装置。微量滴定管，容量 10mL，分度值为 0.05mL。

3. 试验步骤

（1）在薄纸上称取粒度小于 0.2mm 的分析煤样 0.2g（称准到 0.0002g），把煤样包好，放入 50mL 开氏瓶中，加入混合催化剂 2g 和浓硫酸（比重 1.84）5mL，然后将开氏瓶放入铝加热体的孔中，并用石棉板盖住开氏瓶的球形部分。在瓶颈上部插入一小漏斗，防止硒粉飞溅。在加热体中心的小孔中放温度计和热电偶，接通电源，缓缓加热，使温度约达 350℃，保持此温度，直到溶液清澈透明，漂浮的黑色颗粒完全消失为止。遇到用上述方法分解不完全的煤样，可将 0.2mm 的分析煤样磨细至 0.1mm 以下，称取 0.2g，用纸包好，放入 50mL 开氏瓶中，加入混合催化剂 2g 和浓硫酸 5mL，再加入铬酸酐 0.2～0.5g，按上述方法加热消化，待溶液稍冷后，观察其中黑色颗粒状物消失，且呈现草绿色浆状，表示消化完毕。

（2）将冷却后的溶液，用少量蒸馏水稀释后，移至 250mL 开氏瓶中，充分洗净原开氏瓶中的剩余物，使溶液体积约为 100mL，然后将盛有溶液的开氏瓶放在蒸馏装置上准备蒸馏。

（3）把直形冷凝管的上端连到开氏球上，下端用橡皮管连上玻璃管，直接插入一个盛有20mL3%硼酸溶液和1～2滴混合指示剂的锥形瓶中，玻璃管浸入其中距瓶底约2mL。

（4）在250mL开氏瓶中注入25mL混合碱溶液，然后通入蒸汽进行蒸馏，蒸馏至锥形瓶中溶液的总体积达到80mL为止，此时硼酸溶液已由紫色变成绿色。

（5）蒸馏完毕时，拆下开氏瓶并停止供给蒸汽，插入硼酸溶液中的玻璃管内外用蒸馏水洗入锥形瓶中，用0.025moL/L硫酸标准溶液滴定其中的氨，直到溶液由绿色变成微红色即为终点。有硫酸的用量（校正空白）即可求出煤中氮的含量。空白试验系用0.2g蔗糖代替煤样，完全按处理煤样的方法进行试验。

注：每日在未做正式煤样前，冷凝管须用蒸汽进行冲洗，待馏出物体积达100～200mL后，再做正式煤样。

4. 结果计算

测定结果的计算按式（7-38）进行：

$$N_{ad}=\frac{c(H_2SO_4)\times(V_1-V_2)\times 0.014}{m}\times 100\% \tag{7-38}$$

式中 N_{ad}——分析煤样中氮含量，%；

$c(H_2SO_4)$——硫酸标准溶液的物质的当量浓度，moL/L；

V_1——标准硫酸溶液的消耗量，mL；

V_2——空白试验时标准硫酸溶液的消耗量，mL；

0.014——氮的摩尔质量，g/mmoL；

m——煤样质量，g。

5. 方法精密度

氮测定的重复性限和再现性临界差见表7-14。

表7-14 氮测定的重复性限和再现性临界差 （%）

重复性限 N_{ad}	再现性临界差 N_d
0.08	0.15

四、煤中碳、氢、氮测定——仪器法

采用仪器法对煤中碳氢氮测定的方法已经普及，这里的仪器法是指高温燃烧红外热导法和高温燃烧吸附解析热导法，前者以美国某公司生产的元素分析仪，后者以德国某公司的元素分析仪为典型产品。

（一）高温燃烧红外热导法

1. 方法原理

称取一定量的样品，在通入过量氧气的高温环境下燃烧，样品中的元素碳、氢和氮被完全转化成气态化合物（二氧化碳 CO_2、水蒸气 H_2O 和氮氧化物 NO_x）。燃烧气体产物经过炉试剂（其中的硫氧化物及卤化氢被炉试剂吸收并释放水分）进入储气罐混合。随后，经充分混匀后的一部分气体由氦气作为载气进入定量腔进行定量，然后通过加热的、装有铜屑的容器，去除多余的氧气，并将氮氧化物还原为氮气，接着通过氢氧化钠（碱石棉）去除二氧化碳、高氯酸镁去除水分，最后剩余的气体通过热导池测定出元素氮。同时经充分混匀后的另一部分气体由氦气作为载气通过碳红外检测池和氢红外检测池测量出碳和氢的含量。

反应式如下：

$$煤 + O_2 \longrightarrow CO_2 + H_2O + NO_x + SO_2 + SO_3 + Cl_2 + \cdots$$

生成的气体通过过滤器除去 SO_2、SO_3，反应式如下：

$$2SO_2 + SO_3 + 4CaO + O_2 \longrightarrow 4CaSO_4$$

Cl_2 由炉子试剂除去。

热铜粒（或铜丝）将氮氧化物氧化为氮气反应式：

$$2Cu + 2NO \longrightarrow 2CuO + N_2$$

$$4Cu + 2NO_2 \longrightarrow 4CuO + N_2$$

去除了燃烧产物中硫的氧化物、氯气等干扰气体后，水蒸气、二氧化碳、氮的氧化物进入混容缸混合均匀后，定量抽出混合气体进入碳、氢红外检测池，分别测定碳、氢含量。由于水蒸气、二氧化碳对其相应波长红外光具有选择性吸收作用，光强度的衰减遵守朗伯-比尔吸收定理：

$$I = I_0 e^{-KCL}$$

$$C = -\frac{1}{KL}\ln\frac{I}{I_0}$$

式中 I——透射光强度；

I_0——入射光强度；

C——被测样品高温分解生成的二氧化碳（或水蒸气）气体浓度，%；

K——吸收常数；

L——光路长度。

由此可见，水蒸汽或二氧化碳对某一波长的红外光具有一定的吸收作用，而光强度的衰减与被测样品的浓度存在一定的比例关系，这就是红外吸收法测定碳、氢元素的原理。

不同气体具有不同的热力学性质，它们的热导率之间存在差异，同时对多组分共存的组合气体中导热系数还随着某一组分的含量不同而发生变化，而导热系数的变化又转变为测量热敏电阻的变化，电阻的变化很容易用电桥测量。

2. 仪器与试剂

（1）碳、氢、氮元素分析仪主要由燃烧系统、混合储气系统、气体过滤系统、氮氧化物还原系统、红外及热导检测系统和检测信号采集及处理系统组成。以美国某公司生产的CHN-2000为例，其结构如图7-34所示。

（2）燃烧系统：提供适宜的燃烧条件［包括助燃气体流量、燃烧炉（管）控制温度和燃烧时间］以确保样品中的碳、氢和氮化合物经燃烧后完全转化为二氧化碳、水蒸气和氮氧化物，同时通过填充试剂将干扰成分（包括硫氧化物和卤化氢气体）去除。

（3）混合储气系统：处理了干扰成分后的燃烧产物气体被储存在储存罐中充分混合。由载气携带，一路气体分别进入碳、氢红外池测碳、氢，另一路气体经过滤后进入定量腔定量，然后进入热导池测氮。

（4）气体过滤系统：过滤和处理气体中的固体颗粒、二氧化碳和水分等。

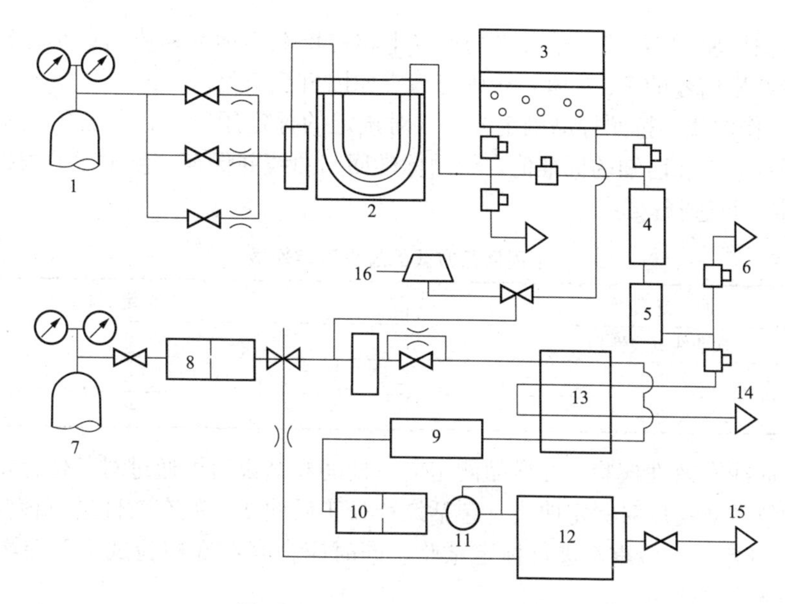

图7-34 CHN-2000系统结构图

1—燃烧用氧气；2—高温炉；3—混气罐；4—氢红外池；5—碳红外池；6—红外池排气；
7—氦气；8—氦气净化器；9—催化加热器；10—测量气流净化器；11—流量控制器；
12—热导池；13—剂量腔；14—剂量腔排气；15—热导排气；16——压力传感器

(5) 氮氧化物还原系统：燃烧气体产物中的残余氧通过热的铜屑被吸收，同时氮氧化物被铜屑还原为氮气。

(6) 红外及热导检测系统：包括红外检测器（包括碳红外检测池和氢红外检测池）和热导检测器（氮热导检测池），检测系统因通过的气体中被检测元素浓度的不同而产生不同的信号。

(7) 检测信号采集及处理系统：用于采集测定的红外及热导信号，根据标定试验结果建立的标准值与信号的回归曲线（线性或二次方曲线或三次方曲线），查取相应的元素浓度值，根据抽取的气体的体积、样品的质量，计算出样品中碳、氢和氮的质量百分含量。

3. 分析步骤

(1) 开机预热。打开仪器电源，并打开仪器气路开关（氧气流量为待机状态），仪器按照预先设定的程序和参数进行预热，主要参数包括主、次级燃烧管温度，还原管温度，储气罐恒温箱温度，红外检测池及热导检测池恒温箱温度和检测电压等。待达到规定值后仪器方可进行测定试验（包括空白试验、漂移校正试验、标定试验、标定曲线有效性核验试验、测试结果可靠性核验试验及样品测定试验）。

(2) 仪器气路的气密性检查。在试验前，应检查燃烧系统、储气系统和检测系统是否泄漏。

(3) 仪器标定。

1) 新购仪器如出厂时未进行标定，或已经标定的仪器工作曲线发生较大变动时应进行仪器标定。

2) 空白试验。用于确定助燃气体和载气中的碳、氢和氮的空白值（或基线）。当新更换氧气、载气或相关填充试剂之后，应重新进行空白试验。除不加入样品外，操作方法同样品测定方法。空白试验的 N_2 检测信号平均值以不超过校准用标准物质的最小称样量测定试验时仪器检测器产生信号的1%为宜，否则应检查原因直至满足。

3）建立工作曲线。按照样品测定方法，对选定的标定用物质进行若干次碳、氢和氮的测定，根据测定结果和已知的标准值，绘制标准回归曲线并保存。测试次数根据回归方程按照表7-14规定进行选择。

表7-14　　不同回归方式的最少测定次数

回归方式	要求的标定试验次数
一次曲线（线性）	6
二次曲线	8
三次曲线	8

（4）工作曲线有效性核验。在样品测定前、期间和结束后可通过对其他标定用标准物质进行碳、氢和氮的测定以对标定曲线（包括漂移校正后曲线）的有效性进行核验。若核验结果超出表7-15规定值，应重新进行标定试验，同时应舍弃本次核验试验至上次合格核定试验之间的所有测定试验结果。

表7-15　　核验结果偏差的相对限定值　　（%）

元素	含量
碳	1.20
氢	2.10
氮	1.80

（5）日常试验。

1）空白试验。空白试验的目的是消除仪器气体管道中残余的空气，二氧化碳、水分对分析结果的影响，空白值将在样品测试中扣除，更换气体时应重新进行空白试验，空白试验次数不少于6次，分析完毕，取测定结果比较接近的几次结果的平均值为仪器空白值。

2）漂移校正试验。按照样品测定方法，对选定的标定用标准物质进行3次以上碳、氢和氮的测定，取满足重复性限规定的3次测定结果平均值和已知的标准值，进行漂移校正计算并更改标准回归曲线。漂移校正系数超出0.9～1.1时，应进行仪器标定。

3）仪器可靠性检验。按照测试方法，选定与测定样品的碳、氢和氮含量相近的煤标准物质进行2次以上碳、氢和氮的测定，若其平均值落入标准值不确定度范围内，则认为测定结果可靠，否则应调整燃烧系统条件参数，重新进行标定试验、标定曲线有效性的核验试验和测定结果可靠性的核验试验直至满足要求。核验试验应在某批次样品测定试验结束后进行。称样量应与样品测定试验时相近。

4）样品测定。准确称取0.050～0.100g的样品于盛样囊中（称准至0.0002g），将样品装入后使用镊子封口，并将盛样囊外壁擦拭干净。置于天平托盘称量后手动或自动输入样品。将已称量过质量的试样放入自动进样装置或手动进样，然后按照仪器操作说明书规定连续进行测定。测定试验结束后，仪器自动计算、保存并可打印样品中全碳、全氢和全氮的分析结果。

在样品测定中每进行15～20次测定后应进行仪器可靠性检验。

4. 结果计算

当需要测定有机碳时，根据式（7-39）计算有机碳 $C_{o,ad}$ 质量分数：

$$C_{o,ad} = C_{ad} - 0.2729\,(CO_2)_{ad} \tag{7-39}$$

氢元素按式（7-40）进行计算：

$$H_{ad} = H_{t,ad} - 0.1119 H_{ad} \tag{7-40}$$

氮元素以实测 $N_{ad(print)}$ 出具结果。

式中　$C_{o,ad}$——煤中有机碳的含量，%；

C_{ad}——仪器测定的总碳含量，%；

$(CO_2)_{ad}$——煤中碳酸盐二氧化碳含量，%；

H_{ad}——煤中氢的含量，%；

$H_{t,ad}$——仪器测定的总氢含量，%；

M_{ad}——煤样的空气干燥基水分含量，%。

5. 精密度

煤中碳、氢、氮测定的重复性限和再现性临界差见表 7-16。

表 7-16　煤中碳、氢、氮测定的精密度　%

元素	重复性限（以 X_{ad} 表示）	再现性临界差（以 X_d 表示）
碳	0.50	1.30
氢	0.15	0.40
氮	0.08	0.15

6. 测定过程的一些影响因素和注意事项

样品的粒度、样品量与样品能否完全燃烧关系较大。样品的粒度越小越有利于完全燃烧，因此 0.2mm 的样品如果能够用玛瑙研钵继续研细的话，将有利于促使样品完全燃烧，有助于测定的精密度。对于一些低挥发分、高碳的无烟煤等较难燃尽的样品，适当减少样品量也有利样品完全燃烧。氧气的流量要根据燃烧特性来调节，例如高挥发的样品，易于燃烧，因此初期的供氧量要求大一点，而低挥发的煤燃尽时间长，初期供氧量不必过大，未期供氧量也不能太小。燃烧温度也保证样品完全燃烧的必要条件，因此炉温设置应根据说明书要求正确设置，一定要达到规定的炉温。

每次开机时，应认真检查化学试剂（如催化剂、碱石棉、铜丝等）及燃烧坩埚的使用次数，以免化学试剂使用次数失效影响测定结果，燃烧坩埚的使用次数超标，灰烬容易溢出，高温的灰烬熔融物容易将坩埚和燃烧管黏在，造成燃烧管被损坏。

进行样品测定时，一定等仪器各参数完全稳定时才能开始测试，例如炉温、红外池电压、热导池电压等参数完全稳定才开始测试，否则造成检测结果精密度很差。如果需要测定氮元素的含量所使用的助燃气氧气的纯度一定要达到要求，否则，氧气中含有的少量氮气会造成氮空白值高，影响测定结果。

（二）高温燃烧吸附解析热导法

1. 测定原理

称取一定量的样品，在通入过量氧气的高温环境下燃烧，样品中的元素碳、氢和氮被完全转化成气合物（水蒸气 H_2O，氮氧化物气体 NO_x 和含碳化合物），由载气（氦气）携带进入气态燃烧产物。在高催化剂及过量氧气的作用下，气态含碳化台物（二氧化碳、一氧化碳和甲烷）进一步完全转化为二碳 CO_2 和水蒸气。接着气态燃烧产物通过填装有吸收剂和还原剂（铜粒）的还原管，在高温下气态物中的干扰成分（包括硫氧化物气体 SO_x、卤素）被吸收去除，气态燃烧产物中的剩余氧气被还原剂吸收、氮氧化物被还原剂还原为氮气 N_2。

最后的气态产物（包含氮气 N_2、二氧化碳 CO_2、水蒸气 H_2O 和氦气 He）通过 CO_2 和 H_2O 吸附柱，CO_2 和 H_2O 被吸附分离，N_2 直接进入热导池被检测，接着分别加热 CO_2 和 H_2O 吸附柱，解析出的 CO_2、H_2O 逐次通过热导池而被检测。

2. 仪器结构与功能

高温燃烧吸附解析热导法的典型产品是德国某公司的 VARIO CHN 元素测定仪，其采用的是两级的燃烧管保证样品完全燃烧，一级燃烧管为不锈钢或石英管（见图 7-35）装填氧化铜，温度控制在 960℃，氧化铜为催化剂促使 CH_4，CO 氧化为二氧化碳；样品燃烧产物接着进入二级燃烧管，二级燃烧管为不锈钢或石英管（见图 7-36）在进气端填银丝，出气端填氧化铜，中间用刚玉球分隔，银丝的作用是除去燃烧产物中的卤素，氧化铜进一步促使 CH_4，CO 完全氧化为二氧化碳。

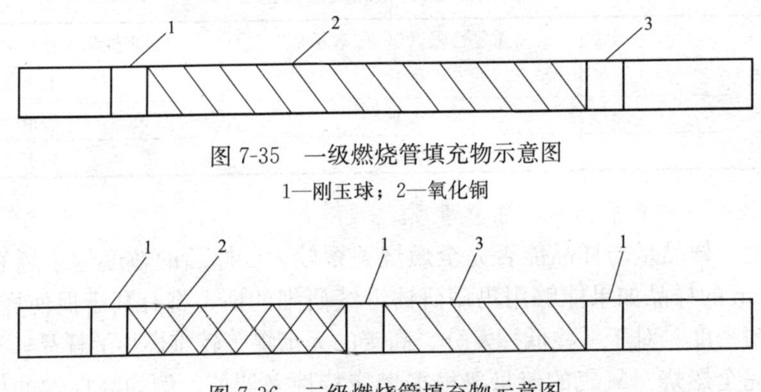

图 7-35　一级燃烧管填充物示意图

1—刚玉球；2—氧化铜

图 7-36　二级燃烧管填充物示意图

1—刚玉球；2—银丝；3—氧化铜

完全燃烧的产物进入还原管（见图 7-37），温度控制在 830℃，从进气端按顺序分别填充了钨粒、氧化铜、铜丝、银丝，各层间用刚玉球分隔，钨是强还原剂，还原能力为铜的四倍，将氮氧化物转化为氮气，同时除去硫氧化物，此时，部分二氧化碳被还原为一氧化碳，因此在钨粒后面填充氧化铜，使一氧化碳氧化为二氧化碳，但是部分氮气会被氧化为氮氧化物，所以接着在氧化铜后面填铜丝，将氮氧化物再次还原为氮气，终端填充的银丝是为了进一步除去残留的卤化物。从还原管出来的燃烧产物先后通过两根可升温吸附柱和五氧化二磷干燥管，再进入热导池。可升温吸附柱是专利产品，常温下，吸附柱起吸附作用，当加热到一定温度时，气体又发生脱附作用，水蒸汽吸附柱升温到 150℃，水蒸汽开始脱附，而二氧化碳吸附柱升温到 250℃，二氧化碳开始脱附。

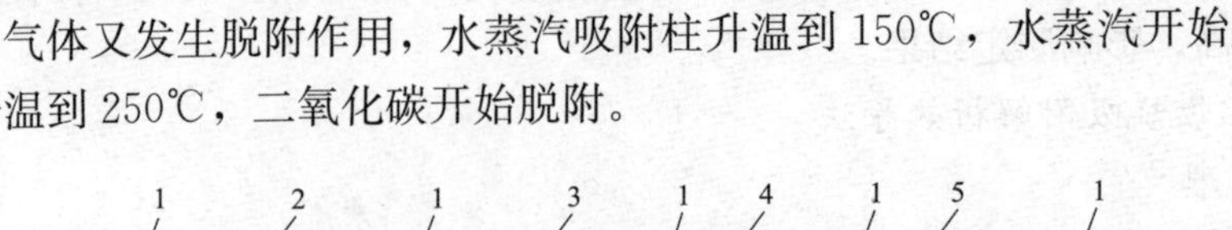

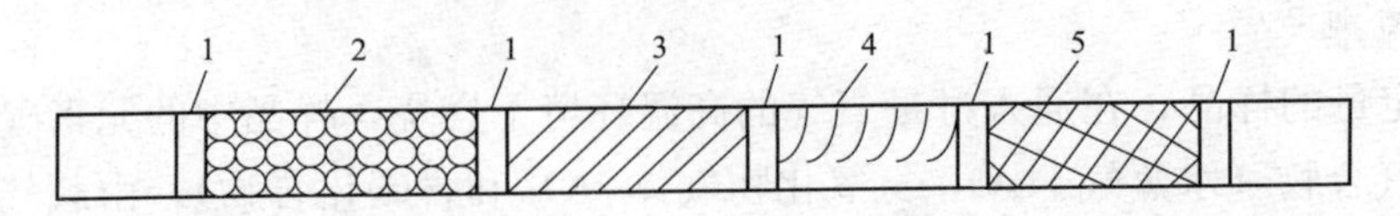

图 7-37　还原管填充物示意图

1—刚玉球；2—钨粒；3—氧化铜；4—铜丝；5—银丝

3. 测定步骤

(1) 试验前的准备工作。开启计算机，进入 Windows 状态。拔掉主机尾气的堵头，将主机的进样盘拿开后，开启主机电源。待进样盘底座自检转动完毕（即自转至零位）后，将进样盘手动调到 0 位后放回原处，打开氦气和氧气，将气体钢瓶上减压阀输出压力调至：氦气为 0.2MPa；氧气为 0.25MPa。启动 varioel 操作软件，检查 Options>Maintenance 中提示的各更换件测试次数的剩余是否还能满足此次测试，通常最应该注意的是还原管、干燥管（可通过观察其颜色变化判断）以及灰份管。

如需检漏请在未开主机前将操作程序中 Options>Parameters 中 Furnace 1、Furnace 2、Furnace 3 的温度都设置为 0，进入 Options>Miscelleaneous>Rough Leak Check，将出现检漏自动测试的对话框，其中：①将主机背面的两个出气口堵住；②将氦气减压阀的压力降低到与程序对话框中的一致，请按照其中的两点提示执行后，激活这两个功能后点击对话框中 OK 检漏开始，检漏测试后会文字提示有没有通过检漏测试。如果检漏没有通过，可先将重新连接的管路接口仔细检查后再连接好，重新进行检漏测试。如果需要判断泄漏发生之处，请进入 Options>Miscelleaneous>Fine Leak Check，在对话图框中通过点击"《"或"》"选择需要检漏的区域（检查图中蓝颜色的管路部分），按图中提示选用检漏工具包中相关号的工具，将管路口堵上或连接上，点击"start"检测该蓝色管路区域是否有泄漏。

检漏通过后，进入操作程序 Options>Parameters，输入"和/或"确认加热炉设定温度，其中：

CHN 模式：Furnace 1（右） 960℃；Furnace 2（中） 900℃；Furnace 3（左） 830℃，炉子开始升温一直达到目标值后。

(2) 空白试验及条件化试验。当温度达到目标值后，可以开始测量。在 Name 输入"blank"，在 Weight 栏输入假设样品重，在 Method 栏选"Blank"，点击"ANALYZE"，自动开始空白试验。测试次数根据各元素的积分面积稳定值到：N（积分面积值），C（积分面积值）都小于 100；H（积分面积值）<1000。

输入样品名 run，使用标样（可以是标准煤样或苯基丙氨酸），约 100mg，在 Weight 栏输入重量，选择通氧方法 std-CHN 或 phenyl 4，点击"ANALYZE"，开始 2～3 次条件化试验。

(3) 标定。使用苯基丙氨酸（phenylalanine）作为标定的标准物质，约 100mg，在 Name 输入"pheny"，在 Weight 栏输入重量，选择通氧方法 std-CHN 或 phenyl 4，点击"ANALYZE"。

自动开始 3～4 次以上的标定试验，试验结束后，选择 3～4 次测量结果较为接近的试验结果进行校正，点击"Calibration"，仪器自动统计出校正公式和曲线，后面的样品测量就按照新的校正公式进行计算。

(4) 样品测定。Edit>Input 功能的对话框，或在要输入样品信息的相关行双击鼠标左键，同样可出现 Input 功能的对话框。在 Name 输入相应的样品名称，在 Weight 栏输入样品重量，点击"ANALYZE"样品开始测定。

(5) 结果计算

结果计算见式（7-39）、式（7-40）。

4. 精密度

高温燃烧吸附解析热导法测定煤中碳氢氮精密度见表 7-15。

第六节　煤灰熔融性测定

一、煤灰熔融性测定意义

煤灰熔融性在习惯上称为煤灰熔点。煤灰熔融性成分是极为复杂的，其中包括铝、铁、钙、钾、钠等的碳酸盐、硫酸盐、硅酸盐和硫化物等。这些矿物成分经高温灼烧，大部分被氧化与分解。反应后产物的性质与含量是决定煤灰熔融温度的主要因素，所以煤中矿物成分的性质及含量的变化，就决定了煤灰的熔融温度。由于煤中矿物质的成分及其含量的变动范围很大，因此燃烧时产生了灰分熔融情况也不相同。

灰渣对锅炉的安全运行产生严重的影响，主要表现在以下几个方面：

（1）熔化的灰渣黏结在受热面上，冷却后容易形成积灰和结渣（灰渣堆积在水冷壁、过热器等部位称为结渣，堆积在省煤器、空气预热器等低温部位称为积灰），不仅影响金属的传热，破坏水循环，还可以堵塞烟气通道，妨碍通风，增加吸风机的负荷，降低锅炉的出力，在严重的情况下，在冷灰斗、炉墙、燃烧器上形成渣瘤，迫使停炉。

（2）熔化的灰渣对耐火砖有侵蚀性，熔化的灰渣渗入耐火砖或与耐火砖发生反应，造成耐火砖开裂或剥落。

（3）熔融灰渣的熔融温度和黏温特性对液态排渣炉的运行有很大的影响，要求灰渣在炉膛内达到熔化状态并且有良好的流动性才能顺利排出，否则造成灰渣在排渣口积聚、堵塞，排渣困难，甚至迫使停炉。此外，熔化的灰渣对熔渣段的炉壁和水冷壁也有严重的侵蚀作用。

而不同的工业用煤对灰分熔融性要求也各不相同。如锅炉燃烧中，结渣是一个严重的问题。对一般固态排渣的锅炉来说，容易结渣的煤灰易使灰渣积结在受热面上，影响传热效率，会给出锅炉燃烧带来的困难，影响正常进行，甚至造成停炉事故。对固态排渣的锅炉和气化炉，所用煤的灰熔点越高越好。但对于液态排渣的锅炉来说，灰熔点又要求越低越好。在设计锅炉燃烧室时，为了避免在燃烧室内结焦，影响运行安全及造成不必要的困难，这就必须了解所用煤的灰熔点。而液态排渣锅炉出渣区的温度不仅要高于所用煤的熔点，而且应保证灰渣所具有充分的流动性，以使液态灰渣能顺利排出。对液态排渣的气化炉来说，应采用低灰熔点的煤进行气化。

煤灰熔融性反映煤中矿物质在锅炉中的动态变化，煤灰熔融性分析对电力生产有很重要的意义，反映在以下几个方面：

（1）提供锅炉设计选择炉膛出口烟温的依据，在设计和实际运行中，要求炉膛出口烟温比煤灰的软化温度低50～100℃，否则容易引起锅炉出口过热管束间灰渣”搭桥”，严重时发生堵塞，引起锅炉出口左右侧的过热蒸汽温度不正常。

（2）可预测不同煤种煤的结渣，煤灰的熔融特性与结渣有密切关系，根据经验，煤灰的软化温度小于1350℃可能造成结渣，妨碍锅炉安全运行，而软化温度大于1350℃，则不容易结渣。

（3）为不同锅炉燃烧方式选择不同煤种，例如：对于固态排渣的锅炉要求灰的熔融温度高些，以防炉膛结渣；相反，对于液体排渣的锅炉要求灰的熔融温度低些，以免排渣困难，一般要求排渣口的温度要高于流动温度，易于流动。

（4）根据变形温度与软化温度的差距（也称软化区温度）判断渣型，软化区温度大于200℃为长渣，小于100℃为短渣，锅炉燃用长渣煤相对安全一点。

二、测定方法种类

煤灰熔融性测定方法的种类大致以下几处几种：

（1）角锥法：将煤灰做成三角锥体，放在高温炉内逐渐加热，观察并记录灰锥的各个熔融特征温度。这种方法操作比较简单方便，同时效率较高；其缺点是主观误差较大，特别是变形温度（DT）往往很难确定。

（2）熔融曲线法：这种方法是根据测定煤灰在熔融过程中的曲线形状来判断煤灰的熔化温度。这种方法效率低，操作也比较麻烦；其优点是测定结果不受主观误差的影响。

（3）热显微镜法：把煤灰做成边长3mm的正立方体，将此立方体置于高温炉中逐渐加热，通过显微镜来观察立方体的变形。变形是通过立方体在坐标上的变化来确定的。其优点是观察比较方便，立方体的尺寸变化显示明显。

三、煤灰熔融性测定方法——角锥法

1. 方法要点

将煤灰制成一定尺寸的三角锥体，在一定的气体介质中，以一定的升温速度加热，观察灰锥在受热过程中的形态变化，测定它的四个熔融特征温度：变形温度 DT、软化温度 ST、半球温度 HT 和流动温度 FT。

2. 特征温度定义

煤灰是煤中矿物质在高温下发生一系列化学反应后的产物，它的主要成分包括硅酸盐、碳酸盐、磷酸盐、金属氧化物等，煤灰为混合物，因而没有固定的熔点，它是一定温度范围内的熔融状态，国内外普遍采用角锥法进行测定，即测定灰锥样品在熔融过程的四个特征温度，这四个特征温度分别介绍如下：

（1）变形温度 DT——灰锥尖端或棱开始变圆或变弯曲时的温度（图 7-38 中的 DT）。

（2）软化温度 ST——灰锥变形至锥体弯曲锥尖触及托板、锥变成球形时的温度（图 7-38 中的 ST）。

（3）半球温度 HT——灰锥形变至近似半球形，即高约等于底长的一半时的温度（图 7-37 中的 HT）。

（4）流动温度 FT——灰锥熔化成液体或成高度在 1.5mm 以下的薄层（图 7-38 中的 FT）。

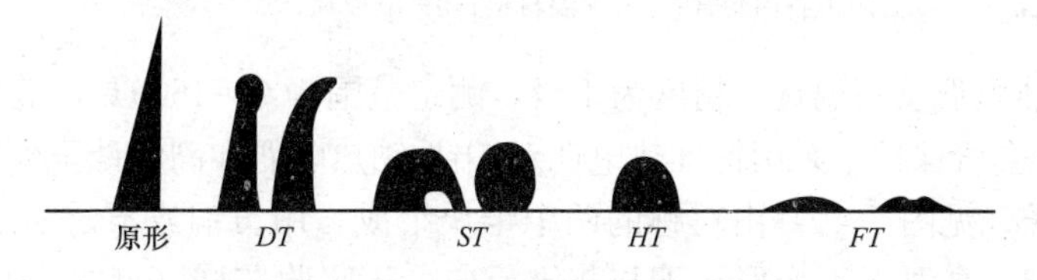

图 7-38 灰锥熔融特征示意图

这四个特征温度中软化温度最重要，它用来表征熔融特性。

3. 试样形状及试验气氛的控制

（1）形状：试样为三角锥体，锥高 20mm，底为边长 7mm 的正三角形，锥体的一棱面垂直于底面。

（2）试验气氛的控制：

1）弱还原性气氛：弱还原性气氛可以用通气法和封碳法。通气法是炉内通入下述两种混合气体之一：炉内通入体积百分比为（50±10）%的 H_2 和（50±10）%的 CO_2 气的混合气体；炉内通入体积百分比为（65±10）%的 CO 气和（40±10）%的 CO_2 气的混合气体。封碳法是在炉内封入碳质材料（如封入灰分低于 15%，粒度小于 1mm 的无烟煤、石墨、木炭等）。

2）氧化性气氛：炉内不放任何含碳物质并使空气自由流通。

在工业锅炉和气化炉中，成渣部位的气体介质大都呈弱还原性，因此煤灰熔融性的例常测定就在模拟工业条件的弱还原性气氛中进行。如果需要的话，也可以在强还原性气氛或氧化性气氛中进行。

4. 仪器设备

（1）高温加热炉。凡符合下述四个条件的高温炉都可用于煤灰熔融性的测定：

1）有足够的恒温区，区内各温差小于 5℃，恒温区的大小以能容纳灰锥并稍有余地为准。

2）能按规定的升温速度加热 1500℃。

3）炉内气氛可控制为弱还原性和氧化性。

4）能随时观察试样在加热过程中的形态变化。

图 7-39 为一种适用的管式硅碳管高温炉。

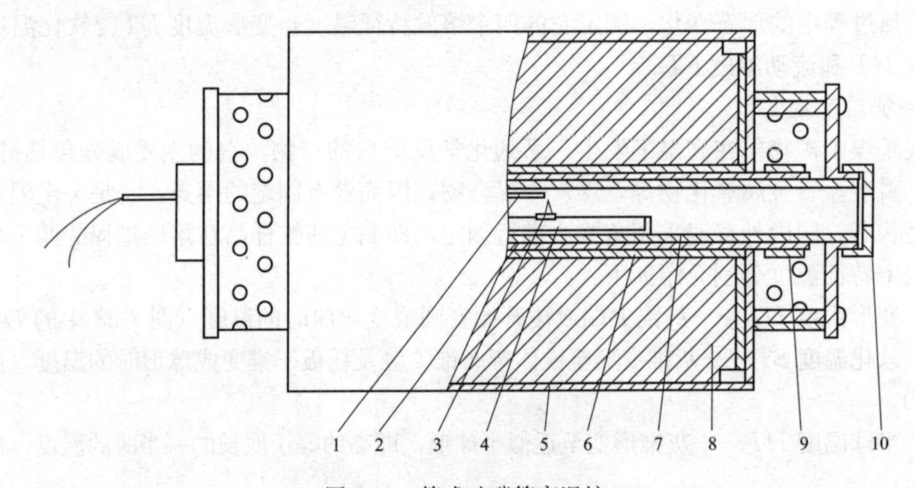

图 7-39　管式硅碳管高温炉

1—热电偶；2—硅碳管；3—灰锥；4—刚玉舟；5—炉壳；6—刚玉管外套管；7—刚玉管内套管；8—保温材料；9—电极片；10—观察孔

（2）铂铑-铂热电偶及高温计。精度为 1 级，测定范围为 0～1600℃，最小分度为 1℃，热电偶加气密的刚玉套管保护。采用标准热电偶对铂铑-铂热电偶和高温计至少每年校准一次。

（3）灰锥模子（见图 7-40）由对称的两个半块组成，用黄铜或不锈钢制作。

（4）灰锥托板。高温下不变形，不与灰锥反应，不吸收灰样（见图 7-41）。

（5）常量气体分析器：可测量一氧化碳、二氧化碳和氧气含量。

5. 灰锥的制备

取粒度小于 0.20mm 分析煤样，按 GB/T 212—2008《煤的工业分析方法》的规定，使其完全灰化并用玛瑙研钵研细至 0.1mm 以下。取 1～2g 煤灰放在瓷板或玻璃板上，用数滴

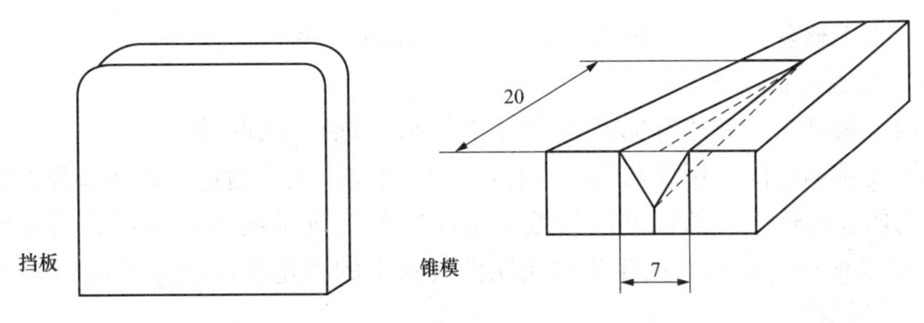

图 7-40 灰锥模子（单位：mm）

10%的糊精水溶液润湿（注），调成可塑状，然后用小尖刀铲入灰锥模中挤压成型。用小尖刀将模内灰锥小心地推至瓷板或玻璃上，置于空气中风干或于 60℃下烘干备用。

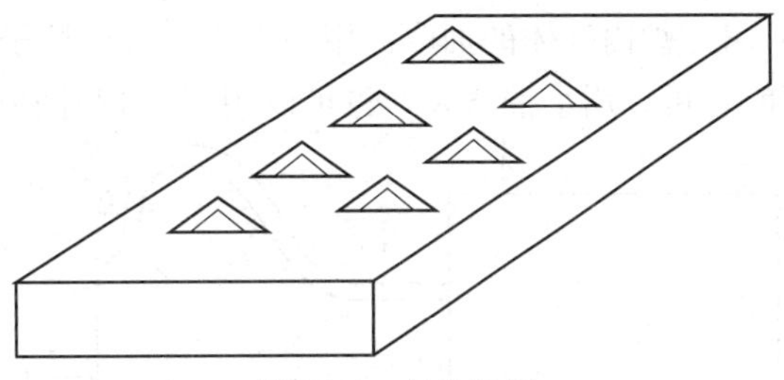

图 7-41 灰锥托板

6. 测定步骤

（1）在弱还原性气氛中测定。用 10%的糊精水溶液将少量镁砂调成糊状，用它将灰锥固定在灰锥托板的三角坑内，并使灰锥垂直于底面的侧面与托板表面相垂直。

如用封入含碳物质的方法来产生弱还原性气氛，则在刚玉舟中央放置石墨粉 15～20g，两端放置无烟煤 30～40g（对气疏的高刚玉管炉膛）或在刚玉舟中央放置石墨粉 5～6g（对气密的刚玉管炉膛）。除石墨和无烟煤外，可根据具体条件采用木炭、焦炭和石油焦。它们的粒度、数量和旋转部位视炉膛的大小、气密程度和含碳物质的具体性质而适当调整。

如用通气法来产生弱还原性气氛，则从 600℃开始通入少量的二氧化碳以排除空气，从 700℃开始通入口处（50±10）%的氢气和（50±10）%二氧化碳的混合气，通气速度以能避免空气漏入炉内为准，对于气密的刚玉管炉膛为 100mL/min 以上。

将带灰锥的托板置于刚玉舟的凹槽上。

将热电偶从炉后电偶插入孔插入炉内，并使其热端位于高温恒温带中央正上方，但不触及炉膛。

拧开观测口盖，在手电筒照明下将刚玉舟徐徐推入炉内，并使灰锥形紧邻电偶热端（相距 2mm 左右）。

拧上观测口盖，开始加热。控制升温速度为：900℃以前，（15～20）℃/min；900℃以后，（5±1）℃/min。每 20min 记录一次电压、电流和温度。

随时观察灰锥的形态变化（调温下观察时，需戴上墨镜），记录灰锥的四个熔融性温度 DT、ST、HT 和 FT。

待全部灰锥都达到 FT，或炉温升至 1500℃时结束试验。

待炉子冷却后，取出刚玉舟，拿下托板仔细检查其表面，如发现试样与托板共熔，则应另换一种托板重新试验。

（2）在氧化性气氛中测定。试验方法同弱还原气氛，但刚玉舟内不放任何含碳物质，并使空气在炉内自由流通。

（3）用自动测定仪测定。使用带有自动判断功能的自动测定仪时，在测定后应对记录下来的图像进行人工核验，且应经常用标准物质检测试验气氛。

7. 炉内气氛性质的检查

检查炉内气氛性质的方法有标准物质测定法和取气分析法两种。

（1）标准物质测定法。用煤灰熔融性标准物质制成灰锥并测定其熔融特征温度。如果其实际测定值与弱还原性气氛的标准值相差不超过 40℃，则证明炉内气氛为弱还原性；如超过了 40℃；则可根据它们与氧化性和强还原性气氛中的测定值的相差情况以及刚玉舟内碳的氧化程度来判断炉内气氛。

（2）取气分析法：

1）炉内气体的抽取：用一根刚玉管从炉子高温带以 5～7mL/min 的速度抽取气体。抽气时，可以用小抽气泵，也可以用图 7-42 中所示的方法。

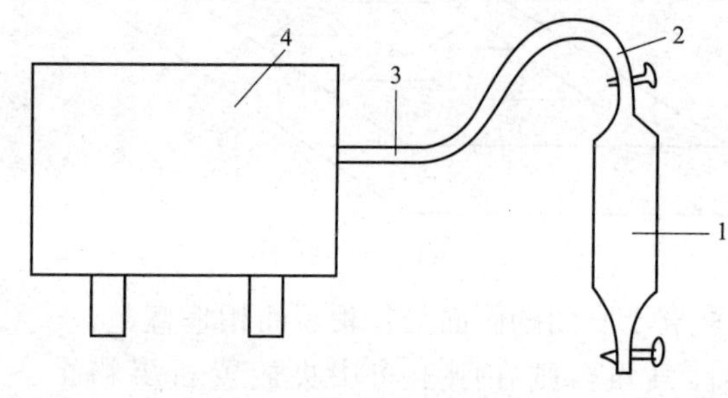

图 7-42　炉内气体抽取装置

1—取气瓶；2—乳胶管；3—刚玉管；4—高温炉

使用时，先将取气瓶中充满饱和食盐水。抽气时，将取气瓶上、下方的塞子旋下，使瓶中食盐水慢慢流下，控制流速为 5～7mL/min，这样即可按要求抽取出气体了。

2）气体分析。取出的气体可以用常量气体分析仪等气体分析装置进行分析，如在 1000～1300℃范围内，还原性气体（一氧化碳、氢气和甲烷等）的体积分数为 10%～70%，同时 1100℃以下还原性气体的总体积和二氧化碳的体积比不大于 1∶1，氧含量低于 0.5%，则炉内气氛为弱还原性。

8. 精密度

煤灰熔融性测定的精密度见表 7-16。

表 7-16　煤灰熔融性测定的精密度

熔融特征温度	精密度	
	重复性限	再现性临界差
DT	60	—
ST	40	80
HT	40	80
FT	40	80

四、特征熔融温度的观察

（1）在可清晰看到炉内锥体形状时（温度为 700～800℃），应先观察一下灰锥的形状，如灰锥的高度、锥尖的情况等，以便于工作在观测 *DT* 时做到对原锥样心中有数。

（2）在观察 *DT* 时应注意以下几点：

1）当锥形尖开始变圆时的温度即为 *DT*。

2）当锥尖开始变弯时的温度为 *DT*，但此时要注意，对于个别灰样，其锥尖已经微弯，但锥尖依然很尖，丝毫没有变圆的迹象，此时温度还没有到达 *DT*。

3）对于某些高熔点（一般 *ST*＞1400℃）的煤灰，在升温过程中会出现在较低的温度下锥尖开始微弯，然后变直，到一定温度后又弯曲的现象。此时要注意，第一次弯曲往往不是由于灰锥局部熔化，而是由于灰分失去结晶水而造成的，第一次弯曲温度不算 DT，而应以第二次弯曲时的温度为 DT。

4）有时会出现锥体整体倾斜而锥体不变的情况。这种情况一般由于锥体固定不牢或做锥时力量不均所致，此时不记为 DT。

（3）观察 ST 时要注意：

1）锥体弯曲至锥尖触及托板、锥变成球形时的温度为 ST。

2）有的情况下，锥体的高度已经等于（或小于）底长了，但并没有变成球形，此时温度不为 ST。如：有时锥体从底部倒塌向前方或后方，但观测者只能见到锥体的底部（即为三角形），这时样块的高度等于或小于底长，但此时的温度不是 ST。

3）当出现锥体倒塌的情况时，应重新测定这个灰样。因为，锥体倒塌后，其侧面接触到托板，帮其与托板的接触面积大于锥体不倒塌时的接触面积，也就是说锥全倒塌后锥体受热面积大了。故有时同一个样品，没有倒塌的灰锥还未到达 ST 状态，而同样温度下，倒塌的灰锥已经到达 ST 状态了。所以，灰锥倒塌后其结果是不准确的。

（4）观察 FT 时要注意：

1）试样熔化成液体或异型成高度在 1.5mm 以下的薄层时的温度为 FT。

2）当可看到试样表面上有一道亮线时，此时试样已熔化成液体。

3）当在 ST 后，试样表面有明显的起伏现象，说明试样已成液体。此时即使试样高度在 1.5mm 以下，也应将此时温度记为 FT。

4）有的煤灰在高温下明显缩小到接近消失，但并未“展开”成薄层，此时不记为 FT。

5）当锥体倒塌时，应重新测定这个灰样。

五、影响煤灰熔融性结果的因素

影响煤灰熔融性结果的因素主要是煤灰的成分和炉内气氛，前者是内因，后者是外因，但两者又互相影响。

1. 煤灰的化学组成的影响

煤灰是一种混合物，化学组成比较复杂，通常用氧化物的形式来表示，按其质量百分比含量的高低来排列的话，顺序如下：SiO_2、Al_2O_3、Fe_2O_3＋FeO、CaO、MgO、Na_2O＋K_2O。这些氧化物的纯物质熔点除了 K_2O、Na_2O 外都比较高，但是它们在高温下互相作用形成较低熔点的共熔体，此外还具备其他溶解在灰中高熔点矿物质的性能，因此熔点更低。表 7-17 列出了各种氧化物在纯净情况下的熔点温度。

表 7-17　　灰中各种氧化物在纯净情况下的熔点温度

氧化物名称	熔点	氧化物名称	熔点
SiO_2	1625	Fe_2O_3	1565
Al_2O_3	2050	FeO	1420
CaO	2800	KNaO	800～1000
MgO	2570		

各种氧化物的影响基本上可归为三类，分别叙述如下：

(1) SiO_2：对灰熔点的影响较为复杂，它与 Al_2O_3 形成黏土 $SiO_2 \cdot Al_2O_3$，熔点较高（为 1850℃），两者的含量比值为 1.18 时熔点最高，随着比值增加，熔点降低，其原因是由于有游离的二氧化硅存在，此时游离的二氧化硅与碱金属形成较低熔点的共熔体，但随着游离的二氧化硅更多时，反而熔点升高。

(2) Al_2O_3：能提高煤灰熔融温度，当其含量高于 40%时，ST 一般会超过 1500℃，而其含量高于 30%时，ST 一般会超过 1300℃。

(3) 碱金属：主要指 Fe_2O_3、FeO、CaO、MgO、Na_2O、K_2O 等，碱金属一般起降低熔点温度的作用。CaO、MgO 与 Al_2O_3 形成 $CaO \cdot MgO \cdot Al_2O_3$ 共熔体，熔点较低，只有 1170℃，而且易形成短渣，但 CaO、MgO 的含量超过 25%～30%时，反而提高熔点，因为其本身纯净物的熔点就较高；Na_2O、K_2O 促进低熔点的共熔体形成，起降低熔点作用；氧化铁的影响与气氛有关。

2. 气氛的影响

气氛的影响主要表现在对铁元素的影响，因为不同的介质，铁呈不同的价态，在弱还原气氛，以 FeO 存在，FeO 熔点为 1420℃；在还原气氛，以 Fe 存在，Fe 的熔点为 1535℃；在氧化气氛，以 Fe_2O_3 存在，Fe_2O_3 的熔点为 1565℃。此外，FeO 与形成 SiO_2 形成 $2FeO \cdot SiO_2$ 共熔体，熔点较低，只有 1056℃；而氧化气氛中可形成较高熔点的共熔体，因此弱还原气氛的灰熔点最低，而氧化气氛最高。

锅炉炉膛气氛性质有两类：链条炉和煤粉炉前部的局部位置为弱还原气氛，气氛中氧气较少，由完全燃烧产物和不完全燃烧产物组成；煤粉炉后部为氧化气氛，由氧气和完全燃烧产物组成。

3. 升温速度的影响

当升温速度太快时，锥体的实际温度比高温计显示的温度要低，故而使得测定出的熔融温度偏高；当升温速度太慢时，会使测定周期延长。因此，GB/T 219—2008《煤灰熔融性的测定方法》中对升温速度做出了规定，必须严格遵守。

六、典型灰熔融性测定仪产品

市售煤灰熔融性测定仪产品众多，本书以某公司生产的 5E-AFⅢ自动灰熔融性测定仪为例介绍仪器结构、注意事项。

1. 测试原理和基本结构

(1) 测试原理。该仪器采用 CCD 摄像技术，将高温下的灰锥图像实时地传送到计算机内，软件采用智能模糊识别技术识别灰锥的轮廓，同时计算灰锥的高度和宽度，并根据 GB/T 219—2008《煤灰熔融性的测定方法》对四个特征温度的定义自动判断灰锥的四个特征温度。

仪器可将处理的图像和数据分单个样保存为单个的视频文件，回放实验过程方便。一次可以做 5 个灰样，最高温度可测到 1600℃，无须人工调压和参数调整。控温精度高，在 5～30℃/min 内精度均可达到±1℃/min。图像轮廓识别精度高（厚度为一个像素，相当于实物 0.12mm 左右）。该仪器可在多种气氛（还原性和氧化性）下进行测定；可用封碳法或通气法控制测定气氛，其中通气法可选择通 H_2 和 CO_2 或 CO 和 CO_2 的混合气体。

(2) 仪器的结构。仪器主要由测试仪主机、计算机主机、显示器、打印机等部分组成。

测试仪主机结构如图7-43所示。

2. 使用和日常维护

（1）操作步骤：

1）按顺序打开打印机、计算机、测试仪主机（包括加热电源开关）。

2）点击“开始测试”，待送样机构完全下降后，将装好灰锥的托板放在刚玉杯上（如用封碳法实验，请在刚玉杯中加入适当的碳物质），然后在试样信息的输入界面上输入样品的相关数据，然后点击“下一步”。

3）如用通气法控制气氛，则打开气体钢瓶阀门，当炉温升到200℃时，系统自动通入CO_2；当炉温升到500℃时，系统自动通入H_2（如果是通CO和CO_2的混合气体，则在600℃后开始通气）。在通气的过程中，注意观察气体流量。

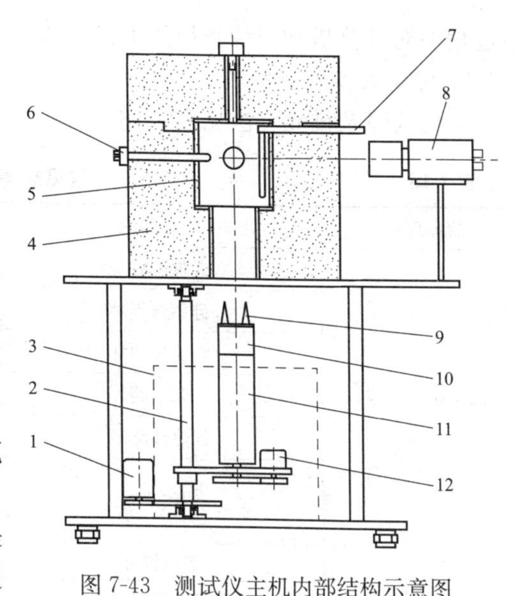

图7-43　测试仪主机内部结构示意图

1—升降电动机；2—丝杆；3—变压器；4—高温炉；5—刚玉件；6—热电偶；7—硅钼棒；8—摄像头；9—灰锥；10—刚玉杯；11—刚玉管；12—同步电动机

4）当所有试样的结果出来后，系统提示试验结束，先退出测试系统程序，再关闭计算机和测试仪主机电源，但不要拔掉测试仪主机电源，让风扇继续运转30min左右，使仪器快速散热，延长其使用寿命。待炉温降到200℃以下后可进行第二次试验。

5）软件按照GB/T 219—2008《煤灰熔融性的测定方法》对四个特征温度的定义自动判断出试样的特征温度图像，并存储相应的特征温度。在变形温度的判断过程中，有些试样会出现多次弯曲的情况，软件以最后一次弯曲为准。为保证结果的准确性，用户可打开“数据管理”，点击“播放”按钮，播放整个实验过程的图像，核对自动判断的结果是否准确。

（2）日常维护：

1）图像清晰程度是仪器准确判断各特征温度的前提条件。影响清晰度的主要因素为镜头焦距和石英镜片透明度。后者在使用过程中会因表面沾垢而降低，因此建议每次试验前将仪器后炉管处的弯头石英镜片取出来，擦洗干净。如要人工观察，则将前炉管的圆形石英镜片擦干净。

2）灰锥图像的位置是否符合要求，是仪器正常工作的必要条件。影响它的主要因素为送样机构、计数光槽、刻度盘、反射镜、摄像头等的相对位置。调准方法如下：

先将送样机构对准高温炉孔中心（用活动扳手夹住送样机构底部的轴，同时用公司特制的两脚扳手松开固定刚玉管的铜螺帽，将刚玉管对准高温炉孔的中心，然后将铜螺帽拧紧），将带样托板放在刚玉杯上，依次点击“灰锥定位测试”“硬件调试”“转盘上升”。在“连续转动”右边的编辑框内输入数字1，然后点击“连续转动”，使灰锥转到摄像位置（灰锥转动一个坑的位置会自动停下来，灰锥靠近观察孔这边的位置为摄像位置）。调节摄像头和反光镜，直到灰锥图像清晰；然后调节“计数光槽”和“刻度盘”，使灰锥图像居中于图片框，直到托板上每个灰锥的图像都尽可能居中于图片框。将相关部件固定好，防止下次变动。

3）定期检查前、后炉管处和送样机构的高温密封圈，保证高温炉的气密性良好。

4）最好能将加热电源与测试仪主机、计算机、显示器电源分相使用，以减少高温炉升温过程中对计算机和摄像系统的干扰。

3. 常见故障及排除方法

常见故障及排除方法见表 7-18。

表 7-18 常见故障及排除方法

故障现象	可能原因	排除方法
高温炉不升温	20A 保险管烧断	更换同规格保险管
	硅钼棒损坏	更换硅钼棒
	调压模块坏	更换调压模块
	控制电路坏	若更换调压模块后，断开一根硅钼棒的连线，打开硬件调试，点击“开始控温”，若此时变压器还是没输出电压，检查加热线路；加热线路的两个跳线都跳到 AFⅢ这边，热电偶信号跳到 Normal 这边。如果加热线路和跳线正常，则需更换接口卡或线路板
	加热线路断	
	调线不对	
高温炉已加热但显示温度不上升	热电偶坏	更换热电偶
	热电偶连线松弛	接好连线
	控制电路坏	更换控制板和线路板
	电路板上的跳线接到“CAL”位置	将线路板上的跳线接到“NOR”位置
送样机构定位不准	定位光槽坏	更换光槽
	刚玉管严重变形	更换刚玉管
	控制电路坏	检查控制电路，必要时更换线路板和控制板
在“硬件调试”中的所有操作无效	仪器电源没打开	打开测试仪主机电源
	卡地址与实际控制卡地址不一致	运行测试程序，打开硬件调试→计算热偶放大倍数→在卡地址内输入控制板上对应的地址（默认地址为 280）
	控制电路坏	更换控制卡或线路板
测定结果不对	灰锥位置没对准	按“使用和日常维护”所述调节
	图像不清晰	按“使用和日常维护”所述调节
	炉内气氛不对	用标样检查后调整：改变通气流量或调整碳物质粒度和质量
	系统密封性变差	检查炉体和各密封圈，或用耐火泥封住裂缝，或固紧密封圈，或更换密封圈
	灰锥熔融过程异常，如偏倒、与托板反应、鼓泡等。	重新试验并人工观察
高温炉升温速度不符合要求	电源不符合要求	使电源电压为 180～240V
	加热部件接触不良	取下长尾夹和铝箔圈，将铜弯头擦净后将它和高温连接导线的螺母拧紧
	高温导线导电性能变差	更换烧坏的高温导线、损坏的铝箔圈，弹性差的长尾夹是否还有弹性
	炉盖没盖好	盖好炉盖，将炉盖上的螺母拧紧
采集不到图像	摄像头电源不对	检查摄像头电源是否为＋12V，极性是否正确（橙色为正极）
	镜头上的亮度和对比度没调好	将亮度和对比度旋钮调到适中位置
	视频线没接好	用万用表电阻挡检查视频线是否断了，将视频线换一个图像卡的视频接口连接
	图像卡参数不对	设置图像卡参数中的源路
	图像卡或摄像头坏	更换图像卡或摄像头

第七节　煤可磨性指数测定方法

煤的可磨性是表示煤磨碎成粉难易程度的一个指标。煤的可磨性指数值是煤粉制备工艺和设备的设计及运行中必不可少的依据。随着粉煤流态化技术的广泛应用，在很多工业部门，特别是在动力用煤的部门中，煤粉的应用与日俱增，在设计和改进制煤系统，估计磨煤机和产量和耗电率时，均需要测定煤的可磨性。在煤质研究和检验中，煤的可磨性也是一项非常重要的参数。由于煤的可磨性指数的测定在现代工艺生产和科研中有着重要作用，因此全国众多的煤质化验室中普遍进行该项目的测定。

在实验室条件下用以测定煤的可磨性指数的方法有许多种，但较为广泛采用的方法主要有两种：一是苏联热工研究所法（简称 BTN 法），另一种是哈德格罗夫法（简称哈氏法）。BTN 法是苏联的国家标准方法，该方法 $E=\frac{k}{K}\Delta S$ 能适用于各种煤种，但仪器笨重，样品的用量较多，操作及结果的处理也较为麻烦。哈氏法能适用于大多数煤种，仪器简单，使用方便，结果的重现性好。目前世界上的国家，除东欧几个国家以外，大都采用哈氏法作为煤的可磨性指数测定的标准方法。本文将只介绍哈氏法测定煤的可磨性指数。

一、哈德格罗夫法的测定原理及我国标准的简介

哈氏法是由哈德格夫（R. M. Hardgrove）提出，理论依据是磨碎定律，即在固体物料磨碎成粉时所消耗的能量与其所产生新表面成正比，如式（5-41）所示：

$$E=\frac{k}{K}\Delta S \tag{7-41}$$

式中　E——磨碎物料消耗的有效能量；

k——常数，与其他的能量消耗有关；

K——被磨颗粒的可磨性指数；

S——被磨颗粒研磨后增加的表面积。

由于直接测定能量（E）、常数（k）和增加的表面积（ΔS）是很困难的，故采用了反推法，以美国宾夕法尼亚州某矿的煤为基准、其可磨性指数值为 100，并规定以下条件：

（1）煤样颗粒的直径为恰好通过的筛子的孔径，研磨前煤样的粒度为 0.60～1.18mm，所用筛的孔径为 0.60（30 号筛）、1.18mm（16 号筛），研磨后用 0.075mm（200 号筛）进行筛分，煤样用是 50g。

（2）使用标准哈氏仪，在规定的条件下研磨，求得通过 200 号筛的筛下物质量，从而推出了哈氏法计算公式：

$$K_{HGI}=13+6.93(50-m) \tag{7-42}$$

式中　K_{HGI}——哈氏可磨性指数；

m——200 号筛上的煤样质量。

在实际应用中，因筛下物粒度小，容易损失，故不直接测量，而用总量 50g 减法筛上物质量。

公式计算求出可磨性指数较为简便，但是由于煤的组成比较复杂，试验用煤的粒度较

大，如果操作条件不能完全符合哈氏要求，以及试验设备的长期使用会产生磨损等因素，很容易产生试验误差。为了得到比较好的结果，国际标准及ASTM标准方法采用了由标准煤样制出的校准图处理结果的方法。即选用可磨性指数值分别为40、60、80、110左右的煤样，用标准哈氏仪，在规定的条件下测定后，由公式计算出可磨性指数值，以此煤样作为标准可磨性煤样。使用单位将标准煤样在本单位的哈氏仪上测定后，计算出通过200号筛的煤样的质量，以标样的标准值和筛下物质量作出校准图，使用时只要测得筛下物质量，就可以从校准图上查得哈氏指数值。

二、煤样的制备

（1）按照GB/T 474—2008《煤样的制备方法》或GB/T 19494.2—2004《煤炭机械化采样 第2部分：煤样的制备》规定的方法，将煤样破碎到6mm。

（2）从上述煤样缩分出1kg，放在盘内摊开至层厚不超过10mm，按照GB/T 474—2008《煤样的制备方法》规定的空气干燥方法进行空气干燥，然后称重（称准到1g）。每小时煤样质量的损失不超过0.1%时，即认为已达到空气干燥状态。

（3）用1.25mm的筛子，分批过筛上述煤样，每批约200g。采用逐级破碎的方法，不断调节破碎机的辊（或盘）间距，使其只能破碎较大的颗粒。不断破碎、筛分到上述煤样全部通过1.25mm筛子。用0.63mm的筛子去煤粉，留取0.63～1.25mm的煤样。

（4）称量0.63～1.25mm的煤样（称准到1g），计算这个粒度范围的煤样质量占破碎前煤样总质量的百分数（出样率），若出样率小于45%，则该煤样作废。应重新从6mm煤样中缩分出1kg，重新制样。

三、测定步骤

（1）将0.63～1.25mm的煤样混合均匀，用二分器分出120g，用0.63mm筛子在振筛机上筛5min，以除去煤粉，再用二分器分出每份不少50g的两份煤样。

（2）试运转哈氏仪（结构见图7-44），检查是否正常，然后调节器到合适的启动位置。

（3）用刷子彻底清扫研磨碗（结构见图7-45）、研磨环和钢球，并将8个钢环尽可能均匀地分布在研磨碗的凹槽内。

（4）称取（50±0.01)g已除去煤粉的煤样，均匀倒入研磨碗，平整其表面，并将落在钢球和研磨碗凸起部分的煤样清扫到钢球周围，然后将研磨环放在研磨碗内。

（5）使研磨环的十字槽对准主轴下端的十字头，同时将研磨碗挂在机座两侧的螺栓上，拧紧固定，以确保总垂直力均匀施加在8个钢球上。

（6）将计数器调到零位，启动电动机，仪器运转（60±0.25）转后自动停止。

（7）将保护筛0.071mm筛子和底盘套叠好，卸下研磨碗，把黏在研磨环上的煤粉刷到保护筛上，然后将磨过的煤样连同钢球一起倒入保护筛，并仔细将黏在研磨碗和钢球上的煤粉刷到保护筛上。把钢球放回研磨碗，再从黏在保护筛上的煤粉刷到0.071筛子内。

（8）将筛盖盖在0.071mm筛子上，连底盘一起放在振筛机上筛10min，取下筛子，用硬毛刷将黏在0.071mm筛子底下的煤粉刷到底盘内，重新放到振筛机上筛5min，又刷筛底一次，再振筛5min，刷筛底一次（前后总共振筛20min）。

（9）称量0.071mm筛上的煤样（称准到0.01g），记作m，称量筛下的煤样（称准到

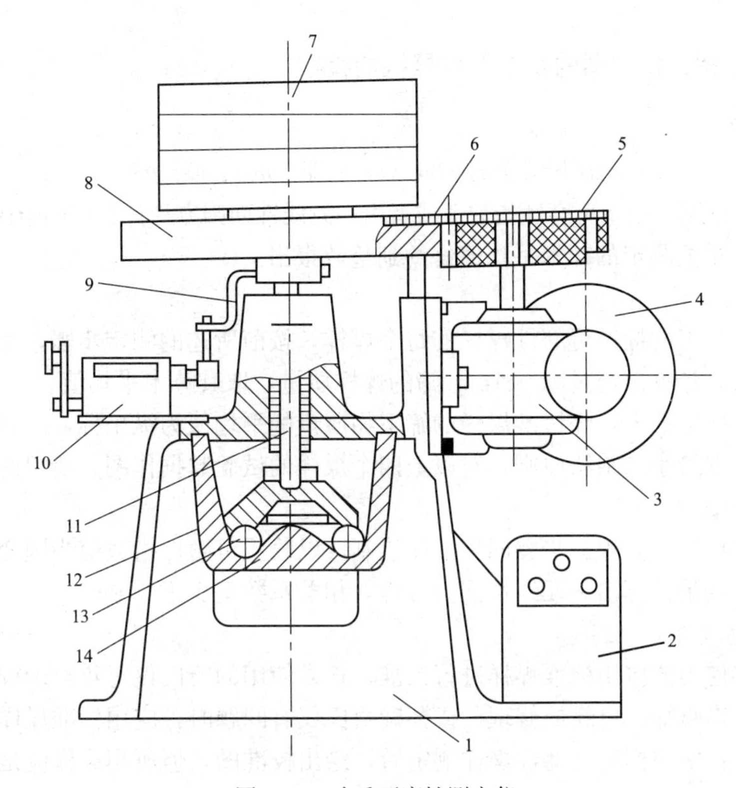

图 7-44　哈氏可磨性测定仪

1—机座；2—电器控制盒；3—涡轮盒；4—电动机；5—小齿轮；
6—大齿轮；7—重块；8—护罩；9—拔杆；10—计时器；
11—主轴；12—研磨环；13—钢球；14—研磨碗

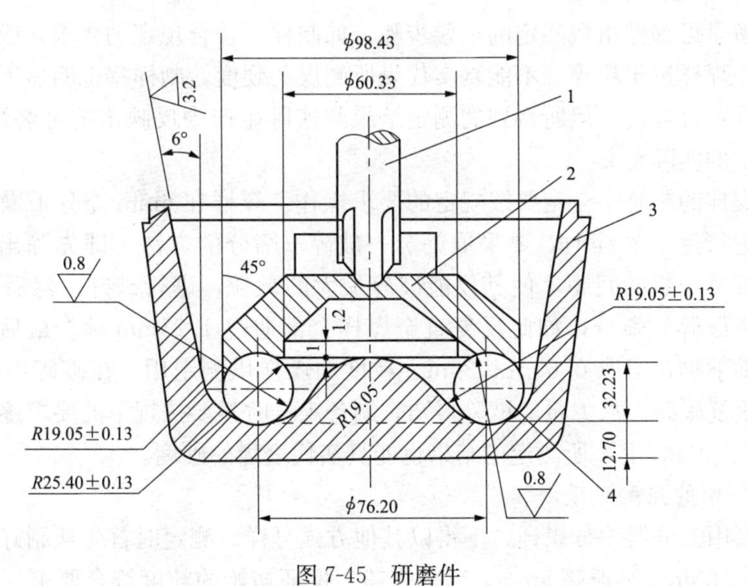

图 7-45　研磨件

1—主轴；2—研磨环；3—研磨碗；4—钢球

0.01g）记作 m_1。筛上和筛下煤样质量之和与研磨总质量（50±0.01)g 相差不得大于 0.5g，否则测定结果作废，应重做试验。

四、结果处理、校准图的绘制及仪器械的校准

1. 结果处理

(1) 计算出 0.071mm 筛下煤样的质量（m_1）即：$m_1=50-m$。

(2) 查出校准图并记下可磨性指数值或者由一元线性回归方程计算煤的哈氏可磨性指数。

(3) 取两次重复测定的算术平均值修约到整数报出。

2. 校准图的绘制

(1) 将四个一组的标准可磨性煤样的每个煤样，按前所述的测定步骤，用本单位的哈氏仪重复测定四次，计算出通过 0.071mm 筛的煤样质量，取其算术平均值。

(2) 在直角坐标纸上，经标准煤样的筛下物质量的平均值为纵坐标，以其哈氏可磨指数值为横坐标，根据最小二乘法原则，对以上四个煤样的试验数据作图，所得的直线就是本单位哈氏仪的校准图。

(3) 一元线性回归方程。步骤同校准图绘制，以哈氏可磨性指数值为因变量，筛下物质量的平均值为自变量计算出一元线性回归方程，相关系数至少为 0.99。

3. 仪器械的校准

新的哈氏仪使用前应用标准煤样进行校准，正常使用的哈氏仪每年至少校准一次。当仪器、设备（包括实验筛）更新或修理，或怀疑哈氏仪有问题时，应用标准煤样进行校准。仪器校准的方法是：使用标准可磨性煤样测定后，绘出校准图，但所用标样应是当年制出的新标样。

五、测定注意事项

1. 制备试样时的注意事项

煤样的制备是可磨性指数测定的重要步骤，如制样不符合规定的要求，或逐级破碎时操作太快等，将使煤样过于粉碎，不能真实代表所测煤的硬度，制样率也明显下降，这样即使以后的测定步骤符合规定，但所得到的测定结果与实际生产中反映出的可磨性会不相适应，也就失去了测定的实际意义。

因此，在煤样的制备中一定要按规定的要求操作。煤样在 6mm 充分干燥后，再进行下一步的制样。进行逐级破碎时，要采取筛分—破碎—筛分的方法，即先筛出大于 1.25mm 的煤样，调节好破碎机的间距，使其仅能破碎最大的颗粒，进行破碎，然后筛分；又调间距、将筛上物再破碎、筛分，如此反复直至煤样全部通过 1.25mm 筛。最后再用 0.63mm 筛筛分，弃去筛下物，留取 0.63～1.25mm 粒度的煤样供测定用。在破碎中的筛分应尽量充分，以防止重复破碎。从大量的试验得知，制备煤样时只要按规定的要求逐级破碎，制得的试样出样率在 45%以上，所测定的结果也能真实代表煤的硬度。

2. 研磨操作中的注意事项

(1) 一定要用二分器缩分煤样，不得以其他方式分样。测定时首先从制好的试样中缩分出约 120g，用 0.63mm 筛振筛 5min，除去煤粉，保证初始的粒度符合要求，然后再缩分为两份各不小于 50g 的试样，即两次重复测定所用试样。分样操作很重要，如缩分不当或用手分样，很容易超过试验允许差。

(2) 要防止试样研磨前的外加破碎和确保所要求的总垂直力施加在 8 个钢球上，研磨前

的外加破碎是指在研磨碗后移动钢球；没有将落在球上和研磨碗凸起的部位的煤样扫到球的周围；在将研磨碗挂到机座两侧的螺栓上时，研磨环的十字槽与主轴下端的十字头要反复多次才能对准等，都能使试样产生外加破碎。因此，进行这一操作时，一定要先将钢球均匀放好后再倒入试样，将球上用研磨碗凸起部位的煤扫到球的周围，用尽可能少的次数挂好研磨碗，拧紧螺栓，确保总垂直力施加在 8 个钢球上，以使煤样得到正确的破碎。

(3) 清扫筛底时，要将黏在底下的粉清刷干净，同时也要防止筛上煤样从盖缝中漏出，并要保证振筛的时间。

3. 要定期校准仪器，做出正确的校准图

由哈氏可磨性原理可知，进行煤的可磨性测定，必须使用规定的仪器、设备，才能得到较为准确的结果。目前我国大多数试验室所使用的哈氏仪，都是仿美国的 H78-1 型哈氏仪，符合规定的要求。但仪器的长期使用会产生磨损，影响测定结果。测定中所使用试验筛在使用中会产生变形，由于国内各厂家生产的筛子实际孔径不标准，即使同一厂家生产出的同一孔径筛的实际孔也有差异，也能引起试验误差。因此，要定期用标准煤样校准仪器、设备，更换试验筛时用标准煤样重新绘制校准图。

GB/T 2565—2014《煤的可磨性指数测定方法》中的结果的处理上以校准图法取代了公式计算的方法。由于最后的结果是从校准图上查得，因此要保证结果的准确可靠，就首先要保证标样测定的校准图的绘制准确可靠。在使用标准可磨性煤样校准仪器以前，操作人员要检查平时的测定步骤。严格遵守国标的各项规定，测定时尽量不带入人为误差和系统误差，以保证校准图的准确性。

第八节　煤 灰 成 分 分 析

一、煤灰成分测定方法概述

1. 煤灰的化学组成

煤在锅炉中高温完全燃烧，煤中的无机矿物质及一些含有金属的有机物便形成了残渣，这个残渣就是灰分。灰分与煤中原有矿物质组成成分不一样，而这些矿物质通过一系列复杂的分解、化合、氧化等反应后生成的产物，是这些矿物质的衍生物。它由钾、钠、铁、钙、镁、锰、钒、硫、钛、硅、磷等元素的氧化物组成，如：SiO_2、SO_3、Fe_2O_3、Al_2O_3、CaO、MgO、TiO_2、K_2O、Na_2O、P_2O_5、VO_5、MnO_2，此外还有一些伴生物和稀散元素，均以氧化物存在，但含量较少。

煤灰的化学组成用氧化物的质量百分数来表示，通常测定的组分主要指 SiO_2、Al_2O_3、Fe_2O_3、CaO、MgO、P_2O_5、Na_2O、K_2O、SO_3、TiO_2，它们一般占 95%以上，灰中 SiO_2、Al_2O_3、Fe_2O_3 占 90%，特别 SiO_2 占 40%～60%，少数灰中的 CaO 占 20%～50%，Na_2O、K_2O 含量较少，大多数情况下只占 2%。SiO_2、Al_2O_3、TiO_2 为酸性氧化物，Fe_2O_3、CaO、MgO、Na_2O、K_2O 为碱性氧化物。

2. 煤灰成分分析方法概述

目前，煤灰成分分析方法有很多，既有仪器分析方法，也有常规的容量法，例如重量法、比色法、火焰光度法、原子吸收光谱法、X 荧光能谱法，除了 X 荧光能谱法不需熔样之外，其他方法必须将灰样熔化后，把各种元素变成可溶于水后再测定。常规分析方法根据称样量的不同又分为常量法和半微量法，常量法称样量为0.5g，而半微量法为0.1g。在采用常规分析方法进行灰成分全分析中，SiO_2、SO_3 采用重量法，Al_2O_3、Fe_2O_3、CaO、MgO采用容量法，P_2O_5、TiO_2 采用比色法，Na_2O、K_2O 采用火焰光度法。

二、灰成分常量分析方法

1. 灰样的准备

称取5～30g分析煤样（视灰分的高低决定样品量）于灰皿中并铺平，放入温度不超过100℃的高温炉中，在自然通风和炉门留15mm的缝隙的条件下，30min内将温度升至500℃，在此温度下加热30min，然后升温到（815±10）℃，在此温度下灼烧2h，取出冷却到室温将灰样研磨到0.1mm以下，再置于灰皿中再灼烧30min，直到质量变化不超过其质量的千分之一为止，取出冷却片刻，然后移到干燥塔中冷却到室温再称量。样品在灰化过程中，样品的厚度不要超过0.15g/cm^2，否则会影响碳酸盐分解产生的氧化钙对硫氧化物的固定程度，造成三氧化硫含量偏高，特别是当样品中氧化钙含量很高时影响更大。此外，对于不同硫分的样品不应放在同一炉中灰化，以免高硫样品燃烧产生的硫化物被低硫样品的氧化钙固定，造成低硫样品三氧化硫含量偏高。

2. 灰样熔融与溶解方法

（1）氢氟酸-硫酸酸溶法。称取灰样（0.2±0.01)g于聚四乙烯坩埚，加入10mL氢氟酸和5mL硫酸，放入通风柜中，在电热板上低温缓慢加热，蒸至近干，再升高温度蒸到白烟冒尽，要求蒸到干但不焦黑。取下坩埚，稍冷，用热水将熔融物洗入100mL烧杯，加入硫酸20mL和适量水溶解盐类，转入200mL的容量瓶，稀释到刻度，摇匀，待用，称为试液A。在不加入灰样的情况下，其他步骤同上，得到的空白试液称为试液A1，此试液适用于分光光度法分析磷和火焰光度法分析钠、钾。

（2）氢氧化钠碱熔法。称取灰样（0.5±0.02)g于30mm的银坩埚中，应加几滴乙醇润湿，表面加氢氧化钠4g，盖上盖子，放入箱式高温炉中，缓慢加热到650～700℃，熔融15～20min，取出稍冷，擦净坩埚外壁，将坩埚平置于250mL的烧杯中，加入150mL沸水，盖上表面皿，待激烈反应结束后，用少量1∶1盐酸和热水冲洗表面皿、坩埚、坩埚盖，此时，溶液体积为180mL，在不断搅拌的条件下加盐酸20mL，在电炉上微沸1min，冷却至室温，转入250mL的容量瓶，稀释至刻度，摇匀，装入塑料瓶待用，得到试液B。此方法适用于常量分析。在不加入灰样的情况下，其他步骤同上，得到的空白试液称为试液B1。

（3）氢氟酸-高氯酸酸溶法。称取灰样（0.1±0.01)g于聚四氟乙烯坩埚，用水润湿，加入2mL高氯酸和10mL氢氟酸，在温度不高于250℃的电热板上加热，蒸至白烟冒尽，取下坩埚，稍冷，加入10mL1∶1盐酸和10mL水，再放在电热板上加热至近沸并保持2min，取下，用热水将灰样溶液移入到100mL的容量瓶中，稀释到刻度待用，称为试液C。在不加入灰样的情况下，其他步骤同上，得到的空白试液称为试液C1。此试液适用于分光光度法分析磷和原子吸收光谱法。

（4）氢氧化钠碱熔法。称取灰样0.1g于30mm的银坩埚中，应加几滴乙醇润湿，表面加氢氧化钠2g，盖上盖子，放入箱式高温炉中，缓慢加热到650～700℃，熔融15～20min，取出稍冷，擦净坩埚外壁，平置于250mm的烧杯，150mL沸水，盖上表面皿，待激烈反应结束后，用少量1∶1盐酸和热水冲洗表面皿、坩埚、坩埚盖，此时，溶液体积为180mL，在不断搅拌的条件下加盐酸20mL，在电炉上微沸1min，冷却至室温，转入250mL的容量瓶，稀释至刻度，摇匀，装入塑料瓶待用，得到试液D。此方法适用于常量分析。在不加入灰样的情况下，其他步骤同上，得到的空白试液称为试液D1。

（5）四硼酸锂碱溶法。称取灰样0.1g于铂坩埚中，将0.5g的四硼酸锂的一部分与灰样用铂丝混合，另一部分则盖上样品表面，将装有样品的铂坩埚置于难熔材料制成的托板上，然后放入1000℃的高温炉中熔融20min，期间用坩埚钳夹住坩埚轻摇坩埚，直到灰样完全熔融直到清澈透明，取出后冷却至室温，然后放入250mL的烧杯中，在坩埚放入包裹聚四氟乙烯磁转子于铂坩埚中，加入50mL硝酸（HNO_3∶H_2O=5∶95），放在加热搅拌器保持近沸30min并持续搅拌，从加热搅拌器取下，将溶液移到100mL的容量瓶中，定容，此溶液称为试液E。在未加入灰样的情况下，按同样步骤制成的试液称试液E1。

三、煤灰成分前处理方法

1. 灰样的制备

煤样灰化应按GB/T 212—2008《煤的工业分析方法》中的缓慢灰化法进行，特别是黄铁矿、碳酸钙含量高的煤样，尤需注意这一点。灰化时，一定要使黄铁矿有足够的氧化时间，使氧化产物二氧化硫在碳酸钙没有分解以前顺利地排出炉外，否则碳酸钙的分解产物氧化钙将会把硫氧化物以硫酸钙的形式固定于灰中，从而使得灰分含量增高，灰中三氧化硫含量增大。

当不同煤样在灰化过程中的相互影响时，最好对单一煤样进行单独灰化，多煤样同一炉灰化，其SO_3的测定结果有可能高于单一煤样的测定结果。对于飞灰及炉渣的成分测定，则应将灰或渣样置于灰皿中摊平，放于高温炉中，将炉温升至（815±10）℃，直到灼烧至恒重（前后2次称重之差不超过1mg），一般约需0.5h。

2. 熔样

煤灰成分的测定，熔样是关键。为了保证熔样完全，应将灰样用玛瑙研钵研细，再在（815±10）℃的高温下灼烧至恒重，保存于磨口瓶中并置于干燥器中保存备用。煤灰用粒状氢氧化钠置于银坩埚中熔融，为防止灰样在氢氧化钠未熔以前随热气流飞逸损失，可滴加几滴乙醇液润湿灰样。

熔样温度以650～700℃为宜，时间为15min，熔样温度不能太高，时间也不能太长。否则，会有较多的银带入熔体，使得分离SiO_2后的滤液在冷却后产生较多很细的AgCl沉淀；如熔融温度太低，则会因熔融不完全，而使各成分的测定结果偏低。煤灰用氢氧化钠熔融，使灰中所有的二氧化硅、硅酸盐、硅铝酸盐都转化成可溶于水的正硅酸钠。灰样熔融以后，稍冷，将坩埚置于盛有沸水的烧杯中浸取熔块，直至熔融物全部被浸洗出来，最后将坩埚内外连同坩锅盖用热水吹洗干净。此时，灰中的硅全部以正硅酸钠的形式进入溶液。浸取熔融物时，水越热，则浸出越快。不必应用稀盐酸液来清洗坩埚，以防过多的银被溶出，而影响其后的操作。

四、煤灰中SiO_2含量测定

SiO_2含量的测定方法有重量法、氟硅酸钾容量法、钼硅酸蓝（半微量法）等，重量法的滤液可以用于其他元素的测定，滤液中已经没有硅酸根的存在，因此可以消除硅元素对其他元素测定的影响。将灰样熔融并用热水浸取后，硅酸钠进入溶液，用盐酸酸化则生成硅酸。硅酸形成稳定的胶体溶液，其胶粒带负电荷。为了中和胶粒所带的负电荷使硅酸凝聚，在溶液中加入动物胶，其水溶液具有胶体性质，其质点在 pH 值小于 4.7 的条件下能吸附 H^+ 而带正电荷。动物胶对硅酸的凝聚作用与盐酸酸度、温度条件及动物胶用量密切相关。溶液温度宜控制在 70～80℃为宜。温度升高，可促使胶体凝聚，但超过 80℃，就会破坏动物胶的胶体。动物胶的加入量要加以控制，加入量过多不仅不能促使硅酸凝聚析出，反而使其更加稳定。加入动物胶后，还必须将溶液加热蒸发至近干，使硅酸生成 SiO_2 蒸至近干后，加适量水溶解可溶性盐类，溶液呈透明的亮黄色，此时酸度降低，已凝聚的硅酸可能复溶而进入溶液中；在洗涤沉淀时，随洗涤液量的增加以及洗涤时间的延长，也会增大硅酸的复溶量而使 SiO_2 的测定结果偏低。

因此，在操作中要注意加水量不要过大，溶液放置时间不宜过长，洗涤水用量也不要过多。析出的沉淀用定量滤纸过滤，由于沉淀附着于杯壁，不易转移到滤纸上，故应用一端带乳胶管段的玻璃棒擦洗杯壁，用热水吹洗，令其全部转移到滤纸上。硅酸沉淀先用稀盐酸，后用热水吹洗至无 Cl^-，以除去 Fe^{+3}、Al^{+3}的干扰。用硝酸银溶液检验，如不再形成 AgCl 白色沉淀，则说明已洗至无 Cl^-，达到了要求。洗净的沉淀先置于已恒重的瓷坩埚中，先将其烘干及低温碳化（置于通风橱中），防止已有沉淀的滤纸着火燃烧，碳化后则转入高温炉中于（1000±20）℃下灼烧 1h。取出在空气中冷却，转入干燥器中，冷至室温后称重。灼烧后的 SiO_2 应为纯白色，如出现红黄色，则有可能由于洗涤不充分存在少量氧化铁之故。

硅钼酸蓝分光光度法为国标推荐方法，重点介绍如下：

1. 硅钼酸蓝分光光度法测定原理

在乙醇的存在下，于 0.1mol/L 的盐酸介质中，正硅酸与钼酸生成硅钼黄，然后提高到 2.0mol/L 以上，用抗坏血酸还原硅钼黄为硅钼蓝，采用示差分光光度法测定二氧化硅含量。反应式如下：

在弱酸介质中，正硅酸与钼酸生成黄色硅钼杂多酸：

$$H_4SiO_4 + 12H_2MoO_4 \longrightarrow H_8[Si(Mo_2O_7)_6] + 10H_2O$$

在还原剂的作用下，正六价的钼还原为正五价的钼，生成蓝色的硅钼杂多酸：

$$[Si(Mo_2O_7)_6]^{8-} + 2e \longrightarrow [Si(Mo_2O_5)(Mo_2O_7)_5]^{6-} + 2H_2O$$

蓝色的硅钼杂多酸色度与硅的含量成正比，因此在波长 620nm 处测定其消光度就可以测定硅的含量。

2. 分析步骤

工作曲线的绘制：准确吸取浓度为 0.05mg/mL 的 SiO_2 标准溶液 0、5、10、15、20、25、30mL，分别注入 100mL 的容量瓶中，分别加入浓度为 1∶11 的盐酸 5、4、3、2、1、0、0mL，加水至 27mL，各加入 8mL 无水乙醇和浓度为 50g/L 的钼酸铵 5mL，摇匀，在 20～30℃的条件下放置 20min。各加入 1∶1 的盐酸 30ml，放置 1～5min，加入浓度为 10g/L 的抗坏血酸 5mL，摇匀，用水稀释到刻度，放置 1h，用 1cm 的比色皿，于波长 620nm 处，测定消光度。以消光度为纵坐标，二氧化硅质量为横坐标绘制工作曲线。

样品测定：准确吸取试液 D 及空白试液 D1 各 5mL，各加入 8mL 无水乙醇和浓度为 50g/L 的钼酸铵 5mL，摇匀，在 20～30℃的条件下放置 20min。加入 1∶1 的盐酸 30mL，放置1～5min，加入浓度为10g/L的抗坏血酸5mL，摇匀，用水稀释到刻度，放置1h，用1cm的比色皿，于波长620nm处，测定消光度。对样品的消光度进行空白校正后，从工作曲线上查出二氧化硅质量含量，结果计算见式（7-42）：

$$c(SiO_2)=\frac{5m(SiO_2)}{m} \tag{7-43}$$

式中 $m(SiO_2)$——从工作曲线查出二氧化硅的质量，mg；

5——全部试液与分取试液的体积比；

m——灰样的质量，g。

3. 分析过程的干扰因素及解决措施

硅钼蓝的显色是否完全和稳定取决于硅钼黄的显色是否完全和稳定，黄色硅钼杂多酸包括α型和β型两种形态，这两种形态的杂多酸的消光度差别较大，而且，它们生成蓝色的硅钼杂多酸后的消光度差别也很大。一般情况下，在pH值为2～4时，主要生成α型黄色硅钼杂多酸，性质较稳定，经过还原之后，生成绿蓝色的硅钼蓝，其光谱的吸收峰位在750nm，但是在这个酸度下有很多金属离子容易水解，同时能够适用的还原剂也不多，因此此方法目前应用很少。在pH值为1.3～1.5的溶液中，也就是溶液的酸度为0.1mol/L时，生成β型的黄色硅钼杂多酸，颜色较深，但稳定性较差，容易转化为α型，而且温度越高转化越快，但是生成蓝色的硅钼杂多酸后十分稳定，并且在这个酸度下可避免某些金属离子的水解，也容易生成硅钼蓝，其生成的硅钼蓝在可见光区域内的消光度比α型高，因此得到广泛应用。

除了酸度是决定生成的硅钼黄是α型的还是β型的，温度也是一个重要的影响因素。试验证明，温度越高，显色越快，当温度超过30℃，显色时间越长，稳定越差，自发转化为α型的可能性越大，因此选定的温度为20～30℃，显色时间为15～20min。加入某些水溶性的有机溶剂如乙醇、丙酮，有利于提高络合物的显色速度和增强稳定性，试验表明，当乙醇加入量达到6～10mL，能够使溶液在较短的时间内显色。钼酸铵的加入量是保证硅钼黄能否完全显色的条件，根据试验表明，加入浓度5%的钼酸铵3～7mL能够保证完全显色，最终确定的加入量为5mL。

将硅钼黄还原为硅钼蓝的还原剂除了抗坏血酸之外，还有氯化亚锡、硫酸亚铁、亚硫酸钠、1-氨基-2-萘酚-4-磺酸（ANSA）、羟氨、硫脲、氢醌、米妥尔等。ANSA是较为理想的还原剂，其灵敏度高，稳定性好；抗坏血酸也是比较理想的还原剂，能够消除铁元素的干扰，但还原速度慢；用氯化亚锡还原，溶液的酸度需控制在1moL/L以上，此时过量的钼酸铵不被还原，并有利于消除磷、砷的干扰，灵敏度也较高，但生成的硅钼蓝稳定性差；用硫酸亚铁还原，溶液的酸度需控制在0.4moL/L以上，还原速度快而且稳定，但灵敏度较差，加入草酸能提高灵敏度。用这些还原剂还原而生成的硅钼蓝，其光谱吸收峰略有所不同。不同的还原剂应控制不同的酸度，酸度范围在0.4～10mol/L甚至更高的酸度也能形成硅钼蓝，但是如果还原酸度过低，将使钼酸盐还原而导致大量非硅钼蓝形成。试验证明：当酸度在0.53～2.75mol/L的范围内能够将硅钼黄还原为稳定的硅钼蓝。灰中的磷、锗、砷在不同条件下能够与钼酸胺生成黄色的杂多酸络合物，而且均能够还原为钼蓝，造成试验结果偏高。可以通过提高还原酸度的办法来消除磷元素的影响，磷钼酸在酸度达到1.8mol/L以上时，即已完全被破坏，而硅钼酸有较好的稳定性，立即加入还原剂使硅钼酸还原为硅钼蓝，这样就可以消除磷的影响，用同样的方法也可消除砷的影响。锗元素无简易的消除方法，可采用萃取或煮沸的方法使锗元素以 $GeCl_4$ 形式挥发而消除干扰。

五、煤灰中 SO_3 含量测定

GB/T 1574—2007《煤灰成分分析方法》规定 SO_3 可用硫酸钡沉淀法、高温燃烧中和法和库仑滴定法测定，这与煤中全硫测定的标准方法相似。实际上使用较多的为硫酸钡沉淀法。

1. 硫酸钡沉淀法

(1) 测定原理。灰中的硫元素以硫酸盐的形式存在，用盐酸萃取其中的硫元素，使之变成可溶于水的硫酸盐，将滤液过滤后，滤液用氢氧化铵中和并将铁沉淀出来，过滤后的溶液加入氯化钡，生成硫酸钡沉淀后用质量测定灰中 SO_3 含量。

(2) 分析步骤。称取灰样 0.2～0.5g 置于 250mL 烧杯中，加入 1∶3 的盐酸 50mL，盖上表面皿，加热微沸 20min，取下，趁热加入甲基橙指标 2 滴，滴加 1∶1 氨水中和至颜色刚变，再过量 3～6 滴，待氢氧化铁沉淀下降，用中速定量滤纸过滤于 300mL 烧杯中，用近沸的水洗涤沉淀 10～12 次，向滤液中滴加 1∶1 盐酸至溶液刚变色，再过量 2mL，用水将溶液稀释到 250mL。将溶液加热到至沸，在不断搅拌的情况下，滴加 100g/L 的氯化钡溶液 10mL，在电热板上微沸 5min 并保温 2h，使溶液最终体积为 150mL 左右。用慢速滤纸过滤，用热水洗至无氯离子为止（用硝酸银检验）。将滤纸与沉淀一起置于已恒重的瓷坩埚，先在低温下灰化滤纸，然后在 800～850℃的高温炉中灼烧 40min，取出，稍冷，放入干燥器中冷却至室温，称量。每配制一种药剂或更换一种药剂都必须做空白试验，空白试验的试验步骤与上述步骤一致，只是不加入灰样而已，结果计算见式（7-44）：

$$c(SO_3) = \frac{34.3(m_1 - m_2)}{m} \tag{7-44}$$

式中 m_1——硫酸钡的质量，g；

m_2——空白试验硫酸钡的质量，g；

m——灰样的质量，g；

34.3——硫酸钡换算为三氧化硫的系数。

(3) 分析过程注意事项。该方法是采用硫酸钡沉淀法测定灰中三氧化硫的含量，溶液酸度控制对测定结果的影响较大，一般要将酸度控制在 0.05～0.1mol/L，因为酸度增大时，能促使生成酸式盐而使沉淀的溶解度增大，使测定结果偏低，反应式如下：

$$BaSO_4 + H^+ \rightarrow Ba^{2+} + HSO_4^-$$

进行沉淀时，应在不断搅拌中慢慢加入氯化钡溶液，否则容易发生局部饱和而生成大量颗粒小、纯度低的沉淀。氯化钡的加入量不能太多，只能过量 20%～30%，否则产生盐效应，使沉淀的溶解度增大。沉淀一般在热的溶液中进行。沉淀的溶解度随着温度的升高而增大，降低溶液的相对饱和度，以便形成大颗粒的沉淀，同时，减少杂质的吸附量，以获得纯净的沉淀，此外温度提高也增加构晶离子的扩散速度，加快晶体的成长，以获得大颗粒的沉淀。

沉淀析出后，需要一个陈化放置过程，这是因为小颗粒的沉淀相对于大颗粒的沉淀来说溶解度大，因此当溶液中大小颗粒的沉淀同时存在时，溶液的浓度相对于大颗粒来说已经饱和，而小颗粒尚未饱和，结果小颗粒的沉淀逐渐溶解，使溶液相对于大颗粒过饱和，溶液中

的离子形成大晶体析出，此时溶液对于小颗粒的沉淀又变为不饱和，小晶体就要继续溶解，这样下去，就可以使小颗粒全部转化为大颗粒沉淀。此外，由于大颗粒的沉淀相对表面积小一点，因此吸收的杂质相对少一点。

如果溶液中 Fe^{3+}、Al^{3+} 离子存在较多时，容易生成 $Fe_2(SO_4)_3$ 和 $Al_2(SO_4)_3$，高温灼烧时，生成 Fe_2O_3、Al_2O_3，造成结果偏低。此时，沉淀的颜色也不是纯白色而是黄棕色。

滤纸需要在低温下炭化，使滤纸中碳完全烧尽，否则碳容易将硫酸钡还原为硫化钡使结果偏低，反应式如下：

$$BaSO_4 + 2C \longrightarrow BaS + 2CO_2$$

灼烧沉淀的温度应控制在 800～850℃，超过 1000℃，容易引起硫酸钡分解，反应式如下：

$$BaSO_4 \longrightarrow BaO + SO_3 \uparrow$$

2. 高温燃烧中和法

(1) 测定原理。灰中的硫酸盐在 1300℃和催化剂活性碳的作用下，发生分解生成二氧化硫和少量的三氧化硫，用过氧化氢溶液吸收，生成硫酸溶液，以甲基红-溴甲酚绿为指示剂，用标准氢氧化钠溶液滴定，根据消耗的标准氢氧化钠溶液体积计算灰中 SO_3 含量，反应式如下：

$$2MSO_4 \longrightarrow 2MO + 2SO_2 \uparrow$$

$$S + O_2 \longrightarrow SO_2$$

$$2SO_2 + O_2 \longrightarrow SO_3$$

$$SO_2 + H_2O_2 = H_2SO_4$$

$$SO_3 + H_2O = H_2SO_4$$

$$H_2SO_4 + 2NaOH = Na_2SO_4 + 2H_2O$$

(2) 分析步骤。氢氧化钠标准溶液的标定：称取已在 120℃预先干燥 1h 的苯二甲酸氢钾的基准试剂 0.1000g 于 300ml 的烧杯中，加入已煮沸 5min、中和并冷却的蒸馏水 150mL，加入 2～3 滴酚酞指示剂，用 0.025mL 的氢氧化钠标准溶液滴定到出现微红色，氢氧化钠标准溶液对三氧化硫的滴定度式 (7-45)：

$$T(SO_3) = \frac{0.04003 \times 1000 \times m}{0.2042 \times V_1} \tag{7-45}$$

式中 m——苯二甲酸氢钾的质量，g；

V_1——消耗的氢氧化钠标准溶液体积，mL；

0.2042——苯二甲酸氢钾的摩尔质量，g/mmol；

0.04003——三氧化硫的摩尔质量，g/mmol。

分析步骤：按图 7-46 装好设备，通电将炉温升高到 (1300±20)℃，往定硫吸收器及锥形瓶中注入 10%过氧化氢溶液，过氧化氢溶液中含有甲基红—溴甲酚绿混合指示剂。开动抽气泵，将流速调节到 500mL/min，用 0.025mol/L 的标准氢氧化钠将过氧化氢溶液调节为亮绿色，在玻璃三通活塞的侧管注入 3mL 蒸馏水。称取灰样 0.1g 于燃烧舟中，再加 0.1g 活性碳并混匀，放入燃烧管，塞上带有镍铬推杆和 T 形玻璃管的塞子，用推杆将样品立即推入高温的恒温带，将推杆退回。样品燃烧 10min 后，用 0.025mol/L 的标准氢氧化钠溶液滴定至定硫吸收器中的过氧化氢溶液由红变绿，拧动玻璃三通活塞，使侧管的水被冲入定硫吸收器中，以冲洗存在侧管的酸，此时过氧化氢溶液由绿变红，继续滴定至溶液出现亮绿色时为终点。关上抽气泵，取出燃烧舟，接着放入第二个燃烧舟，开始第二次试验，结果计算见式（7-46）：

$$c(SO_3)=\frac{T(SO_3)V_2}{10m} \tag{7-46}$$

式中 $T(SO_3)$——氢氧化钠标准溶液对三氧化硫的滴定度，mg/mL；

V_2——滴定消耗的氢氧化钠的体积，mL；

m——灰样的质量，g。

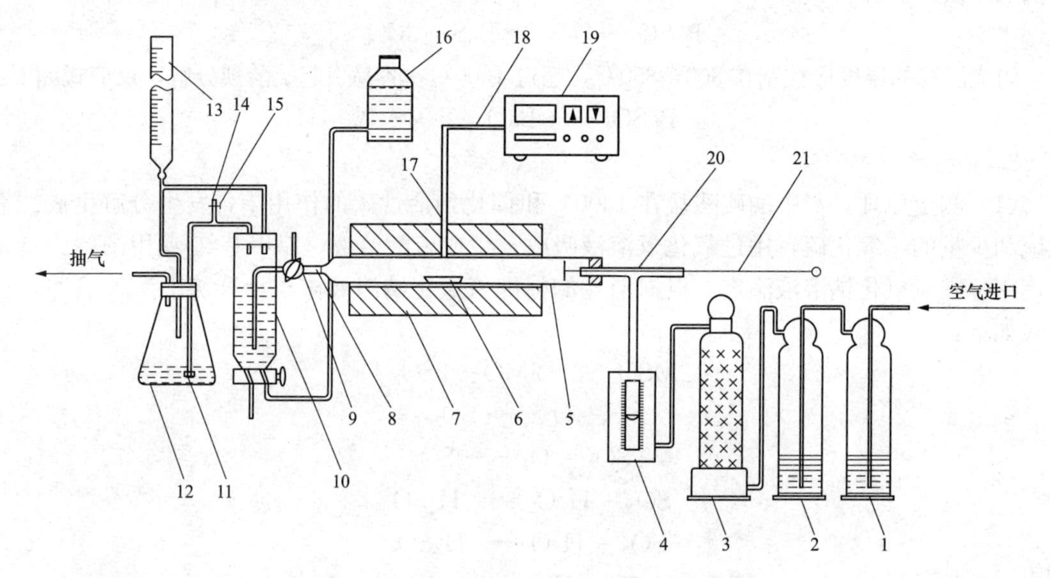

图 7-46　三氧化硫燃烧中和法测定装置示意图

1—洗气瓶（装氢氧化钠）；2—洗气瓶（装浓硫酸）；3—干燥器（装变色硅胶）；4—转子流量计；5—燃烧管；6—燃烧舟；7—炉体；8—硅橡胶管；9—带侧管的三通活塞；10—定硫吸收瓶；11—气体过滤器；12—锥瓶；13—滴定管；14—玻璃三通；15—夹子；16—吸收液下口瓶；17—热电偶套管；18—热电偶；19—控温器；20—T 形玻璃管；21—推杆

（3）分析过程注意事项。灰样中硫酸盐硫在高温和催化剂的作用下，分解生成二氧化硫和少量三氧化硫，起催化作用的催化剂除了活性碳之外，石英沙、三氧化钨、五氧化二钒等均可作为催化剂。

由于采用中和法，因此必须消除二氧化碳对测定的影响。首先，在对标准氢氧化钠标准溶液的过程中，用于溶解苯二甲酸氢钾的蒸馏水必须通过煮沸和中和，将水中的二氧化碳清除。在样品的测定过程，用于助燃的空气也要通过碱液将二氧化碳吸收并干燥后方通入燃烧管中。

燃烧管采用异径管，出气一端直径较细，目的是便以捕集气体，燃烧管的高温带要求达到 80～100mm。试验证明样品在燃烧管中燃烧时间达到 5min，灰中硫酸盐未能完全分解，而燃烧时间达到 10min，灰中硫酸盐已完全分解，因此选择燃烧时间选择为 10min。

定硫吸收瓶细高试管而不用三角锥瓶，目的是增加气管插入吸收液的液柱深度，增加气体吸收效果。在定硫吸收瓶后面加一个装吸收液的三角锥瓶是将未被吸收的气体进一步吸收。

空气流量太大，可能使硫的氧化物来不及吸收就被带走，而空气流量太小，硫的氧化物不能全部被带入吸收瓶中，因此选择流量为 500mL/min。

3. 库仑滴定法

（1）库仑滴定法测定原理。灰中的硫酸盐在 1150℃和催化剂三氧化钨的作用下，发生分解生成二氧化硫和少量的三氧化硫，二氧化硫和少量的三氧化硫气体被空气带入电解池中生成亚硫酸和少量硫酸，同时，电解池自动电解碘化钾溶液生成碘来氧化滴定亚硫酸，根据电解碘化钾消耗的电量来计算灰中 SO_3 含量。反应式如下：

$$2MSO_4 \longrightarrow 2MO + 2SO_2 \uparrow$$

$$2SO_2 + O_2 \longrightarrow 2SO_3$$

生成的二氧化硫被空气带入电解池中，与水化合生成亚硫酸和少量硫酸。以电解碘化钾-溴化钾溶液生成的碘和溴来氧化滴定亚硫酸：

阳极：$2I^- - 2e \longrightarrow I_2$

$2Br^- - 2e \longrightarrow Br_2$

阴极：$2H^+ + 2e \longrightarrow H_2$

$$I_2 + SO_2 + H_2O \longrightarrow H_2SO_4 + 2HI$$

$$Br_2 + SO_2 + H_2O \longrightarrow H_2SO_4 + 2HBr$$

（2）分析步骤。打开电源，启动定硫仪，将炉温升到 1150℃。开动抽气泵，将气流的速度调到 1L/min，检查气路的气密性，检查方法是：关闭高温炉与电解池之间的活塞，如果气流的速度降低到 500mL/min，则气路的气密性好。将 250～300mL 的电解液加到电解池中，开动搅拌器。用燃烧舟称取 50mg 灰样，表面覆盖一层薄薄的三氧化钨，将燃烧舟放在石英托盘上，启动程序控制器，石英托盘自动进炉，库伦滴定开始。积分仪显示硫的测定值，灰中三氧化硫含量计算见式（7-47）：

$$c(SO_3) = \frac{m(s)}{10m} \times 2.5 \tag{7-47}$$

式中　$m(s)$——积分仪显示的硫测定值，mg；

m——煤灰的质量，g；

2.5——由硫换算成三氧化硫的因数。

（3）试验温度和催化剂的选择。在煤灰中硫元素以硫酸盐的形式存在，一般来说，灰中硫酸盐需要在 900℃以上的温度才能分解，例如硫酸钙的分解温度为 900℃，而硫酸钡的分解温度为 1500℃。煤烧成灰之后，其中的碳酸盐已经全部分解，另外，灰样也不存在爆燃问题，所以定硫仪中的 600℃预热带对灰样来说无实际意义，对硫酸盐来说，促进其分解的两个重要因素：高温和催化剂，在催化剂的作用下，灰中的硫酸盐在 1150℃下能够完全分解。灰中的硫酸盐含量越高越难分解，因此，当灰中三氧化硫的含量超过 10%时，为了保证硫酸盐完全分解，一方面要减少样品量（样品量控制在 20～30mg），另一方面，适当延长在高温带的停留时间。

三氧化钨、活性炭、五氧化二钒、石英沙、三氧化二铝均可作为催化剂，相对来说三氧化钨、活性炭的催化作用好一些，因此在实际应用中普遍采用三氧化钨、活性炭为主。由于活性炭价格低廉，高温燃烧后没有残渣，是一个不错的选择。采用库仑滴定法测定煤灰中三氧化硫含量，从烦琐的常规化学分析变为简易的仪器操作，使速度大大地提高，测定一个样品只要几分钟就可以了。

六、煤灰中 Fe_2O_3 含量测定

采用乙二胺四乙酸二纳盐（ethylene diamine tetraacetic acid，EDTA）容量法测定煤灰中 Fe_2O_3 含量的原理：基于在 pH 值为 1.8～2.0 的条件下，以磺酸水杨酸［$SO_3HC_6H_3(OH)\cdot COOH$］为指示剂，用 EDTA（乙二胺四乙酸二钠盐，分子式为 $C_{10}H_{14}N_2O_8Na_2\cdot 2H_2O$）标准溶液滴定，使 Fe^{3+} 与 EDTA 生成络合物，滴定到终点时颜色由紫红色变为亮黄色，根据消耗的 EDTA 的量来计算 Fe_2O_3 含量，以 HIn^- 代表磺酸水杨酸，H_2Y^{2-} 代表 EDTA 络合离子，Fe^{3+} 先与磺酸水杨酸发生络合反应：

$$Fe^{3+} + HIn^- \longrightarrow FeIn^+ + H^+$$

（无色）（紫红色）

滴定反应：$Fe^{3+} + H_2Y^{2-} \longrightarrow FeY^- + 2H^+$。

终点时指示剂的变色反应：

$$H_2Y^{2-} + FeIn^+ \longrightarrow FeY^- + HIn^- + H^+$$

（紫红色）（亮黄色）（无色）

EDTA 的标定：用移液管吸取浓度为 1.0mg/mL 的三氧化二铁标准溶液 10mL 于 300mL 的烧杯中，加水稀释约 100mL。加入磺基水氧酸指示剂 0.5mL，滴加氨水溶液至溶液由紫色恰变为黄色，再加入盐酸溶液调节溶液 pH 值至 1.8～2.0（用精密 pH 试纸检验）。将溶液加热到 70℃，取下，立即用 EDTA 标准溶液滴定至亮黄色（铁低时为无色，终点时温度应在 60℃左右）。

样品分析步骤：吸取试液 B 20mL，置于 250mL 的烧杯中，加水稀释到 50mL，加入浓度为 100.0g/L 磺基水杨酸钠指示剂 0.5mL，用氨水将 pH 值调节到 2.0（用精密试纸测试），将溶液加热到 70℃，趁热用 0.004mol/L 的 EDTA 标准溶液滴定到出现亮黄色（铁低时为无色，终点时温度应在 60℃左右）。结果计算见式（7-48）：

$$Fe_2O_3 = \frac{T_{Fe_2O_3} \times V \times 12.5}{m \times 1000} \times 100\% \tag{7-48}$$

式中 $T_{Fe_2O_3}$——EDTA 标准溶液对三氧化二铁的滴定度，mg/mL；

m——灰样的质量，g；

V——滴定时消耗的 EDTA 标准溶液的体积，mL；

12.5——全部试液与分取试液的体积比。

EDTA 容量法测定灰中 Fe_2O_3 含量最关键的环节是正确控制溶液的 pH 值和温度，滴定时 pH 值控制在 1.8～2.0，当 pH 值小于 1.8 时，磺基水杨酸和 EDTA 的络合能力降低，EDTA 与 Fe^{3+} 不能定量络合；但当 pH 值大于 2.5 时，磺基水杨酸与 Fe^{3+} 形成稳定的红色 $[Fe(In)_2]^-$ 或 $[Fe(In)_2]^{2-}$ 络合阴离子，用 EDTA 滴定时，$[Fe(In)_2]^-$ 或 $[Fe(In)_2]^{2-}$ 不易被破坏，溶液红色不易褪去，而消耗过多的 EDTA，分析结果偏高，同时随着 pH 值升高，铁、铝容易水解而产生浑浊，影响测定。溶液的温度也是影响测定结果的重要因素，磺基水杨酸铁与 EDTA 的络合反应速度很慢，提高温度有利于提高反应速度，但温度不能太高，不能使溶液沸腾，否则铝与 EDTA 络合，使铁的测定值偏高。

终点时，溶液的颜色由红色变为亮黄色，样品中的铁含量越高，颜色越深，铁含量越低，颜色越浅，为浅黄色甚至为无色，若溶液中含有大量的 Cl^- 时，FeY^- 与 Cl^- 形成颜色

更深的络合物，所以在盐酸介质中滴定优于硝酸介质。

七、煤灰中 Al_2O_3 含量测定

采用氟盐取代 EDTA 容量法测定煤灰中 Al_2O_3 含量的原理：在 pH 值为 1.8～2 的条件下，以磺基水扬酸为指示剂，用 EDTA 标准溶液滴定。然后加入过量的 EDTA，使之与铁、铝、钛等络合，在 pH 值为 5.9 的条件下，用二甲酚橙作指示剂，以锌盐回滴剩余的 EDTA 溶液。加入氟化钾，煮沸 2～3min，使生成更稳定的 AlF_6^{3-} 络离子，置换出与 Al^{3+} 络合的 EDTA，然后再用乙酸锌标准溶液滴定。此方法适用于 TiO_2 已知的情况下。

乙酸锌标准溶液的标定：用移液管吸取三氧化二铝标准工作溶液（浓度为 1mg/mL）10mL 于 250mL 的烧杯中，加水稀释到 100mL，加入浓度为 1g/L 的二甲酚橙指示剂 1 滴，用 1∶1 氨水中和至刚出现浅藕白色，再加 1∶3 冰乙酸至藕白色消失，加入 pH 值为 5.9 的缓冲溶液 10mL（缓冲溶液由 200.0g$CH_3COONa \cdot 3H_2O$ 和 120.6gCH_3COONa、6mL 冰乙酸并加水稀释到 1000mL 配制而成），在电炉上微沸 4～5min，冷却至室温，加入二甲酚橙指示剂 4～5 滴，用 0.01mol/L 的乙酸锌滴定到出现橙红色（或紫红色）。加入浓度 100g/L 的氟化钾 10mL，煮沸 2～3min，冷却至室温，加入二甲酚橙指示剂 2 滴，用 0.01mol/L 的乙酸锌滴定到终点出现橙红色（或紫红色）。标准乙酸锌对三氧化二铝标准工作溶液的滴定度计算见式（7-49）：

$$T(Al_2O_3)=\frac{10\rho}{V_1} \tag{7-49}$$

式中　ρ——三氧化二铝标准工作溶液的浓度，mg/mL；

V_1——标定时消耗的乙酸锌溶液体积，mL。

样品分析步骤：用移液管吸取试液 B20mL 于 250mL 的烧杯中，加水稀释到 100mL，其余操作步骤与乙酸锌标准溶液的标定步骤一致。结果计算见式（7-50）：

$$Al_2O_3=\frac{T_{Al_2O_3}\times V_2\times 0.5}{m}-0.638\omega_{TiO_2} \tag{7-50}$$

式中　$T_{Al_2O_3}$——乙酸锌标准溶液对三氧化二铝的滴定度，mg/mL；

V_2——试液所消耗的酸锌标准溶液体积，mL；

ω_{TiO_2}——TiO_2 质量分数，%；

m——灰样质量，g；

0.638——由二氧化钛换算为三氧化二铝的因数。

八、煤灰中 CaO 含量测定

方法原理：试液中加入氟化钾、三乙醇胺掩蔽硅、铝离子、钛离子、锰离子等，在 pH 值不小于 12.5 的条件下以钙黄绿素-百里酚酞为指示剂，以 EDTA 标准溶液滴定。在 pH 值不小于 12 时，镁已生成 $Mg(OH)_2$ 沉淀，仅有钙与 EDTA，从而避免了 Mg 的干扰，反应式如下：

$$Ca^{2+}+H_2Y^{2-}\longrightarrow CaY^{2-}+2H^+$$

$$Mg^{2+}+2OH^-\longrightarrow Mg(OH)_2\downarrow$$

根据消耗的 EDTA 标准溶液计算 CaO 含量。

分析步骤：用移液管移取试液B10mL于250mL的烧杯中，加水稀释到100mL。加入2mL浓度1∶2的三乙醇胺，氢氧化钾溶液10mL、少许钙黄绿素-百里酚酞指示剂，每加一种试剂，均应搅匀，于黑色底板上，立即用0.004mol/L的EDTA标准溶液滴定到绿色荧光消失出现红色时为终点。用空白液B1做空白试验，试验步骤与样品的分析步骤一致。标准EDTA溶液标定见三氧化铁含量测定部分。结果计算见式（7-51）：

$$CaO=\frac{T_{CaO}\times(V-V_0)\times 25}{m\times 1000}\times 100\% \tag{7-51}$$

式中 T_{CaO}——每1mLEDTA标准溶液相当于氧化钙的质量，mg；

V_1——滴定钙消耗的标准EDTA溶液体积，mL；

V_0——空白试验消耗的标准EDTA溶液体积，mL；

25——全部试液与分取试液的体积比；

m——灰样的质量，g。

九、煤灰中MgO含量测定

在试液B中加入氟化钾、三乙醇胺、铜试剂（二乙基胺二硫代甲酸钠）掩蔽硅离子、铝离子、钛离子、铁离子及微量锰离子、铅离子等，加入NaOH及pH值为10的氨性缓冲溶液，调节使pH值不小于10，以酸性铬蓝K-萘酚绿B为指示剂，以EDTA滴定钙、镁含量，根据扣除滴定钙消耗的那部分EDTA后的EDTA标准溶液的量，就可以计算出MgO含量。用移液管吸取试液B10mL于250mL的烧杯中，加入5mL浓度为20.0g/L的氟化钾，摇匀后放置2min，加入水稀释到100mL，加入1∶2三乙醇胺10mL，摇匀后，氨水溶液10mL，将溶液的pH值调节到10，加入1滴浓度为50.0g/L的铜试剂，摇匀后，再加入稍少于滴钙时所消耗的EDTA标准溶液的量，然后加入酸性铬蓝K-萘酚绿B指示剂少许，继续用0.004mol/L的EDTA标准溶液滴定到溶液呈纯蓝色。结果计算见式（7-52）：

$$MgO=\frac{T_{MgO}\times(V_2-V_1)\times 25}{m\times 1000}\times 100\% \tag{7-52}$$

式中 T_{MgO}——每1mLEDTA标准溶液相当于氧化镁的质量，mg；

V_2——滴定氧化镁消耗的标准EDTA溶液体积，mL；

V_1——滴定氧化钙时消耗的标准EDTA溶液体积，mL；

25——全部试液与分取试液的体积比。

十、煤灰中TiO_2含量测定

在滤液B中，在硫酸介质下以磷酸掩蔽铁离子，四价钛与过氧化氢形成钛酸黄色络合物，用3cm厚的比色皿，以空白溶液为参比，在430nm的波长下测定吸光度，根据消光值计算TiO_2含量。

工作曲线绘制：用移液管准确吸取0.1mg/mL二氧化钛标准溶液0、2、4、6、8mL，分别注入50mL的容量瓶中，加水至40mL，加入1∶1的磷酸2mL，加入1∶1的硫酸5mL，若出现浑浊，则在水浴上加热至澄清，冷却，再加入1∶9的过氧化氢3mL，稀释到刻度，摇匀。放置30min后，用3cm的比色皿，于波长430nm测定消光度，以二氧化钛质量（mg）为横坐标，以吸光度为纵坐标，绘制工作曲线。

试样测定：分别吸取B试液和B1试液各10mL，分别注入50mL的容量瓶中，其他步骤同上，分别测定灰样试液和空白试液的吸光度，将测定的灰样试液吸光度扣除空白试液的吸光度，在工作曲线查出二氧化钛的质量，结果计算见式（7-53）：

$$TiO_2 = \frac{25m_{TiO_2}}{m \times 1000} \times 100\% \tag{7-53}$$

式中　m_{TiO_2}——从工作曲线查出二氧化钛的质量，mg；

25——全部试液与分取试液的体积比；

m——灰样的质量，g。

十一、煤灰中K_2O、Na_2O含量测定

1. 测定原理

火焰光度计是用火焰作为激发光源的原子发射光谱法。1859年由R. W. E. 本生发明，1935年制成第一台火焰光谱光电直读光度计。该法系选择适当的方式将分析试样引入火焰中，依靠火焰（1800～2500℃）的热效应和化学作用将试样蒸发、离子化、原子化和激发发光。根据特征谱线的发射强度I与样品中该元素浓度c之间的关系式$I=abc$（a为比例系数，b为自吸收系数），将未知试样待测元素分析谱线的发射强度与一系列已知浓度标准样的测量强度相比较，进行元素的火焰光谱定量分析，测定所用的装置为火焰光度计。本法具有简单快速、取样量少的优点。主要用于碱金属及碱土金属的测定。

2. 分析步骤

（1）试剂配制。

1）浓度为0.4mol/LK_2O、Na_2O混合标准溶液：准确称取经过600℃灼烧30min的优级纯K_2O 0.6332g和优级纯Na_2O 0.7544g溶解于水中，移入1000mL的容量瓶中，稀释到刻度，摇匀，转移至聚乙烯塑料瓶中待用。

2）合成灰溶液：称取0.5g氧化铁、1.0g三氧化铝、0.5g氧化钙、0.2g氧化镁、0.2g三氧化硫、0.01g五氧化二钒、0.05g四氧化二锰、0.05g二氧化钛等试剂分别溶解，移入1000mL的容量瓶中，用水稀释到刻度，储于聚乙烯塑料瓶。

3）满度调节液：吸取0.4mol/L K_2O、Na_2O混合标准溶液和合成灰溶液各100mL，注入1000mL的容量瓶，用水稀释到刻度，摇匀，转移到5000mL的聚乙烯塑料瓶中，重复上述操作3次，将4000mL满度调节液摇匀，备用。

4）零度调节液：吸取合成灰溶液100mL，注入1000mL的容量瓶，用水稀释到刻度，摇匀，转移到5000mL的聚乙烯塑料瓶中，重复上述操作1次，将2000mL满度调节液摇匀，备用。

（2）分析步骤。

1）工作曲线绘制：准确吸取浓度为0.4mol/LK_2O、Na_2O混合标准溶液0、2、4、6、8、10mL分别注入100mL的容量瓶中，加入0.2mol/L的硫酸溶液10mL，合成灰溶液10mL，加水稀释到刻度，摇匀。预热火焰光度仪15min，调节最佳空气压和燃气压，放入钾滤光片，分别以满度和零度调节液调节光栅使检流器分别在“0”和“200”上，反复调节至稳定为止，然后依次用以上不同浓度的标准溶液测定，记录钾的度数。换上钠滤光片，分别以满度和零度调节液调节光栅使检流器分别在“0”和“100”，反复调节至稳定为止，然

后依次用以上不同浓度的标准溶液测定，记录钠的度数。以钾、钠的质量为横坐标，以读数为纵坐标，绘制工作曲线。

2）样品分析：调节最佳空气压和燃气压，放入钾滤光片，分别以满度和零度调节液调节光栅使检流器分别在“0”和“200”上，反复调节至稳定为止，然后分别对试液A和空白液A1进行测定，记录钾的度数。换上钠滤光片，分别以满度和零度调节液调节光栅使检流器分别在“0”和“100”，反复调节至稳定为止，然后分别对试液A和空白液A1进行测定，记录钠度数。从工作曲线上分别查出钾、钠的质量，结果计算见式（7-54）及式（7-55）：

$$c(K_2O)=\frac{0.2m(K_2O)}{m} \tag{7-54}$$

$$c(Na_2O)=\frac{0.2m(Na_2O)}{m} \tag{7-55}$$

3. 干扰因素及消除

火焰光度法同样存在各种因素干扰，如供气压力；试样导入量、有机溶剂和无机酸的影响；金属元素间的相互作用；激发情况的稳定性（如气体压力和喷雾情况的改变会严重影响火焰的稳定）；喷雾器没有保持十分清洁时也会引起不小的误差。在测定过程中，如激发情况发生变化应及时校正压缩空气及燃料气体的压力，并重新测试标准系列及试样。

为保证测定准确性，必须使标准溶液与待测溶液有几乎相同的组成，如酸浓度和其他离子浓度要力求相近。实验证明，待测液的酸含量（无论是 HCl、H_2SO_4 或 HNO_3）为0.02mol/L时，对测定几乎没有影响，但太高时往往使测定结果偏低。如果溶液中盐的浓度过高，测定时易发生灯被盐霜堵塞，使结果大大降低，应及时停火，清洗。光度计部分（光电池、检流计）的稳定性对测定结果也有影响，如光电池连续使用很久后会发生“疲劳”现象，应停止测定一段时间，待其恢复效能后再用。

化学干扰可以用下述方法予以消除：

（1）阳离子的干扰：第二阳离子的存在可使待测阳离子的电离作用降低而导致以元素形式存在居多，结果发射强度增大，这种现象称为阳离子增强效应。例如测定钙时有钾存在，钾可抑制钙的电离，干扰钙的测定。消除这种干扰的办法是在标准溶液及试样中加入本身易电离的金属如铯和锂。K、Na彼此的含量对测定也互有影响，为了免除这项误差，可加入相应的“缓冲溶液”，例如在测K时，加入NaCl的饱和溶液。在测Na时，加入KCl的饱和溶液。

（2）阴离子干扰：草酸根、磷酸根和硫酸根可与某些阳离子在火焰温度下形成仅能缓慢蒸发的化合物而抑制原子激发，结果导致待测元素发射强度降低。消除这种干扰的办法是用释放剂。释放剂的作用是同干扰阴离子牢固结合，使待测阳离子的激发行为不受干扰，或与待测阳离子形成更稳定而易挥发的配合物。故尽量避免使用磷酸、硫酸、草酸做试剂。

此外，应避免环境污染测试体系。使用的器皿应为塑料制品以防止玻璃器皿中金属溶出干扰测定。

十二、煤灰中 P_2O_5 含量测定（磷钼蓝分光光度法）

（一）方法一

1. 测定原理

以硫酸-氢氟酸酸溶法脱除二氧化硅后的溶液驱除盐酸，调节溶液到微酸性，加入酸性钼酸铵显示剂使生成磷钼黄，用抗坏血酸将磷钼黄还原为磷钼蓝，用 2cm 的比色皿，以标准空白试液为参比，在波长 650nm 下进行比色，根据预先绘制标准曲线获得灰中 P_2O_5 含量，反应式为：

$$PO_4^{3-} + 12MoO_4^{2-} + 27H^+ \longrightarrow H_3[P(Mo_3O_{10})_4] + 12H_2O$$

$$H_3[P(Mo_3O_{10})_4] + 4C_6H_8O_6 \longrightarrow (2MoO_2 \cdot 4MoO_3)_2 \cdot H_3PO_4 + 4C_6H_6O_6 + 4H_2O$$

（磷钼黄）（抗坏血酸）（磷钼蓝络合物）

2. 分析步骤

标准工作曲线的绘制：准确吸取五氧化二磷标准溶液（由磷酸二氢钾配制）0、1、2、3mL 分别于 50mL 的容量瓶，加入试剂溶液（由钼酸铵、抗坏血酸、酒石酸锑钾混合而成）5mL，放置 1～2min 后，用水稀释到刻度，摇匀。在 20～30℃下放置 1h，用 1～3cm 的比色皿，在波长 650nm 处，测定吸光度，以五氧化二磷的质量为横坐标，吸光度为纵坐标，绘制标准工作曲线。

用硫酸-氢氟酸溶解灰样，准确吸取试液 A 和试液 A1 各 10mL，加入 4mol/L 的硫酸 0.4mL，加入试剂溶液（由钼酸铵、抗坏血酸、酒石酸锑钾混合而成）5mL，放置 1～2min 后，用水稀释到刻度，摇匀。在 20～30℃下放置 1h，用 1～3cm 的比色皿，在波长 650nm 处，测定吸光度，若测定的吸光度超过工作曲线范围，则减少分取的溶液体积，计算公式见式（7-56）：

$$c(P_2O_5) = \frac{20 \times m(P_2O_5)}{m \times V_2} \tag{7-56}$$

式中　$m(P_2O_5)$——从标准工作曲线上查出的五氧化二磷质量，g；

V_2——从灰样溶液总体积（200mL）中分取的溶液体积，mL；

m——灰样质量，g。

（二）方法二

1. 测定原理

以氢氟酸-高氯酸酸溶法脱除二氧化硅后的溶液驱除盐酸，调节溶液到微酸性，加入酸性钼酸铵显示剂使生成磷钼黄，用抗坏血酸将磷钼黄还原为磷钼蓝，用 2cm 的比色皿，以标准空白试液为参比，在波长 650nm 下进行比色，根据预先绘制标准曲线获得灰中 P_2O_5 含量，反应式如下：

$$PO_4^{3-} + 12MoO_4^{2-} + 27H^+ \longrightarrow H_3[P(Mo_3O_{10})_4] + 12H_2O$$

$$H_3[P(Mo_3O_{10})_4] + 4C_6H_8O_6 \longrightarrow (2MoO_2 \cdot 4MoO_3)_2 \cdot H_3PO_4 + 4C_6H_6O_6 + 4H_2O$$

（磷钼黄）（抗坏血酸）（磷钼蓝络合物）

2. 分析步骤

标准工作曲线的绘制：准确吸取五氧化二磷标准溶液（由磷酸二氢钾配制）0、1、2、3mL 于 50mL 的容量瓶，加入试剂溶液（由钼酸铵、抗坏血酸、酒石酸锑钾混合而成）5mL，放置 1～2min 后，用水稀释到刻度，摇匀。在 20～30℃下放置 1h，用 1～3cm 的比色皿，在波长 650nm 处，测定吸光度，以五氧化二磷的质量为横坐标，吸光度为纵坐标，绘制标准工作曲线。

采用高氯酸-氢氟酸溶解灰样，取试液 C 和试液 C1 各 10mL，分别注入 50mL 的容量瓶，加入试剂溶液（由钼酸铵、抗坏血酸、酒石酸锑钾混合而成）5mL，放置 1～2min 后，用水稀释到刻度，摇匀。在20～30℃下放置1h，用1～3cm的比色皿，在波长650nm处，测定吸光度，从标准工作曲线上查出五氧化二磷的质量，计算公式见式（7-57）：

$$c(P_2O_5)=\frac{10\times m(P_2O_5)}{m\times V_1} \tag{7-57}$$

式中 $m(P_2O_5)$——从标准工作曲线上查出的五氧化二磷质量，g；

V_1——从灰样溶液总体积（100mL）中分取的溶液体积，mL；

m——灰样质量，g。

（三）分析条件选择

方法一和方法二的差别在熔融灰样的方法不同。灰中五氧化二磷含量一般来说含量较低，常采用比色法测定。在脱除二氧化硅之后，并且在酸性环境下，磷酸与钼酸生成磷钼杂多酸，还原后形成可溶的蓝色络合物磷钼蓝，才能进行比色。常用的还原剂有抗坏血酸、硫酸肼、二氯化锡，硫酸亚铁等，在本方法中采用的还原剂为抗坏血酸。

显色的酸度需要严格控制，酸度过低，钼酸本身被还原；酸度过高，磷钼蓝会被分解破坏。酸度控制在0.3～0.7范围内，当酸度大于0.8mol/L时磷钼蓝大部分分解，当酸度大于1.2mol/L时，磷钼蓝不能生成。

钼酸铵的加入量力求准确，太少时发色慢，过多可能有部分游离的钼酸被还原，造成结果偏高。硅酸、砷酸与钼酸也能够形成蓝色的杂多酸，干扰测定，因此在进行五氧化二磷前，必须先脱除二氧化硅。由于灰中的砷酸含量很低，因此不予以考虑。

十三、原子吸收分光光度法测定煤灰中钾、钠、铁、钙、锰、镁

1. 测定原理

原子吸收分光光度法又称原子吸收光谱分析，在待测元素的特定和独有的波长下，通过测量试样所产生的原子蒸汽对辐射的吸收，来测定试样中该元素浓度的一种方法，它是基于在原子化器中，试样中的待测元素在高温或化学反应的作用下变成原子蒸汽，从光源辐射光强度减弱的程度，可以求出样品中待测元素的含量。各种元素在热解石墨炉中被加热原子化，成为基态原子蒸汽，当由特制光源发射（由空心阴极灯发射的特征波长的光，每种元素均需要相应的空心阴极灯）的某特征波长的光通过原子蒸汽时，原子中的外层电子将选择性地吸收其同种元素所发射的特征谱线，使入射光减弱，原子蒸汽对入射光吸收的程度符合朗伯-比尔定律，也就是在一定浓度范围内，其吸收强度与试液中被的含量成正比，见式（7-58）：

$$A=-\lg I/I_0=-\lg T=KCL \tag{7-58}$$

式中 I——透射光强度；

I_0——发射光强度；

T——透射比；

L——光通过原子化器光程（长度），每台仪器的值是固定的；

C——被测样品的浓度；

K——常数。

2. 原子吸收光谱常用的分析方法

（1）标准曲线法：用已知浓度的标准溶液进行直接比较，建立吸光度与样品浓度的线性关系，然后通过测出样品的吸光度，从曲线上查出待测的浓度，这种分析方法在光谱分析中

比较常用。

应用这种方法的前提是：在误差允许的范围内试样溶液与标准溶液在火焰中的状况应基本一致，不存在能测出的干扰，或已完全消除了干扰。

（2）标准加入法：在试样中定量加入待测元素的标准溶液，此时待测元素的浓度增加，同时其吸光度也增大，以浓度的增量除以吸光度增量即为待测元素的浓度，计算公式见式（7-59）：

$$W_i = \frac{\Delta W_i}{\frac{A_i'}{A_i} - 1} \tag{7-59}$$

式中 ΔW——加入的待测元素的标准溶液中待测元素的量；

A_i'——加入待测元素的标准溶液后的吸光度；

A——加入待测元素的标准溶液前的吸光度。

应用前提：试样基体成分复杂，无法制备与之相同或相似的标准溶液。

缺点：不适合批量分析。

（3）内标法：在没有标准参照物的情况下采用内标法，内标法是在试样溶液定量加入一种已知浓度的参比元素，根据参比元素与被测样品的吸光度峰面积之比及相对校正因子即计算待测元素的浓度，计算公式见式（7-60）：

$$W_i = \frac{A_i \times f_i \times W_s}{A_s \times f_s} \tag{7-60}$$

式中 W_i——待测组分的百分比含量，%；

W_s——内标物的百分比含量，%；

f_i——待测组分的相对校正因子；

f_s——内标物的相对校正因子；

A_i——待测组分的吸光度；

A_s——内标物的吸光度。

应用条件：参比元素与被测元素在试样基体内及在原子化过程中具有相似的物理化学性质；试样中不含参比元素；参比元素和待测元素在火焰里要有相同的特性。

3. 分析步骤

（1）试剂配制。

1）浓度为0.4mol/LK_2O、Na_2O混合标准溶液。准确称取经过600℃灼烧30min的优级纯K_2O 0.6332g和优级纯Na_2O 0.7544g溶解于水中，移入1000mL的容量瓶中，稀释到刻度，摇匀，转移至聚乙烯塑料瓶中待用。

2）合成灰溶液：称取0.5g氧化铁、1.0g三氧化铝、0.5g氧化钙、0.2g氧化镁、0.2g三氧化硫、0.01g五氧化二钒、0.05g四氧化二锰、0.05g二氧化钛等试剂分别溶解，移入1000mL的容量瓶中，用水稀释到刻度，储于聚乙烯塑料瓶。

3）满度调节液：吸取0.4mol/L K_2O、Na_2O混合标准溶液和合成灰溶液各100mL，注入1000mL的容量瓶，用水稀释到刻度，摇匀，转移到5000ml的聚乙烯塑料瓶中，重复上述操作3次，将4000ml满度调节液摇匀，备用。

4）零度调节液：吸取合成灰溶液100mL，注入1000mL的容量瓶，用水稀释到刻度，摇匀，转移到5000mL的聚乙烯塑料瓶中，重复上述操作1次，将2000mL满度调节液摇匀，备用。

（2）待测溶液的制备。

1）铁、钙、镁待测溶液：准确试液C和空白试液C1各5mL于50mL的容量瓶，加入50mg/mL的镧溶液2mL（也可加50mg/mL的锶溶液2mL），加入1∶3盐酸1mL，加水稀释至刻度，摇匀。

2）钾、钠、锰待测溶液：准确试液C和空白试液C1各5mL于50mL的量瓶，加入1∶3盐酸1mL，加水稀释至刻度，摇匀。

（3）标准溶液的制备。

1）铁、钙、镁混合标准溶液：量取200μg/mL Fe_2O_3、200μg/mL CaO、50μg/mLMgO。

2）钾、钠、锰混合标准溶液：量取50μg/mL K_2O、50μg/mL Na_2O、50μg/mL MnO_2。

3）铁、钙、镁混合标准系列溶液：吸取铁、钙、镁混合标准溶液0、1、2、3、4、5、6、7、8、9、10mL分别于100mL的容量瓶，加入50mg/mL的镧溶液4mL（也可加50mg/mL的锶溶液4mL和1mg/mL的铝标准液3mL），加入1∶3盐酸4mL，加水稀释至刻度，摇匀。

4）钾、钠、锰混合标准系列溶液：吸取钾、钠、锰混合标准溶液0、1、2、3、4、5、6、7、8、9、10mL于100mL的容量瓶，加入1∶3盐酸4mL，加水稀释至刻度，摇匀。

（4）工作曲线的绘制：开启仪器，按表7-20规定的分析线和火焰气体外，调节好灯电流、通带宽度、燃烧器高度、燃气和助燃气比例、压力等工作条件，分别测定铁、钙、镁混合标准系列溶液和钾、钠、锰混合标准系列溶液的吸光度，以成分的质量（mg）为横坐标，相应的吸光度为纵坐标绘制工作曲线。

表7-20　　仪器的分析线和火焰气体

元素	分析线（nm）	火焰气体
K	766.5	乙炔—空气
Na	589.0	乙炔—空气
Fe	248.3	乙炔—空气
Ca	422.7	乙炔—空气
Mg	285.2	乙炔—空气
Mn	279.5	乙炔—空气

（5）样品分析：分别测定铁、钙、镁待测溶液和钾、钠、锰待测溶液中各元素的吸光度，各元素质量浓度计算见式（7-61）：

$$R_mO_n = \frac{\rho \times 0.001 \times 100}{m} \tag{7-61}$$

式中　ρ——由工作曲线查出成分的质量浓度，mg/mL；

m——灰样质量，g。

4. 干扰因素的消除

（1）化学干扰。所谓化学干扰是指待测元素与某些共存元素在火焰中进行化学结合而生成热稳定的难熔、难蒸发、难离解的化合物，致使火焰中的基态原子减少，测定结果偏低，造成负干扰，因此任何一种化合物的生成而阻碍了元素的定量原子化，因为原子自发地与别的原子或基团反应使试样不能定量的转变为原子。例如：测定钙和镁时，若存在磷酸根，形成磷酸盐和焦磷酸盐，它具有熔点高、难离解的特点，即使能离解，还会形成氧化钙、氧化镁，氧化物比氯化物离解为基态原子困难得多；此外，如果有铝、钛阳离子的存在，可以形成耐热的氧化物晶体（如 $MgO \cdot Al_2O_3$、$3CaO \cdot 5Al_2O_3$ 等），这些高晶格、高熔点的类晶石化合物，也抑制了基态原子的形成。通过试验证明，共存元素硅对铁、钙、镁有不同程度的负干扰，铝、钛对钙、镁有负干扰，硅、铝、钛对钾、钠不干扰，其他元素对铁、钙、镁、钾、钠不干扰。为了抑制和消除以上的干扰，一般采用加入释放剂的办法，释放剂的作用就是加入一种能够与干扰元素生成更加稳定、更难离解的化合物试剂，从而将待测元素从与干扰元素的结合中释放出来，常用的释放剂为镧或锶。只要加入 1000mg/L 镧则可以消除全部干扰，同时镧与钙有增感作用；加入 2000mg/L 锶可消除硅、钛、钒对铁、钙、镁的干扰及铝对镁的干扰，但不能完全消除铝对钙的干扰，这是由于标准溶液与样品溶液基体浓度不一致造成的，当在标准溶液中加入一定的铝，使标准溶液中铝与样品溶液中铝近似时干扰可抵消。总体来说，以镧为释放剂优于锶，一方面，镧不必提纯，另一方面，不用在标准液中加三氧化铝。

（2）物理干扰：由于试样溶液与标准溶液的物理性质不同而引起的干扰。主要有黏度、密度、表面张力等，采用标准溶液加入法消除。

（3）电离干扰：由于元素在高温火焰中强烈的电离而引起的干扰。消除方法：在较低的火焰温度下将有关的元素原子化（如碱金属）。另一种方法是大量的加入易电离元素（如 K、Cs）。

（4）光谱干扰：由于元素空心阴极灯选择材料（纯度、元素组合）、制造上的缺陷（玻璃光学性能、制造工艺）和仪器条件（光谱通带、波长）选择的不适当等引起的干扰。仪器工作条件如各元素的分析线、燃气、助燃气体、灯电流、狭缝宽度、燃气和助燃气体比例、光源光束通过燃烧器的高度等均对结果有所干扰。仪器的最佳参数应综合考虑灵敏度、稳定性和干扰情况三个方面，例如测钙时灵敏度随燃烧器的高度的降低而提高，降到 6mm 以下，虽然灵敏度还能提高，但稳定性变差、干扰增大，因此燃烧器的高度选择为 6～12mm。灯电流也如此，灯电流低则温度低，谱线变宽，灵敏度高，但稳定性差；而灯电流高则强度大，稳定性好，但灵敏度大大降低，因此一般选择最大工作电流的 60％～80％。狭缝宽度的选择以将分析线与邻近线分开为原则，即在选择的光谱通带下只有分析线通过单色器出射狭缝，达到检测器，多数元素在 0.7～1.0nm 通带下测定，而谱线复杂的铁、钴、镍需要选择小于 0.2nm 通带，否则邻近线也进入检测器使标准曲线弯曲，灵敏度降低，但狭缝宽度小使光强减弱，降低了信噪比，稳定性变差，所以在能够分离邻近线的情况下，应适当放宽狭缝，使信噪比、稳定性提高。燃助比是指燃气与助燃气的比例，根据燃助比不同分为化学计量火焰、富燃火焰、贫燃火焰，化学计量火焰是按照它们的化学反应来提供的，这种火焰有温度高、干扰少、稳定性高、背景小的特点，但不利于在火焰中生成单氧化物的元素，除了易电离的碱金属外，多数采用化学计量火焰；富燃火焰是燃气多于助燃气，这种火焰还原性强，温度略低于化学计量火焰，有利于易生成单氧化物的元素；贫燃火焰是助燃气多于燃气，这种火焰氧化性强，温度低，不利于易生成单氧化物的元素和难离解的元素，但有利于易离解的元素，因此碱金属宜采用贫燃火焰。

实验介质（酸的种类和浓度）对测定结果也产生一定的影响，试验证明，盐酸对铁、镁无影响，对钙、钾、钠有影响，随着盐酸酸度增大，钙、钾、钠吸光度下降，浓度在 1％～

3%时，吸光度下降1%～3%；硝酸对铁、钙、镁、钾、钠无影响，但在硝酸介质中，共存干扰元素对钙干扰严重；硫酸对铁、钙、镁、钠有影响，并且在有锶存在的情况下，产生大量沉淀，影响测定结果；高氯酸的影响与盐酸相似。

此外，还必须注意防止外来污染对结果的影响，例如：实验用水一般要采用重蒸馏水或去离子水，是由于普通的蒸馏水中含有钠、钙、镁等元素影响测定结果；灰样采用酸熔法而不用碱熔法，一方面，碱熔法给待测溶液带来大量钠离子，另一方面，基体浓度增大会给原子吸收带来影响，使准确度受影响，分解样品采用高氯酸和氢氟酸，通过氟离子对硅的络合而除去样品中固有的大量硅离子，降低基体浓度；将混合标准分为铁、钙、镁混合标准溶液（加释放剂）和钾、钠、锰混合标准溶液（不加释放剂）两组，是为了防止释放剂中含有钠对待测钠元素的影响；试液一般要求装在塑料瓶中而不装在玻璃瓶，是由于玻璃瓶容易溶出钠离子。

第八章

煤炭抽检和验收

第一节　抽　检　方　法

商品煤质量抽查方法的要点是抽查单位到被抽查单位，从其销售和待销的煤炭进行采样、制样和有关质量指标测定，然后将其测定值与被查单位报告值相比较，如两者之差在本标准规定的允许差范围内，则有关质量指标评为合格。一批煤的各项规定质量指标都合格，则该批煤质量评为合格。

制订上述方法的依据是：

（1）《中华人民共和国产品质量法》第十五条规定："国家对产品质量实行以抽查为主要方式的监督检查制度……抽查的样品应当在市场上或者企业成品仓库内的待销产品中随机抽取……"据此，本标准规定在被抽查单位抽样，而不在买受方抽样。

（2）煤炭是一种不均匀的大宗物料，其品质的真值是得不到的，而只能得到在一定准确度范围的真值的近似值。对这种物料进行试验的方法的精密度越高，在试验方法无系统误差条件下所得结果越接近真值。也就是说，任何一个煤炭采样、制样和化验方法都有误差。因此，与其他任何一种产品检验质量判定规则一样，煤炭检验也根据煤炭采样、制样和化验的总精密度规定了允许差。

（3）目前我国的煤炭产品多数没有质量标准。在煤炭贸易中多数采取"以质论价"方式，即根据该批煤质量指标的实际测定值计价，一部分按贸易合同约定值计价，很少一部分按产品标准（或规格）规定值计价。鉴此，本标准规定了两种允许差：以测定值计价的允许差和以合同约定值、产品标准（或规格）规定值计价的允许差。

一、检验项目和质量评定指标

（一）煤的质量指标

商品煤质量评定项目有很多，如全水分、灰分、挥发分、全硫、发热量、煤灰熔融性、可磨性、黏结指数、胶质层、热稳定性、二氧化碳反应性等。

煤炭质量评定指标的确定原则：

（1）煤炭利用中最重要的特性。

（2）与计划相关联的项目。

（3）与环保相关的项目。

（4）能获得准确可靠、精密度高的测定结果。

不同用途的煤，反映其质量的指标也有所不同，归纳起来可分以下几种：

(1) 气化用煤质量指标：水分（M_t）、灰分（A_d）、挥发分（V_{daf}）、发热量（$Q_{net,ar}$）、固定碳（FC_d）、硫（$S_{t,d}$）、二氧化碳反应性（α）、热稳定性（TS）、落下强度（SS）和灰熔融性等。

(2) 动力用煤质量指标：水分（M_t，M_{ad}）、灰分（A_d）、挥发分（V_{daf}）、发热量（$Q_{net,ar}$）、硫（$S_{t,d}$）、灰熔融性（ST）和可磨性（HGI）等。

(3) 炼焦用煤质量指标：水分（M_t）、灰分（A_d）、挥发分（V_{daf}）、硫（$S_{t,d}$）、磷（$P_{t,d}$）、黏结指数（$G_{R,I}$）和胶质层（Y）等。

（二）商品煤质量抽查检验项目和质量评定指标的确定

1. 检验项目（质量评定项目）的确定

(1) 全水分、灰分、发热量和全硫的确定。在前述众多的商品煤质量指标中，GB/T 18666—2014《商品煤质量抽查和验收方法》仅取全水分、灰分、发热量和全硫作为检验项目即质量评定项目，理由如下：

1）全水分、灰分、发热量和全硫除了与煤类、煤源有关外，还直接受开采条件和加工深度的影响，是煤炭质量的易变指标；除此以外，其他指标特别是黏结指数、胶质层、灰熔融性、热稳定性、二氧化碳反应性等，在煤种、煤源固定后，一般不会有大的变化。

2）有的项目如挥发分、可磨性、灰熔融性等为典型的规范性测定项目，本身的测定重复性较差（在历次煤质化验统检中数据的离散度较大），而且目前尚无充足的试验数据用来统计出它们的允许差。

为了避免出现灰分合格但发热量不合格的现象，规定灰分和发热量不同时作为质量评定项目。先根据 GB 18666—2014 规定的发热量允许差 T_Q 来推算灰分变化 1%导致的发热量变化值 $\Delta Q/\Delta A$：

$$T_Q = \frac{\Delta Q_{gr,d}}{\Delta A_d} \cdot T_A \tag{8-1}$$

$$T_Q = 0.056A_d \tag{8-2}$$

$$T_A = \sqrt{2}P_L \tag{8-3}$$

取 $P_L = \frac{A_d}{10}$（见 GB 475—2008 精密度值），则有如下关系：

$$0.056A_d = \frac{\Delta Q_{gr,d}}{\Delta A_d} \cdot \frac{\sqrt{2}A_d}{10} \tag{8-4}$$

$$\frac{\Delta Q_{gr,d}}{\Delta A_d} = 0.396(\text{MJ/kg}) \tag{8-5}$$

当 $\Delta Q_{gr,d}/\Delta A_d > 0.396$MJ/kg 时，可能会出现灰分合格但发热量不合格的现象；

当 $\Delta Q_{gr,d}/\Delta A_d < 0.396$MJ/kg 时，可能会出现发热量合格但灰分不合格的现象。

(2) 灰分和发热量不同时作为质量评定项目的原因。GB/T 18666—2014 第 4.2.1 条规定，原煤、筛选煤和其他洗煤（包括非冶炼用精煤）检验发热量（或灰分）和全硫，即这些煤以发热量和全硫或者灰分和全硫作为质量评定项目。

GB/T 18666—2014 规定的发热量允许差 T_Q($0.056A_d$）是根据灰分允许差 T_A 和各种煤灰分变化 1%所导致的发热量变化值 $\Delta Q/\Delta A$ 的协商值推算的，由此允许差值我们可推算出灰分变化 1%导致的发热量变化值。

$$T_Q = \frac{\Delta Q_{gr,d}}{\Delta A_d} T_A \tag{8-6}$$

又

$$P = \frac{1}{10} A_d \tag{8-7}$$

则

$$T_Q = \frac{\Delta Q_{gr,d}}{\Delta A_d} \cdot \frac{\sqrt{2}}{10} A_d \tag{8-8}$$

即

$$0.056 A_d = \frac{\Delta Q}{\Delta A} \cdot \frac{\sqrt{2}}{10} A_d \tag{8-9}$$

$$\frac{\Delta Q_{gr,d}}{\Delta A_d} = \frac{10}{\sqrt{2}} \times 0.056 = 0.396 \text{MJ/kg}$$

式中　T_Q——发热量允许差，MJ/kg；

T_A——灰分允许差，%；

P——采样精密度。

从式（8-9）可以看出煤炭灰分每变化1%导致的发热量变化0.396MJ/kg。此时，也可以说，商品煤质量抽查（和验收）方法中的发热量允许差是用式（8-10）的相关关系推算得

$$Q_{gr,d} = a - 0.396 A_d \tag{8-10}$$

现在分析一下，式（8-10）在实际应用中可能产生的误差。首先，式（8-10）是一个协商出来的通用公式，但是不同煤种、不同地区煤的发热量-灰分相关关系式是不相同的，于是产生了一个适用于特定地区、特定煤种的发热量-灰分关系式与该通用式的计算值的差值——R_1。其次，任何一个特定的发热量-灰分线性回归公式的相关系数都不为“-1”，即式（8-10）本身有一个误差——R_2，这样$R_1 \pm R_2$很可能使实际抽查（或验收）中的发热量超差，产生灰分合格而发热量不合格或者相反的情况。

2. 质量评定指标的确定

为了避免抽查单位（或买受方）和被抽查单位（或卖出方）采取的煤样因水分（M_{ad}和M_t）的差异而使灰分、发热量和全硫测定数据失去可比性，而选用干燥基值（测定项目的数据换算到干燥基，则可排除水分的影响）作为质量评定指标，具体如下：

（1）冶炼用精煤。全水分、干燥基灰分和干燥基全硫。

（2）原煤、筛选煤和其他洗煤（包括非冶炼用精煤）的干燥基高位发热量（或干燥基灰分）和干燥基全硫。

在商品煤质量抽查中，不以低位发热量（包括空气干燥基低位发热量和干燥基低位发热量）作为质量评定指标，试看以下分析：

$$Q_{net,ad} = Q_{gr,ad} - 0.206 H_{ad} - 0.023 M_{ad} \tag{8-11}$$

$$Q_{net,ar} = Q_{gr,ar} - 0.206 H_{ar} - 0.023 M_t \tag{8-12}$$

$$Q_{gr,ar} = \frac{100 - M_t}{100 - M_{ad}} \cdot Q_{gr,ad} \tag{8-13}$$

$$H_{ar} = \frac{100 - M_t}{100 - M_{ad}} \cdot H_{ad} \tag{8-14}$$

式中 $Q_{net,ad}$——空气干燥基低位发热量，MJ/kg；

H_{ad}——空气干燥基氢值，%；

H_{ar}——收到基氢值，%。

则有如下关系：

$$Q_{net,ar}=(Q_{gr,ad}-0.206H_{ad})\frac{100-M_t}{100-M_{ad}}-0.023M_t \tag{8-15}$$

在式（8-11）～式（8-14）中，$Q_{gr,ad}$、H_{ad}和M_{ad}都是与制样环境湿度及制样人员操作有关的参数，同一批煤，甚至同一个总样在不同的制样室制成的一般分析试样测得的$Q_{net,gr}$都不一样。

由式（8-15）可知，此时虽然制样环境条件和制样操作带来的空气干燥煤样水分差异对干燥基低位发热量已不构成影响，但煤样的全水分对低位发热量影响巨大，而煤的全水分在堆放和运输过程中无疑会有变化，特别是煤经风、雨、雪、日晒后，变化尤为显著。在现今我国国内煤炭贸易中，由于大多数都以干燥基低位发热量作为计价指标，因此也难免发生质量纠纷。

GB/T 18666—2014 规定质量评定指标为干燥基灰分（A_d）、干燥基高位发热量（$Q_{gr,d}$）、干燥基全硫（$S_{t,d}$）和干燥基全水分（M_t），这是为了避免检验和被检方抽取的试样，由于水分（M_{ad}和M_t）的差异而使灰分、发热量和全硫测定数据失去可比性，因为同一批煤在不同含水状态下的各项煤质指标值不一样。

二、煤的化验

（1）商品煤质量抽查（和验收）的煤样化验，按有关的最新国家标准方法进行，抽查时一般应使用抽查单位自己的仪器设备。

1）全水分按 GB/T 211—2007 测定，但抽查煤样应使用该标准规定的 D 法，即 13mm 粒度的试样的一步测定法或两步测定法，对褐煤试样应使用两步法，且在第二步，即 6mm 试样干燥时用通氮干燥法。

2）一般分析煤样的水分和灰分按 GB/T 212—2008 测定。抽查煤样的灰分应使用缓慢灰化法和快速灰分测定仪法。

3）发热量按 GB/T 213—2008《煤的发热量测定方法》测定。

4）全硫按 GB/T 214—2007 测定。

（2）分析化验仪器设备的检定。抽查（和验收）中使用的分析化验仪器设备包括天平、温度计、干燥箱、马弗炉、快速灰分测定仪、测硫仪、量热仪都应在有效检定期内。抽查中使用的天平、温度计宜重新检定，而煤质分析专用仪器设备包括测灰用马弗炉、快速灰分测定仪、库仑定硫仪和量热仪等必须按以下推荐规程或其他有效规程重新检定。

1）灰分测定专用马弗炉检定。检定程序如下：

a. 按 JJG 186—1997《动圈式温度指示、指示位式调节仪表检定规程》或 JJG 617—1996《数字温度指示调节仪检定规程》规定，检定所用温度指示仪的精度是否符合要求，数字温度指示仪的精度是否满足 GB/T 212—2008 规定的±10℃的要求。

b. 配有煤炭灰分测定专用程序控温仪的马弗炉，应检定其控温程序是否达到 GB/T 212—2008 规定的如图 8-1 所示要求。

c. 用数个不同煤种、不同灰分的标准煤样，并用待检定马弗炉，按 GB/T 212—2008 规定进行灰分测定，看测定结果是否符合以下条件：

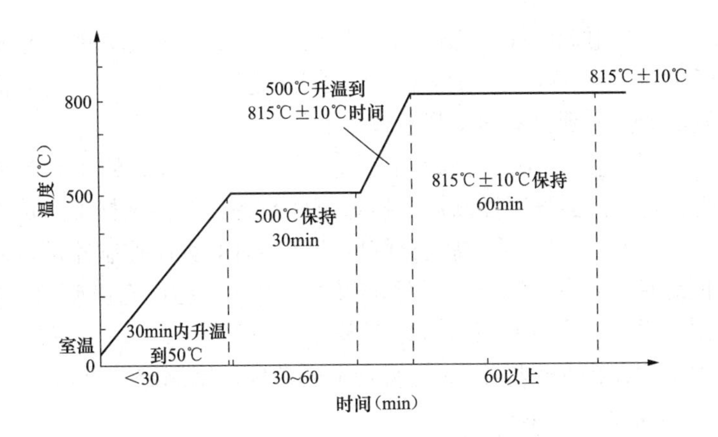

图 8-1　灰分测定升温程序

如各样重复测定结果间的极差 $\Delta A_{d,max}$ 符合以下条件，则测定结果精密度符合要求。

(a) 2 次重复测定，$\Delta A_d \leqslant R$(GB/T 212—2008 规定的重复性限)；

(b) 3 次重复测定，$\Delta A_{d,max} \leqslant 1.2R$；

(c) 4 次重复测定，$\Delta A_{d,max} \leqslant 1.3R$。

如各样重复测定结果的平均值（$\overline{A_d}$）与标样标准值（$A_{d,r}$）相比符合式（8-16)，则测定结果准确度符合要求。

$$|\overline{A_d} - A_{d,r}| \leqslant |u| \text{（标样标准值的不确定度）} \tag{8-16}$$

如马弗炉满足上述 a、b、c 三个条件，则性能符合要求。

2）库仑测硫仪检定。检定程序如下：

a. 按 JJG 187—1997 或 JJG 617—1996 规定，检定所用温度计的精度是否符合要求，数字温度指示仪的精度是否满足 GB/T 212—2008 规定的±10℃的要求。

b. 用适当方法估量仪器炉膛前后的轴向倾斜度是否为 50°左右；用秒表和直尺测量仪器传送带的运行速度是否在 15～50mm/min 可调。

c. 用数个不同煤种、不同灰分的标准煤样，并用待检定快灰仪，在例行使用的传送速度下测定各标准煤样的灰分，看测定结果是否符合以下条件：

如各样重复测定结果之极差 $\Delta A_{d,max}$ 符合下列条件，则测定结果精密度符合要求：

(a) 2 次重复测定，$\Delta A_d \leqslant R$；

(b) 3 次重复测定，$\Delta A_{d,max} \leqslant 1.2R$；

(c) 4 次重复测定，$\Delta A_{d,max} \leqslant 1.3R$。

如各样重复测定结果的平均值（$\overline{A_d}$）与标样标准值（$A_{d,r}$）相比符合式（8-17)，则测定结果的准确度符合要求。

$$|\overline{A_d} - A_{d,r}| \leqslant |u| \text{（标样标准值的不确定度）} \tag{8-17}$$

如快速灰分测定仪满足上述 a、b、c 三条件，则仪器性能符合要求。

3）库仑测硫仪检定程序如下：

a. 按 JJG 617—1996 规定，检定测硫仪温度计精度是否满足±5℃要求。

b. 在仪器的工作温度 1150℃±5℃下，检定仪器的指示温度和炉膛实际温度是否一致，必要时对指示温度进行校正。方法如下：在炉膛中插入一支已校正过的铂铑-铂热电偶温度计，并使其热端与仪器热电偶的插入部位距仪器高温炉炉口的距离相等，根据炉膛温度计的指示，将炉温升至1150℃±5℃。记录两温度计的指示值，求出1150℃下两温度计的指示值差值，然后将差值重新输入到仪器温度指示仪中。

c. 用一根插入炉膛的铂铑-铂热电偶高温计，测量仪器高温炉的1150℃和600℃温度区的位置和长度，然后启动仪器程序控制器，检定煤样制备控制器推杆推入炉膛并停留的位置是否分别位于600℃分解区和1150℃高温分解区，必要时对程序控制器进行调整。

d. 用数个不同煤种、不同全硫含量的标准煤样，并用待检库仑测硫仪，按GB/T 214—2007规定进行测定，看测定结果是否符合以下条件：

如各样的重复测定结果的极差$\Delta S_{t,d,max}$符合下列条件，则测定结果精密度符合要求：

(a) 2次重复测定，$\Delta S_{t,d} \leqslant R$；

(b) 3次重复测定，$\Delta S_{t,d,max} \leqslant 1.2R$；

(c) 4次重复测定，$\Delta S_{t,d,max} \leqslant 1.3R$。

如各样重复测定结果的平均值$S_{t,d}$与标样标准值（$S_{t,d,r}$）相比符合式（8-18），则测定结果准确度符合要求。

$$|\bar{S}_{t,d} - S_{t,d,r}| \leqslant |u| \tag{8-18}$$

如库仑测硫仪满足上述a、b、c、d四个条件，则仪器性能符合要求。

4）量热仪检定。量热仪应送法定计量部门检定。抽查使用的量热仪除应在有效检定期以内外，使用前还必须重新进行以下检验：

a. 用标准苯甲酸按GB/T 213—2008重新测定能当量。

b. 用标准苯甲酸进行5次能当量重复测定，极差不大于40J/℃。

c. 用数个不同煤种、不同热值的标准煤样，并用待检量热仪，按GB/T 213—2008规定测定发热量，看测定结果是否符合以下条件。

如各样重复测定结果的极差$Q_{gr,ad,max}$（折算为相同水分）符合下列条件，则测定结果精密度符合要求：

(a) 2次重复测定，$\Delta Q_{gr,ad} \leqslant R$；

(b) 3次重复测定，$\Delta Q_{gr,ad,max} \leqslant 1.2R$；

(c) 4次重复测定，$\Delta Q_{gr,ad,max} \leqslant 1.3R$；

(d) 如各样重复测定结果的平均值$Q_{gr,d}$和标样标准值$Q_{gr,d,r}$相比符合式（8-19），则测定结果准确度符合要求。

$$|\bar{Q}_{gr,d} - Q_{gr,d,r}| \leqslant |\Delta| \tag{8-19}$$

式中　Δ——标样标准值不确定度，MJ/kg。

三、煤的质量评定

（一）质量评定指标

GB/T 18666—2014第4.4.1条规定，原煤、筛选煤和其他洗煤（包括非冶炼用精煤）以干燥基高位发热量（或干基灰分）和干燥基全硫作为质量评定指标；冶炼用精煤以全水分、干基灰分和干基全硫作为质量评定指标。

（二）质量指标允许差

商品煤质量抽查和验收的质量指标允许差是以商品煤采样精密度为理论依据，又经大量试验验证在有关各方经多次协商后确定的。

1. 干燥基灰分允许差的确定

（1）干燥基灰分允许差的理论推导。以灰分表示的采样、制样和化验总精密度可以用双份采样或多份采样方法来测定并按式（8-20）、式（8-21）来计算。

$$P = t \cdot \sqrt{\frac{\sum d^2}{2n}} \tag{8-20}$$

$$P = t \cdot \sqrt{\frac{\sum (x-\bar{x})^2}{n-1}} \tag{8-21}$$

式中　P——精密度；

t——t 检验；

d——双份试样间的差值；

n——双份试样对数；

x——多次采样法采样结果测定值；

$\bar{x}$——多次采样测定值的平均值；

t——一般取置信水平为 95%F 的 $t_{0.05}$，且一般都取 2。

因此，采样精密度几乎都是以 95%的概率为基础，如果对同一种煤（同一来源、品质相同）进行多次测定，则在 100 次测定中，有 95 次可期望落在精密度界限内。在没有偏差的情况下，这些界限将均匀分布在真值两旁；反过来说，如果对一批煤进行单次采样，其测定结果在 95%概率下落在采样精密度范围内，或者说单次采样测定值与对同一批煤进行多次采样的测定值的平均值的差值，在 95%概率下落在采样精密度（$\pm P$）内。例如，对一批灰分为 20%煤的单次采样测定值，当 $P=\pm 2\%$时，在 95%概率下落在 18%～22%；对一批灰分为 15%煤的单次采样测定值，当 $P=\pm 1.5\%$时，在 95%概率下落在 13.5%～16.5%。

如果我们对同一批煤进行两次采样，那么两次采样测定值间的差值可由以下推导而得。设两次采样测定值的标准差分别为 s_1 和 s_2，方差分别为 s_1^2 和 s_2^2，则其合成方差为

$$s_{合}^2 = s_1^2 + s_2^2 \tag{8-22}$$

因两样都用同一采样程序采取，制样和化验方法都相同，它们的采制化总标准差应相等，即 $s_1 = s_2 = s_0$。

则

$$s_{合} = s_0^2 + s_0^2 = 2s_0^2 \tag{8-23}$$

两样的差值为

$$D = t \cdot s_{合} = \pm\sqrt{2}ts_0 \tag{8-24}$$

因为

$$P = ts_0 \tag{8-25}$$

所以

$$D = t \cdot s_{合} = \pm\sqrt{2}P \tag{8-26}$$

即当对一批煤采取两个总样时，两总样测定值间的差值在 95%概率下落在$\pm\sqrt{2}P$之间，GB/T 18666—2014 就以此值作为允许差值。这样按 GB 475—2008《商品煤样人工采取方法》规定的采样精密度，我们可推算出不同煤种在不同灰分下两个总样测定值的允许差值。

抽查和验收的干燥基灰分允许差理论推算值列于表 8-1。

表 8-1　干燥基灰分允许差理论推算值

煤的状态	灰分范围 A_d（%）	GB 475—2008 规定精密度 P（%）	允许差（报告值－检验值）ΔA_d（%）
原煤和筛选煤	>20	±2	$-2\times\sqrt{2}=-2.828$
	10～20	$\pm0.1A_d$	$-0.1\times\sqrt{2}A_d=-0.141A_d$
	<10	±1	$-\sqrt{2}=-1.41$
精煤	—	±1	$-\sqrt{2}=-1.41$
其他洗煤	—	±1.5	$-1.5\times\sqrt{2}=-2.12$

（2）干燥基灰分允许差的实际验证。为验证表 8-1 所列的灰分允许差值，国家煤炭质量监督检验中心对全国煤炭质量统检的 1261 批煤和 494 批发电用煤的结果进行了统计。

统检和对比试验数据按以下程序进行统计：

1）求同一批煤的非抽查（或验收）煤样，即被抽查（或验收）方所采煤样的测定值（即报告值）与抽查（验收）煤样测定值（即检验值）之差：d_i＝报告值－检验值。

2）求两样的标准差：$s=\sqrt{\dfrac{\sum d_i^2}{2n}}$。　(8-27)

3）求允许差：$D=-\sqrt{2}P=-2\cdot\sqrt{2}s$。　(8-28)

统计结果列于表 8-2 和表 8-3。

表 8-2　全国煤质统检（灰分）结果统计

统计项目	原煤和筛选煤			精煤	其他洗煤
	A_d >20%	A_d 10%～20%	A_d <10%		
n	543	185	44	163	122
$\sum d^2$	1272.4081	231.85	37.525	49.8906	55.8395
s	1.0824	0.7916	0.6684	0.3912	0.4784
P	±2.1648	±1.5832	±1.3368	±0.7824	±0.9568
D	−3.06	−2.24	−1.89	−1.11	−1.35

注　按 $\overline{A}_d$＝15%计，$2.24=\frac{2.24}{15}A_d=0.1493A_d$。

表 8-3　发电用煤对比试验（灰分）结果统计

统计项目	发电用煤
n	494
$\sum d^2$	899.1064
s	0.9540
P	2×0.9540＝±1.9080
D	−2.6983*

注　表 8-3 中数据为经以下舍弃后的统计结果：电厂—煤矿差值发生单向性偏差者舍去；电厂—煤矿数据值违背煤炭常规相关性者舍去；电厂—煤矿采取的试样非源于完全相同的批煤者舍去。

*　按 $\overline{A_d}$＝20%计，$2.6983=0.1349A_d$。

（3）干基灰分允许差的确定。表 8-2 和表 8-3 统计结果证明，根据 GB 475—2008 规定的精密度推算的灰分允许差（见表 8-1）符合实际；但实际测定精煤的采样精密度比推算的小，根据 GB 18666 标准审查会的意见，将冶炼用精煤的允许差改为－1.11%，非冶炼用精煤的允许差改为－1.13%，最后确定商品煤质量抽查和验收的灰分允许差为表 8-4 所示值。

表 8-4　　灰分允许差

煤的品种	灰分（以检验值计） A_d（%）	允许差（报告值－检验值） ΔA_d（%）
原煤和筛选煤	$20<A_d\leqslant 40$	－2.82
	$10<A_d\leqslant 20$	$-0.141A_d$
	≤10	－1.41
非冶炼用精煤	—	－1.13
其他洗煤	—	－2.12
冶炼用精煤	—	－1.11

2. 精煤全水分允许差的确定

按 ISO1988：1975《硬煤—采样》规定，全水分的采样、制样和化验精密度与灰分一致。GB 475—2008《商品煤样采取方法》规定的全水分试样采取方法能达到与灰分相同的精密度。鉴此，根据表 8-4 所列的冶炼用精煤的灰分允许差，将该种煤的全水分允许差规定为－1.1%。

3. 干燥基全硫允许差的确定

1996 年全国煤质统检的 80 批精煤的测定数据（见表 8-5）表明，两个总样间的全硫差值与灰分无明显关系，且按灰分统计的差值比 GB/T 214—2007 规定的再现性临界差（即不同化验室允许差）小，显然不合适。但统检数据表明两总样的全硫差值与全硫的含量相关。随着硫含量的增加，差值的绝对值增大，但相对差值减小（见表 8-6）。为使商品煤质量抽查和验收的全硫允许差与 GB/T 214—2007 规定的再现性临界差相匹配，GB/T 18666—2014 按全硫含量规定允许差。又鉴于我国现在对商品煤的全硫含量已作限制，干燥基全硫（$S_{t,d}$）大于 3%的煤已不允许开采，各大城市用煤的全硫含量（$S_{t,d}$），一般也限制在 0.8%以下。鉴此，GB/T 18666— 2014 送审草案规定的干燥基全硫允许差分为 3 档，即 $S_{t,d}<1.00$，$1.00<S_{t,d}\leqslant 2.00$ 和 $2.00<S_{t,d}\leqslant 3.00$。在成都标准审查会上，又决定将冶炼用精煤分出来，单独规定了比其他煤较小的允许差，最后确定了表 8-7 所列的允许差。

表 8-5　　不同灰分下的全硫（$S_{t,d}$）差值

煤的品种	A_d（%） （以检验值计）	极限差 $\Delta S_{t,d}$（%） （报告值－检验值）
精煤	$10\leqslant S_{t,d}\leqslant 17$	0.15
	$S_{t,d}<10$	0.12

表 8-6　　不同硫含量下的全硫极限差

煤的品种	$S_{t,d}$（%） （以检验值计）	$\overline{S}_{t,d}$（%）	极限差 （报告值-检验值） $\Delta S_{t,d}$/%	$\Delta S_{t,d}/\overline{S}_{t,d}$
精煤	$2.00<S_{t,d}\leqslant 2.84$	2.394	0.2160	0.090 *
	$1.00<S_{t,d}\leqslant 2.00$	1.4975	0.1585	0.1058 **
	$0.50\leqslant S_{t,d}\leqslant 1.00$	0.72	0.1534	0.2130 ***
	$S_{t,d}\leqslant 0.50$	0.31	0.0898	02896 ****

*　$\Delta S=0.09\,\overline{S_t}$；

**　$\Delta S=0.1058\,\overline{S_t}$；

***　$\Delta S=0.2130\,\overline{S_t}$；

****　$\Delta S=0.2896\,\overline{S_t}$。

取 $\Delta S=(0.09+0.1058+0.2130+0.2896)/4\cdot S_t=0.1746S_t\approx 0.17S_t$。

表 8-7　　全硫允许差

煤的品种	$S_{t,d}$（%）	$\Delta S_{t,d}$（%）（报告值－检验值）
冶炼用精煤	＜1.00	－0.16
	≥1.00	$-0.16S_{t,d}$
其他煤	＜1.00	－0.17
	1.00～2.00	$-0.17S_{t,d}$
	2.00～3.00	－0.34

4. 干燥基高位发热量允许差的确定

（1）发热量允许差的推算。虽然 GB 475—2008 中没有规定以干燥基高位发热量（$Q_{gr,d}$）表示的煤炭采样、制样和化验总精密度，但由于发热量和灰分有很好的线性相关关系，故可以从该标准规定的灰分精密度来推算发热量精密度，从而推算出干燥基高位发热量允许差。

煤炭科学研究总院（国家煤炭质量监督检验中心）按以下方法推算了发热量允许差（$\Delta Q_{gr,d}$）。

1）根据典型矿区、典型煤种的发热量-灰分相关关系和北京煤化学研究所研究的发热量-灰分相关关系，求出灰分变化1%时相应的发热量变化值 $\Delta Q_{gr,d}/\Delta A_d$。

2）用 GB 475—2008 规定的灰分精密度乘以 $\Delta Q_{gr,d}/\Delta A_d$，求得发热量精密度，并求得发热量允许差（$\Delta Q_{gr,d}$）。

表 8-8 为平庄、大同、开滦和阳泉等 10 个矿区的发热量-灰分变化关系；表 8-9 为发热量-灰分变化关系，并取煤中 H_d 平均含量为 4%，将 $Q_{net,d}$ 换算成 $Q_{gr,d}$。

表 8-8　　10 个矿区的发热量-灰分变化关系（1）

编号	矿名	煤种	矿井（煤层）数	（$\Delta Q_{gr,d}/\Delta A_d$）（MJ/kg）	组加权平均
1	平庄	褐	12	0.426	0.426
2	大同	弱黏	41	0.520	0.524
3	轩岗	气	10	0.496	
4	淮南	气	66	0.531	
5	开滦	肥焦	24	0.564	0.554
6	汾西	肥焦	18	0.519	
7	淮北	焦瘦	19	0.575	
8	西山	贫瘦	30	0.558	0.561
9	峰峰	贫瘦	33	0.559	
10	阳泉	无烟	21	0.569	
总加权平均				0.538	

表 8-9　　发热量-灰分变化关系（2）

编号	煤种	（$\Delta Q_{gr,d}/\Delta A_d$）（MJ/kg）	分组平均差（MJ/kg）
1	年轻烟煤	0.299～0.344	0.322
2	低灰高热值焦煤	0.384～0.429	0.406
3	贫煤、无烟煤	0.344～0.384	0.364
平均			0.364

取表 8-8 和表 8-9 的平均值，得灰分变化 1%的发热量变化值为：

$$\frac{0.538+0.364}{2}=0.451\text{MJ/kg}$$

将此数值代入式（8-29），即求得发热量精密度：

$$P_Q=\Delta Q/\Delta A\cdot P_A=0.451P_A \quad (8\text{-}29)$$

根据发热量精密度 P_Q 按式（8-30）求得发热量允许差（见表 8-10）：

$$T_Q=\sqrt{2}P_Q=\sqrt{2}\times0.451P_A \quad (8\text{-}30)$$

式中 P_A——灰分精密度。

表 8-10　发热量允许差推算值

煤的品种	A_d（%）	精密度	允许差（报告值－检验值）$\Delta Q_{gr,d}$（MJ/kg）
原煤和筛选煤	>20	±2×0.451	2.828×0.451=+1.28
	10～20	$\pm0.1\times0.451A_d$	$0.1414\times0.451A_d=+0.064A_d$
	<10	±1×0.451	1.414×0.451=+0.64
精煤		±1×0.451	1.414×0.451=+0.64
其他洗煤		±1.5×0.451	2.12×0.451=+0.96

（2）发热量允许差的核验。采用全国煤炭质量统检数据和电厂-煤矿对比试验数据经统计后分别得到表 8-11 和表 8-12 所列的发热量允许差（T_Q）。

表 8-11　不同灰分下的发热量允许差统计值

统计项目	发热量允许差				
	原煤和筛选煤			精煤	其他洗煤
	$A_d\geqslant20\%$	$10\%\leqslant A_d\leqslant20\%$	$A_d<10\%$		
n	387	137	28	63	94
$\bar{d}$	0.3035	0.3604	0.2832	0.2851	0.4429
$\sum d^2$	155.3949	32.337	1.6069	9.2604	28.9477
s	0.4480	0.3435	0.1694	0.2711	0.3924
P	0.8961	0.6871	0.3388	0.5422	0.7848
D	1.2673	0.9717	0.4791	0.7667	1.1099
平均灰分	20.00	15.99	7.35	9.76	20.71
$D=X\bar{A}_d$	$0.06335\bar{A}_d$	$0.06073\bar{A}_d$	$0.06518\bar{A}_d$	$0.07855\bar{A}_d$	$0.05359\bar{A}_d$
$\bar{D}=\overline{X\bar{A}}_d$			$0.06428\bar{A}_d$		
T_Q	1.28	$0.064A_d$	0.64	0.64	0.96

表 8-12　发热量允许差统计值

统计项目	发电用煤（$A_d\geqslant20\%$）发热量允许差
n	453
$\sum d^2$	123.295
s	0.3689

续表

统计项目	发电用煤（$A_d \geqslant 20\%$）发热量允许差
P	0.7230
D	1.0225
T_Q	$0.051A_d$

由表8-10、表8-11和表8-12所列数据可见，全国煤质统检数据统计所得的发热量允许差，与推算的允许差吻合；由电厂和煤矿对比试验数据统计的发热量允许差低于推算的允许差。经标准起草小组会议反复讨论，最后将允许差定为$0.056A_d$，即不同品种煤、不同灰分下的发热量允许差定为表8-13所列数值。

表8-13　发热量允许差最后确定值

煤的品种	灰分A_d（%）	发热量允许差（报告值－检验值）(MJ/kg)
原煤和筛选煤	>20	1.12
	10～20	$0.056A_d$
	<10	0.56
精煤	—	按原煤、筛选煤计
其他洗煤	—	

四、按贸易合同约定值或产品标准（或规格）规定值计价的商品煤质量指标允许差

当被检批煤不以被检方检验数据计价而是按贸易合同指标或产品标准（或规格）计价时，应视合同或产品标准（规格）值为“真值（x）”。此时根据煤炭采样理论，检验单位采取一个总样的测定值在95%概率下应落在（$x \pm P_0$）（P_0为采制化总精密度）范围内，即允许差为P_0。

$$T = P_0 = \frac{T_0}{\sqrt{2}} \tag{8-31}$$

式中　T_0——两个总样间的允许差，即表8-4、表8-7、表8-13所列的允许差。

五、单项质量指标评定

（1）商品煤按被抽查单位（或卖出方）报告的测定值计价。当被抽查单位（或卖出方）和抽查单位（或买受方）分别对同一批煤采样、制样和化验时，如被抽查单位（或卖出方）的报告值和抽查单位（或买受方）的检验值的差值满足下述条件，该项质量指标为合格；否则评为不合格。

1）灰分（A_d）。(报告值－检验值)不小于表8-14规定值。

2）发热量（$Q_{gr,d}$）。(报告值－检验值）不大于表8-14规定值。

3）全水分（M_t）。(报告值－检验值）不小于表8-15规定值。

4）全硫（$S_{t,d}$）。(报告值－检验值）不小于表8-16规定值。

煤炭质量抽查和验收中，GB/T 18666—2014规定的各项质量评定指标为单项评定，都以“报告值-检验值”的差值与允许差进行比较。其中A_d、M_t和$S_{t,d}$的允许差为“负”值，及允许报告的该三项指标在一定程度上低于其检验值，但不能低于$-\sqrt{2}P_L$，或者说只要

“报告值-检验值”不小于$-\sqrt{2}P_L$，该三项指标即合格；$Q_{gr,d}$的允许差为“正”值，即允许其报告值在一定程度上大于检验值，但不能大于$\sqrt{2}P_L$（或P_L），或者说只要“报告值-检验值”不大于$\sqrt{2}P_L$（或P_L），该项指标即合格。

表 8-14　　灰分和发热量允许差

名称	灰分（以检验值计）A_d（%）	允许值（报告值－检验值）	
		ΔA_d（%）	$\Delta Q_{gr,d}$（MJ/kg）
原煤和筛选煤	20.00～40.00	－2.82	1.12
	10.00～20.00	$-0.141A_d$	$0.056A_d$
	＜10.00	－1.41	0.56
非冶炼用精煤	—	－1.13	按原煤、筛选煤计
其他洗选煤	—	－2.12	
冶炼用精煤	—	－1.11	—

表 8-15　　全 水 分 允 许 差

煤的品种	允许差（报告值－检验值）（%）
冶炼用精煤	－1.1

表 8-16　　全 硫 允 许 差

煤的品种	全硫（以检验值计）$S_{t,d}$（%）	允许差（报告值-检验值）（%）
冶炼用精煤	＜1.00	－0.16
	≥1.00	$-0.16S_{t,d}$
其他煤	＜1.00	－0.17
	1.00～2.00	$-0.17S_{t,d}$
	2.00～3.00	－0.34

当商品煤质量抽查时，该评定的实质是被抽查单位的报告值是否在可接受的采制化误差范围内，如满足上述条件，则可认为被抽查单位的测定值是可信的，如不满足上述条件，则可认为被抽查单位的测定值是可疑的。做出上述评定的前提条件是抽查单位的批煤品质检验值是准确的（或可信的）。

当商品煤质量验收时，该评定的实质是买入方的检验值和卖出方的报告值之差是否在可接受的采制化误差范围内，如满足上述条件，则可认为买入方和卖出方的测定值均是可信的，如不满足上述条件，则可认为买受方和卖出方的测定值均是可疑的。

【例 1】 国家煤炭质量监督检验中心抽查某矿一批筛选煤，有关抽查数据如下：

矿报测定值：$Q_{gr,d}$＝21.40%，$S_{t,d}$＝0.50%；

中心检验值：$Q_{gr,d}$＝20.90%，$S_{t,d}$＝0.70%，A_d＝26.20%。

1）发热量（$Q_{gr,d}$）评定：从 GB/T 18666—2014 表 1 查的，A_d＞20%时，发热量允许差为 1.12MJ/kg。现报告值－检验值＝21.40－20.90＝0.50μJ/kg，0.50μJ/kg＜1.12μJ/kg，所以发热量合格。

2）全硫（$S_{t,d}$）评定：从 GB/T 18666—2014 表 3 查的 $S_{t,d}$＜1%时，全硫允许差为－0.17%。现报告值－检验值＝0.50－0.70＝－0.20%，－0.20%＜－0.17%，所以全硫不合格。

【例 2】 国家煤炭质量监督检验中心抽查某洗煤厂生产的一批冶炼用精煤，有关抽查数据如下：

常保测定值：M_t＝10.1％，A_d＝9.60％，$S_{t,d}$＝0.70％；

中心检验值：M_t＝10.8％，A_d＝10.40％，$S_{t,d}$＝0.68％。

1）全水分（M_t）评定：由 GB/T 18666—2014 表 2 查得，全水分允许差为－1.1％。现报告值－检验值＝10.1－10.8＝－0.70％，－0.70％＞－1.11％，所以全水分合格。

2）灰分（A_d）评定：由 GB/T 18666—2014 表 1 查得，冶炼用精煤灰分允许差为－1.11％。现报告值－检验值＝9.60－10.40＝－0.80％，－0.80％＞－1.11％，所以灰分合格。

3）全硫（$S_{t,d}$）评定：从 GB/T 18666—2014 表 3 查得，冶炼用精煤 A_d＜1％，全硫允许差为－0.16％。现报告值－检验值＝0.70－0.68＝0.02％，0.02＞－0.16，所以全硫合格。

（2）商品煤按贸易合同约定值或产品标准（或规格）规定值计价。以被抽查单位（或卖出方）报告的合同约定值或产品标准（或规格）规定值和抽查单位（或买受方）的检验值、按上述“六、(1)”进行评定，但各项指标的允许差按式（8-32）修正：

$$T = \frac{T_0}{\sqrt{2}} \tag{8-32}$$

式中 T——按贸易合同约定值或产品标准（或规格）规定值计价的质量指标允许差；

T_0——表 8-14、表 8-15 和表 8-16 规定的允许差。

该评定的实质是被抽查单位（或卖出方）出售的煤炭品质是否满足贸易合同约定值的要求，如满足要求，则批煤质量评为合格，否则评为不合格。做出上述评定的前提条件是抽查单位（或买受方）的批煤品质检验值是准确的（或可信的）。为此，被抽查单位（或卖出方）有监督抽查单位（或买受方）对批煤质量检查（或验收检验）的必要。

当商品煤按贸易合同约定值或产品标准（或规格）规定值计价时，因不需与被抽查单位（或卖出方）测定值比较，只有抽查单位（或买受方）一方的检验误差需要考虑，此时抽查单位（或买受方）对批煤品质检验的随机误差在 95％置信水平下的极限值即为采样精密度 P_L，此时质量指标允许差为 $T=P_L=\frac{T_0}{\sqrt{2}}$。

当合同约定值或产品标准规定值为一数值范围时，全水分、灰分和全硫取约定值或规定值的上限值为被抽查单位（或卖出方）报告值，发热量取下限值为报告值。

如合同约定值或产品标准（或规格）规定值为质量评定项目的收到基或空气干燥基数值时，则被抽查单位（或卖出方）应报告被检批煤的 M_t、M_{ad} 和 H_{ad}，以便质量评定项目换算到干燥基数值。

【例 3】 国家煤炭质量监督检验中心抽查某矿一批发电用洗混煤，该煤以合同约定值计价，有关抽查数据如下：

矿报合同值：M_t＝8.0％，$Q_{net,ar}$＝20.55MJ/kg，H_{ar}＝2.80％，$S_{t,ar}$＝0.75％。

中心检验值：$Q_{gr,d}$＝23.00MJ/kg，$S_{t,ar}$＝1.00％，A_d＝18.00％。

1）发热量（$Q_{gr,d}$）评定：首先将矿报合同值 $Q_{net,ar}$ 换算为 $Q_{gr,d}$，则

$$Q_{gr,ar} = Q_{net,ar} + 0.206H_{ar} + 0.023M_t$$

$$
\begin{aligned}
Q_{gr,ar} &= \frac{100}{100-M_t} \cdot Q_{gr,ar} \\
&= \frac{100}{100-M_t}(Q_{net,ar}+0.206H_{dr}+0.023M_t) \\
&= \frac{100}{100-8.0}(20.55+0.206\times 2.80+0.023\times 8.0) \\
&= 23.16\text{KJ/kg}
\end{aligned}
$$

从GB/T 18666—2014中表1查得，$A_d=18.00\%$时，$Q_{gr,d}$允许差（$T_{O,Q}$）为$0.056\times 18.00=1.00$MJ/kg，则

$$1/\sqrt{2}T_{O,Q}=1/\sqrt{2}\times 1.00=0.71\text{MJ/kg}$$

现报告值－检验值＝23.16－23.00＝0.16MJ/kg，0.16MJ/kg＜0.71MJ/kg，所以发热量合格。

2）全硫（$S_{t,d}$）评定：首先将$S_{t,ar}$换算为$S_{t,d}$，则

$$S_{t,d}=\frac{100}{100-M_t}S_{t,ar}=\frac{100}{100-8.0}\times 0.75\%=0.82\%$$

从GB/T 18666—2014中表3查得，$S_{t,d}=1.00\%$时，允许差（$T_{O,S}$）为－0.17%，$-1/\sqrt{2}T_{O,S}=-1/\sqrt{2}\times 0.17\%=-0.12\%$，现报告值－检验值＝(0.82－1.00)%＝－0.18%，－0.18%＜－0.12%，所以全硫不合格。

（3）既有卖出方的测定值，又有贸易合同约定值或产品标准（或规格）规定值的商品煤的单项质量指标应分别进行评定，如有矛盾，应以“计价值”为准做最后评定，即贸易各方商定。如卖出方出售的煤炭质量不满足合同要求，但卖出方报告的批煤品质测定值是可信的，则批煤质量评为合格（根据批煤实际品质偏离合同值的情况调整吨煤价格），此种情况认为以卖出方报告的测定值为准计价；如卖出方报告的批煤品质测定值是可信的，但批煤质量不满足合同要求，则批煤质量评为不合格，此种情况认为以贸易合同约定值为准计价。

六、批煤质量评定

GB/T 18666—2014第4.4.3.2条规定的批煤质量判定指标和评定准则为：

（1）原煤、筛选煤和其他洗煤（包括非冶炼用精煤），以干燥基灰分（或干基高位发热量）和干燥基全硫作为批煤质量评定指标。以灰分计价者，干燥基灰分和干燥基全硫都合格，则该批煤质量评为合格，其中任何一项不合格，则该批煤质量评为不合格；以发热量计价者，干燥基高位发热量和干燥基全硫都合格，则该批煤质量评为合格，其中任何一项不合格，则该批煤质量评为不合格。

（2）冶炼用精煤，以全水分、干燥基灰分和干燥基全硫作为批煤质量评定指标，三项指标都合格，则该批煤质量评为合格，一项和一项以上指标不合格，则该批煤质量评为不合格。

抽查时，对批煤质量进行评定的检验结果应满足以下条件：

（1）以被抽查单位报告的测定值计价的批煤，抽查单位的检验结果应是对批量在GB/T 18666—2014第4.3.2.3条规定的采样基数以上，且采样单元与被抽查单位采样单元相同的批煤的采样、制样和化验结果。

（2）以被抽查单位报告的合同约定值或产品标准（或规格）规定值计价的批煤，抽查单位的检验结果应是对批量在GB/T 18666—2014第4.3.2.3条规定的采样基数以上的批煤的

采样、制样和化验结果。

七、其他质量指标及允许差

商品煤质量抽查时，依煤种不同将全水分、干燥基灰分、干燥基高位发热量和干燥基全硫作为质量指标，但商品煤质量验收时，GB 18666—2014 规定：贸易各方也可根据有关工业用煤技术条件约定其他检验项目，并按合同规定进行质量评定。

1. 其他质量指标的选择

在选择其他质量指标时应考虑：

（1）避免选择卖出方不能通过技术或其他手段控制的质量指标，如以收到基表示的各项指标、在装卸和采样过程中因破碎而变化的煤样粒度组成指标等。

（2）避免选择测定结果重复性和再现性较差的质量指标，如胶质层厚度等。

（3）要明确规定项目的细项目和基准，如挥发分，应明确是干燥基挥发分（V_d）还是干燥无灰基挥发分（V_{daf}），煤灰熔融性是氧化性气氛下的还是弱还原性气氛下的等。

2. 其他质量指标允许差的确定

商品煤质量验收的其他质量指标可在合同中明确规定。卖出方报告值与买受方检验值的允许差的确定有以下三种方法，且应大于质量指标的化验再现性临界差。

（1）初级子样方差（V_1）和制样及化验方差（V_{pr}）法。

步骤如下：

1）从同一批煤或相同品种的若干批煤中，按 GB 475—2008 规定采取至少 50 个子样。

2）将各子样分成两份或在制样的第一缩分阶段缩分出两份。将每份按 GB 474—2008 规定制成试验煤样（一般分析试验煤样或专用试验煤样）。

3）按有关标准规定测定各份试样的相关质量指标。

4）计算 50 个子样的两份试样测定值的平均值（x_i）和差值（d_i）。

$$x_i = \frac{x_{i1} + x_{i2}}{2} \tag{8-33}$$

$$d_i = x_{i1} - x_{i2} \tag{8-34}$$

5）计算制样和化验方差 V_{PT}：

$$V_{PT} = \frac{\sum d_i^2}{2n} \tag{8-35}$$

式中 n——子样数。

6）计算初级子样方差 V_1：

$$V_1 = \frac{\sum x_i^2 - (\sum x_i)^2/n}{n-1}/n - \frac{V_{PT}}{2} \tag{8-36}$$

7）将 GB 475—2008 规定的子样数 n 代入式（8-36）计算采样精密度 P：

$$P = 2\sqrt{\frac{V_1}{n} + V_{PT}} \tag{8-37}$$

8）计算卖出方测定值和买受方检验值的允许差 T：

$$T = \sqrt{2}P \tag{8-38}$$

（2）双份采样法。买卖双方对同一采样单元煤各采一个总样，然后将之制备成试验煤样并进行有关质量指标测定。如对同一品种煤至少采取20对双份试样，将得到20对测定值，然后进行以下计算。

1）求各对试样测定值的差值d；

2）求采样精密度P：

$$P=2\sqrt{\frac{\sum d_i^2}{2n}} \tag{8-39}$$

3）求允许差T：

$$T=\sqrt{2}P \tag{8-40}$$

（3）多份采样法。买卖双方共同对同一采样单元采取n个子样，并将n个子样依次轮流放入j个容器中，合并成j个分样（j不能小于10），将各分样制备成试验煤样并进行有关质量指标测定，然后进行以下计算。

1）求各分样测定值的标准差S：

$$S=\sqrt{\frac{\sum x_i^2-\frac{\left(\sum x_i\right)^2}{j}}{j-1}} \tag{8-41}$$

2）求采样精密度P：

$$P=\frac{2S}{\sqrt{j}} \tag{8-42}$$

3）求允许差T：

$$T=\sqrt{2}P \tag{8-43}$$

【例4】 某矿和某电厂确定粒度小于50mm，灰分（A_d）为25.00%，平均挥发分（V_d）为18.50%的一种动力用筛选煤的挥发分允许差的试验及其结果如下：

从一批该种煤中，按GB 475—2008规定采取50个子样（子样质量2kg），将各子样破碎到粒度小于13mm，用例行分析方法分出两份。每份试样按GB 474—2008规定，制成粒度小于0.2mm的空气干燥煤样并按GB 212—2008规定测定水分（M_{ad}）和挥发分（V_{ad}），然后计算干燥基挥发分V_d。

试验结果及基本统计值如下：

$$\overline{V}_d=18.50\%,\sum d_i^2=19.60,\sum V_d=925,\sum V_d^2=17180.9406$$

（1）按式（8-35）计算制样和化验方差。

$$V_{PT}=\frac{\sum d_i^2}{2n}=\frac{19.60}{2\times 50}=0.1960$$

（2）按式（8-36）计算初级子样方差。

$$\begin{aligned}V_1&=\frac{\sum V_d^2-\left(\sum V_d\right)^2/n}{n-1}-\frac{V_{PT}}{2}\\&=\frac{1718.9406-(925)^2/50}{49}-\frac{0.1960}{2}\\&=1.3967-0.098=1.4947\end{aligned}$$

（3）按式（8-37）计算采样精密度。

GB 475—2008 规定，灰分大于 20%的筛选煤的子样数为 60。

$$P = 2\sqrt{\frac{V_1}{v} + V_{PT}} = 2 \times \sqrt{\frac{1.4947}{60} + 0.1960}$$
$$= 2 \times 0.4700 = 0.9400$$

（4）按式（8-38）计算允许差。以卖出方计算值计价的该种煤的挥发分（V_d）允许差为

$$T = \sqrt{2}P = \sqrt{2} \times 0.9400 = 1.33$$

【例 5】 煤炭买、卖双方就长期煤炭贸易经谈判签订一份供货合同，合同中规定商品煤计价以卖出方报告的测定值为准，但如卖出方报告的批煤品质比合同约定的拒收值品质差，则买受方拒收。合同中规定以全水、收到基低位发热量、收到基全硫和收到基挥发分为质量评定指标，并规定干燥基挥发分允许差为 1.5%（不带正负号）。合同约定值、卖出方对一批原煤的实际测定值以及买受方对该批煤的验收化验结果如下，试对该批煤的质量作出评定。

合同约定值：$M_t \leqslant 15.0\%$、$25\% \leqslant V_{ar} \leqslant 33\%$、$Q_{net,ar} \geqslant 5600\text{kcal/kg}$、$S_{t,ar} \leqslant 0.60\%$；

合同约定拒收值：$V_{ar} < 23\%$或 $V_{ar} > 35\%$、$Q_{net,ar} < 5300\text{kcal/kg}$、$S_{t,ar} > 0.80\%$；

卖出方实际测定值：$M_t = 10.8\%$、$V_{ar} = 28.00\%$、$Q_{net,ar} = 5700\text{kcal/kg}$、$S_{t,ar} = 0.70\%$、$H_d = 4.96\%$；

买受方测定值：$M_t = 11.4\%$、$V_{ar} = 33.00\%$、$Q_{net,ar} = 27.91\text{MJ/kg}$、$S_{t,ar} = 0.78\%$、$A_d = 15.00\%$。

解：

1）以卖出方报告的测定值计价。

a. 发热量质量评定：

报告值：$Q_{gr,d} = (Q_{net,ar} + 0.023M_t) \cdot \dfrac{100}{100 - M_t} + 0.206H_d$

$$= \left(\frac{5700 \times 4.1816}{100} + 0.023 \times 10.8\right) \times \frac{100}{100 - 10.8} + 0.206 \times 4.96$$
$$= 28.02(\text{MJ/kg});$$

允许差：$T = 0.056 \times 15.00 = 0.84$（MJ/kg）。

报告值－检验值＝28.02－27.91＝0.11（MJ/kg），0.11MJ/kg＜0.84MJ/kg，所以按卖出方测定值计价时发热量质量合格。

b. 全硫质量评定：

报告值：$S_{t,d} = \dfrac{100}{100 - M_t} \cdot S_{t,ar} = 0.78\%$；

允许差：$T = -0.17\%$。

报告值－检验值＝0.78%－0.78%＝0.00%，0.00%＞－0.17%，所以按卖出方测定值计价时全硫质量合格。

c. 挥发分质量评定：

报告值：$V_d = \dfrac{100}{100 - M_t} \cdot V_{ar} = 31.39\%$；

报告值－检验值＝31.39%－33.00%＝－1.61%，其绝对值大于 1.50%，所以按卖出方测定值计价时挥发分质量不合格。

由于挥发分质量不合格，因此按卖出方测定值计价时该批煤质量评为不合格。

2）按贸易合同约定值计价。

a. 发热量质量评定：

报告值：$Q_{gr,d} = (Q_{net,ar} + 0.023M_t) \cdot \frac{100}{100 - M_t} + 0.206H_d$

$= \left(\frac{5600 \times 4.1816}{1000} + 0.023 \times 10.8\right) \times \frac{100}{100 - 10.8} + 0.206 \times 4.96$

$= 27.55(MJ/kg)$；

允许差：$T = \frac{T_0}{\sqrt{2}} = +0.59MJ/kg$。

报告值－检验值＝27.55－27.91＝－0.36（MJ/kg）－0.36MJ/kg＜0.59MJ/kg，所以按贸易合同约定值计价时发热量质量合格。

b. 全硫质量评定：

报告值：$S_{t,d} = \frac{100}{100 - M_t} \cdot S_{t,dr} = \frac{100}{100 - 10.8} \times 0.60 = 0.67$（%）；

允许差：$T = \frac{T_0}{\sqrt{2}} = -0.12\%$。

报告值－检验值＝0.67%－0.78%＝－0.11%，－0.11%＞－0.12%，所以按贸易合同约定之计价时全硫质量合格。

c. 挥发分质量评定：

报告值：下限值 $V_d = \frac{100}{100 - M_t} \cdot V_{ar} = \frac{100}{100 - 10^8} \times 25 = 28.03$（%）；

上限值 $V_d = \frac{100}{100 - M_t} \cdot V_{ar} = \frac{100}{100 - 10.8} \times 33 = 37.00$（%）；

允许差：$T = \frac{T_0}{\sqrt{2}} = 1.06\%$。

下限值－检验值＝28.03%－33.00%＝－4.97%，－4.97%＜1.06%；

上限值－检验值＝37.00%－33.00%＝4.00%，4.00%＞－1.06%。

所以按贸易合同约定值计价时挥发分质量合格。

由于发热量、全硫和挥发分质量均合格，按贸易合同约定值计价时该批煤质量评为合格。

综上所述，该批煤质量满足合同要求，且卖出方报告的批煤品质测定值由于合同约定拒收值，此时应按卖出方测定值计价。由于挥发分质量不合格，按卖出方测定值计价该批煤质量评定为不合格。

八、抽查报告

抽查报告至少应包括以下主要内容：

（1）抽查单位名称、地址。

（2）被抽查单位名称、地址。

（3）采样时间、地点、气候状况和人员。

（4）抽查产品品种、规格和数量。

（5）样品数量，包括总样数和质量、子样数和质量。

（6）测定项目和依据标准。

（7）试验数据。

（8）质量评定结论。

（9）主要检验人员、审核人员、批准人员。

最好还应包括制样方案和缩分方法。

第二节　验　收　方　法

一、方法提要

（一）验收要点

商品煤质量验收方法的要点为：由买受方从收到的、出卖方发给的一批煤中采取一个或数个总样，然后进行制样和有关项目测定，以出卖方的报告值和买受方的检验值进行比较，对该批煤质量进行评定。

商品煤质量验收方法和抽查方法原则上相同，只在以下方面有所差异：

（1）检验单位是买受方，而不是国家或地方政府、行业或企业主管部门授权单位。

（2）检验样品在买受方采取，而不是在出卖方采取。

（3）采样基数为买受方收到的，出卖方发给的全部煤炭，原则上讲不受量的限制。

（4）在冶炼用精煤质量评定指标中不包括全水分。

（二）质量验收方法的决定

众所周知，商品煤采样精密度为对一批煤进行单次采样的测定值与对同一批煤进行多次采样的测定值的平均值间的差值。以采样精密度为基础的商品煤质量抽查和验收的质量指标允许差则是对同一批煤采取两个总样的测定值间的差值的临界值。在本实施指南中，抽查和验收的允许差是根据GB 475—2008规定的采样精密度推导出来，经大量的对同一采样单元煤采取两个总样的测定值的差值进行数理统计验证后确定的，它适用于对同一采样单元采取的两个总样。

在当前我国国内煤炭贸易中，由于GB 475—2008规定除精煤和特种工业用煤按品种、分用户划分采样单元外，其他煤只按品种、不分用户划分采样单元，因此出卖方发出的一批原煤、筛选煤和其他洗煤都以整个发运批作为一个采样单元。但因我国运输条件限制，出卖方发出的一批煤往往被分成若干不等的分批发至不同的买受方，这样买受方验收时的检验结果就只是对出卖方发出的一整批煤的一部分的检验结果。从统计上讲这两个结果间的差值比同一采样单元煤采取两个总样的测定结果的差值大，应该为

$$T=\sqrt{\frac{m_0}{m}+P} \tag{8-44}$$

式中　T——差值的临界值（即允许差）；

P——采样精密度；

m_0——出卖方发煤时的采样单元，t；

m——买入方验收时的采样单元，t。

但由式（8-44）可以看到，这样两个试样测定值间的差值临界值随着买受方收到的煤占出卖方发出的煤的比例的减小而增大，当买受方收到的煤为出卖方发出的煤量的1/3时，T

值增大到 $2P$，即灰分允许差将增大到 $2\times(1/10)A_d$，发热量允许差将增大到 $2\times0.056A_d$。这样大的允许差，买受方不能接受。也曾考虑将买受方验收时的采样单元即 m 值限定在一定值以上，但其下限值也很难确定。因此采取折中的方式：在质量验收中不考虑买受方收到的煤量是不是出卖方发出的完整批煤，但增加批煤质量争议解决方法，如贸易双方的检验数据之差超过允许差，则可按本方法解决。

如欲解决国内煤炭贸易中买卖双方采样单元不一致的问题，则必须改善煤炭运输条件。在当前条件下，为了减少因此而造成的质量纠纷，出卖方可考虑采取以下改进措施：①提高煤炭的均匀性；②减小采样单元；③尽量做到按品种、分用户划分采样单元。

二、煤的质量评定

（一）概述

商品煤质量验收时，质量评定的评定指标、各指标允许差、单项质量指标评定和批煤质量的评定方法除以下三点外，均与商品煤质量抽查相同。

（1）冶炼用精煤的质量评定指标中没有全水分。

（2）在单项质量指标评定中多一条既有测定值，又有合同或产品标准（规格）值的评定方法。

（3）在批煤质量评定中多一条批煤质量争议解决方法。

（二）有双重值的商品煤单项质量指标评定

GB/T 18666—2014 第 5.4.3.1.3 条规定：“既有出卖方的测定值，又有贸易合同约定值或产品标准（或规格）规定值的商品煤的单项质量指标，应分别按 5.4.3.1.1 和 5.4.3.1.2 进行评定。”

本条规定是针对按贸易合同或产品标准（或规格）来确定出卖方的批煤是否可以接受，按出卖方报告的测定值来计价（决算）的情况而制订，此时应分别按 5.4.3.1.1 条来评定出卖方报告的批煤质量是否与真实质量相符，按 5.4.3.1.2 条来评定被验收批煤质量是否达到合同或产品标准（或规格）的规定。

由于 5.4.3.1.1 条和 5.4.3.1.2 条规定的允许差不同，前者是后者的 $\sqrt{2}$ 倍，因此很可能出现矛盾，即按 5.4.3.1.1 判定质量合格，而按 5.4.3.1.2 判定该批煤不能接受的情况，此时应以计价值为准做最后评定，即按 5.4.3.1.1 进行合格与否及是否接受评定。

【例 6】 某冶炼用精煤贸易合同规定，灰分（A_d）范围为 8.10%～9.10%，全硫（$S_{t,d}$）范围为 0.60%～0.80%，最后按出卖方报告的测定值决算。现出卖方报告的测定值为 $A_d=9.00\%$，$S_{t,d}=0.75\%$，买受方验收检验值为 $A_d=9.90\%$，$S_{t,d}=0.82\%$。

灰分（A_d）：报告值－检验值＝9.00%－9.90%＝－0.90%，现－0.90＞－1.11（GB/T 18666—2014 表 1 规定值），灰分合格。

全硫（$S_{t,d}$）：报告值－检验值＝0.75%－0.82%＝－0.07%，现－0.07＞－0.16（GB/T 18666—2014 表 3 规定值），全硫合格。

灰分（A_d）：合同上限值－检验值＝9.10%－9.90%＝－0.80%，现－0.80%＜$-1.11/\sqrt{2}$＝－0.78，灰分不合格。

全硫（$S_{t,d}$）：合同上限值－检验值＝0.80%－0.82%＝－0.02%现－0.02%＞$-0.16/\sqrt{2}$＝－0.11，全硫合格。

由于合同规定按卖出方报告的测定值结算（即计价），故最后以 5.4.3.1.1 的评定为准，该批煤评为质量合格，应予接受。

（三）批煤质量争议解决方法

1. 批煤质量争议解决方法

商品煤质量抽查时，以抽查单位的检验值为准，通常不存在争议问题。但抽查单位应恪守职业规范，严禁舞弊行为，且检验技术精湛。根据《中华人民共和国产品质量法》第十一条规定：产品质量检验机构必须依法按照有关标准，客观、公正地出具检验结果。第十五条规定：生产者、销售者对抽查检验的结果有异议的，可以自收到检验结果之日起十五日内向实施监督抽查的产品质量监督部门或者其上级产品质量监督部门申请复检，由受理复检的产品质量监督部门作出复检结论。第五十七条规定：产品质量检验机构伪造检验结果的，责令改正，对单位处五万元以上十万元以下的罚款，对直接负责的主管人员和其他直接责任人员处一万元以上五万元以下的罚款；有违法所得的，并处没收违法所得；情节严重的，取消其检验资格；构成犯罪的，依法追究刑事责任。产品质量检验机构出具的检验结果不实，造成损失的，应当承担相应的赔偿责任；造成重大损失的，撤销其检验资格。

GB/T 18666—2014 第 5.4.3.3 条规定：当买受方的检验值和出卖方的报告值不一致（二者的差值超过 5.4.3.1.1 或 5.4.3.1.2 规定的允许差）并发生争议时，先协商解决，如协商不一致，应改用下述两种方法之一进行验收检验，在此情况下，买受方应将收到的该批煤单独存放。

（1）双方共同对买受方收到的批煤进行采样、制样和化验，并以共同检验结果进行验收。

（2）双方请共同认可的第三公正方对买受方收到的批煤进行采样、制样和化验并以此检验结果进行验收。

2. 煤炭贸易中买卖双方检验结果不一致的技术原因

在国际和国内煤炭贸易中，买卖双方对同一批煤的检验结果有可能不一致，因此产生质量纠纷也是不可避免的，除了人为因素以外，在技术上就存在固有的和客观的因素。

（1）GB/T 18666—2014 规定的质量指标允许差，从理论上讲是在 95%概率下的差值的极限值，在买卖双方都严格按 GB 475—2008、GB 474—2008 和相关的煤炭分析标准进行采样、制样和化验下，双方差值在 95%概率下不会超过允许范围，但是仍有 5%的概率超过允许范围。

（2）GB/T 18666—2014 规定的质量指标允许差，是根据 GB 475—2008 规定的采样精密度和大量的同一采样单元煤采取两个总样的测定结果统计数据制订的，但在质量验收中，出卖方和买受方的煤样有可能不是来自同一采样单元，这样双方测定结果之差有可能超过允许差。

（3）GB 475—2008 规定的采样程序在大多数情况下对大多数矿和煤种是适合的，但对某个特定矿或特定煤种可能不适应，因此 GB 475—2008 要求定期和不定期地对采样精密度进行核对，以调节采样方案，否则采样精密度有可能达不到要求，而使买卖双方测定值有可能不一致。

（4）采样、制样和化验偏离标准程序，包括：

1）未对被检验的整批煤采样，或采样的子样数、子样质量、子样间隔和子样分布不符合 GB 475—2008 要求。

【例 7】 GB 475—2008 规定的采样方法为连续采样方法，虽然煤炭生产、运销和使用单位可以对煤质均匀的煤用间断采样方法采样，即将被检批煤分成若干采样单元，只从其中某几个采样单元采样，但应按式（8-45）来决定欲采样的采样单元数和每个采样单元的子样数。

$$P=\sqrt{\frac{\frac{V_1}{n}+\left(1-\frac{u}{m}\right)V_{\mathrm{m}}+V_{\mathrm{PT}}}{u}} \tag{8-45}$$

式中 P——采样精密度；

V_1——初级子样方差；

V_{m}——采样单元方差；

V_{PT}——制样和化验方差；

m——采样单元数；

μ——实际采样的采样单元数；

n——每一采样单元的子样数。

只有根据被采样煤的初级子样方差（V_1）、采样单元方差（V_{m}）和制样及化验方差（V_{PT}）用式（8-45）计算出应划分的采样单元数（m）、应采样的采样单元数（μ）和每个采样单元的子样数（n），然后据此采样，才能保证间断采样的精密度符合要求。如果只是随机（或随意）从一批煤中选出一部分（如从一列车中选出若干车皮）采样，其精密度肯定达不到要求，有关双方的测定值之差也极可能超过允许范围。

2）制样程序偏离 GB 474—2008 规定程序，如缩分操作不当，缩分后试样量达不到该标准规定的相应粒度下的最少试样量。

3）化验操作偏离有关煤炭分析方法标准，如仪器设备没有校正、操作和计算错误等。

（5）使用机械化采（制）样系统时，所用采样（制样）程序的精密度达不到 GB 474—2008 要求，采样（制样）系统有明显偏差。

3. 有争议的批煤的验收

发生质量纠纷后，应该按 GB/T 18666--2014 第 5.4.3.3 条规定的两种方法之一，对有争议的批煤重新进行采样、制样和化验，然后根据检验结果验收，此时不再有允许差。

注意不能用任何一方的保留样复检来代替重样采样、制样和化验。因为众所周知，煤炭的分析误差（以方差计）80%来自采样，16%来自制样，只有 4%来自化验，因此除非化验错误，否则即便保留样复检值与原化验值一致，也不能证明采样和制样正确，不能证明原来采的煤样具有代表性。

4. 第三公正方的选择

第三公正检验方的根本任务是提出公正的检验结果和对煤炭质量做出公正的评定，因此应根据以下原则来选择第三公正方。

（1）地位公正。在组织上、经济上和技术上独立于买卖双方及其主管部门。

（2）职业道德好。没有在外界压力和经济或其他利益引诱下产生偏袒和虚假的行为。

（3）技术水平高。一般应为专门从事煤炭检验的权威单位。

（4）双方共同认可。任何一方不得以任何压力迫使对方接受本方提出的第三检验方。

三、商品煤质量验收的实际应用

（一）以买受方验收值计价的商品煤质量验收

随着商品煤市场的波动，当卖方市场时，多以卖出方报告的批煤品质结果结算，当买方市场时，多以买受方验收的批煤品质结果结算。对于以买受方验收值计价的商品煤质量验收，下面以例题加以说明。

【例8】 煤炭买、卖双方就长期煤炭贸易经谈判签订一份供货合同，合同中规定商品煤计价以买受方验收值为准。合同中规定以全水、收到基灰分、收到基低位发热量、收到基全硫为质量评定指标。合同约定值、卖出方对一批筛选煤的实际测定值以及买受方对该批煤的验收化验结果如下，试对该批煤的质量作出评定并计价。

合同约定值：$M_t \leqslant 15.0\%$、$A_{ar}<20.00\%$、$Q_{net,ar} \geqslant 5500kcal/kg$、$S_{t,ar} \leqslant 0.80\%$。

合同约定拒收值：$A_{ar}>22.00\%$、$Q_{net,ar}<5300kcal/kg$、$S_{t,ar}>1.00\%$。

当 $5300kcal/kg \leqslant Q_{net,ar} \leqslant 5500kcal/kg$ 时，则扣款 $0.12\times(5500-Q_{net,ar})$ 元/t 进行；当 $Q_{net,ar}>5500kcal/kg$ 时，则奖款，按 $0.12\times(Q_{net,ar}-5500)$ 元/t 进行。

当 $0.80\% \leqslant S_{t,ar} \leqslant 1.00\%$ 时，则扣款，按 $5\times(S_{t,ar}-0.80)$ 元/t 进行；当 $S_{t,ar}<0.70\%$ 时，则奖款，按 $5\times(0.70-S_{t,ar})$ 元/t 进行。

卖出方测定值：$M_t=16.8\%$、$A_{ar}=15.00\%$、$Q_{net,ar}=5370kcal/kg$、$S_{t,ar}=0.70\%$、$H_d=4.96\%$。

买受方测定值：$M_t=16.5\%$、$A_{ar}=18.90\%$、$Q_{gr,d}=28.18MJ/kg$、$S_{t,d}=0.80\%$、$H_d=4.88\%$。

解：（1）质量评定。

1）发热量质量评定：

$$\text{报告值：} Q_{gr,d}=(Q_{net,ar}+0.023M_t)\cdot\frac{100}{100-M_t}+0.206H_d$$

$$=\left(\frac{5370\times4.1816}{100}+0.023\times16.8\right)\times\frac{100}{100-16.8}+0.206\times4.96$$

$$=28.48(MJ/kg);$$

允许差：$T=+0.056\times18.90=+1.06$（MJ/kg）。

报告值－检验值＝$28.48-28.18=+0.30$（MJ/kg）$<+1.06$（MJ/kg），所以按买入方验收值计价时发热量质量合格。

2）全硫质量评定：

报告值：$S_{t,d}=\frac{100}{100-M_t}\cdot S_{t,ar}=0.84$（%）；

允许差：$T=-0.17\%$。

报告值－检验值为 $0.84\%-0.80\%=0.04$（%），$0.04\%>-0.17\%$，所以按买入方验收值计价时全硫质量合格。

3）灰分质量评定：

报告值：$A_d=\frac{100}{100-M_t}\cdot A_{ar}=18.03$（%）；

允许差：$T=-0.141\times18.90\%=-2.66$（%）。

报告值－检验值＝$18.03\%-18.90\%=-0.87$（%），$-0.87\%>-2.66\%$，所以按买受方验收值计价时干燥基灰分质量合格。

由于发热量质量和全硫质量、灰分质量和全硫质量均合格，因此按买受方验收值计价时该批煤质量评定为合格。

（2）计价。

发热量计价：

$$
\begin{aligned}
Q_{net,ar} &= (Q_{gr,d} - 0.206H_d) \cdot \frac{100 - M_t}{100} - 0.023 \times M_t \\
&= (28.18 - 0.206 \times 4.88) \times \frac{100 - 16.5}{100} - 0.023 \times 16.5 \\
&= 22.01(\mathrm{MJ/kg}) = 5264(\mathrm{kcal/kg});
\end{aligned}
$$

需罚款，金额为：0.12×(5500−5264)=28.32（元/t）；

全硫计价：$S_{t,ar}=S_{t,d}\times\frac{100-M_t}{100}=0.67$（%）；

全硫需奖款金额为 5×(0.70−0.67)=0.15（元/t）。

综合考虑发热量和全硫罚奖款情况：28.32 元/t−0.15 元/t=28.17 元/t，即每吨煤需罚款 28.17 元。

由上述例题可知，商品煤以买受方验收值计价和以卖出方报告值计价处理方法相同。

（二）水分参与计价

煤的水分是煤炭品质之一，对煤炭加工利用、贸易和储存运输都有很大影响。一般来说，水分高不是一件好事。例如在锅炉燃烧中，水分高会影响燃烧稳定性和热传导；在炼焦工业中，水分高会降低焦炭产率，由于水分大量蒸发带走热量而延长焦化周期。在现代煤炭加工利用中，有时水分高反是一件好事，如煤中水分可作为加氯液化和加氢气化的供氢体。

在动力煤贸易中，水分高能显著影响低位发热量值，通常水分是质量评定指标，有时还是计价指标之一。全水分作为计价指标时主要是扣重，即全水分超出合同要求后，超出部分水分在煤的总重中扣除。

【例 9】 商品煤贸易双方的供煤合同中规定：商品煤以全水分和发热量为质量评定项目，全水分质量评定允许差为−1.1%，以买受方验收值计价；全水分不大于 12.0%，超标后扣重，高于 15.0%拒收；收到基低位发热量为 5600cal/g，每超过 1cal 奖励 0.05 元/t，每低 1cal 罚 0.05 元/t，低于 5300cal/g 拒收。现有一船筛选煤，卖出方报告值与买受方验收情况如下：装煤量 4 万 t，煤价为 500 元/t，试评定该船煤质量并计价。

卖出方测定值：全水分（M_t）13.4%、收到基低位发热量（$Q_{net,ar}$）5530cal/g、干燥基氢（H_d）4.00%。

买受方验收值：全水分（M_t）13.0%、收到基低位发热量（$Q_{net,ar}$）5550cal/g、干燥基灰分（A_d）13%、干燥基氢（H_d）4.00%。

解：（1）质量评定。

1）发热量质量评定：

报告值：$Q_{gr,d}=(Q_{net,ar}+0.023M_t)\cdot\frac{100}{100-M_t}+0.206H_d$

$$
\begin{aligned}
&= \left(\frac{5530 \times 4.1816}{1000} + 0.023 \times 13.4\right) \times \frac{100}{100 - 13.4} + 0.206 \times 4.00 \\
&= 27.88(\mathrm{MJ/kg});
\end{aligned}
$$

检验值：$Q_{gr,d}=(Q_{net,ar}+0.023M_t)\cdot\frac{100}{100-M_t}+0.206H_d$

$$= \left(\frac{5550 \times 4.1816}{100} + 0.023 \times 13.0\right) \times \frac{100}{100 - 13.0} + 0.206 \times 4.00$$

$$= 27.84(\text{MJ/kg});$$

允许差：$T = +0.056 \times 13.00 = +0.73$ (MJ/kg)。

报告值－检验值为 27.88－27.84＝＋0.04(MJ/kg)，＋0.04MJ/kg＜＋0.73MJ/kg，所以按买入方验收值计价时发热量质量合格。

2）全水分质量评定：

报告值：$M_t = 13.4\%$；

检验值：$M_t = 13.0\%$；

允许差：$T = -1.1\%$。

报告值－检验值＝0.4％，0.4％＞－1.1％，所以按买受方验收值计价时全水分质量合格。

由于发热量质量和全水分质量均合格，因此按买受方验收值计价时该批煤质量评为合格。

（2）计价：

水分扣款：500×(13－12)％×4＝20（万元）；

热值扣款：0.05×(5600－5550)×4×99％＝9.9（万元）。

以上合计扣款 29.9 万元。

在例题中，因全水分超标存在双重扣款，这是不合理的。若全水分扣重，则收到基低位发热量值将提高，如仍以扣重前的发热量值进行计价，显然是不合适的。

按例题情况，以全水分 12％计算发热量验收值（因超标的水分已被扣除），则该船煤的收到基低位发热量值应为

$$Q_{net,ar} = (Q_{gr,d} - 0.206H_d) \cdot \frac{100 - M_t}{100} - 0.023M_t$$

$$= (27.84 - 0.206 \times 4.00) \times \frac{100 - 12.0}{100} - 0.023 \times 12.0$$

$$= 23.50(\text{MJ/kg}) = 5620(\text{cal/g})$$

此时，发热量应奖励 0.05×(5620-5600)×4×99％＝3.96（万元）。

即全水分扣重后，发热量值不仅不扣款，还应奖励 3.96 万元，这才是合理的。另一种解决方式是合同中约定当全水分扣重后，低位发热量值相应提高，如在该例中因全水分扣煤重 1％，收到基低位发热量应补 70kcal/kg。

以上实际总扣款应为 20 万元－3.96 万元＝16.04（万元）。

（三）灰分计价

煤的灰分（产率）是煤质特性和加工利用中起重要作用的指标。在煤的燃烧和气化中，根据煤灰含量以及它的熔融性、黏度和化学组成等特性来预测燃烧和气化中可能出现的腐蚀、结渣问题，并据此进行炉型选择和煤灰渣利用研究。在炼焦工业中，要用煤的灰分来预计焦炭中的灰分。对于特定煤来说，煤的灰分越高，有效碳的产率越低，发热量值则越低，因此对某些煤种也采用灰分计价。

灰分常用的计价基准有：收到基、空气干燥基和干燥基。国内贸易中通常应用收到基灰分计价，有时也用空气干燥基和干燥基计价。国外贸易中多采用空气干燥基灰分计价，偶尔也用收到基和干燥基计价。

灰分计价方式主要有扣款和扣重两种形式：

（1）扣款：灰分每超1%，扣款x元/t。如合同约定收到基灰分小于20%，灰分大于20%时按$3\times(A_{ar}-20)$元/t扣款；空气干燥基灰分小于16%，灰分大于16%时按$1\times(A_{ad}-16)$元/t扣款。

（2）扣重：灰分每超1%，每吨扣重1%。如合同约定收到基灰分小于13%，灰分大于13%时按收到吨数$\times(A_{ar}-13\%)$扣重。

按照GB/T 18666—2014规定，以灰分计价的煤炭，全硫也是质量评定项目，因此，全硫计价也会参与到灰分计价之中。

通过下面的例题说明灰分的质量评定和计价。

【例10】 商品煤贸易双方的供煤合同中规定：商品煤以灰分和全硫为计价指标，以买受方验收值计价；灰分（A_{ad}）要求不大于15.00%，全硫（$S_{t,ar}$）要求不大于10.800%；煤质不符合该规定时按如下方式处理：①若灰分（A_{ad}）大于15.00%，按超出的质量分数扣吨；②当A_{ad}为15%～17%时，按$4\times(A_{ad}-15)$元/t扣款，当$A_{ad}>17\%$时，则按$5\times(A_{ad}-17)$元/t扣款；③全硫每超1%，按5元/t扣款。

现有一船筛选煤，卖出方报告值与买受方验收值如下，如装煤量6万，煤价为500元/t，试评定该船煤质量是否合格并讨论计价。

出卖方测定值：全水分（M_t）13.4%、分析水（M_{ad}）3.50%、空气干燥基灰分（A_{ad}）16.40%、全硫$S_{t,ar}=0.75\%$。

买受方验收值：全水分（M_t）13.0%、分析水（M_{ad}）4.00%、空气干燥基灰分（A_{ad}）17.00%、全硫$S_{t,ar}=0.90\%$。

解：（1）质量评定：

1）灰分质量评定：

报告值：$A_d=\frac{100}{100-M_{ad}}\cdot A_{ad}=\frac{100}{100-3.50}\times16.40=16.99$（%）；

检验值：$A_d=17.00\%$；

允许差：$T=-0.141\times17.00=-2.40$（%）。

报告值－检验值$=16.99\%-17.00\%=-0.01$（%），$-0.01\%>-2.40\%$，所以按买入方验收值计价时灰分质量合格。

2）全硫质量评定：

报告值：$S_{t,d}=S_{t,ar}\times\frac{100}{100-M_t}=0.75\times\frac{100}{100-13.4}=0.87$（%）；

检验值：$S_{t,d}=S_{t,ar}\times\frac{100}{100-M_t}=0.90\times\frac{100}{100-13.0}=1.03$（%）；

允许差：$T=-0.17\times S_{t,d}=-0.17\times1.03=-0.18$（%）。

报告值－检验值$=0.87\%-1.03\%=-0.16$（%），$-0.16\%>-0.18\%$，所以按买受方验收值计价时全硫质量合格。

由于灰分质量和全硫质量均合格，因此按买受方验收值计价时该批煤质量评为合格。

（2）计价：

灰分扣款：$A_{ad}=A_{ad}\times\frac{100-M_{ad}}{100}=16.32\%$；

若灰分扣吨，则 500×(16.32－15.00)%×6＝39.6（万元）；

若灰分扣款，则 4×(16.32－15)×6＝31.68（万元）；

全硫扣款：5×(1.03－0.80)%×6＝6.9（万元）。

以上扣款总计：46.5 万元（若灰分扣吨）或 35.58 万元（若灰分扣款）。

（四）挥发分参与计价

煤的挥发分（产率）与煤的变质程度和加工利用有密切关系。随着变质程度的加深，挥发分逐渐降低。高挥发分的煤，适用于作为低温干馏原料和气化原料；挥发分中等的烟煤适用于炼焦。在煤的燃烧中，需要为特定燃烧设备选择适宜挥发分范围的煤，或者为特定挥发分的煤选择适应的燃烧设备。因此，挥发分有时也参与到计价中。

挥发分常用的计价基准有：收到基挥发分、干燥无灰基和空气干燥基。国内贸易中通常应用收到基挥发分计价，有时也用干燥无灰基和空气干燥基计价。国外贸易中多采用空气干燥基挥发分计价，偶尔也用收到基挥发分和干燥无灰基计价。

挥发分计价方式主要以扣款形式出现，如收到基挥发分（V_{ar}）要求在 25%～33%之间，小于 23%或大于 35%均拒收，在 23%～25%和在 33%～35%之间每超标 1%，按 5 元/t 扣款；或干燥无灰基挥发分（V_{daf}）要求在 32%～39%之间，小于 32%或大于 39%均按 8×(32－V_{daf})元/t 或 8×(V_{daf}－39%)元/t 扣款；或空气干燥基挥发分（V_{ad}）要求在 28%～35%之间，小于 26%或大于 36%均拒收，在 26%～28%之间按 3×(28－V_{ad})元/t 扣款，在 35%～36%之间按 3×(V_{ad}－35)元/t 扣款。

通过下面的例题说明挥发分的质量评定和计价。

【例 11】 商品煤贸易双方的供煤合同中规定：商品煤以挥发分和发热量为计价指标，以卖出方报告值计价；收到基挥发分（V_{ar}）在 25%～33%之间，小于 23%或大于 33%均拒收，在 23%～25%之间按 5×(25－V_{ar})元/t 扣款，干燥基挥发分允许差为 1.50%（不带正负号）；收到基低位发热量（$Q_{net,ar}$）不小于 5600cal/g，以 5600cal/g 为准，每高 1cal 奖励 0.05 元/t，每低 1cal 罚 0.05 元/t，低于 5200cal/g 拒收。

现有一船筛选煤，卖出方报告值与买受方验收值如下，如装煤量 6 万 t，煤价为 500 元/t，试评定该船煤质量并计价。

卖出方测定值：全水分（M_t）13.4%、收到基挥发分（V_{ar}）24.30%、收到基低位发热量（$Q_{net,ar}$）5660cal/g、干燥基氢（H_d）4.00%。

买受方验收值：全水分（M_t）13.0%、收到基挥发分（V_{ar}）23.50%、收到基低位发热量（$Q_{net,ar}$）5680cal/g、干燥基灰分（A_d）12.00%、干燥基氢（H_d）4.00%。

解：（1）质量评定：

1）发热量质量评定：

$$\text{报告值}: Q_{gr,d} = (Q_{net,ar} + 0.023M_t) \cdot \frac{100}{100 - M_t} + 0.206H_d$$

$$= \left(\frac{5660 \times 4.1816}{1000} + 0.023 \times 13.4\right) \times \frac{100}{100 - 13.4} + 0.206 \times 4.00$$

$$= 28.51(\text{MJ/kg});$$

$$\text{检验值}: Q_{gr,d} = (Q_{net,ar} + 0.023M_t) \cdot \frac{100}{100 - M_t} + 0.206H_d$$

$$= \left(\frac{5680 \times 4.1816}{100} + 0.023 \times 13.0\right) \times \frac{100}{100 - 13.0} + 0.206 \times 4.00$$

$$= 28.47(\mathrm{MJ/kg});$$

允许差：$T = +0.056 \times 12.00 = +0.67$（MJ/kg）；

报告值－检验值＝28.51－28.47＝＋0.04（MJ/kg），＋0.04MJ/kg＜＋0.67MJ/kg，所以按卖出方报告值计价时发热量质量合格。

2）挥发分质量评定：

报告值：$V_{d} = \frac{100}{100 - M_{r}} \cdot V_{ar} = \frac{100}{100 - 13.4} \times 24.30 = 28.06$（%）；

检验值：$V_{d} = \frac{100}{100 - M_{r}} \cdot V_{ar} = \frac{100}{100 - 13.0} \times 23.50 = 27.01$（%）；

允许差：$T = 1.50\%$（不带正负号）；

报告值－检验值＝28.06%－27.01%＝1.05%，其绝对值小于1.50%，所以按卖出方报告值计价时挥发分质量合格。

由于发热量质量和挥发分质量均合格，因此按卖出方报告值计价时该批煤质量评为合格。

（2）计价：

热值奖款：0.05×(5660－5600)×6＝18（万元）；

挥发分扣款：5×(25－24.30)×6＝21（万元）；

以上合计扣款：3万元。

（五）全硫计价

煤中全硫含量对煤的燃烧、气化和炼焦等均会带来很大危害。在煤的燃烧中，燃烧后生成的二氧化硫气体不仅腐蚀锅炉的管道，而且还严重污染大气。在炼焦工业中，若炼焦煤中全硫含量高，焦炭中的硫分也增高，从而影响钢铁的质量（钢铁中含硫量大于0.07%，就会使之产生热脆性而无法使用）。因此无论是以热值计价的动力煤还是以灰分计价的炼焦煤，或其他工业用煤，全硫都是计价指标之一。

全硫常用的计价基准有：收到基、干燥基和空气干燥基。国内贸易中通常应用收到基全硫计价，有时也用干燥基全硫计价。国外贸易中多采用空气干燥基全硫计价，偶尔也用收到基和干燥基计价。

全硫计价方式主要以扣款或奖款形式出现，如收到基全硫（$S_{t,ar}$）要求小于0.60%，大于0.80%拒收，在0.60%～0.80%之间按10×($S_{t,ar}$－0.60)元/t扣款，在0.40%～0.60%之间按5×(0.60－$S_{t,ar}$)元/t奖款；或干燥基全硫（$S_{t,d}$）要求小于0.80%，大于1.00%拒收，在0.80%～1.00%之间按20×($S_{t,d}$－0.80)元/t扣款；或空气干燥基全硫（$S_{t,ad}$）要求小于0.50%，大于0.50%按单价×($S_{t,ad}$－0.60)/10元/t扣款。

（六）发热量计价

煤的发热量是动力用煤的主要质量指标。一个燃烧工艺过程的热平衡、耗煤量、热效率等的计算，都需要发热量值。试验室中煤发热量的测定是在氧弹热量计中进行的，所测得的是弹筒发热量；由弹筒发热量减去硝酸形成热和硫酸校正热后得到的发热量称为（恒容）高位发热量；由高位发热量减去水的气化潜热后得到的发热量称为（恒容）低位发热量，工业燃烧设备中所能获得的最大理论热值是低位发热量。

发热量常用的计价基准有：收到基低位、空气干燥基高位、收到基高位和干燥基高位。国内贸易中通常应用收到基低位发热量计价，有时也用空气干燥基高位发热量计价。国外贸易中多采用空气干燥基高位发热量和收到基低位发热量计价，偶尔也用收到基高位发热量计价。

发热量计价方式主要以扣款和奖款形式出现，如收到基低位发热量（$Q_{net,ar}$）要求大于5500kcal/kg，以5500kcal/kg为准，大于5500kcal/kg按0.08×($Q_{net,ar}$－5500)元/t奖款，小于5500kcal/kg按0.08×(5500－$Q_{net,ar}$)元/t扣款；或空气干燥基高位发热量（$Q_{gr,ad}$）要求大于6600kcal/kg，以6600kcal/kg为准，大于6600kcal/kg按单价×($Q_{gr,ad}$－6600)/6600元/t奖款，小于6600kcal/kg按单价×(6600－$Q_{gr,ad}$)/6600元/t扣款；收到基高位发热量（$Q_{gr,ar}$）大于6100kcal/kg，以6100kcal/kg为准，大于6100kcal/kg按单价×($Q_{gr,ar}$－6100)/6100元/t奖款，小于6100kca/kg按单价×(6100－$Q_{gr,ar}$)/6100元/t扣款。

（七）煤灰熔融性（灰熔点）参与计价

煤灰熔融性是动力用煤和气化用煤的一个重要质量指标。一般认为，煤灰的变形温度与锅炉轻微结渣和其吸热表面轻微积灰的温度相对应；软化温度与锅炉大量结渣和大量积灰的温度相对应；而流动温度则与锅炉中灰渣呈液态流动或从吸热表面滴下和在燃烧床炉栅上严重结渣的温度相关联。固态排渣燃烧或气化炉就要求使用煤灰熔融温度较高的煤；而液态排渣炉则要求使用煤灰熔融温度低的煤。

煤灰熔融温度在不同气氛下是不同的。由于在工业锅炉的燃烧或气化室中，一般都形成由CO、H_2、CH_4和CO_2为主要成分的弱还原性气氛，因此煤灰熔融性测定一般也在与之相似的弱还原性气氛下进行。

煤灰熔融性参数常用的计价基准有：弱还原性气氛下软化温度（*ST*）和变形温度（*DT*）。国内贸易中通常应用弱还原性气氛下软化温度（*ST*）计价。国外贸易中多采用弱还原性气氛下变形温度（*DT*）或软化温度（*ST*）计价。

因该指标涉及燃烧工况和安全，计价方式主要以接受和拒收方式出现，一般合同中规定一界限值，满足该界限值接受，不满足该界限值拒收。当然也可能同时收购不同灰熔点的煤，进行配煤使之达到要求，但通常不会专门为灰熔点指标进行详细定价。

（八）煤炭贸易合同质量指标约定的注意问题

(1) 煤矿和经销商应准确了解所出售煤炭的品质，保证合同约定的煤炭质量指标符合实际情况。

(2) 煤炭质量指标应有唯一的含义，避免因含义的不一致造成量值的不同。如发热量是质量评定指标时，应指明热值是高位还是低位、是收到基还是其他基；灰分、挥发分或全硫是质量评定指标时，应指明量值采用的基准；灰熔点是质量评定指标时，应指明采用的特征温度和测定气氛。

(3) 合同中应约定质量指标评定允许差。全水分、灰分、全硫、发热量允许差在GB/T 18666—2014中给出，应尽量在合同中采用。其他的质量评定项目，如挥发分或煤灰熔融温度，合同中应约定其允许差。通常干燥基挥发分允许差应不小于1.5%，灰熔融温度允许差应不小于80℃。在炼焦用煤中，如黏结指数和胶质层指数是质量评定指标，黏结指数允许差应不小于4，胶质层最大厚度允许差应不小于3mm，焦块最终收缩度允许差应不小于3mm。

(4) 在合同约定中，如全水分扣重，则发热量值在全水分扣重后应补正，避免双重扣款。

（5）在合同约定中，应避免灰分和发热量同时作为质量评定指标，避免双重扣款。

（6）合同中应约定煤炭质量争议处理方法。应要求单独存放有争议的煤，并规定以贸易双方共同采制化结果计价结算或以第三公正方采制化结果计价结算。

（7）对煤样的采取、制备和化验的依据标准和试验方法做出约定。

（8）合同中应约定计价方法，应明确计价方和计价值，即明确是卖出方还是买受方出具计价结果，计价值是测定值还是合同值。

（九）处理煤炭质量纠纷时应注意的问题

（1）确认己方煤质和采制化是否有问题。首先检查批煤品质是否与该品种煤的典型品质参数相符，如有明显差异，则可询问矿方是否生产煤层有变化等情况。若矿井生产正常，则应检查采样和制样环节，尤其是采样。如批煤品质结果符合检查通过，则应检查采制化过程，一般先从化验开始，可将存查煤样取出化验，以检查化验是否有误，同时查看采样记录和制样记录，适当时候可询问相关人员。若由于己方存在采制化问题导致测定值失实，造成质量纠纷，应纠正存在的问题，并接受对方的测定结果。若通过检查，没有发现己方存在缺陷，可将检查情况通知对方，并要求对方查找原因。

（2）质量纠纷发生后，买入方应单独保存煤炭。质量有问题的煤炭应尽可能单独堆放，如已消耗一部分，剩余部分也应保留，且单独堆放。立即通知卖出方来确认。

有质量争议的煤炭如已全部消耗，或与其他煤混合，造成整批煤无法单独确认，双方共同采样或第三公正方采样不能开展，无法获得批煤品质结果，最终只能采取互让原则折中处理，这有失公允。

（3）确认贸易双方的测定结果均针对整批煤。若一方的测定值是部分批煤采制化的结果，贸易双方的测定结果则容易超差，所以确认双方测定值均针对整批煤量是双方测定结果比对分析的前提条件。

（4）采样机械和制样设备的性能应满足有关标准要求。煤炭机械化采样应用越来越多，但采样机械的性能应满足 GB/T 19494—2004《煤炭机械化采样》的要求，不然采样机械虽能正常运转，但可能存在不易察觉的系统误差（偏倚），可能比人工采样误差还大。

制样设备，特别是制样缩分设备应经过性能检定。有些性能不合理的制样缩分机虽运转正常，但制样精密度和制样偏倚很大，不符合 GB 474—2008 的要求。

总之，采样机械和制样设备应经过权威部门进行的性能鉴定试验，具有有效的合格证书。

（5）适当时应相互走访、相互促进。贸易方可互派技术人员走访，对对方采制化过程进行了解和观察，相互交流，力求寻找可能的采制化误差源，并予以纠正，以避免质量纠纷的产生。

相互检查的内容有：采样程序与设备、采样记录、制样程序与设备、制样记录、化验仪器与操作、化验记录、质量管理等。

（6）合同约定的允许差是否过小。由于煤的不均匀性，质量指标的允许差不应过小，否则超差的概率很大。总的原则是尽量采用 CB/T 18666—2014 规定的允许差值，对于个别超出允许差的情况，可能也是正常的。重要的是分析是否存在一方的测定值总是偏高或偏低，若没有，即双方测定值的差值的多次平均值在 40cal 以内，一般均可接受为正常情况，若有，则需仔细寻找原因，予以消除。

（7）确认采制化过程中是否有异常情况产生。异常情况主要有：对喷水后的煤采样、采样过程中采样机械故障、制样时样品洒落、化验事故等。

（8）重新对质量争议批煤进行采制化。可首先对对方保留的存查煤样进行化验，以确认化验是否有误。若仍无法解决质量争议，贸易双方可共同采制样。首先双方商定采样和制样方案并签字确认，然后在双方人员均在场的情况下，共同对批煤进行采样和制样，最后的试样分成三份，双方各化验一份，另一份存查（共同看管），或委托第三公正方检验机构化验，并约定以第三公正方检验结果为准。当然以上过程（包括采样）也可委托第三公正方对质量争议批煤进行采制化，贸易双方进行现场监督。

第九章

煤炭的数量验收方法

发电厂的煤炭数量计量根据运输工具的不同可分为火车、船舶两种，包括轨道衡、检尺、汽车衡、电子皮带秤、水尺、盘点仪等多种方式。内陆电厂的入厂煤数量验收主要以轨道衡、汽车衡为主；滨海电厂的入厂煤数量验收以水尺为主，电子皮带称为辅；入炉煤的计量以电子皮带称为主。

第一节　火车运煤计量

目前，火车运煤的计量验收方法基本上有两种，一种是用轨道衡计量的，一种是用检尺计量的。轨道衡是称量铁路货车载重的衡器，应用于火力发电厂对货车散装货物（如煤炭）的称量。

一、轨道衡分类

1. 按结构形式分类

按结构形式分为断轨式轨道衡和不断轨式轨道衡。

（1）断轨式轨道衡。

断轨式轨道衡根据台面的不同分为断轨单台面轨道衡；断轨双台面轨道衡；断轨三台面轨道衡。

（2）不断轨式轨道衡。

不断轨式轨道衡根据台面的不同分为不断轨单台面轨道衡；不断轨双台面轨道衡。

2. 按计量状况分类

按计量状况分类，可分为以下三种：

（1）轴计量。即一个轴一个轴称量，四次称量相加得出一节车的总重量。

（2）转向架计量。即一个转向架称一次，二次相加得出车辆总重。

（3）双台面整车计量。对于常用车辆可以整车计量，对于特殊车辆可以自动转换成单台面转向架计量，也可以动态、静态两用双台面整车计量，对于常用车辆可以整车计量，对于特殊车辆可以自动转换成单台面转向架计量，也可以动态、静态两用。

三种计量方式的比较见表 9-1。

3. 按称重形式分类

按称重形式可分为静态电子轨道衡、动态电子轨道衡。

表 9-1　　三种计量方式的比较

称量方式	台面长度	称量准确度	车型适应性	线路平直对称量影响	造价	用处	准确度等级
轴计量	1400mm	低	好	大	低	(1) 准确度要求不高的工艺衡；(2) 车型复杂很难判别的场合	0.5、1.0、2.0
转向架计量	3880mm	↓	↑	↓	↑	用于煤炭、矿石等低值固态物料车辆称量	0.5
双台面整车计量	2×3880mm	高	差	小	高	(1) 用于液态罐车；(2) 较贵重的固态物料	0.2、0.5

(1) 静态电子轨道衡。车辆在轨道衡台面上于静止状态下进行称量，该种衡器线路和车辆状态对轨道衡影响较小，称量准确度较高。

(2) 动态电子轨道衡。动态电子轨道衡是指称量运行中的铁路车辆的重量，从力学角度来看，动态电子轨道衡是在称量系统受力未达到平衡之前就进行称量，因此在动态电子轨道衡中瞬时、一次地测量，其结果往往不够理想。为达到要求的准确度，需要多次采样测量，并且还必须对多次测量的结果按动态电子轨道衡的规律进行数据处理。

轨道衡要满足 JJG 234—2014《自动轨道衡》的规定。表 9-2 为动态电子轨道衡准确度等级与分度值，表 9-3 为动静态电子轨道衡检定允差。准确度等级与分度值（见表 9-2）。

表 9-2　　动态电子轨道衡准确度等级与分度值

准确度等级	分度值 e
0.2	50kg
0.5	100kg

表 9-3　　动静态电子轨道衡检定允差

动态检定允差		
称量 m	允差	
	0.2	0.5
$m=0$	$\pm 0.5e$	
$0<m\leqslant 500e$	$\pm 2.0e$	
$500e<m\leqslant 2000e$	$\pm 3.0e$	$\pm 4.0e$
静态检定允差		
称量 m	允差	
$m=0$	$\pm 0.5e$	
$0<m\leqslant 500e$	$\pm 1.0e$	
$500e<m\leqslant 2000e$	$\pm 2.0e$	

注　e 为分度值，对准确度等级为 0.2 级的衡 $e=50$kg；对准确度等级为 0.5 级的衡 $e=100$kg。

二、静态轨道衡结构原理

车辆在轨道衡台面上于静止状态下进行称量，该种衡器线路和车辆状态对轨道衡影响较小，称量准确度较高，有机械式、机电结合式和电子式 3 类。

（1）机械式静态轨道衡：由承重台、杠杆系统和示值装置 3 部分构成。称量时，机车以低于 3km/h 的速度将货车准确停止在承重台上，脱钩后，司秤员移动计量杠杆上的大、小游砣使杠杆平衡，按大、小游砣在主、副杠杆上的示值之和读出称量。它具有准确度较高、性能稳定、经济实用等优点。缺点是操作复杂、效率低，不宜安装在列车出入频繁的线路上。

（2）机电结合式静态轨道衡：结构原理与机械式相同。但在传力杠杆连接处装有一个称重传感，并由称重显示器自动显出称量。

（3）电子式静态轨道衡：由承重台、传感器、称重显示仪表和数字打印机 4 部分组成。能自动显示称量数值和打印记录。具有远传信息、连续计量等特点。

三、动态轨道衡结构原理

对于装散装货物处于低速行驶状态的火车车辆，能够自动称量出它质量的衡器称为动态轨道衡。或者说，具有称载台，台面装有钢轨，能够自动称量低速行驶状态的火车车辆的重量，这种计量装置叫动态轨道衡。它属于自动称量的衡器，通常称之为电子轨道衡，有机电结合式和电子式两种。动态电子轨道衡从其结构上主要由承重系统、传力转换系统和示值系统 3 部分组成，具体包括线路、引轨、机械部分（台面、秤桥、限位器等）、承重传感器、二次仪表（电通道，称量信号的接收、放大、滤波、模数转换，计算机，数显打印装置，稳压电源）等几个主要部分。承重系统：其结构取决于所称物体的形态。台秤、地中衡一般配用平板承重机构；专门衡量一种物体的秤，则配有能缩短衡量时间、减少操作繁重性的专用承重机构，如衡量颗粒状物料的秤上设置簸箕式秤盘，衡量液体的秤则安装专用贮盛器。此外，承重机构的形式还有轨道衡的轨道、皮带秤的运输带，吊秤的吊钩等。承重系统的结构虽各不相同，但功能却是一致的。传力转换系统是决定衡器计量性能的关键部件，通常采用杠杆传力系统和形变传力系统。动态轨道衡系统组成如图 9-1 所示。

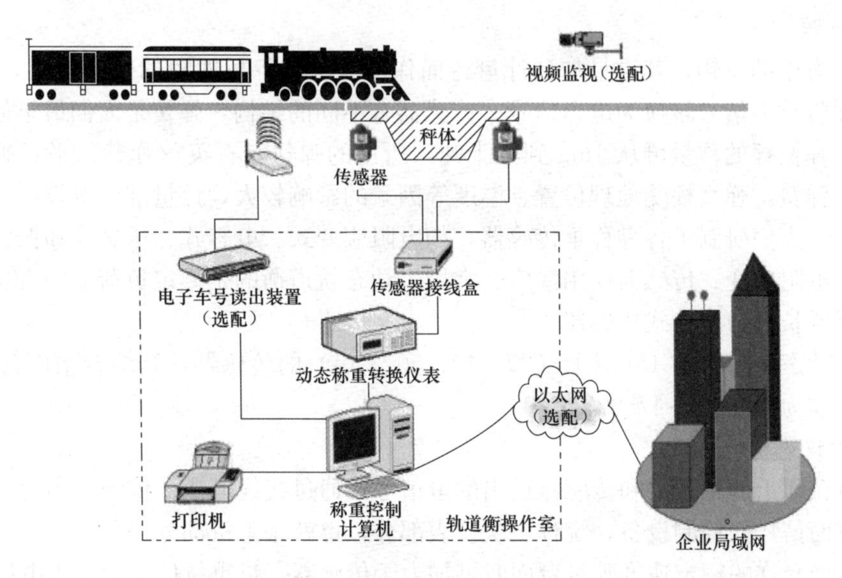

图 9-1 动态轨道衡系统组成图

1. 线路及引轨

台面两侧连接秤桥的铁路线统称轨道衡的线路部分，包括秤桥两端的一段铺在钢筋混凝土基础上的引轨和两侧的线路，这部分对衡的准确度影响甚大。国产衡一般要求：基坑两端应有25m左右的钢筋混凝土基础的整体道床，连接整体道床两侧还有50m以上的平直道，要求坡度0.1%，不允许超过0.2%。有的厂对秤桥两端线路要求更严，必须有0.2%坡度以下的平直道200m，平直道不够，厂家不保证衡器准确度。台面两端的引轨应有防爬功能，进口的衡器，有的在秤桥两端，装有钢结构方框架，固定引轨，防止引轨爬行挤台面轨，另一端留钢轨伸缩缝。

基坑与线路基础相连，浅基坑为1000mm左右，深基坑约2000mm，并有通道，二者都应有一定厚度的钢筋混凝土结构和安放传感器的承重墩台。

2. 衡的机械部分

衡的机械部分由计量台面（包括承重梁），过渡器，纵、横向限位器，覆盖板等部分组成。计量台面安装在基坑内，深基坑约2m，浅基坑在1m以内，计量台面上部是固定在梁上的台面轨，中部是承重梁（秤梁），一般为600～700mm，薄的400mm，厚的1m以下，下部四个角，可由调垫铁调平，用地脚螺栓固定在基础上，计量台面的承重梁（秤梁），用四支可调杆连成一个非刚性的连接体，称之为秤梁框架，秤梁框架由四支压式（或剪应力）传感器支承，四支传感器分别固定在两个横底座上。

过渡器是装在引轨与台面轨接缝处，使车轮驶过接缝时，减小冲击、振动的部件。两端四个轨缝各装一个随动桥式过渡器。过渡器一端由转轴固定在过渡支座上，另一端浮动在秤梁上，过渡器中部有一个高于轨缝处轨顶高的圆弧面（高出0.5～1mm），使车轮经过过渡器时，很自然地绕过横向轨缝，从而减少冲击振动。

在每根秤梁的两个端头的两个侧面，分别装有一个可调螺栓装置，即安全休止装置，检修秤体或检查传感器时，用它顶起秤体框架，便于安装维修。如遇某一支承部件损坏，秤体框架将由休止器支承，以确保安全。整个秤体由花纹钢板覆盖、保护及防尘。

3. 传感器

处于动态中的车辆，其重量加到计量台面作用到置于秤桥四角的传感器上，完成力-电的转换，即将重力信号转换为电压信号。传感器有不同的结构，弹簧是人们最早使用的形变传力机构。弹簧秤的称量可从1mg到数十吨，所用的弹簧有石英丝弹簧、平卷弹簧、螺旋弹簧和盘形弹簧。弹簧秤受地理位置、温度等因素的影响较大，计量准确度较低。为获得较高的准确度，人们研制了各种称重传感器，如电阻应变式、电容式、压磁式和振弦式称重传感器等，以电阻应变式传感器使用最广。常用于动态轨道衡的是额定负荷20～90t的压式圆筒形传感器或长形剪应力式传感器。

常用于动态轨道衡的15t以上（20、40、50、90t）的传感器，其综合精度为1/1500～1/2000，最佳为1/3000～1/5000。

4. 二次仪表部分

从计量台面上的轮开关和传感器送出的电信号，通过接线电缆，传到控制台，接收并处理这两个方面信号的控制设备，统称二次仪表部分，也就是主机部分。

列车以衡允许的额定速度驶过台面时，加力于传感器，将重量信号变换为电压信号，经接线、电缆送入磅房内的主机，先由前置放大器接收及放大，然后送入有源滤波器滤波，将非重量信号（随之而进入的干扰信号）尽可能地消除，再放大达到工作电压后，送入A/D转换器（模拟/数字），换成14位数字信号，然后经3255并行口之A口送计算机。

微型计算机对通过 A 口、C 口递进来的信号进行数据处理，显示出来称量结果。

四、轨道衡计量

1. 轨道衡计量

收煤单位所用轨道衡，必须有半年以内检衡合格证。车皮自重以标记自重为准。如水洗煤和水采煤，过轨道衡以后，收煤单位还必须按照《煤炭送货办法》实施细则的第三条规定，煤车在过轨道衡后，从该煤车上采取煤样化验全水分，然后再将衡量出的到站煤实际重量，按公式（9-1）折算成含规定水分的到站煤重量：

$$G_{dz} = G_{sl} \frac{100 - M_{sl}}{100 - M_{gd}} \tag{9-1}$$

式中　G_{dz}——含规定水分的到站煤重量，t；

G_{sl}——衡量出的到站煤实际重量，t；

M_{sl}——到站实际全水分，%；

M_{gd}——规定全水分上限，%。

轨道衡有动态的和静态的。车辆动态过衡与静态过衡其称量出来的重量是有误差的。动态过衡时车辆通过的速度越快，误差越大，因为重量与速度有关。相对而言，静态过衡比动态过衡准确；慢速过衡比快速过衡准确。但是，当动态过衡的速度缓慢时速度误差很小，可以忽略不计。因此，动态轨道衡都有限速规定，在实际操作时必须严格控制。

另外，衡器都是有公差的。由于煤矿与电厂之间的供煤量大，有时由公差引起的累计误差也是比较大的。因此，对轨道衡的维修管理是十分必要的，并且必须定期进行检衡，力争把公差控制在最小的范围内。

2. 影响轨道衡称量准确度的因素和解决措施

静态轨道衡的称量准确度比动态轨道衡高，表 9-4 为称量点为 100t 时，静、动态轨道衡在不同准确度等级、分度值时的允许误差。影响称量准确度的因素包括加速、刹车等动荷或偏载、振动冲击。称量传感器应根据需要支撑的点数来确定传感器的个数，秤体有多少个支撑的点数就选择多少个传感器，支撑的点数应根据秤体的几何重心与实际重心重合的原则。而传感器的量程选择应根据最大称量值、传感器的个数、秤体自重、可能产生的最大偏载和动载等因素综合考虑，一般来说，当传感器的量程越接近分配到每个传感器的载荷时其准确度越高，根据经验，静态轨道衡传感器的工作应选择其 30%～70%的量程内，而动态轨道衡传感器的工作应选择其 20%～30%的量程内。

表 9-4　静、动态轨道衡在不同准确度等级、分度值时的允许误差

种类	准确度等级	分度值（kg）	允许误差 首次或大修后	使用中
动态轨道衡	0.2	50	150	150
	0.5	100	400	400
静态轨道衡	中准确度	20	30	60
		50	50	100

五、轨道衡的日常点检与保养

加强轨道衡的日常点检工作，降低由于衡体机械部分调整、变化所产生的误差。针对动态轨道衡的日常点检应注意以下几个问题：

1. 轨道衡的日常点检

（1）过轨器的检查：过轨器是连接动态轨道衡引轨和称量轨的重要部件，减小或者消除衡器称重轨与引轨之间的应力。检查应注意，该部分应能够活动，用手轻轻即可搬动。引轨和称量轨之间的轨缝应保持在 3～5mm 为宜。引轨、称量轨和过轨器的端面不应有飞边现象，出现飞边要及时打磨，避免影响计量精度。

（2）防爬的检查：为了防止动态轨道衡引轨和称量轨的串动，大部分动态轨道衡都设置了防爬器，日常检查中应注意防爬器是否牢固。

（3）限位器检查：限位器是防止衡器秤体超范围的运动，保证过衡车辆和衡器的安全，限位器的过松过紧（或者说间隙过大或过小）都是不允许的。绝大多数动态轨道衡都使用拉杆式限位器，检查这种限位器时要求用手搬动限位器，能够搬动即可。在日常保养中应注意此处注油保养，以防止生锈影响计量精度。

（4）秤体及其他连接件的检查：秤体及其他连接件的检查要求不要有支卡现象，动态轨道衡因点检不到位会经常出现杂物支卡等现象，所以必须保证衡器周边卫生的清洁。

2. 轨道衡的日常保养

（1）外观：

1）秤体两侧应设有限速牌。动态轨道衡计量时车速应保持在 5～15km/h。

2）轨道衡基坑内无积水，秤台上无垃圾、杂物，保持周围环境清洁。

3）基坑走道盖板秤台盖板无松动。

4）秤台建议用户定期除锈油漆。

5）磅房内仪表等设备外观干净，摆放合理有序，各电源电缆线布线整齐、安全。

（2）仪表：

1）仪表数字显示清晰，不缺笔画，无错误代码，仪表键盘按键正常。

2）电源电压正常，浪涌保护器工作正常。

3）地线和零线之间电压小于 0.2VAC。

（3）秤体。

1）引轨称量轨过渡轨之间连接平整，过渡轨无严重磨损、卡住现象。

2）引轨称量轨轨距符合图纸要求。

3）引轨和称量轨之间间隙为 5～15mm。

4）秤体纵向、横向限位间隙小于 3mm，如使用拉杆限位，限位松紧程度适合（用手不费力可以搬动即可），限位装置及基础板螺栓紧固无松动。

5）传感器安装垂直，受力均匀，上下支撑、防尘圈不移位。

6）接线盒内清洁干燥，各传感器接线牢固，接线盒外六角螺母用专用扳手锁紧。

7）各盖板紧固螺栓定期涂抹黄油。

8）各电缆线无老化断裂现象。

9）秤台之间拉杆螺栓紧固无松动。

10）引轨称量轨轨距拉杆螺栓紧固无松动。

11）轨道压板螺栓紧固无松动。

12）数字式传感器电缆插头清洁，与传感器之间连接紧固无松动。

第二节　汽车运煤计量

汽车运煤计量采用汽车衡，也被称为地磅。20 世纪 80 年代之前常见的汽车衡一般是利用杠杆原理纯机械构造的机械式汽车衡，也称作机械地磅。20 世纪 80 年代中期，机械式地磅逐渐被精度高、稳定性好、操作方便的电子汽车衡所取代。常用规格有：宽 3～3.4m，长 6～24m，称重范围 30～200t，有的厂家可以生产到 250t。

一、汽车衡分类

汽车衡按秤体结构可分为 U 型钢汽车衡、槽钢汽车衡、工字钢汽车衡、钢筋混凝土汽车衡；按传感器可分为数字式汽车衡、模拟式汽车衡、全电子汽车衡；按称量方式分为静态汽车衡和动态汽车衡；按安装方式可分为地上衡和地中衡；按秤台结构分为钢结构台面和混凝土台面；按使用环境状况可分为防爆电子汽车衡和非防爆电子汽车衡；按汽车衡的自动化程度可分为非自动汽车衡和自动汽车衡；按照土建基础可分为无基坑汽车衡、浅基坑汽车衡、深基坑汽车衡。

二、汽车衡工作原理

1. 模拟电子汽车衡

车辆上秤后，通过秤台将重力传递给传感器，传感器将重力信号转换为 0～30mV 的毫伏电压信号经接线盒并联汇总后接入显示仪表。仪表将信号处理后通过通信方式传递给计算机后直接显示重量数。

模拟电子汽车衡原理框图如图 9-2 所示。

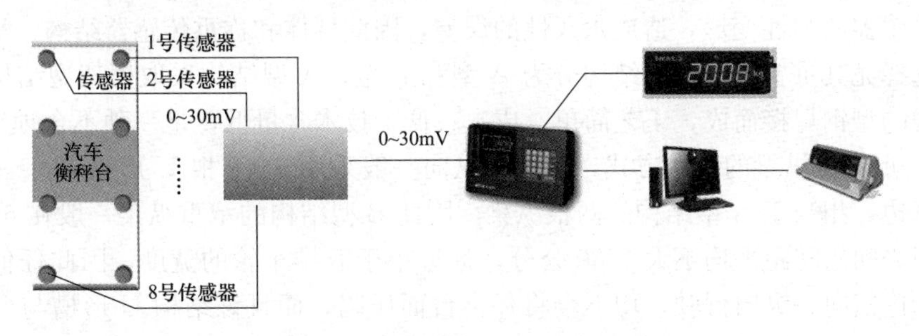

图 9-2　模拟电子汽车衡原理框图

2. 全数字电子汽车衡原理

被称重物或载重汽车停在秤台上，在重力的作用下，秤台将重力传递至传感器，导致附着在传感器上的弹性体发生变形，则弹性体应变梁上的应变电阻片及桥路失去平衡，输出与重量数值成正比的电信号，经线性放大器将信号放大，再经 A/D 转换为数字信号，由仪表内的微处理机对重量信号进行处理后直接显示重量数。配置打印机后，即可打印称重数据；如配置计算机，可将计量数直接输入称重管理系统进行综合管理。

原理框图如图 9-3 所示。

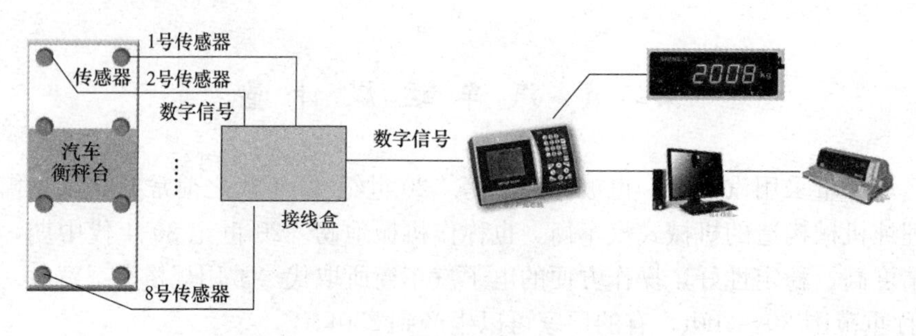

图 9-3　全数字电子汽车衡原理框图

三、汽车衡的组成结构

汽车衡标准配置主要由承重传力机构（秤体）、高精度称重传感器、称重显示仪表三大主件组成。

（1）承重传力机构。将物体的重量传递给称重传感器的机械平台，常见有钢结构及钢混结构两种形式。

（2）高精度称重传感器。高精度称重传感器是汽车衡的核心部件，起着将重量值转换成对应的可测电信号的作用，它的优劣性直接关系到整台衡器的品质。

（3）称重显示仪。称重显示仪用于测量传感器传输的电信号，再通过专用软件处理显示重量读数，并可将数据进一步传递至打印机、大屏幕显示器、电脑管理系统。有些汽车衡还装有限位器，限位器可以限制秤体横向移动和左右晃动的幅度。

四、影响汽车衡准确度的因素

超载、偏载、振动、冲击、秤体移动、晃动均影响称量的准确度，超载、冲击等因素还容易引起传感器的塑性变形，造成永久性的误差，因此秤体和称重传感器结构、量程及准确度等级的选择尤其重要。秤体的结构分为A型和B型，A型结构采取框架型结构，该结构由直接外购的型钢焊接而成，工艺简单，成本较低，技术含量低，是一种不合理结构。B型结构采用U形钢做纵梁的结构方式，该结构纵向一般采用6～8根U形纵梁，一根U形纵梁有2条直边，相当于A型结构的两根纵梁，因此B型结构的承重纵梁一般在6×2～8×2之间。他们之间的间距平均不大于30公分，远远小于双排车轮的宽度，因此任何车辆在该秤台上，无论横向、纵向行驶，均不会将秤台台面压陷，而且该结构U形槽与台面为满焊工艺，从而使U形槽与台面形成一种箱体结构，使得车辆无论如何行驶，台面均平整不会变形，因此B型优于A型。选用何种结构形式的传感器，主要看衡器的结构和使用的环境条件，如果制作低外形衡器，一般应选用悬臂梁式或轮辐式传感器。在量程选择方面，秤的称量值越接近传感器的额定容量，则其称量准确度越高。

特别注意的是在同一秤上，不允许使用额定容量不同的传感器，否则该系统不能正常工作；再次，所谓变动载荷（需称量的载荷）是指加于传感器的真实载荷，若从秤台到传感器之间的力在传递过程中，受到外力（振动、晃动、冲击等作用）的影响，则称重不准确，限位器可以限制秤体横向移动和左右晃动的幅度，有利于提高称量准确度。

五、汽车衡的维护保养

1. 秤体的维护

秤体是汽车衡设备的主体，在日常的维护中要注意几个方面：

（1）观察秤体有无明显的变形或者腐蚀的情况，以免影响衡器的结构强度和寿命。

（2）观察汽车衡周围和秤底是否有杂物，保证秤台在称重过程中，上、下、前、后、左、右都有一定的自由度，保证汽车衡秤量的准确性。

（3）观察秤体是否水平。汽车衡使用一段时间以后，经过货运车辆的频繁施压，各个传感器都会出现一定的磨损、变形和沉降现象。如果各个传感器的沉降不均匀，就会导致秤体的倾斜。在这种情况下，一方面应积极通过加垫钢板等方法对汽车衡进行恢复，另一方面应请有关计量部门对汽车衡进行重新检定，以确保汽车衡称重的准确性。日常使用中，需要经常用重车对汽车衡进行三点校验来检查秤体的水平度，必要时定期对汽车衡角差进行检查。

（4）禁止在秤台上进行电弧焊作业，若必须在秤台进行电弧焊作业，请注意下列几点：断开信号电缆与称重显示控制器的连接；电弧焊的地线必须设置在被焊部位附近，并牢固接触在秤体上；切不可以使用传感器成为电弧焊回路的一部分。

2. 限位装置的维护

限位装置是保证汽车衡正常工作的关键部位，限位装置与基础之间的水平距离称为间隙量，时刻保持合适的间隙量对于汽车衡设备的正常工作并延长其使用寿命十分关键。在日常对于汽车衡限位装置的维护保养中，应主要做好以下几个方面：

（1）保证限位装置的间隙量大小合适。在正常情况下，应保证汽车衡的间隙量在2～3mm。过大或过小都会影响衡器的使用寿命和正常工作。间隙量过小，会影响称重时秤体的自由移动。在这种情况下，称重仪表的示数会受到秤体与基础之间产生的不应有的摩擦力的影响，导致秤量的准确性降低。而当间隙量过大时，秤体会随称重车辆的变速运动而严重摇摆，导致传感器的严重磨损甚至变形，影响设备的使用寿命。

（2）检查限位装置是否损坏。汽车衡限位装置可能出现的损坏包括限位螺栓的倾斜、弯曲和折断等。一旦限位出现损坏，会使汽车衡间隙量变大并且无法控制，导致传感器的严重磨损甚至秤体的倒塌。为此，应加强限位装置日常检查的力度，并及时对损坏的限位装置进行恢复或更换。

（3）在日常汽车衡间隙量的调整时，应保证四个间隙量的大小一致。如果在调整时各限位间隙量存在不一致的情况，经过衡重汽车衡的反复施压，会使秤体发生变形产生四角误差，并且难以恢复。因此在日常维保过程中，应以同样的标准对四角的限位进行调整，尽量减少各个限位间隙量大小之间的误差。

另外，在限位装置的日常维护中还应注意，由于间隙量受气温的影响较大，应在夏初秋末根据现场实际情况及时检查和调整，并在调整过程中应兼顾空载和重载两个状态，以确保间隙量大小合适。

3. 传感器线缆的维护

传感器线缆是称重仪表采集现场信号的途径，线缆损坏造成的短路、断路等情况会导致汽车衡无法正常工作。另外，由传感器线路短路引起的故障，其故障点往往难于判断，处理故障花费的时间较多。为此，应在对传感器线缆的日常维护中，注重加强线缆的日常检查，观察线缆是否有绝缘破坏、受挤压或折损等情况，保证线缆的完好。通过实际应用发现，采用带有金属网护套电缆，对于提高线缆的强度和通信的可靠性效果明显。

4. 预防过电压

汽车衡设备的传感器内部的精密元件较多，其容易受大电压的影响而受损，导致设备的损坏。同时，汽车衡设备具有连续工作和户外工作的特点，使得汽车衡电气设备容易受到雷击、电焊等强电压的影响而导致损坏。为此对传感器、线缆等关键部位应采取相应的保护措施。

(1) 检查接地情况是否良好，避免多点接地。当设备周边遭遇雷击时，不同接地点之间的电压是造成设备损坏的主要原因。为此应使用导线将秤台、接线盒内地线、电源接地连接起来确保设备的单点接地。

(2) 可以使用导线将传感器两端连接起来，保证浪涌电流一旦出现时，从传感器的旁路流过，不对传感器构成伤害（托利多汽车衡秤台在安装传感器处都有一条黄色的接地线就是起到这个作用)。

5. 称重显示控制器保养

(1) 经常检查各接线是否松动、折断，接地线是否牢靠。

(2) 称重显示控制器长期不用时（如一个月以上），应根据环境条件进行通电检查，以免受潮或其他不良气体侵蚀影响可靠性。

(3) 称重显示控制器避免靠近热源、振动源。

(4) 使用环境中不应有易燃易爆气体或粉尘。

(5) 在称重显示控制器的同一相线上不得接感性负载，如门铃等。

(6) 称重显示控制器长期不用、更换保险丝、移动位置或清除灰尘等情况时，务必切断电源。

(7) 称重显示控制器如发生故障时应迅速断电，然后通知专业部门及人员进行检查整理，不得随意拆开机箱，更不得随意更换内部零件。

(8) 司磅人员需通过专门培训才能从事操作和维修。

第三节　煤炭电子皮带计量

电子皮带秤是安装在皮带上的称量器具，当煤炭通过皮带秤时，可以得到一个瞬间的流量值，并通过累计得到累积质量。

一、工作原理

称重桥架安装于输送机架上，当物料经过时，计量托辊检测到皮带机上的物料重量通过杠杆作用于称重传感器，产生一个正比于皮带载荷的电压信号。速度传感器直接连在大直径测速滚筒上，提供一系列脉冲，每个脉冲表示一个皮带运动单元，脉冲的频率正比于皮带速度。称重仪表从称重传感器和速度传感器接收信号，通过积分运算得出一个瞬时流量值和累积重量值，并分别显示出来。

二、电子皮带秤的组成结构及功能

电子皮带秤由称重桥架、测速传感器及测速滚筒、积算器组成。称重桥架在双杠杆上装有四组托辊，采用两只拉式传感器中间支撑，外侧支撑采用无磨擦耳轴支点，有效克服偏载对精度的影响，这种封闭装置可以防震、防潮、防腐及防止物料堆积，因而在恶劣的环境中不发生使用刀口装置和轴承装置带来的问题。称重装置的主梁采用矩形钢管，这使整个称重桥架具有足够的刚性、较小的自重、外表积灰面积达到最低，为了保证整个系统的稳定性，高精度电阻应变片式传感器安装于受拉部位；称重传感器的作用是将载荷转化为电压信号并传送显示仪表；测速传感器及测速滚筒的作用是检测皮带的运动单元，由皮带的运动单元数和瞬时流量值才能累积出累积重量值；称重仪表用于显示累积重量值，它从称重传感器和速度传感器接收信号。电子皮带称的称量精确度可达到±0.25%～±1%。电子皮带称的安装示意图如图 9-4 所示。

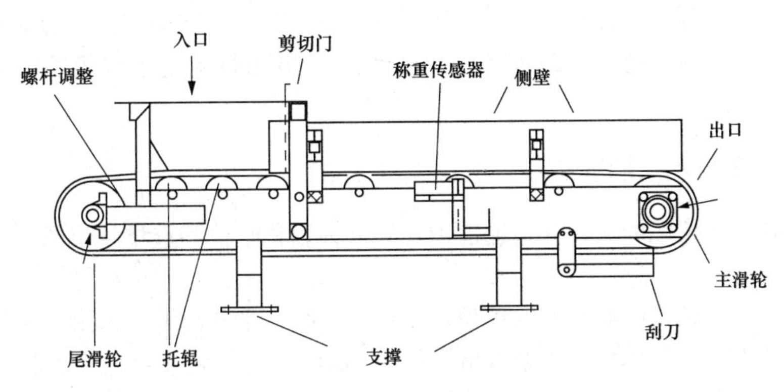

图 9-4　电子皮带称的安装示意图

三、影响称量准确度的因素及解决措施

一般来说，皮带称的准确度（最高准确度为 0.5%）低于轨道衡和汽车衡（最高准确度为 0.1%），造成皮带称的准确度下降的最主要原因是皮带张力的影响，皮带称的称量是基于对一段物料（指称重桥架之上的这一段物料）称量段的累计，物料在皮带之上，而称量装置在皮带之下，中间隔着一层皮带，皮带在电动机带动下转动来运输物料，皮带在转动过程产生皮带张力，张力作为一种外力对物料起着一部分的"承重作用"，减弱了物料作用在称量装置的重力，因此使称量准确度下降，同时由于受物料流量的变化、安装位置的选择、托辊状态的变化、秤体刚度的数值、皮带预紧力的大小、温度湿度的变化等影响，皮带张力大小是可变的，更加影响称量准确度。公认的皮带秤的称重误差理论：由于皮带秤体的荷重下沉导致了皮带张力 F_p 产生了一个与水平方向的夹角 α，于是产生了 $2F_p \times \sin\alpha$ 的误差项，为了减小误差，一定从减小 F_p 和 α 入手，于是产生了如下的措施：

（1）提高称重传感器与秤体的刚度。通常要求在满负荷下称重传感器变形量不大于 0.2mm，称重托辊下沉量不大于 0.2mm。

（2）提高托辊制造精度。为减小 α 值，对皮带秤的称重托辊提出了苛刻的精度要求。其轴向窜动不大于 0.5mm，径向跳动不大于 0.2mm［据 GB/T 7721—2007《连续累计自动衡器（电子皮带秤）》要求］。

（3）提高安装要求。仔细安装，各称重托辊高度差不大于 0.5mm（据 GB/T 7721—2007 要求）。

(4) 皮带秤安装位置的限制：

1) 无重力张紧皮带不宜装皮带秤。

2) 有卸料小车皮带不能装皮带秤（据拉姆齐皮带秤要求）。

3) 有凸凹段皮带不宜装皮带秤（据拉姆齐皮带秤要求）。

第四节 船煤水尺计量

船舶的装载重量可以用水尺计量方法求得。水尺计重指的是基于阿基米德原理（凡浸在液体里的物体，受向上的浮力作用，浮力的大小等于物体所排开流体的重量），以船本身为计量工具，对船载货物进行计量的一种方法。虽然每种船只的结构和具体情况不一样，但电厂可向航运部门索取每种船只的载重标尺（水尺表），并根据测定承运船舶的排水量来计算船舶载运煤炭重量。

一、船舶载重与水尺换算

船舶吨位是表示船舶的大小和运输能力，它分为容积吨位和重量吨位两种。

1. 容积吨位

船舶的容积吨位是指船舶容积的单位，又称注册吨，是各海运国家为船舶注册而规定的一种以吨为计算和测量的单位，以 2.83m^3 为一注册吨。容积吨又可分为容积总吨和容积净吨两种。

2. 重量吨位

常用的重量吨位有排水量和载重量两种。

(1) 排水量。排水量是指船舶所排开同体积水的重量。当重量加载到船舶上时，船舶会在水中下沉。船舶在某一载重状态下的总重量，在数量上等于船舶浮在水中所排开水的重量，即排水量。

$$D = V\gamma \tag{9-2}$$

式中 D——排水量，t；

V——船舶入水部分的体积，m^3；

γ——舷外水的密度，t/m^3。

船舶的排水量因载货的多少而不同。故排水量又分为空船排水量、满载排水量和实际排水量。但通常所说一条船的排水量是指满载排水量。空船排水量是指船舶出厂时空船的排水量，包括船体、机器、锅炉、设备、船员及行李等的重量。满载排水量是指船舶满载，吃水达到某一规定载重线时的排水量，包括空船排水量，燃料、淡水、货物、供应品及船舶常数的总重量。实际排水量是指只装一部分货物时的排水量。

(2) 载重量是判断船舶运输能力的主要指标之一。它又可分为总载重量和净载重量两种。总载重量是指船舶根据载重线标志规定，所能装载最大限度的重量，即总载重量＝满载排水量－空船排水量＝货物重量＋燃料＋淡水＋供应品＋常数。

净载重量是指船舶所能装载最大限度的货物重量，即净载重量＝总载重量－（燃料＋淡水＋常数＋其他供应品）。净载重量可根据式 (9-3) 计算：

$$W = D_2 - D_1 - G \tag{9-3}$$

式中　W——净载重量，t；

D_2——装货后的总排水量，按实际观测水尺测定，t；

D_1——装货前的总排水量，按实际观察水尺测定，t；

G——装货及航行中燃料、淡水、压仓水、供应品、常数等变动数，即装卸货前后的储备品数量之差，按实际记录确定，t。

3. 水尺

表示吃水的标记叫作水尺。船舶的装货数量可以从吃水水尺多少来计量。水尺数标刻在船头、船尾及船中左右侧船壳上。目前通用的水尺有公制和英制两种。

读取吃水时，看水面与数字相切的位置。例如水面刚在“0.4”字体的下边缘时，则吃水是0.4；当水面淹没“0.4”字体的一半时，则吃水是0.45；当水面刚淹没“0.4”字体的上边缘时，则吃水是0.5m。

按水尺计算载重量，必须查看船舶的首左、首右、中左、中右、尾左、尾右共六面的水尺，取其平均数。计算公式为

$$T=\frac{T_1+T_2+T_5+T_6+2(T_3+T_4)}{8} \tag{9-4}$$

式中　T——平均水尺；

$T_1 \sim T_6$——首、中、尾的左、右六面水尺，其中 T_3 和 T_4 为船中左、中右水尺。

当船只发生纵倾，首、尾吃水差较大的时候，因为船首与船尾形状不对称，用首尾平均吃水查得的排水量与实际排水量就有些误差了。在这种情况下，可向船方借用该船的静水力曲线图，以纵倾排水量修正曲线（或称纵倾1cm排水量变化曲线）来修正，即

$$实际排水量=\Delta O+\delta\Delta \tag{9-5}$$

式中　ΔO——根据首尾平均吃水查得的排水量，t；

$\delta\Delta$——排水量的总修正量，$\delta\Delta$=首尾吃水差×每厘米纵倾修正量。

4. 排水量曲线

排水量曲线是表示排水量随吃水而变化的曲线。这条曲线是由船舶设计部门计算绘制的，供使用部门应用。电厂对到厂煤船进行计量验收时，可要求船方提供该船的排水量曲线，以便换算。

利用排水量曲线可以方便地根据吃水求得排水量，或根据排水量求得吃水。为了计算方便，往往把排水量曲线数据绘制成标尺来代替排水量曲线。这种标尺称为重载标尺。

二、水尺计量方法

运煤的船舶大小不一、构造各异，但是各种船舶的装载重量都可以用水尺计量方法求得。

1. 海运船舶的水尺计量操作步骤

水尺计重具体操作是通过在装（卸）船前和卸（装）船后，分别测定前后两次水尺，并前后两次测定船舶淡水、压舱水及燃油的存量，同时前后两次测定船边港水密度，然后根据船方提供的排水量表以及有关静水力曲线图表、水油舱计量表和校正表等图表计算出船舶载运货物的重量。具体步骤如下：①查核船舶是否具备公估条件；②了解船用物料情况；③测定船舶吃水，观测船舶首、中、尾的、左、右六面吃水；④测定港水密度；⑤测定贮水量；⑥查测燃料存量；⑦核算吃水；⑧计算相应排水量或载重量；⑨排水量校正；⑩港水密度校正等。

2. 水尺计重计算过程

(1) 先验看船舶货物交接单，核实来煤品种、数量、水尺数据以及收货人名称，以防出现错误。

(2) 再求六面水尺平均值：首平均=(首左+首右)/2；中平均=(中左+中右)/2；尾平均=(尾左+尾右)/2，六面水尺平均值计算：

$$\text{六面吃水} = \frac{\text{首平均} + \text{尾平均} + 6 \times \text{中平均}}{8} \tag{9-6}$$

(3) 根据六面吃水深度查排水量表得出相应的排水量，每艘船均有独自的排水量表。

(4) 港水密度校正。密度的测量采用密度计或密度瓶法，实测密度校正为标准海水密度。

(5) 根据所测水舱水深，结合船舱计量表查算压载水、淡水的容量。

(6) 燃油存量检测可采用石油尺测出空高，结合船舱计量表，再根据燃油密度，最终计算出燃油存量。

(7) 核对船舶自重。

(8) 计算最终载货量：

$$\begin{aligned}\text{载货量} &= \text{排水量} \times \text{校正后的港水密度} - \text{压载水} - \\ &\quad \text{淡水} - \text{燃油存量} - \text{船舶自重}\end{aligned} \tag{9-7}$$

需要注意的是海运船煤卸空后，需要再次察看船舶六面水尺，得出平均吃水，换算出卸空后的空船总重量，记录备查。

【例】 目测某海轮装货后六面水尺图如图 9-5 所示，题设条件：

(1) 当总平均吃水为 10.20m 时，排水量为 51346t，吃水为 55t/cm；

(2) 现场测得港水密度为 $10.15t/m^3$（标准海水密度为 $1.025t/m^3$）；

(3) 测量船舱水深，并查排水量表得知：压载水为 253t，淡水为 140t；

(4) 船上燃油为 335t，常数为 160t，自重为 10417t。

求该货轮最终载货量（水尺验收数量）？

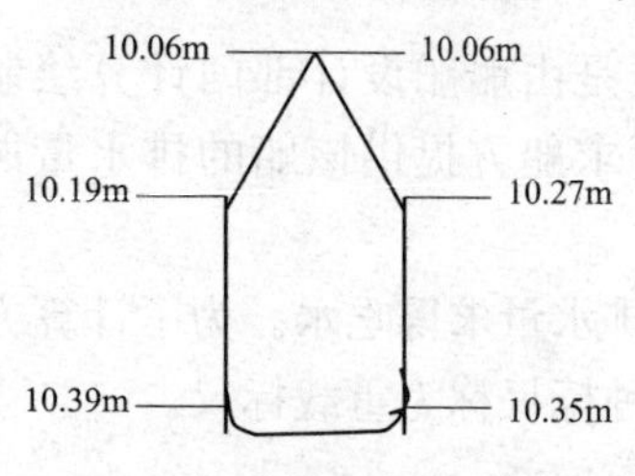

图 9-5 某海轮装货后六面水尺图

首平均吃水=(10.06+10.06)/2=10.06 (m)

中平均吃水=(10.19+10.27)/2=10.23 (m)

尾平均吃水=(10.35+10.39)/2=10.37 (m)

$$\text{六面吃水} = \frac{10.06 + 10.37 + 6 \times 10.23}{8} = 10.226\ (\text{m})$$

吃水深度在 10.20m 以下的质量：

(10.226−10.20)×100×55=143 (t)；

海轮的总质量：51346+143=51489 (t)；

换算为标准海水密度下的质量：51489×1.015÷1.025=50987 (t)；

最终载货量：50987−10417−335−253−140−160=39682 (t)。

3. 拖驳运煤的水尺计量方法

拖驳运煤的水尺计量方法与海轮相同。

拖驳在外港装煤时，由于外港的风浪大，水尺反映往往不准，进入内港到电厂码头靠泊风浪小，水尺较准确，因此也要和海轮一样，既要看重载水尺，也要看空载水尺，以进一步核对起驳交接单上的空载水尺是否相符。拖驳虽比海轮小，但水尺差错也直接影响到计量的正确。例如，长江航运局装载量为 1550t 的甲板驳，平均水尺相差 0.01m，煤炭重量就差 8t，占总载重量的 0.52%，平均水尺相差 0.03m，则占总载重量的 1.53%，已经超过水运煤的最大自然减量了。

有的内河拖驳虽有水尺计量装置，但多次验收发觉不准，可以通过码头卸船电子皮带秤或者卡车过磅的办法，对船的装载量进行鉴定。如果发现水尺计量与过磅重量有差距，可与航运部门联系，要求调整。

无论是海轮运煤还是拖驳运煤，到厂验收必须认真察看卸净后的空载水尺。因为船舶的重载吃水是随着空载吃水的变化而变化的。空载吃水不变，重载吃水才是固定的；如果重载吃水正常，而空载吃水却发生变化，必然导致重量的增减。实际上，船舶长期营运后的空载水尺与出厂时的空载水尺往往发生差异，这是因为船体自重发生了变化。如果验收资料证明空载吃水与船方提供的载重标尺不符，可要求船方修正，或者厂、船双方协商，按式（9-8）调整净载重量。即

实际净载重量 ＝载重平均水尺换算后的吨位－（实际空载水尺吨位与出厂空载水尺吨位之差） （9-8）

例如，某船出厂时空载水尺为 3.05m，实测空载水尺为 3.15m，满载水尺为 6.95m，查载重标尺求得的净载重量为 5800t，而载重标尺上 3.15m 与 3.05m 对应的净载重量相差 150t，那么该船的实际净载重量应为 5800－150＝5650t。

4. 水尺计量中应该注意的事项

影响水尺计重因素较多，例如船舶拱陷变形、定量备料更动、港水风浪等，根据国际惯例，公证鉴定机构规定水尺计重的允许误差不超过±5.0‰。为减少误差，检验检疫机构要求承运船舶必须具备水尺计重的条件：即船舶的首、中、尾水尺标记和载重线标记的字迹必须正规，刻度正确无误；具备船舶正确而有效的图表，包括排水量表或载重表、静水力曲线图或可供排水量纵倾校正的图表，水油仓计量表及纵倾校正表，船型图表或可供船首尾纵倾校正的有关图表。

港水密度与海水的含盐量、海水深度、潮汐规律密切的关系。海水含盐量越高港水密度就越高，海水深度越深，含盐量越高因而密度就越高，涨潮时，海水多密度高，退潮时，淡水多密度低，由此可见海水的港水密度是可变的，因而也影响计量的准确度。因此，检测水尺时，同时测定港水密度，不能直接采用经验数据，否则，会影响计量的准确度。

为保证船运煤水尺计量的准确，要做好以下注意事项：

（1）船到厂后，未查看水尺或查看没有结束之前，不要先卸煤，以免影响计量的准确性。

（2）一定要按规定看清六面水尺，不能单看船舶靠岸一面的水尺。有些内河小驳船仅首尾两处有水尺，船中部没有水尺，无法看六面水尺，但也不能只看内档一面的首尾水尺。

（3）看水尺时的视线应与吃水水尺线保持一定的水平。

（4）先看水浪最高点的水尺读数，再看水浪最低点的水尺读数，取其平均数。最好多看几次，这样得出的平均数比较准确。

（5）水的密度变化，船的平均吃水就发生变化。船舶从一个密度的水域航行到另一个密度的水域时，它的吃水与水的密度成反比。因此，察看到厂煤船的水尺时必须了解起运港水的密度，按式（9-9）进行换算：

$$\frac{T_0}{T_1}=\frac{\gamma_1}{\gamma_2} \tag{9-9}$$

式中 T_0——起运港记录的水尺；

T_1——电厂验收的水尺；

γ_1——起运港水的密度；

γ_2——电厂码头水的密度。

如果起运港与电厂码头都是淡水，可忽略不计。

（6）如果船舶交接单所列的水尺与到厂时实测的水尺不符，这时应考虑先复查自检的水尺是否有误，然后再会同船方共检水尺。相差较大时（超过1%）应编制货运记录，会同船方签证、索赔。

第三部分

煤炭掺烧

第十章 煤炭掺烧的基础理论

第一节 煤炭掺烧的目的及意义

当前我国无论是煤炭炼焦还是动力燃煤的供应均有三个明显的变化趋势：一是煤种多变。因煤炭产、供、销及生产情况有变化，往往向用煤企业提供几种特性相差悬殊的煤种。二是劣质煤的比例大。随着地方小煤窑的大量涌现，供应各用煤企业的低质煤逐年增长。三是计划外采购、来煤加工多渠道及煤炭市场的开放，使用煤企业可能同时购进多个煤种。因此，用煤企业用煤应以变应变，进而掺混燃烧成为势在必行的发展方向。

一般情况下，煤种的变化必然会引起煤质的变化，但煤质的变化却不一定是因煤种变化所致。因为不同的煤种，都有不同的特性，同一煤种，其煤质也大不一样，煤种变化只作为煤质变化的影响因素之一。煤质变化的因素很复杂，牵涉面也很广，有的是由于煤种的变化的影响；有的是煤质管理工作上引起的煤质变化；有的是人为改变供煤和运输计划等。为适应煤炭市场的变化，用煤企业有可能或不得不同时购进多个煤种。因此，如想进炉煤质符合锅炉燃用特性，选择多个煤种的混煤配煤是必要的。

每台锅炉及其辅助设备都是依据一定煤质特性设计的，锅炉只有燃用与设计煤质接近的煤，才能得到最好的经济性。然而，许多用煤企业实际燃用的煤种繁多，煤质特性各异，若不采取适当措施，势必导致锅炉燃烧不好，增加煤耗，乃至发生严重事故。依据不同煤质特性配煤是解决煤质与锅炉不相符问题的行之有效的方法之一。

燃煤掺混配的目的有：为了适应煤炭市场化后煤种的变化及劣质煤比例增大的变化，保证锅炉安全、经济运行；价高的优质煤与价低的劣质煤混配掺烧，降低燃煤成本；为了控制烟气中硫氧化物的排放标准，有时也需采用高硫煤与低硫煤混配，使入炉煤的含硫量在规定以下。因此，所谓配煤掺烧，就是燃料生产流通部门根据用户对煤质的要求，将若干种不同种类、不同性质的煤按照一定比例掺配加工成混合煤，相互“取长补短”，发挥各掺配煤种的优点，最终使配出的混合煤在综合性能上达到“最佳性能状态”，这种煤虽然具有单煤的某些特征，但其综合性能已有所改变。具体而言，煤炭混配意义主要体现在以下几个方面：

（1）配煤掺烧可以提高锅炉热效率降低锅炉事故率。锅炉热效率的高低是衡量其节约和浪费煤炭的重要依据。而决定锅炉热效率的因素有炉型的先进性、燃用煤种的燃料特性和操作人员的操作水平。其主要因素是实际供应锅炉的煤质与锅炉设计时的煤质不相适应，而大量地方小煤窑的煤炭质量变化更大，各煤种之间燃烧性能相差甚远，使煤质与炉型严重脱节。过去一直采用的是以“炉改”去适应煤种，虽然其效果也相当明显，但“炉改”耗费巨大。如果生产和使用配煤，以煤适炉，则既可节约大量改炉费用，又可提高锅炉效率，降低锅炉事故率。

(2) 配煤掺烧可以充分利用当地煤炭资源，做到物尽其用。充分利用当地现有的煤炭资源，尤其是当地廉价的小矿煤，是我国的一项能源政策。用煤企业配煤正好可以利用优化配方，取其所长，避其所短，尽量多用当地煤，既节约运输费用，又可做到物尽其用，同时还能满足不同用户的需要。

(3) 用劣质煤代替部分优质煤使用，可以降低成本。无论是从世界范围还是单从我国看，劣质煤储量占煤炭总储量的比例都很高。劣质煤在掺烧使用时易于出现燃烧不稳定、受热面结渣、积灰、腐蚀和磨损等多种问题，通过掺入部分优质煤，可避免或减轻这些问题的出现。燃用优质煤的用煤企业，也可掺入部分劣质煤，使总体煤价降低，减少发电成本。

(4) 有利于煤炭供应的主要渠道形成，提高流通效益。燃料供应部门能够通过生产配煤实行配送制，以质和煤价取胜，用户就能够依赖于燃料供应部门，使煤炭合理流通，形成固定的主渠道，减少流通运输费用，提高流通效益。

(5) 有利于控制污染。在用煤企业配煤过程中，通过高硫煤与低硫煤的掺烧，可大大减少 SO_2 的排放量，降低排放烟气中的未燃尽粉尘及其他有害成分，减少了环境污染。

(6) 符合国家政策。煤炭掺配能力的提高符合国家能源发展方向，能够满足用户节能与环保的要求，是非常具有前景的洁净煤技术之一。市场潜力巨大，具有广泛的应用前景。目前国家已出台多项政策，明确指出要大力发展动力配煤技术，发布的有关支持发展动力配煤文件（2005 年以后）主要如下。

(1) 国发〔2005〕18 号《国务院关于促进煤炭工业健康发展的若干意见》中提到推进洁净煤技术产业化发展。国家发展和改革委员会要制定规划，完善政策，组织建设示范工程，并给予一定资金支持，推动洁净煤技术和产业化发展。大力发展洗煤、配煤和型煤技术，提高煤炭洗选加工。采用先进的燃煤和环保技术，提高煤炭利用效率，减少污染排放。

(2)《煤炭工业发展“十一五”规划》中提到积极发展煤炭洗选加工。逐步推广使用动力配煤，在煤炭中转港口和主要集散地建设配煤厂，发展产、配、销、送及售后服务一条龙体系，为用户提供质量稳定、价格合理、环保型动力配煤。

(3) 国发〔2007〕15 号《国务院关于印发节能减排综合性工作方案的通知》中提到大力推进煤炭洗选加工等清洁高效利用。

(4) 发改能源〔2007〕1456 号《关于印发煤炭工业节能减排工作意见的通知》中提到积极发展动力配煤，在煤矿、港口等煤炭集散地建设动力煤配煤厂，适应不同类型用户需要，以提高燃烧效率，减少污染物排放。

总之，通过配煤优化进行掺烧，可在保证燃煤质量和稳定燃烧的前提条件下，无论是对提高企业经济效益还是保证企业燃煤锅炉安全稳定运行都有着重大作用。

第二节 煤炭掺配技术的发展现状及趋势

众所周知，我国煤炭资源丰富，煤炭使用情况与国外不同。掺烧用煤包括从烟煤、劣质烟煤、贫煤、褐煤到无烟煤的各种煤种，这些煤在不同类型的用煤企业中常被应用，各种煤之间的特性差异明显，即使同一种煤，随产地、矿点、地质条件及开采、运输、储存等的不同，其煤质特性也有差别；再加上实际用煤时，有些用煤企业还掺烧各类洗煤和煤矸石等劣质燃料，更增大了实际用煤的变化幅度，偏离了设计煤种。锅炉是根据给定的煤种设计制造的。设计煤种不同，锅炉的炉型、结构、燃烧器及燃烧系统的形式将不同，有的甚至影响燃料输送系统、锅炉辅机和附属设备的选型。当实际燃用煤种与设计煤种差别明显时，锅炉出力和效率影响较大，给设备的安全经济运行带来各种各样的问题。由于诸多因素存在，从根本上解决煤质问题，目前来看，采用不同煤种混合配煤，则是解决锅炉煤质问题的一个行之有效的方法。国内有些燃煤企业对不同煤种混烧进行了一定研究，并取得了一定成效；但也有不少企业配煤不合理，并不是科学地按一定比例进行配比，存在的问题没有得到解决；即使改造锅炉去适应煤种，依然不能适应煤种的变化。因此，开展煤炭掺烧研究，探讨混煤煤质特性与单煤之间的关系，找出合理的优化配煤方案已成为当前亟待解决的问题。

一、国内研究现状

国内动力配煤是1979年初由上海市燃料总公司首先开发利用的一种使动力用煤质量达到稳定可靠的方法。1982年4月由中华人民共和国物资部在北京召开的配煤座谈会后就正式命名为“动力配煤”技术，利用线性规划原理对动力配煤优化配方进行了最优化计算，并编制出了相应的计算机软件。1984年以后在全国燃料系统普遍推广动力配煤技术。1990年9月中国科协工程学会联合会提出了开展“动力配煤合理利用”课题的研究，中国煤炭工业协会和煤炭科学研究总院组织有关专家和技术人员深入现场，广泛研究，认为必须改变我国动力煤长期存在“重量不重质”“管产不管用”“产运销脱节”的现象，在提出6个专题报告中包括有“动力配煤现状与对策”的内容，在提出“提高动力配煤质量，发展煤炭对路供应，节约4000万t煤炭的建议”中明确指出动力配煤简易可行，节煤效果显著，具有广泛发展前景。由于混煤使用越来越广泛，我国近年来对混煤开展了更多的研究工作，如煤炭科学院北京煤化所、浙江大学热能工程研究所、西安热工研究院有限公司、哈尔滨电站设备成套设计研究所有限公司、华中科技大学煤燃烧国家重点实验室和株洲洗煤厂等单位对混煤（动力配煤）进行了更加深入地研究。

（1）煤炭科学院北京煤化所提出了动力配煤优化方法。一方面是在理论上针对配煤数学模型进行研究并加以完善，另一方面在实践上运用软件工具开发出了相关的用于煤种混配的软件，这些研究为配煤操作提供了更大的便利。动力配煤软件主要运用了数学上线性规划的知识，在线性规划平台上推出约束条件和目标函数，从而建立数学模型。

（2）浙江大学热能工程研究所对动力配煤中煤质指标的线性可加性进行了研究，指出动力配煤的某些煤化指标是非线性可加的，并把神经网络方法应用于动力配煤，探索了动力配煤的新的技术和方法，且对性能各异的数十种无烟煤、烟煤、褐煤及混煤的热解、着火、燃烧、结渣、固硫及助燃特性进行了研究，提出如下观点：

1）混煤特性与各组成单煤之间并非是简单的加权关系，而是具有复杂的非线性特征。应用神经网络理论、模糊数学等数学手段可以满意地描述这种非线性特征，并以此建立优化配煤的数学模型。通过求解此模型可以得到比加权平均方法更准确、更符合实际的配煤方案。

2）开发和应用优化配煤专家系统可以指导用煤企业的配煤生产，优化锅炉的运行以及加强煤场的管理，这是配煤技术进一步发展的方向。

（3）西安热工研究院有限公司在研究劣质煤燃烧和锅炉改造时对电厂混煤特性、结渣特性进行了研究。他们使用热天平、一维火焰燃烧炉等试验装置，研究了晋东南无烟煤及其混煤的燃烧特性。试验结果表明：阳心无烟煤在20MW及其以上容量锅炉机组燃用时掺入30%潞安贫煤或20%黄陵烟煤，其火焰稳定性会得到较大提高，锅炉的机械不完全燃烧损失比单烧阳心无烟煤有所减少，但掺入黄陵烟煤炉内结渣趋势增强，故实际应用时推荐采用掺潞安贫煤。

（4）哈尔滨发电设备成套设计研究所等国内有关单位的专家在大量调查研究的基础上指出：性质相近的煤种，如褐煤与长烟煤混合对燃烧可靠性和经济性影响不大，可按任何比例掺烧；燃烧性能有一定差异的煤种，如褐煤与焦煤掺烧时，虽可稳定燃烧，但对经济性及其他参数有影响，通过实验确定最佳掺烧比；燃烧性能相差悬殊的煤种，如褐煤与贫煤混合，会使经济性大幅度下降，在一般情况下不宜采用。

（5）华中科技大学煤燃烧国家重点实验室对混煤的挥发分析出规律、混煤的着火特性、燃烧的燃尽特性、混煤的结渣特性、混煤的硫和氮的析出特性等进行了研究，建立了混煤燃烧的数学模型，预测混煤的燃尽度。

此外，除了配煤燃烧优化模型改进调整这种方式，国内研究机构还开发出了用于混煤掺烧优化的软件系统，并应用到企业生产实践当中指导运行。

二、国外研究进展

在国外，没有“动力配煤”这一专业术语，但与动力配煤意思相似的混煤和配煤的概念在20世纪60年代或60年代以前就有报道。早期的混煤使用科学性差，最先的混煤研究，主要是满足炼焦工业的需要。混煤在锅炉上的使用只是近几十年的事情，而对其特性研究约始于20世纪70年代中期。随着电力工业的迅速发展，燃煤锅炉越来越多，因而混煤在电站锅炉上的使用日益广泛。

西方一些国家使用混煤的主要目的是：采用低硫煤与高硫煤混合以降低SO_2的排放，降低锅炉的结渣、沾污和积灰，充分利用高热值煤，保证灰分和发热量稳定等。而日本等国家混煤则主要是为了节约煤炭，减少运输费用。

由于混煤的广泛使用，这就促使燃烧领域的研究工作者开始对混煤的特性进行研究。这研究一方面是通过试验总结出各种规律，为电站和工业锅炉应用混煤提供依据；另一方面是开发各种混煤燃烧技术和燃烧设备。从事这一研究较早的国家有美国、德国、日本、英国、西班牙、荷兰、加拿大等。

有关混煤的研究主要包括：混合系统和混合方法的研究、混煤着火燃烧性能的研究、采用混煤方法减轻结渣的研究、采用混煤方法降低NO_x及SO_2排放量的研究、混煤燃烧设备及燃烧技术的研究。

1. 美国

动力用煤大部分为优质煤，在煤粉炉中燃烧不成问题，而将精力集中于污染物的控制，对混煤的研究也是如此。东部、中部含硫较多，分别为1.8%～3.8%、2.5%～5.0%，洗选后分别为1.5%～2.5%、2.0%～3.5%；而西部煤含硫少，为0.3%～1.5%。东部和中部的电厂须使用西部煤或采用脱硫装置，才能满足SO_2排放要求。采用东部、中部煤掺烧西部煤，既可以减少运费与脱硫装置，又能满足排放要求。研究表明，东、中部高硫煤（含硫3.1%）中仅掺烧10%的西部低硫煤（含硫0.3%），比单烧高硫煤运行费用低60%。由此可见，混煤的效果显著。美国在采用混烧降低 SO_x 的排放方面进行了较深入的研究。与此同时，也考虑了解决其他一些问题，如用混煤的办法保证含灰量和发热量稳定。保证煤质稳定，既可降低现役电厂的运行费用，又可降低新电厂的投资和运行费用。如拉比德（Labadie）联合电厂的配煤系统，用低硫煤与高硫煤相配，限制煤炭硫分的上限，可以节约大量的低硫煤，减少石灰石吸附剂用量，每年可节约 4800 万美元，其配煤工艺常采用仓配和堆配。

2. 德国

混煤燃烧起于 20 世纪 70 年代初。当时，一些烧褐煤的电厂因其质量性能常常偏离设计指标，使电厂无法满负荷运行，因而将褐煤与烟煤混烧，通过混烧来提高低热值褐煤的利用价值。Ptolemosis 和 Aliveri 电厂的运行情况表明，在褐煤中掺烧一定量的烟煤，烟煤量为 15％时，除能满负荷运行外，还取得了下列效果：更高的燃烧稳定性，粗灰及飞灰中未燃成分降低，出口烟温下降。另外，其进一步的研究指出，必须加强对煤质特性、煤灰特性的研究才能保证混煤的有效燃烧。近几年，德国对混煤的燃烧特性及燃烧混煤的各种燃烧室和燃烧器以及配煤设备进行了较为深入的研究，如德国的 V. R. Kuhu 研究了混煤的着火性和可磨性，并对燃用混煤的电站的初投资和运行经济性进行了分析。德国的 J. Zelkowski 等人研究了不同氧浓度下不同细度的混煤的着火情况，主要结论如下：混煤的掺混比例对煤的着火点有一定影响；在低氧环境中，混煤的着火特性随掺混比例变化的趋势是不同的；对于粗颗粒煤，不同的氧浓度下，掺混比例的变化对着火性的影响明显。

3. 日本

日本是一个资源短缺的国家，燃料依赖进口，为了减少运输费用，近几年开始扩大利用发热量高的无烟煤等低挥发分煤，因而出现了在粉煤锅炉中混烧无烟煤和石油焦等低挥发分燃料的倾向。然而，传统的水平燃烧锅炉燃烧混煤时会出现各种各样的问题，这样就促使了日本燃烧界对混煤的特性及燃烧技术进行了深入研究，有些混煤燃烧的技术已推广应用，例如石川岛播磨重工业公司对原来烟煤和混煤水平燃烧的锅炉进行了应用反应管的试验和应用燃烧试验炉的试验，充分地掌握了低挥发分煤混烧时的燃烧特性，在此基础上设计了混烧低挥发分煤的 5301YH 锅炉。目前，日本针对混烧不同煤种时出现的污染物增加及未燃损失增加等问题正在进行更深入的研究。

4. 其他国家

澳大利亚向国外出售动力煤时，由于采用了配煤技术，可向不同进口国家提供符合多种煤质指标的煤炭，取得了较好经济效益。为防止结渣、沾污和腐蚀，并形成稳定火焰，荷兰常燃用混煤，混烧后的结渣和腐蚀均降低。

西班牙的劣质煤储量较多。为充分利用这些煤，也采用掺烧方法，西班牙的 Joaquin Ganzales Bias 在研究低挥发分煤燃烧时，也研究了混煤的燃烧特性，西班牙的一些劣质煤，灰分含量为 16％～55％，平均为 45％，研究表明，造成发电设备可用率下降的主要原因是锅炉结渣和磨煤机磨损，还有一个问题是某些高灰分煤的挥发分可燃物含量低，因此难以燃烧，可采用高挥发分煤与低挥发分煤的混合燃料进行锅炉试烧，混合煤的挥发分为 12％～16％，灰分小于 45％，结果说明：当采用混合燃料时，使燃烧效率和可用率提高，进而经济效益提高。

综上所述，国外混煤（配煤）技术虽已开发应用，但在理论研究方面也有待深入，特别是在煤的煤化参数（如煤的发热量、煤的挥发分、煤的灰溶点等）的线性可加性、配煤的最佳数学模型、配煤的燃烧特性等方面的研究尚需进一步加强和探索。

由此可见，长期以来由于受计算技术与能力、实验条件和手段、数学建模和解决等方面原因的限制，国内外的优化配煤数学模型在表达混煤各质量指标与单煤对应质量指标间的关系时都处理为简单的加权关系式。一般仅仅根据煤的发热量和挥发分要求进行简单的掺混，未考虑煤的着火、燃尽、结渣等特性和 SO_2 排放因素，且自动化水平较低，这样常会因配制不当，不能满足锅炉燃烧的需要，造成燃烧设备着火困难、燃烧不稳、结渣积灰加剧和污染物排放增加等问题，甚至造成停炉事故。近年来，随着科学水平进步，通过对多种性能各异的煤种及所配煤种的特性研究成果来看，如煤种的着火特性、热燃烧值、结渣特性、烟尘排放、掺烧稳定性等，发现所配设计煤种与各种单煤之间并不是完全的加权关系，而存在非线性特征，在配煤模型方面，由传统的单目标线性模型，逐渐发展为多目标非线性模型，并且运用神经网络、遗传算法、退火算法以及模糊数学等多种手段处理非线性，从而得到比加权平均方法的线性方法得到更准确、更符合实际的配煤方案。

第三节　配煤基本原理

动力配煤问题，实际上是一个多约束条件下（用户对混煤煤质的要求）的最优规划问题（目标函数最小，即混煤成本最低，特殊要求时也可有多个目标）。动力配煤最基本的核心任务就是确定动力配煤的优化配比，即确定选什么煤以及每种煤的数量。

一、配煤优化算法概述

目前，配煤的关键问题在于对混煤的成分及煤质指标与组成该混煤的各单煤相应成分及煤质指标之间的关系不太了解。有的配煤方案认为，混煤的成分及煤质指标等于各单煤相应成分及煤质指标的加权平均，即可以成为线性关系，有的配煤方案认为煤质指标之间存在复杂的非线性关系。因此，配煤算法上也存在差异，描述动力配煤的数学模型有两种。

（1）配煤与单种煤之间存在线性关系，即各单种煤的加权平均值与实测值之间不存在显著性差异，或者认为配煤与单煤种之间大部分煤质参数呈线性关系，少数不呈线性关系的煤质参数可以通过简单的处理转换成线性。由于用该法建立的数学模型简单明了，易于求解，该方法已被广泛用于动力配煤的研究。

（2）配煤的煤质特性与各组成单种煤之间并非简单的加权关系，而是具有复杂的非线性关系，可运用神经网络技术和模糊数学等现代数学方法建立非线性优化模型。

二、几种常用的配煤优化算法

下面将简单介绍几种常用的配煤优化算法，具体算法详见第八章第二节相关部分。

1. 神经网络

人工神经网络的发展为解决非线性问题提供了强有力的工具。它是由众多简单的神经元所组合而成的能表现出极为复杂动态行为的网络，具有高度的非线性。可以通过神经网络根据输入输出数据学习逼近任意的非线性映射。误差反向传播算法（back propagation，BP）是人工神经网络的重要算法，BP 网络是目前应用最为广泛的人工神经网络，一般用 BP 网络来建立一系列状态预测的模型。混煤煤质分析、灰成分分析等分析性数据都可以用神经网络方法建立混煤与单煤对应数据间的联系。神经网络预测方法与加权平均和线性回归相比，具有更高的预测精度和效果。这需要积累一套混煤煤质分析数据库，以实现用神经网络方法预测混煤的大部分煤质分析值。

BP 网络的缺点是：

（1）在实际应用梯度下降法时，应该考虑如何避免计算结果落入局部最小。但是，跳出局部最小达到全局最优是一个比较复杂的问题，目前，一般是采用模拟退火的方法来达到目的。

（2）BP 算法的学习速度很慢，通常要几千步或者更多次数的迭代才完成，而且网络隐节点个数只是根据经验选取，并无理论上的指导。更重要的是，BP 网络的学习属于有导师的学习，本身缺乏自学习和组织的功能，当加入新的学习样本时必须重新训练网络。BP 神经网络的这些局限性在不同程度上制约了它的应用。

（3）理论上混煤燃烧特性也可以用神经网络方法建立混煤与单煤间的联系，但测试大量的混煤燃烧特性完整数据代价昂贵。目前，这方面的实测数据较少，缺乏神经网络方法所必需的大量样本数据库，用神经网络方法预测所有的混煤燃烧特性还有一些困难。

（4）由于神经网络技术是把学习好的输入输出之间的关系蕴含于网络的连接权矩阵中，而难以显式地、以函数形式表示出来，使得现有的目标函数及约束条件都是显式函数表达式的非线性优化算法而不能直接利用。

（5）考虑到动力配煤是一个实际的操作过程，实际生产过程中一般选用三种或两种煤相配。另外由于实际生产时的计量精度不会太高，所以计算得到的配方一般不具有可操作性。

2. 遗传（GA）算法

遗传算法是一类借鉴生物界自然选择和自然遗传机制的随机化搜索方法，它简单、通用、操作性强，适用于并行分布处理和传统搜索方法难以解决的复杂和非线性问题，遗产算法具有较好的全局搜索性能。但遗传算法求解约束优化问题的能力不强。

当配煤模型有很强的约束条件时，用 GA 来求解约束优化问题 $f(x)$ 时，需要使用广泛的处理约束条件的方法——基于罚函数的罚函数类方法。一般的罚函数类方法普遍存在一个缺点，即加上罚因子和罚函数项后生成的新目标函数 $F(x)$ 的最优解依赖于罚因子的选择。当罚因子取得过小时，可能造成 $F(x)$ 的最优解不是 $f(x)$ 的最优解的问题；而罚因子取得过大，则可能在可行域 F 外造成多个局部最优解，给搜索增加难度。对于要解决的约束优化问题，事先确定适当的罚因子是很困难的，往往需要通过多次试验来不断进行调整。而对于多个约束条件，其罚因子的选取对于遗传算法的结果更是有很大的影响。

理论上已证明，在遗传算法中，如果选择算子作用后保留当前最优解，那么该遗传算法能最终收敛于全局最优解。但是，遗传算法的局部搜索能力不足，要达到真正的最优解需要花费很长时间。

3. 模拟退火（SA）算法

模拟退火算法是一种基于热力学的退火原理建立的随机搜索算法，它既可以从局部最优的“陷阱”中跳出，又有可能求得组合优化问题的招体最优解。模拟退火算法已在理论上被证明是一种以概率“1”收敛于全局最优解的全局优化算法，但其参数难以控制，其主要问题有三点：

（1）温度 T 初始值设置。模拟退火温度 T 的初始值设置是影响 SA 算法全局搜索性能的重要因素之一。从理论上讲，初始温度越高，则搜索到全局最优解的可能性越大，但因此要花费大量的计算时间；反之，则可节约计算时间，但全局搜索性能可能受到影响。

（2）退火速度的问题。退火速度没有规律性，难以控制达到最优。

（3）温度管理问题。同退火速度，其降温系数没有规律可循，不同的情况下可能会有较大差别，难以控制达到最优解。

4. 穷举（EA）法

穷举法是一种寻遍所有组合可能性的算法，即在一个连续有限搜索空间或离散无限搜索空间中，计算空间中每个点的目标函数值，且每次计算一个。对于搜索满足上述约束条件集的 Z 值其优点为结果难确：由于穷举法遍历了所有可能的掺配煤种和所有可能的掺配配比，它计算出的结果是准确可靠的。但也有其缺点：效率低，耗时长。随着掺配煤种的增加、单煤总数的增加和配煤精度的提高，计算时间也急剧变长。

5. GA＋SA＋EA 法

GA＋SA＋EA 法是一种将遗传算法、模拟退火算法和穷举法融合在一起的一种算法，其计算速度高，精确度却与 EA 法相同，能够达到最优解，缺点是算法较为复杂，不易实现。

6. 线性规划

（1）线性规划一般模式为

$$\max f = CX \tag{10-1}$$

Subject to：

$$AX \leqslant B \tag{10-2}$$

$$X \geqslant 0 \tag{10-3}$$

其中：

$C=(c_1, c_2, \hat{} \ c_n)$；

$$A=\begin{bmatrix} a_{11} & \cdots & a_{1n} \\ \vdots & \ddots & \vdots \\ a_{m1} & \cdots & a_{mn} \end{bmatrix}=(A_1, A_2, \hat{} \ A_m)^{\mathrm{T}}, A_i=(a_{i1}, a_{i2}, \hat{} \ a_{in}), \forall i;$$

$B=(b_1, b_2, \hat{} \ b_n)^{\mathrm{T}}$；

$X=(x_1, x_2, \hat{} \ x_n)^{\mathrm{T}}$。

注：对于目标函数值为求最小以及线性约束符号反向的都可以转化为上面的形式。

（2）线性规划模型的三个要素：

1）决策变量，它通常是该问题要求解的那些未知量。

2）目标函数，通常是该问题要优化（最大或最小）的那个目标的数学表达式，它是决策变量的函数。

3）约束条件，由该问题对决策变量的限制条件给出。

（3）线性规划模型解的情况。一个线性规划问题有解指能找出一组 x_j（$j=1, 2, 3\cdots, n$）满足约束条件，并称这组 x_j 为问题的可行解。

可行域指全部可行解组成的集合。

最优解指可行域中使目标函数值达到最优的可行解。

线性规划问题无解指不存在可行解或最优趋向无限大。

现今的诸多不确定性优化模型，以及多目标优化模型的解法都是单目标线性规划为基础的。

第四节　煤炭掺烧的配煤品质指标

煤炭掺烧是将几种质量不同的煤炭以物理方法混合，从而改变配煤质量的方法。研究配煤掺烧的基础就是要分析与燃烧有关的煤炭的主要性质在配煤中的变化规律。锅炉对煤炭的主要要求指标有水分、灰分、挥发分、固定碳、发热量、灰溶点等。

一、煤的水分

煤中都含有一定量的水分，它是煤中的无机成分。煤中的水有自由水分、湿存水分、结晶水分三种不同的存在状态，并具有不同的物流化学性质。自由水分是指附着在煤粒表面的水分，湿存水分是指存在于煤的小毛细管中的水分，这两种水分以机械方式和物理化学方式（附着、吸附）与煤结合，通常称为游离水。这些游离水分在105～110℃的温度下，经过一定时间的蒸发即可全部脱除。游离水分的多少在一定程度上能表征煤炭的煤化程度的深浅，随着煤的变质程度不同，水分的变化很大。泥炭中水分最大，可达40%～50%，褐煤次之，为10%～40%，烟煤含量较低，无烟煤则又有增高的趋势，这是由于煤中的水分除与煤的变质程度有关外，还与煤的结构有关，因此水分也是决定煤质优劣的重要参数之一，结晶水分是以化学方式结合的水，在严格的高温下才能除去，煤中该水分含量不大。吸附或凝聚在有机质颗粒内部毛孔中的水分称为煤的内在水分；附着在煤粒表面的水分称为外在水分。内在水分比外在水分较难除去，内在水分只有在外在水分除去相当一部分后才会缓慢向外逸散，且在室温下几乎不可能全部除去，煤炭的水分含量可由水分分析仪器测定，如图10-1所示。

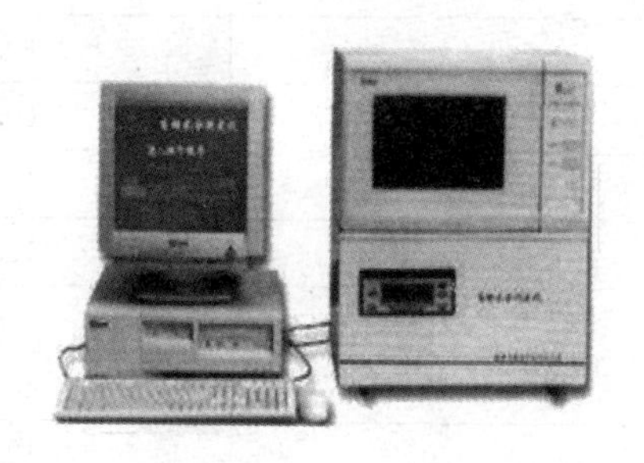

图10-1　煤炭水分分析测定仪

工业分析中测定的水分有原煤样的全水分（或收到基煤样的水分）和空气干燥基煤样水分两种。收到基煤样水分（M_t）是指煤在收到状态时所含的全部水分，空气干燥煤样水分（M_{ad}）是煤样与周围空气湿度达到平衡时保留的水分。全水分包括外在水分（M_f）和内在水分（M_{inh}），全水分和内外水分的关系如下：

$$M_t = M_f + M_{inh}\frac{100 - M_f}{100} \tag{10-4}$$

至于空气干燥基煤样水分，亦称分析煤样水分，是指煤样粉碎到0.2mm以下达到空气干燥状态后残留的水分。由于其粒度比测定内在水分所用煤样的粒度（小于6mm）小得多，所以它的测值必然与内在水分有较大的差异而不能互相替换，尤其是对一些水分高的低煤化度煤的差异更大。

煤中全水分含量的高低是评价煤质的一个重要指标，它对煤的加工利用等均有重要影响。在有关工业用煤质量标准中对煤中全水分含量均有一定的要求。煤中全水分分级按表10-1进行。

表10-1　煤中全水分分级

序号	级别名称	代号	全水分 M_t（%）
1	特低全水分煤	SLM	≤6.0
2	低全水分煤	LM	6.0～8.0
3	中等全水分煤	MM	8.0～12.0
4	中高全水分煤	MHM	12.0～20.0
5	高全水分煤	HM	20.0～40.0
6	特高全水分煤	SHM	>40.0

煤的全水分含量总的趋势是与其煤的类别不同有关。即低阶的褐煤水分含量最高，长焰煤、不黏煤和弱黏煤的水分则依次有所下降，到肥煤和焦煤阶段的水分达到最低点，自瘦煤、贫瘦煤到贫煤阶段的水分虽略有降低但不甚明显，进入无烟煤尤其是超无烟煤阶段的水分则有明显的增高。中国分煤种全水分（M_t）和空气干燥基水分（M_{ad}）统计见表10-2和表10-3所示。

表10-2　中国分煤种全水分（M_t）含量统计

煤种	M_t（%）		
	平均	最小	最大
全国	9.3	3.0	60.0
褐煤	28.5	19.0	60.0
长焰煤	12.5	9.0	18.0
不黏煤	10.3	6.5	19.5
弱黏煤	9.1	4.5	11.5
1/2中黏煤	8.0	4.5	10.0
气煤	7.7	4.0	12.0
1/3焦煤	7.3	3.8	10.5
气肥煤	7.0	3.4	9.0
肥煤	5.5	3.0	7.5
焦煤	5.4	3.0	7.0
瘦煤	5.6	3.5	7.7
贫瘦煤	5.6	3.6	8.0
贫煤	5.7	3.9	8.2
无烟煤	5.9	4.1	8.8

表 10-3　　中国分煤种空气干燥基水分（M_{ad}）含量统计

煤种	M_{ad}（%）		
	平均	最小	最大
全国	5.1	0.1	26.0
褐煤	14.57	5.0	26.0
长焰煤	7.70	2.0	20.0
不黏煤	4.55	1.5	17.0
弱黏煤	3.03	0.62	5.0
1/2 中黏煤	2.59	0.5	6.0
气煤	1.50	0.4	4.0
1/3 焦煤	1.76	0.3	3.5
气肥煤	0.96	0.2	2.0
肥煤	0.89	0.1	2.0
焦煤	0.91	0.3	2.0
瘦煤	0.77	0.3	2.2
贫瘦煤	0.96	0.4	2.5
贫煤	1.79	0.5	9.0
无烟煤	2.26	0.8	5.0

煤中水分高，运输时会增加运力；炼焦时消耗热量，延长炼焦时间；燃烧时降低发热量，每增加1%的水分，降低发热量的0.1%，从而增加了煤耗。煤中的水分对破碎、筛分造成很大困难，降低效率，损坏设备。但煤中有一定的水分可防止煤炭运输过程中粉煤的损失，改善炉膛的热辐射效能。

二、煤的灰分

煤的灰分是指煤中所有的可燃物完全燃烧，煤中矿物质在一定温度下产生一系列分解、化合等复杂反应后剩下的残渣，如图10-2所示。这些反应包括硫化矿物的氧化、碳酸盐的分解和黏土类矿物脱去结晶水等。上述反应的生成物组分常由煤的灰化条件及煤中各种矿物质的含量决定。煤的灰分绝大部分是煤中矿物质燃烧时生成的无机氧化物和盐类。无机氧化物主要有 SiO_2、Al_2O_3、CaO、MgO、Fe_2O_3 等，占灰成分的95%以上。煤中矿物质极其复杂，故煤经完全燃烧后，煤灰成分也变得复杂，不同煤灰分产率变化很大，不同煤质所转化的煤灰特性也不相同。根据煤灰成分可以大致推测原煤的矿物组成，初步判断煤灰融点的高低，还可大致判断锅炉燃烧室的腐蚀情况。

图 10-2　煤炭燃烧产生的煤灰

煤灰的特性会直接影响煤的利用，灰分越高，煤中矿物质含量就越多，煤炭运输的效率就越低。灰分反映煤中矿物质的数量和成分，对燃烧过程产生不良影响。除矿物质可能产生的催化作用外，它的存在都起着负面影响，主要表现在以下几个方面：灰分高，不仅使煤的热值降低，严重时可能会引起熄炉、停电事故；煤的灰分高也使煤的破碎难度加大；燃烧高灰分的煤灰增加飞灰和灰渣的热损失，降低燃烧效率和锅炉热效率；燃煤的灰分高，粉煤灰和灰渣的排放量增大；粉煤灰和灰渣量影响烟囱排放及占地，微尘及微量有害元素对大气的污染，以及灰渣有害元素的积聚对水质的污染。1993 年我国排放的灰渣总量为 8602 万 t，2000 年已达到 1.5 亿多吨；煤中 As、F、Pb、Hg、Cd、Cl 等有害元素在燃烧过程中向大气排放，以及灰渣造成的环境污染在局部地区已经非常严重，已引起有关部门的重视，例如西南个别地区燃煤引起的 F、As 中毒；北京某地燃煤的 Cr 异常等。

煤的灰分与水分一样还是计算干燥无灰基挥发分和元素成分等化验结果时的必要指标。根据煤的灰分高低可以大致估算出煤中原有矿物质的含量。如美国的派尔（PARR）曾提出了计算煤中矿物质的经验公式如下：$MM_d=1.08A_d+0.55S_{p,d}$或$MM_d=1.1A_d+0.1S_{t,d}$（简化式）。此外，灰分的高低将直接影响发热量的大小，对同一矿井的煤来说，两者呈很规律的反比关系。为了充分利用我国煤炭资源，提高煤炭的热能利用率和提高用煤企业的经济效益，我国制定了煤炭灰分分级国家标准，动力煤灰分按表 10-4 进行分级。

表 10-4　　动力煤灰分分级

序号	级别名称	代号	灰分 A_d（%）
1	特低灰煤	SLA	≤10.00
2	低灰煤	LA	10.01～18.00
3	中灰煤	MA	18.01～25.00
4	中高灰煤	MHA	25.01～35.00
5	高灰煤	HA	>35.00

中国各生产区的煤层加权平均灰分在 18%以下，但不同类别煤的煤层灰分则有明显差异，其总体趋势是炼焦煤的灰分相对较高，如气肥煤的平均灰分高达 22.90%，焦煤灰分也在 20%以上，而低阶动力煤的灰分则普遍较低，如不黏煤的灰分低至 12.18%，弱黏煤的灰分也只有 15.56%，长焰煤的平均灰分也低至 15.66%，但不同地区的长焰煤的灰分差别也甚大，如辽宁的铁法和阜新的晚侏罗世长焰煤的煤层 A_d 均高至 25%～40%，但陕西和蒙西的早、中侏罗世长焰煤的灰分普遍低至 15%以下。褐煤的灰分虽高于长焰煤，但也普遍低于炼焦煤的灰分。中国主要生产矿区煤层灰分统计见表 10-5。

表 10-5　　中国主要生产矿区煤层灰分统计

煤种	A_d（%）		
	平均	最小	最大
全国	17.83	2.55	54.55
褐煤	18.52	6.50	51.42
长焰煤	15.66	4.63	46.82
不黏煤	12.18	2.55	25.25
弱黏煤	15.07	7.87	42.15
1/2 中黏煤	16.63	10.26	31.20
气煤	17.22	10.92	35.30
1/3 焦煤	18.91	10.5	34.81
气肥煤	22.90	14.11	31.10
肥煤	19.05	7.44	29.55
焦煤	20.97	10.25	48.06
瘦煤	18.23	9.86	46.15
贫瘦煤	17.37	8.38	37.75
贫煤	18.51	10.15	54.55
无烟煤	17.93	4.0	47.10

此外，从我国各省、自治区、直辖市的动力用商品煤灰分看，以产煤量较少的广西壮族自治区和浙江省的最高，平均 A_d 均超过40%，吉林省、江西省和安徽省的动力用商品煤平均灰分也都在30%以上。灰分最低的为西北区的甘肃省和新疆维吾尔自治区，其动力用商品煤的平均 A_d 分别低至11.77%、11.64%，北京市、宁夏回族自治区和山西省的动力用商品煤平均 A_d 也都在20%以下。而动力用商品煤较多的河南、山东及黑龙江等省的平均灰分则均高至23%～24%。其他各省（区、市）的动力用商品煤的平均灰分详见表10-6。

表10-6　我国各省（区、市）动力用商品煤灰分

省（区、市）	广西	浙江	吉林	江西	安徽	云南	湖南	四川	河北
A_d（%）	43.77	40.62	36.23	34.76	32.2	29.42	28.02	27.96	27.24
省（区、市）	辽宁	贵州	青海	黑龙江	河南	湖北	山东	江苏	内蒙古
A_d（%）	26.57	26.2	24.58	23.94	23.55	23.4	23.29	22.3	22.26
省（区、市）	福建	广东	陕西	北京	宁夏	山西	甘肃	新疆	
A_d（%）	22.21	22.08	21.04	19.59	18.73	18.42	11.77	11.64	

三、煤的挥发分

煤样在高温（如900℃或950℃）隔绝空气的条件下，经过一定时间的加热，煤中有机质受热裂解出一部分分子量较小的液态（此时为蒸气状态）和气态产物（不包括逸出的水分），这些产物称为挥发物。挥发物占煤样重量的百分数称为挥发分产率或简称为挥发分，一般以符号 V 表示。挥发分是煤炭分类的主要指标，根据挥发分可以大致判断煤的变质程度。挥发分越低，则煤的变质程度越高。

挥发物的组成颇为复杂，且与其煤化程度有密切关系。如含氧量高的褐煤类，其挥发分中除有一部分低分子量的烃类化合物，如 CH_4、C_2H_6、C_2H_4 等可燃成分外，相当部分 CO_2、H_2O 等非可燃成分，CO、H_2S、COS等可燃气体，此外也有一些苯、酚类芳香族化合物形态逸出。烟煤挥发分组成中含氧化合物（CO、H_2S、COS、H_2O）比褐煤的少，而低分子量的烃类化合物和苯类化合物的含量比褐煤多，酚类化合物的量也比褐煤少。无烟煤挥发分组成中的含氧化合物比例更少，其苯类和酚类化合物比烟煤的还少，但 C_2H_4、C_2H_2 等不饱和烃类化合物的比例比烟煤多。由于不同煤类的挥发分组成有明显的差异，因而其挥发分热值差别也很大，通常以黏结性越强的烟煤挥发分热值最高，褐煤挥发分的热值最低。无烟煤因挥发分太少，故总的热值也不高。

煤的挥发分产率是煤分类的主要指标。利用它及其煤焦渣特性（coal reside characteristics，CRC）能初步确定其煤化程度和煤的类别。对许多不能实测发热量的中、小型用煤企业，根据煤的挥发分产率及其焦渣特性即可估算出发热量的大小。又如在选择动力用煤、气化用煤和配煤炼焦时，也都首先要了解其挥发产率的大小。煤的干燥无灰基挥发分分级标准见表10-7。

表10-7　煤的干燥无灰基挥发分分级标准

序号	级别名称	代号	挥发分产率 V_{daf}（%）
1	特低挥发分煤	SLV	≤10.0
2	低挥发分煤	LV	10.01～20.00
3	中等挥发分煤	MV	20.01～28.00

续表

序号	级别名称	代号	挥发分产率 V_{daf}（%）
4	中高挥发分煤	MHV	28.01～37.00
5	高挥发分煤	HV	37.01～50.00
6	特高挥发分煤	SHV	＞50.00

中国无论是动力用煤或炼焦用煤的储量和产量均是以高挥发分的低阶煤比例较多，如动力煤中高挥发分的褐煤、长焰煤、不黏煤和弱黏煤的储量和产量的比例大大高于高变质的无烟煤和贫煤，在炼焦煤中，也是挥发分较高的气煤、1/3 焦煤、气肥煤和肥煤的比例高于焦煤、瘦煤和贫瘦煤。所以由表 10-8 看出，中国煤层按储量的加权平均挥发分（V_{daf}）超过 29%，其中褐煤的平均 V_{daf} 达 48%以上，其中云南地区的褐煤 V_{daf} 也均超过 42%，不黏煤、弱黏煤、1/2 中黏煤、气煤和 1/3 焦煤的平均 V_{daf} 也超过 30%。挥发分最低的是变质程度最高的无烟煤，由于中国的无烟煤以 V_{daf} 大于 6.5%的年轻无烟煤为主，故其平均 V_{daf} 可接近 8%，福建和广东的某些超无烟煤已接近半石墨，故 V_{daf} 有的低于 2%以下。

表 10-8　　中国分煤种挥发分产率含量统计

煤种	V_{daf}（%）		
	平均	最小	最大
全国	29.10	1.50	64.5
褐煤	48.14	38.5	64.5
长焰煤	42.24	37.1	49.0
不黏煤	33.47	23.5	37.0
弱黏煤	32.67	24.0	37.0
1/2 中黏煤	35.03	24.5	37.0
气煤	39.74	28.10	50.0
1/3 焦煤	34.52	28.10	37.0
气肥煤	42.95	37.10	55.0
肥煤	29.91	23.5	37.0
焦煤	24.59	14.5	28.0
瘦煤	18.43	12.8	20.0
贫瘦煤	16.74	12.5	20.0
贫煤	15.28	10.1	20.0
无烟煤	7.85	1.50	10.0

在我国各省（区、市）的动力用商品煤中，以产年轻煤为主的吉林省、辽宁省和内蒙古自治区最高，他们的平均 V_{daf} 分别高达 44.78%、41.15%、42.65%。北京市和福建省因主要为无烟煤，估其平均 V_{daf} 低至 6%～6.5%，广东省的产煤也以无烟煤为主，仅少量长焰煤和高硫肥煤，故其平均 V_{daf} 也低至 12.43%。动力煤绝对产量最多且以中、低挥发分煤为主的山西省动力用商品煤的平均 V_{daf} 为 18.58%。其他各省（区、市）动力用商品煤的平均 V_{daf} 值详见表 10-9。

表 10-9　　　我国各省（区、市）动力用商品煤的平均挥发分

省（区、市）	北京	河北	山西	内蒙古	辽宁	吉林	黑龙江	江苏
V_{daf}（%）	6.23	26.80	18.58	42.65	41.15	44.78	35.14	37.54
省（区、市）	浙江	安徽	江西	福建	山东	河南	湖南	广东
V_{daf}（%）	43.98	32.96	20.81	6.5	36.15	26.24	17.22	12.43
省（区、市）	广西	四川	贵州	云南①	陕西	甘肃	宁夏	新疆
V_{daf}（%）	34.01	19.69	25.99	28.67	21.76	33.15	24.67	33.78

注　①不包括大量地方矿的年轻褐煤（V_{daf}均在 48%以上）。

四、煤的固定碳

固定碳是指除去分析煤样水分、灰分和挥发分后的残留物。它的组成以元素碳为主，固定碳和元素碳两者之间，存在有规律的正比关系。固定碳中仍然有少部分氢、氧、氮、硫等元素。煤中固定碳的高低除了与水分、灰分等杂质多少直接相关外，它还与煤化程度成正比，即煤化程度高，其挥发分低，固定碳高。固定碳的数值与挥发分相似，其值虽计算基准而异，如

$$FC_{ad} = 100 - M_{ad} - A_{ad} - V_{ad} \tag{10-5}$$

$$FC_{ar} = 100 - M_{ar} - A_{ar} - V_{ar} \tag{10-6}$$

固定碳与挥发分的比值（FC/V）叫作燃料比，它也是表征煤化程度的有效指标。即比值越大的煤，煤化程度也越高。日本和美国的煤炭分类中，多用燃料比作为分类指标。

煤种固定碳是由差减法计算出的，有重要的使用价值。首先，由于煤的发热量与固定碳成正比，因而工业部门常把固定碳作为煤质分析的重要指标。如化肥用煤规定，固定碳必须大于 65%。因为煤的挥发分受热后很快析出，很难得到充分燃烧。而固定碳高的煤则能在锅炉中得到较长时间燃烧，其热量利用率高。因此，工业锅炉用煤也要考虑其固定碳的大小。煤的水分、挥发分和固定碳均可由热重分析（TG）法和导数热重法（DTG）得到，如图 10-3 所示。

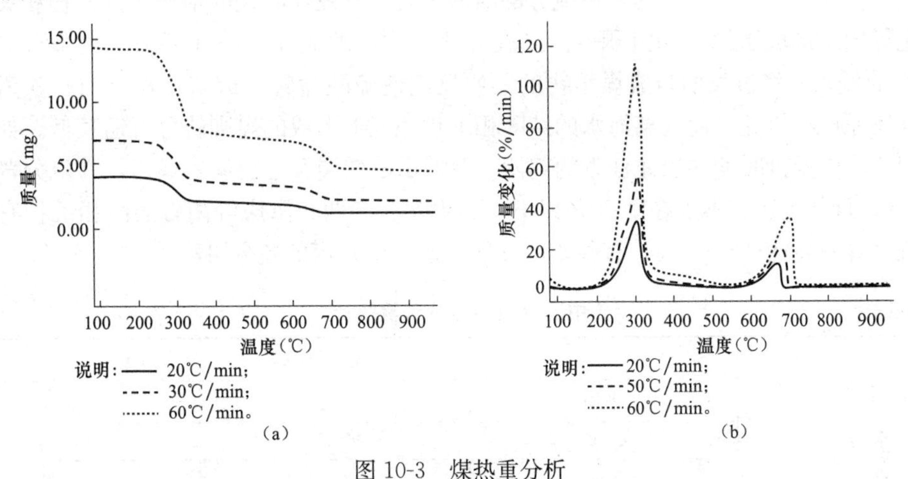

图 10-3　煤热重分析

（a）不同升温速度的 TG 曲线图；（b）不同升温速率下的 DTG 曲线

五、煤的硫分

硫是煤中的元素组成之一。煤中硫根据其存在状态可分为有机硫和无机硫两大类。有机硫存在于煤的有机质中；无机硫以黄铁矿、白铁矿和硫酸盐的形式存在于煤的矿物质中，其

中以黄铁矿和白铁矿形式存在的硫，又称硫化物硫，因硫化物硫和有机硫可燃故称可燃硫，硫酸盐硫又称非可燃硫。煤中各种形态硫的总和称为全硫，以符号 S_t 表示。

硫含量也是评价煤质的重要指标之一。在评价煤中硫含量时，全硫要换算成干燥基、有机硫换算为可燃基，这是由于煤中的硫只存在于有机质和矿物质中，而与分析煤样的水分无关。

硫是存在于煤中的一种有害杂质，对煤的工业利用有不利的影响。动力用中的硫在煤燃烧过程中形成 SO_2，不仅腐蚀金属设备，而且还会造成大气污染。SO_2 在大气中形成酸雨，我国的酸雨现象已十分严重，每年因此而造成经济损失达百亿元以上。控制燃煤的含硫量是我国环保的主要措施之一。另外硫铁矿硫的存在，能促使煤的氧化和自燃。随着环保对燃煤排放 SO_2 总量的要求越来越严，国家对煤中硫分含量如何合理分级十分重视。动力煤硫分分级见表 10-10。该标准规定了对硫分进行折算动力煤硫分分级时，应按发热量进行计算，折算的基准发热量值规定为 24.00MJ/kg，得到折算后的干燥基全硫，然后以折算后的干燥基全硫按表 10-10 进行分级。折算后的干燥基全硫的计算方法：

折算后的干燥基全硫 =（基准发热量 / 实测干燥基高位发热量）× 实测的干燥基全硫

表 10-10　　动力煤硫分分级

序号	级别名称	代号	干燥基全硫分 $S_{t,d折算}$（%）
1	特低硫煤	SLS	≤0.50
2	低硫煤	LS	0.51～0.90
3	中硫煤	MS	0.91～1.50
4	中高硫煤	MHS	1.51～3.00
5	高硫煤	HS	＞3.00

从表 10-11 可以看出，中国不仅不同煤类之间的硫分高低相差很大，而且统一煤类间的硫分含量也有很大差异，这是因为煤种硫分的高低主要与其成煤时期的地质条件密切相关。如南方二叠纪煤田多形成于浅海相沉积或海陆交互相沉积，即成煤时的外部条件受海水中硫酸盐（$CaSO_4$）的侵入而经过长期与成煤植物的还原反应使硫酸盐转变成硫铁矿（当有铁离子存在时）或被还原成有机硫。而远离海水的纯陆相沉积环境下形成的煤则硫分普遍甚低。如形成于陆相沉积的晚侏罗世时期的黑龙江省的鸡西、双鸭山、鹤岗及七台河等煤田，其硫分普遍低至 0.5%以下，且其中还有不少在 0.30%以下，而贵州、广西、重庆等南方与海相沉积有关的煤田，其硫分普遍高达 3%～5%。有些矿区（如广西合山）煤的硫分可高达 8%～9%。

表 10-11　　中国分煤种硫分含量统计

煤种	$S_{t,d}$（%）		
	平均	最小	最大
全国	1.03	0.11	6.80
褐煤	0.67	0.13	3.41
长焰煤	0.65	0.14	4.01
不黏煤	0.66	0.15	4.25
弱黏煤	0.63	0.12	3.27
1/2 中黏煤	0.25	0.11	1.60
气煤	0.64	0.15	5.25

续表

煤种	$S_{t,d}$（%）		
	平均	最小	最大
1/3焦煤	0.70	0.12	5.17
气肥煤	3.47	2.40	5.85
肥煤	1.64	0.35	5.45
焦煤	1.59	0.13	5.57
瘦煤	1.36	0.25	4.85
贫瘦煤	1.35	0.24	4.90
贫煤	1.75	0.23	6.80
无烟煤	1.50	0.14	5.75

由于各省（区、市）动力用商品煤矿区的成煤时代不同，因此他们之间的平均硫分也有显著差异。如浙江省的动力用商品煤主要以长广矿区为主，属海陆交互相沉积形成的以晚二叠世乐平煤系，其产煤的平均硫分高达4.24%（见表10-12），湖北、广西和贵州、四川等省（区）的动力用商品煤也都是以晚二叠世乐平煤系为主，故这些地区产煤的平均硫分也均在3%以上，陕西、宁夏和山东等省（区）的动力用商品煤多以海陆交互相形成的石炭纪太原统煤系为主，故其硫分也均在1.47%～1.87%，硫分最低的为黑龙江省和青海省，其$S_{t,d}$均在0.2%左右，这是由于这两省的煤田均由侏罗纪及第三纪的陆相沉积相形成，其他各省（区、市）的动力用商品煤的平均硫分详见表10-12。

表10-12　　我国各省（区、市）动力用商品煤平均硫分

省（区、市）	浙江	湖北	广西	贵州	四川	陕西	宁夏	山东	江西
$S_{t,d}$（%）	4.24	3.66	3.58	3.24	3.01	1.87	1.69	1.47	1.37
省（区、市）	广东	福建	山西	湖南	河北	内蒙古	江苏	辽宁	新疆
$S_{t,d}$（%）	1.03	0.96	0.95	0.94	0.86	0.84	0.71	0.70	0.62
省（区、市）	河南	安徽	甘肃	吉林	北京	云南	黑龙江	青海	
$S_{t,d}$（%）	0.61	0.48	0.48	0.40	0.26	0.25	0.20	0.62	

六、煤的发热量

煤的发热量是评价煤质的一项重要指标。根据纯煤的发热量，可以大致推测煤的变质程度以及其他某些煤质特征。收到基低位发热（$Q_{net,ar}$）是评价动力用煤质量的主要参数之一。无论是动力煤的计价，或是电站粉煤锅炉和工业锅炉及窑炉的设计制造等都需要煤的发热量数据。而煤的发热量高低除了与其灰分和水分的大小有关外，还与煤的变质程度有关。由长期实践表明，干燥无矿物质煤（即纯煤）的发热量以中等变质的焦煤及挥发分较低的肥煤最高，但一般都不超过37.2MJ/kg，褐煤因其煤化程度最低，不可燃的含氧量最高，故其纯煤发热量也最低，到高变质的贫煤和无烟煤阶段，尽管其含碳量都在90%以上，但由于热值相当于碳元素3.5倍的氢含量明显降低，故其纯煤热值又比焦煤、肥煤和瘦煤有所降低，但仍高于低阶的褐煤、长焰煤和不黏煤。根据GB/T 15224.3—2010《煤炭质量分级　第3部分：发热量》，我国干基高位发热量分级标准见表10-13。

表 10-13　　煤的干基高位发热量分级标准

序号	级别名称	代号	发热量 $Q_{gr,d}$/(MJ/kg)
1	特高发热量煤	SHQ	>30.90
2	高发热量煤	HQ	27.21～30.90
3	中高发热量煤	MHQ	24.31～27.20
4	中发热量煤	MQ	21.31～24.30
5	中低发热量煤	MLQ	16.71～21.30
6	低发热量煤	LQ	≤16.70

煤的发热量有弹筒发热量、高位发热量、低位发热量三种定义。煤的弹筒发热量也称煤的氧弹发热量，它的含义是单位质量的煤样在热量计的弹筒中的过量高压氧气（2.8～3.0MPa）中燃烧后产生的热量（燃烧产物的最终温度规定为25℃）。由于煤样是在高压氧气的条件下燃烧的，因此它产生了在大气中燃烧时不能发生的化学热反应，例如煤中的氮（以及充入氧气前在弹筒空气中含有的氮气）在空气中燃烧时，一般以气态氮逸出，而在弹筒中燃烧时却能生成 N_2O_5 或 NO_2 等高价的氮氧化物，这些物质溶于弹筒中的水后即变成硝酸，这一化学反应为放热反应。此外，煤中的可燃硫在空气中燃烧时只能生成 SO_2，而在氧弹中却能生成 SO_3，它溶于水生成硫酸。SO_2 生成 SO_3 以及 SO_3 溶于水生成硫酸等都是放热反应，所以煤的氧弹发热量要高于煤在空气中、在工业锅炉中等燃烧时产生的热量。为此，在实用中，必须把氧弹发热量折算成符合于煤在空气中燃烧时产生的热量，即煤的高位发热量。在我国，GB 213—2008《煤的发热量测定方法》中规定，煤的发热量报出结果必须采用分析煤样的高位发热量。从上述可以看出，煤的弹筒发热量实质上只是测定煤发热量的中间数据。其简单定位为：单位质量的煤在充有过量氧气的氧弹内燃烧，其终态产物为25℃下的二氧化碳、过量氧气、氮气、硫酸、液态水以及固态灰时放出的热量称为弹筒发热量。

由于煤的高位发热量是在弹筒的一定容积下测量的，故有时也称为煤的恒容高位发热量。它的含义是指煤在空气中，在大气压条件下燃烧后产生的热量。在这种条件下，煤中的可燃硫只生成二氧化硫，氮只生成游离态氮，其水呈蒸汽状态冷凝（25℃），煤在工业锅炉中燃烧时，其水呈蒸汽状态逸出。由于水蒸气时需要吸收热量（称为汽化热），故在高位发热量中减去水的汽化热即为煤的低位发热量。而煤的高位发热量实际上是由煤的弹筒发热量减去硫酸及硝酸的生成热后得到的。恒容高位发热量简单定义：单位质量的煤在充有过量氧气的氧弹内燃烧，其终态产物为25°C下的二氧化碳、过量氧气、氮气、液态水以及固态灰时放出的热量。具体换算式为

$$Q_{gr,ad} = Q_{b,ad} - (94.1S_b + \alpha Q_{b,ad}) \tag{10-7}$$

式中　$Q_{gr,ad}$——分析煤样的高位发热量，J/g；

$Q_{b,ad}$——分析煤样的弹筒发热量，J/g；

S_b——由弹筒洗液测得的含硫量，当煤中 $S_{t,ab}<4\%$ 或 $Q_{b,ab}>14600$J/g 时，可用 $S_{t,ab}$ 代替 S_b，%；

α——硝酸校正系数，当 $Q_{b,ab}\leqslant 16700$J/g 时，$\alpha=0.0010$，当 16700J/g $\leqslant Q_{b,ab}\leqslant$ 25100J/g 时，$\alpha=0.0012$，当 25100J/g $\leqslant Q_{b,ab}$ 时，$\alpha=0.0016$。

恒容低位发热量简单定义：单位质量的煤在充有过量氧气的氧弹内燃烧，其终态产物为25℃下的二氧化碳、过量氧气、氮气、气态水以及固态灰时放出的热量。具体换算式为：

$$Q_{net,ar}=(Q_{gr,ad}-206H_{ad})\times\frac{100-M_{ar}}{100-M_{ad}}-23M_{ar} \qquad (10\text{-}8)$$

式中　$Q_{net,ar}$——煤的收到基低位发热量，J/g；

M_{ar}——收到基煤样水分，也可用全水分（M_t）代替；

H_{ab}——分析煤样的氢含量，%；

M_{ad}——分析煤样的水分，%。

从表10-14可以看出，中国各类煤的煤层发热量以褐煤的最低，其平均 $Q_{gr,ad}$ 仅19.11MJ/kg，其次为长焰煤，其 $Q_{gr,ad}$ 也较低，仅24.39MJ/kg。发热量最高的是变质程度较高的瘦煤，其 $Q_{gr,ad}$ 达29.64MJ/kg。贫瘦煤和焦煤等较年老的炼焦煤 $Q_{gr,ad}$ 也均在28MJ/kg以上。这不仅与这些煤种的纯煤发热量（$Q_{gr,daf}$）相对于较高有一定关系以外，更重要的是它们的平均灰分与水分均较低。不黏煤虽然其灰分较低，但其水分（M_{ad}）相对较高，且其纯煤发热量也较炼焦煤和其他高变质煤要低，故其平均 $Q_{gr,ad}$ 仅为27.11MJ/kg。至于各类煤的 $Q_{gr,ad}$ 的最大值与最小值的差值大小主要取决于各类煤的灰分的最大值和最小值之间的差值。正由于不同煤类在不同地区和不同煤田之间的灰分差值甚大，导致全国各类煤之间的 $Q_{gr,ad}$ 差值也很大。

表10-14　　中国分煤种发热量（$Q_{qr,ad}$）统计

煤种	$Q_{gr,ad}$（%）		
	平均	最小	最大
全国	27.25	12.23	32.08
褐煤	19.11	12.23	22.58
长焰煤	24.39	15.50	27.26
不黏煤	27.11	23.44	30.56
弱黏煤	27.59	19.36	29.92
1/2中黏煤	26.74	21.99	28.69
气煤	26.64	21.02	28.94
1/3焦煤	27.75	21.58	29.95
气肥煤	25.58	23.00	28.667
肥煤	27.55	24.42	32.08
焦煤	28.07	18.34	31.00
瘦煤	29.64	18.94	31.37
贫瘦煤	28.53	21.74	32.00
贫煤	27.88	15.46	30.56
无烟煤	27.82	17.80	31.93

从我国各省（区、市）动力用商品煤的收到基低位发热量来看（见表10-15），以宁夏回族自治区和山西省的最高，其平均 $Q_{net,ar}$ 分别达26.02MJ/kg和26.01MJ/kg，这是由于这两省、区的低灰分无烟煤及作为动力用的炼焦煤比例较多，发热量最低的吉林省和广西壮族自治区煤，他们的平均 $Q_{net,ar}$ 分别低至15.47MJ/kg、14.36MJ/kg，显然这是由于这两省、区的高灰分年轻烟煤及褐煤较多，而广西壮族自治区更有产量较大的高灰、高硫的合山矿区贫煤。发热量较低的还有浙江省、青海省和内蒙古自治区。这是由于浙江省多以高灰分的气肥煤为主，青海省以氧化后的不黏煤居多，内蒙古自治区东北部的褐煤占全自治区动力用商品

煤的大部分所致。

表 10-15　　我国各省（区、市）动力用商品煤低位发热量

省（区、市）	宁夏	山西	陕西	甘肃	新疆	北京	湖北	广东	福建
$Q_{net,ar}$/(MJ/kg)	26.02	26.01	25.31	25.23	24.98	24.52	24.20	23.69	23.63
省（区、市）	黑龙江	河南	贵州	江苏	四川	湖南	云南	山东	河北
$Q_{net,ar}$/(MJ/kg)	23.46	23.45	23.21	22.87	22.57	22.50	22.37	22.3	21.97
省（区、市）	安徽	江西	辽宁	浙江	青海	内蒙古	吉林	广西	
$Q_{net,ar}$/(MJ/kg)	20.66	19.94	19.76	18.52	16.93	16.14	15.47	14.36	

煤的发热量还与其他相关煤质参数有关，如煤的发热量随着煤的灰分的增大而减少，随着煤的水分增大也减少。对于相同灰分、相同水分的煤，煤的发热量随着煤的挥发分有规律的变化，在焦煤（V_{daf}＝20%～25%）以前，煤的发热量随煤的挥发分 V_{daf} 的增大而增大，焦煤以后，煤的发热量随煤的挥发分 V_{daf} 的增大而减少。

七、煤的灰熔融特性

煤灰熔融特性是煤灰在高温下达到熔融状态的温度。过去习惯上称为灰融点。严格来讲，煤灰是一种多组分的混合物，没有一个固定的融点，而只有一个熔融的温度范围，因此它不是用一个温度点所能表示的，而是在煤灰熔融过程中所呈现的几种物理形态时的温度，国家标准是用 4 个不同形态下的温度表示，即 DT（变形温度）、ST（软化温度）、HT（半球温度）和 FT（流动温度）。煤的灰熔融性是评价煤灰是否易结渣的一个指标。煤灰在一定温度下开始变形，开始变形的温度称为变形温度；进而软化和流动，故称为软化温度和流动温度。在工业上通常以煤灰的软化温度作为衡量煤灰熔融性（灰融点）的指标。煤灰熔融性和煤灰黏度是动力用煤的重要指标。煤的灰熔点大体能说明煤在锅炉中灰渣的熔融结渣特性。不同的锅炉要求不同的灰融点，当锅炉采用液体方式排渣时，要求煤的灰融点必须低于一定的值，否则给排渣带来困难。但如固态排渣的工业锅炉或气化炉，就要求使用灰熔融性温度较高的煤，以避免炉内产生结渣。现已结合我国煤炭资源特征，制定出煤灰熔融性温度的分级标准（见表 10-16、表 10-17）。

表 10-16　　煤灰软化温度分级标准

序号	级别名称	代号	软化温度 ST（℃）
1	低软化温度灰	LSL	≤1100
2	较低软化温度灰	RLSL	1100～1250
3	中等软化温度灰	MSL	1250～1350
4	较高软化温度灰	RHSL	1350～1500
5	高软化温度灰	HSL	＞1500

表 10-17　　煤灰流动温度分级标准

序号	级别名称	代号	流动温度 FT（℃）
1	低流动温度灰	LFL	≤1100
2	较低流动温度灰	RLFL	1100～1300

续表

序号	级别名称	代号	流动温度 FT（℃）
3	中等流动温度灰	MFL	1300～1400
4	较高流动温度灰	RHFL	1400～1500
5	高流动温度灰	HFL	＞1500

煤的灰熔融性是评价气化用煤和动力用煤的重要指标之一，其中软化温度是评价灰渣在固定床（移动床）气化炉和工业锅炉中是否会有结渣的趋势及其结渣的程度；流动温度是评价煤灰在液态排渣气化炉和工业锅炉中排渣的难易程度的重要参数。因此，对不同煤种的软化温度和流动温度的检测和统计显得十分重要。一般来说，灰熔点可利用硅碳管高温炉（见图 10-4）进行测定，所形成的灰锥熔融特征温度如图 10-5 所示。

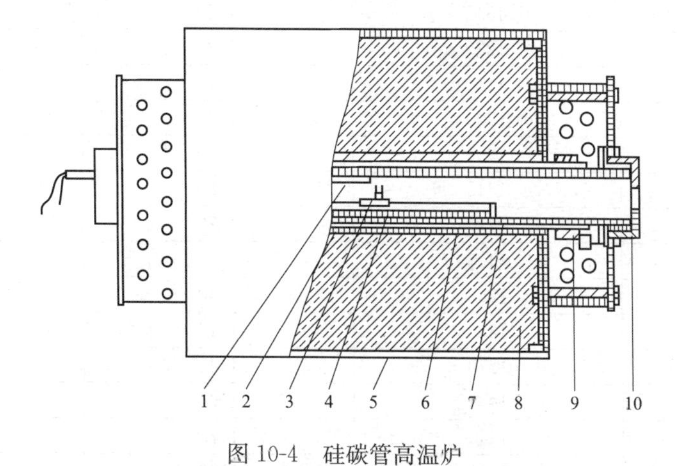

图 10-4　硅碳管高温炉

1—热电偶；2—硅碳管；3—灰锥；4—刚玉舟；5—炉壳；6—刚玉外套管；7—刚玉内套管；8—泡沫氧化铝保温砖；9—电板片；10—观察孔

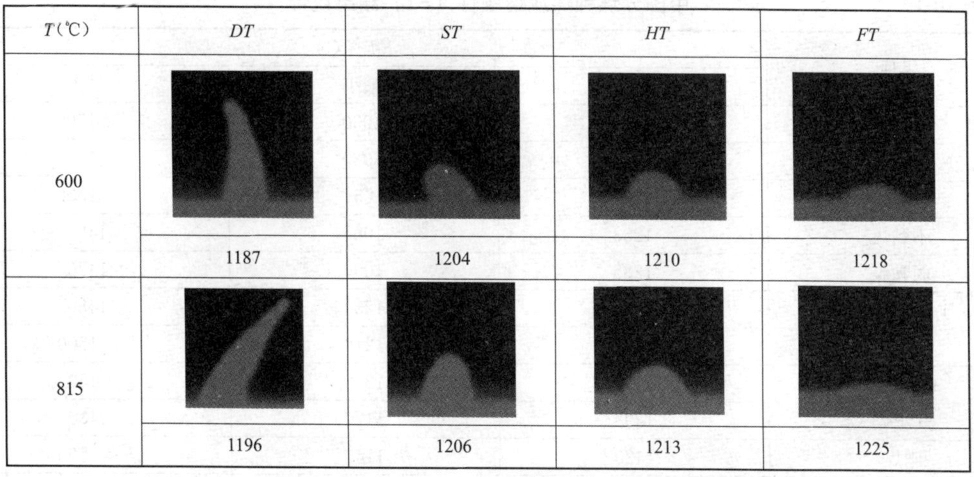

T(℃)	DT	ST	HT	FT
600	1187	1204	1210	1218
815	1196	1206	1213	1225

图 10-5　某生物质不同成灰温度下的典型灰锥熔融特征温度示意图

从表 10-18 和表 10-19 可以看出，中国不同类别煤的灰熔融性温度之间有着明显的差异，也就是由于不同类别煤的形成时期不同，其煤中矿物组成不同。通常是高变质煤多形成于较早的石炭、二叠纪时代，其煤中的黏土矿物较多故灰熔融性温度普遍较高，其中海陆交互相沉积的煤灰中则常含有较多的Fe_2O_3，故其灰熔融性温度相对稍低一些，而低阶煤则多形成于较晚的侏罗纪及第三纪时期，由于灰中Fe_2O_3、CaO和MgO含量较高，故灰熔融性温度普遍较低。如煤灰平均软化温度*ST*低于1250℃的有褐煤、长焰煤和不黏煤，软化温度大于1400℃的则有气煤、1/3焦煤、瘦煤和贫瘦煤，肥煤、焦煤和贫煤的软化温度则均在1350～1400℃，无烟煤煤层的平均*ST*则低于1300℃。煤灰的流动温度则平均比软化温度高出20～50℃。

表10-18　中国分煤种煤灰熔融性（*ST*）结果统计

煤种	*ST*（℃）		
	平均	最小	最大
全国	1345	1020	>1500
褐煤	1225	1070	>1500
长焰煤	1210	1020	>1500
不黏煤	1200	1055	1450
弱黏煤	1250	1070	1450
1/2中黏煤	1345	1280	1460
气煤	1410	1170	>1500
1/3焦煤	1413	1210	>1500
气肥煤	1268	1140	1480
肥煤	1380	1115	>1500
焦煤	1372	1145	>1500
瘦煤	1443	1165	>1500
贫瘦煤	1440	1175	>1500
贫煤	1400	1170	>1500
无烟煤	1295	1160	>1500

表10-19　中国分煤种煤灰熔融性（*FT*）结果统计

煤种	*FT*（℃）		
	平均	最小	最大
全国	1370	1030	>1500
褐煤	1266	1030	>1500
长焰煤	1244	1055	>1500
不黏煤	1253	1085	1480
弱黏煤	1285	1090	1470
1/2中黏煤	1384	1250	1480
气煤	1454	1210	>1500
1/3焦煤	1457	1250	>1500
气肥煤	1298	1170	1480
肥煤	1420	1145	>1500
焦煤	1416	1180	>1500
瘦煤	1471	1175	>1500
贫瘦煤	1470	1190	>1500
贫煤	1455	1185	>1500
无烟煤	1355	1175	>1500

从我国各省（区、市）动力用商品煤的灰熔融性软化温度（ST）来看（见表10-20），安徽省和山西省的最高，其平均 ST 值分别为1489、1487℃，这是因为安徽省的动力用商品煤大部分是高灰熔融性的二叠纪石盒子统煤和山西统煤，而山西省也是以山西统煤为主，部分为硫分较高的石炭纪太原统煤及少量侏罗纪煤。河北、江西、江苏、陕西、吉林、河南、湖南和湖北等省的煤灰平均 ST 也都在1400℃以上，灰熔融性 ST 最低的为新疆维吾尔自治区，其平均 ST 仅1172℃，因为该自治区的煤几乎都生成于含 CaO 较高，Al_2O_3 较低的早、中侏罗纪时期，从而导致其煤灰 ST 值比其他省（区、市）的明显偏低。

表10-20　我国各省（区、市）动力用商品煤灰熔融性温度（ST）

省（区、市）	安徽	山西	河北	江西	江苏	陕西	吉林	河南	湖南
ST（℃）	1489	1487	1474	1470	1458	1451	1442	1422	1422
省（区、市）	湖北	广西	山东	广东	黑龙江	辽宁	福建	四川	浙江
ST（℃）	1421	1385	1381	1373	1367	1367	1358	1345	1341
省（区、市）	宁夏	云南	内蒙古	贵州	甘肃	北京	青海	新疆	
ST（℃）	1340	1300	1290	1254	1225	1221	1220	1172	

八、可磨性系数

煤的可磨性是动力用煤和高炉喷吹用煤的重要特性。它表示煤被磨成一定细度的煤粉的难易程度。在燃煤电厂的设计与运行中，煤的可磨性是煤粉制备工艺设计和电厂内部能耗的一个主要参数，煤的可磨性越好，磨煤机消耗电能越少。煤的可磨性测定方法目前国内外普遍采用美国的哈德格罗夫（Hardgrove）法，简称哈氏法，并已列为国际标准和我国国家标准。因此，用哈氏可磨系数（*HGI*）来衡量煤粉可磨的难易程度。

煤的哈氏可磨性指数的大小主要取决于煤化程度，在正常情况下，总体趋势是以烟煤 *HGI* 值较高，褐煤和无烟煤的较低。对褐煤来说，其 V_{daf} 值越高者其 *HGI* 值越低，对于无烟煤来说，如含碳量越高，其 *HGI* 系数越低。但也有一些无烟煤矿区，如郑州及湖南白沙矿区的无烟煤，由于在成煤过程中其煤层受到地质结构的破坏、挤压而严重破碎，导致其哈氏可磨性指数明显增大，有的 *HGI* 值可达150以上。

煤的可磨性在研究煤的物理性质和工业利用方面具有十分重要的作用。随着采煤机械化程度的不断提高，粉煤产率日益增多。此外，由于粉煤流态化技术的广泛应用，在很多工业部门，特别是电厂煤粉锅炉和高炉喷吹系统，都需要将煤制成粉状加以利用，这时就需要根据煤的可磨性来选择适合于某种特定型号磨煤机的煤种。煤的哈氏可磨性指数是评价煤粉过滤和高炉喷吹用煤成粉的难易程度的一个重要参数。根据我国煤炭可磨性的情况，现已制定出煤的哈氏可磨性指数分级标准（表10-21）。

表10-21　煤哈氏可磨性指数分级标准

序号	级别名称	代号	哈氏可磨性指数（*HGI*）范围
1	难磨煤	DG	≤40
2	较难磨煤	RDG	40～60
3	中等可磨煤	MG	60～80
4	易磨煤	EG	80～100
5	极易磨煤	UEG	＞100

从表10-22可以看出，在我国各省（区、市）动力用商品煤中，以北京市的煤哈氏可磨性指数最低，*HGI*平均为48，这是由于北京市主要高变质的超无烟煤。哈氏可磨性指数最高的为贵州省的煤，其平均*HGI*值达108，这是由于贵州省的主要动力用商品煤矿区多以炼焦煤的副产品洗混煤等为主。河南省煤的平均*HGI*值也在100以上。其他各省（区、市）动力用商品煤的哈氏可磨性指数详见表10-22。

表10-22　我国各省（区、市）动力用商品煤哈氏可磨性指数分布

省（区、市）	贵州	河南	青海	湖南	江西	河北	湖北	四川	陕西
HGI	108	101	95	95	94	93	89	88	87
省（区、市）	云南	浙江	山西	江苏	黑龙江	山东	宁夏	新疆	广东
HGI	85	81	78	72	69	66	64	62	61
省（区、市）	内蒙古	甘肃	辽宁	广西	吉林	北京	福建	安徽	
HGI	61	60	59	56	51	48	66	69	

这里需要说明的是，由于许多矿区常有若干生产矿井，而不同矿井见的煤种牌号有的差异也较大，即使是同一矿井的煤，其不同品种的商品煤（如大块、中块、混煤、末煤等）和不同煤层的哈氏可磨性指数也有不同程度的差异。现以北京京煤集团有限责任公司（简称京煤集团）为例，其各矿区商品煤中以混煤的*HGI*值明显高于其各种商品煤的加权平均值(见表10-23)。这是由于混煤的颗粒平均粒径为0～50mm，而各种商品煤还包括由大、中、混块等大颗粒煤。此外，该矿区不同矿井的同一品种煤，其哈氏可磨性指数也相差较大。如房山矿混煤的*HGI*值为87，而杨坨矿混煤的*HGI*值仅为38。其他各矿区混煤的*HGI*值也均有不同程度的差别。

表10-23　京煤集团各分矿品种商品煤的哈氏可磨性指数（*HGI*）

矿名	混煤	各种商品煤加权
门头沟矿	51	46
城子矿	78	75
大台矿	47	45
房山矿	87	72
长沟峪矿	55	47
大安山矿	38	39
王平村矿	53	45
木城涧矿	50	46
杨坨矿	38	34

第十一章

煤炭掺配优化设计及生产工艺

第一节　配煤掺配的经典线性规划模型

“配煤掺烧”就是根据用户对煤质的要求，将若干种不同种类、不同性质的煤按照一定比例掺配加工而成的混合煤。它虽具有各种单煤的某些特征，但其综合性能已有所改变，实际上被认为其是加工的一个新“煤种”。

配煤的基本原理就是利用各种煤在性质上的差异，相互“取长补短”，最终使配出的动力用煤在综合性能上达到“最优状态”，以满足不同用户的需要。同时，可使配煤的质量稳定，在工业锅炉和窑炉中燃烧时取得比烧单煤更好的节煤效果。

一、煤炭指标线性可加性分析

目前，被普遍接受的是煤的水分、灰分及硫的含量具有线性可加性，而煤的挥发分、发热量、灰熔点是否具有线性可加性说法不一，观点不一致。

发热量、挥发分、硫分、灰分等煤化参数是煤的重要信息，也是数学模型需要考虑的重要因素，这些参数之间的相互关系对配煤来说至关重要。煤化参数是配煤的基础，也是进行数学建模的约束量，线性关系的探讨也是模型的前提条件，对完善配煤理论来说意义重大。

对于煤质参数是否具有线性可加的问题，争论的主要原因是大家对煤质参数线性可加性判别时候的标准是不一样的。对于同一个实验数据，标准不同得出的结果也会不尽相同，也就存在线性和非线性之争，但是只要是数据在理论可以接受的范围内，这些参数都可以认为是具有线性可加性的。

浙江大学对多种性能各异的煤种及所配煤种的特性展开研究，如煤种的着火特性、热燃烧值、结渣特性、烟尘排放、掺烧稳定性等，经过研究发现所配设计煤种与各种单煤之间并不是完全的加权关系，而存在非线性特征。其中，设计煤种发热量比单煤发热量值累加后要大，设计煤种的挥发分相对各个单煤挥发分总和来说偏小，无烟煤掺配量越大，则挥发分降低越多。

北京煤化工研究分院对于煤质参数的可加性展开了一系列的研究。研究过程中选取多种单煤和配制出的设计煤种，试验煤种均为随机抽取，在单煤和设计煤种工作完成后，分别对单煤和设计煤种的煤质参数，如水分、硫分、挥发分、发热量、灰分等进行试验测定，研究表明：设计煤种发热量比单煤总和略有增加，增值程度不大，设计煤种挥发分比单煤总和挥发分略有降低，但是降低值不会超过2%，在这个范围内，我们可以认为煤种参数是具有线性可加性的，可以对其进行线性处理。就实测配煤煤质指标与其单煤理论加权平均值的关系来看，煤化所利用五种单煤（气煤、1/3 焦煤、不黏煤、弱煤和无烟煤）及其配煤制备完毕后，对以上几种煤进行了工业分析，经过计算得到了煤的硫分、发热量和灰熔融性等指标。根据试验结果（见表 11-1 和表 11-2）可以发现，各种煤质指标几乎都有较好的线性关系。

表 11-1　　某动力煤场主要煤质指标可加性实验结果汇总

编号	煤样产地及配比	M_{ad}（实际值）	M_{ad}（理论值）	A_d（实际值）	A_d（理论值）	V_{adf}（实际值）	V_{adf}（理论值）	$S_{t,d}$（实际值）	$S_{t,d}$（理论值）	CRC（实际值）	CRC（理论值）	$Q_{gr,d}$（实际值）	$Q_{gr,d}$（理论值）
1	神混（原）	8.23		6.33		35.75		0.26		1		30.490	
2	林西洗末（原）	0.70		26.83		25.32		1.25		7		24.013	
3	永城（原）	1.76		49.56		44.18		1.24		2		14.169	
4	神华 29%、林西 35%、永城 36%	3.23	3.27	29.40	29.50	34.50	34.07	1.00	0.98	3	3.5	22.241	22.196
5	山优（原）	3.70		8.23		28.72		0.37		3		30.482	
6	山优 30%、神华 10%、永城 60%	2.81	2.99	33.08	33.13	36.18	36.74	0.90	0.89	2	2.2	20.597	20.550
7	荆各庄（原）	2.34		33.11		42.53		0.35		3		20.315	
8	鑫源（原）	1.54		36.42		41.20		0.84		4		19.437	
9	山优 37%、荆各庄 10%、鑫源 53%	1.65	2.42	25.77	25.80	35.58	35.68	0.62	0.62	4	3.5	23.420	23.558
10	柳江曹山矿（原）	2.00		42.76		12.87		0.31		1		17.765	
11	神华 33%、林西 47%、柳江 20%	2.89	3.44	23.61	23.63	27.93	27.44	0.76	0.75	4	3.8	24.624	24.776
12	山优 24%、神华 20%、荆各庄 66%	2.30	3.26	24.63	24.63	37.44	38.54	0.34	0.35	2	2.8	23.462	23.709
13	乡优（原）	3.96		14.20		33.63		0.53		2		28.248	
14	山优 31%、乡优 10%、鑫源 59%	1.77	2.45	25.15	25.61	35.65	35.63	0.62	0.67	4	3.5	23.758	23.685
15	大优（原）	4.64		7.83		33.25		0.47		2		30.278	
16	大优 10%、山优 23%、荆各庄 67%	2.00	2.88	24.47	24.96	37.52	37.56	0.35	0.37	3	2.9	23.649	23.612
17	榆林（原）	8.13		7.40		34.87		0.30		1		30.059	
18	山优 30%、榆林 10%、永城 60%	1.87	2.98	33.58	33.26	36.50	36.63	0.87	0.89	2	2.2	20.211	20.531

续表

编号	煤样产地及配比	M_{ad}（实际值）	M_{ad}（理论值）	A_d（实际值）	A_d（理论值）	V_{adf}（实际值）	A_{adf}（理论值）	$S_{t,d}$（实际值）	$S_{t,d}$（理论值）	CRC（实际值）	CRC（理论值）	$Q_{gr,d}$（实际值）	$Q_{gr,d}$（理论值）
19	山优 25%、乡优 10%、荆各庄 65%	2.11	2.84	24.31	25.08	37.39	37.33	0.37	0.37	3	2.9	23.835	23.618
20	榆林 32%、林西 28%、鑫源 40%	2.27	3.41	24.38	24.83	34.56	34.38	0.82	0.80	4	3.9	24.029	23.987

表 11-2　　配煤灰熔融性特征温度线形可加性试验结果汇总　　（℃）

编号	煤样产地及配比	DT			ST			FT		
		实测值	理论值	差值	实测值	理论值	差值	实测值	理论值	差值
1	神混（原）	1210			1220			1230		
2	林西洗末（原）	1500			1500			1500		
3	永城（原）	1500	1483	17	1500	1483	17	1500	1484	16
4	山优（原）	1500			1500			1500		
5	荆各庄（原）	1260			1300			1370	1486	14
6	鑫源（原）	1500	1477	23	1500	1480	20	1500		
7	柳江曹山矿（原）	1500			1500			1500		
8	乡优（原）	1500			1500			1500	1485	15
9	大优（原）	1500	1472	28	1500	1477	23	1500		
10	榆林（原）	1460			1500			1500	1477	23
11	神华 29%、林西 35%、永城 36%	1500	1461	39	1500	1476	24	1500	1483	17
12	山优 30%、神华 10%、永城 60%	1500	1474	26	1500	1477	23	1500		
13	山优 37%、荆各庄 10%、鑫源 53%	1360			1420			1440	1484	16
14	神华 33%、林西 47%、柳江 20%	1500	1469	31	1500	1476	24	1500		
15	山优 24%、神华 20%、荆各庄 66%	1250			1270			1320	1485	15
16	山优 31%、乡优 10%、鑫源 59%	1500	1474	26	1500	1478	22	1500		
17	大优 10%、山优 23%、荆各庄 67%	1140			1160			1180		
18	山优 30%、榆林 10%、永城 60%	1480	1475	5	1500	1478	22	1500	1484	16
19	山优 25%、乡优 10%、荆各庄 65%	1500	1473	27	1500	1479	21	1500	1486	14
20	榆林 32%、林西 28%、鑫源 40%	1500	1467	33	1500	1469	31	1500	1471	29

1. 配煤水分（M_{ad}）的可加性

由表 11-1 可以看出，配煤的实测水分（M_{ad}）普遍低于由各单煤计算的理论加权平均值，相差最大的 P20 号配煤样（榆林 32%、林西 28%、鑫源 40%）的实测 M_{ad} 值比其理论加权平均值降低 1.14%。显然，由于空气干燥煤样水分（M_{ad}）随大气湿度的改变而变化较为灵敏，因此配煤的水分（M_{ad}）将不具有可加性。

2. 配煤灰分（A_d）的可加性

配煤的灰分（A_d）与其单煤的理论加权平均值相差不大，如表 11-1 中前 5 组的配煤实测 A_d 普遍高于其单煤的理论加权平均值，后 5 组配煤的实测 A_d 则又普遍低于其单煤的理论加权值。但无论配煤 A_d 值的增高或降低的数值均在 0.70%以下，可见其产生的最大偏差均在不同实验室间的允许差以内，从而表面配煤的干基灰分具有较好的可加性。

3. 配煤发挥发分的可加性

配煤的实测干燥无灰基挥发分（V_{adf}）有 50%的煤样低于其单煤的理论加权平均值，其降低的幅度在 0.03%～1.10%，其他 5 组配煤样的实测 V_{adf} 值高出其单煤的理论加权平均值 0.02%～0.49%，对 10 组配煤的 V_{adf} 平均实测值比其理论加权值降低 0.012MJ/kg，从而表明配煤 V_{adf} 的可加性也较好，且总的趋势是其实测 V_{adf} 值平均低于其理论计算值约 0.06%。关于测定挥发分后的焦渣特征（*CRC*）也做了可加性的探索，发现尽管它是定性指标，但却有较好的可加性，即实测的 *CRC* 值与其理论加权平均值之差最小的为 0.1 级，最大的为 0.5 级。表明采用单煤的理论加权平均 *CRC* 值基本可以用来判定其配煤的焦渣特征（*CRC*）。

4. 配煤硫分的可加性

此外，从表 11-1 中看出，配煤的实测干基全硫含量（$S_{t,d}$）其理论加权平均值之差均在 ±(0%～0.05%)，表明该指标亦具有很好的可加性。

5. 配煤发热量的可加性

由表 11-1 可见，在 10 组配煤实测干基高位发热量（$Q_{gr,d}$）中有 4 组比其单煤的理论加权平均值偏低，另有 6 组偏高，其 4 组配煤的实测值 $Q_{gr,d}$ 偏低的幅度在 0.130～0.309MJ/kg，平均偏低 0.206MJ/kg，偏高的 6 组配煤实测 $Q_{gr,d}$ 值的偏高幅度为 0.039～0.225MJ/kg，平均偏高 0.081MJ/kg。所以，总的趋势是配煤的实测 $Q_{gr,d}$ 值与其单煤的理论加权平均值之差在 0.20MJ/kg 以下，也就是说配煤的 $Q_{gr,d}$ 是符合能量守恒定律的，其实测值与理论加权平均值相差较小，具有较好的可加性。

6. 配煤灰熔融性特征温度的可加性

为了考察煤灰熔融性特征温度是否具有较好的可加性，研究人员通过测试 10 种原煤及其配煤的三种灰熔融性特征温度（*DT*、*ST* 及 *FT*）以考察其配煤的实测 *DT*、*ST* 和 *FT* 与其单煤的理论加权平均值之间是否具有较好的可加性，试验结果见表 11-2。

从表 11-2 中明显可以看出，各组配煤的实测煤灰熔融性的结果，无论是变形温度、软化温度或是流动温度，虽都比其单煤的理论加权平均值有不同程度的提高，但都在实验室测定误差以内，如配煤实测的 *DT* 温度普遍比其单煤的理论加权平均值高出 5～39℃，平均高出 25.5℃，配煤的实测 *ST* 也均高出其单煤的理论加权平均值 17～31℃，平均高出 22.7℃，同样配煤的实测 *FT* 也比其理论加权平均值高出 14～29℃，平均高出 17.5℃。由于在参加配煤的 10 种单煤中，有 4 组的 *DT*、4 组的 *ST* 及 *FT* 均在 1500℃以上，而大于 1500℃的温度是个未确定的数字，也可能是 1501、1550、1600℃，甚至是 1700℃，因而利用特高灰熔融性的煤与低灰熔融性的煤相配合时其配煤的灰熔融性的 *DT*、*ST* 及 *FT* 的理论加权平均值也就都成为一个高出 1500℃的未确定数字。但总体来看，由这次试验的 10 种单煤组成的配煤实测灰熔融性特征温度尽管稍高于其单种煤灰的理论加权平均值，且其差值甚小，但总的趋势是 *DT* 值仍高出稍多，*FT* 值高出最少。从而表明由各种单煤计算出的配煤软化温度和流动温度在实际使用中都将只会稍有增高而不会降低，十分有利于发电煤粉锅炉、工业锅炉和窑炉的燃烧。

由此可知，以上试验结果表明，无论配煤的实测是 A_d、V_{adf}、*CRC*、$S_{t,d}$、灰熔融性特

征温度还是发热量 $Q_{gr,d}$，均与其单煤的理论加权平均值相差不大，因而配煤的一些主要煤质指标原则上均可按其单煤的理论加权平均值进行计算。因此，配煤技术中的主要技术指标基本都遵循线性可加性，可采用线性规划建立模型。优化配煤数学模型设计的原则是，在一定的约束条件下追求目标函数的最小值，所以优化配煤数学模型的设计分为以下几个步骤：提出相关的约束条件、确定目标函数、建立数学模型。

二、经典线性动力配煤数学模型建立

通过以上研究，可以认为煤质参数是具有线性可加性的，可以把各个煤质参数认为是线性关系来处理，可采用线性规划建立配煤优化数学模型，因此线性关系数学模型能使我们方便地得到参考数据之间的相互关系，并可以借助于计算机软件进行快速求解，所以在对配煤的研究上，线性模型运用也较为广泛。

1. 动力配煤数学模型的约束条件

电厂优化配煤技术的核心是优化配比的计算，其准确性取决于电厂优化配煤模型的建立。

（1）满足用户锅炉燃煤的煤化参数指标。锅炉对燃煤的煤质指标（煤化参数）有特定的要求，不同炉型的锅炉对配混煤的煤化参数的要求也有所不同。动力配煤的首要任务是使配混煤的煤化参数满足用户燃煤锅炉对燃煤的煤化参数的要求。那么，如何根据单种煤的煤化参数求配混煤的煤化参数。动力煤的主要煤化参数及其线性可加性，指出了煤的水分、灰分、挥发分、硫含量、发热量、灰熔点等是评价动力煤的主要煤化参数，这些煤化参数的分析基具有线性可加性，而这些煤化参数中，干燥无灰基挥发分 V_{daf} 和应用基发热量 $Q_{net.ar}$ 不具有线性可加性。根据煤质分析的国家标准，煤质分析的最终结果中，挥发分一般都以其干燥无灰基 V_{daf} 来表示，发热量以其应用基 $Q_{net.ar}$ 来表示。因此，首先应把煤化参数的非分析基换算为煤化参数的分析基，使其具有线性可加性，然后根据煤化参数的线性可加性计算配混煤的煤化参数。

假设有 n 种单种煤，要配制具有 m 个煤化参数 T（分析基）的配混煤。若第 j 种单种煤（$j=1$、2、3、…、n）的第 i 个煤化参数（$i=1$、2、3、…、m）为 T_{ij}，又假设第 j 种单种煤在配煤中的百分率为 X_j，那么用 n 种单种煤配制的配混煤的第 i 个煤化参数为 $\sum_{j=1}^{n} T_{i,j}X_j$（$n$ 种单种煤配制的配混煤的第 i 个煤化参数）。

如果适应某一炉型的配混煤的第 i 个煤化参数的上限为 A_i，下限为 B_i。那么用 n 种单种煤配制的配混煤的第 i 个煤化参数就必须在 $A_i \sim B_i$ 之间，即：

$\sum_{j=1}^{n} T_{ij}X_j \leqslant A_i$（用 n 种单煤配制的第 i 个技术指标不能大于配煤技术指标的上限）；

$\sum_{j=1}^{n} T_{ij}X_j \geqslant B_i$（用 n 种单煤配制的第 i 个技术指标不能小于配煤技术指标的下限）。

一个煤场，在一个单位时间内（如一周、一月、一季或一年）配制动力配煤是有计划的。但是，往往因缺少某一种单种煤而影响配煤计划的完成。因此，还必须限制优质稀缺煤种的配比。若在计划期内计划配煤 S t，但是第 j 种单种煤只有 H_j t。为了保证计划的完成，就必须使第 j 种单种煤占配煤的比 X_j 不能大于它的资源 H_j t 在配煤计划量 S t 中的比，即

$X_j \leqslant \frac{H_j}{S}$（在配煤计划期内，资源不足的单煤配比不能大于它占配煤量的比）

既然是配煤，那么 n 种单种煤的配比之和必须等于 100%，即：

$\sum_{j=1}^{n} X_j = 100\%$（$n$ 种单煤相配，配比之和必须为 100%）

配煤中，各种煤的配比必须为正值，即：

$X_j > 0$（各种单煤的配比不能为负值，即取 1、2、3、…、n）。

(2) 保证配混煤有较好的燃烧性能。单种煤的燃烧性能由单种煤的煤化参数（如煤的挥发分含量、煤的灰融点等）决定，因此可以根据单种煤的煤化参数判断单种煤的燃烧性能。配混煤的燃烧性能不仅取决于配混煤的煤化参数，还取决于组成配混煤的单种煤的性质。配混煤的燃烧性能预测方法及试验结果表明：配混煤的煤化参数相同，但其燃烧性能不一定相同，甚至存在显著差异。所以，在动力配煤中，仅使配混煤的煤化参数满足用户锅炉对燃煤的煤化参数指标是不够的，还必须保证配混煤有较好的燃烧性能。否则，可能造成配混煤燃烧不稳定、着火困难、燃烧效率低、中途熄火等不良后果，给用户带来经济损失。如果这样，动力配煤技术不仅不能体现出其自身优越性，反而给用户带来麻烦和经济损失，因而就失去了其存在的市场和可能性。所以，在动力配煤数学模型的约束条件中，必须有配混煤燃烧性能的约束条件，保证配混煤的燃烧性能在中等以上，使配混煤能稳定地燃烧，有较好的燃烧效率。假设由 n 种单种煤按配比 X_j（$j=1$、2、3、…、n）配制成配混煤 P，各单种煤的燃料比为 F_j，各单种煤的分析基水分、灰分、挥发分分别为 M_j、A_j、V_j。n 种单种煤中燃料比的最大值为 F_{max}，相应的单种煤的配比为 X（F_{max}），n 种单种煤中燃料比的最小值为 F_{min}，相应的单种煤的配比为 X（F_{min}），根据动力配煤中配混煤的燃烧性能的预测方法，欲使配混煤有较好的燃烧性能，必须满足如下条件

$$F_{max}/F_{min} \leqslant 5.71 \text{ 或者 } F_{max}/F_{min} \geqslant 5.71 \text{ 且 } F_{max}/F_0 \leqslant 5.71$$

上式中 F_0 是除燃料比最大的单种煤外，剩下的（$n-1$）种单种煤以各自原来的配比为比例配制的混煤的燃料比。即

$$F_0 = \frac{\sum_{j=1}^{n-1} X_j F_j V_j}{\sum_{j=1}^{n-1} X_j V_j} \tag{11-1}$$

以上就是动力配煤数学模型的约束条件。在这些约束条件的限制下，既保证了配混煤煤化参数适应用户锅炉对燃煤的煤质要求，又保证了配混煤有较好的燃烧性能，能充分实现配煤技术的优越性。这些约束条件，实际上是一个具有 n 个未知数的线性方程组。由于配比的煤化参数指标上下浮动在 $A_i \sim B_i$ 之间，因此在一般情况下，能满足这些约束条件的解较多，这些解都是可行的，称为可行解。在这些可行解中，究竟如何从众多单种煤选取合适的比例来配煤，并且达到什么样的配煤系统目标，需要提出目标函数来进行求解。

2. 动力配煤数学模型的目标函数

动力配煤目标函数的确定是依据实际情况，针对要达到的目的而确定的，可以是单目标，也可以是多目标。具体说来有如下几个方面：

(1) 追求配煤的成本最低。对动力配煤企业来说，都需要最大限度的降低产品成本，提高经济效益。因此，降低配煤成本是配煤企业不断追求的目标。

假设 n 种单种煤相配，第 j 种单种煤的成本价是 C_j，其配比为 X_j。那么，配煤成本最低即

$$Z_{min}=\sum_{j=1}^{n}C_jX_j \text{（用 } n \text{ 种单煤相配，追求配煤的成本价最低）}$$

（2）追求优质高价煤配比最小。优质煤的价格往往较高，且运输距离较远，其资源有时会得不到充分保证。因此，在优化配煤中，尽量少用优质煤，以保证既能生产出质量合格的动力配煤，又能使配煤成本达到最低，使配煤企业的经济效益最佳。其优化原则是：

设由 n 种单种煤相配，其中第 j 种单种煤是优质煤，它的配比为 X_j。那么，为了使优质煤尽量少配，则应追求其配比最小。即

$$Z_{min}=X_j \text{（用 } n \text{ 种单煤相配，追求优质煤的配比最小）}$$

（3）追求低质煤配比最大。目前，在我国优质煤资源供应短缺的情况下，应立足于多烧当地的低质煤（甚至煤矸石）。充分利用当地资源丰富的煤是开源节流、缓和运输压力的重要措施。

假设 n 种单种煤相配，其中第 j 种单种煤是低质煤或资源丰富来源方便，价格低廉，供货有保障的单种煤，其配比为 X_j。那么，为了使它尽量多掺配，则应追求其配比最大，即

$$Z_{max}=X_j \text{（用 } n \text{ 种单煤相配，追求低质煤的配比最大）}$$

3. 动力配煤数学模型的建立

根据动力配煤的约束条件和目标函数，动力配煤的数学模型归纳为：

（1）目标函数

$$Z_{min}=\sum_{j=1}^{n}C_jX_j \tag{11-2}$$

$$Z_{min}=X_j \tag{11-3}$$

$$Z_{max}=X_j \tag{11-4}$$

（2）约束条件

$$\sum_{j=1}^{n}T_{ij}X_j\leqslant A_i \tag{11-5}$$

$$\sum_{j=1}^{n}T_{ij}X_j\geqslant B_i \tag{11-6}$$

$$X_j\leqslant\frac{H_j}{S} \tag{11-7}$$

$$\sum_{j=1}^{n}X_j=100\%,\quad X_j>0 \tag{11-8}$$

$$F_{max}/F_{min}\leqslant 5.71 \text{ 或者 } F_{max}/F_{min}\geqslant 5.71 \text{ 且 } F_{max}/F_0\leqslant 5.71 \tag{11-9}$$

式中　T_{ij}——第 j 种单种煤是第 i 个煤化参数（分析基）；

X_j——第 j 种单种煤的配比；

C_j——第 j 种单种煤的成本或价格；

A_i——配混煤的第 i 个煤化参数（分析基）指标的上限；

B_i——配混煤的第 i 个煤化参数（分析基）指标的下限；

F_j——第 j 种单种煤的燃料比，其中 $F_0=\dfrac{\sum\limits_{j=1}^{n-1}X_jF_jV_j}{\sum\limits_{j=1}^{n-1}X_jV_j}$。

从所建的动力配煤优化数学模型可以看出：约束条件式（11-4）～式（11-6）既表明了评价动力煤质量的主要煤化参数（分析基）具有线性可加性，又保证了配混煤的煤化参数指标满足配煤煤化参数指标的要求。约束条件式（11-7）保证了在配煤计划期内，资源不足的单种煤配比不大于它占配煤计划量的比。约束条件式（11-8）保证了配混煤具有较好的燃烧性能，完善了旧的动力配煤数学模型的不足，使动力配煤技术科学化、实用化、上升到一个新的理论和技术水平。新建的动力配煤数学模型与旧的动力配煤数学模型的目标函数是一致的。目标函数式（11-1）使配煤的成本最低，目标函数式（11-2）使优质煤的配比最小，目标函数式（11-3）使低质煤的配比最大。

第二节　煤炭掺配的非线性规划模型

一、动力配煤的非线性规划基本模型

由于通过对性能各不相同的数十种无烟煤、褐煤、烟煤及混煤的燃烧、结渣、热解、助燃、着火及固硫特性进行的广泛研究可知，混煤的煤质特性和燃烧特性与各组成单煤之间往往并不是简单的线性关系，而是可能具有复杂的非线性特征，具体而言：

（1）由于混煤的各品质指标可能具有不同程度的非线性特性，使得简单的线性加权平均值与实际值相差较大，有可能偏离锅炉安全运行的指标范围。

（2）由于估计值不准确，而配煤成本、硫排放量等目标函数都是在这些值的基础上建立的，因而导致不能准确地对目标函数进行准确规划。

通过对掺烧混煤特性的分析，根据锅炉燃烧的需要，为了获取更加准确的配煤结果，近些年一些学者提出了非线性优化模型来解决煤炭掺配问题。非线性模型涵盖了发热量、挥发分、硫分、水分、灰分、灰熔点、着火特性、结渣特性、燃烬特性 9 个燃煤指标作为优化配煤的约束条件，而保证配煤的最低成本则是基础规划目标（根据电厂的特殊要求，可有多个不同的目标）。具体数学模型如下：

1）目标函数（经济或其他追求目标）

$$Z_{\min}=\sum_{j=1}^{n}C_jX_j\quad(j=1、2、3、\cdots、n)\tag{11-10}$$

2）约束条件：

发热量 $$Q_A\leqslant f_Q(X_i，Q_i，M_i，A_i，V_i，F_i)\leqslant Q_B\tag{11-11}$$

挥发分 $$V_A\leqslant f_V(X_i，M_i，A_i，V_i，F_i)\leqslant V_B\tag{11-12}$$

硫分 $$S_A\leqslant f_S(X_i，S_i)\leqslant S_B\tag{11-13}$$

水分 $$M_A\leqslant f_M(X_i，M_i，A_i，V_i，F_i)\leqslant M_B\tag{11-14}$$

灰分 $$A_A\leqslant f_A(X_i，M_i，A_i，V_i，F_i)\leqslant A_B\tag{11-15}$$

灰熔点 $$t_{2A}\leqslant f_{st}(X_i，\text{各单煤的灰成分分析})\leqslant t_{2B}\tag{11-16}$$

着火温度　　$t_A \leqslant f_t(X_i, Q_i, M_i, A_i, V_i, F_i) \leqslant t_B$　　(11-17)

结渣特性　　$R_A \leqslant f_R(X_i$，各单煤的灰成分分析$) \leqslant R_B$　　(11-18)

燃尽特性　　$D_A \leqslant f_D(X_i, Q_i, M_i, A_i, V_i, F_i) \leqslant D_B$　　(11-19)

式中　X_i——单煤配比；

F_i——固定炭含量；

S_i——硫元素含量；

Q_i——单煤发热量；

M_i——单煤水分；

A_i——单煤灰分；

V_i——单煤挥发分。

约束条件方程中 9 个质量指标方程描述如下：发热量、灰分、水分、挥发分、灰熔点、着火特性、燃尽特性，其中不等式的左边（带下标 A）分别表示各相应指标的下限，而不等式的右边（带下标 B）则表示对应的上限。

二、基于模拟退火和遗传算法的配煤非线性模型

1. 遗传算法介绍

遗传算法是模仿生物遗传学和自然选择机理，通过人工方式构造的一类优化搜索算法，是对生物进化过程进行的一种数学仿真，是进化计算的一种最重要的形式。遗传算法与传统的数学模型截然不同，其为那些难以解决的传统数学模型找出了一个解决方法。同时，进化计算和遗传算法借鉴了生物科学中的某些知识，从而体现了人工智能这一交叉学科的特点。自从霍兰德（Holland）于 1975 年在他的著作“Adaptation in Natural and Articial Systems”中首次提出遗传算法以来，经过近 30 年的研究，现在已发展到一个比较成熟的阶段，并且现已在实际煤炭掺配中得到很好的应用。

（1）遗传算法的基本机理。

1）编码与解码。许多应用问题的结构很复杂，但可以化为简单的位串形式编码表示。将问题结构变换位串形式编码表示的过程叫作编码；相反的，将位串形式编码表示变换位原问题结构的过程叫作解码或译码。把位串形式编码表示叫作染色体，有时也叫作个体。

GA 的算法过程简述如下：首先，在解空间中取一群点，作为遗传开始的第一代。每个点（基因）用一个二进制数字串表示，其优劣程度用一个目标函数——适应度函数（fitness function）来衡量。

遗传算法最常用的编码方法是二进制编码，其编码方法如下。

假设某一参数的取值范围是 $[A, B]$。用长度为 l 的二进制编码串来表示该参数，将 $[A, B]$ 等分成 2^l-1 个子部分，记每一个等分的长度为 δ，则它能够产生 2^l 种不同的编码，参数的对应关系如下：

$$
\begin{array}{lll}
00000000\cdots00000000=0 & > A \\
00000000\cdots00000001=1 & > A+\delta \\
\vdots \quad \vdots \quad \vdots & \\
11111111\cdots11111111=2^l-1 & > B
\end{array}
$$

其中

$$\delta=\frac{B-A}{2^l-1}$$

假如某一个体的编码是：

$$X: x_l x_{l-1} x_{l-2} \cdots x_2 x_1$$

则上述二进制编码所对应的解码公式为

$$x=A+\frac{B-A}{2^l-1}\times\sum_{i=1}^{l}x_i 2^{i-1} \tag{11-20}$$

二进制编码的最大缺点是长度较大，对很多问题用其他编码方法可能更有利。其他编码方法主要有浮点数编码方法、格雷码、符号编码方法、多参数编码方法等。

a. 浮点数编码方法是指个体的每个染色体用某一范围内的一个浮点数来表示，个体的编码长度等于其问题变量的个数。因为这种编码方法使用的是变量的真实值，所以浮点数编码方法也叫作真值编码方法。对于一些多维、高精度要求的连续函数优化问题，用浮点数编码来表示个体时将会有一些益处。

b. 格雷码是其连续的两个整数所对应的编码值之间只有一个码位是不相同的，其余码位都完全相同。例如十进制数 7 和 8 的格雷码分别为 0100 和 1100，而二进制编码分别为 0111 和 1000。

c. 符号编码方法是指个体染色体编码串的基因值取自一个无数值含义而只有代码含义的符号集。这个符号集可以是一个字母表，如 {A，B，C，D，…}；也可以是一个数字序号表，如 {1，2，3，4，5，…}；还可以是一个代码表，如 {x_1，x_2，x_3，x_4，…} 等。对应煤炭掺配问题，就采用符号编码方法，编码共 8 位，前 4 位代表进行掺混的 4 种单煤编号，后 4 位为相应比例。单煤的混配比例之和必须等于 100，也是采用浮点编码的一个重要原因。浮点编码在同样的精度要求下，长度远小于二进制码和格雷码，此外浮点编码使用的是决策变量的真实值，不需反复进行数据交换，也改善了遗传算法的计算复杂性，提高了运算效率。

2）适应度函数。为了体现染色体的适应能力，引入了对问题中的每一个染色体都能进行量度的函数，叫作适应度函数（fitness function）。通过适应度函数来决定染色体的优劣程度，它体现了自然进化中的优胜劣汰原则。对于优化问题，适应度函数就是目标函数。煤炭掺配问题的适应度函数可表现为

$$F(x)=\min\sum_{i=1}^{n}c_i x_i Per_i+\Psi\sum_{i=1}^{n}B_i(K_i,a_i,b_i) \tag{11-21}$$

式中 x_i——所选煤的种类；

c_i——所选煤的价格；

Per_i——所选煤的百分比；

Ψ——大于零的“罚数”，可以根据问题合理的给定；

K_i——混合煤煤质的第 i 个指标的值；

a_i——混合煤煤质的第 i 个指标要求的最小值；

b_i——混合煤煤质的第 i 个指标要求的最大值；

$B_i(K_i，a_i，b_i)$——K_i、a_i、b_i 为参数的判别函数，当 $K_i\in[a_i、b_i]$ 时 $B_i(K_i，a_i，b_i)=0$，否则 $B_i(K_i，a_i，b_i)=1$。

此时，当染色体表示的解不满足约束要求，适应值函数将以 Ψ 为梯度增大，表示对此染色体的惩罚。

3）遗传操作。简单遗传算法的遗传操作主要有选择（selection）、交叉（crossover）、变异（mutation）三种，改进的遗传算法大量扩充了遗传操作，以达到更高的效率。

选择操作也叫作复制（reproduction）操作，根据个体的适应度函数值所量度的优劣程度决定它在下一代是被淘汰还是遗传。一般地，选择将使适应度较大（优良）的个体有较大的存在机会，而适应度较小（低劣）的个体继续存在的机会也较小。简单遗传算法采用赌轮选择机制，令 $\sum f_i$ 表示群体的适应度值之总和，f_i 表示种群中第 i 个染色体的适应度值，它产生后代的能力正好为其适应度值所占份额 $f_i/\sum f_i$ 。

交叉操作的简单方式是将被选择出的两个个体 P_1 和 P_2 作为父母个体，将两者的部分码值进行交换。假设有如下 8 位长的两个个体：

P_1	1	0	0	0	1	1	1	0
P_2	1	1	0	1	1	0	0	1

产生一个在 1～7 之间的随机数 c，假如现在生产的是 3，将 P_1 和 P_2 的低三位交换：P_1 的高五位与 P_2 的低三位组成数串 10001001，这就是 P_1 和 P_2 的一个后代 Q_1 个体；P_2 的高五位与 P_1 的低三位组成数串 11011110，这就是 P_1 和 P_2 的另一个后代 Q_2 个体。其交换过程如图 11-1 所示。

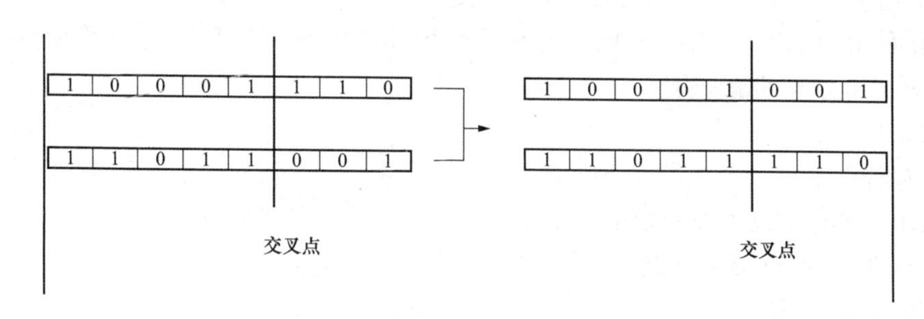

图 11-1　交叉操作示意图

变异操作的简单方式是改变数码串的某个位置上的数码。先以最简单的二进制编码表示方式来说明，二进制编码表示的每一位置的数码只有 0 和 1 这两种可能，有如下二进制编码表示：

1	0	1	0	0	1	1	0

其码长为 8，随机产生一个 1～8 之间的数 k，假如现在 $k=5$，对从右往左第五位进行变异操作，将原来的 0 变成 1，得到如下数码串（第 5 位的数字 1 是经变异操作后出现的）：

1	0	1	1	0	1	1	0

二进制编码表示的简单变异操作是将 0 与 1 互换：0 变为 1，1 变为 0。

（2）遗传算法的特点。遗传算法是一种基于空间搜索的算法，它通过自然选择、遗传、变异等操作以及达尔文的适者生存的理论，模拟自然进化过程来寻求问题的答案。因此，遗传算法的求解过程也可看作是最优化的过程。需要指出的是：遗传算法并不能保证所得到的是最佳答案，但通过一定的方法，可以把误差控制在容许的范围内。遗传算法具有以下特点：

1）遗传算法是对参数集合的编码而非针对参数本身进行进化。

2）遗传算法是从问题解的编码组开始而非从单个解开始搜索。

3）遗传算法利用目标函数的适应度这一信息而非利用导数或其他辅助信息来指导搜索。

4）遗传算法利用选择、交叉、变异等算子而不是利用确定性规则进行随机操作。

遗传算法利用简单的编码技术和繁殖机制来表现复杂的现象，从而解决非常困难的问题。它不受搜索空间的限制性假设的约束，不必要求诸如连续性、导数存在和单峰等假设，能从离散的、多极值的、含有噪声的高维问题中以很大的概率找到全局最优解。由于它固有的并行性，遗传算法非常适用于大规模并行计算，已在优化、机器学习和并行处理等领域得到了越来越广泛的应用。

(3) 遗传算法的求解步骤。遗传算法类似于自然进化，通过作用于染色体上的基因寻找好的染色体来求解问题。与自然界相似，遗传算法对求解问题的本身一无所知，它所需要的仅仅是对算法所产生的每个染色体进行评价，并基于适应值来选择染色体，使适应性好的染色体有更多的繁殖机会。在遗传算法中，通过随机方式产生若干个所求解问题的数字编码，即染色体，形成初始种群；通过适应度函数给每个个体一个数值评价，淘汰低适应度的个体，选择高适应度的个体参加遗传操作，经过遗传操作后的个体集合形成下一代新的种群。再对这个新种群进行下一轮的进化。这就是遗传算法的基本原理。简单遗传算法框图如图 11-2 所示，其求解步骤如下：

1）初始化种群。

2）计算种群上每个个体的适应度值。

3）按由个体适应度值所决定的某个规则选择进入下一代的个体。

4）按概率 P_c 进行交叉操作。

5）按概率 P_m 进行变异操。

6）若没有满足某种停止条件，则转步骤 2)，否则进入下一步。

7）输出种群中适应度最优的染色体作为问题的满意解或最优解。

算法的停止条件最简单的有如下两种：①完成了预先给定的进化代数则停止；②种群中的最优个体在连续若干代没有改进或平均适应度在连续若干代基本没有改进时停止。

2. 模拟退火算法介绍

早在 1953 年，Metropolis 等人就提出了原始的 SA 算法，但是并没有引起反响，直到 1983 年，Kirkpatrick 等人提出现在的 SA 算法，并成功的利用它解决大规模的组合最优化问题。由于现代 SA 算法能够有效地解决具有 NP 复杂性的问题，避免陷入局优，克服初值依赖性等优点，目前已在工程中得到了广泛的应用，诸如 VLS、生产调度、控制工程、机器学习、神经网络、图像处理等领域。模拟退火算法的基本思想是源于热力学中的退火过程，因此首先介绍一下热力学当中的退火过程。

(1) 热力学中的退火过程一般由以下三部分组成：加热过程、等温过程和冷却过程。

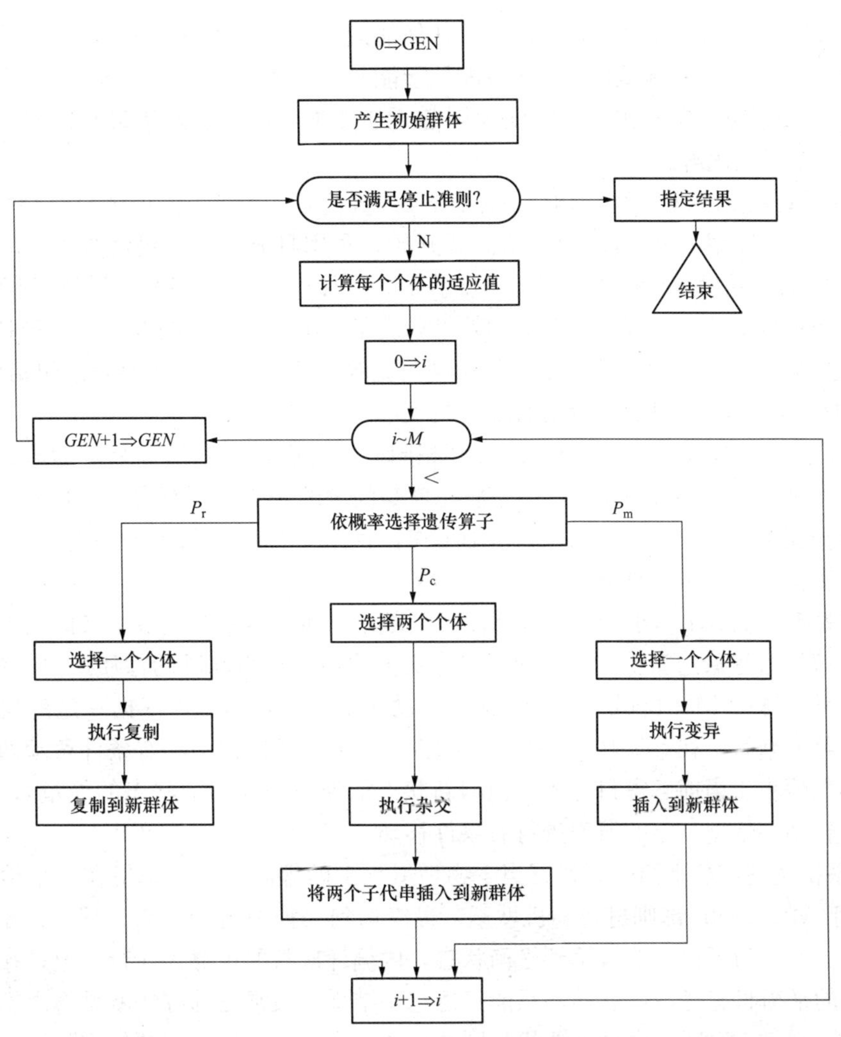

图 11-2 一般遗传算法求解框架图

(2) 热力学退火与模拟退火。金属物体的退火过程实际上就是随温度的缓慢降低，金属由高能无序的状态转变为低能有序的固体晶态的过程。在退火中，需要保证系统在每一个恒定温度下都要达到充分的热平衡，这个过程可以用 Monte Carlo 的方法加以模拟，该方法虽然比较简单，但是需要大量采样才能获得比较精确的结果，计算量比较大。1953 年，Metropolis 等，提出了一种重要性采样法，即以概率来接受新状态。它能够大大减少采样的计算量。现将组合优化问题的求解与物理退火进行比较，见表 11-3。

表 11-3　组合优化问题的求解与物理退火

优化问题	物理退火
解	状态
目标函数	能量函数
最优解	最低能量的状态
设定初始高温	加温过程
基于 Metropolis 准则的搜索	等温过程
温度参数 t 的下降	冷却过程

由此可以看出，在高温下，S 可以处于任何能量状态，此时 SA 可以看成是在进行广域搜索，以避免陷入局优；在低温下，S 只能处于能量较小的状态，此时 SA 可以看成是在做局域搜索，以便于将解精确化；当温度无限趋近于零时，S 只能处于最小能量状态，此时 SA 就获得了全局最优解。

（3）模拟退火算法（SA）的构造及流程。SA 算法是一种启发式的随机巡游算法，它模拟了物理退火过程，由一个给定的初始高温开始，利用具有概率突跳特性的 Metropolis 抽样策略来解空间中随机进行搜索，伴随温度的不断下降重复抽样过程，最终得到问题的全局最优解。在 SA 算法执行过程中，算法的效果取决于一组控制参数的选择，关键技术的设计对算法性能影响很大。本节从算法使用的角度讨论算法实现中的一些要素。包括状态表达、领域定义与移动、热平衡达到、降温控制等的概念。

1）状态表达：同 GA 和 TS 中编码含义相同，状态表达是利用一个数学形式来描述系统所处的一种能量状态。在 SA 中，一个状态就是问题的一个解，而问题的目标函数就对应于状态的能量函数。状态表达是 SA 的基础工作，直接决定着领域的构造和大小，一个合理的状态表达方法会大大减小计算复杂性，改善算法的性能。

2）领域定义与移动：同 TS 一样，SA 也是基于领域搜索的。领域定义的出发点应该是保证其中的解能够尽量遍布整个解空间，其定义方式通常是由问题的性质所决定的。SA 算法采用了一种特殊的 Metropolis 准则的领域移动方法，也就是说，依据一定的概率来决定当前解是否移向新解。在 SA 中，领域移动的方式分为无条件移动和有条件移动两种。若新解的目标函数值小于当前解得目标函数值（新状态的能量小于当前状态的能量），则进行无条件移动；否则，依据一定的概率进行有条件移动。

3）热平衡达到：热平衡的到达相当于物理退火中的等温过程，是指在一个给定的温度下，SA 基于 Metropolis 准则进行随机搜索，最终达到一种平衡状态的过程。这是 SA 算法中的内循环过程，为了保证能够达到平衡状态，内循环次数要足够大才行。但是在实际应用中达到理论的平衡状态是不可能的，只能接近这一结果。最常见的方法就是将内循环次数设成一个常数，在每一温度，内循环迭代相同的次数。次数的选取同问题的实际规模有关，往往根据一些经验公式获得。

4）降温函数：降温函数用来控制温度的下降范式，这是 SA 算法中的外循环过程。利用温度的下降来控制算法的迭代是 SA 的特点，从理论上说，SA 仅要求温度最终趋于 0，而对温度的下降速度并没有什么限制，但这并不意味着可以随意下降温度。由于温度的大小决定着 SA 进行广域搜索还是局域搜索，当温度很高时，当前领域中几乎所有的解都会被接受，SA 进行广域搜索；当温度变低时，当前领域中越来越多的解将被拒绝，SA 进行领域搜索。若温度下降得过快，SA 将很快从广域搜索转变为局域搜索，这就很可能造成过早的陷入局部最优状态，为了跳出局优，只能通过增加内循环次数来实现，这就会大大增加算法进程的 CPU 时间。当然，如果温度下降的过慢，虽然可以减少内循环次数，但是由于外循环次数的增加，也会影响算法进程的 CPU 时间。选择合理的降温函数能够帮助提高 SA 算法的性能。

（4）算法的计算步骤和流程图。一个优化问题可以描述为其中，S 是一个离散有限状态空间，i 代表状态。针对这样一个优化问题，SA 算法的计算步骤能够描述如下

$$\min f(i), i \in S$$

第 1 步：初始化，任选初始解 $i \in S$，给定初始温度 T_0 和终止温度 T_f，令迭代指标 $k=0$，$T_k=T_0$。

第 2 步：随机产生一个领域解 $j \in N(i)$ [$N(i)$表示 i 的领域]，计算目标值增量 $\Delta f = f(j)-f(i)$。

第 3 步：若 $\Delta f<0$，令 $i=j$ 转第 4 步；否则产生 $\xi=U(0,\ 1)$，若 $\exp\left(-\frac{\Delta f}{T_k}\right)>\xi$，则令 $i=j$。

第 4 步：若达到热平衡 [内循环次数大于 $n(T_k)$] 转第 5 步；否则转第 2 步。

第 5 步：降低 T_k，$k=k+1$，若 $T_k<T_f$，则算法停止，否则转第 2 步。

SA 算法操作流程如图 11-3 所示。

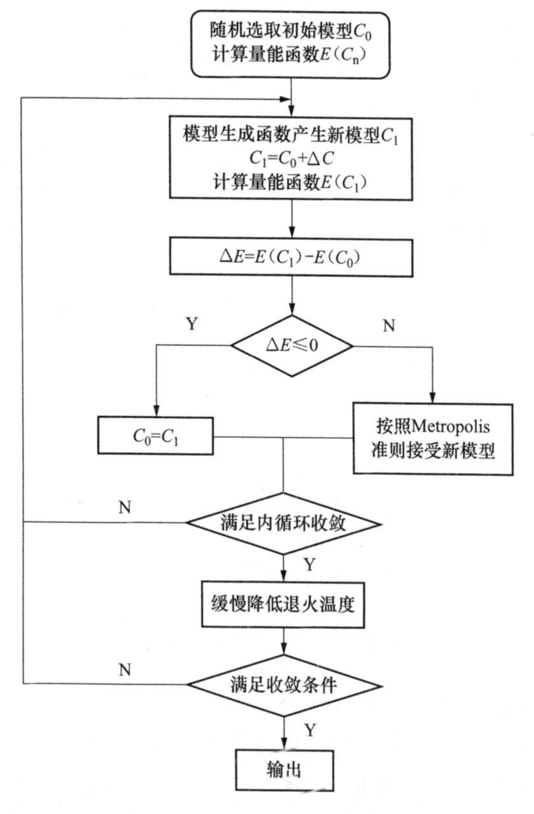

图 11-3　SA 算法操作流程

（5）SA 算法的优缺点分析与改进：

1）优点：

a. 既具有很好的局部寻优特性，又具有较好的全局寻优特性。SA 算法在求解优化问题时，不但接受优化解，还以某种概率接受恶化解，避免了过早收敛到局部极值点，也正是这个特性，使得 SA 算法能够跳出局部最优解，从而得到全局最优解或近似全局最优解。

b. 通用性强。SA 算法适用范围广，可人为控制降温次数，反复求解，具有很强的通用性，可以用于求解各种优化问题。

2）缺点：

a. 收敛速度缓慢。虽然可以从理论上证明 SA 算法的收敛性，但其收敛速度很慢。

b. 实际应用中往往寻得近似最优解。SA 算法对寻得最优解的条件要求较高，包括初始温度要足够高、终止温度足够低、降温过程足够慢等，这些条件在实际应用中很难同时得到满足。

3. 基于模拟退火-遗传算法的配煤优化模型

通过前两部分分析可知，遗传传算法擅长全局搜索而模拟退火法擅长局部搜索，因此可以预测：如果用遗传算法的结果作为模拟退火法的初始解，那么初始温度 T 的值可以大大减少，从而加快收敛的时间和提高解的质量。

（1）模型建立。应用煤质分析的方法，同时结合实际用煤企业实际配煤要求进行数学分析，在此需要考虑在多种可以选择煤中选择固定的几种进行混合，同时要保证混合煤的最优化和混合操作的效率。为此，模型需要解决针对电厂的动力配煤优化问题。

1）目标函数（经济或其他追求目标）。

$$Z_{\min} = \sum_{i=1}^{n} C_i X_i per_i \quad (j = 1、2、3、\cdots、n) \tag{11-22}$$

2）约束条件：

发热量
$$Q_A \leqslant \sum_{i=1}^{n} X_i Q_i per_i \leqslant Q_B \tag{11-23}$$

挥发分
$$V_A \leqslant \sum_{i=1}^{n} X_i V_i per_i \leqslant V_B \tag{11-24}$$

硫分
$$S_A \leqslant \sum_{i=1}^{n} X_i S_i per_i \leqslant S_B \tag{11-25}$$

水分
$$M_A \leqslant \sum_{i=1}^{n} X_i M_i per_i \leqslant M_B \tag{11-26}$$

灰分
$$A_A \leqslant \sum_{i=1}^{n} X_i A_i per_i \leqslant A_B \tag{11-27}$$

式中 X_i——0、1 向量；

per_i——所选择煤的百分比；

S_i——硫元素含量；

Q_i——单煤发热量；

M_i——单煤水分；

A_i——单煤灰分；

V_i——单煤挥发分。

其中不等式的左边（带下标 A）分别表示各相应指标的下限，而不等式的右边（带下标 B）则表示对应的上限。

（2）应用遗传-模拟退火算法解决配煤问题。应用遗传退火算法求配煤模型的解，具体设计实现了编码与解码、初始种群设定、适应值确定与选择操作、退火操作、适应度确定、交配操作和变异操作的相关实施细节，下面对于相关问题展开叙述。

1）编码与解码过程。根据配煤模型的变量特点，选择变量 X_i 与 per_i 的组合作为染色体。参见图 11-4。

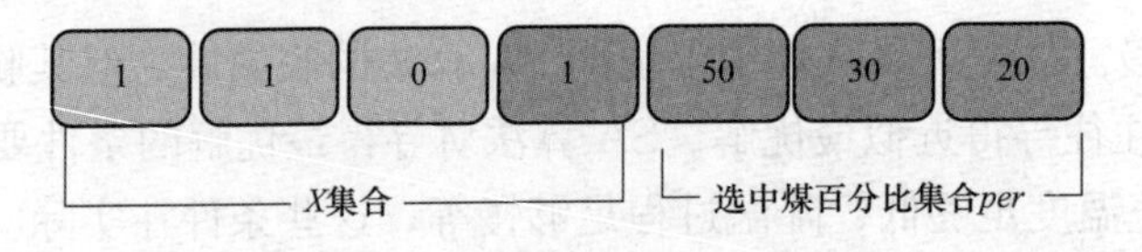

图 11-4 染色体示意图

图 11-4 表示：一共可以提供 4 种煤配制混合煤，其中需要从中选择 3 种煤进行混合，这 3 种被选择的煤分别是第 1、第 2、第 4 种煤，并且它们的比例分别为 50%、30%、20%。由该染色体能解码得到变量 X_i=(1 1 0 1) 和 per_i=(50%、30%、0、20%)。

2）初始种群的设定。遗传退火算法结合了遗传算法与退火算法的特点。因此，它在搜索的过程中不仅有退火算法的全局搜索能力和低温快速收敛的性质，同时还具有遗传算法的鲁棒性和搜索过程并行性。并行搜索特点使得初始种群的设定对整个算法的运行结果有很大的影响。初始种群一般是随机产生的，这是因为要想尽最大可能找到问题的全局最优解，势必要求初始的染色体尽可能的平均分布在解空间。一般建议初始种群数为 20～200。

3）适应值的确定。模型中，以成本最小化为目标的配煤模型中含有混合煤质指标的约束条件，选择适应值函数式（12-21），即

$$F(x)=\min\sum_{i=1}^{n}c_ix_iper+\psi\sum_{i=1}^{n}B_i(K_i,a_i,b_i)$$

这样就能满足计算过程的解不断地向着满足约束条件的方向迭代，同时保证解尽可能收敛于目标函数最小值。实际应用时，a_i、b_i 都是事先人为给定的值，其分别对应的是配煤模型第 i 个约束的最小值和最大值。K_i 对应的是配煤模型的第 i 个约束项的当前值。

(3) 退火操作。退火操作是指温度为 t_k 条件下，对种群 $POP(k)$ 中的每一个染退火操作是指温度为色体 POP_i，首先在它的邻域 $N(POP_i)$ 内随机的选择染色体 POP_j，然后，计算 POP_j 的接受概率 $A_{ij}(t_k)$，同时决定是否接受 PO_j，最后形成一次退火操作后的新种群 $NewPOP(k+1)$。

(4) 适应度的计算与选择操作。

1) 适应度的计算。确定的适应值函数是简单适应函数的变形，考虑到配煤模型的适应值大小会受到参数 Ψ 的影响。Ψ 很大将会造成进化过程各个染色体的适应度相差很大，Ψ 太小又会使算法进入可行域的速度变慢。因此，采取染色体排序方法，赋予各个染色体相应的适应度值。即将同一代染色体中的 $MAXPOP$ 个染色体按照适应值大小从小到大排列，然后根据排列的位置确定每个染色体的适应度为

$$p(i)=\frac{2i}{n(n+1)},1\leqslant i\leqslant n \tag{11-28}$$

这样，就避开了应用线性、非线性等加速适应函数出现的容易早熟的现象。同时由于式 (11-28) 染色体的适应度不直接依赖于目标函数值大小，而只与排列的位置有关，因此也就不受参数 Ψ 的影响，同时使得每一代当前最优解以很大的概率［即 $2/(n+1)$］遗传。

2) 轮盘赌选择。在本算法中，采用的是染色体排序的方法计算适应度。在选择染色体的时候，染色体适应度的大小值就可以在轮盘赌选择方式下的被视为选中概率，即 $p_i=p(i)$，这种选择策略能比较有效地避免过早收敛和停滞现象。

在实际形成新的种群的过程，为了防止全局最优解的遗失，把第 k 代的种群 $POP(k)$ 中的适应值最小的染色体无条件的选入下一代种群 $POP(k+1)$，$POP(k+1)$ 其余的 $MAXPOP$ 一个染色体采取轮盘赌的方式在 $POP(k)$ 中选择。交配操作与变异操作简单而且个性特征不明显，在此不详述。

在本算法中虽然牺牲了寻找理论最优值的结果，但是得到了效率的很大提升，在次优解中寻找结果，这使得配煤方案具有了很大的可选择性。

第三节　煤炭掺配的新式模型

近些年来，由于对煤炭掺配过程中不确定性认识的逐步深入，新型配煤模型逐渐出现，这些模型包括了掺配过程中的不确定性信息，同时也反映了其中非线性特征。

一、基于区间规划方法的电厂动力配煤优化模型

动力配煤技术的关键在于优化求解。在已有的线性规划模型和非线性规划配煤模型中，大都认为煤质参数为不变化的常量，而实际上，由于电煤来煤种类复杂，煤质差异较大，即使是在利用单一设计煤种的电厂里，各煤质指标（如硫分、灰分、低位发热量等）也是随机

波动的。因此，电厂动力配煤必须要处理煤质参数的不确定性和可变性。但是由于卖方提供的数据不足或电厂无煤质在线监测装置，难以获得翔实的煤质数据，大多数情况下仅知煤质参数区间变化的上下界，而不知其概率密度分布或模糊隶属度函数，即具有区间不确定性。区间规划（interval linear programming，ILP）是解决模型中含有区间不确定性参数或变量的数学规划方法，目前已广泛应用于能源规划、水资源管理、固体废物管理等多个领域。具体的基于区间规划方法的电厂动力配煤优化模型如下所示：

（1）目标函数：

$$\min f^{\pm}=\left\{\sum_{i=1}^{n}c_i^{\pm}m_i^{\pm}+c_{\mathrm{A}}\cdot\left(\sum_{i=1}^{n}A_{\mathrm{ad},i}^{\pm}m_i^{\pm}\right)+c_{\mathrm{S}}\cdot\eta\left(\sum_{i=1}^{n}\mathrm{S}_i^{\pm}m_i^{\pm}\right)\right\}\Big/\sum_{i=1}^{n}m_i^{\pm} \tag{11-29}$$

式中 $f^{\pm}$——总的配煤成本，元/t；

$c_i^{\pm}$——单煤 i 的价格，元/t；

$m_i^{\pm}$——单煤 i 的年耗用量，t/a；

c_{A}——单位灰处理费用，元/t；

$A_{\mathrm{ad}}^{\pm}$——灰分的上限约束；

c_{S}——单位烟气脱硫处理费用，元/t；

η——脱硫设备的处理效率；

$\mathrm{S}^{\pm}$——由燃煤电厂二氧化硫的排放标准换算得到的硫分限值，%；

$\pm$——上标“−”和“+”分别代表参数的上下界，但其概率分布未知的区间。

（2）约束条件：

1）可燃质挥发分要求约束

$$V_{\mathrm{ad,min}}^{\pm}\leqslant\left(\sum_{i=1}^{n}V_{\mathrm{ad},i}^{\pm}m_i^{\pm}\right)\Big/\sum_{i=1}^{n}m_i^{\pm}\leqslant V_{\mathrm{ad,max}}^{\pm} \tag{11-30}$$

2）低位发热量要求约束

$$Q_{\mathrm{net,min}}^{\pm}\leqslant\left(\sum_{i=1}^{n}Q_{\mathrm{net},i}^{\pm}m_i^{\pm}\right)\Big/\sum_{i=1}^{n}m_i^{\pm}\leqslant Q_{\mathrm{net,max}}^{\pm} \tag{11-31}$$

$$\sum_{i=1}^{n}Q_{\mathrm{net},i}^{\pm}m_i^{\pm}\geqslant\frac{E^{\pm}\cdot HR^{\pm}}{1000} \tag{11-32}$$

3）水分要求约束

$$\left(\sum_{i=1}^{n}M_{\mathrm{ad},i}^{\pm}m_i^{\pm}\right)\Big/\sum_{i=1}^{n}m_i^{\pm}\leqslant M_{\mathrm{ad,max}}^{\pm} \tag{11-33}$$

4）灰分要求约束

$$\left(\sum_{i=1}^{n}A_{\mathrm{ad},i}^{\pm}m_i^{\pm}\right)\Big/\sum_{i=1}^{n}m_i^{\pm}\leqslant A_{\mathrm{ad,max}}^{\pm} \tag{11-34}$$

5）二氧化硫排放约束

$$(1-\eta)\cdot\left(\sum_{i=1}^{n}S_i^{\pm}m_i^{\pm}\right)\Big/\sum_{i=1}^{n}m_i^{\pm}\leqslant S_{\mathrm{a}}^{\pm} \tag{11-35}$$

6）非负约束

$$m_i^{\pm}\geqslant 0,\forall i \tag{11-36}$$

式中 $V_{\mathrm{ad,max}}$、$V_{\mathrm{ad,min}}$、$Q_{\mathrm{net,max}}$、$Q_{\mathrm{net,min}}$——分别为挥发分、发热量的上限和下限约束；

M_{ad}——水分的上限约束；

$E \cdot HR$——低位发热量要满足燃煤电厂电力生产所需的热值要求，即年发电量 E 与单位发电热耗量 HR 的乘积，其中 HR 为 9.3MJ/(kW·h)。

所建立的区间电厂动力配煤优化模型，可以有效处理各配煤参数中以区间参数表示的不确定性，可以在煤质参数发生一定程度的波动时，仍能保证配煤质量满足电厂要求。不确定性电厂动力配煤优化模型的区间解为决策者提供了多种替代方案，决策者可根据实际情况，选取较为满意和适宜的决策方案。

（3）区间线性规划的解法。配煤掺配过程中的一般区间规划模型可以表述为

$$\max f^{\pm}=\sum_{j=1}^{n} c_j^{\pm} x_j^{\pm} \tag{11-37}$$

subject to

$$\sum_{j=1}^{n} a_{ij}^{\pm} x_j^{\pm} \leqslant b_i^{\pm} \quad i=1、2、\cdots、m \tag{11-38}$$

$$x_j^{\pm} \geqslant 0, \forall j \tag{11-39}$$

式中，$c_j^{\pm}$，$a_{ij}^{\pm}$与$b_i^{\pm}$——具有上下界的区间值；上标“－”与“＋”分别代表参数的上下界。并且还应符合如下规则：

1）$a^{\pm}$，$b^{\pm}$，$c^{\pm}$中任意一个区间参数符号一致。即

$$x^{\pm} \geqslant / \leqslant 0, x^{-} \geqslant / \leqslant 0 \text{ and } x^{+} \geqslant / \leqslant 0, \quad x=a_{ij}、b_j、c_i, \forall i、j \tag{11-40}$$

2）特殊函数。

$$\operatorname{sign}(y^{\pm})=\begin{cases}1 & \text{if} \quad y^{\pm} \geqslant 0 \\ -1 & \text{if} \quad y^{\pm} \leqslant 0\end{cases} \tag{11-41}$$

$$|a^{\pm}|=\begin{cases}a^{\pm} & \text{if} \quad a^{\pm} \geqslant 0 \\ -a^{\pm} & \text{if} \quad a^{\pm}<0\end{cases} \tag{11-42}$$

$$(|a^{-}|)=\begin{cases}a^{-} & \text{if} \quad a^{\pm} \geqslant 0 \\ -(a^{+}) & \text{if} \quad a^{\pm}<0\end{cases} \tag{11-43}$$

$$|a^{+}|=\begin{cases}a^{+} & \text{if} \quad a^{+} \geqslant 0 \\ -a^{-} & \text{if} \quad a^{+}<0\end{cases} \tag{11-44}$$

因此，当目标函数为求最大值是，子函数 f^{+} 如下所示：

$$\max f^{+}=\sum_{j=1}^{k_1} c_j^{+} x_j^{+}+\sum_{j=k_1+1}^{n} c_j^{+} x_j^{-} \tag{11-45}$$

$$\sum_{j=1}^{k_1} |a_{ij}|^{-} \operatorname{sign}(a_{ij}^{-}) x_j^{+}+\sum_{j=k_1+1}^{n} |a_{ij}|^{+} \operatorname{sign}(a_{ij}^{+}) x_j^{-} \leqslant b_i^{+}, \forall i \tag{11-46}$$

$$x_j^{+} \geqslant 0, \quad j=1、2、\cdots、k_1 \tag{11-47}$$

$$x_j^{-} \geqslant 0, \quad j=k_1+1、k_1+2、\cdots、n \tag{11-48}$$

其中 x_j^{+}(j=1、2、…、k_1）代表目标函数中正系数的上界；x_j^{-}(j=k_1+1、k_1+2、…、n）代表负系数的下界。其后，子模型 f^{-} 如下所示

$$\max f^{-}=\sum_{j=1}^{k_1} c_j^{-} x_j^{-}+\sum_{j=k_1+1}^{n} c_j^{-} x_j^{+} \tag{11-49}$$

$$\sum_{j=1}^{k_1} |a_{ij}|^+ \operatorname{sign}(a_{ij}^+)x_j^- + \sum_{j=k_1+1}^{n} |a_{ij}|^- \operatorname{sign}(a_{ij}^-)x_j^+ \leqslant b_i^-, \forall i \tag{11-50}$$

$$0 \leqslant x_j^- \leqslant x_{\text{jopt}}^+,\quad j = 1、2、\cdots、k_1 \tag{11-51}$$

$$x_j^+ \geqslant x_{\text{jopt}}^-,\quad j = k_1+1、k_1+2、\cdots、n \tag{11-52}$$

其中 x_j^-（j=1、2、…、k_1）代表目标函数中正系数的下界；$x_j^\pm$（$j=k_1+1$、k_1+2、…、n）代表负系数的上界。通过两个子模型的求解，最后可到区间解，具体如下所示

$$x_{\text{jopt}}^\pm = [x_{\text{jopt}}^-, x_{\text{jopt}}^+], x_{\text{jopt}}^+ \geqslant x_{\text{jopt}}^-,\quad j = 1、2、\cdots、n \tag{11-53}$$

$$f_{\text{opt}}^\pm = [f_{\text{opt}}^-, f_{\text{opt}}^+],\quad f_{\text{opt}}^+ \geqslant f_{\text{opt}}^- \tag{11-54}$$

区间参数规划可以处理已知上下限的区间参数规划问题。

二、基于机会约束规划方法的电厂动力配煤优化模型

机会约束规划（chance constrained programming，CCP），由 Charnes 和 Cooper 提出，其显著的特点就是允许所作决策在一定程度上不满足约束条件，但该决策应使约束条件成立的概率不小于某一置信水平。电厂动力配煤优化模型的规划目标是使动力配煤的成本最低，包括配煤的燃料成本、灰渣处理成本和脱硫成本。挥发分、水分、灰分等煤质指标通常被选作动力配煤优化模型的约束条件。在实际配煤中，这些煤质参数通常是不确定的和可变的。因此，本部分在区间规划的框架中引入机会约束规划，建立了一个电厂优化配煤的不确定性机会约束规划模型。在此模型中，低位发热量、挥发分、灰分、水分等煤质指标均被认为是已知区间上下限但不知其概率分布的区间参数。因为火电厂的环保要求越来越严格，重点考察火电厂 SO_2，其排放要符合国家环保标准的约束，假定硫分为服从正态分布的随机变量，设定了置信水平 $1-p_i$，要求 SO_2 排放约束成立的概率至少要大于置信水平 $1-p_i$（或违反 SO_2 排放约束的风险水平不大于 p_i）。具体的基于区间规划方法的电厂动力配煤优化模型如下所示：

（1）目标函数

$$\min f^\pm = \left\{ \sum_{i=1}^{n} c_i^\pm m_i^\pm + c_A \cdot \left(\sum_{i=1}^{n} A_{\text{ad},i}^\pm m_i^\pm \right) + c_s \cdot \eta \left(\sum_{i=1}^{n} S_i^\pm m_i^\pm \right) \right\} \Big/ \sum_{i=1}^{n} m_i^\pm \tag{11-55}$$

（2）约束条件：

1）可燃质挥发分要求约束

$$V_{\text{ad,min}}^\pm \leqslant \left(\sum_{i=1}^{n} V_{\text{ad},i}^\pm m_i^\pm \right) \Big/ \sum_{i=1}^{n} m_i^\pm \leqslant V_{\text{ad,max}}^\pm \tag{11-56}$$

2）低位发热量要求约束

$$Q_{\text{net,min}}^\pm \leqslant \left(\sum_{i=1}^{n} Q_{\text{net},i}^\pm m_i^\pm \right) \Big/ \sum_{i=1}^{n} m_i^\pm \leqslant Q_{\text{net,max}}^\pm \tag{11-57}$$

$$\sum_{i=1}^{n} Q_{\text{net},i}^\pm m_i^\pm \geqslant \frac{E^\pm \cdot HR^\pm}{1000} \tag{11-58}$$

3）水分要求约束

$$\left(\sum_{i=1}^{n} M_{\text{ad},i}^\pm m_i^\pm \right) \Big/ \sum_{i=1}^{n} m_i^\pm \leqslant M_{\text{ad,max}}^\pm \tag{11-59}$$

4）灰分要求约束

$$A^{\pm}_{\text{ad,min}} \leqslant \left(\sum_{i=1}^{n} A^{\pm}_{\text{ad},i} m^{\pm}_{i}\right) \Big/ \sum_{i=1}^{n} m^{\pm}_{i} \leqslant A^{\pm}_{\text{ad,max}} \tag{11-60}$$

5）硫排放机会约束

$$\Pr\left\{(1-\eta)\cdot\left[\sum_{i=1}^{n} S_i(t) m^{\pm}_{i}\right] \Big/ \sum_{i=1}^{n} m^{\pm}_{i} \leqslant S^{*\pm}\right\} \geqslant 1-p_i \tag{11-61}$$

6）非负约束

$$m^{\pm}_{i} \geqslant 0, \forall i \tag{11-62}$$

式中　$f^{\pm}$——总的配煤成本，元/t；

$c^{\pm}_{i}$——单煤 i 的价格，元/t；

c_A——单位灰处理费用，元/t；

c_S——单位烟气脱硫处理费用，元/t；

m_i——单煤 i 的年耗用量，t/a；

$V_{\text{ad},i}$、$Q_{\text{net},i}$、$M_{\text{ad},i}$、$A_{\text{ad},i}$、S_i——分别代表单煤 i 的挥发分、低位发热量、水分、灰分和硫分，均为区间变量；

$V^{\pm}_{\text{ad,max}}$、$V^{\pm}_{\text{ad,min}}$、$A^{\pm}_{\text{ad,max}}$、$A^{\pm}_{\text{ad,min}}$、$Q^{\pm}_{\text{net,max}}$、$Q^{\pm}_{\text{net,min}}$——分别为挥发分、灰分和发热量的上限和下限约束；

A_{ad}、M_{ad}——分别为灰分和水分的上限约束；

S^{*}——由燃煤电厂二氧化硫的排放标准换算得到的硫分限值，%。

$E \cdot HR$ 低位发热量要满足燃煤电厂电力生产所需的热值要求，即年发电量 E 与单位发电热耗量 HR 的乘积，HR 为 9.3MJ/(kW·h)。

假定硫分为服从正态分布的随机变量，设定了置信水平 $1-p_i$，要求二氧化硫排放约束成立的概率至少要大于置信水平 $1-p_i$（或违反二氧化硫排放约束的风险水平不大于 p_i）。

所建立的区间机会约束优化模型可以有效处理各配煤参数中以概率密度函数或区间参数表示的不确定性，可以在煤质参数发生一定程度的波动时，仍能保证配煤质量满足电厂要求。不确定性电厂动力配煤优化模型的区间解为决策者提供了多种替代方案，决策者可根据实际情况，选取较为满意和适宜的决策方案。电力优化配煤的决策还应综合考虑配煤的单位成本和不满足环境约束的风险，寻求可接受的环境风险水平下的最少的经济投入。

（3）煤炭掺配过程中的机会约束规划解法。

1）基本思想。对每一个约束 i 都固定一个确定的概率水平 p_i，并要求每一个约束至少在 $1-p_i$ 的概率水平上成立，把模型转化为容易求解的模型进行求解。

[STEP 1]　根据实际问题建立初始模型

$\max f = C(t)X$

subject to

$\Pr[\{t \mid a_i(t)X \leqslant b_i(t)\}] \geqslant 1-p_i$

$a_i(t) \in A(t), b_i(t) \in B(t), i = 1、2、\cdots、m$

$X \geqslant 0$

$p_i \in [0,1]$

[STEP 2] 对初始模型进行转化

注：不是所有的初始模型都可以实现转化，必须满足一定的性质。可以处理的包括下面三种情形：

a. A 是确定的，B 是随机变量。

其中，B 的累积分布函数为 $F(b_i), b_i(t)^{p_i} = F^{-1}(p_i)$

根据随机变量累积分布函数的定义

$\Pr[\{t \mid b_i(t) \leqslant b_i(t)^{p_i}\}] = p_i$

$\Pr[\{t \mid b_i(t)^{p_i} \leqslant b_i(t)\}] = 1 - p_i$

若 $A_iX = b_i(t)^{p_i}$，则 $\Pr[\{t \mid A_iX \leqslant b_i(t)\}] = 1 - p_i$

若 $A_iX \leqslant b_i(t)^{p_i}$，则 $\Pr[\{t \mid A_iX \leqslant b_i(t)\}] \geqslant 1 - p_i$

由此可知 $A_iX \leqslant b_i(t)^{p_i}$ 等价于 $\Pr[\{t \mid A_iX \leqslant b_i(t)\}] \geqslant 1 - p_i$，并将初始问题等价转化为

$\max f = C(t)X$

subject to

$A_iX \leqslant b_i(t)^{p_i}$

$A_i \in A, b_i(t)^{p_i} = F^{-1}(p_i), i = 1、2、\cdots、m$

$X \geqslant 0$

显然，把初始问题转化为了一般的线性规划，极大地方便了求解。

b. A 和 B 都服从正态分布，并且 $p_i \geqslant 0.5$。

$$a_{ij} \sim \Phi(\mu_{aij}, \sigma_{aij}^2), b_i \sim \Phi(\mu_{bi}, \sigma_{bi}^2)$$

令 $y_i = a_{ij}x_j - b_i$，则 $y_i \sim \Phi(\mu_{yj}, \sigma_{yj})$，其中 $\mu_{yi} = \mu_{aij}x_j - \mu_{bi}$，$\sigma_{yi} = \sqrt{\sigma_{aij}^2 x_j^2 + \sigma_{bi}^2}$ $\dfrac{y_i - \mu_{yi}}{\sigma_{yi}}$ 服从标准正态分布，即 $\dfrac{y_i - \mu_{yi}}{\sigma_{yi}} \sim \Phi(0, 1)$

$$a_{ij}x_j \leqslant b_i \Rightarrow a_{ij}x_j - b_i \leqslant 0 \Rightarrow y_i \leqslant 0$$

则
$$\frac{y_i - \mu_{yi}}{\sigma_{yi}} \leqslant \frac{0 - \mu_{yi}}{\sigma_{yi}}$$

令
$$\eta = \frac{y_i - \mu_{yi}}{\sigma_{yi}}, \eta \sim \Phi(0,1)$$

初始约束为：$\Pr[\{t \mid A_i(t)X \leqslant b_i(t)\}] \geqslant 1 - p_i$

$\Rightarrow \Pr[\{\eta \mid \eta \leqslant \dfrac{-\mu_{yi}}{\sigma_{yi}}\}] \geqslant 1 - p_i$

$\Rightarrow \Phi^{-1}(1 - p_i) \leqslant \dfrac{-\mu_{yi}}{\sigma_{yj}}$

$\Rightarrow \mu_{aij}x_j + \Phi^{-1}(1 - p_i)\sqrt{\sigma_{aij}^2 x_j^2 + \sigma_{bi}^2} \leqslant \mu_{bi}$

$\Phi^{-1}(1 - p_i)$ 为 $1 - p_i$ 对应的标准正态分布 $\Phi(0, 1)$ 的逆函数值。

由此，初始模型可转化为

$\text{Max } f = C(t)X$

subject to

$\mu_{aij}x_j + \Phi^{-1}(1 - p_i)\sqrt{\sigma_{aij}^2 x_j^2 + \sigma_{bi}^2} \leqslant \mu_{bi}$

$a_{ij} \sim \Phi(\mu_{aij}, \sigma_{aij}^2), b_i \sim \Phi(\mu_{bi}, \sigma_{bi}^2), i = 1、2、\cdots、m$

$x_j \geqslant 0, j = 1、2、\cdots、n$

c. A 和 B 为离散型随机参数，$p \geqslant \max_{r=1、2、\cdots、R}(1-q_r)$，$q_r$ 为现实量 r 相关的概率。

[STEP 3] 对由初始模型转化而来的模型进行求解

(4) 煤炭掺烧中的区间机会约束解法。

1) 基本原理：

ICCP(区间线性规划)=CCP(机会约束规划)+ILP(线性规划)

“区间”用来反映模型参数 A、C 的不确定性；“CCP”用来反映模型参数 B 的不确定性。

2) 方法简介：

[STEP 1] 根据实际问题建立初始模型

$\max f^{\pm} = C^{\pm} X^{\pm}$

subject to

$\Pr[\{t \mid A_i^{\pm} X^{\pm} \leqslant b_i(t)\}] \geqslant 1 - p_i$

$A_i^{\pm} \in A^{\pm}, b_i(t) \in B(t), i = 1、2、\cdots、m$

$x_j^{\pm} \geqslant 0, x_j^{\pm} \in X^{\pm}, j = 1、2、\cdots、n$

$p_i \in [0,1]$

[STEP 2] 根据初始模型所包含参数的特定性质，对初始模型进行等价转化

若 A 是确定的，而 B 是随机变量（对所有的 p_i 值），其累积分布函数为 $F(b_i)$，对约束组定义一套概率水平 p_i，然后求出相应的一套 $b_i(t)^{(pi)}$ 值，则初始模型等价于：

$\max f^{\pm} = C^{\pm} X^{\pm}$

subject to

$A_i^{\pm} X^{\pm} \leqslant B(t)^{(p)}$

$A_i \in A, B(t)^{(p)} = b_i(t)^{p_i}, i = 1、2、\cdots、m$

$x_j^{\pm} \geqslant 0, x_j^{\pm} \in X^{\pm}, j = 1、2、\cdots、n$

$p_i \in [0,1]$

[STEP 3] 运用线性规划（interval linear programming，ILP）求解方法对转化来的模型进行求解

a. 确定 $C_j^{\pm}(\forall j)$ 的符号。

不妨设 $C_j^{\pm} \geqslant 0, j = 1、2、\cdots、k_1, C_j^{\pm} < 0, j = k_1+1、k_1+2、\cdots、n$

b. 列出 f_{opt}^{+} 子模型：

(a) 目标函数：

$$\text{maximize } f^{+} = \sum_{j=1}^{k_i} C_j^{+} x_j^{+} + \sum_{j=k_1+1}^{n} C_j^{+} x_j^{-}$$

(b) 约束条件：

$$\sum_{j=1}^{k_1} |a_{ij}|^{-} \operatorname{sign}(a_{ij}^{-}) x_j^{+} + \sum_{j=k_1+1}^{n} |a_{ij}|^{+} \operatorname{sign}(a_{ij}^{+}) x_j^{-} \leqslant b_i(t)^{(p_i)}, \forall i$$

$$x_j^{\pm} \geqslant 0, \forall j$$

c. 解 f_{opt}^{+} 子模型：

通过解 f_{opt}^{+} 子模型，得

$$x_{jopt0}^{+}(j=1、2、\cdots、k_1), x_{jopt0}^{-}(j=k_1+1、k_1+2、\cdots、n), f_{opt}^{+}$$

d. 列出 f_{opt}^{-} 子模型：

(a) 目标函数：

$$\text{Maximize } f^{-}=\sum_{j=1}^{k_1} C_j^{-} X_j^{-}+\sum_{j=k_1+1}^{n} C_j^{-} X_j^{+}$$

(b) 约束条件：

$$\sum_{j=1}^{k_1} \mid a_{ij} \mid^{+} \operatorname{sign}(a_{ij}^{+}) x_j^{-}+\sum_{j=k_1+1}^{n} \mid a_{ij} \mid^{-} \operatorname{sign}(a_{ij}^{-}) x_j^{+} \leqslant b_i(t)^{(p_i)}, \forall i$$

$$x_j \geqslant 0, \forall j$$

$$x_j^{-} \leqslant x_{jopt0}^{+}, j=1、2、\cdots、k_1$$

$$x_j^{+} \geqslant x_{jopt0}^{-}, j=k_1+1、k_1+2、\cdots、n$$

e. 解 f^{-} 子模型：

解上面一般线性模型，得

$$x_{jopt0}^{-}(j=1、2、\cdots、k_1) x_{jopt0}^{+}(j=k_1+1、k_1+2、\cdots、n), f_{opt}^{-}。$$

f. 整理出最优解及最优值：

$$x_{jopt0}^{\pm}=[x_{jopt0}^{-}, x_{jopt0}^{+}], f_{jopt0}^{\pm}=[f_{jopt0}^{-}, f_{jopt0}^{+}], \forall j$$

[STEP 4] 基于上述求解，为煤炭掺烧决策者提供最优决策

三、电厂负荷分配与配煤优化耦合模型

电厂负荷分配与配煤优化耦合模型，首先通过负荷优化分配模型优化分配不同时段各机组的负荷，计算出不同负荷下单位时间电力生产所需的热耗量，然后将该计算结果作为约束值输入配煤优化模型中的供热量约束，再连同其他配煤指标约束，对各机组在不同负荷下的各掺配煤种的消耗量进行优化。具体的电厂负荷优化分配与配煤优化耦合模型如下所示：

1. 电厂负荷优化分配模型

假定某电厂有 m 台并列发电的机组，根据电厂的日负荷曲线，分配厂内各机组的运行负荷。电厂的负荷优化分配系统通常是以机组煤耗特性为基础，一般以全厂的供电标准煤耗（或发电成本）最小为目标函数进行并列机组间的负荷分配，约束条件采用了全厂负荷平衡约束和机组负荷上下限约束。

(1) 目标函数为

$$\begin{aligned} \text{Min } F &= \text{Min} \sum_{j=1}^{m} F_j = \sum_{t=1}^{T} \sum_{j=1}^{m} f_j(p_{j,t}) \\ &= \sum_{t=1}^{T} \sum_{j=1}^{m} (a_0 \cdot p_{j,t}^2 + a_1 \cdot p_{j,t} + a_2) \end{aligned} \tag{11-63}$$

式中 F——系统在 T 个时段上 m 台机组的总耗量之和；

F_j——系统在 T 个时段上第 j 台机组的供电标准煤耗；

$p_{j,t}$——机组 j 在时段 t 上的有功功率值；

$f_j(p_{j,t})$——第 j 台机组的煤耗特性曲线，$f_j(p_{j,t})=a_0\cdot p_{j,t}^2+a_1\cdot p_{j,t}+a_2$（其中 a_0，a_1，a_2 为煤耗特性曲线表达式的系数）。

（2）约束条件：

1）系统负荷平衡约束。必须保证整个发电厂内部各机组所带负荷之和为总负荷，即

$$\sum_{j=1}^{m} p_{j,t} = p_{R,t} \tag{11-64}$$

式中　$p_{R,t}$——系统在 t 时段的总负荷。

2）机组负荷上下限约束。负荷上下限制是每天机组允许带经济负荷的最低或最高限制，也是保证机组安全稳定运行的条件。

$$p_{j,\min} \leqslant p_{j,t} \leqslant p_{j,\max} \tag{11-65}$$

式中　$p_{j,\min}$、$p_{j,\max}$——第 j 台机组发电能力的上、下限。

通过式（11-63）～式（11-65）优化分配不同时段各机组的负荷量，根据式（11-66）计算出各机组不同负荷下单位小时电力生产所需的热耗量，$Q_{R,j,t}$。$Q_{R,j,t}$为单位小时电力生产所需的热耗量，是电厂负荷优化分配模型与配煤优化模型耦合的关键参数。

$$Q_{R,j,t} = (a_0\cdot p_{j,t}^2 + a_1\cdot p_{j,t} + a_2)\cdot Q_{\mathrm{net,std}} \tag{11-66}$$

式中　$Q_{\mathrm{net,std}}$——标准煤热值，为 29.3GJ/tce。

2. 基于负荷优化分配的配煤优化耦合模型

电厂动力配煤优化耦合模型的规划目标一般都是动力配煤的成本最低。水分、挥发分、灰分、硫分、低位发热量等煤质指标通常被选作配煤优化模型的约束条件。现有配煤优化模型大多考虑了煤质对锅炉燃烧运行的影响及锅炉对煤质的技术要求等内部因素，但是较少考虑到外部的机组负荷变化对于电力生产的需热量及煤耗量的影响。为了建立起机组负荷与混煤煤质之间的联系，本模型在现有的电厂配煤优化模型中增加了单位时间内燃料投加的供热量要满足各机组在不同负荷下单位小时电力生产的需热量 $Q_{R,j,t}$的约束，$Q_{R,j,t}$由电厂负荷优化分配模型得到，是电厂负荷优化分配模型与配煤优化模型耦合的关键参数。

假定该电厂燃用混煤，选用了 n 种单种煤进行混配。

（1）目标函数：

电厂动力配煤的总成本最低

$$\mathrm{Min}C = \sum_{t=1}^{T}\sum_{j=1}^{m}\sum_{i=1}^{n} c_i m_{i,j,t} \tag{11-67}$$

（2）约束条件：

1）水分约束混煤的水分不应超过上限值 M_{ad}^{+}

$$\Big(\sum_{i=1}^{n} M_{\mathrm{ad},i} m_{i,j,t}\Big)\Big/\sum_{i=1}^{n} m_{i,j,t} \leqslant M_{\mathrm{ad}}^{+} \tag{11-68}$$

2）可燃质挥发分约束：

挥发分不能小于某个下限 $V_{\mathrm{ad,min}}^{-}$，以维持低负荷燃烧的稳定性和经济性。挥发分也不能高于某个上限 $V_{\mathrm{ad,max}}^{+}$，以防止燃烧器喷口烧坏或其他事故。

$$V_{\mathrm{ad,min}}^{-} \leqslant \Big(\sum_{i=1}^{n} V_{\mathrm{ad},i} m_{i,j,t}\Big)\Big/\sum_{i=1}^{n} m_{i,j,t} \leqslant V_{\mathrm{ad,max}}^{+} \tag{11-69}$$

3）灰分约束混煤的灰分应在下限值 $A_{\mathrm{ad,min}}^{-}$和上限值 $A_{\mathrm{ad,max}}^{-}$之间：

$$A_{ad,min}^{-} \leqslant \left(\sum_{i=1}^{n} A_{ad,i} m_{i,j,t}\right) \Big/ \sum_{i=1}^{n} m_{i,j,t} \leqslant A_{ad,max}^{+} \tag{11-70}$$

4）低位发热量约束混煤的低位发热量应在下限值 $Q_{net,ad,min}^{-}$ 和上限值 $Q_{net,ad,max}^{+}$ 之间：

$$Q_{ad,ad,min}^{-} \leqslant \left(\sum_{i=1}^{n} Q_{net,ad,i} m_{i,j,t}\right) \Big/ \sum_{i=1}^{n} m_{i,j,t} \leqslant Q_{net,ad,max}^{+} \tag{11-71}$$

5）供热量约束：

t 时段的供热量满足该时段机组负荷为 $p_{j,t}$ 时电力生产的需热量的要求。

$$\sum_{i=1}^{n} Q_{net,ad,i} m_{i,j,t} \geqslant Q_{R,j,t} \tag{11-72}$$

6）硫分约束：

硫分过高会引起锅炉空气预热器腐蚀和堵灰，并造成大气污染，因此混煤的硫分不应超过上限值 S_{ad}^{+}。

$$\left(\sum_{i=1}^{n} S_{ad,i} m_{i,j,t}\right) \Big/ \sum_{i=1}^{n} m_{i,j,t} \leqslant S_{ad}^{+} \tag{11-73}$$

7）非负约束：

所有的变量都要求是非负数。

$$m_i^{\pm} \geqslant 0, \forall i \tag{11-74}$$

式中 i——电厂掺配的单种煤，i=1、2、…、n；

j——电厂并行的发电机组，j=1、2、…、m；

t——电厂运行的时段，t=1、2、…、T；

C——电厂总的配煤成本，元；

c_i——单煤 i 的价格，元/t；

$m_{j,t}$——第 t 时段第 j 台机组的单煤 i 的耗用量，t/h；

$M_{ad,i}$、$V_{ad,i}$、$A_{ad,i}$、$S_{ad,i}$——各单种煤的分析基水分、挥发分、灰分和硫分，%；

$M_{ad,i}^{+}$、$V_{ad,i}^{+}$、$A_{ad,i}^{+}$、$S_{ad,i}^{+}$——配煤的各项指标约束的限值；

$Q_{net,ad,i}$——各单煤 i 的低位发热量；

$Q_{net,ad}^{+}$、$Q_{net,ad}^{-}$——混煤的低位发热量要求的上下限，GJ/t；

$Q_{R,j,t}$——t 时段第 j 台机组单位小时电力生产所需的热值，GJ/h。$Q_{R,j,t}$ 由式（11-66）计算得到。

所建立的模型将电厂负荷优化分配模型与配煤优化模型耦合，全面地考虑电厂的机组负荷和混煤煤质之间的关联，在机组负荷优化的基础上对各机组在不同负荷下的各掺配煤种的消耗量进行优化，同时充分的考虑了各掺配煤种的煤质波动问题。

四、基于 BP 神经网络的配煤煤质预测

1. 神经网络基本原理

人工神经网络根据其模型建立的原理，可以分为数学模型和认知模型。数学模型主要是在神经元生理特性的基础上，通过抽象用数学表达式描述，它包括前向网络、反馈网络、随机网络等。而认知模型主要根据神经系统信息处理的过程建立的。

近年来，各种各样 ANN 学习算法被开发出来训练各种 ANN。ANN 的学习方式可以大

致分为三大类：

（1）采用监督学习方式的 ANN。如 BP 网络，这种方式的网络在投入使用前使用一个样本数据集来训练 ANN。

（2）采用非监督学习方式的 ANN。系统从多项重复工作中学习一个模式，并且在遇到类似问题时可以回忆起学到的模式。

（3）采用实时学习方式。学习过程和执行过程不加以区分的网络称为实时学习网络，这种 ANN 在使用时也可继续学习。

在以上三种学习方式中，BP 网络是目前较为成熟的采用监督学习方式的应用最为广泛的代表性网络之一。以下本部分详细介绍这种算法：

前向多层神经网络的反传学习理论（back propagation，BP）最早是由 Werbos 在 1974 年提出来的。Rumelhart 等于 1985 年发展了反传学习网络算法，实现了 Minsky 的多层网络的设想。网络不仅有输入层节点、输出层节点，而且还有隐层节点。隐层可以是一层，也可以是多层。当信号输入时，首先传到隐节点，经过作用函数后，再把隐节点的输出信号传播到输出层节点。经过处理后给出输出结果。节点的作用函数通常选用 S 型函数，如：

$$f(x)=\frac{1}{1+e^{-x}} \tag{11-75}$$

图 11-5 给出了反传学习过程原理图。在这种网络中，学习过程由正向传播和反向传播组成。在正向传播过程中，输入信号从输入层经隐层单元逐层处理，并传向输出层，每一层神经元的状态只影响下一层神经元的状态。如果在输出层不能得到期望的输出，则转入反向传播，将输出信号的误差沿原来的连接通路返回。通过修改各层神经元的权值，使得误差信号最小。

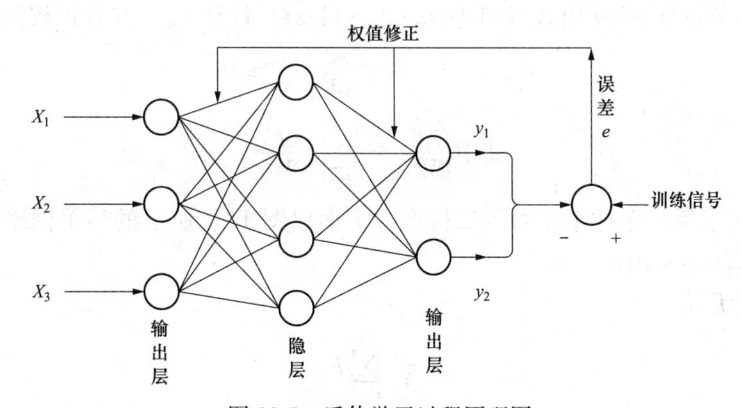

图 11-5　反传学习过程原理图

设有 n 个节点的任意网络，各节点之特性为 sigmoid 型。为简单起见，认为整个网络只有一个输出 y，任一节点 i 之输出为 O_i，设有 N 个样本（x_k，y_k）（k=1、2、…、N），对某一输入 x_k，网络之输出为 y_k，节点 i 之输出为 O_{ik} 节点 j 之输入为

$$net_{jk}=\sum_{i}W_{ij}O_{ik} \tag{11-76}$$

仍使用平方型误差函数：

$$E=\frac{1}{2}\sum_{k=1}^{N}(y_k-\hat{y}_k)^2 \tag{11-77}$$

其中，$\hat{y}_k$ 为网络之实际输出，定义单个样本 k 的误差：

$$E_k = (y_k - \hat{y}_k)^2, net_{jk} = \sum_i W_{ij} O_{ik} \tag{11-78}$$

$$\delta_{jk} = \frac{\partial E_k}{\partial net_{jk}} \tag{11-79}$$

其中，$O_{jk} = f(net_{jk})$。

于是，$\frac{\partial E_k}{\partial W_{ij}} = \frac{\partial E_k}{\partial net_{jk}} \frac{\partial net_{jk}}{\partial W_{ij}} = \frac{\partial E_k}{\partial net_{jk}} O_{ik} = \delta_{jk} O_{ik}$。

（1）当 j 为输出节点时，$O_{ij} = \hat{y}_k$，则

$$\delta_{jk} = \frac{\partial E_k}{\partial \hat{y}_k} \frac{\partial \hat{y}_k}{\partial net_{jk}} = -(y_k - \hat{y}_k) f'(net_{jk}) \tag{11-80}$$

（2）当 j 不是输出节点时，则有

$$\begin{cases} \delta_{jk} = f'(net_{jk}) \sum_m \delta_{mk} W_{mj} \\ \frac{\partial E_k}{\partial W_{ij}} = \delta_{jk} O_{ik} \end{cases} \tag{11-81}$$

设网络分为 M 层，第 M 层仅为输出节点，第一层为输入节点，则反传学习算法步骤如下：

（1）选定权值系数之初值为 W。

（2）重复下述过程直至收敛。对 $k=1$ 到 N：

a. 计算 $O_{ik} \times net_{jk}$ 和 $\hat{y}_k$（正向过程）。

b. 对各层 $m=M$ 到 2 反向计算（反向过程）。

对同一层各节点 $\forall j \in m$ 由式（11-80）～式（11-81）计算 δ_{jk}，并修正权值 W_{ij}。

$$W_{ij} = W_{ij} + \mu \frac{\partial E}{\partial W_{ij}}, \mu > 0 \tag{11-82}$$

$$其中 \frac{\partial E}{\partial W_{ij}} = \sum_{k=1}^{N} \frac{\partial E_k}{\partial W_{ij}}$$

图 11-6 给出了反传单样本学习算法框图。下面以图 11-7 所示的简单网络为例，说明反传单样本学习算法的使用。

设误差函数 E 为

$$E = \sum_{k=1}^{N} E_k$$

式中　E_k——第 k 样本（$x_k y_k$）的误差函数。

根据公式 $\frac{\partial E}{\partial W} = \sum_{k=1}^{N} \frac{\partial E_k}{\partial W}$，对第 k 个样本计算 $\frac{\partial E}{\partial W}$，去掉下标 k，则

$$net_{\mathrm{h}} = w_{\mathrm{a}} x_1 + w_{\mathrm{b}} x_2, O_h = f(net_{\mathrm{h}})$$

$$net_{y_1} = w_{\mathrm{c}} O_{\mathrm{h}}, O_{y_1} = \hat{y}_1 = f(net_{y_1})$$

$$net_{y_2} = w_{\mathrm{d}} O_{\mathrm{h}}, O_{y_2} = \hat{y}_2 = f(net_{y_2})$$

$$E_k = \frac{1}{2}(y_1 - \hat{y}_1)^2 + \frac{1}{2}(y_2 - \hat{y}_2)^2$$

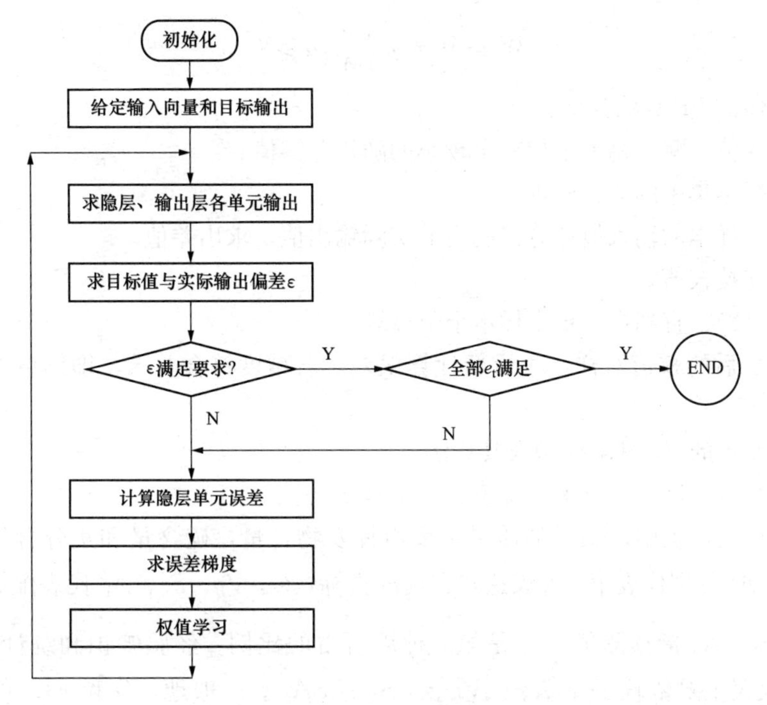

图 11-6　反传单样本学习算法框图

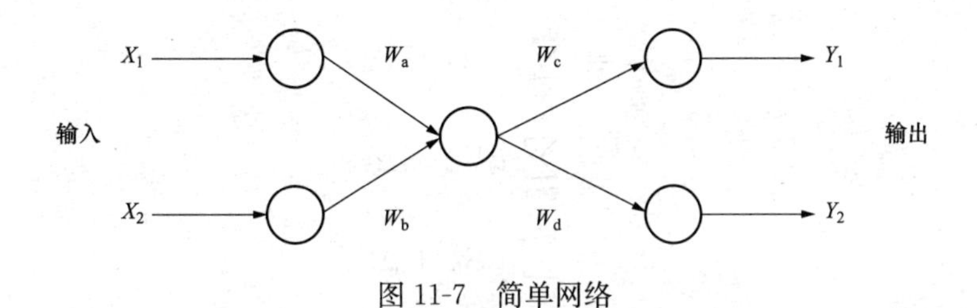

图 11-7　简单网络

则反向传播过程如下：

（1）计算 $\frac{\partial E}{\partial W}$：$\frac{\partial E_k}{\partial W_a}=\frac{\partial E_1}{\partial net_h}x_1=\delta_h x_1$

$$\frac{\partial E_k}{\partial W_b}=\frac{\partial E_1}{\partial net_h}x_2=\delta_h x_2$$

$$\frac{\partial E_k}{\partial W_c}=\frac{\partial E_1}{\partial net_{y_1}}O_h=\delta_{y_1}O_h$$

$$\frac{\partial E_k}{\partial W_d}=\frac{\partial E_1}{\partial net_{y_2}}O_h=\delta_{y_2}O_h$$

（2）传播误差信号：

$$\delta_{y_1}=-(y_1-\hat{y}_1)f'(net_{y_1})$$

$$\delta_{y_2}=-(y_2-\hat{y}_2)f'(net_{y_2})$$

$$\delta_h=[\delta_{y_1}w_c+\delta_{y_2}w_d]f'(net_h)$$

所以，给定 W_a、W_b、W_c、W_d 可以计算各个$\frac{\partial E}{\partial W}$，再用最陡下降法修正 W：

$$W \leftarrow W - \mu \frac{\partial E}{\partial W}, \mu > 0$$

因此，具体的BP算法如下：

（1）给定权值，赋予每一个权一个较小的随机非零值。

（2）输入样本集中的某一样本。

（3）据这一样本的输入值计算出网络的实际输出值，求出差值。

（4）调整连接权值。

（5）转回（2），直到样本集中样本全部计算完。

（6）用改变后的权值对样本集重新计算误差，若精度符合要求，即结束训练，否则转回（2）。

这就是最基本的BP网络模型及其算法。

2. 基于BP神经网络的配煤煤质预测模型建立

在动力配煤的过程中，煤炭的质量主要由挥发物含量，硫含量和灰分含量刻画。假设G_i、V_{bi}、S_{bi}、A_{bi}分别代表第i种煤这几方面的指标，G、V_b、S_b、A_b代表配煤后对应的指标，$\hat{G}$、$\hat{V}_b$、$\hat{S}_b$、$\hat{A}_b$指预测值，x_i是第i种煤所占的比例。经验知识和统计数据显示G、V_b、S_b、A_b仅仅主要依赖于x_iG_i、x_iV_{bi}、x_iS_{bi}、x_iA_{bi}。一般地，G和x_iG_i的关系要比其他三个关系复杂得多。为了准确预测混煤的质量，引入如下表达式：

$$\hat{G} = \sum_{i=1}^{7} a_i x_i G_i + \Delta G \tag{11-83}$$

$$\hat{V}_b = \sum_{i=1}^{7} x_i V_{bi} + \Delta V_b \tag{11-84}$$

$$\hat{S}_b = \sum_{i=1}^{7} x_i S_{bi} + \Delta S_b \tag{11-85}$$

$$\hat{A}_b = \sum_{i=1}^{7} x_i A_{bi} + \Delta A_b \tag{11-86}$$

其中，a_i为相关系数；ΔG，ΔV_b，ΔS_b，ΔA_b是为了提高精度的补偿。事实上，式（11-83）是一个预测G的两层B-P神经网络，它有一个由7个神经元组成的输入层和一个神经元组成的输出层。在输入层，第i个神经元的输入是x_iG_i，而在输出层，它们为$\hat{G}$，a_i是从输入层的第i个神经元到输出层神经元的比重，ΔG是输出层的神经元偏差。

3. 基于BP神经网络的配煤煤质预测模型求解

为了得到补偿ΔG、ΔV_b、ΔS_b、ΔA_b，方程（11-83）~式（11-86）写成如下形式：

$$\hat{B} = DX + \Delta B \tag{11-87}$$

其中：

$$\hat{B} = \begin{pmatrix} \hat{V}_b \\ \hat{S}_b \\ \hat{A}_b \end{pmatrix}, \quad D = \begin{pmatrix} V_{b1} & V_{b2} & \cdots & V_{b7} \\ S_{b1} & S_{b2} & \cdots & S_{b7} \\ A_{b1} & A_{b2} & \cdots & A_{b7} \end{pmatrix}$$

$$X=\begin{pmatrix}x_1\\x_2\\\cdots\\x_7\end{pmatrix},\quad \Delta B=\begin{pmatrix}\Delta V_b\\\Delta S_b\\\Delta A_b\end{pmatrix}$$

B 代表与 $\hat{B}$ 对应的可测值，则补偿值 $\Delta B(k)$ 由 $\hat{B}(k-1)$ 和 $B(k-1)$ 的差决定。

$$\Delta B(k)=\hat{B}(k-1)-B(k-1) \tag{11-88}$$

由式（11-87）和式（11-88）产生如下数学模型：

$$\hat{B}(k)=D(k)X(k)+\Delta B(k) \tag{11-89}$$

$$\Delta B(k)=\sum_{j=1}^{k-1}[D(j)X(j)-B(j)]+\Delta B(1) \tag{11-90}$$

此处，$\Delta B(1)$ 是第一种混煤的补偿值，它可由经验数据得到。

设 M_{40} 表示焦炭的（抗碎强度），M_{10} 表示焦炭的（耐磨强度），S 代表含硫量，A 代表灰度，$\hat{M}_{40}$、$\hat{M}_{10}$、$\hat{S}$、$\hat{A}$ 代表对应的预测值，质量预测模型就是要由 G、V_b、S_b、A_b 得到 $\hat{M}_{40}$、$\hat{M}_{10}$、$\hat{S}$、$\hat{A}$。

假设输入层有 3 个神经元，隐藏层有 12 个神经元，输出层只有一个神经元。输入层的三个神经元的输入分别为 G、V_b、A_b。令

$$p_1^1=G,p_1^2=V_b,p_1^3=A_b \tag{11-91}$$

则隐藏层的第 i 个神经元的输入和输出定义如下：

$$p_i^{H_1}=\sum_{j=1}^{3}w_{i,j}^{H_1}p_j^1+b_i^{H_1} \tag{11-92}$$

$$y_i^{H_1}=\tan sig(p_i^{H_1}) \tag{11-93}$$

输出层的神经元的这些定义如下：

$$p^{O1}=\sum_{j=1}^{12}w_j^{O1}y_j^{H1}+b^{O1} \tag{11-94}$$

$$\hat{M}_{40}=p^{O1} \tag{11-95}$$

其中，
$$\tan sig(x)=\frac{2}{1+e^{-2x}}-1 \tag{11-96}$$

$sig(x)$ 函数将输入值转化为区间（-1，1）上的值，$w_{i,j}^{H_1}$ 表示从输入层的第 j 个神经元到隐藏层的第 i 个神经元的信号比重；$b_i^{H_1}$ 表示隐藏层第 i 个神经元的偏差；w_j^{O1} 表示从隐藏层的第 j 个神经元到输出层的信号比重；b^{O1} 表示输出层的偏差。

式（11-95）可以写成如下形式：

$$\hat{M}_{40}=W^{O1}\tan sig(W^{H1}P^1+B^{H1})+b^{O1} \tag{11-97}$$

其中：

$$W^{H1}=\begin{pmatrix}w_{1,1}^{H1} & w_{1,2}^{H1} & w_{1,3}^{H1}\\ w_{2,1}^{H1} & w_{2,2}^{H1} & w_{2,3}^{H1}\\ \vdots & \vdots & \vdots\\ w_{12,1}^{H1} & w_{12,2}^{H1} & w_{12,3}^{H1}\end{pmatrix},B^{H1}=\begin{pmatrix}b_1^{H1}\\b_2^{H1}\\\vdots\\b_{12}^{H1}\end{pmatrix} \tag{11-98}$$

$$p^1 = \begin{pmatrix} p_1^1 \\ p_2^1 \\ p_3^1 \end{pmatrix}, W^{O1} = (w_1^{O1} \quad w_2^{O1} \quad \cdots \quad w_{12}^{O1}) \tag{11-99}$$

同理：

$$\hat{M}_{10} = W^{O2} \tan sig\ (W^{H2} P^1 + B^{H2}) + b^{O2} \tag{11-100}$$

$$W^{H2} = \begin{bmatrix} w_{1,1}^{H2} & w_{1,2}^{H2} & w_{1,3}^{H2} \\ w_{2,1}^{H2} & w_{2,2}^{H2} & w_{2,3}^{H2} \\ \vdots & \vdots & \vdots \\ w_{12,1}^{H2} & w_{12,2}^{H2} & w_{12,3}^{H2} \end{bmatrix}, B^{H2} = \begin{pmatrix} b_1^{H2} \\ b_2^{H2} \\ \vdots \\ b_{12}^{H2} \end{pmatrix} \tag{11-101}$$

$$W^{O1} = (w_1^{O1} \quad w_2^{O1} \quad \cdots \quad w_{12}^{O1}) \tag{11-102}$$

矩阵分量 W^{H1}，W^{O1}，W^{H2}，W^{O2} 和补偿分量 B^{H1}，b^{O1}，B^{H2}，b^{O2} 可基于统计数据通过训练 BP 系统得到。

最后根据第九章第三节 BP 算法，得出最终的各项指标预测值。

第四节　典型煤炭掺配系统运行工艺和设备简介

配煤生产主要是把性能不同的单种煤，按照一定的配比，配置出能够满足系统要求的设计煤种，设计煤种质量的高低直接影响火电企业的目标能否顺利实现。设计煤种来源于各种单种煤，质量的高低取决于单煤种类和配比比例，最终配煤量与配煤精度和生产工艺有很大关系，安排合适的生产过程是设计煤种质量的可靠保证。典型配煤系统的生产工艺流程图如图 11-8 和图 11-9 所示（以两种原料煤为例）。

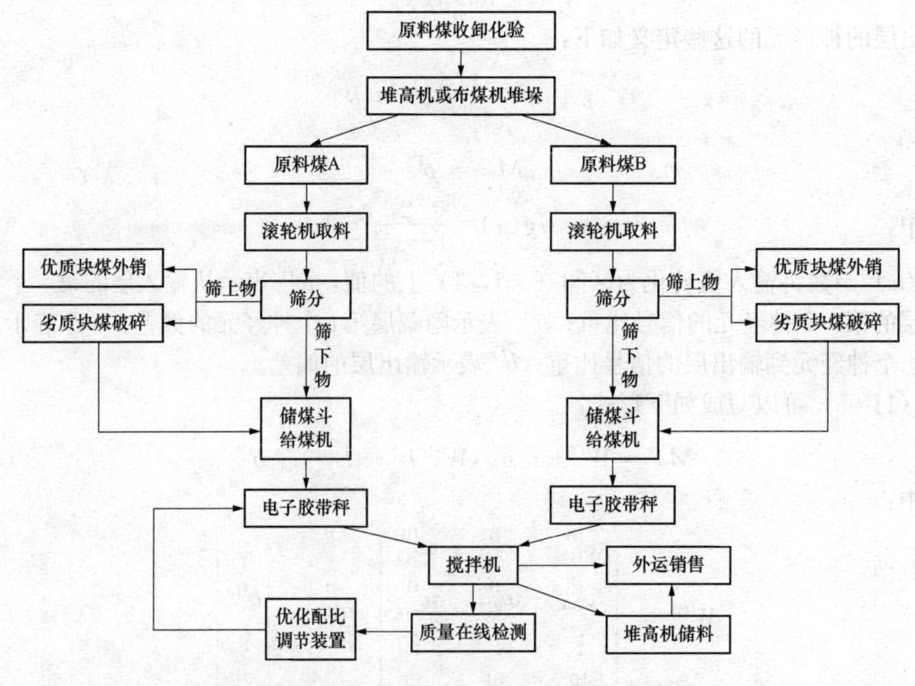

图 11-8　现代化大型动力配煤生产线工艺流程

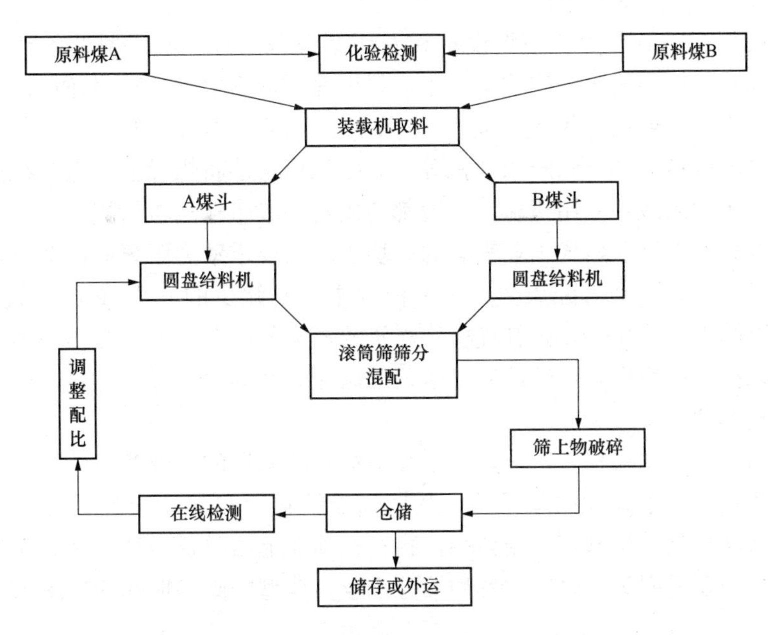

图 11-9　简单动力配煤生产线工艺流程

（1）输送设备。输送设备是动力配煤生产线中连接各个生产环节，使生产线能有效运转的重要设备。在动力配煤生产中使用最广泛的运输设备是胶带输送机，它可完成煤炭的水平输送和堆高输送。胶带输送机（见图 11-10）的优点是具有较高的输送能力、输送距离长、动力消耗低、结构简单、维修方便、工作平衡可靠等。

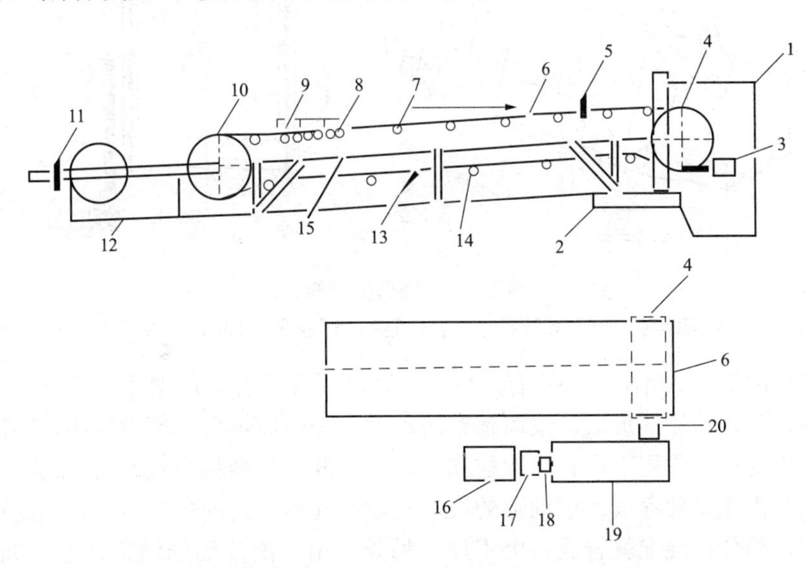

图 11-10　胶带输送机示意图

1—头部漏斗；2—机架；3—头部清扫器；4—传动滚筒；5—安全保护装置；6—输送带；7—承载托辊；8—缓冲托辊；9—导料槽；10—改向滚筒；11—螺旋拉紧装置；12—尾架；13—空段清扫器；14—回程托辊；15—中间架；16—电动机；17—液力偶合器；18—制动器；19—减速器；20—联轴器

（2）取料设备。原料煤从铁路、码头卸车或卸船后，通过胶带输送机在煤场堆高成煤垛，取料时煤垛取煤，供应配煤生产。根据动力配煤生产规模的大小，为了提高经济效益，提高设备的利用率，一般分为通用型设备和专用型设备两种。通用型设备有装卸机、挖掘机、推土机、抓斗式取料机等。它除了在生产线中完成取料之外，有时还可以用来堆垛或装卸等，通用性较强，一般用于年生产能力 10 万 t 以下的动力配煤生产线。专用型设备有地龙式刮板机、滚轮取料机和斗轮式取料机等。专用型设备能将煤垛上的煤连续供给胶带输送机，是煤快速运出的高效率专用机械，一般都与固定的胶带输送机衔接。

（3）筛分设备。根据层燃式工业锅炉的燃烧工况，要求动力配煤的粒度分布有一定的均匀性，所以煤炭的筛分是动力配煤生产工艺流程中不可缺少的一个重要环节。通过筛分设备，优质煤可以筛出优质块煤，弥补优质块煤资源短缺的问题，并为煤场增加一定的经济效益，低质煤可以把大块筛出来，破碎后再送入贮煤斗。在动力配煤生产线上比较常用的筛分设备有滚筒筛和振动筛。

振动筛的筛箱与摇动筛相似，但是支承和吊挂筛箱采用的是弹簧组件，筛箱的振动是依靠激振器。激振器是一个弹性振动系统，其振幅受给料量和其他动力学因素的影响可以改变。振动筛的运动特点是频率高、振幅小，物料在筛面上做跳跃运动，因而生产能力和筛分效率都较高。振动筛适用于选煤厂的各种筛分作业。典型的圆形振动筛如图 11-11 所示。

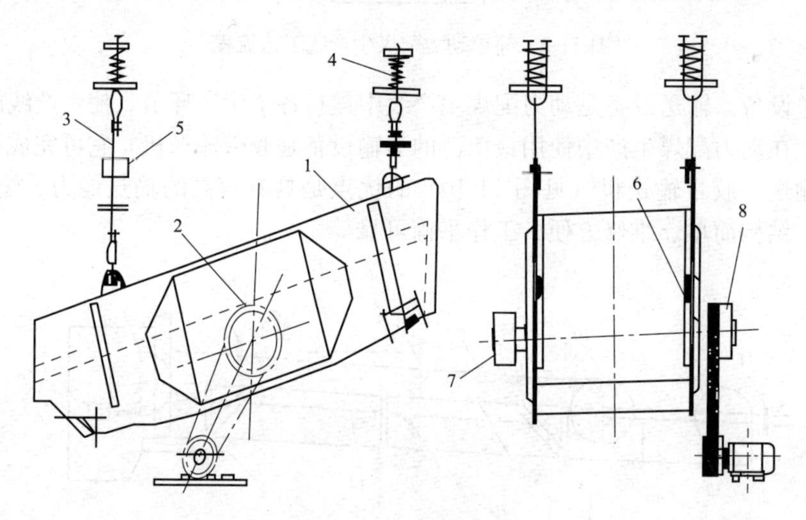

图 11-11　圆形振动筛

1—筛箱；2—激振器；3—钢丝绳；4—隔振弹簧；5—防摆配重；6—激振器主轴；7—偏心配重轮；8—偏心胶带轮

滚筒筛（见图 11-12 所示）一般有圆柱形、圆锥形等几种，由架体、筛篦、进料斗、出料斗、中心轴、驱动装置等形成。滚筒筛在转动时，筛内原煤受摩擦力作用，随滚筒壁升到一定的高度，再受重力作用下滑，小颗粒和大块煤分开，小颗粒煤成为筛下物，大块煤成为筛上物进入破碎机或单独存放。滚动筛的滚动实际上起到一定的搅拌作用，因此在简易的中小型配煤线上，筛分和混配就合成一个工序。另外，由于滚筒筛的结构特点，如转速过快，筛分效率就会降低，过慢则筛网有效利用面积缩小，使筛分能力降低，因此滚筒筛适用于中、小型配煤生产线。在大型的动力配煤生产线上，宜选用振动筛，以加大筛分能力。

（4）破碎和混配设备。原料煤筛分出的大煤块和矸石必须经过破碎后才能进入配煤线的储煤斗。常用的破碎设备有颚式破碎机（见图 11-13）和锤式破碎机（见图 11-14）两大类。混配设备是动力配煤生产线的重要设备之一。混配一般分为重量配料和容积配料。在动力配煤生产中多数采用容积配料，但在一些大的生产线上已经开始采用重量配料。容积配料设备主要为圆盘配料机和皮带配料机。这两种设备都是用控制原料煤的流量达到定量配比的目的。圆盘给料机的给料量，一般通过改变刮刀位置等措施来调节；皮带配料机则通过出料闸口的开口高度，控制出煤层的厚薄。重量配料一般采用电子皮带秤，通过重量显示比例，调节皮带机的出料速度，使配料更加准确可靠。在众多给配料设备中，叶轮给煤机（见图 11-15）是在混配煤过程中常用的一种设备，它是使用于长形缝式煤沟下部煤槽中的一种给煤机械。它是利用其放射布置的叶片（又称犁臂）将煤槽平台上的煤拨落到叶轮下面的落煤斗中，再从落煤斗引到输送机的胶带上。给煤量可以方便地调整。叶片的工作面有圆弧状，也有特殊曲线，如对数曲线、渐开线等。

图 11-12　滚筒筛

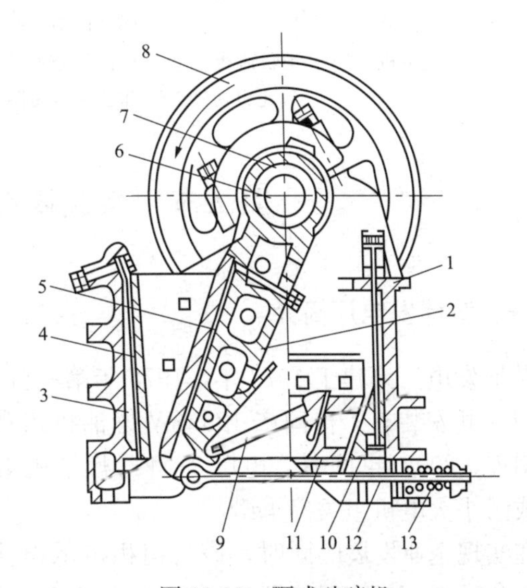

图 11-13　颚式破碎机

1—机架；2—可动颚板；3—固定颚板；4、5—破碎齿板；6—偏心传动轴；7—轴孔；8—飞轮；9—肘板；10—调节楔；11—楔块；12—水平拉杆；13—弹簧

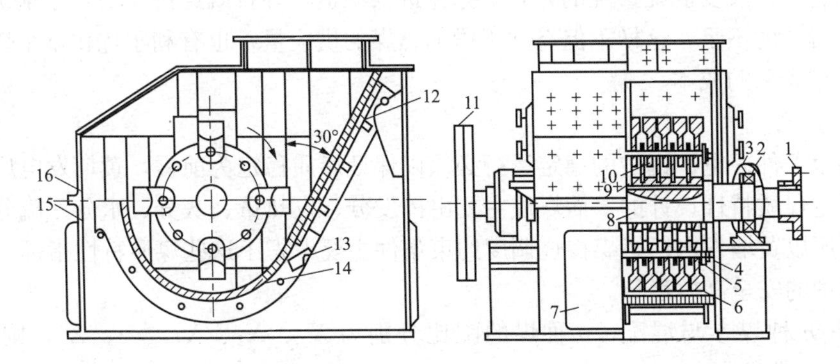

图 11-14　锤式破碎机

1—弹性联轴器；2—球面调心滚珠轴承；3—轴承座；4—销轴；5—销轴套；6—锤头；7—检查门；8—主轴；9—间隔套；10—圆盘；11—飞轮；12—破碎板；13—横轴；14—格筛；15—下机架；16—上机架

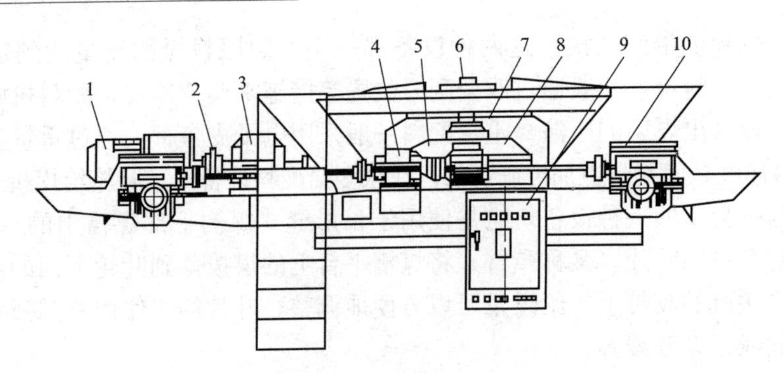

图 11-15 叶轮给煤机

1—主电机；2—柱销联轴器；3—圆柱齿轮减速器；4—ZQ 减速器；5—齿轮联轴器；6—叶轮；7—行走电动机；8—锥齿轮减速器；9—电控箱；10—蜗杆减速器

第五节 煤炭掺配问题实例分析

一、黄埔发电厂简介

黄埔发电厂筹建于 1973 年，1978 年第一台 125MW 燃油机组投产，1990 年 6 台机组全部建成，共安装有 4 台国产 125MW 燃油机组和 2 台国产 300MW 燃煤机组，总装机容量 1100MW。2008 年 11 月，电厂 3、4 号燃油机组退役，1、2 号燃油机组退出备用，按时主动完成了小火电机组关停承诺。

在实现企业发展的同时，该公司积极承担社会责任，关注民生，重视环保。2006 年 5 月，该公司 600MW 烟气脱硫工程正式投入运行，二氧化硫减排量占广州市减排目标的 20%，是目前广州市最大的脱硫设备。

二、黄埔发电厂燃煤混配掺烧问题

在煤炭资源普遍紧张，特别是设计煤种供应缺口越来越大的情况下，火电厂可以通过加强内部燃煤管理，改变混配掺烧的方式，拓宽进煤渠道，寻找既经济又适合于锅炉燃烧的新煤种来弥补货源的不足，这样不但有利于增加燃煤的供应量，也有利于优化整个燃煤煤种的结构，降低燃煤采购成本。

1. 模型建立

（1）约束条件。电厂锅炉的稳定运行必须以保证煤质稳定为前提，黄埔发电厂每台锅炉都是依据一定煤质特性设计的，而煤质主要由挥发分、发热量、灰分、水分、硫分等特性指标衡量的，所以黄埔发电厂燃煤掺烧调度约束条件主要考虑了这些煤质特性指标，从而才可保证电厂锅炉的安全高效运行。

1）设有 n 种煤参与混配，n 种煤的配比分别为 X_1、X_2、X_3、…、X_n，则 X_1、X_2、X_3、…、X_n 应满足

$$X_1、X_2、X_3、\cdots、X_n \geqslant 0 \tag{11-103}$$

2）挥发分。挥发分对锅炉燃烧影响很大，锅炉对挥发分的适应范围很窄，所以挥发分不能低于下限 V_{min}，以维持低负荷燃烧的稳定性和经常性，但挥发分不能高于上限 V_{max}，以

防止燃烧喷嘴烧坏或其他事故。因此，混配煤时，构成以下两个约束条件

$$\sum_{i=1}^{n}(V_iX_i) \geqslant V_{\min} \tag{11-104}$$

$$\sum_{i=1}^{n}(V_iX_i) \leqslant V_{\max} \tag{11-105}$$

3）发热量。发热量越低，磨煤和输煤设备的耗电量就越大，厂用电增加。根据机械不完全燃烧损失和排烟热损失及低位发热量劣质煤燃烧稳定性三个方面，制定入炉煤发热量技术最低限值 $Q_{\min}$，所以配煤时应满足

$$\sum_{i=1}^{n}(Q_iX_i) \geqslant Q_{\min} \tag{11-106}$$

4）灰分。煤中灰分含量高低是衡量煤质的一项最为重要的指标，从而也就可以决定煤的实际使用价值。煤中的灰分是煤中的无益成分，所以产入炉煤含灰分就必须不能超过某一值 $A_{\max}$，约束条件为

$$\sum_{i=1}^{n}(A_iX_i) \leqslant A_{\max} \tag{11-107}$$

5）水分。水分是煤中不可燃的成分，煤中水分含量越大，也就是说，将不可燃的水分运进炉的量越多，势必增加运输压力及电厂的经济负担。同时，在燃烧过程中，更多的水分蒸发气化，则要消耗更多的热能，降低锅炉的效率。因此，入炉煤含水分应不能超过某一值 $M_{\max}$，约束条件为

$$\sum_{i=1}^{n}(M_iX_i) \leqslant M_{\max} \tag{11-108}$$

6）硫分。为满足环保的要求，煤中的含硫分必须加以控制，使其满足约束

$$\sum_{i=1}^{n}(S_iX_i) \leqslant S_{\max} \tag{11-109}$$

（2）目标函数：使混配煤的成本（价格）最低。

设 n 种煤的价格为 P_1、P_2、P_3、…、P_n，则目标函数为

$$\mathrm{Min}Z = \sum_{i=1}^{n}(P_iX_i) \tag{11-110}$$

（3）数学模型：综合以上约束条件及目标函数，黄埔发电厂燃煤掺烧调度管理的完整线性规划模型如下：

$$\mathrm{Min}Z = \sum_{i=1}^{n}(P_iX_i) \tag{11-111}$$

$$\sum_{i=1}^{n}(V_iX_i) \geqslant V_{\min} \tag{11-112}$$

$$\sum_{i=1}^{n}(V_iX_i) \leqslant V_{\max} \tag{11-113}$$

$$\sum_{i=1}^{n}(Q_iX_i) \geqslant Q_{\min} \tag{11-114}$$

$$\sum_{i=1}^{n}(A_iX_i) \leqslant A_{\max} \tag{11-115}$$

$$\sum_{i=1}^{n}(M_iX_i) \leqslant M_{max} \tag{11-116}$$

$$\sum_{i=1}^{n}(S_iX_i) \leqslant S_{max} \tag{11-117}$$

$$X_1、X_2、X_3、\cdots、X_n \geqslant 0 \tag{11-118}$$

黄埔发电厂根据锅炉燃烧时对煤质指标的要求，运用本厂燃煤掺烧调度管理优化模型进行求解，制定合理的燃煤掺烧调度方案。根据 2008 年实际情况，黄埔发电厂将用两种煤进行混配掺烧，其主要煤质指标及混配后的煤质要求见表 11-4。

表 11-4　煤质指标及混配后的煤质要求（数据输入）

煤种	发热量 Q（kJ/kg）	挥发分 V（%）	灰分 A（%）	硫分 S（%）	水分 M（%）	价格 P（元/t）
1（中煤）	5900	35	14.6	0.87	6.4	533
2（神华）	4800	14	28.1	0.45	8.6	470
混煤	5300	22.82	23.52	0.63	9.82	最小

混配煤优化模型求解结果见表 11-5。

表 11-5　黄埔发电厂混配煤优化模型求解结果　（元）

最优解		
目标函数值=500.45999		
变量	变量值	降低成本
x_1	0.414	0.000
x_2	0.596	0.000
约束条件	松弛/剩余变量	对偶价格
1	0.000	−0.105
2	0.000	2.513
3	0.743	0.000
4	0.002	0.000
5	2.050	0.000

目标系数范围			
变量	最低限值	当前值	最高限值
x_1		533.000	577.708
x_2	433.627	470.000	

右端范围			
约束条件	最低限值	当前值	最高限值
1	3846.800	5300.000	5381.479
2	22.157	22.820	22.933
3	22.777	23.520	
4	0.628	0.630	
5	7.770	9.820	

2. 模型结果分析

从表 11-3 中可知，当 x_1=0.414、x_2=0.596，即 x_1∶x_2≈2∶3 时，取得最优解，此时可取得最低混配煤成本为 500.459 元/t。

“松弛/剩余变量”栏显示，在最优解即混配成本最低时，混配煤后灰分（约束条件 3）实际指标比要求指标低 0.743。同理，混配后实际硫分（约束条件 4）指标比要求指标低 0.002，实际水分（约束条件 5）指标比要求指标低 2.05。发热量（约束条件 1）和挥发分（约束条件 2）的松弛/剩余变量为 0，这意味着这两个约束条件是最优解的束缚性约束条件。

“目标系数范围栏”显示，变量 x_1 最优范围为 $x_1 \leqslant 577.708$。因此，只要“煤种 1”的价格在小于或等于 577.708 范围内，$x_1 = 0.414$、$x_2 = 0.596$ 都是最优解。同理，只要“煤种 2”的价格在大于或等于 433.627 范围内，$x_1 = 0.414$、$x_2 = 0.596$ 也都是最优解。

“对偶价格栏”表示的是告诉我们每增加约束条件右端值一单位时最优解的变化情况。首先观察发热量限制（约束条件 1），其对偶价格为－0.105 元。负的对偶价格表明，如果发热量的右端值增加一个单位，最优解不会改进。－0.105 元的对偶价格表示，如发热量约束的右端值从 5300 单位增加到 5301 单位，最优解的值变为 0.105 元。这种变化意味着成本的增加，即最优解的值将变为 500.459＋0.105＝500.546 元/t。右端值范围给出了发热量的限制（约束条件 1）：在 3846.8≤发热量≤5381.479 内，1 单位发热量的对偶价格是有效的。所以，应努力降低发热量来降低成本。

其次观察挥发分的限制（约束条件 2），其对偶价格为 2.513 元。在输出结果的右端值范围给出了挥发分的限制为：下限为 22.157，上限为 22.933。在此范围内，每增加 1 单位的挥发分，混配煤的最低成本将改进 2.513 元，即最低成本会减少 2.513 元，而变成 500.459－2.513＝497.946 元/t。

本模型的建立及分析，对黄埔发电厂的实际工作提供了重要的理论依据。本模型的求解结果，可使该厂在生产中选择最优的配煤组合，使混配煤成本最低。分析本模型的求解结果，在满足目标函数系数、右端值可变范围内，可发现有更多适宜的有利于节约成本的煤种可供选择，燃煤的购买可更好地适应煤炭市场和煤炭价格的变化。

第十二章 煤炭掺烧设备系统的运行

第一节 掺煤能力估算

一、保证锅炉带满负荷的最大掺煤能力

确定最大保证锅炉带满负荷的掺煤能力，除要考虑所占比例较大煤种本身的特性外，最主要考虑的是其余掺烧煤种的发热量特性，以保证掺煤运行后锅炉可以带满负荷。假定锅炉效率的变化很小，输入锅炉的总热量基本不变，这样可以采用如下的方法来估算最大掺煤能力。

1. 确定输入锅炉总热量

可以用热耗值反算，也可以用额定负荷的给煤量计算，如一台 300MW 机组，满负荷时热耗值为 8000kJ/kWh，锅炉燃煤量为 165t/h，当时的发热量为 19190kJ/kg，则用给煤量估算输入总热量为 $165\times19190\times1000=3.166\times10^9$(kJ)，或用热耗值反算锅炉输入总热量为：(8000×300000)/0.925(锅炉效率)＝2.595×10^9(kJ)，本章只给出两种计算方法供参考使用，并非真实数据，所以两者不相同，对于真实数据两者应当非常接近。

2. 确定保证锅炉带满负荷的最大掺煤能力

假定锅炉想掺入煤量的比例为 x，则掺烧后的总煤量由总输入热量除以混煤发热量得出：输入锅炉总热量/[被掺煤发热量×$(1-x)$＋已掺煤发热量×$(1-x)$](kg/h)，该总煤量减去主要煤种磨煤机的给煤量，即为其他磨煤机的给煤总量，再除以磨煤机台数得到每台磨煤机的给煤量，主要煤种磨煤机与其他磨煤机的出力都受到磨煤机实际磨煤最大出力限制。

这样，就可以得到保证锅炉带满负荷时的最大掺煤能力。

3. 对掺烧煤种的要求

如果其他磨煤机的出力确定，假定采用一台磨煤机烧胜利煤，其他磨煤机的需要出力为[(锅炉输出总热量/0.925)－主要煤种发热量×主要煤种掺烧量]/磨煤机台数。

采用本方法确定掺煤能力时，被掺煤种的发热量可由企业长期燃用煤种的实际情况确定，但是不能用平均燃用煤种发热量，而应当根据实际煤种的波动频率情况乘以一个保险系数，因为大部分企业的煤质并不稳定，实际入炉煤不可能保持平均煤种发热量，以该平均值计算掺煤能力，会使企业经常处于机组出力受阻的情况。企业方面则必须加强管理，使煤质情况尽可能的稳定并接近平均值，以保证出力不会受阻。

二、磨煤机实际最大掺煤能力

由于某些煤种的水分高，本质纤维可磨性差，因此磨制该煤种的时磨煤机出力会受到严

重挑战，表现为：

（1）磨煤机的碾磨出力下降。虽然中速磨煤机系统的出力可以采用一些可磨性、水分、煤粉细度等参数进行折算，但是该折算出力只能用于计划，同时必须考虑到掺烧煤种的可磨性不稳定因素，再乘一个小于1的保险系数，最终的磨煤机出力需要实磨试出力确定。

若主要煤种的燃烧特性好，并不需要与其他煤种相同的煤粉细度，所以磨制主要煤种的磨煤机可以开大分离器挡板的开度，把磨煤机煤粉细度控制在$R_{90}=35\%\sim50\%$。把煤粉细度提高后，会使磨煤机出力提高，所以确定磨煤出力必须在这种操作以后的状态进行。

（2）磨煤机的干燥出力下降。由于某些煤种，如褐煤，水分高、需要的干燥出力大、现有的热风温度与热风量难以满足掺配混煤的干燥要求、磨煤机的出口温度会大幅度下降，但为了防止煤粉管内出现水使煤粉管堵塞，磨出口温度不得低于55℃，因此各锅炉的磨煤机干出力受到热风温度与热风量的限制。

由于以上两个因素的限制，实际掺配混煤的磨煤机出力会受到限制。

三、考虑脱硫系统的最大掺煤能力

由于近几年我国强制要求各用煤企业安装脱硫系统，并且实施水平较高，因而掺烧含量硫量较高的煤也是现行混煤掺配手段之一，而掺入大量的典型高硫煤后会使得脱硫系统入口的SO_2量大增，因此还必须考虑脱硫系统的接近能力。

与发热量一样，混煤以后含硫量可由混煤各煤种按给煤量加权平均计算得出，该值必须小于脱硫系统的最大承受值。

四、考虑变负荷能力的最大掺烧能力

由于混煤掺配过程中存在着掺配水分含量较高的煤种，因此带入炉膛中水分可能很多，且发热量低，所以掺烧水分含量大的煤种后，机组变负荷能力会下降，机组的反应会很“迟钝”，表现为：机组升负荷需增加给煤量时，由于很多水分在炉内吸热蒸发，有一个明显的迟滞后，等可燃成分着火放热后，建立新的平衡，机组实际负荷才能到达设定负荷；反之，降负荷时，虽然减少给煤量，由于原高负荷时投入的煤中可燃成分还没有完全燃尽，造成降低负荷也有一个明显的迟滞反应时间。因而，掺煤的量最好不要影响两个细则的要求。

混煤中的煤种越好，热量越高，水分越小，此影响越小。

五、最终的最大掺煤能力

最终的掺煤能力是综合考虑带满负荷、磨煤机出力及脱硫系统的能力三方面因素的最小值，即

$$\text{最大掺煤能力}=\min\begin{cases}\text{考虑锅炉带满负荷的最大掺煤能力}\\\text{磨煤机实际出力决定的最大掺煤能力}\\\text{考虑脱硫系统承受能力的最大掺煤能力}\\\text{考虑变负荷能力的最大掺煤能力}\end{cases}$$

六、掺煤方法

掺煤方法可采用“皮带混合，炉外掺煤”或“分磨上煤，炉内掺烧”两种方式。第一种方式由于不能通过放大煤粉细度来调整磨煤机的碾磨出力，因而主要用于磨煤机碾磨出力较大，热风温度低的机组。采用第一种掺煤方式的机组必须采取锅炉防结渣、煤粉仓防自燃措施，管理难度大。第二种掺煤方式适用于磨煤机碾磨出力本身较小，热风温度高的机组，并且此种方式防自燃管理上难度较小。

各用煤企业可以根据自己的具体情况选择掺煤方式。如果采用“皮带混合，炉外掺煤”的方法时，当掺烧褐煤时（其本身具有高水分、低热量、易燃烧特点），并不需要精确的掺煤比例，只要磨煤机的干出力、碾磨出力够用即可。

第二节　煤炭掺烧锅炉系统的燃烧调整

掺烧过程中的锅炉燃烧工况的好坏，不但直接影响锅炉本身的运行工况和参数变化，而且对整个系统运行的安全、经济均将有着极大的影响，因此无论正常运行或是启停过程，均应合理组织燃烧，以确保燃烧工况稳定、良好。燃烧工况稳定、良好，是保证锅炉安全可靠运行的必要条件。燃烧过程不稳定不但将引起蒸汽参数发生波动，而且还将引起未燃尽可燃物在尾部受热面的沉积，以致给尾部烟道带来再燃烧的威胁。炉膛温度过低不但影响燃料的着火和正常燃烧，还容易造成炉膛熄火。炉膛温度过高、燃烧室内火焰充满程度差或火焰中心偏斜等，将引起水冷壁局部结渣，或由于热负荷分布不均匀而使水冷壁和过热器、再热器等受热面的热偏差增大，严重时甚至造成局部管壁超温或过热器爆管事故。

本节首先阐述了掺烧系统的锅炉燃烧调整的任务和目的，然后分析了影响燃烧的因素和强化燃烧的措施以及不同煤种的燃烧调整原则，燃料量的调节、风量的调节、炉膛压力的调节、燃烧器的运行方式对锅炉燃烧的影响等内容。

一、燃烧调整的任务和目的

混煤掺烧过程中的锅炉燃烧工况的好坏，不但直接影响锅炉本身的运行工况和参数变化，而且对整个工程系统运行的安全、经济均将有着极大的影响，因此无论正常运行或是启停过程，均应合理组织燃烧，以确保燃烧工况稳定、良好。混煤掺烧过程中的锅炉燃烧调整的任务是：

（1）保证锅炉参数稳定在规定范围并产生足够数量的合格蒸汽以满足外界负荷的需要。

（2）保证锅炉运行安全可靠。

（3）尽量减少不完全燃烧损失，以提高锅炉运行的经济性。

（4）使 NO_x、SO_x 及锅炉各项排放指标控制在允许范围内。

提高燃烧的经济性，就要求保持合理的风、粉配合，一、二次风配比，送、吸风配合和保持适当高的炉膛温度。合理的风、粉配合就是要保持炉膛内最佳的过量空气系数；合理的一、二次风配比就是要保证着火迅速，燃烧完全；合理的送、吸风配合就是要保持适当的炉膛负压。无论在稳定工况或变工况下运行时，只要这些配合、比例调节得当，就可以减少燃烧损失，提高锅炉效率。对于现代火力发电机组，锅炉效率每提高1%，整个机组效率将提高 0.3%～0.4%，标准煤耗可下降 3～4g/kWh。

要达到上述目的，在运行操作时应注意保持适当的燃烧器一、二次风配比，即保持适当的一、二次风的出口速度和风率，以建立正常的空气动力场，使风粉均匀混合，保证燃烧良好着火和稳定燃烧。此外，还应优化燃烧器的组合方式和进行各燃烧器负荷的合理分配，加强锅炉风量、燃料量和混煤煤粉细度等的调节，使锅炉始终保持安全经济的状态运行。

锅炉运行中经常碰到的燃烧工况变动是负荷或燃料品质的改变，当发生上述变动时，必须及时调节送入炉膛的燃料量和空气量，使燃烧工况得到相应的加强或减弱。

在高负荷运行时，由于炉膛温度高，混煤煤粉着火和风煤混合条件均较好，燃烧一般比较稳定。为了提高锅炉效率，可根据混煤煤质等具体情况，适当降低过量空气系数运行。过量空气系数减小，排烟热损失必然降低，而且由于炉膛温度提高并降低了烟速，混煤煤粉在炉膛内停留的时间相对延长。只要过量空气控制适当，不完全燃烧损失并不会增加，锅炉效率便可得到提高。低负荷时，由于燃烧减弱，投入的混煤煤粉燃烧器可能减少，炉膛温度和热风温度均较低，火焰充满程度差，为了减少不完全燃烧损失，锅炉风量又往往偏大，使燃烧稳定性、经济性都下降。因此，低负荷时，在风量满足要求的情况下，应适当降低一次风的风速使着火点推前，并适当降低二次风的风速，以增强高温烟气的回流，以利于燃料的着火和燃烧；尽量采用多火嘴、少燃料、燃烧器对称投入均匀分布的方式，以利于火焰间的相互引燃和改善炉膛火焰的充满程度；在掺烧燃用低挥发分的煤种时应采用集中火嘴增加混煤煤粉浓度的方式，使炉膛热负荷集中，以利于燃料的点燃。

二、影响燃烧的因素和强化燃烧的措施

1. 影响燃烧的因素

（1）燃料品质的影响。锅炉燃烧设备是按设计煤种设计的，掺烧的煤质和特性不同，燃烧器的结构特性也就不同。因此，掺烧锅炉正常运行中一般要求混煤的品质与燃烧设备和运行方式相适应，但在锅炉实际运行中，即使进行煤炭掺烧，混煤品质往往变化也较大。由于任何燃烧设备对煤种的适应总有一定的限度，因而燃煤品质的较大变化，对燃烧的稳定性和经济性均将产生直接的影响。

燃料中挥发分含量增加，混煤煤粉的着火温度便将降低；挥发分含量减少，混煤煤粉的着火温度便将相应升高，着火温度升高，着火热就增大，因而掺烧挥发分低的煤种时着火就困难，达到着火所需时间就较长，着火距离就较远。在相同的风粉比条件下，挥发分降低，混煤煤粉火炬中火焰传播的速度将显著降低，从而使火焰扩展条件变差，着火速度减慢，燃烧稳定性降低。对于掺烧挥发分很低的无烟煤而言，含氧量较高时较容易着火。此外，挥发分的含量对混煤煤粉的燃尽也有直接的影响。通常混煤的挥发分含量越高，越容易着火，燃烧过程越稳定，不完全燃烧损失也就越小。

灰分过高的混煤着火速度慢，燃烧稳定性差，而且燃烧时由于灰分容易隔绝可燃质与氧化剂的接触，因而多灰分的混煤燃尽性能也较差。混煤的灰分越高，加热灰分造成的热量消耗增多，使燃烧温度下降。此外，固态飞灰随烟气流动，会使受热面磨损和堵灰；熔化的灰还会在受热面上形成结渣，影响各受热面传热比例的变化；燃烧器喷口结渣时，不但影响燃烧器的安全运行，而且还将对炉内燃烧工况产生直接的影响。

水分对掺烧过程的影响主要表现在水分多的混煤引燃着火困难，且会延长燃烧过程，降低燃烧室温度，增加不完全燃烧及排烟热损失。因为混煤燃烧时，水分蒸发需要吸收热量，使煤的实际发热量降低、燃烧温度下降。此外，混煤的水分过高时还将影响混煤煤粉细度及磨煤机的出力，并将造成制粉系统的堵煤或堵粉，严重时甚至引起燃烧异常等故障情况。

（2）混煤煤粉细度的影响。混煤煤粉越细，表面积越大，在其他条件相同的情况下，加热时温升越快，挥发分的析出、着火及化学反应速度也就越快，因而越容易着火。混煤煤粉细度越细，所需燃烧时间越短，燃烧也就越完全。

（3）一次风的风量、风速、风温的影响。正常运行中，减少风粉混合物中一次风的数量，一方面相当于提高混煤煤粉的浓度，将使混煤煤粉的着火热降低；另一方面在同样高温烟气量的回流下，可使混煤煤粉达到更高的温度，因而可加速着火过程，对混煤煤粉的着火和燃烧有利。但一次风量过低，则往往会由于着火初期得不到足够的氧气，使反应速度反而减慢而不利于着火扩展。一次风量应以能满足挥发分的燃烧为原则。

一次风速过高，将降低混煤煤粉气流的加热程度，使着火点推迟，容易引起燃烧不稳，且混煤煤粉燃烧也不易完全，特别是降低负荷时，由于炉内温度较低，甚至有可能产生火焰中断或熄火，此时，应设法降低一次风速。但一次风速过低会造成一次风管堵塞，而且着火点过于靠前，还可能烧坏喷燃器。一次风温越高，混煤煤粉气流达到着火点所需热量就越少，着火速度就越快。但一次风温过高，对于掺烧高挥发分的煤种时，往往会由于着点离燃烧器喷口过近而造成结渣或烧坏喷燃器。反之，一次风温过低，则会使混煤煤粉的着火点推迟，对着火不利。

（4）燃烧器特性的影响。对于同一台锅炉而言，燃烧器出口截面越大，混合物着火结束离开喷口距离就越远，即火焰相应拉长。小尺寸燃烧器能增加混煤煤粉气流点燃的表面积，使着火速度加快、着火距离缩短、炉膛出口温度不致过高、燃料燃烧完全。直流燃烧器着火区的吸热面积虽较小，但由于能得到炉膛中温度较高烟气的混入和加热，因而在着火条件上还是比较好的。直流燃烧器组织切圆燃烧时后期混煤煤粉与空气的混合较充分，而且可根据不同燃料对二次风混入时间的要求，进行结构和布置特性上的设计，以改善掺烧燃尽程度。旋流燃烧器着火区的吸热面积大，着火条件好，能独立着火燃烧，特别是在大型锅炉上采用时可有效地解决炉膛出口烟气的偏斜问题，但对煤种的适应性较差。

（5）锅炉负荷的影响。锅炉负荷降低时，炉膛平均温度降低，燃烧器区域的温度也要相应降低，对混煤煤粉气流的着火不利。当锅炉负荷降低到一定值时，为了稳定炉火，必须投用油枪进行助燃。无助燃油枪时，混煤煤粉能稳定着火和掺烧的锅炉允许最低负荷，与掺烧锅炉本身的特性、所掺烧的混煤参数和燃烧器的形式等有关。掺烧低挥发分煤种或劣质烟煤时，其最低负荷值便要升高；掺烧优质烟煤时，其值便可降低。锅炉全烧煤时的允许最低负荷，应通过燃烧试验来确定。

（6）过量空气系数的影响。炉膛过量空气系数过大，将使炉膛温度降低，对着火和燃烧都不利，而且还将造成锅炉排烟热损失的增加。过量空气系数过小时，又将造成缺氧燃烧，使掺烧不完全。

（7）一次风与二次风配合的影响。一、二次风的混合特性也是影响着火和燃烧的重要因素。二次风在混煤煤粉着火以前过早地混合，对着火是不利的。因为这种过早的混合等于增加了一次风量，将使混煤煤粉气流加热到着火温度的时间延长，着火点推迟。如果二次风过迟混入，又会使着火后的燃烧缺氧。故二次风的送入应与火焰根部有一定的距离，使混煤煤粉气流先着火，当燃烧过程发展到迫切需要氧气时，再与二次风混合。

（8）掺烧时间的影响。掺烧时间对混煤煤粉燃烧完全程度影响很大。掺烧时间的长短主要决定于炉膛容积的大小。一般来说，容积越大，则混煤煤粉在炉膛中流动时间越长。此外，掺烧时间的长短还与火焰充满程度有关，火焰充满程度差，就等于缩小了炉膛容积，使混煤煤粉颗粒在炉膛中停留的时间变短。掺烧低挥发分的煤种时，一般应适当加大炉膛容积，以延长掺烧时间。此外，掺烧炭粒的燃尽，占了掺烧过程的大部分时间和空间，因此尽量缩短着火阶段，可以增加燃尽阶段的时间和空间，将有利于混煤炭粒的燃尽。

2. 良好掺烧的必要条件

影响燃烧的因素很多，而好的燃烧必须具备以下条件：

（1）供给完全燃烧所必须的空气量。

（2）维持适当高的炉膛温度。

（3）空气与燃料具有良好的混合。

（4）有足够的燃烧时间。

3. 强化混煤煤粉燃烧的措施

根据影响着火和燃烧因素的分析，强化混煤煤粉燃烧，一般可采取如下措施：

（1）提高热风温度。

（2）保持合适的空气量，根据混煤煤种，控制合理的一次风量。

（3）选择适当的气流速度，以保证适当的着火点位置。

（4）根据掺烧过程的发展，及时送入二次风，既不使燃烧缺氧，又不降低火焰温度。

（5）保持着火区的高温，加强气流中高温烟气的卷吸。

（6）选择适当的混煤煤粉细度。

（7）维持远离燃烧器的火炬尾部具有足够高的温度，以增强燃尽阶段的燃烧程度。

三、混煤煤粉细度的确定

混煤煤粉细度不但影响混煤煤粉的着火和燃烧条件，而且对掺烧的经济性也将产生直接的影响。混煤煤粉越细，燃烧越快越完全，不完全燃烧损失越低。燃烧细的混煤煤粉时还可降低炉膛过量空气系数，使排烟热损失减少，但磨制细的混煤煤粉需要消耗较多的电能和制粉设备的金属；反之混煤煤粉越粗，则制粉设备的电耗及金属损耗可越少，但不完全燃烧就要增大。适当的混煤煤粉细度可使排烟热损失和机械不完全燃烧损失以及制粉设备的电耗和金属消耗（即设备磨损）的总和为最小。总损失最小时的混煤煤粉细度，称为混煤煤粉的“经济细度”。

影响混煤煤粉经济细度的因素有：混煤特性、制粉系统特性、燃烧设备的形式和完善程度以及运行工况等。

混煤中挥发分的含量是决定混煤煤粉经济细度的主要因素。当锅炉掺烧的煤挥发分含量较多时，由于相对容易燃烧，故混煤煤粉可以适当粗一些。当混煤中含有较多的灰分时，由于灰分会阻碍燃烧，此时就要求混煤煤粉能适当细一些。

当制粉设备磨制出的混煤煤粉均匀性较好时，由于混煤煤粉中粗粉含量相对较少，因而混煤煤粉便可适当粗一些，即混煤煤粉的经济细度可相对变粗。

对于既定的锅炉设备和混煤特性，其混煤煤粉经济细度可通过试验来确定。

四、掺烧不同煤种时的燃烧调整原则

1. 无烟煤

无烟煤（见图12-1）是挥发分最低的煤种，它的可燃基挥发分在10%以下，而固定碳较高，因此不易着火和燃尽。在掺烧无烟煤时，为保证着火，必须保持较高的炉膛温度，一次风量、一次风速应低些，这样对着火有利。但一次风速不能过低，否则气流刚性差、卷吸力量小，严重时反而不利于着火和燃烧，同时还有可能造成一次风管内气粉分离甚至堵塞。二次风速应高些，二次风速较高能有利于穿透，使空气与混煤煤粉充分混合，并能避免二次风过早混入一次风，影响着火。各组二次风门开度可采用倒宝塔形，即上二次风开大、中二次风较小、下层二次风门开度最小。这是因为在燃烧器区，随烟气向上运动，烟速逐渐增加，易使上二次风射流上翘，开大上二次风，且提高上二次风风速，对混合有利。下二次风关小，以提高炉膛下部温度，对着火引燃有利，但风速应以能托住混煤煤粉为原则。此外，混煤煤粉细度应适当控制行细些，一般R_{90}可在8%～10%，并应提高磨煤机出口温度，这样对着火和燃烧有利。贫煤的挥发分含量为10%～12%，其着火性能比无烟煤要好些。

2. 烟煤

通常掺烧的烟煤挥发分和发热量都较高，灰分较少，容易着火燃烧，因而一次风量和风速应高些。二次风速可适当降低，使二次风混入一次风的时间提前，将着火点推后以免结渣或烧坏喷燃器。燃烧器最上层和最下层的二次风门开度应大些较好。这是因为最上层二次风除供给上排混煤煤粉燃烧所需的空气外，还可以补充炉膛中未燃尽的混煤煤粉继续燃烧所需要的空气，另外还可以起到压住火焰中心的作用。最下层二次风能把分离出来的混煤煤粉托起继续燃烧，减少机械不完全燃烧损失。

图12-1　无烟煤

图12-2　烟煤

3. 劣质烟煤

劣质烟煤（见图12-3）是水分多、灰分多、发热量低的烟煤。这种煤的挥发分虽较高，但是由于煤的灰分高，水分又多，掺烧该种煤时，将使炉膛温度降低，而且挥发分又被包围不易析出，因此掺烧这种煤比例较高着火比较困难，着火后燃烧也不易稳定。由于灰分的包围，混煤煤粉也难燃尽，燃烧效果不好，同时由于灰分多，炉内磨损、结渣等问题较为突出。

总之，掺烧劣质烟煤，必须解决着火困难、燃烧效果差、磨损结渣等问题。掺烧劣质烟煤的配风方式与掺烧无烟煤相似，一次风量与一次风速应低些，二次风速可高些。一般一次风率为20％～25％，一次风速为20～25m/s，二次风速可高些，一般为40～50m/s。

4. 褐煤

褐煤（见图12-4）是发热量低、水分多、挥发分高、灰熔点低的劣质煤，由于褐煤的水分高，所形成的混煤的干燥相对比较困难，并使炉内烟气量增大，烟气流速增高，加上灰分多，因而极易造成受热面的严重磨损。褐煤灰熔点低，在炉内容易发生结渣。

图12-3　劣质烟煤

图12-4　褐煤

掺烧褐煤时的配风原则与掺烧烟煤时基本相同。但一次风量、一次风速和二次风速的数值，一般比掺烧烟煤时要高一些。

五、燃料量的调节

直吹式制粉系统煤量的调节。具有直吹式制粉系统的混煤煤粉炉，一般都装有数台磨煤机，也就是具有几个独立的制粉系统。由于直吹式制粉系统无中间混煤煤粉仓，它的出力大小将直接影响到锅炉的热负荷。

当锅炉负荷变动不大时，可通过调节运行中制粉系统的出力来解决。当锅炉负荷增加，要求制粉系统出力增加时，应先增加磨煤机内的存粉作为增负荷开始时的缓冲调节；然后再增加给煤量，同时相应开大二次风门。反之，当锅炉负荷降低时，则应减少给煤量、磨煤机通风量以及二次风量。

当负荷有较大的变动时，则需通过启动或停用制粉系统方能满足对燃料量改变的需要，其原则是一方面应使磨煤机在合适的负荷下运行，另一方面则要求燃烧器在新的组合方式下能保证燃烧工况良好，火焰分布均匀，以防止热负荷过于集中造成水冷壁运行工况恶化。在启动或停用制粉系统时，应及时调整一次风、二次风以及炉膛压力；及时调整其他燃烧器的负荷，保持燃烧稳定和防止负荷的骤增或骤减。

总之，对于具有直吹式制粉系统的锅炉，其燃料量的调节，基本上是通过改变给混煤量来实现的，在调节给混煤量的风门开度时，应注意挡板开度指示、风压变化情况以及各电动机的电流变化，防止发生堵管或超电流等异常情况。

六、风量的调节

从运行经济性方面来看，在一定范围内，炉内过量空气系数增大，可以改善混煤与空气的接触和混合，有利于完全混煤，使化学不完全燃烧热损失和机械不完全燃烧损失降低。但是，当过量空气系数过大时，因炉膛温度降低和烟气流速加快使燃烧时间缩短，可能使不完全燃烧损失反而有所增加。排烟带走的热损失则总是随着过量空气系数的增大而增加的。

所以，过量空气系数过大时，锅炉总的热损失就要增加。与此同时，还将使送、吸风机的电耗增大。合理的过量空气系数应使各项热损失之和为最小，这时的过量空气系数称为锅炉的最佳过量空气系数。显然，正常运行时送入锅炉的空气量，应当使过量空气系数尽量维持在最佳值附近。

从锅炉工作的安全性方面来看，炉内过量空气系数过小，会使混煤燃烧不完全，造成烟气中含有较多的未燃尽炭和一氧化碳可燃气体等，给尾部烟道受热面发生可燃物再燃烧带来威胁。灰分在还原性气体中熔点降低，易引起炉内结渣等不良后果。过大的过量空气系数还将使混煤煤粉炉受热面管子和吸风机叶片的磨损加剧，影响设备的使用寿命。此外，过量空气系数增大时，由于过量氧的相应增加，使燃料中的硫分易于形成 SO_3，烟气露点温度也相应提高，从而使尾部烟道的空气预热器更易于腐蚀。同时，烟气中的 NO_x 也将增多，影响排放指标的合格。

正常稳定的燃烧，说明风、粉配合比恰当。这时炉膛内应具有光亮的金黄色的火焰，火焰中心应在炉膛的中部，火焰均匀地充满炉膛，但不触及四周水冷壁，不冲刷屏式过热器。同层燃烧器的火焰中心处于同一标高上。着火点应适中，太近易引起燃烧器周围结渣或烧坏喷燃器；着火点过远，又会使火焰中心上移，使炉膛上部结渣和不完全燃烧程度增加，影响锅炉效率，严重时还将使燃烧不稳，甚至引起锅炉熄火。

总之，风量过大或过小都会给锅炉的安全经济运行带来不良的影响。锅炉总风量的调节，是通过改变送风机的风量来实现的。对于离心式送风机，通常是改变进口导向挡板的开度；对于轴流式送风机，一般是通过改变风机动叶角度来调节风量的。在锅炉的风量控制中除了改变总风量外，一、二次风的配合调节也是十分重要的。一、二次风的风量分配应根据它们所起的作用进行调节。一次风量应以能满足进入炉膛的风粉混合物中挥发分燃烧及固体焦炭质点的氧化需要为原则。二次风量不仅应满足燃烧的需要，而且还应起到补充一次风末段空气量不足的作用。此外，二次风应能与进入炉膛的可燃物充分混合，这就是需要有较高的二次风速，以便在高温火焰中起到搅拌混合的作用，以强化燃烧。有些情况下，可借助改变二次风门的开度，来满足由于喷燃器中混煤煤粉浓度偏差造成的风量需求。

目前，大容量的锅炉，一般都装有两台送风机。当两台送风机均运行时，在调节风量的过程中，应同时改变两台风机的风量并注意观察电动机的电流以及风机的出口风压、风量同步变化，使两侧空气或烟气流动工况均匀，并防止轴流风机进入不稳定工况区域运行。风量调节时，还应通过炉膛出口氧量的变化，来判断是否已满足需要。高负荷情况下，应特别注意防止电动机的电流超限。

七、炉膛压力的调节

炉膛压力是反映燃烧工况稳定与否的重要参数。炉内燃烧工况一旦发生变化，炉膛压力将迅速发生相应改变。当锅炉的燃烧系统发生故障或异常情况时，最先将在炉膛压力的变化上反映出来，而后才是蒸汽参数的一系列变化。因此，监视和控制炉膛压力，对于保证炉内燃烧工况的稳定具有极其重要的意义。

炉膛负压维持过大，会增加炉膛和烟道的漏风，当锅炉在低负荷或燃烧工况不稳的情况下运行时，便有可能由于漏入冷风而造成燃烧恶化，甚至发生锅炉灭火。反之，若炉膛压力偏正，高温火焰及烟灰有可能外喷，不但影响环境卫生，还将造成设备损坏或引起人身事故。运行中引起炉膛负压波动的主要原因是燃烧工况的变化。为了使炉内燃烧能连续进行，必须不间断地向炉膛供给所需空气，并将燃烧后生成的烟气及时排走。在燃烧产生烟气及其排除的过程中，如果排出炉膛的烟气量等于燃烧产生的烟气量，则进、出炉膛的物质保持平衡，炉膛负压就相对保持不变。若上述平衡遭到破坏，则炉膛负压就要发生变化。

运行中即使送、吸风保持不变，由于燃烧工况总有小量的变化，炉膛压力总是脉动的，当燃烧不稳时，炉膛压力将产生强烈的脉动，炉膛风压表相应做大幅度的剧烈晃动。运行经验表明：当炉膛压力发生剧烈脉动时，往往是灭火的预兆，这时必须加强监视和检查炉内燃烧工况，分析原因，并及时进行调整和处理。

在正常情况下，炉膛负压和各部分烟道的负压都有大致的变化范围，因此运行中如发现数值上有不正常的变化时，应进行全面分析，查明原因，以便及时处理。

炉膛压力，通常是通过改变吸风机的出力来调节的。吸风机的风量调节方法和要求与送风机基本相同，吸风机的安全运行方式应根据锅炉负荷的大小和风机的工作特性来考虑。为了保证人身安全，当运行人员在进行除灰、吹灰、清理焦渣或观察炉内燃烧情况时，炉膛压力应保持较正常时低一些（即炉膛负压应高一些）。

八、燃烧器的调节

燃烧器保持适当的一、二次风配比及出口速度，是建立良好的炉内工况，使风粉混合均匀，保证燃料正常着火与燃烧的必要条件。

运行中二次风速挡板的调节以混煤挥发分的变化和锅炉负荷的高低为依据。对于挥发分低的混煤，由于着火困难，因此应适当关小风速挡板，使扩散角增大，热回流量增大，从而提高火焰根部温度，以利于燃料的着火；对于掺烧挥发分高的混煤，由于着火容易，则应适当开大风速挡板，增加燃烧器出口气流的轴向速度，使扩散角减小，射程变远，以防烧坏燃烧器和结渣。在高负荷情况下，由于炉膛温度比较高，混煤煤粉的着火条件较好，掺烧比较稳定，故二次风扩散角可小些，即二次风风速挡板的开度可适当大些；而在低负荷下，由于炉膛温度较低，燃烧不够稳定，则风速挡板的开度可小些，即二次风扩散角应大些，以增强高温烟气的热回流，以利于混煤煤粉的着火和燃烧。

风速挡板调节后，不仅改变了二次风的速度，而且还改变二次风的风量，因而往往还要调节风量挡板。如关小风速挡板后，为了保持风量不变，则应适当开大风量挡板。

实践表明，这种燃烧器的旋流强度较难调节，且调节幅度一般也有限，尤其是它对负荷和混煤特性的适应性较差，燃烧调节不便，因此目前采用广泛。

轴向叶轮式旋流燃烧器的一次风速也只能靠改变一次风量来调节，而二次风出口的切向速度或旋流强度的改变，可根据煤种和工况变化的需要，通过调节二次风叶轮的位置来实现。当掺烧低挥发分的煤种时，为了使其容易着火，二次风叶轮往前推（往炉膛方向推），这时通过锥形导向叶片的二次风量增大，旋流强度和回流区相应增大，射程变短，扩散角变大，使较多的高温烟气被卷吸至燃烧器根部，有利于混煤煤粉气流的着火。当掺烧高挥发分的煤种时，可以把二次风叶轮往外拉出，叶轮外围的间隙增大，使一部分二次风从间隙流过，通过锥形导向叶片的二次风量减小，造成二次风的切向速度减小，旋流强度减弱，扩散角和回流区变小，射程变远，以防止燃烧器出口结渣或烧坏燃烧器。

总之，为了适应不同煤种和工况的需要，应控制不同的旋流强度和一、二次风配比。燃烧器出口切向风速的调节一般常和风量的改变配合进行，但必要时也可进行单项调节，如调节风速板、轴向叶轮的位置、中心锥等。一、二次风的轴向速度，一般只能靠改变一、二次风率的分配来调整，通过二次风风量挡板或总风量的改变来实现。

九、燃烧器的运行方式

燃烧工况的好坏，不仅受到配风工况的影响，而且与炉膛热负荷及混煤在炉内的分布有关，即与燃烧器运行方式有关。

在实际运行中，由于锅炉形式、混煤特性、燃烧器的结构和布置方式多样，因而不可能按统一的模式来规定燃烧器的组合方式和负荷分配，合理的燃烧器运行方式只能根据一定原则，通过燃烧调整试验来加以确定。

为了保持正确的火焰中心位置，避免火焰偏斜，一般应将投入运行各燃烧器的负荷（即风量和混煤煤粉量）尽量分配均匀、对称。但有时为了调整燃烧中心、改变火焰的偏斜现象、避免结渣、调节蒸汽温度偏差、提高运行经济性以及为了适应锅炉负荷、混煤特性随机变化等原因，常有意识地改变各燃烧器的负荷分配。如对于前墙布置燃烧器的炉膛，提高其两侧燃烧器所承担的负荷可以使烟道两侧的烟温提高，从而减少过热器的热偏差，对于采用四角布置的直流燃烧器的炉膛，改变上、下排喷口的给粉量或二次风量，也是调节燃烧中心高度和改善气粉混合程度及提高燃烧效率的常用措施。如在保持蒸汽温度正常的情况下，为了提高经济性，可减少上排燃烧器的负荷或停止其运行，以延长燃料在炉内停留的时间，尽量达到完全燃烧。

运行实践表明：在热负荷允许的情况下，尽量采用多火嘴对称投入的运行方式，将有利于火焰间的相互引燃，便于调节，容易适应负荷的变化，同时风粉混合和火焰充满程度均较好，使燃烧比较完全和稳定。但当掺烧低挥发分的煤炭时，则应采用集中火嘴，增加混煤煤粉浓度的运行方式，使炉膛热负荷集中，以利于混煤的着火。

在高负荷运行时，炉膛热负荷较高，燃烧比较稳定，但主要问题是蒸汽温度高，容易结渣。因此，此时应设法降低火焰中心，或缩短火焰长度，同时力求避免结渣。

在低负荷运行时，炉膛热负荷低，容易灭火。为了防止灭火，应适当减少炉内过量空气系数，调节好各燃烧器的混煤煤粉量和风量，避免风速有很大的变动。对燃烧工况不太好的燃烧器更应加强监视。

判断燃烧器运行方式调整效果好坏的标准，除了蒸汽参数、燃烧的稳定性、炉膛出口烟气温度及炉内空气动力场分布和燃烧经济性外，还应注意炉膛两侧的燃烧产物、飞灰可燃物及烟气温度的分布等是否均匀；另外，还应考虑锅内过程方面的均匀性，如过热蒸汽温度分布、汽包两侧炉水含盐浓度及水位是否匀称等。

为了燃烧调整或锅炉负荷的变化需要，有时往往要进行燃烧器的投、停操作。在进行燃烧器的投、停时，一般可参考下述原则；

(1) 为了使炉膛内的火焰充满程度好和保持合理的火焰中心位置，应尽量将全部燃烧器投入运行并均匀承担负荷。一般情况下，只有在为了稳定燃烧以适应锅炉低负荷运行的需要或保证锅炉参数必须停用部分燃烧器时，才可进行停用燃烧器的操作。这时经济性方面的考虑则是次要的。

(2) 停用上排燃烧器、投用下排燃烧器可降低火焰中心，有利于燃烧。

(3) 高负荷时为了防止结渣和蒸汽温度过高，应设法降低火焰中心和缩短火焰长度。

(4) 需要对燃烧器进行切换时，应先投入备用的燃烧器，待运行正常后，再停用运行的燃烧器，以防止燃烧中断或减弱。

(5) 在投、停或切换燃烧器时，必须全面考虑对燃烧、蒸汽温度等方面的影响。

此外，在投、停燃烧器或改变燃烧器的负荷过程中，还应同时注意风量与混煤煤粉量的配合。运行中对于停用的燃烧器，要通入少量的空气进行冷却，以保证喷口不被烧坏。

第三节　煤炭掺烧锅炉受热面结渣分析

一、受热面结渣的类型

在掺烧过程中的混煤煤粉燃烧时，高温的烟气中夹带的熔化或半熔化的煤粉颗粒碰撞到受热面上，凝结下来，并在受热面上不断增厚、积累，最后形成结渣。结渣过程主要是混煤中的矿物质在烧过程中输运作用的结果。其形成过程是十分复杂的物理化学过程，其中涉及燃烧、气固多相流、传热与传质等多门学科。在掺烧过程中，影响结渣的因素很多，既与混煤特性有关，也与锅炉的结构和运行条件有关。总之，结渣是在燃烧过程中形成的，其机理可以概括地表述为：当温度高于灰熔点的烟气冲刷受热面时，烟气中熔融的灰渣黏附到受热面上，造成结渣。沾污是指温度低于灰熔点的灰粒在受热面上的沉积。沾污的类型有高温灰沉积和低温灰沉积两类。高温灰沉积的形成温度处于灰粒的变形温度下的某一范围内，这种沉积一般产生在屏式过热器、对流过热器等对流受热面上；低温灰结渣则主要出现在温度低于酸露点的管壁表面上，如低温省煤器和空气预热器，它是由酸液与飞灰凝聚而成。对流受热面管束上典型的积灰、结渣沉积物形态包括单侧楔形积灰、双侧楔形积灰、单侧熔变积灰和积灰搭桥四种。积灰与结渣往往相互间不易分割，物理因素和化学因素交替相互作用，因此其类型也是千变万化，很难用同一模式加以判别，分类标准不一。根据积灰强度可分为松散性积灰和黏结性积灰两类，二者在生长特性和机械强度等方面都是存在很大差别的。按照主要气化物质和底层积灰特性的不同分为碱金属化合物型积灰、硅化物型积灰和钙化物型积灰三种类型；按灰渣黏聚的紧密程度由弱到强可将灰渣分为七种：①附着灰；②微黏聚渣；③弱黏聚渣；④黏聚渣；⑤强黏聚渣；⑥黏熔渣；⑦融熔渣。这些灰渣的特性是各不相同的。不同类型的结渣如图 12-5 所示。

图 12-5　不同类型的结渣

二、受热面结渣的危害

由于混煤燃烧时，燃烧产物中会有大量的灰粒、氧化硫等物质，这些物质由不同温度的烟气携带通过炉膛及对流烟道，在不同的受热面上会引起沾污、积灰、结渣和腐蚀，使炉内整个热平衡变更，导致过热蒸汽温度改变，排烟温度升高，锅炉效率及可靠性降低，严重时将被迫降低负荷运行甚至停炉。通常炉内受热面沾污、结渣对锅炉运行的危害主要有：

（1）降低炉内受热面的传热能力。灰污在受热面上沉积后，因其导热系数很低，故热阻很大。一般污染数小时后水冷壁传热能力会降低 30%～60%。结渣引起炉内火焰中心向后推移，炉膛出口烟温相应升高，排烟热损失增大。因沾污造成排烟温度升高会使锅炉效率降低 1%～2%，影响运行经济性。与调查估计，美国每年因锅炉受热面沾污而带来的各种经济损失总和达 20 亿～100 亿美元。

（2）由于炉膛出口烟温升高，导致过热蒸汽温度偏高。这不仅危害过热器，还会导致汽轮机事故。此外，飞灰易黏附在对流和屏式过热器上，引起过热器沾污和腐蚀。

（3）在喷燃器出口处，可能会因结渣而影响煤粉气流正常喷射，甚至喷口被焦渣堵住。另外，焦渣易引起气流偏移，形成局部高温，烧坏喷燃器。

（4）出现积灰结渣的恶性循环。水冷壁管在沾污的过程中，由于沾污层热阻很大，灰层表面的温度不断提高，当局部热负荷过大，炉内空气动力组织不良、火炬中心贴墙及灰熔点较低时，都会使积灰结渣过程迅速增长，严重影响掺烧锅炉的正常运行。即使是正常运行的锅炉，由于沾污，水冷壁管温也大大高于饱和水温度。对一般锅炉，光管水冷壁灰污层温度只比火炬温度低 250～400℃，带销钉涂上耐火材料的水冷壁只比火炬温度低 50～150℃，因此为下一步积灰、结渣提供了基础。当运行不正常、操作不当、混煤煤质变化较大等条件出现时，便会产生积灰、结渣恶性循环。

（5）产生高温腐蚀。沾污后的水冷壁管受到灰和烟气复杂的化学反应，有时会出现高温腐蚀，管壁厚度由外壁向内壁减薄。锅炉压力越高，就越容易产生高温腐蚀。从发生高温腐蚀的部位来看，大多在布置喷燃器高度的区域内。国内某些腐蚀严重的电厂，其水冷壁管年腐蚀量达0.82～2.5mm。国外燃用无烟煤的液态排渣300MW机组也经常出现高温腐蚀，最大的腐蚀速度高达1.8～2mm/a。

(6) 燃烧室上部大块渣掉落时，会砸坏水冷壁管和冷灰斗，有可能使冷灰斗出口发生堵塞，造成炉膛灭火、氢爆，甚至人身伤亡。

(7) 在传热减弱的情况下，为维持锅炉出力需要更多混煤燃料，使引、送风机负荷增加，因此引起电耗增加。另外，由于通风设备的容量有限，加之结渣时易发生烟气通道阻塞，可能会造成引风量不足，燃烧不完全，一些可燃物被带到对流受热面，在烟道角落堆积起来继续燃烧，即发生烟道再燃烧现象，其后果极具破坏性。

从上面的叙述中可见，炉内受热面的沾污、积灰及结渣严重影响锅炉安全经济运行。锅炉结渣轻则影响传热，迫使锅炉降负荷运行，降低锅炉效率；重则导致非计划停炉或造成重大安全事故，是危及锅炉安全运行的一大难题。近年来，国内电厂出现的因混煤掺烧锅炉受热面沾污、结渣停炉或因落焦砸坏水冷壁的事件频繁发生，给电厂的安全经济运行带来了极恶劣的影响。因此，锅炉受热面积灰、结渣磨损等问题的研究和深入对混煤掺烧的安全经济运行起着举足轻重的作用，应在锅炉设计和运行过程中引起足够的重视。

三、结渣判别方法

对易结渣煤质的判别一直受到许多学者的关注，并提出了许多的判别指数和判别方法。从大的方面来分主要分为灰熔融型结渣指数法、灰成分型结渣指数法、灰黏度型结渣指数法、特种方法和综合判别方法等。

1. 灰熔融型结渣指数法

灰的熔融特性是评定煤灰结渣性能的一个重要准则。目前世界上大多数国家测定煤灰的熔融性以角锥法作为标准方法。判别煤灰熔融性习惯上采用灰熔点。灰熔点包括初始变形温度（*DT*）、软化温度（*ST*）和流动温度（*FT*）。初始变形温度和流动温度不易测准确。美国标准给出，在同一试验室和不同操作人员允许的最大误差为（半还原性气氛）：*DT* 为70℃，*ST* 为55℃，*FT* 为85℃。可见 *DT* 和 *FT* 误差较大。哈尔滨成套设备研究所根据实际结渣情况对250种中国煤进行判别，发现用软化温度不同来判定煤的结渣性并配以灰成分判别，分辨率只有65%。经过研究发现，在以角锥法进行试验时，有时灰样在缓慢加热时由于释放出气体产生一些小的孔穴，但紧接着开始熔化，这些孔穴又被填满，使试样形状不会发生改变，而熔融性是根据试样形状的变化来确定的，不同煤的孔穴不完全相同，因此带来误差。另一个引起误差的原因是，灰的熔融特性是在已分解或氧化了的矿物质的生成物基础上做的，而不是在给入锅炉燃烧室的煤中原来存在的矿物质基础上做的。尽管存在这些缺陷，但灰熔点判别方法在目前仍是判别结渣的主要方法，因为其65%的分辨率在众多判别方法中是最高的，并且已经积累了许多经验。

2. 灰成分型结渣指数法

由于灰的熔融特性主要是由灰中各成分的综合作用结果产生的，因而许多学者致力于用灰的成分来判别煤的结渣特性。目前国内外采用的灰成分判别指数有碱酸比、硅铝比、硅比、铁钙比、结渣指数、沾污指数和结渣温度等。这些指数均是在得到煤灰的各氧化物组成成分后，进行分析计算得到的。据研究，灰成分型结渣指数的分辨率更低，只有30%左右。因此，一般要与其他判别方法结合使用，作为辅助判别手段。灰成分确定结渣特性不够准确的主要原因是化学分析不能给出煤中存在哪些矿物质成分，如高的 SiO_2 含量可以是由石英，也可以是由于黏土矿物质引起的，而这两种物质在炉膛中的性质极为不同，还有碱可以与氯化物相结合，也可以牢固地沉积在长石的晶格内，然后参加炉膛内的反应。美国曾对 130 台 300MW 及以上容量锅炉进行了各种结渣指数的调研，结果表明，没有一项可以完全正确预报结渣倾向，其中软化温度、硅铝比分辨率最高，这是针对美国煤情况。哈尔滨成套设备研究所根据实际情况对 250 种中国煤进行的判别，其分辨率为 65%。哈尔滨锅炉厂有限责任公司与哈尔滨工业大学对我国褐煤研究结果认为，软化温度和硅铝比两项指标分辨率可达 74%。

煤灰成分硅比 G、碱酸比 B/A 可以对灰的结渣特性进行预测。

硅比计算公式：

$$G=\frac{SiO_2}{SiO_2+Fe_2O_3+CaO+MgO}\times 100\% \tag{12-1}$$

判据为

$G>78.8$ 时，不存在结渣；

$66.1<G<78.8$ 时，中等结渣；

$G<66.1$ 时为严重结渣煤灰。

碱酸计算公式：

$$B/A=\frac{Fe_2O_3+CaO+MgO+Na_2O+K_2O}{SiO_2+Al_2O_3+TiO_2} \tag{12-2}$$

判据为

$0.206<B/A$ 时，结渣性轻微；

$B/A>0.4$ 时，严重结渣性；

$0.206<B/A<0.4$ 时，中等结渣。

用 Na_2O 含量预测试验煤种的沾污倾向，判断沾污标准如下：

$Na_2O<0.5\%$　　低度沾污倾向；

$Na_2O=0.5\sim1.0\%$　　中度沾污倾向；

$Na_2O=1.0\sim2.5\%$　　高度沾污倾向；

$Na_2O>2.5\%$　　严重沾污倾向。

用煤灰在还原性气氛中的 DT 判断煤种结渣性界限的标准如下：

$DT>1289℃$　　不结渣；

$DT=1108\sim1288℃$　　中等结渣；

$DT<1107℃$　　严重结渣。

3. 灰黏度型结渣指数法

用灰黏度来预示结渣特性有相当的准确度。因为从理论上讲，只有当一部分灰粒的黏度足以使其附着在壁面上，才有可能在炉膛壁面上产生结渣。西安热工研究院有限公司已将此法用于大容量锅炉设计。过去煤科院只测定 500 泊以下的黏度特性，这对研究固态排渣炉的结渣情况略显不足。应该研制黏度大于 500 泊到 1500 泊以上的黏温特性测试装置，西安热工研究院有限公司已经制成并加以应用，但尚未定型普及。国外在这方面曾经进行了深入的研究，提出了结渣判别指数 R_{vs}。要计算该指数，需要通过试验得到黏度为 250、2000、10000 泊时的对应温度。当受到条件限制，黏度最高只能做到 500 泊时，一般也能看出煤灰的结渣倾向。有研究认为，煤灰的黏度为 500 泊时对应的温度小于 1350℃的煤为易结渣煤种。由不同气氛黏温特性曲线计算出的黏度结渣指数 R_n 被认为是预测各类煤灰结渣倾向较为可靠的指标之一。由于测量材料的限制，国内主要采用还原气氛下的黏度。西安热工研究院有限公司曾对30余种煤进行了单一还原气氛黏温特性测定，并得到了单一还原气氛下黏度结渣指数 R_n。

4. 特种方法

采用先进的设备对煤结渣特性进行研究，就形成了研究煤结渣的特种方法，也是近年来的特点。判别的准确性有待于进一步研究。主要有热显微镜法、重力筛分法、渣型对比法、热平衡相图法和电子探针扫描电镜法。下面分别进行介绍：

（1）热显微镜法。用热显微镜可以测定煤的加热过程中的形态和产生的釉质。釉质及其球径越大（表面张力也越大），则结渣性越强。反之，在加热过程中不产生釉质或变形不大的煤种，则结渣性不强。这是一种判别煤结渣特性的新方法。

（2）重力筛分法。在煤的研磨过程中，各种矿物质可能发生偏析，密度不同的煤粉其成分就存在一定差异。重组分筛分物中 Fe_2O_3 含量较大者为易结渣煤种，而轻组分中碱金属含量较高者为易沾污煤种。用重力筛分法来深入判别灰的结渣特性也是一种新的方法。

（3）渣型对比法。试验在一维火焰炉上进行，用一根碳化硅棒插到煤粉火焰的各个区域中，让灰渣结到碳化硅棒上，然后视其所结灰渣的特性进行分类，进而研究煤灰的结渣特性。

（4）热平衡相图法。由灰成分中主要数种氧化物构成二元或四元相图，通过相图来预测煤灰的结渣倾向。由相图可根据某一种煤的灰分中不同氧化物含量，求得某一温度下构成哪些矿物渣，进而确定在这一温度下的熔融性。

（5）电子探针扫描电镜法：用电子探针扫描电镜配以X射线衍射仪对低温灰化的煤灰进行分析。

5. 综合判别方法

由于几乎所有方法均存在局限性，用多种判别指数或方法进行综合判别就成为明智的选择，这方面的判别方法很多，均以灰熔融温度为主，采用其他指数或方法作为验证或补充。

四、掺烧锅炉受热面结渣原因分析

综合分析国内外关于炉内结渣的研究工作，掺烧锅炉受热面结渣大致可由混煤特性、锅炉结构和运行方式三个主要原因造成，具有相同配比的混煤在不同形式的锅炉上结渣程度是有差别的。若设计锅炉时炉膛容积热负荷、截面热负荷、燃烧器区域热负荷等参数选取不当，具有高灰熔点的混煤也会引起结渣。

1. 混煤特性对受热面结渣的影响

结渣与混煤中矿物质密切相关。研究结渣机理需应对矿物质在混煤中的存在形式、煤在研磨和燃烧过程中的物理和化学变化、颗粒在炉内的运动和选择性沉淀以及燃烧产物的物理化学性质影响和沉积层的物理化学作用等有所了解。多年来虽有大量的分析报道，但缺乏系统性研究，很多方面还没有明确的结论，仍是人们目前正在研究的课题。在这里，把它们称为基本理论是因为它们是深入了解和研究结渣的前提。本章的目的是通过对这些问题做一些归纳和总结，为进一步深入认识和研究结渣奠定基础。

（1）煤中矿物质对煤灰结渣特性的影响。

1）煤中矿物质对煤灰熔融性的影响。煤灰的熔融性取决于混煤内的无机矿物组成，矿物组成与化学成分密切相关。鉴于矿物质组成复杂，下面通过煤灰中一些主要成分进行分析其对煤灰熔融特性的影响。

锅炉飞灰、灰渣的主要化学成分（氧化物）为 SiO_2、Al_2O_3、Fe_2O_3、CaO、MgO、Na_2O、K_2O、SO_3、P_2O_5、MnO_2 等。通过大量的分析测试表明，影响煤灰熔融性的成分主要有 SiO_2、Al_2O_3、Fe_2O_3、CaO、MgO、TiO_2、Na_2O、K_2O 等 8 种成分。按其自身的特性，SiO_2、Al_2O_3、TiO_2 属于酸性氧化物，其熔点一般都比较高，亦称难熔氧化物；Fe_2O_3、CaO、MgO、Na_2O、K_2O 属于碱性氧化物，其熔点一般较低，亦称易熔氧化物。酸性氧化物含量越多，煤灰的熔融温度就越高，煤灰中碱性氧化物含量越多，煤灰的熔融温度就越低。此外，CaO、MgO 还对煤灰熔融性的影响具有两重性。

SiO_2 是煤灰的主要成分，含量最高一般可达 30%～70%。SiO_2 大于 20%的煤灰，其软化温度几乎全部在 1350℃以下；而 SiO_2 大于 70%的少数煤灰，其软化最低的也在 1300℃以上；当 SiO_2 大于 75%时，软化温度均大于 1350℃，其中绝大部分大于 1400℃；当 SiO_2 大于 80%以上，软化温度均大于 1500℃。SiO_2 含量大于 65%以后，煤灰的 ST 温度随着 SiO_2 含量的增高而增高。而 SiO_2 在 30%～60%之间的煤灰，其 ST 既有低至 1100℃以下的，也有高达 1500℃以上的。煤灰中 SiO_2 含量增加，生成无定型玻璃体 SiO_2 多，灰渣软化提早，并易与金属氧化物反应生成熔点低的化合物和共晶体。同时 SiO_2 对熔融温度的影响还跟煤灰中其他物质的含量有关：当 Fe_2O_3、CaO 质量分数高时，SiO_2 质量分数增加，熔融温度降低；当 Al_2O_3 质量分数高时，SiO_2 质量分数增加熔融温度升高。

煤灰中 Al_2O_3 含量一般在 10%～40%之间。煤灰的软化温度总趋势是随着灰中 Al_2O_3 含量的增高而逐渐增高的。如 Al_2O_3 含量在 35%以上的灰，其软化温度最低也在 1350℃以上；Al_2O_3 超过 40%时，软化温度一般都大于 1400℃。煤灰熔融时起“骨架”作用。煤中 Al_2O_3 越高，越能阻碍熔体变形和起着支持作用的骨架作用，Al_2O_3 增加，软化温度增加趋势十分明显，通常认为 Al_2O_3 是增高软化温度和流动温度的主要成分。SiO_2 和 Al_2O_3 的综合影响可用硅铝比表示。Al_2O_3 增加，对减轻结渣总是有利的。

煤灰中 Fe_2O_3 的含量可在 1%以上和 40%以下之间变化。煤灰中 Fe_2O_3 含量大于 25%时，煤灰的 ST 最大也不超过 1400℃。Fe_2O_3 大于 35%时，ST 最大也在 1250℃以下。Fe_2O_3 大于 16%时，ST 均达不到 1500℃。但 Fe_2O_3 含量低于 15%的煤灰，其 ST 从最低的 1100℃以下到最高的大于 1500℃均有。铁的氧化物的熔点低，且常出现离子势较小的 FeO，FeO 对灰熔点的影响比三价铁大，是生成低熔点共熔体的重要组成。因此，宏观上从整个煤灰成分和组成来看，通常可以认为随 Fe_2O_3 增加，灰熔点下降，结渣加重。

关于铁的低温共熔体的熔点见表 12-1。

表 12-1　关于铁的低温共熔体的熔点

共熔体	熔点（℃）
$CaO-Fe_2O_3$	1205
CaO－FeO	1133
$Ca-SiO_2$	1436
Na_2S-FeS	640
FeS－FeO	940
$Al_2O_3SiO_2+2FeOSiO_2+SiO_2$	1000～1100
$2FeOSiO_2+FeO$	1175

续表

共熔体	熔点（℃）
$2FeOSiO_2+SiO_2$	1180
$CaOFeO+CaOAl_2O_3$	1200
$CaOFeOSiO_2+CaOCaSiO_3$	1093
$CaO-FeO-SiO_2-MgO$	<1047
$SiO_2-Al_2O_3-Fe_2O_3$	1073

CaO尤其在混煤煤灰中含量变化较大，在掺配过程中，其含量大部分在10%以下，少部分在10%～20%之间。CaO大于30%的仅占极少数。在*ST*大于1500℃的煤灰中，CaO含量均不超过10%，而CaO含量大于15%的煤灰，其*ST*均在1400℃以下。CaO含量大于20%的煤灰，则*ST*更均低至1350℃以下。极少数CaO含量大于40%的煤灰，*ST*则有增高的趋势，这是由于煤灰中CaO含量过高时，CaO多以单体形态存在，煤灰的*ST*也就增高。而且CaO对灰熔点熔融特性的影响还与SiO_2、Al_2O_3有关。用（$SiO_2+Al_2O_3$）/CaO判定，此比值为1.6～2.13时，灰熔点最低；大于或小于这个比值范围时，灰熔点升高。用SiO_2/Al_2O_3判定，当$SiO_2/Al_2O_3<3$时，CaO为30%～35%，灰熔点最低；当$SiO_2/Al_2O_3>3$时，CaO为20%～25%，灰熔点最低。CaO在某一值内增加，结渣倾向增加；而在这一值后增加，可减轻结渣。由于大多数煤灰中的CaO在30%以下，因此一般把CaO作为一种降低煤灰熔点的成分看待，而忽略其升高煤灰熔点的特性。

碱金属在煤灰中的含量一般不超过3%，因为在高温下碱金属化合物易于挥发，使熔融灰中碱金属含量减少，但其影响却应充分重视，它对煤灰熔融性的作用如同催化剂对化学反应，再者碱金属是造成汽侧高温沾污和腐蚀的主要因素，也对炉膛结渣起不良作用。根据以往的研究Na_2O和K_2O的含量越高灰渣的*ST*就越低，酸性灰渣中一般每添加1%的碱金属氧化物，可使*ST*平均下降17.7℃，流动温度下降15.6℃。因此，对锅炉燃烧后的煤灰来说，碱金属含量增加，灰熔点总是降低的。

MgO在我国的混配后的煤灰中含量大部分在3%以下。最高也不超过13%（极个别的样品也有可能大于13%，但很少有大于20%的）。MgO含量低于3%的煤灰，*ST*从1100℃以下至1500℃以上的均有。而MgO大于4%的煤灰，其*ST*则有随MgO含量的增高而增高的趋势。如*ST*小于1200℃的煤灰，其MgO含量几乎都在8%以下，而Mg含量大于8%的煤灰，则*ST*又增高至1200℃以上。MgO对煤灰熔点的影响是：当MgO含量（3%～17%）时，MgO含量的增高使混煤煤灰熔点降低；反之随MgO含量的减少而升高。MgO作用一般与CaO相当。Mg^{2+}的离子势比Ca^{2+}大，而与Fe^{2+}相近。因此，MgO对灰熔融温度的影响可能更和FeO相近。但由于MgO一般含量较小，因此对煤灰熔融特性影响不会太大。

从矿物组分的方面来看，通常硅酸盐矿物含量高的混煤煤灰，熔融温度较高；如果硅酸盐含量少，而硫酸盐和氧化物矿物含量高，则煤灰熔融温度较低。煤灰中的耐熔矿物是石英、偏高岭石、莫来石和金红石，而常见的助熔矿物是石膏、酸性斜长石、硅酸钙和赤铁矿。

2）煤灰成分对结渣黏度的影响。

a. 灰渣的黏度特性有：

（a）熔渣的相态：煤灰的熔点事实上仅仅是灰锥外在形状变化的标志，它不能说明熔体内部相态变化情况。一般情况下，灰渣均在比流动温度更高的温度下才能使固相物消熔殆尽转化为纯粹的液相。真实液态熔渣流动过程中内部黏滞阻力变化符合牛顿定律。真实液态熔渣作为多种组分的复合熔体，在降温过程中随着固相结晶的析出，将发生一系列液、固两相反应，形成复合晶体，同时沿降温进程还会逐渐生成玻璃相，整个过程机理是很复杂的。这种液、固两相熔体通常称为塑性流体，其黏度为熔体的塑性黏度。

(b) 临界黏度和临界黏度温度：熔渣由真实液态过渡到塑性状态，往往在黏度曲线上产生明显的折变，这是由于在折变点的温度下，熔体突然有大量晶体析出的缘故。通常把这一折变点对应的黏度——绝对黏度区域和塑性黏度区域的准分界点叫作这种熔渣的临界黏度，而其对应的温度叫作临界黏度温度或简称临界温度。

b. 煤灰中几种氧化物对灰渣黏度的影响如下：

(a) SiO_2 对灰渣黏度的影响。就我国煤灰渣而言，在当量 SiO_2 为 40%～90%范围内，指定黏度下温度随着当量 SiO_2 增高而升高。

(b) Al_2O_3 对灰渣黏度的影响。Al_2O_3 对灰渣黏度的影响情况和 SiO_2 相似，起到增加灰渣黏度的作用。

(c) Fe_2O_3 对灰渣黏度的影响。随着 Fe_2O_3 当量的增加，灰渣的黏度有减少的趋势。

(d) CaO 对灰渣黏度的影响。CaO 对熔渣有稀释剂的作用，随着 CaO 含量增加，黏度下降，但是，它增加量对于改善黏度特性的作用存在一个饱和点，当超过饱和点，增加 CaO 不会对灰渣黏度产生太大影响。饱和 CaO 含量为 35%～45%。

碱性氧化物对灰渣黏度的影响。研究表明，碱金属氧化物 Na_2O 也能降低灰渣的黏度，但是对 K_2O 的作用有不同的看法，有人认为能降低黏度，而有人则认为恰好相反。

煤灰成分对灰渣黏度的影响十分复杂。总体认为灰渣中 SiO_2、Al_2O_3 增加黏度，而碱金属减少黏度。铁、镁也是减少黏度的成分。钙在一定范围内变化时减少黏度，当大于某一值后，增加钙会不会再产生影响。煤灰可看作是以硅酸盐为基体组成的，硅酸盐熔体的结构主要取决于形成硅酸盐熔体的条件。SiO_2 具有最小的氧硅比（O/Si=2），使得 SiO_2 具有很大黏度。在硅酸盐熔体中，Al^{3+} 以 4 和 6 两种配位形式存在。Al^{3+} 以 [AlO_4] 进入网络后，[AlO_4] 有多余负电荷，而 [AlO_6] 可保持电中性。故 Al_2O_3 增加，黏度增加。

2. 锅炉结构对受热面结渣的影响

(1) 锅炉设计参数对结渣的影响。大型电站的掺烧锅炉的设计，一般是根据混煤灰分的熔融特性，先确定炉膛出口烟温，一般使之低于 DT50～100℃，以此来保证炉膛出口对流受热面不发生结渣。同时，炉膛容积热负荷 q_v 及炉膛截面热负荷 q_a 应处于燃烧条件允许的范围内。实践证明，即使如此，炉膛仍有结渣现象发生。说明燃料的灰熔融特性只是一个粗糙的指标，还需要看灰成分分析、燃烧器的结构与布置、燃烧器区域热强度等。

1) 正确选用 q_v 值。q_v 即炉膛容积热负荷，单位为 kW/m^3，可用式 (12-3) 表示：

$$q_v = BQ_{ar,net}/V \tag{12-3}$$

式中 B——燃料消耗量，kg/h；

$Q_{ar,net}$——燃料的收到基低位发热量，kJ/kg；

V——炉膛容积，m^3。

由于 $BQ_{ar,net}$ 近似地正比于烟气流量，因此 q_v 可近似看成炉内停留时间的倒数。q_v 值大时，炉内停留时间缩短，影响燃尽程度。当然，容量相同锅炉混煤特性不同，q_v 也不同。研究表明，随锅炉容量的增加，q_v 值相对减小。尤其是近几年来，对环境保护日益重视，低 NO_x 燃烧技术被推广使用，使有些大容量锅炉的 q_v 值更低。

2）正确选用 q_a 值。q_a 即炉膛截面热负荷，单位 kW/m^2，可用式（12-4）表示：

$$q_a = BQ_{ar,net}/A \tag{12-4}$$

式中　B——燃料消耗量，kg/h；

$Q_{ar,net}$——燃料的收到基低位发热量，kJ/kg；

A——燃烧器区域炉膛截面积，m^2。

与 q_v 表达式相比可得到：$q_v \cdot V = q_a \cdot A$。若设炉膛高度为 L，即 $q_v \cdot L = q_a$。由此可知，对于一定的 q_v，当 q_a 选得大一些时，炉膛就瘦高一些，火焰行程较长，有利于燃尽。但同时，必须考虑燃料的结渣性能，因为设计时选过高的 q_a 值，会因热强度过高而造成结渣。尤其对于易结渣燃料，q_a 应选得适当低些。研究表明，q_a 值随锅炉容量的增加而应适当增大。

（2）炉膛出口受热面的布置。最早的防结渣考虑是将炉膛出口的受热面管间距拉稀，叫拉稀管，也叫凝渣管。凝渣管受热面的布置的确在一定程度上起到了凝渣的作用。但当燃料的结渣倾向较高时、结渣爬渣的事例时有发生。引进技术生产的1000、2000t/h 锅炉都在炉膛上部布置有大量辐射式分隔屏过热器，其设计采用了较大的管间距、一般仅有 4 片或 6 片。为了避免爬渣、屏间距也在 1.5～2.8m 之间。

（3）燃烧器结构。燃烧器的功率、结构形式及布置方式是影响锅炉结渣的关键因素。在锅炉整体设计与布置时，应充分考虑燃料特性，选择合适的燃烧器及合理的布置方式。

1）燃烧器功率。随着锅炉容量的提高，燃烧器必须为多层布置。因为单只燃烧器的热功率是有一定限制的，热功率过高，会导致炉膛局部热负荷过高而引起结渣。一般情况下1000t/h 的锅炉单只燃烧器热功率为 23～50MW，2000t/h 锅炉为 40～65MW，在燃用易结渣煤时，可将燃烧器间距拉开，即降低燃烧器区域的壁面热负荷。

2）燃烧器结构布置。目前，国产大容量锅炉所采用的基本上是四角布置、切圆燃烧的直流燃烧器。小部分锅炉，如北京 B&W 锅炉采用旋流燃烧器对冲布置，个别锅炉为旋流燃烧器前墙布置，这种方式易造成气流冲刷后墙，引起结渣。燃烧器布置时，上排燃烧器至分隔屏底部，下排燃烧器至冷灰斗的距离应进行校核，避免火焰直接冲刷这两部分受热面。

对于切圆燃烧锅炉其结渣过程及机理如下：锅炉投运后，受热面管子周围就会形成白色、很细的薄灰沉积层，这主要是由于硫酸钠、硫酸钾等易气化矿物质的凝结和极细飞灰的沉积造成的，这一过程未必会引起结渣，但却使受热面表面温度升高当炉膛内温度较高时，煤中的部分灰粒会呈熔融半熔融状态，如果这部分灰粒在到达受热面之前得不到足够的冷却，就会有较强的黏附能力，而当受热面表面（或沉积物表面）温度高于一定值时，这部分灰粒会因惯性撞击而黏附在受热面上，撞击在受热面上的熔融、半熔融状态的灰粒在受热面上冷却后，可能会因各种因素（如重力、气流剪切力、灰粒撞击等）的作用而脱落，也可能因撞击的熔融、半熔融颗粒大多来不及完全凝固，沉积物内部烧结及捕捉表面的存在等而继续黏附。结渣是一个动态的发展过程，而一定数量的熔融半熔融颗粒撞击到受热面表面则是结渣过程的关键，因此研究切向燃烧时的结渣问题，应着眼于使颗粒成为熔融半熔融状态的影响因素及使这些颗粒撞击到壁面的因素。

炉内空气动力场不良是导致燃烧器区结渣的直接原因。而炉内假想切圆的大小又直接影响了炉内空气动力场的合理情况，如果假想切圆太大，锅炉在运行时，从燃烧器喷口喷出的射流容易偏转造成炽热的煤粉气流，直接冲刷水冷壁导致结渣。对于四角切向掺烧锅炉来说影响结渣的主要因素有以下几个：

a. 切圆直径。研究表明，在实际的燃烧过程中，从燃烧器喷出的实际气流总是在某种程度上会偏离设计方向，因此实际的气流切圆直径总是大于假想切圆直径。

当炉膛切圆直径大于一定值时，结渣趋势随切圆直径的增大而增大，大量熔融、半熔融颗粒将直接撞击水冷壁并黏附于壁上而形成结渣。对于锅炉容量小于400t/h的固态排渣煤粉炉，切圆直径一般在500～1000mm的范围内，对于大容量的锅炉，假想切圆直径应取得更小些但也不能太小，否则高温火焰集中于炉膛中部，不利于着火和稳燃。

b. 气流偏斜。造成气流偏离主要有两方面原因：一是由于燃烧器喷口轴线与相邻两侧墙的夹角不同，造成射流两侧的补气条件不同，形成静压差；二是由于炉内旋转气流对气流的横向撞击使射流偏转。

(a) 射流两侧补气条件的差异。从燃烧器喷口喷出的射流在其扩展过程中总是要不断卷吸周围空间的气体。狭长形的燃烧器射流卷吸主要发生在射流的长边两侧，从而在射流两侧形成负压区，当射流两侧的补气条件不同时，产生的负压值不等，因而射流两侧就会产生压差，在此压差的作用下，射流要偏向压力小的一侧即补气条件差的一侧，导致炉内实际切圆直径大于设计的假想切圆。当炉膛切圆直径大于一定值时，结渣趋势随切圆直径的增大而增大，大量熔融、半熔融颗粒将直接撞击水冷壁并黏附于壁上而形成结渣。

(b) 炉内旋转气流的冲击作用。一些研究发现，在只开一个燃烧器喷口时，射流两侧的压差较小，只有几十帕，如果当四个燃烧器喷口全开启且各喷口速度相等，则此时任一角射流两侧的压差，要增大几倍，说明了炉内旋转气流的冲击导致射流偏转，加剧实际切圆加大，炉内旋转气流强度越大，作用点越靠近燃烧器射流的根部，射流偏转越大，当某一角燃烧器射流速度较小时，这一角射流偏转加剧，从而更容易导致炉内空气动力场不合理。

c. 燃烧器组高宽比及燃烧器喷口间隙。燃烧器组高宽比及燃烧器喷口间隙也影响射流两侧的补气条件。燃烧器组高宽比越大时，燃烧器组中间部分从上下两侧获取补气的条件越差。燃烧器高宽比增加，射流偏转加剧，对于高宽比较大的燃烧器，最容易偏斜的射流是在燃烧器中部。如将燃烧器分组，可减小偏斜。组与组之间的间距可起到气流迎风面和背风面两侧压差平衡的作用，分组后实际切圆直径可相应减小。

d. 一、二次风动量比。一次风速主要根据煤粉着火以及输送的需要和火焰传播速度选取；二次风速主要根据风粉气流混合扩散燃烧和焦碳燃尽的需要选取。一次风射流偏斜的原因之一就是上游邻角横扫过来的惯性力 F，F 是由上游一、二次风混合后形成的综合动量决定的，一、二次风动量比越大则一次风射流偏斜程度越大，炉内实际切圆越大，越易引起结渣。一般来说，无烟煤、贫煤的 m_2w_2/m_1w_1 取3～4.2（其中 m_2 为二次风质量；w_2 为二次风风速；m_1 为一次风质量；w_1 为一次风风速），烟煤的 m_2w_2/m_1w_1 取1.5～3.5。

e. 一次风射流刚性。刚性是抗偏转能力的度量，它与喷口的结构及射流的动量有关，细长型喷口射流刚性比矮胖型要差，当一次风射流动量增大时，气流抗偏转能力增强。

(4) 辅助设施。锅炉设计时，在易结渣积灰处应考虑布置观察孔、打焦孔及程控吹灰器。针对不同的设计煤种及灰渣特性来选择吹灰器种类。近年来，程控自动吹灰器的布置在防止锅炉结渣方面起到了重要作用。

3. 锅炉运行因素对受热面结渣的影响

(1) 炉内过量空气系数 α。过量空气系数增加，受热面的积灰、结渣趋势减轻。首先，当α增加时，炉膛出口烟温降低，可减轻对流受热面积灰、结渣。其次，随着过量空气系数的增加，炉膛壁面处的烟温降低，炉内受热面结渣趋势减少。最后，过低易造成氧量不足，在炉内出现还原性气氛，熔点较高的Fe_2O_3被还原成熔点较低的FeO，从而使灰熔点降低，增加了结渣的可能性，因此必须送入足够的氧气。

(2) 四角风粉的均匀性。当燃烧器配风不均匀或锅炉降负荷，燃烧器缺角或缺对角运行时，炉内火焰中心会发生偏斜，炽热煤粉气流直接冲刷水冷壁，造成局部热负荷过高，这极易引起结渣。因此，运行时要尽量调平四角风量。降低负荷时，则要避免缺角情况。

要保证空气和燃料的良好混合，避免在水冷壁附近形成还原性气氛，防止局部严重积灰、结渣。当一、二次风的位置、风速、风量不均匀时，尽管炉内总空气量大，但仍会出现局部区域炽热焦碳和挥发分得不到氧量而出现局部还原性气氛，易引起结渣。

(3) 炉内温度水平。炉内温度水平对结渣的影响是多方面的。第一，炉内温度水平高，将使煤中一些易挥发碱性氧化物汽化或升华，使碱金属化合物在受热面上凝结。碱金属氧化物汽化温度一般在1400℃以上，而凝结温度在1000～1100℃。碱金属直接凝结在受热面上会形成致密的强黏结灰。第二，当烟气温度较高且管壁温度也高时，可在初始灰层中形成产生低熔点复合硫酸盐反应的条件，还会使含有碱金属化合物的积灰外表面黏结性增强，加速积灰过程的发展。第三，当烟温高时，煤灰呈融化或半融化状态，熔融灰会直接黏结在受热面上，产生严重结渣。温度升高，将使受热面结渣呈指数规律上升。

对易结渣煤，要严格控制炉内温度水平，如加大运行过量空气系数、增加配风的均匀性，防止局部热负荷过高和产生局部还原性气氛，调整四角风粉分配的均匀性，防止一次风气流直接冲刷壁面，必要时采取降负荷运行。

(4) 煤粉细度。煤粉粗时，火炬拖长，粗粉因惯性作用会直接冲刷受热面。另外，粗煤粉燃烧温度比烟温高许多，融化比例高，冲刷水冷壁后容易引起结渣。但煤粉太细也会带来问题，煤粉越细，燃烧状况越好，炉膛出口烟温将升高，也易引起结渣。因此针对具体的煤种，应该进行调整试验，以寻求最佳煤粉细度。广东某研究所曾通过调整煤粉细度较好地解决了某厂670t/h锅炉结渣。在未调整前，煤粉最粗R_{90}达51.1%，平均细度R_{90}为42%以上，锅炉满负荷运行34h就掉大焦。调整后，煤粉细度提高到R_{90}为21%，结渣情况明显好转。但甘肃某厂的一台捷克产中压炉恰恰相反。煤粉过细，着火快，燃烧器区域易结渣。因而要求将原来的R_{70}为9.2%，加粗到R_{70}为18.2%。因此，实际运行中应注意选择合适的煤粉细度。

(5) 一次风速。一次风速高，可推迟煤粉的着火，使着火点离燃烧器较远，火焰高温区也相应推移到炉膛中心，可避免喷口附近结渣。在四角切圆燃烧锅炉中，提高一次风速还可增加一次风射流的刚性，减少由于射流两侧静压作用而产生的偏转，避免一次风气流直接冲刷水冷壁而产生结渣。不过应该注意的是，一次风速提高，要受到煤粉着火条件的限制。

(6) 原煤管理。保证锅炉燃用设计煤种是保证锅炉正常运行的最基本因素。虽然现在多数电厂很难保证燃用设计煤种，但可对原煤进行严格管理，把不同品质的原煤分别堆放，对各种原煤进行工业分析及结渣特性分析，依据锅炉需求，掺烧不同品质的原煤。每天要掌握入炉混煤特性及数量，提供给运行人员，以便进行合理运行操作。

(7) 操作规程。电厂锅炉运行操作规程是锅炉机组安全、经济运行的重要保障。运行人员应严格按章操作。运行单位可根据实际运行经验制定不同负荷、不同煤种下的最佳运行操作，明确规定煤粉经济细度，确定燃烧器摆动范围及各种运行参数，避免结渣的发生。

（8）检修维护。运行人员必须严格按照规定，对锅炉结渣、积灰情况进行检查，按时进行吹灰。锅炉发生结渣现象而又不易消除时，应采取临时措施，可通过调整燃烧，改变配风方式来调整火焰中心位置。由于结渣部位的改变，使原已结的渣在冷却收缩时有可能脱落，也可在固定的结渣部位送入冷风，使炉渣龟裂脱落。条件允许时可降负荷运行，降低炉温，使已结的渣脱落。如采取临时措施无效时，应停炉处理。另外检修人员应加强对吹灰器、除渣机进行检修、维护，确保此类设备能正常工作。

第四节　煤炭掺烧制粉系统的运行与调整

混煤掺烧锅炉由于其炉型各异，相应混煤及煤粉的制备系统也各不相同。对于煤粉炉，其炉型和制粉系统的选择与混煤质的特性是息息相关的，所选制粉系统的好坏，直接影响到锅炉的安全稳定运行，对整个锅炉系统（电站）的经济性影响较大，特别是为化工装置配备的锅炉系统，在为化工装置保质保量提供蒸汽的同时，还要求锅炉系统尽可能地减少自用蒸汽量和自用电量，以提高锅炉的利用率。本节将结合某化工厂 20 万 t/年乙烯改造工程，根据化工装置的用汽情况，在化工装置建设中设置热效率较高、钢材消耗率较低的 220t/时高温高压煤粉掺烧锅炉一台，并通过对混煤煤质的特性分析，叙述了高压煤粉炉制粉系统的选择，并针对锅炉制粉系统进行了优化。

一、混煤煤粉对掺烧系统的影响

为了获得较好的燃烧效果，提高锅炉容量和实现锅炉运行的自动化，现代大型锅炉一般采用煤粉燃烧，从矿区运来的原煤在掺配后，制成锅炉用的合格煤粉，需要经过煤的初步打碎、清除铁件、除去木片、二次破碎、称重与取样、干燥、磨煤、分离等步骤。

煤粉细度是混煤煤粉的重要性质，煤粉越细，在炉内燃烧时，不完全燃烧损失就越小，且有利于稳燃，但是制粉系统要消耗较多的电耗，设备的磨损量也较大；反之，较粗的煤粉虽然电耗小，但不利于燃料的燃烧和燃尽。因此，在锅炉设备运行中，应选择适当的煤粉细度使机械未完全燃烧损失和制粉系统的电耗，因此在锅炉系统中，应选择适当的混煤煤粉细度使机械未完全燃烧损失和制粉系统的电耗之和为最小，此时的煤粉细度称为经济细度。

混煤被磨碎成煤粉的难易程度取决于混煤中各掺配煤种的结构，由于各煤种本身的结构特性不同，各种煤的机械强度、脆性有很大的区别，其可磨性就不同，因此需要配煤技术改良煤质的可磨性。一般用可磨性指数表示煤被磨成煤粉的难易程度，其意义代表在特制设备上，将煤磨成煤粉的相对难易程度。一些电厂的煤炭掺烧实践证明，随着煤中水分的增加，煤的可磨性指数降低，磨煤出力减少。

煤粉是由磨煤机将混煤磨成的不规则的细小煤炭颗粒，其颗粒平均在 0.05～0.01mm，其中 50μm 及以下的颗粒占绝大多数。由于煤粉颗粒很小，表面很大，故能吸附大量的空气，且具有一般固体所未有的性质——流动性。煤粉的粒度越小，含湿量越小，其流动性也越好，但煤粉的颗粒过于细小或过于干燥，则会产生煤粉自流现象，使给煤机工作特性不稳，给锅炉运行的调整操作造成困难。

另外煤粉与氧气接触而氧化，在一定条件下可能发生煤粉自燃。在制粉系统中，煤粉是由气体来输送的，气体和煤粉的混合物一遇到火花就会使火源扩大而产生较大压力，从而造成煤粉的爆炸。

掺烧锅炉燃用的煤粉细度应由以下条件确定：燃烧方面希望煤粉磨得细些，这样可以适当减少送风量，使热损失降低；从制粉系统方面希望煤粉磨得粗些，从而降低磨煤电耗和金属消耗。所以，在选择煤粉细度时，应使上述各项损失之和最小。总损失小的煤粉细度称为“经济细度”。由此可见，对挥发分较高且易燃的混煤，或对于磨制煤粉颗粒比较均匀的制粉设备，以及某些强化燃烧的锅炉，煤粉细度可适当大些，以节省磨煤能耗。由于掺配各煤的软硬程度不同，其抗磨能力也不同，因此，可通过掺配不同种煤来获取理想的经济细度和良好的经济效果。

煤粉的燃烧：由煤粉制备系统制成的煤粉经煤粉燃烧器进入炉内。燃烧器是煤粉炉的主要燃烧设备。燃烧器的作用有三：一是保证煤粉气流喷入炉膛后迅速着火；二是使一、二次风能够强烈混合以保证煤粉充分燃烧；三是让火焰充满炉膛而减少死滞区。煤粉气流经燃烧器进入炉膛后，便开始了煤的燃烧过程。燃烧过程的三个阶段与其他炉型大体相同。所不同的是，这种炉型燃烧前的准备阶段和燃烧阶段时间很短，而燃尽阶段时间相对很长。

二、制粉系统的优化

1. 制粉系统选择

（1）制粉系统形式。制粉系统可分为直吹式和中间储仓式（简称仓储式）两大类。在直吹式制粉系统中，煤由磨煤机磨成煤粉后直接吹入炉膛燃烧。在仓储式制粉系统中，制成的煤粉先储存在煤粉仓中，然后根据锅炉负荷的需要再从煤粉仓通过给粉机将煤粉送入炉膛燃烧。

（2）制粉系统的选择。中速磨煤机直吹式与仓储式相比，具有以下优点：

1）效率高，降低了能耗。磨煤电耗为6～9kWh/t，比钢球磨煤机小1.5～2.0倍。

2）可靠性较高，工作稳定，操作设备台数少，成套磨煤装置紧凑，其占地面积比钢球磨煤机小得多。仓储式系统占地为中速磨煤机直吹式的两倍以上。

3）研磨部件磨损轻，为20～100g/t煤，而钢球磨煤机为400～500g/t煤。

4）中速磨煤机的噪声较低。

两种不同系统均存在本身固有的优缺点，选择时需根据实际情况来定，如某化工厂的具体情况为：

（1）在220t/h高压锅炉的北侧，已建两台145t/h高压锅炉，已建的两台锅炉的制粉系统为中速磨煤机直吹式。三台锅炉由一班人员操作，选用中速磨煤机直吹式便于统一管理。

（2）220t/h高压煤锅炉装置建设在预留场地上，当时预留规模为145t/h，场地宽度及长度均受限制。

（3）煤质的分析数据表明，现所燃用的煤质为烟煤，其$W_t=10.3\%<12\%$，灰分$A_r=8.83\%<12\%$，可磨性系数$K_{km}=1.28>1.1$，磨损系数$K_e=2.2$，值较小，符合中速磨煤机直吹式制粉系统的规定。

由于上述具体情况，选用中速磨煤机直吹式制粉系统。

在中速磨煤机直吹式制粉系统中，根据排粉机的位置不同，可分为负压式和正压式，在负压系统中，原煤由煤斗落下后经给煤机进入磨煤机。由空气预热器出来的热风分为两部分，一部分作为二次风经燃烧器进入炉膛，另一部分作为干燥剂将煤烘干并输送煤粉。煤粉分离器设在磨煤机出口，经分离器分离出来的粗粉送回磨煤机重磨，干燥剂和细粉通过排粉风机提高风压后作为一次风经燃烧器送入炉膛（见图 12-6）。正压系统与负压系统生产过程基本相同，所不同的是排粉机置于磨煤机前面（也称一次风机），使磨煤机内处于正压状态。

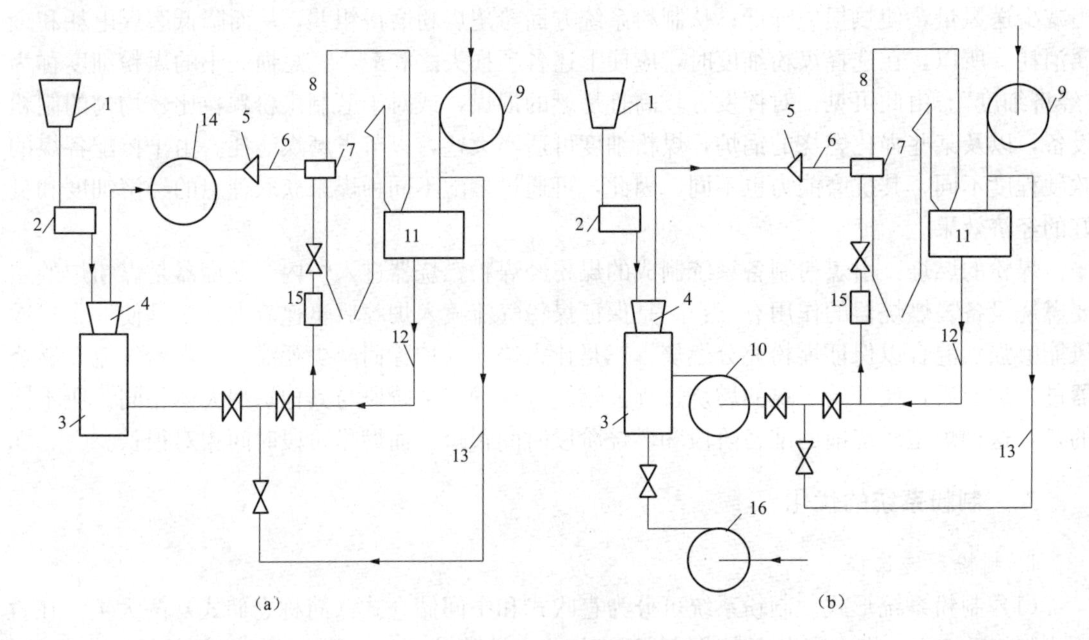

图 12-6 中速磨煤机直吹式制粉系统

(a) 负压系统；(b) 正压系统

1—原煤斗；2—给煤机；3—磨煤机；4—煤粉分离器；5—一次风箱；6—一次风管；7—燃烧器；8—锅炉；9—送风机；10—一次风机；11—空气预热器；12—热风管道；13—冷风风道；14—排粉机；15—二次风箱；16—密封风机

两种系统相比较：正压系统，排粉机内通过的是热风，轴承易过热损坏，风粉混合物易从磨煤机向外冒出，应采取较可靠的密封设施；但煤粉不通过排粉机，故风机叶片不易磨损。负压系统则相反，由于全部风煤混合物通过排粉机，叶片磨损严重，使风机效率降低，电耗增大，但低温介质通过排粉机时轴承工作条件好。另外，冷风易漏入磨煤机内，使干燥效率降低。

根据前面所述该锅炉所燃用的是磨损性较强的煤种及已建 145t/h 高压锅炉的情况，本次锅炉选用正压直吹式制粉系统，以保证锅炉系统安全稳定运行。

2. 系统完善

由于煤粉的爆炸与混煤挥发分含量、煤粉在空气中的浓度、煤粉的粗细、输送煤粉的气体含氧量、煤粉气流混合物的温度有直接关系，长期积存的煤粉受空气的氧化作用，会缓慢地发热使温度上升，而温度上升又加剧煤粉的氧化，当散热不良时最后使煤粉温度达到其自燃点而自行燃烧。为防止煤粉爆炸，在制粉、送粉系统中尽可能消除死角、减少水平管道、控制气粉混合物的速度，并控制磨煤机出口的气粉混合物的温度。为防止磨煤机及给煤机煤粉的外漏而造成的工作条件的恶化，可设置密封风机，从而有效地降低磨煤间空气中煤粉的浓度。按《蒸汽锅炉安全技术监察规程》的规定，可装设锅炉炉膛燃烧器管理系统（burner managment system，BMS)，也称管理炉膛安全监控系统（fornace safeguard supervlsary system，FSSS)，这个控制系统用来完成锅炉点火前和停炉后的炉膛清扫工作，确保点火和点燃主燃料的合适条件，自动进行燃烧器的点火和投入，并能在机组故障情况下停止锅炉的运行。

3. 直吹式系统设备优化

磨煤机是制粉系统中最主要的设备。常规采用国内生产中速磨煤机的 220t/h 锅炉正压直吹式制粉系统，其磨煤机台数均大于一台，还以该化工厂为例，在该化工厂 220t/h 高压煤锅炉装置中可利用布置磨煤机的位置有限，北侧为已建 145t/h 高压锅炉，南侧为马路及脱硫装置，已没有安装第二台磨煤机的位置。其二，在国内能生产的几种中速磨煤机中，根据其性能和运行情况，目前尚无单台磨煤机配单台锅炉的业绩。其三，根据国内单磨配单台锅炉多年来运行经验和某厂已建 145t/h 高压锅炉单磨配单台锅炉的情况，本次 220t/h 高压锅炉采用单台国外引进中速磨煤机配置单台锅炉。为保证单磨配单台锅炉的工作可靠性，将对备选磨煤机进行选择和优化。

备选磨煤机为德国某公司生产的中速磨煤机 A；美国某公司生产的流态化中速磨煤机 B。结果对比见表 12-2 和表 12-3 所示。

表 12-2　　磨煤机性能方面

项目	B	A
硬度适应范围	*HGI*≥35	*HGI*≥45
煤粉细度	最细可达 325 目 98%	最细可 200 目 80%
负荷调整性能	在 50%～100%*MCR* 风煤比可保证不变，在 15%～50%*MCR* 时，风煤比在一定范围内调节	在 15%～100%*MCR* 风煤比均需调节变化
有效研磨金属量	70g/t 煤	90g/t 煤
对研磨颗粒的适应性	平均≤25mm	≤80mm

表 12-3　　磨煤机结构方面

项目	B	A
煤粉干燥	在磨煤机的下部通过犁耙和热风扰动形成流态化区，从而对煤进行干燥	落在磨盘上，边研磨边干燥
被研磨煤的状态	煤经干燥后研磨，煤中的金属块等大部分沉于磨煤机底部，不通过磨辊和磨环之间，可减轻磨损	磨盘上是半干燥煤，煤中小的金属块等沉积在磨盘上，并不断进行积累，从而增加磨盘与磨辊的磨损，尤其以磨盘为重
金属石块等清理	每次清理之间的时间间隔可较长	发现磨的振动或磨损严重时应及时清除

从上面对比可以看出，无论是在性能方面，还是在结构、检修方面，B 磨煤机优于 A，故选用 B 磨煤机。选定此磨煤机后，该制粉系统磨煤机电耗为 7.35kWh/t 煤，比使用的 240t/h 锅炉装置所选用的钢球磨煤机制粉系统磨煤电耗少 3.72kWh/t 煤，可以看出其节能的效果还是较为显著的。

制粉系统的另一个较大设备是风机。在制粉系统中，一次风机的工作环境为高温（198℃左右）。国内常规直吹式制粉系统配备为两台一次风机，另一种备选方案为进口风机。根据其他工程运行经验，单台进口风机在保证连续运行 8000h 方面是比较可靠的。风机选择的两种方案对比见表 12-4。

表 12-4　　风机选择的两种方案对比

项目	国产配两台	进口一台	备注
风机计算功率	310kW×2	414kW	—
风机效率	≥80%	≥85%	—
配用电动机功率	400kW×2	455kW	—
（风机+电动机）价格	≈85 万元	≈240 万元	—
运行费用	≈192 万元	≈109 万元	只计电耗
投资回收年限	—	约 1 年零 10 个月	只对比风机价格

注　国内风机配两台，且在正常情况下两台风机均在运行，此时每台运行负荷为 75%（即每台国产风机风量选择时按锅炉满负荷下风量的 70%考虑）；事故时单台风机本身负荷为 100%，对应锅炉为 70%负荷。

从上面对比可以看出，进口一台风机的方案是比较优越的。

4. 控制方式优化

该化工厂已建的两台 145t/h 高压锅炉中，磨煤机制粉与锅炉一起采用常规仪表控制。在进行设计时，基于以下考虑：

对于任何一个变量（集中），其要经过变送器，一根两芯电缆至接线箱，多个信号从接线箱通过一根多芯电缆至机柜或控制盘，从而通过终端设备显示或打印结果。

因此对于采用常规仪表和集散型控制系统（distributed control system，DCS）所不同的是终端设备。鉴于现今电子产品硬件价格大幅度下跌，工厂控制水平及操作水平也在不断提高。该化工厂新建的 220t/h 高压锅炉装置的控制采用 DCS 实现。对于 B 磨煤机，其为专利设备，配备有 System 200 控制系统，由 E^2PROM（一种只读存储器）实现（给煤机、密封风机也在此范围内）。该控制可与 Internet 联网，对磨煤机的控制、保护、防止空转等均有可靠的控制回路。

三、操作和维修方便

操作上的方便与否与控制水平是相对应的，由图 12-7 不难看出，由于 B 磨煤机所配带 System 200 控制系统的优越性，其操作前，只需根据煤质的情况设定图 12-7 中的四条曲线，即可方便地进行操作管理，分离器的转速和磨煤机转速可有效地控制煤粉细度，一次风量和给煤量可控制锅炉负荷，磨煤机进出口压差可反映磨煤机的磨损情况等。

在此中速磨煤机直吹式制粉系统中，通过对上述四条曲线的有效控制，可为锅炉稳定燃烧通过可靠的基础，而锅炉稳定燃烧的影响因素很多，磨煤机形式不同，其所控制的参数和操作的灵活性也不同。现对由制粉系统所控制的两个主要参数说明，就可更进一步看出 B 磨煤机的操作灵活和可靠性。

1. 煤粉的细度调整

原使用的中速磨煤机，在磨煤机上部安装的是一个离心式煤粉分离器，该分离器装有 24 片折向挡板，在煤粉气流流过挡板的过程中气流产生旋转，把粗的煤粉分离出来。折向挡板可以调节角度以改变煤粉气流的旋转强烈程度，从而调节出粉的细度，其次就再靠磨煤机内部内、外圆锥体的分离作用进行煤粉分离。从上面可以看出，虽然磨煤机通风量可以改变分离器的分离效果，使最后的煤粉细度改变，但通风量的大小主要取决于使炉内保持良好燃烧的一次风比例。故它不能作为调节煤粉细度的主要手段。调节煤粉细度的最主要手段是改变分离器折向挡板的开度，如果折向挡板的角度调至最大，煤粉仍太细时，就要减少液压装置对磨辊的压力；反之如果折向挡板角度调至最小，煤粉仍太粗时，则需增大液压装置对磨辊的压力。

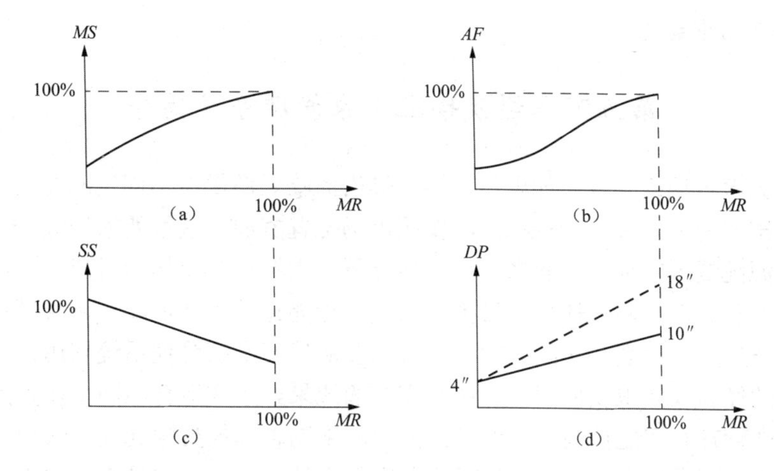

图 12-7　制粉系统控制水平

(a) 磨煤机负荷与磨煤机电动机转速关系；(b) 磨煤机负荷与空气流量关系；(c) 磨煤机负荷与分离器电动机转速关系；(d) 磨煤机负荷与磨煤机进出口压差关系

MS—磨煤机电动机转速（mill speed）；*SS*—分离器电动机转速（spinner speed）；*AF*—空气流量（热空气+调温冷风，air flow）；*DP*—磨煤机进出口压差（diff pressure）；*MR*—磨煤机负荷（mill rated）

而对于B磨煤机，由于其煤粉分离器是动态的，是由一个调频电动机带动，调频电动机的转速是由 System 200 协调磨煤机转速控制的，其对煤粉细度的控制较为灵活。

2. 风煤比

由于中速磨煤机都有一个最小风量和最小出力的要求，低于最小风量，易造成煤粉管道流速下降，使煤粉管道内煤粉沉积，影响安全生产；低于最小运行出力，易造成磨煤机的磨损或煤粉浓度太低。

对于A磨煤机，其允许的最小通风量差不多为规定的额定通风量的70%，再低，则由于磨盘风环处流速降低而造成石子煤量剧增，增加运行困难。磨煤机最小出力则规定为额定值的40%～50%，低于最小出力，由于磨盘上煤层过薄，会造成研磨部件金属间的接触，而导致强烈磨损和振动等事故。当磨煤机以额定出力和相应额定风量运行时，此时可获得一个对燃烧合适的风煤比。如果磨煤机出力降低50%，而通风量必须维持在额定值的70%，则此时风煤比将增大很多，煤粉浓度大幅度降低，低负荷时，炉膛温度水平本已降低，又加上风煤比过大，对煤粉着火和稳定燃烧会更加不利。而B磨煤机，其由于本身结构和流态化技术的应用，其风煤比正如前面所述的，在50%～100%磨煤机负荷时风煤比可保持不变，在15%～50%（不含50%）时风煤比可在一定范围内变化调节。该磨煤机的最小通风量可在50%左右，而最小出力可在15%以上，从而可比其他类型的中速磨煤机在保证风煤比方面优越。也即为保证锅炉燃烧提供了一个可靠的基础。

3. 运行维修

对于磨煤设备，特别是中速磨煤机，其维修方便是否也是一个很重要的原因。在已建145t/h锅炉系统中，磨煤机的维修时间最短，更换磨盘材料需要2天左右的时间，更换一次磨辊耐磨材料需20h，况且在该磨煤机启动时，还必须铲除剩余在磨盘上的煤。而对于B

磨煤机，在启动时不必铲除磨盘上的煤，更换磨环需 20h，更换一次耐磨材料仅需 4h。

综上所述，对煤粉炉，特别是为化工装置供热的锅炉，为其选定合理的制粉系统对其安全及可靠性是尤为重要的。

第五节　煤炭掺配专家管理系统简介

目前国内大多数用煤气业，如电厂、钢厂等均面临煤源供应不固定问题，用煤已从计划经济条件下由国家统一调拨分配资源走向按照市场配置资源。这就要求用煤企业把企业生产与煤炭市场资源配置紧密地结合起来。在此环境下，它要求把市场、科研、生产有机结合起来，实现煤炭的购、产、研一体化的目标。因此，智能化的煤炭掺配专家管理系统逐渐被各用户所接受。通过多年研究和实践应用，现行的煤炭掺配专家管理系统利用计算机科学和相关专家所积累的经验和知识及他们在配煤研究中的成果，形成适合不同企业特点的混煤质量预测模型、生产管理和智能控制系统模型。由此能帮助管理人员顺利选择煤源，保证和稳定用煤质量，并寻求配煤最合理、成本最低，以取得最佳经济效益和最稳定的生产，以提高企业的配煤管理水平。煤炭掺配专家管理系统的应用将保证企业在更换煤种和掺配方面更为快捷、合理，提高锅炉和辅机的安全经济运行，可节约大量的试验费用和时间，有效地提高了社会、经济和环保效益。现代数字专家煤炭掺配管理系统网络拓扑图如图 12-8 所示。

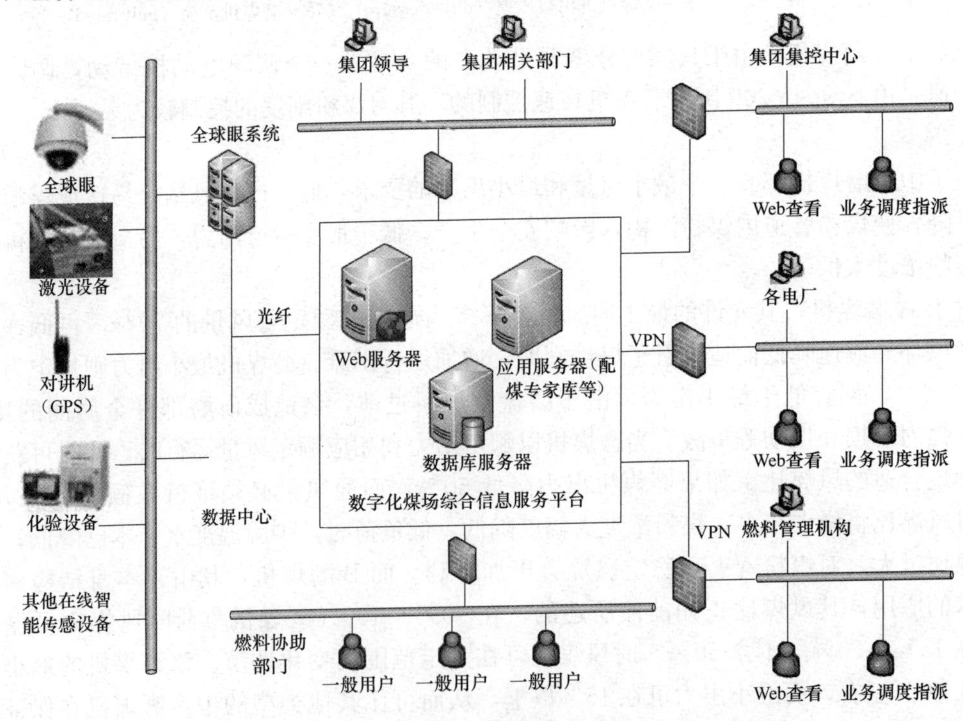

图 12-8　现代数字煤炭掺配专家管理系统网络拓扑结构图

一、煤炭掺配专家管理系统开发的技术和方法

1. 基于模拟进化算法的配比生成和用煤计划优化算法

配煤专家系统的核心问题为：根据专家知识和预测模型，预测不同配煤条件下的配合煤

和混煤性质以及相关的其他生产指标，并且在指定的生产指标要求下进行配比的生成和用煤计划优化。其中预测技术是所有工作的前提和基础，而反演计算则是获得最优配比和最佳用煤计划并最终实现质量控制和降低成本的关键。现行系统在专家知识和经验的支持下，利用最新的数学和计算机科学研究成果，选择了以模拟进化算法为基础，结合企业生产配煤实际，设计企业配煤专用模拟进化算法的技术路线。

2. 煤源总览和垂直门户网站开发技术

煤源总览作为中长期用煤计划参考资料，既有全球地质资料相对稳定的一面，也有各国各地生产实际和市场环境变化莫测的一面，所以煤源总览从功能上要求同时具有相对稳定和及时跟踪两个方面的能力。由于煤源资料来源广泛，信息量繁杂，因此同时还要求煤源总览具备容纳多媒体信息的能力。现行诸多系统引入了“煤炭资源门户网站”工作中的最新技术。所谓垂直门户网站指的是专门用于某个特定专业领域的网络信息中心。它的特点是在专业化的基础上，利用网络技术的最新发展，提供整体领域的分析报告和行业发展的最新动态和历史数据。

3. 数据库管理和 Borland 数据库引擎

利用 Borland 数据库引擎（BDE），可以实现数据库显示部分和数据库管理部分的隔离，并且实现程序代码部分和数据库配置部分的隔离。从而使得数据库系统的开发具有更强的适应能力和可伸缩性。这种隔离使得当数据库系统得到扩充以后，系统程序只需要通过 BDE 对数据库进行有关的修正，而无须对其他部分做进一步的修改。对于煤炭掺配专家管理系统来说，这个特点可以保证专家系统和管理机系统的顺利连接。

4. Delphi 和微软 Excel 协同工作

现行煤炭掺配专家系统基本都具有利用多任务多进程的协调工作能力，并可以将数据库应用程序的结果即时传输到 Excel 的能力，从而为利用 Excel 本身固有的数据处理和数据处理能力进行用户自定义数据处理提供了可能的渠道。

现行某用煤企业所示用的煤炭掺配专家管理系统结构和系统数据流向如图 12-9 和图 12-10 所示。

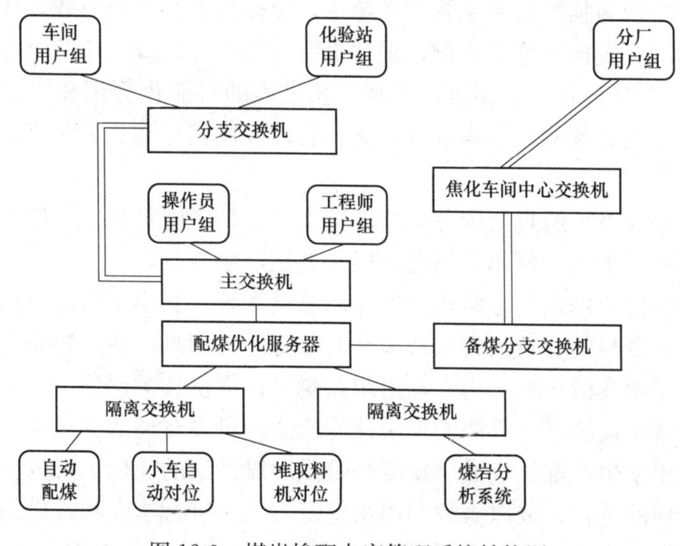

图 12-9 煤炭掺配专家管理系统结构图

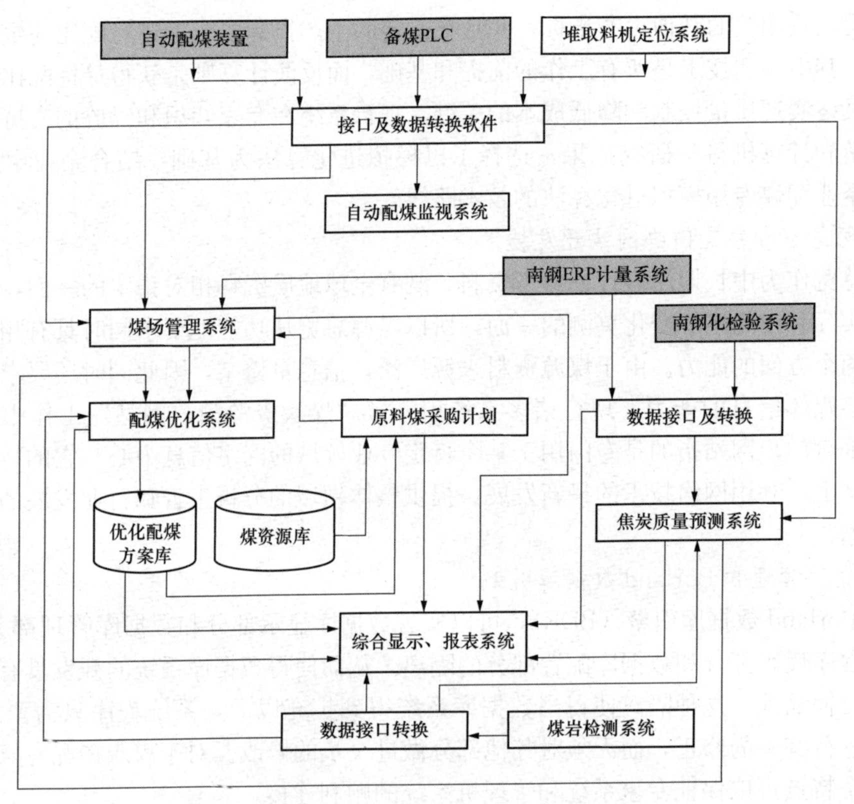

图 12-10　系统数据流向示意图

二、煤炭掺配专家管理系统的特点

随着计算机，通信技术的不断发展，在现行功能较为强大的煤炭掺配专家管理系统中，煤炭掺配专家管理系统内容不断扩充，功能逐渐强大，对现代用煤企业的经济和管理效益的提高起到了至关重要的作用。现行的煤炭掺配专家管理系统往往具有如下特点：

(1) 在现行功能较为强大的专家管理系统中，可以按照物质流（煤、焦）和信息流（数据等）的流向，如以煤炭掺配炼焦为例，把“煤源—煤场—配煤—炼焦（电厂）—焦炭（配煤）—高炉（机组）”集成在一个系统，实现工艺过程的智能化管理和资源的优化配置与运用。这样的系统需要在具备的设备高度自动化、管理高度信息化、人员高素质的条件下才能实现。

(2) 开发的数据库系统所具备的各项功能使生产管理者能够从大量纷繁复杂、浩如烟海的数据中迅速获得指导生产的规律、信息、候选方案、参数等。

(3) 按照“垂直门户网站”思路建立的煤源总览系统，利用最新的网络技术提供多样化的资料、专家对最新资料的分析报告以及最新的动态网上信息，使用煤企业利用互联网对国内外的煤源信息的了解实时更新，为合理组织煤炭采购提供技术保证。

(4) 提出了的基于模拟进化算法的反演计算算法，可以对离散变量和连续变量进行较大规模优化计算，应用于生产配比生成、年度和阶段用煤计划的优化；可以实现以成本优化为目标进行年用煤计划的优化，或以质量和用煤稳定为目标进行季度和月份用煤计划的优化。

(5) 预测模型和专家知识在本系统设计的数学表达格式下面达到了统一，具有易于存储、理解、修正和计算机处理的优点，与模拟算法和反演算法相结合，使相关专家们积累的专家知识和经验得到合理利用。

（6）数学模型具备在生产实际和推定数据对照的基础上进行自学习的能力，使系统的自我完善功能得到加强。

（7）数据库管理系统具备良好的可伸缩性，可以方便地与老管理机系统以及在建的管理机数据进行对接，以保证信息流顺畅。

（8）Excel 与数据库应用软件协同工作便于充分利用不同软件的特点，达到用户自定义数据处理的目的，使管理者更方便使用。

三、煤炭掺配专家管理系统功能简介

1. 煤炭资源管理和煤炭市场分析功能

此部分可包含：①区域煤资源和用煤企业用煤资源的总体背景资料和分析预测资料；②世界和中国主要煤资源产地的动态分析报告；③主要煤炭市场的主要煤价的历史和当前价格情况报告；④世界上主要用煤国家和企业的用煤情况报告。现行先进系统可以与因特网联网，通过中国煤炭信息网、美国地理协会、澳大利亚政府网站以及浦项、美钢联等政府部门、世界性行业协会、主要对手的网站访问，可以动态地得到关于世界和国内最新的煤炭资源变化情况。

2. 煤炭使用计划的制定功能

该功能是在模型管理和计算模块的支持下，可以对煤炭使用计划的优化和合理管理提供数值依据。煤炭使用计划系统功能包含：煤炭使用年计划的优化计算、年采购计划的校验计算、季度和月计划以及库存的合理配置与校验计算。

3. 煤场管理功能

煤场管理功能是对进厂煤炭的料场管理，主要功能包括：①根据最新的料场数据绘制当前料场图；②查询、统计当前料场的情况，为煤场管理提供依据；③根据配煤比和当前料场预测使用天数；④根据来煤、用煤跟踪管理煤堆的物料平衡；⑤进行指定时间区域的物料平衡统计计算。

煤场管理是配煤专家系统重要组成部分，煤场管理功能系统，从计算机软件本身来看，可以相对独立于配煤专家系统；但从专业管理的角度来看，却直接影响着专家系统的使用情况。目前煤场的布置和状况、近来煤场变化的趋势和方向，都会对其他操作尤其是配比的设计和使用产生影响。

煤场管理的数据来源于企业生产管理系统，主要的数据跟踪管理功能包括：煤堆数据跟踪管理、煤堆数据和来煤数据的跟踪管理、煤堆数据和用煤记录的跟踪管理、煤堆数据和后续工序的相关数据跟踪管理，主要的煤场管理功能包括：来煤品种统计管理；历史用煤统计管理；煤场和配煤比的统计管理、盘库管理等；主要的预测管理功能包括根据配煤比计算得到的使用天数预测等；其他直观数据管理功能包括料场图生成管理、基于料场图的各种直观提示。

煤场管理与配煤专家系统有机结合，料场的管理实现了实时跟踪料场状况，了解到煤炭的堆存时间，配合煤的质量，为稳定煤炭的质量和日常配煤比的制定提高依据，提高了企业料场的管理水平，稳定了焦炭、高炉、电厂用煤的质量。

4. 日常配煤比制定功能

该功能系统包括了配比管理、配合煤数据管理、焦炭数据管理，并综合了生产配比生成、生产配比预测、推定数据与历史实绩数据对照等管理功能，可以独立地完成日常配比的生成、预测和有关的数据管理工作。

推定数据和历史实绩数据对照管理模块是在配合煤数据管理和焦炭数据管理模块以及配比预测模块基础上完成的。在配煤专家系统数据库的支持下，有关数据可以按照配比号进行关联查询和使用。因此，可以得到历年来所有的有关配煤的配比组成和比例、推定配合煤、推定焦炭、配合煤实际、焦炭实际等有关数据的对照情况。在数据分析的基础上，可以为专家系统和模型的进一步优化提供数值依据。这个功能主要是用于稳定焦炭、高炉喷煤、电厂燃煤质量的管理和实现用煤成本的不断下降。

5. 焦炭、喷煤、电煤在高炉、电厂机组中使用状态跟踪功能

该功能系统一方面包含了以高炉生产为中心的有关高炉本身、矿石、喷煤和焦炭等有关数据；另一方面包含了以电厂机组为中心的有关机组负荷和配合煤质量。在数据的支持下，可以独立地分析高炉、机组的生产状况，并对不同因素对于高炉、电厂机组生产状况的影响进行基本的分析，并为进一步的理论分析和生产管理提供数据依据，在配煤专家系统中，高炉、电厂机组数据管理系统功能在配煤和为高炉、电厂机组生产服务之间提供了基于数据分析的联系通道。

其中，高炉数据管理功能系统包括：高炉生产数据模块、矿石数据模块、喷煤模块、焦炭数据模块，以及相应的分析统计和制表输出功能模块等。

电煤管理系统包括电煤数据模块和机组数据模块。

6. 煤炭计价功能

为了公正、客观、科学地评价不同企业所用煤炭的质量、价格，做好“以质定价”和煤炭贸易工作，计价功能体系主要用于进一步降低企业原燃料的采购成本。煤炭计价功能的开发主要是根据煤炭的各项质量指标和煤种在焦炭形成对焦炭质量、喷煤配合质量和电煤配合质量的贡献大小，对其进行科学计价。现已有企业实践证明，这套煤炭计价功能系统的成功应用，为公司带来了巨大的经济效益。

7. 煤炭质量跟踪管理功能

该功能根据在线数据分析，自动判定煤炭质量合格与否及其质量变化趋势，同时能对企业投产以来企业已使用过的所有煤种质量进行统计、分析、跟踪管理。该功能系统包括了已有数据和新数据收集、数据修改、数据浏览查询、数据统计分析以及单种煤煤质评价等功能。

8. 配煤数学模型校验功能

模型管理和校验子系统主要包括现有模型的管理、模型的校验、模型的修正等功能。模型的校验模块在配煤与焦炭数据库中关于推定数据和实际数据的历史记录进行校验整理，并且按照指定的模式（线性、多项式等）进行校验计算，一旦进行校验计算将提出校验计算得到的修正公式，假如数据指标表明修正公式可以明显地提高预测精度，则建议用户对模型进行修正。当修正被确认以后，系统自动对分布在不同子系统下的计算模块进行修正操作。

第十三章

煤炭掺烧质量控制与安全管理

第一节　混煤煤质变化对掺烧锅炉运行的影响

掺配后的混煤煤质变化对锅炉运行的影响是多方面的，如前章所述，反映煤的着火和燃烧特性的指标很多，目前可以分为煤的常规特性指标和非常规的实验室指标两大类，前者包括煤的挥发分、水分、灰分、发热量、灰熔融特性等，后者主要包括反应指数、可燃性指数、熄火温度等，运行中通常所指的煤质变化主要是指前者。

一般情况下，锅炉最好燃用其设计煤种指标或与设计煤种指标比较接近的混煤煤种，以确保燃烧稳定及各参数在正常范围内运行。但近年来，由于电煤资源的供需平衡遭到破坏，促使发电企业电煤供应日趋多元化，此外掺烧的原煤本身一些指标波幅较大，从而导致掺混后的煤质指标波动幅度增大，入炉煤质控制难度加大，从而对锅炉的稳定燃烧和运行安全造成了很大的影响。

1. 出力受限

混煤煤质变化可能会造成机组某些设备不能满负荷运行，而限制锅炉出力。如混煤的灰分改变，使煤的结渣性和积灰性增加，而引起炉膛结渣和受热面积灰；煤的水分和可磨性指数变化可使磨煤机达不到额定出力；煤的灰分增加可能使除尘效果受限。煤质变差会导致磨煤机、送风机、引风机出力受限，而限制机组出力，而且还会带来锅炉燃烧不稳、灭火、受热面磨损加剧和带不上负荷等问题。

2. 电厂煤耗和厂用电率上升

混煤煤质趋劣使锅炉燃烧不稳，导致锅炉机械不完全燃烧损失增大。排烟温度和燃烧过量空气增加又导致排烟热损失增大，锅炉效率下降，发电煤耗升高。锅炉掺烧的煤质下降往往需要投油助燃，又增大了燃油消耗。劣质煤灰分高，发热量低，锅炉达到同等出力时需要的煤量增加，导致制粉、出灰、运输和送风机、引风机等设备电耗增加，厂用电率升高。实验数据表明，燃煤的低位发热量下降 1MJ/kg，厂用电率将提高 0.5%。相反，当混煤煤质趋优时，同样与锅炉设计参数相悖，造成了资源的无端浪费。

3. 导致设备可靠性降低

混煤质变化较大时，尤其是煤质趋劣时，劣质煤灰分高，着火燃烧性能差，易造成锅炉燃烧不稳，容易灭火。而灰分高易导致锅炉受热面延迟还会使炉膛火焰中心上移，易造成过热器、再热器超温爆管。因此，电厂设备可靠性随煤质趋劣呈下降趋势。

4. 增加检修和改造费用

由于潜在的混煤煤质变化，可使锅炉部件及辅机的磨损和腐蚀加剧，导致频繁故障和临时检修，使电厂损失大量的电量并使检修费用大幅上升，还增加了锅炉从输煤到出灰整个流程中各部件的负担，将会使锅炉受热面、预热器的尾部烟道、电除尘、制粉系统设备的磨损损害较为严重，并使送风阻力增大；灰分的增加，还将影响到除尘器的除尘效果，使电除尘、排灰系统运行压力加大，导致大修间隔缩短及部件寿命缩短，使检修费用上升，而大量的更新改造也耗费大量资金。统计资料显示，平均灰分若从13%上升到18%，锅炉强迫停运率将从1.3%上升到7.5%。

5. 造成锅炉运行调整困难

当锅炉掺烧混煤煤质参数难以保证，且已经超出锅炉设计煤种和校核煤种使用范围时，将造成锅炉运行调整困难，加大锅炉烟温偏差；虽然主蒸汽不超温，但可能导致过热器管局部超温。煤质变差，可能造成锅炉结焦，影响受热面的换热效果，引起受热面局部超温等问题。

6. 造成锅炉设备损坏

当混煤煤质挥发份偏高时，由于设计为热风送粉，气粉混合温度高，容易引起制粉系统放炮、喷燃器烧损或变形严重、煤粉管道烧坏。

7. 造成腐蚀

当混煤煤质含硫量大时，易引起水冷壁的高温腐蚀，以及锅炉尾部烟道、空预器蓄热元件、电除尘内部等部位低温腐蚀。

第二节　煤　源　管　理

科学的煤源管理不仅有利于企业全面、准确地掌握原料煤的信息，使配煤工作顺利进行，而且会使优化配煤、合理配煤成为可能。煤源管理主要包括煤场来煤质量管理、煤场信息管理、煤资源采购管理等。

一、煤场来煤质量管理

1. 进场煤的混煤鉴别

目前大多数企业入场使用的源煤往往都有不同程度的混洗现象，依据常规的分析手段，如工业分析、黏结指数测定等得出的煤质数据又不能有效地鉴别混煤，这给用煤企业的配煤工作带来了不便，甚至在经济上造成损失。应采用煤镜质组反射率方法有效鉴别混煤，煤场管理模块据此进行分别管理。

2. 进厂煤的合理分类堆放

依据各用煤量大小、来煤批量的大小、来煤质量状态等因素，分配大小适宜的场地。主要为了达到平铺均匀，避免因为个别场地过大造成浪费，或场地过小发生混堆混放的现象，应采取下述措施。

(1) 细化煤种。在场地允许的情况下，将不同的煤种单独堆放，将质量相近的原料煤堆放一处。

(2) 合理堆放。配煤工程师指导原料煤的堆放，各煤种都有明确堆放的地点，堆放的高度、宽度、平整度、直线度。

(3) 分层平铺。坚持堆取料机铺煤，严禁直接上仓。所有来煤严格按照一定高度均匀平铺于对应煤堆的指定地点，平铺高度一致、形状规整。这样可以保证各个批次原料煤最大限度的掺混，减少各个批次的质量不同带来的单种煤质量波动。

（4）一堆一取。煤堆以堆取料机左右进行对称式布置，同种煤至少保持有两堆，一堆用于来料的堆放，一堆用于吃取配用。这种作业可以避免来料影响原料的合理堆取，为先进先用、分层平铺、阶梯直取创造有利的条件。

（5）先进先用阶梯取煤。原料煤的使用要有先后次序，即先入煤场的煤先用，杜绝后进先用，防止超期及氧化变质。取用煤堆要保证3个阶梯台面，保持最大的取料高度，保证取用3层原料煤，保证取料的最大宽度，防止留边，漏角。严禁刈头、留底、集中取料。

二、煤场信息管理

煤场管理是根据煤场来煤情况和实际生产用煤状况建立的煤场信息动态跟踪系统，包括来煤信息、煤场信息、生产用煤信息。主要提供煤场内当时各种单种煤的现有库存量、具体堆放位置、对各单种煤的煤质数据和精确评价等信息。这样就能够实现煤场入库管理和显示煤场煤堆消耗现状的数据以及每堆煤煤质指标的实时计算，并具有进厂煤质量数据的录入、修改、删除、查询等功能。

三、煤资源采购管理

根据煤资源数据库信息、炼焦配煤用煤方案及煤场存煤信息综合比较分析，通过专家系统可以确定企业合理煤资源供给策略及紧急状态下的煤资源供给策略，并提出采购计划。

第三节　配煤生产管理与质量检测

一、配煤生产管理与质量检测的意义

1. 煤炭产品质量对消费企业经济效益的影响

不同工业部门、不同的用户对混煤粒度及其他质量指标都有一定要求，因此，原煤质量将直接影响消费部门产品的质量和数量。如果煤质不符合用户需求，就会使按比例掺配所形成的混煤不能达到用户要求，进而使用户的经济效益受到损失。灰分对煤炭使用价值影响很大，在电力工业中，根据经验推算，煤的灰分每增加1%，其发热量减少0.21～0.38MJ/kg，从而使发电量减少。灰分增大，锅炉的排渣量增加，从而增加设备的磨损，降低锅炉的出力。另外，对钢铁企业而言，灰分高影响煤气发生量，增加冶金冶炼时间，甚至还可能出现炼炉事故。水分也是煤中的无用成分，水分越高，在使用过程中由于水分的蒸发将带走大量的潜热，而降低了煤的热能利用率，炉喷吹用无烟煤精煤在喷吹过程中，水分高到一定程度时，会使煤粉黏在一起而无法喷吹。另外，水分也影响筛分能力，在冬季运输时还造成装卸困难。块煤限下率是各级块煤中所含小于块度下限的煤量占该级全部煤量的百分数，在工业造气用煤中，如果限下率高，就会降低煤气生产率，增大煤炭损失量，堵塞管道，以至发生事故。

2. 提高原煤质量可以增加煤炭企业的经济效益和社会效益

由于煤炭产品实行以质论价，优质优价，故提高配煤质量能为煤炭企业带来经济效益，

生产适销对路的优良配煤产品可加快产品的流通过程，加速资金周转，节约流动资金，还可增强产品出口竞争力，创取外汇。另外，通过煤炭掺配可使水分和灰分降低，降低无效运输，增加铁路运输能力。

二、混煤质量检测

1. 原煤入场前验收

在外购煤初期，首先要做好各项数据的采集，掌握购进煤炭的产地、质量等情况，确定外购煤炭的质量能够达到目标要求（如目标要求发热量25.09MJ/kg以上，硫分小于3%，干基挥发分大于12%等）。在外购煤炭入矿前，安排经验丰富的煤质人员在现场观测煤质情况，预测煤质不达标，则拒绝收货，并当场进行采样化验，化验合格方可进入煤场。

在操作实践中，可用简易的煤质测定法，如首先看煤炭的光泽度及含矸率，以此初步判定灰分的高低，同时查看有无混掺作弊现象。其次用手触摸煤炭，从而初步判定其水分含量，再次取一定量的煤样，用水冲洗，判断其含矸量，并粗略估计煤炭灰分。通过上述简易煤炭质量测定的方法，能够初步判断外购煤的质量情况，从而提高了煤质验收工作效率。

2. 原煤入场后验收

（1）存在问题。由于外购煤来源于多个产地，在粒度组成上极不均匀。有个别供户受经济利益的驱使，在运输过程中，存在着掺假现象，增加了外购煤质量的不稳定性。所以，确定科学的采样方法，提高外购煤采样的准确性，提供公正合理的数据至关重要。为避免外购煤供户比较散，运量不均衡，可进行供煤用户优化，淘汰掉小供户，保留了几家运量大、质量稳、实力强的供户，要求供户每日按计划量进煤。

（2）采样方案的制定。可根据用煤企业实际情况，制定了针对进矿外购煤的人工采样方案，即以每天每个供户的实际进煤量为一个采样单元，要求车车采样，每车按五点采样（采样量必须达到GB/T 475—2008《商品煤样人工采取方法》规定要求）。具体操作如下：首先每车进矿外购煤在指定地点卸煤后，采样人员按五点法采样，即在单车落煤堆中部（高于地面0.5m）均匀布3个点，顶部布2个点，采样人员按规定子样量采集煤样（根据日进煤量估计，如果单元采样量不足时，适当增大子样量）。将所采煤样装入规定的煤样容器里，直至该采样单元采完，送制样室，严格按GB/T 474—2008《煤样的制备方法》规定要求制样后，将分析煤样分3份，一份留存备查，一份留给供户，一份送矿化验室化验。

（3）核对手工采样精密度。为了验证人工采样方法的精密度，还应该对进矿外购煤进行采样精密度的核对。随机选定一批量煤（一个采样单元），按人工采样方法分别采取10个分样，将10个分样分别制样、化验，并对结果进行统计分析，看是否符合标准。

三、配煤生产管理

1. 建立燃料存储管理台账，实现在线实时管理

利用现代信息技术，可建立煤料存储管理系统（煤料存储管理台账），对燃煤的接卸、堆场、整型、取料、掺配、加仓及煤场日常管理等实行在线实时管理。煤料存储管理台账，主要包括各个煤场的存煤情况显示，煤料接卸统计表、入炉煤统计表和入厂煤报表等。企业的燃煤调度工程师，通过此系统对台账填充、卸煤、堆料控制、异常煤车控制、取料、特殊取料方式、雨季堆取方式、煤场堆料边界和煤场预留坡度等工作，制定具体要求并根据现场

情况及时更新，对台账各种数据检查、更新及维护。

燃料运行人员根据现场的卸煤、堆料、取料、掺配及加仓等工作实际，及时在台账中对操作时间、燃煤矿点、数量、煤质、加仓数量及质量等数据进行添加、删除和更改。通过燃料存储管理台账，掌握煤场存煤、煤炭矿点、煤质等情况，实现对接卸、堆场、整型、取料、掺配、加仓及煤场日常管理等工作的在线实时管理。这为掺配工作打下良好基础。

2. 分区分层的三维空间管理，实现合理堆场

每天进厂煤的合理堆场，是保证燃煤掺配质量的重要一环，可减少或防止自燃以及煤的热量损失。

对煤场的三维空间管理，是沿煤场的长度方向（即斗轮机运行方向），将每个煤场分为10个区，每个区又分为4个小区，沿煤场高度方向每1m作为一层，在某区某层的宽度方向上堆放同类煤。

采用行走分层平铺堆料法，一层一层堆料。每一次平铺1层或2层，相邻2层尽量根据燃煤的发热量或挥发分互补原则交替平铺。如下层煤为高热值煤，则在上面堆放一层低热值的；如下层煤为高挥发分的，则在上面堆放一层低挥发分的。每次堆料完毕后，燃料运行人员就在燃料存储管理台账的煤场分区分层图中，在每一层面上每次堆料的起点处，标注该批堆料的具体信息（包括堆料日期、来煤的矿点、车数、煤质等数据），并用不同的颜色显示煤质合格不合格，以及是否是汽车来煤等提示信息。

燃煤堆放过程中，每堆高一层就用推煤机压实一次。通过分层平铺及分层压实，减少了煤粒中空气间隙，增加库存容量，促进了燃煤的混匀和掺配。

3. 采用“行走层取”的取料方法，合理掺配

在燃料存储管理实时在线、分区分层的基础上，有效进行燃煤掺配。首先，加仓取煤时，沿煤堆一侧分层行走取料，每次取料高度一般为4～5m，使取料面形成分层断面状，增加取煤的均匀性，所取的煤至少保证是4～5种煤掺配后的混煤；其次，采用双皮带机同时加仓的运行方式，在原煤仓中实现入炉煤的2次掺配。2台斗轮机从煤场取煤加仓并经过原煤仓的2次掺配，使原煤仓中的煤是10种左右的煤掺配后的混煤，使入炉煤掺配更加均匀稳定。

4. 配煤生产综合管理要点

（1）工作面配煤。在组织原煤生产时，结合煤厚、煤质资料，对可能进行的工作面进行理论分析，按照商品煤的不同灰分、硫分品种，确定各煤层需要的回采煤量，从而确定采煤工作面的布设。并依此编制年度计划、季度计划、月度计划、短期计划等可根据地质及采矿等有关技术部门提供的资料进行调整。

（2）采样密度。进行必要的勘探取样工作，加大工作面采样密度，利用生产地质取得煤质资料，编制煤质分布图，达到准确合理配煤的目的。

（3）跟踪化验监测。化验员做好坑下的毛煤跟踪化验工作。当化验结果与资料差别较大时，立即通知有关人员调整配采计划。

（4）装卸煤的控制。由配煤公式确定配比系数后，不同采掘面电铲按配比系数配备装卸卡车，装卸车均按计划比例进行有序装卸，严格计量工作。优劣煤量按比例严格控制。

（5）选煤厂入料控制。选煤厂有关技术人员必须掌握年煤仓仓储情况、落煤位置以及各毛煤仓煤质情况，把好筛分、破碎及跳汰机入料关，保证入选煤种单一，产品仓入料遵循按

质配仓，并记录好各产品仓的煤质情况。

(6) 装车站控制。保证各种检测器件的准确度，特别是皮带秤，料位计灰分仪准确掌握出仓煤的煤量，煤质情况。遇到煤质变化与装车情况不符，立即通知生产调度及有关部门，重新确定产品的配比系数从产品仓直接配煤。

第四节　不同炉型、不同煤种、不同制粉系统掺烧方式的选择

一、烟煤炉掺烧方式的选择

选择 1：烟煤与较低质的烟煤掺烧，适应于任何制粉系统，掺烧方式混磨混烧。

选择 2：烟煤与干燥无灰基挥发分不小于 16%的贫煤掺烧。

储仓式制粉系统可采用分仓上煤、分别磨制，细度差别控制，不同煤种混合送入的方式掺烧，也可采用混磨混烧的掺烧方式；直吹式制粉系统可采用分仓上煤、分别磨制，细度差别控制，分层送入炉内的方式掺烧。

选择 3：烟煤与干燥无灰基挥发分 12%～16%的贫煤掺烧。

不同煤种采用分仓上煤、分别磨制，细度差别控制。适用中速磨煤机且带旋转分离器制粉系统及钢球磨煤机制粉系统，直吹式制粉系统时，采用分层送入炉内的方式掺烧；储仓式制粉系统时采用不同煤种混合送入的方式掺烧。

选择 4：烟煤与干燥无灰基挥发分小于 12%贫煤及无烟煤掺烧。

适合与双进双出磨煤机直吹式制粉系统，不同煤种采用分仓上煤、分别磨制，细度差别控制，分层送入炉内的方式掺烧。

不适宜的选择：采用中速磨煤机及钢球磨煤机储仓式制粉系统，烟煤与干燥无灰基挥发分不大于 12%的贫煤及无烟煤掺烧。

二、贫煤炉掺烧方式的选择

选择 1：贫煤与烟煤掺烧，适用于任何制粉系统及任何掺烧方式。掺烧时要注意防止炉内结渣及制粉系统爆炸。

选择 2：贫煤与无烟煤掺烧，适用于中储式制粉系统及双进双出磨煤机直吹式制粉系统。对于钢球磨煤机储仓式制粉系统，若贫煤干燥无灰基挥发分不大于 16%，与无烟煤掺烧时可采用混磨混烧方式；若贫煤干燥无灰基挥发分不小于 16%，与无烟煤掺烧时储仓式制粉系统最好采用分仓上煤、分别磨制，细度差别控制，不同煤种混合送入的方式掺烧；双进双出磨煤机采用直吹式制粉系统时采用分仓上煤、分别磨制，细度差别控制，分层送入炉内的方式掺烧。

选择 3：烟煤与无烟煤掺烧，适用于中储式制粉系统及双进双出磨煤机直吹式制粉系统。储仓式制粉系统采用分仓上煤、分别磨制，细度差别控制，不同煤种混合送入的方式掺烧（掺烧效果较差）；双进双出磨煤机采用直吹式制粉系统时，采用分仓上煤、分别磨制，细度差别控制，分层送入炉内的方式掺烧。

三、分层送入掺烧方式掺烧位置的选择

采用分层送入方式掺烧时，挥发分高的煤从最下层及最上层送入，挥发分低的煤高负荷

从第二、第三层送入，低负荷从第二层送入。这样既可保证低负荷燃烧的稳定性，又可保证燃烧的经济性。

四、掺烧时的调整与控制

（1）煤粉细度的调整与控制。采用混磨混烧方式时，煤粉细度按混煤中较低挥发分的煤种控制，采用分仓上煤、分磨磨制时，煤粉细度按各自的挥发分控制。不同煤种煤粉细度的按表13-1所示控制。

表13-1　不同煤种煤粉细度控制

项目	干燥无灰基挥发分（V_{daf}）	煤粉细度（R_{90}）
烟煤	$V_{daf}>20\%$	$R_{90}=4+0.5n\,V_{daf}$
劣质烟煤	$V_{daf}>20\%$、$Q_{net,ar}<16500$kJ/kg	$R_{90}=4+0.35n\,V_{daf}$
贫煤	$10\%<V_{daf}<20\%$	$R_{90}=2+0.5n\,V_{daf}$
无烟煤	$V_{daf}<10\%$	$R_{90}=0.5n\,V_{daf}$

注　n为煤粉粒度分布特性系数。

（2）一次风速（风量）的控制。当掺烧煤种挥发份高于设计值时，适当提高一次风速（磨煤机入口风量）；当掺烧煤种挥发分低于设计值时，适当降低一次风速（磨煤机入口风量）。

（3）氧量的调整与控制。当掺烧煤种燃烧特性低于设计煤种时，适当提高表盘氧量；当掺烧煤种燃烧特性好于设计煤种时，适当降低表盘氧量；当设计煤种为贫煤，采用烟煤与无烟煤掺烧时，需按较高氧量的无烟煤氧量来控制。

（4）二次风的调整。当掺烧煤种燃烧特性低于设计煤种时，第一层一次风与第二层一次风之间的二次风应适当减小，第二层一次风与第三层一次风之间的二次风应适当增大；当掺烧煤种燃烧特性优于设计煤种时，第一层一次风与第二层一次风之间的二次风应适当增大。

五、掺烧应具备的条件

（1）煤仓要足够的大，满足不同煤种分堆堆放的条件。

（2）要有足够数量的堆取料机械。

（3）要建立混煤掺烧的组织机构。

（4）要制定行之有效的堆煤、取煤、混煤的技术保障措施。

（5）采用分仓上煤时要有从不同煤种上到不同煤仓的监控手段。

（6）要对混煤掺烧的各过程（不同煤种堆放是否到达指定位置、不同煤种的掺配比例是否符合规定，掺配是否均匀，不同煤种是否上到指定的煤仓）进行考核并有相应的奖惩措施。

（7）贫煤炉掺烧高挥发分烟煤时，最好在磨出口增设CO监测装置。

（8）对燃煤采购进行相应的考核。

第五节　设备运行安全问题分析及解决措施

一、水冷壁高温腐蚀分析及解决措施

在掺烧高硫煤时，炉内水冷壁比较易出现高温腐蚀。燃煤硫分的高低应以折算硫分为

准，燃用高硫煤时炉内存在较高浓度的 H_2S 气体，H_2S 与炉管发生反应形成腐蚀。在壁面存在较高 CO 浓度、炉管温度较高时，腐蚀速率加快，特别是在高参数的亚临界、超临界锅炉上能在较短时间造成水冷壁破坏。

烧高硫煤防止高温腐蚀的方法主要是：

（1）通过燃烧调整或燃烧器改造降低壁面附近 CO 浓度，提高 O_2 浓度。

（2）对易发生高温腐蚀的部位进行喷涂，阻止 H_2S 与炉管的直接接触。

二、燃烧不稳和锅炉灭火的原因分析及其解决措施

当混煤中有的煤种燃烧特性较好（干燥无灰基挥发分较高或发热量较高），掺烧了燃烧特性较差的煤种（干燥无灰基挥发分较低或发热量较低）时，锅炉燃烧的稳定性会降低，严重者会引发锅炉灭火发生。其原因是掺烧燃烧特性较差的煤着火温度较高，煤粉气流加热到着火点所需吸收的热量较多，而供给的着火热不变时煤粉气流的着火困难，必然引起燃烧不稳。锅炉设计时所采用的炉膛容积热负荷、断面热负荷、燃烧器区域热负荷、燃烧器布置方式与所采用的设计煤种相适应，当煤质下降较多以后，锅炉的原结构设计与煤质已不相适应，因此掺烧煤质应有一定的限制，采用混磨混烧方式掺烧时原则上掺混后的煤质应达到适耗煤质的要求。

1. 设计煤种

设计煤种按表 13-2 所规定的变化范围控制。

表 13-2　　设计煤种变化范围控制　　（%）

<table>
<tr><th>煤种</th><th>V_{daf}偏差</th><th>A_{ar}偏差</th><th>M_{ar}偏差</th><th>$Q_{net,ar}$偏差</th><th>ST 偏差</th></tr>
<tr><td>无烟煤</td><td>−1</td><td>±4</td><td>±3</td><td rowspan="4">±10</td><td rowspan="5">−8</td></tr>
<tr><td>贫煤</td><td>−2</td><td>±5</td><td>±3</td></tr>
<tr><td>低挥发分烟煤</td><td>±5</td><td>±5</td><td>±4</td></tr>
<tr><td>高挥发分烟煤</td><td>±5</td><td>+5～−10</td><td>±4</td></tr>
<tr><td>褐煤</td><td></td><td>±5</td><td>±5</td><td>±7</td></tr>
</table>

2. 适耗煤种

煤质好于最差校核煤种，低于设计煤种规定的变化范围的下限煤种为适耗煤种。

当相邻煤种掺混后煤质低于适耗煤种时，应采取相应的手段才能保证燃烧的稳定。采用手段主要从降低煤粉的着火温度、减小煤粉气流的着火热，增加加热着火的能量供给等方面考虑。具体措施为：

（1）提高磨煤机出口温度（与防爆要求相适应）。

（2）将煤粉磨的更细（与挥发分相适应）。

（3）降低一次风量（以不堵管为限）。

（4）在炉内增设部分卫燃带。

（5）采用缩腰配风。

（6）对于旋流燃烧器，减小内二次风量，增大旋流强度。

（7）燃烧器进行相应的改造。

三、制粉系统爆炸原因分析及其解决措施

当掺烧煤种挥发分较设计煤种增加较多，磨煤机出口温度没有相应降低时，制粉系统及粉仓易发生爆炸，特别是储仓式制粉系统由于部件多，煤粉易积存，爆炸更易发生。控制好磨煤机出口温度是防止制粉系统爆炸的关键。采用分仓上煤、分磨磨制的制粉系统，出口温度应依据煤的挥发分按表 13-3 来控制。

表 13-3　　制粉系统出口温度控制

<table>
<tr><th>煤类</th><th>无烟煤</th><th>贫煤①</th><th>烟煤②</th><th>褐煤</th></tr>
<tr><td>V_{daf}（%）</td><td><10</td><td>10～20</td><td>>20</td><td>>37</td></tr>
<tr><td>磨煤机及制粉系统</td><td>球磨煤机、贮仓式或直吹式</td><td>球磨煤机、中速磨煤机、贮仓式或直吹式</td><td>中速磨煤机、球磨煤机、直吹式</td><td>中速磨煤机、风扇磨煤机、直吹式</td></tr>
<tr><td>磨煤机出口温度 t_{m2}（℃）</td><td>≥130*</td><td>130～100**</td><td>90～60***</td><td>60（中速磨煤机）
100（风扇磨煤机）****</td></tr>
<tr><td rowspan="4">一次风粉混合物温度 t_{PA}（℃）</td><td colspan="2">直吹式或贮仓式，乏气送粉</td><td colspan="2">直吹式</td></tr>
<tr><td>≥130***</td><td>130～100****</td><td colspan="2">同 t_{m2}</td></tr>
<tr><td colspan="2">贮仓式或半直吹式，热风送粉</td><td colspan="2">—</td></tr>
<tr><td>260～200*****</td><td>230～190*****</td><td colspan="2">—</td></tr>
</table>

① 含瘦煤及贫瘦煤，诸煤类定义见 GB/T 3715—2007《煤质及煤分析有关术语》及 GB/T 5751—2009《中国煤炭分类》。

② 此处的“烟煤”所指为除去前栏的“贫煤”之外的诸烟煤类。

* 无限制，取决于磨煤机械部分和制粉系统其他元件可靠运行的条件及干燥剂初温。

** 对于直吹式系统，极限温度为 150℃。

*** 钢球磨煤机用烟气空气混合干燥剂时，t_{m2} = 120℃。

**** 风扇磨煤机用烟气空气混合干燥时，t_{m2} = 180℃。

***** 一次风初始温度不应低于 330℃；无烟煤如采用 450～470℃，则 t_{PA} 可接近 300℃。

考虑到混煤有可能存在混不匀的情况，所以磨煤机出口温度按混煤高挥发分的煤控制。

四、中速磨煤机石子煤量过多原因分析及其解决措施

采用中速磨煤机制粉系统，当掺混煤的矸石、石子量增加，煤的可磨系数降低，此时石子煤量大增，严重时排放不及，将影响锅炉的正常运行，特别是中速碗式磨煤机表现尤为显著。对此应对磨煤机风环进行改造，在风环周向增加节流环，提高风环喉口风速，使风环上的石子煤能在下部高速风的带动下回到磨盘上重磨，从而降低石子煤排放量。

五、空气预热器腐蚀及堵塞原因分析及其解决措施

当掺烧高硫分煤时，烟气的酸露点温度降低，当空气预热器冷端进口壁面温度低于酸露点温度时，空气预热器波纹板上产生结露，结露以后会对波纹板形成腐蚀，同时黏附飞灰，造成流道堵塞。在冬季锅炉负荷较低时掺烧高硫煤的空气预热器腐蚀及堵塞尤为严重。对此应采取如下措施：

（1）投入暖风器或热风再循环。

（2）保证热风再循环管畅通，堵塞后要及时疏通。

六、排烟温度升高原因分析及解决措施

当掺混高灰分、低热量煤及掺混低挥发分煤、高结渣性煤时，锅炉排烟温度将升高，使锅炉效率降低。

掺混高灰分、低热量煤造成排烟温度升高的原因有以下几个因素：

（1）高灰分煤燃烧时炉膛燃烧温度降低，蒸发吸热份额下降，灰带出炉膛的热量增加。

（2）高灰分煤燃烧时炉内受热面污染加重，受热面吸热减少。

（3）烧高灰分煤时，烟气量增加。

掺烧低挥发分煤时排烟温度升高的原因有以下几个因素：

（1）掺烧低挥发分煤时煤的燃尽性能下降，火焰中心抬高，炉膛出口温度升高。

（2）挥发分降低以后，煤粉细度未按挥发分的变化进行调整，使火焰中心进一步抬高。

掺烧高结渣性煤时排烟温度升高的原因：

掺烧高结渣性煤时，炉膛水冷壁或屏式过热器结渣增强，水冷壁及屏式过热器吸热量减少，炉膛出口烟温增高。

应对方法：

（1）增加吹灰次数，保持受热面清洁。

（2）增大中速磨煤机石子煤量，使入炉煤灰分减小。

（3）对于掺烧低挥发分煤的机组，降低煤粉细度。

（4）对于掺烧低挥发分煤的机组，若采用中速磨煤机时提高磨煤机出口温度或降低磨煤机入口风量，从而减小掺入的冷风量，使经过空气预热器的热风量增大；对于采用储仓式制粉系统者也应提高磨煤机出口温度，降低一次风速从而使煤粉气流着火提前，以降低火焰中心高度。

七、风机运行不稳定原因分析及其解决措施

当掺烧煤的发热量下降较多时，燃料量显著增加，引起一次风管、烟道阻力增加，一次风机及引风机压头也随之增大，在机组负荷较低时，风机工作点原来已离失速线较近，在阻力增大以后，风机工作点有可能落到失速线以下，使风机进入不稳定区域运行，引起炉膛负压及燃烧工况不稳定。

应对办法：

（1）对风机进行改造，增设防失速装置。

（2）低负荷运行时，制粉系统尽量采用开大混合风门、热风门的低一次风压运行方式，减小风门节流，以降低一次风压。

八、受热面超温原因分析及其应对方法

在掺烧低挥发分煤种及高灰分、低发热量煤种时，屏式过热器、高温过热器、高温再热器容易发生超温问题，其主要原因是：

（1）掺烧低挥发分煤种时火焰中心抬高。

（2）掺烧低挥发分煤种以后，四角切圆炉炉膛出口残余扭转增大，两侧烟温偏差增大。

（3）采用储仓式制粉系统的锅炉，在掺烧低发热量煤种时，粉量增大，给粉机需高转速

下运行，此时下粉均匀性变差，混合器的性能也变差，导致炉膛四角进粉量偏差增大，炉膛两侧烟温偏差增大。

应对措施：

（1）降低煤粉细度以降低火焰中心。

（2）降低一次风速以降低火焰中心。

（3）对下粉不好的煤粉混合器进行改造，使下粉均匀性提高。

（4）将燃尽风改为反切，或增大燃尽风反切角度，消除残余扭转。

（5）对于屏式过热器超温者，调整一、二级过热器减温水分配比例，增大一级减温水量，降低屏入口蒸汽温度。

九、一次风管频繁堵管原因分析及其应对方法

掺烧高灰分、低发热量煤种时，煤粉在一次风管产生的阻力增大，一次风压增加，若煤粉混合器性能不佳，下粉管原来正压就较大，此时下粉管正压进一步增大，一次风托粉作用越加明显，下粉均匀性变差，下粉时大时小，一次风管便更容易堵塞。

应采取的措施：对原来性能不佳的混合器进行改造，使下粉管在运行中能保持微负压。

十、灰渣含碳量增大原因分析及其解决措施

掺烧低挥发分、高灰分低发热量煤时锅炉灰渣含碳量均会升高，引起锅炉效率的降低。不同掺烧方式、掺烧份额、掺烧位置对掺烧后的影响不同。

1. 不同种类煤种采用不同掺烧方式对灰渣含碳量的影响

相同种类的煤种掺烧时，锅炉灰渣含碳量的变化较小，相邻煤种掺烧时，灰渣含碳量较同类煤种掺烧变化增大，跨煤种掺烧时，灰渣含碳量变化很大。跨煤种掺烧时（如烟煤、无烟煤），煤的燃烧特性相差很大，高挥发分的烟煤着火点较低。采用混磨混烧方式时，一次风煤粉气流进入炉膛后，烟煤很快着火并消耗氧，无烟煤煤粉周围氧浓度降低，使高着火点的无烟煤的着火变得更加困难，即使无烟煤着火以后由于氧浓度不够，燃烧的扩展速率也较缓慢，在炉内很难形成高的温度，温度水平的低下导致无烟煤的燃尽变差，最终使灰渣含碳量升高。因此，跨煤种掺烧应尽量不采用混磨混烧方式。

2. 不同煤种混磨时出现的问题

不同煤种混磨时，由于其可磨系数不同，可磨系数高的煤种会被磨得过细，而可磨系数低的煤种细度仍然偏粗，若要使可磨数低的煤种同时达到细度要求，则磨煤机出力降低，制粉系统电耗会升高，造成厂用电率升高。因此，可磨系数相差太大的煤种不宜混磨混烧。

若是烟煤与无烟煤混磨，两者要求的细度相差太大，达到无烟煤应达到的细度时，磨煤机出力将严重降低，制粉系统电耗、厂用电率将严重升高，机组煤耗也随之升高；若磨煤机出口混煤细度按混煤等效挥发分控制，则无烟煤细度将严重偏粗。此时混煤燃烧后的灰渣可燃物含量将大幅升高。

3. 不同制粉系统对煤种的适应性

采用中速磨煤机制粉系统时，煤粉细度在无旋转分离器时一般 $R_{90}\geqslant12\%$，满足的干燥无灰基挥发分不小于16%煤种的细度要求，当燃用干燥无灰基挥发分12%～16%的贫煤，所需煤粉细度 R_{90} 8%～12%采用中速磨煤机时需设旋转分离器，才能满足细度要求。燃用

无烟煤，煤粉细度应控制在R_{90}6%～8%，中速磨煤机已满足不了细度要求。因此，采用中速磨煤机制粉系统的锅炉，不适宜掺烧无烟煤。

第六节　GB 25960—2010《动力配煤规范》要点与解析

GB 25960—2010《动力配煤规范》对于规范我国动力配煤市场，保证产品质量，提高管理水平，推动动力配煤产业的健康发展具有重要意义。

该标准主要解决以下3个方面的重点问题：①动力配煤原料的品质要求；②科学、优化的动力配煤方案的基本要求、主要内容以及质量控制措施；③动力配煤产品的品质要求以及质量的检验和验收。

一、范围

该标准规定了动力配煤原料的品质要求、配煤方案及动力配煤产品的品质要求，适用于电站锅炉、工业锅炉、工业窑炉等所用动力配煤产品的生产、质量控制和销售，不适用于煤矸石电厂用煤。

二、标准中的术语和定义

在该标准中，对“煤”“动力煤”“动力配煤”“动力配煤产品”“配煤比”“动力配煤产品质量目标值”“动力配煤产品质量理论值”“配煤产品质量实测值”8个术语进行了定义。其中，动力配煤的定义为：根据工业生产的需求，按照科学计算或由燃烧试验获得的配煤比，把两种或几种不同品质的动力煤均匀地混合在一起或根据环保需求配入添加剂，生产一种新的动力煤产品的工艺过程。

三、动力配煤原料的品质要求

1. 动力配煤原料品质的一般要求

动力配煤生产的新煤炭能满足各种指定锅炉或窑炉的使用要求，因此使用动力配煤可提高燃烧效率及改善污染物的排放。但必须清楚地认识到动力配煤只是改善煤炭产品质量，并不能提高单种煤炭本身的质量。通过配煤可使配煤产品的某些性质更适合用户燃煤设备的要求。如因某单种煤的硫分或发热量无法满足用户要求，于是配加一些低硫或高发热量的煤，使其硫分或发热量达到使用要求。可见在配煤过程中并没有从煤中去除硫分或灰分。因此，对动力配煤用的原料煤品质应有一定的要求。标准中规定，动力配煤原料为无烟煤、烟煤、褐煤、选煤副产品及固硫剂（或助燃剂）。动力煤用的洗选煤副产品如洗中煤的灰分较高，达到30%～40%。对于该部分煤炭，一则其仍有较高的热值，二则基本上无法再降低其灰分，目前不可能也不应该弃之不用，因此可以将其作为配煤的原料煤与其他具有煤质优势互补的煤进行动力配煤，以获得符合市场需要的煤炭新产品。

2. 高挥发分动力煤与低挥发分煤配煤

一般情况下，在低挥发分煤中加入少量高挥发分煤可以降低低挥发分煤的着火温度，有利于低挥发分煤的着火燃烧，如此配的煤大多用于低挥发分烟煤锅炉（贫煤锅炉）或无烟煤锅炉中。而在高挥发分煤中加入低挥发分煤时，特别是二者之间的挥发分差值在15%以上以及低挥发分煤的加入量较大时（如大于20%），如此的配煤大多用于挥发分较高的烟煤锅炉中，因而对配煤的燃烧影响较大，主要表现在：①煤炭着火困难；②低挥发分煤不易燃尽，灰渣中含碳量增加。

褐煤挥发分高，其着火温度低，燃尽温度也低，在锅炉中极易着火燃烧，为了延长褐煤在锅炉中燃烧时间，往往入炉粒度都较大。而低挥发分煤，特别是V_d小于14%的高变质程度煤，着火温度高，燃尽温度也高，在锅炉中不易燃烧，为了缩短其在锅炉中燃烧时间，往往入炉粒度很小，可见两者的燃烧性能差别很大。因此，不提倡用V_d小于14%的高变质程度煤与褐煤直接进行配煤来达到降低褐煤挥发分和提高褐煤发热量的目的。

标准中规定：①不同煤炭类别的煤相配时，干燥无灰基挥发分（V_{daf}）不能相差过大。如任何两种原料煤的V_{daf}值相差15.00%以上，则应进行燃烧试验，在销售时应注明原料煤产地、煤炭类别和配煤比。②无烟煤和褐煤不应相配（强制性条款）。③褐煤和烟煤相配时，在销售时应注明褐煤的配煤比和挥发分（V_{daf}）值。

3. 关于助燃剂的相关规定

为了防范不法商贩利用添加助燃剂的名义加入如氯化钠、硝酸盐等物质，虽然能起到一定的助燃作用，但同时对用煤设备也有腐蚀作用。因此，标准强制性条款规定，动力配煤过程中不应添加对用煤设备有腐蚀作用的物质，如氯化钠、硝酸盐等。

4. 关于固硫剂的相关规定

在煤燃烧过程中通过添加固硫剂把硫“固定”在灰渣中，是煤洁净燃烧技术之一。有的地方部门还规定，供工业锅炉用的煤炭中必须添加固硫剂。某些燃煤用户通过简单地添加石灰来进行固硫，虽然节省了成本并能获得一定的固硫效果，但其固硫效果并不十分理想，且一定程度上降低了煤的热值，从等量的发热量进行计算的话，其固硫效果较差，而且还降低了锅炉的燃烧效率。国内在固硫剂的研究和开发方面已具备一定的基础，也取得了一些成果。固硫剂的固硫效率一般都要求大于38%，而效率低于38%的固硫剂基本上没有市场，且用户应更多地关注其有效固硫率。

标准中规定：动力配煤中如要添加固硫剂，在锅炉和窑炉设计温度下的最大固硫效率应大于38%。

5. 其他要求

为了杜绝某些煤炭经营者借“配煤”名义，在煤炭中掺入各种矸石、焦粉、废渣等影响燃烧性能且污染环境的物质以牟取暴利，标准强制性条款做了如下规定。下列的固体物质不可作为动力配煤原料：各种矸石、焦粉（挥发分小于2.5%）、污染环境或损坏用煤设备的废渣等物质。

四、动力配煤方案

1. 基本要求

动力配煤时，一般需按以下几个步骤完成：确定配煤产品的预期品质→原料煤品质的分析化验→制定配煤方案→计算配煤比→按一定的工艺进行配煤→生产出配煤产品。在进行动力配煤生产前，制定出科学、优化的动力配煤方案对于指导动力配煤生产和质量控制都有重要的实际意义。

2. 动力配煤方案主要内容

动力配煤方案主要内容包括原料信息、动力配煤目标值以及最优方案的确定条件等。

原料信息包括原料煤和添加剂的质量指标、产地和成本等信息。动力配煤目标值包括动力配煤产品质量和成本的目标值等。最优方案的确定条件一般为配煤总成本最低、资源缺少的原料煤最低量、资源富足的原料煤最多量等原则。

3. 动力配煤产品的煤质理论值计算

正确计算配煤比可以准确预测配煤产品的煤质，在配备了在线煤质分析仪的动力配煤生产线，通过动态检测原料煤和配煤产品的品质，结合科学的配煤计算，通过动态调整配煤比，使配煤产品的品质准确达到要求且生产过程质量保持稳定。一般认为，煤炭的常规煤质指标都有较好的加和性，如灰分、硫分、挥发分、发热量等。煤炭的灰成分在一定条件下也有加和性，但在计算时还要考虑各原料煤的灰分。配煤的灰熔融性温度主要受各单煤的灰成分和灰分的影响，在某些条件单一的情况下呈较好的加和性，但对于各单煤煤种复杂多变的情况下，其灰熔融性温度的预测方法均不十分理想。目前配煤调节煤炭灰熔融性软化温度时，大多是在低软化温度的煤中配入少量的灰分较高的高软化温度煤。因而标准中指出：动力配煤产品煤灰熔融性温度理论值仅作参考，需进行实验室验证。

一般情况下，可用收到基基准进行配煤理论值计算，也可用干燥基基准计算。此外，用户提出煤质要求时，给出的是极限值（理论计算时为目标值）。若进行理论计算时采用用户提出的极限值，则在实际生产中由于采样误差和配煤工艺精确度等方面原因，很难保证配煤产品的煤质不低于或不高于极限值（目标值）。因而进行理论计算时，理论值与动力配煤的目标值应有适量的余地，即动力配煤产品的发热量应高于目标值，而其硫分低于目标值，具体调整的余量根据生产中的实际情况来定。采样精度和配煤精度越高，则调整的余量越小。

4. 动力配煤质量控制

为保证动力配煤产品质量的稳定性，应采取配煤过程质量控制措施，加强对煤质的监测监控，如在线煤质检测、随机采样化验等。由于采样的原因，往往造成所采的煤样代表性较差，由此造成从原料煤煤质数据计算所得的配煤数据（理论值）与配煤产品的实测值有一定差距。在此情况下，通常是煤炭的灰分越高，产生的差距越大。因为煤炭灰分越高，其均匀性一般越差，越容易造成所采煤样代表性差。如果在配煤生产线上装有煤炭在线检测仪的话，一方面可使理论值与实测值的差距达到最小，另一方面可以动态调整配煤比，保证配煤产品的质量稳定。因为煤质稳定是动力配煤最重要的优点之一。

五、动力配煤产品的品质要求

1. 品质要求

动力配煤的产品一般用于发电煤粉锅炉、工业锅炉和水泥窑炉等燃煤设备上，因此标准中规定用于电煤粉锅炉的动力配煤产品品质应符合 GB/T 7562—2010《发电煤粉锅炉用煤技术条件》的要求，用于链条炉排锅炉的配煤产品品质应符合 GB/T 18342—2009《链条炉排锅炉用煤技术条件》的要求，其他工业锅炉的配煤产品品质可参照 GB/T 18342—2009《链条炉排锅炉用煤技术条件》，用于生产回转窑水泥的配煤产品品质应符合 GB/T 7563—2000《水泥回转窑用煤技术条件》的要求。

上述规定是基本要求，有的地方政府考虑到本地的实际情况，对燃煤品质有专门的规定。因此，配煤产品的品质还必须符合使用地环保部门对煤炭品质的要求。

2. 质量均匀稳定性要求

配煤产品的均匀稳定性既关系到配煤产品的质量，也关系到配煤工艺的合理性。对于合理的配煤工艺来说，把各原料煤按一定比例混放在一起后，需要进行较充分地混合，以使配煤产品的煤质达到均匀稳定。一般来说，配煤产品的煤质均匀稳定性应不低于原料煤。因此，在配煤过程中，任取两部分的煤进行采样化验，其实际测值的差值相对值应小于某一数值，才能认为配煤产品是均匀的。参照 GB/T 475—2008《商品煤样人工采取方法》所规定的采样精密度，该标准指出：动力配煤产品的煤质指标实测值与目标值差值的相对值应小于10%。煤质指标可以包括灰分（A_d）、挥发分（V_{adf}）、发热量（$Q_{gr,d}$）和硫分（$S_{t,d}$）等。

六、质量检验和验收

关于产品质量检验和验收，标准做了如下规定：

（1）煤样按 GB/T 475—2008《商品煤样人工采取方法》或 GB/T 19494.1—2004《煤炭机械化采样　第1部分：采样方法》的规定采取，按 GB/T 474—2008《煤样的制备方法》或 GB/T 19494.2—2004《煤炭机械化采样　第2部分：煤样的制备》的规定制备。

（2）特殊的动力配煤产品销售时应附有相关说明，说明特殊物的添加量及主要特征指标。

（3）产品质量的检验和验收按 GB/T 18666—2014《商品煤质量抽查和验收方法》的规定执行。

GB 25960—2010《动力配煤规范》的制定以我国动力配煤技术发展、生产现状以及市场贸易需求为主要依据，同时充分考虑了不同用途对产品质量的要求。该标准的出台和实施对促进动力配煤技术发展、提高管理水平具有重要意义，可以作为动力配煤质量控制和规范动力配煤市场的指导，同时也为我国煤炭储配物流基地建设和质量监督管理部门提供了技术支持。

参考文献

[1] 曹长武. 电力用煤采制化技术及其应用. 北京：中国电力出版社，1999.
[2] 中能电力工业燃料公司. 动力用煤煤质检测与管理. 北京：中国电力出版社，2000.
[3] 孙刚. 商品煤采样与制样. 北京：中国质检出版社，中国标准出版社，2012.
[4] 方文卉，杜惠敏，李天荣. 燃料分析技术问答. 北京：中国电力出版社，2005.
[5] 尹世安. 电厂燃料. 北京：水利电力出版社，1991.
[6] 汪红梅、张靖生. 电厂燃料. 北京：中国电力出版社，2012.
[7] 张磊，马明礼. 燃料运行与检修. 北京：中国电力出版社，2006.
[8] 林木松，李智，张宏亮，等. 动力燃料计量与检验技术. 北京：中国电力出版社，2011.
[9] 曹长武. 火力发电厂用煤技术. 北京：中国电力出版社，2006.
[10] 张宏亮，苏伟，李薇，等. 火电厂燃料管理岗位培训教材. 北京：中国电力出版社，2017.